COURS ÉLÉMENTAIRE

THÉORIQUE ET PRATIQUE

D'ARBORICULTURE

PARIS. -- IMP. SIMON RAÇON ET COMP., 1, RUE D'ERFURTH

COURS ÉLÉMENTAIRE

THÉORIQUE ET PRATIQUE

D'ARBORICULTURE

COMPRENANT

**L'étude des pépinières d'arbres et d'arbrisseaux forestiers;
fruitiers et d'ornement;
celle des plantations d'alignement, forestières et d'ornement;
la culture spéciale des arbres à fruit à cidre
et de ceux à fruits de table;**

PRÉCÉDÉ DE QUELQUES NOTIONS D'ANATOMIE ET DE PHYSIOLOGIE VÉGÉTALE

PAR

M. A. DU BREUIL

CHARGÉ DU COURS D'HORTICULTURE AU CONSERVATOIRE IMPÉRIAL
DES ARTS ET MÉTIERS,
MEMBRE DE L'ACADÉMIE IMPÉRIALE DES SCIENCES, BELLES-LETTRES ET ARTS DE ROUEN,
CORRESPONDANT DE LA SOCIÉTÉ IMPÉRIALE ET CENTRALE D'AGRICULTURE
ET DE LA SOCIÉTÉ IMPÉRIALE D'HORTICULTURE DE PARIS, ETC.

OUVRAGE APPROUVÉ PAR L'UNIVERSITÉ

ET COURONNÉ PAR LES SOCIÉTÉS D'HORTICULTURE DE PARIS, DE ROUEN ET DE VERSAILLES

QUATRIÈME ÉDITION

PREMIÈRE PARTIE

PARIS

LANGLOIS ET LECLERCQ
10, RUE DES MATHURINS-SAINT-JACQUES, 10

VICTOR MASSON
17, PLACE DE L'ÉCOLE-DE-MÉDECINE, 17

1857

AVANT-PROPOS

L'arboriculture comprend tout ce qui se rattache à la *culture des arbres;* c'est une des grandes divisions de l'agriculture.

On donne le nom d'*arbres* en général à toutes les plantes dont la tige, présentant la consistance du bois, vit pendant un plus ou moins grand nombre d'années. On appelle *arbres proprement dits* ceux dont la tige, assez grosse, s'élève à une certaine hauteur sans se ramifier; et *arbrisseaux* ceux dont la tige, beaucoup moins volumineuse, moins élevée, se ramifie dès sa base.

L'existence des arbres est presque aussi indispensable à la vie de l'homme que celle des plantes herbacées, des céréales. Que deviendraient, en effet, les constructions de toute espèce, les arts mécaniques, sans la présence du bois? Par quoi remplacer ce combustible précieux dans les contrées privées de charbon de terre? Les arbres ne sont pas moins utiles par les fruits qu'ils fournissent si abondamment, et qui concourent à l'alimentation, soit directement, soit en servant à la fabrication du cidre, du vin, boissons habituelles d'une grande partie des populations. Ils influent sur la température en la rendant plus égale. Ainsi, dans les localités très-boisées, les chaleurs de l'été sont moins brûlantes, à cause de la fraîcheur que les arbres y entretiennent par leur ombrage; et les froids sont moins vifs en hiver en raison de l'abri qu'ils procurent au sol. On sait également que ces mêmes localités sont moins exposées à la sécheresse que celles dépourvues de ces grands massifs d'arbres. L'observation prouve, en effet, que les arbres rassemblés en très-grand nombre attirent les nuages et déterminent la chute des eaux pluviales, et que leurs feuilles, frappées par les rayons solaires, répandent dans l'atmosphère des vapeurs aqueuses qui, pendant la nuit, donnent lieu à des rosées abondantes. La présence des arbres n'est pas moins utile au sommet et sur le penchant des montagnes pour arrêter la rapidité des eaux torrentielles qui se précipitent de ces points élevés dans les vallées, entraînent tout sur leur passage et déterminent les inondations. Enfin, rappelons encore que les arbres agissent puissamment sur la santé de l'homme et des animaux en purifiant l'air atmosphérique et en le rendant ainsi plus propre à la respiration; les feuilles ont la propriété d'enlever à l'atmosphère la trop grande quantité de gaz acide carbonique formé dans les grands centres de population par la respiration des animaux et autres causes diverses. Aussi est-ce avec raison que l'on conseille de multiplier les plantations dans le voisinage des grandes villes et des habitations. Concluons donc, de ce qui précède, que les arbres sont appelés à satisfaire à des besoins tout aussi indispensables, que leur rôle est tout aussi important dans l'existence de l'homme que celui des autres plantes.

Abandonnées à elles-mêmes, les diverses espèces ligneuses donneraient une partie des produits qui les font rechercher; mais ceux-ci ne seraient ni aussi abondants ni d'aussi bonne qualité que ceux des arbres auxquels ont été appliquées certaines opérations qui, en aidant la nature, augmentent la quantité et la qualité de ces produits : ce sont ces diverses opérations qui constituent la culture des arbres.

Avant de commencer l'étude des matières qui font l'objet principal de ce cours, il est utile de nous arrêter à l'examen de quelques faits sur lesquels reposent les principes de la culture en général, et dont la connaissance est indispensable pour bien comprendre chacun des procédés que nous décrirons successivement.

Et, d'abord, nous indiquerons brièvement les principaux organes qui composent l'ensemble de l'arbre, ainsi que le nom qui distingue chacun d'eux. La description des opérations de la culture deviendrait inintelligible sans cette première étude, à laquelle on donne le nom d'*anatomie végétale*.

La connaissance des fonctions que les organes sont appelés à remplir dans la vie des plantes est plus indispensable encore. Elle sert de base à la théorie de tous les procédés de la culture. Cette partie de la botanique, désignée sous le nom de *physiologie végétale*, doit toujours être présente à l'esprit du cultivateur. Avec elle, on opère à coup sûr, et l'on atteint toujours le but que l'on se propose. Comment, en effet, si l'on ne se rend pas parfaitement compte des fonctions des racines, saura-t-on jusqu'à quel point on doit les préserver de toute altération lors de la transplantation des arbres? C'est pour ne pas avoir connu le rôle important des feuilles dans la nutrition des plantes que l'on a quelquefois enlevé, avant le temps convenable, un trop grand nombre de ces organes sur les arbres en espalier, dans le but de faire acquérir à leurs fruits une belle coloration.

Enfin, il importe encore, pour le succès de la culture des arbres, de se rendre compte de l'*influence sur la végétation, des agents naturels, tels que le sol, la température, la lumière, l'exposition*. C'est alors seulement que l'on comprendra bien la nécessité de donner à chaque espèce un terrain d'une nature en rapport avec ses besoins, ainsi qu'un degré de température et une exposition convenables.

Toutefois, comme le cours que nous publions aujourd'hui est avant tout un *cours d'arboriculture*, et que nous entendons parler seulement des arbres qui peuvent supporter la rigueur de notre climat, nous n'envisagerons de chacun de ces sujets que ce qui sera strictement nécessaire à l'intelligence des faits que nous avons à exposer. Nous le disons donc dès à présent, *les notions* d'anatomie et de physiologie qui vont suivre ne s'appliquent qu'aux arbres dicotylédonés.

Telles sont les études préliminaires auxquelles il convient de nous arrêter d'abord, et qui forment la première partie de ce cours.

COURS ÉLÉMENTAIRE

THÉORIQUE ET PRATIQUE

D'ARBORICULTURE

PREMIÈRE PARTIE
ÉTUDES PRÉLIMINAIRES

PREMIÈRE SECTION
NOTIONS D'ANATOMIE ET DE PHYSIOLOGIE VÉGÉTALES

CHAPITRE PREMIER
ANATOMIE VÉGÉTALE.

Les arbres présentent, dans leur structure, un certain nombre de parties qu'on peut diviser en plusieurs groupes. Ainsi on distingue des organes *conservateurs*, des organes *reproducteurs*, des organes *élémentaires*.

ORGANES CONSERVATEURS.

Les organes conservateurs donnent à chaque individu les moyens de subvenir à son existence, à sa conservation. Les plus apparents sont la *racine*, la *tige*, les *boutons* et les *feuilles*.

Racine. — La racine est cette partie de l'arbre qui, ordinairement dérobée par le sol à l'action de la lumière, tend toujours à se diriger vers le centre de la terre. On reconnaît dans cet organe le *collet*, le *corps* et les *radicelles*.

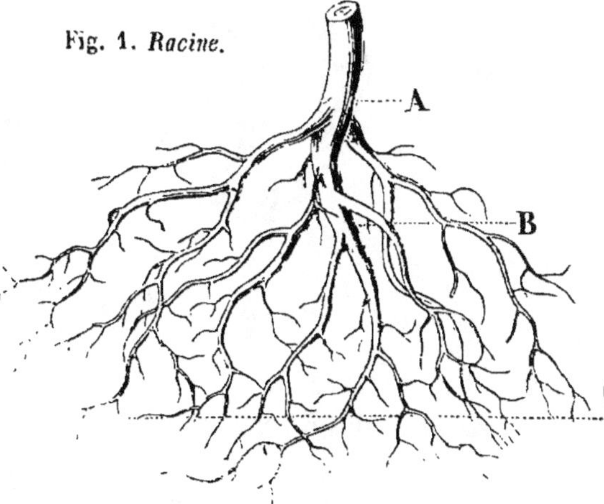

Fig. 1. *Racine.*

Le collet est le point intermédiaire entre la racine et la tige (A, *fig.* 1), celui d'où naissent ces deux organes pour se développer en sens inverse.

Le corps est la partie principale de la racine (B, *fig.* 1); c'est ce que l'on nomme aussi le *pivot*. Il naît du collet et s'enfonce verticalement dans le sol en affectant la forme d'une pyramide renversée. Il produit les radicelles comme le tronc développe les branches.

Les radicelles sont les dernières divisions de la racine (C, *fig.* 1); c'est ce que l'on nomme encore le *chevelu.* On peut les considérer comme autant de petits tubes ou conduits qui servent à établir une communication directe entre le corps de la racine et le sol. C'est surtout par leur extrémité, comme nous le verrons plus loin, que l'arbre puise dans le sol les fluides nécessaires à son existence.

Tige. — La tige naît du même point que la racine, mais elle s'allonge en sens inverse. Tandis que l'une s'enfonce dans le sol, l'autre s'élève

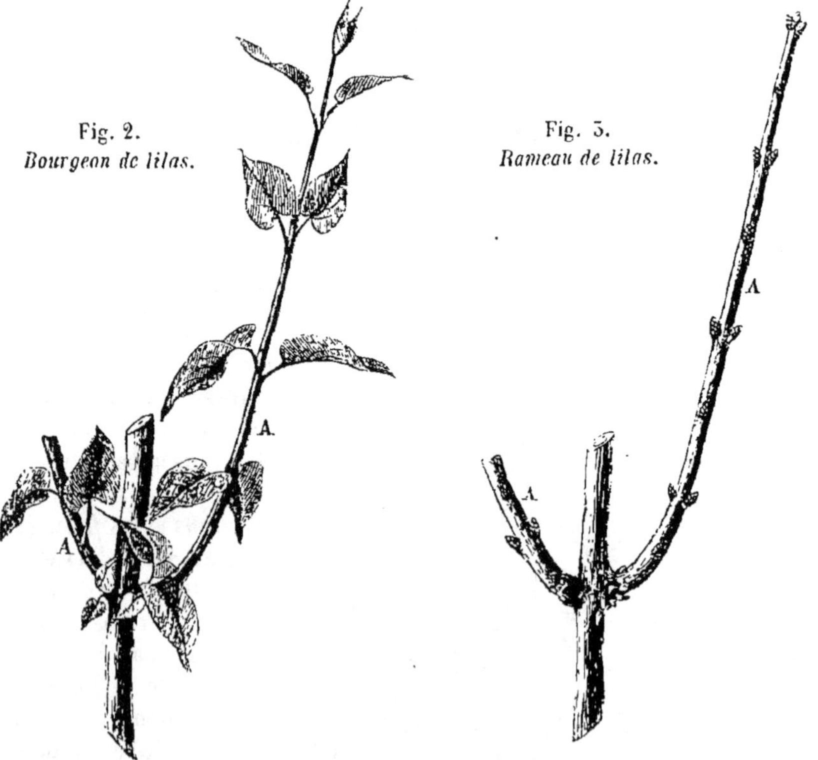

Fig. 2.
Bourgeon de lilas.

Fig. 3.
Rameau de lilas.

vers le ciel. Il y a, dans la tige des arbres, des organes extérieurs et des organes intérieurs.

1° ORGANES EXTÉRIEURS. On reconnaît sur la tige, en allant du sommet

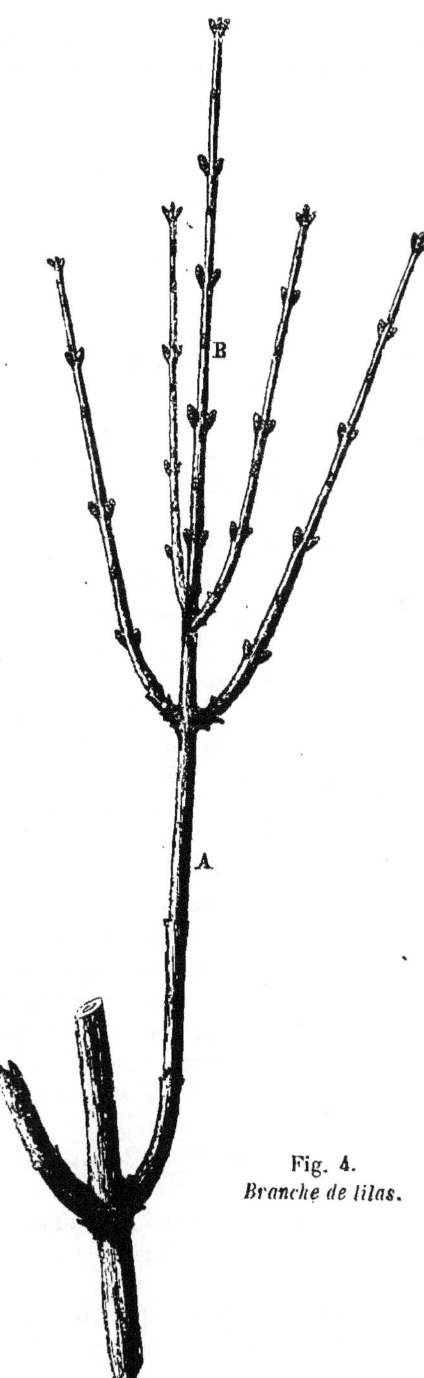

Fig. 4.
Branche de lilas.

à la base, quatre parties principales : les *bourgeons*, les *rameaux*, les *branches*, le *tronc*.

Les *bourgeons* (A, *fig.* 2) sont le premier état de développement des ramifications de l'arbre. Ils naissent, au printemps, de boutons placés à l'aisselle des feuilles ou au sommet des rameaux. Ils continuent de s'allonger pendant tout le temps de la végétation, et conservent le nom de bourgeons jusqu'au moment où ils cessent de s'accroître en longueur.

Vers la fin de l'automne, les bourgeons ont terminé leur évolution. Leur sommet et l'aisselle de chaque feuille présentent un bouton bien formé (A, *fig* 3). Ce prolongement prend alors le nom de *rameau :* c'est le second état de développement des ramifications.

Au printemps suivant, les boutons placés sur les rameaux donnent lieu à de nouveaux bourgeons, qui continuent de s'allonger jusqu'à la fin de l'automne. A cette époque, ils présentent aussi des boutons bien formés, et leur développement en longueur s'arrête. Ils reçoivent, à leur tour, le nom de *rameaux*, et le rameau primitif qui les supporte (A, *fig.* 4) prend celui de *branche*. C'est le troisième et dernier état de développement des ramifications de l'arbre. Une fois qu'elles ont acquis ce caractère, ces ramifications ne peuvent plus donner directement naissance à de nouvelles productions, ou du moins cela n'a lieu qu'exceptionnellement. Elles ne servent plus, dans l'économie de l'arbre, qu'à transporter les fluides puisés dans la terre par les racines jusqu'aux boutons que portent les rameaux.

Le *tronc*, dans la tige des arbres, est la partie qui, naissant du collet de la racine, s'élève à une certaine hauteur sans se ramifier (A, *fig. 5*).

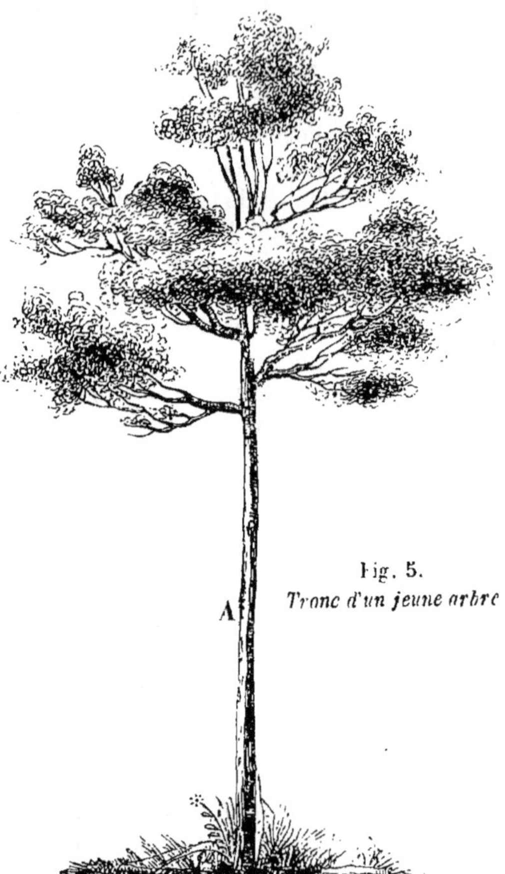

Fig. 5.
Tronc d'un jeune arbre

Il a passé, comme les branches, par les diverses phases de développement que nous venons de décrire. Il en diffère seulement parce qu'il naît directement de la racine et qu'il supporte toutes les ramifications précédentes.

Nous verrons, en traitant de la taille des arbres fruitiers, qu'on distingue encore par des noms différents diverses sortes de bourgeons, de rameaux et de branches.

2° ORGANES INTÉRIEURS. Si l'on considère la coupe transversale du tronc d'un arbre ou d'une grosse racine, on y remarque trois parties : la *moelle*, le *corps ligneux* et l'*écorce*.

Au centre de la tige, on voit un canal cylindrique : c'est le *canal médullaire* (A, *fig.* 6 et 7). Ce canal médullaire est rempli par un tissu lâche, diaphane : c'est la *moelle*.

La moelle se prolonge d'une manière continue depuis le pivot de la racine jusqu'au sommet de la tige. On remarque toutefois dans le canal médullaire, au point où s'est formé chaque bourgeon terminal, un étranglement très-sensible, rempli d'un tissu analogue à celui de la moelle, mais un peu plus serré.

La moelle paraît d'autant plus abondante que les tiges sur lesquelles on l'observe sont plus jeunes. Dans les vieux troncs de quelques espèces, le canal médullaire finit même par devenir tout à fait invisible. Ce n'est pas que la moelle soit remplacée par des productions ligneuses, comme on l'avait pensé d'abord, mais c'est parce que les fluides renfermés dans son tissu, venant à se solidifier, lui font acquérir la dureté du bois et lui en donnent l'apparence.

En dehors du canal médullaire et jusqu'à l'écorce est situé le *corps ligneux* (B, *fig.* 6 et 7).

Cette partie de la tige se compose de couches concentriques de bois

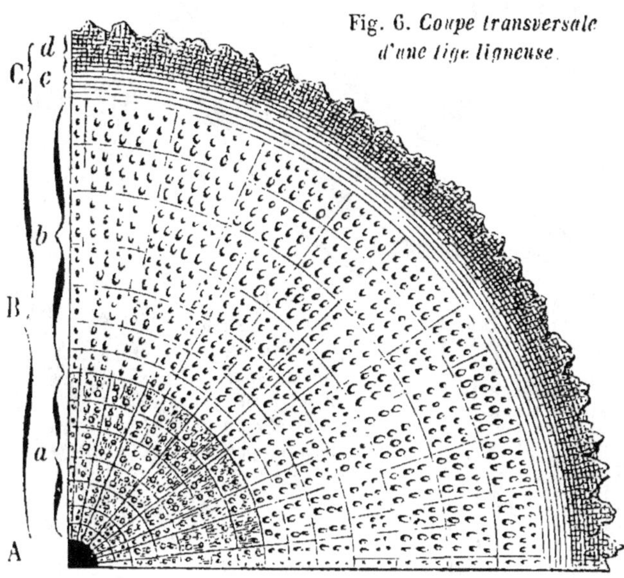

Fig. 6. *Coupe transversale d'une tige ligneuse.*

placées l'une sur l'autre. Chaque couche distincte est le produit de la végétation pendant une année.

Si, à l'aide d'un verre grossissant, on examine attentivement la coupe transversale de l'une de ces couches, on voit qu'elles sont formées par la réunion de petits tubes ou vaisseaux d'autant plus gros, qu'ils se rapprochent davantage du centre de la tige (*fig.* 6). Ils sont souvent disposés régulièrement par zones concentriques coupées perpendiculairement par des lignes plus ou moins prolongées et plus ou moins rapprochées. On a donné à ces lignes le nom de *rayons médullaires* (*fig.* 6).

En cherchant à suivre la direction de ces tubes ou vaisseaux qui forment la masse de chaque couche ligneuse, on reconnaît, par la coupe verticale grossie du fragment de bourgeon que nous avons figuré ci-contre, qu'ils naissent toujours de la base d'une feuille (M, *fig.* 7).

On remarque aussi que ceux développés par les feuilles supérieures viennent recouvrir les précédents (D, *fig.* 7), et que tous se prolongent jusqu'à l'extrémité des radicelles.

On voit encore que les vaisseaux s'unissent souvent par faisceaux qui se joignent latéralement de distance en distance (*f, fig. 8*) pour se séparer ensuite de manière à envelopper l'arbre comme autant de réseaux ou filets

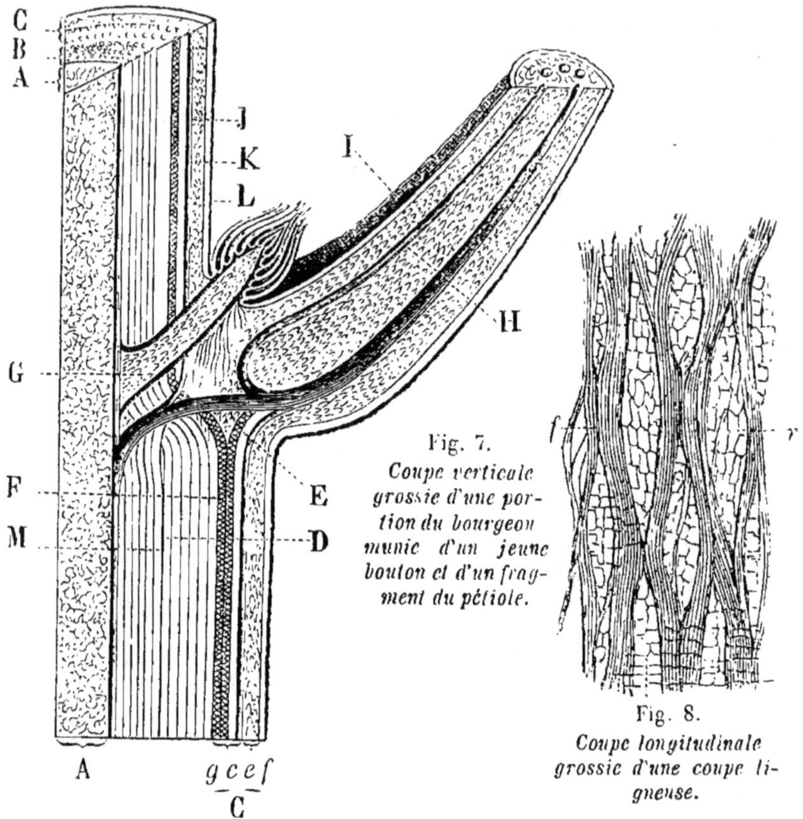

Fig. 7.
Coupe verticale grossie d'une portion du bourgeon muni d'un jeune bouton et d'un fragment du pétiole.

Fig. 8.
Coupe longitudinale grossie d'une coupe ligneuse.

dont les mailles sont très-allongées. Chacune de ces mailles est remplie par un tissu (*r*), analogue à celui de la moelle.

Il résulte de ce mode de structure des couches ligneuses que la plus jeune est toujours à l'extérieur du corps ligneux, et que chacune d'elles embrasse l'arbre dans toute son étendue. En faisant abstraction des ramifications de la tige et de la racine, la réunion de ces couches ligneuses présente la forme de deux cônes réunis par leur base. Le point de réunion correspond au collet de la racine (A, *fig. 9*).

Le corps ligneux présente deux parties ordinairement distinctes : le *bois parfait* et l'*aubier*.

Le bois parfait comprend les couches ligneuses les plus rapprochées du centre de la tige (*a, fig. 6*). Elles offrent presque toujours une couleur plus intense et une plus grande dureté que les autres. Les couches ligneuses les plus extérieures constituent l'aubier (*b, fig. 6*). On les reconnaît à leur couleur moins foncée et à leur dureté moins grande. Néanmoins il est des espèces dans lesquelles le bois parfait et l'aubier offrent très-peu de différence. Cela se remarque surtout dans le peuplier, le marronnier et autres arbres à bois blanc.

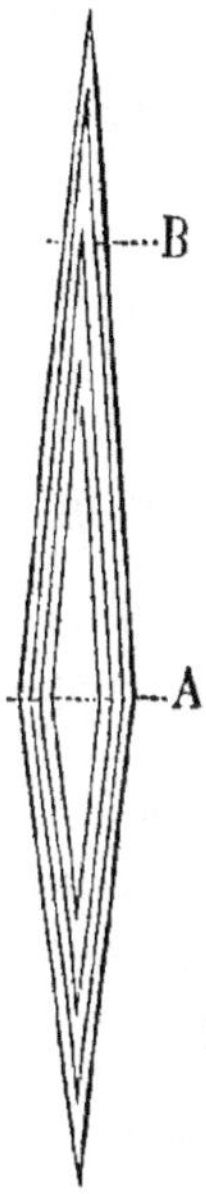

La partie que l'on rencontre après le corps ligneux, en allant du centre à la circonférence, est l'*écorce* (C, *fig.* 6 et 7). On y distingue le *liber*, les *couches corticales*, le *tissu sous-épidermoïde*, et l'*épiderme*.

Le liber est la couche la plus intérieure de l'écorce, celle qui est immédiatement en contact avec l'aubier (*c, fig.* 6 et 7) ; il se compose d'un grand nombre de couches minces et flexibles dont la réunion a été comparée aux feuillets d'un livre. C'est de là que lui est venu le nom de *liber*. Chacun de ces feuillets est formé par un réseau de tubes ou vaisseaux qui, comme les couches ligneuses, se prolongent depuis la base d'une feuille où ils prennent naissance (E, *fig.* 7) jusqu'à l'extrémité des radicelles. Une chose digne de remarque, c'est que les nouvelles couches du liber qui naissent des feuilles supérieures s'appliquent au-dessous de celles qui se sont précédemment formées (F, *fig.* 7). La couche du liber la plus jeune est donc toujours la plus intérieure de l'écorce, tandis que dans les corps ligneux c'est le contraire qui a lieu. Les mailles formées par les vaisseaux de chaque couche du liber sont remplies par un tissu analogue à la moelle.

En dehors des couches du liber, mais seulement dans les arbres un peu âgés, on aperçoit un certain nombre d'autres couches, analogues, par leur contexture, à celles du liber, mais desséchées et inertes, et qui, déchirées par le grossissement du tronc, apparaissent à la surface sous forme de losanges plus ou moins régulières : ce sont les *couches corticales* proprement dites (*d, fig.* 6). Ces parties ne sont autre chose que d'anciennes couches de liber dont les fonctions ont cessé, et qui sont repoussées au dehors par celles formées annuellement au-dessous d'elles.

Dans les jeunes tiges ou les jeunes branches, on rencontre au-dessus du liber, à la place des couches corticales dont nous venons de parler, un tissu tout à fait herbacé, de couleur verdâtre et analogue à la moelle : c'est le *tissu sous-épidermoïde* (*e, fig.* 7 et 10).

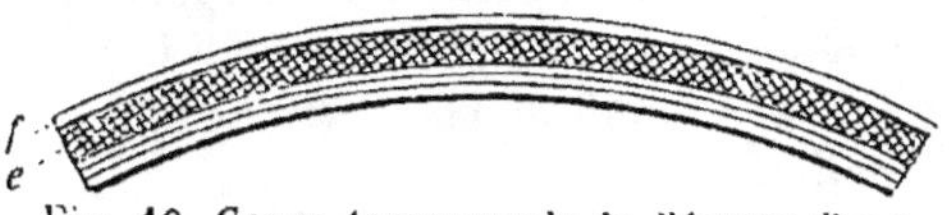

Fig. 10. *Coupe transversale de l'écorce d'une jeune tige.*

Enfin, toujours dans les jeunes tiges, au delà du tissu sous-épidermoïde, et tout à fait à la surface, on observe une couche mince souvent transparente : c'est l'*épiderme* (*f, fig.* 7 et 10).

Fig. 9. *Ensemble des couches ligneuses du tronc et du corps de la racine.*

Boutons. — Les boutons (B, *fig.* 11) se montrent ordinairement à l'extrémité des rameaux et à l'aisselle des feuilles. Ils sont ronds, ovales ou coniques, et peuvent être considérés comme le rudiment, le germe des jeunes rameaux qui se développeront l'année suivante.

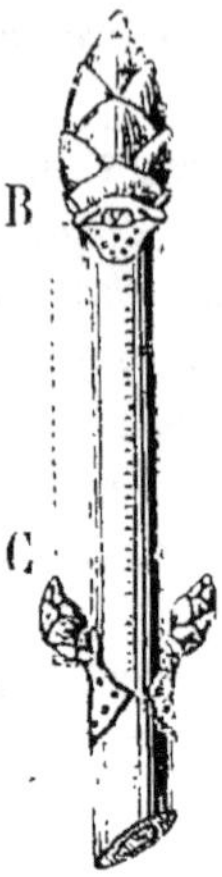

Les boutons des arbres de nos climats sont toujours revêtus d'une enveloppe écailleuse composée de petites lames en forme de cuiller ou d'écailles de poisson. Les écailles extérieures sont sèches, dures et quelquefois enduites de sucs résineux qui empêchent l'accès de l'humidité; les écailles intérieures sont couvertes d'un duvet souvent épais. Les boutons emploient ordinairement une année entière à leur développement parfait.

Lorsqu'au printemps les boutons commencent à naître, on leur donne le nom d'*œil*. Vers la fin de l'automne, les yeux complétement formés prennent le nom de *boutons proprement dits*.

Nous verrons, en traitant de la taille des arbres fruitiers, que les boutons reçoivent encore des noms différents, suivant les produits auxquels ils donnent lieu ou d'après leur position sur l'arbre.

Quant aux parties du rameau qui donnent naissance aux boutons, on voit par la figure précédente (G, *fig.* 7), qu'elles sont une déviation ou un prolongement des vaisseaux du canal médullaire. Ceux-ci forment une sorte de petit axe rempli d'un tissu analogue à la moelle, et au sommet duquel se forme le bouton, soit à l'aisselle des feuilles, soit à l'extrémité des rameaux. C'est de ce petit axe que naît le canal médullaire, qui s'allonge à mesure que le bourgeon se développe.

Il résulte de ce mode de formation que le canal médullaire des ramifications n'est pas immédiatement contigu au canal médullaire de la tige; il en est séparé par le petit axe dont nous venons de parler. (A, *fig.* 12.)

On donne le nom de *mérithalle*, ou entre-nœud, à l'espace compris entre chaque bouton sur le rameau. Ainsi la portion du rameau existant de B en C (*fig.* 11) est un mérithalle.

Feuilles. — Au temps du bourgeonnement, ce qui a lieu vers le mois d'avril, la base des boutons se gonfle, fait entr'ouvrir l'enveloppe écail-

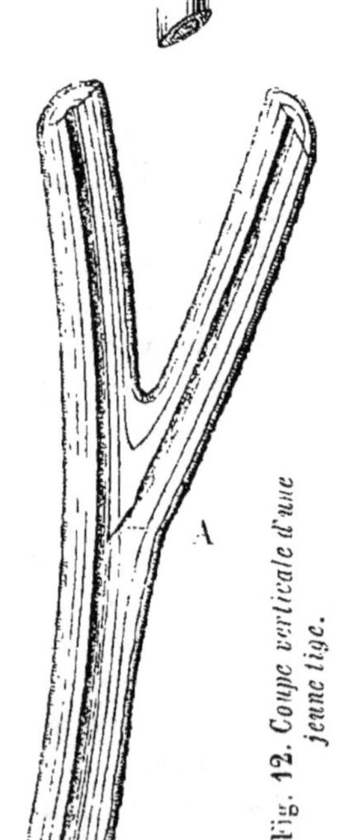

Fig. 11. *Boutons du marronier.*

Fig. 12. *Coupe verticale d'une jeune tige.*

leuse : dès lors l'air et la lumière pénètrent jusqu'aux jeunes feuilles, qui verdissent, se fortifient et se déploient.

La feuille présente deux parties ordinairement distinctes, le *pétiole* et le *disque*.

Le *pétiole* ou queue de la feuille (I, *fig.* 7 et 15) est le petit support qui unit le disque au bourgeon. C'est la déviation des vaisseaux du canal médullaire du bourgeon qui porte la feuille (II, *fig.* 7). Ces vaisseaux forment, au centre du pétiole, une sorte de cylindre rempli et entouré de toutes parts par un tissu analogue à la moelle. Ils se prolongent de là jusque dans le disque de la feuille.

Le *disque* (B, *fig.* 15) est la lame mince et élargie que supporte le pétiole. Il résulte du prolongement et de l'expansion des vaisseaux qui forment ce dernier. Ces vaisseaux traversent la feuille dans toute sa longueur, et forment ce que l'on nomme les *côtes* ou *nervures* de la feuille. Les nervures principales se subdivisent à l'infini, et forment un réseau dont les mailles, très-rapprochées, sont remplies par un tissu analogue à la moelle, et auquel on a donné le nom de *parenchyme* de la feuille.

Si, à l'aide d'un instrument grossissant, on examine l'une des faces d'une feuille, on la voit couverte, surtout la face intérieure, d'une infinité de petites ouvertures auxquelles on donne le nom de *pores* ou

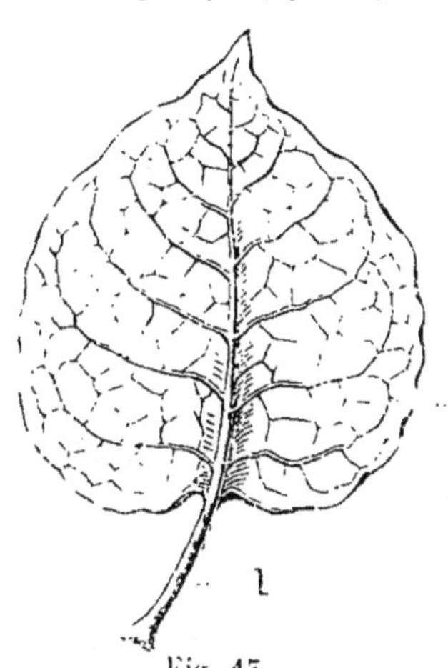

Fig. 15.
Feuille de lilas.

stomates. Toutes les surfaces vertes des plantes, c'est-à-dire les feuilles, les bourgeons et même les fruits, sont couvertes de ces pores.

ORGANES REPRODUCTEURS.

On donne le nom d'*organes reproducteurs* aux fleurs et aux fruits, parce qu'ils concourent à la reproduction de l'espèce.

Fleurs. — On remarque dans la fleur les *enveloppes florales* et les *organes sexuels.*

1° Les enveloppes florales se composent ordinairement du *calice* et de la *corolle;* pour les reconnaître facilement, choisissons la fleur de l'amandier, où ils sont tous bien apparents.

L'enveloppe la plus externe, se présentant sous forme de cinq petites lames terminées en pointe et colorées en vert (A, *fig.* 14), est le *calice.* Le calice est formé, tantôt d'une seule pièce, comme dans les *magnoliers*, le *tulipier*, tantôt de plusieurs pièces distinctes, comme dans les *cistes*. On donne, dans ce second cas, le nom de *folioles calicinales* aux divisions du calice.

Immédiatement après le calice, on rencontre cinq lames de forme arrondie et remarquables par un brillant coloris (B, *fig.* 14) : c'est la *co-*

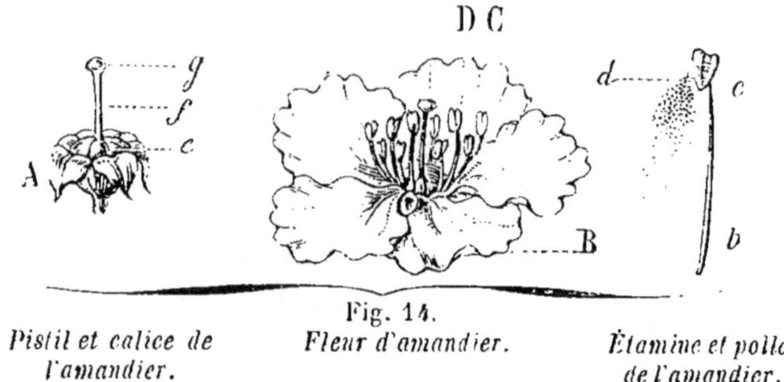

Fig. 14.

Pistil et calice de
l'amandier.

Fleur d'amandier.

Étamine et pollen
de l'amandier.

rolle. Ainsi que le calice, la corolle est tantôt d'une seule pièce, comme dans les *rosages*, tantôt composée de plusieurs pièces distinctes, comme dans le *pêcher*, le *rosier*, etc. On donne le nom de *pétales* aux division de la corolle.

2° Les organes sexuels sont les *étamines* et le *pistil*.

Les filets grêles insérés à la base de la corolle et portant à leur sommet une masse colorée sont les *étamines* (C, *fig.* 14).

Les étamines sont les *organes mâles* des plantes. Elles offrent trois parties :

Le *filet* (b, *fig.* 14), support filamenteux qui balance l'anthère à son sommet.

L'*anthère* (c, *fig.* 14), sorte de petite bourse ou capsule qui, ordinairement colorée, contient le pollen et termine le filet.

Le *pollen* (d, *fig.* 14), poussière fécondante des végétaux, s'échappe de l'anthère, qui s'ouvre lors de la fécondation. Cette poussière fécondante, vue à travers un instrument grossissant, offre l'aspect de petits globules remplis d'une liqueur séminale jaunâtre, limpide et gluante.

Un filet incolore, entouré par les étamines et surmontant un corps oblong au centre de la fleur, compose le *pistil* (D, *fig.* 14).

Le pistil est l'*organe femelle* des plantes. Il est formé de trois parties.

L'*ovaire* (e, *fig.* 14), partie plus ou moins dilatée placée à la base du pistil. Cet organe renferme les jeunes semences encore imparfaites et destinées à être fécondées. Il les abrite jusqu'au temps de la maturation du fruit, et prépare dans son tissu les sucs nécessaires à leur développement.

Le *style* (f, *fig.* 14), filet que supporte l'ovaire et qui est terminé par le stigmate. Cet organe n'est pas indispensable à la reproduction, aussi manque-t-il dans plusieurs espèces ; le stigmate est alors immédiatement attaché sur l'ovaire.

Le *stigmate* (*g*, *fig.* 14), corps glanduleux, pubescent et humide, ordinairement placé au sommet du style et offrant à sa surface l'orifice de vaisseaux assez larges qui établissent une communication directe entre le stigmate et les loges de l'ovaire. Il est nécessaire à la fécondation. C'est la partie essentielle de l'organe femelle, comme l'anthère est la partie essentielle de l'organe mâle.

Les enveloppes florales, le calice et la corolle ne sont point indispensables pour la fructification, car ils manquent complétement dans certaines espèces ; mais il n'en est pas ainsi des organes sexuels ; ceux-ci existent dans tous les arbres : sans eux il n'est point de reproduction naturelle possible.

Quelques espèces d'arbres présentent, quant à la place qu'occupent les organes sexuels les uns par rapport aux autres, des phénomènes dignes d'être remarqués. Souvent les étamines et le pistil sont réunis dans la même fleur. On appelle alors ces fleurs *hermaphrodites*. D'autres fois les fleurs n'offrent que des étamines, et reçoivent le nom de *fleurs mâles*, ou bien ne présentent qu'un pistil, et prennent le nom de *fleurs femelles*.

Les arbres dont les fleurs renferment les deux sexes, comme le *prunier*, le *pommier*, et un grand nombre d'arbres, sont dits *arbres hermaphrodites*.

D'autres espèces présentent des fleurs mâles et des fleurs femelles réunies sur le même individu. Ces arbres sont dits *monoïques*. De ce nombre sont le noisetier, le chêne. Les fleurs mâles du noisetier (♂, *fig.* 15) apparaissent au printemps sous forme de longs chatons jaunâtres dus à la réunion de petits groupes l'étamines fixées à un axe filiforme, et séparées les unes des autres par des écailles. Les fleurs femelles (♀) offrent l'aspect de boutons écailleux surmontés d'un groupe de petits filets d'un rouge vif. Ces filets sont les styles de ces fleurs femelles. Le chêne présente la même disposition. Les fleurs mâles se composent des chatons A (*fig.* 16), et les fleurs femelles des petits corps arrondis B.

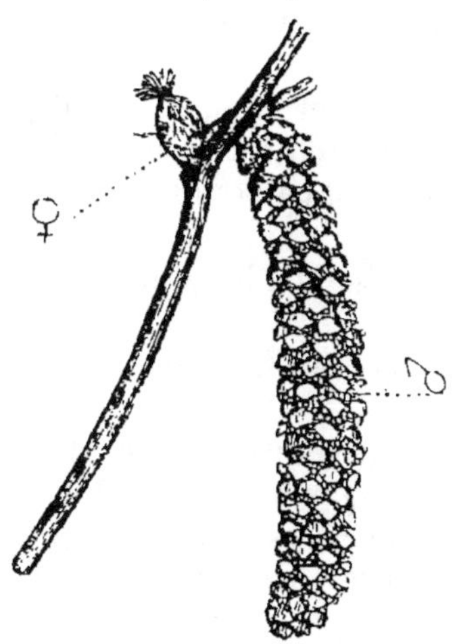

Fig. 15.
*Fleurs mâles et fleurs femelles
du noisetier.*

Quelquefois encore les fleurs mâles et les fleurs femelles se trouvent, dans certaines espèces, isolées sur des individus différents; de sorte qu'il y a un mdividu mâle et un individu femelle. Ce dernier phénomène se remarque dans la plupart des *saules*, des *peupliers*, dans les *genévriers*, etc. : ces arbres sont dits *dioïques*.

Nous venons d'esquisser rapidement la structure générale des fleurs.

Fig. 16.
Fleurs mâles et fleurs femelles du chêne.

Le nombre et la forme des divers organes qui les composent varient à l'infini en raison des espèces; mais ce nombre et cette forme sont toujours semblables pour tous les individus d'une même espèce : toutes les fleurs d'une espèce donnée présentent constamment le même nombre d'étamines; leur corolle est toujours composée d'un nombre égal de pétales. Néanmoins la culture et diverses circonstances accidentelles peuvent altérer diversement l'organisation des fleurs, et augmenter le nombre de certains organes aux dépens de certains autres.

Les soins de la culture, l'abondance des engrais peuvent, en déterminant une affluence extraordinaire de sucs nourriciers, faire produire à un arbre des semences qui, confiées à la terre, donneront des individus dont les fleurs offriront plus de pétales que ne le comporte leur espèce; mais cette augmentation de pétales se fait toujours aux dépens du nombre des étamines, dont une certaine quantité se déforme, s'élargit, et se transforme en pétales.

Il pourra même se faire que toutes les étamines, et jusqu'aux pistils, subissent cette transformation ; alors, les sexes se trouvant ainsi anéantis, il n'y aura plus, pour ces individus, de fécondation possible, et par conséquent pas de fruits à attendre.

On a donné aux fleurs les noms suivants en raison de leurs différents degrés d'altération.

Celle qui n'offre que le nombre de pétales qui convient à son espèce s'appelle *fleur simple*.

Celle qui acquiert un plus grand nombre de pétales qu'elle ne doit en avoir naturellement, mais dans laquelle les organes sexuels subsistent encore en partie et donnent naissance à quelques graines, a été nommée *fleur double* : telles sont certaines variétés du *rosier*.

Celle dont la corolle est occupée tout entière par des pétales provenus de la déformation des étamines et des pistils, et qui, par cette raison, reste complétement stérile, est la *fleur pleine*. Telles sont certaines variétés de pêchers, de cerisiers, de rosiers à fleurs pleines.

Enfin, on donne le nom de *fleurs prolifères* à une altération qui consiste dans le développement d'une fleur au centre d'une autre fleur. Les rosiers présentent quelquefois ce phénomène. La figure 17 en offre un exemple. Le calice (C) est transformé en feuilles. Les pétales (P) sont plus nombreux qu'ils ne devraient l'être, leur nombre s'est accru aux dépens des étamines. Un axe (A) occupe le centre de la fleur et s'est développé au détriment des pistils. Cet axe porte à son sommet une seconde fleur en bouton. On remarque, en outre, que cet axe supporte quelques petites lames (F) qui ne sont autre chose que des étamines déformées et entraînées par l'axe.

Fruit. — Lorsque la fécondation est achevée, les enveloppes florales et les organes sexuels se flétrissent et tombent. L'ovaire seul continue de croître et devient le fruit.

On distingue dans le fruit deux parties principales : le *péricarpe* et les *semences*.

1° Le péricarpe est la partie externe du fruit : c'est celle qui enveloppe la semence ; tout ce qui n'est pas la semence fait partie du péricarpe (A, *fig.* 18). Le péricarpe est *sec*, c'est-à-dire qu'il est formé par une substance ligneuse, comme dans la noisette ; ou *coriace*, comme dans les téguments des féviers, des pois (B, *fig.* 19), les fruits des hêtres, des chênes, des arbres résineux, etc.; ou *charnu*, c'est-à-dire formé par un tissu tendre et succulent, comme dans la pomme (A, *fig.* 18), la poire, etc.

2° La semence (B. *fig.* 18) contient les rudiments d'une nouvelle plante semblable à celle qui l'a produite. C'est par la fécondation que ces rudiments ont été vivifiés, c'est-à-dire qu'ils ont acquis la faculté de se développer dès qu'ils auront rencontré les circonstances favorables à leur évolution.

Fig. 17.
Rose prolifère.

Fig. 18. *Coupe verticale d'une pomme.*

La semence se compose en général de quatre parties.

Elle est attachée au péricarpe par un filet composé de vaisseaux (A, *fig.* 19) et auquel on a donné le nom de *cordon ombilical*. C'est par

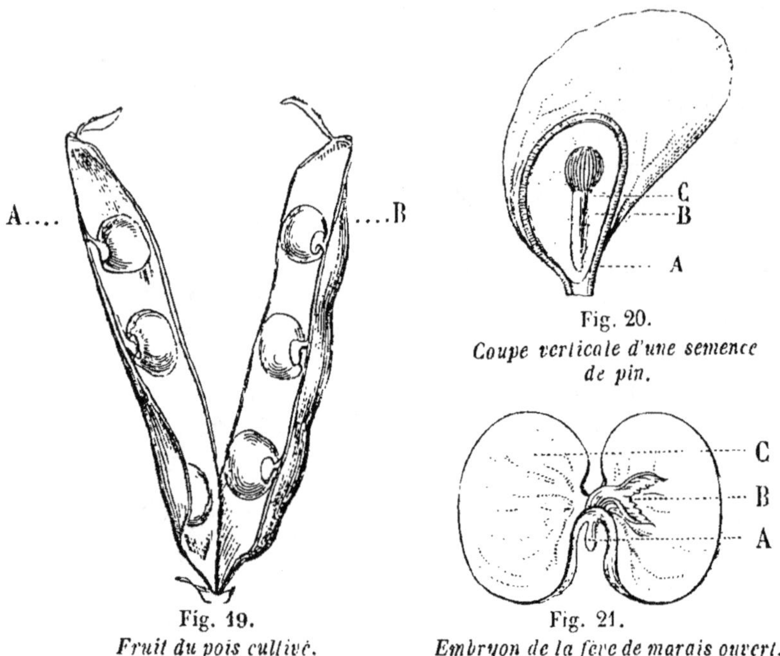

Fig. 19.
Fruit du pois cultivé.

Fig. 20.
Coupe verticale d'une semence de pin.

Fig. 21.
Embryon de la fève de marais ouvert.

lui que la semence reçoit l'influence fécondatrice et les fluides propres à son développement et à sa nutrition.

La *tunique* est l'enveloppe la plus externe de la graine (A, fig. 20).

Le *périsperme* (B, *fig.* 20) est une substance de nature tantôt cornée, tantôt farineuse, qui enveloppe l'embryon dans les graines de plusieurs espèces. Celles des arbres résineux, dont nous avons choisi une semence comme exemple, offrent un périsperme ; beaucoup d'espèces en sont privées : telles sont le *chêne*, le *marronnier,* etc.

L'*embryon* (C, *fig.* 20) est la partie de la graine que recouvrent le périsperme et la tunique, et qui devient plante en se développant.

On reconnaît dans l'embryon trois parties principales ; choisissons comme exemple une graine de *fève de marais*.

La *radicule* (A, *fig.* 21) est dirigée vers l'extérieur de la graine ; c'est le rudiment de la racine. Cette partie, qui se développe la première lors de la germination, absorbe dans la terre la nourriture nécessaire à la jeune plante.

La *plumule* (B, *fig.* 21) tend au contraire vers le centre de la graine.

Cet organe, destiné à former la tige de la jeune plante, se développe en sens inverse de la radicule.

Les *cotylédons* (C, *fig.* 21) sont deux ou un plus grand nombre d'organes semblables, de forme souvent elliptique et fixés entre la plumule et la radicule. Ils sont tantôt épais et charnus, comme dans le *marronnier*, le *chêne;* tantôt minces et foliacés, comme dans le *hêtre.*

ORGANES ÉLÉMENTAIRES.

Tous les organes dont nous nous sommes occupé jusqu'à présent sont eux-mêmes formés d'organes plus simples. Si l'on soumet à une macération prolongée ou à l'ébullition dans l'eau une partie quelconque d'un végétal, on obtient en dernière analyse un tissu membraneux qui, examiné à l'aide d'un instrument grossissant, apparaît sous forme d'une masse de tubes ou vaisseaux, et de cellules. Ces tubes et ces cellules sont les *organes élémentaires* des arbres

Lorsqu'un tissu se compose de ces tubes ou vaisseaux, on lui donne le nom de *tissu vasculaire.* Lorsqu'on n'y distingue qu'un assemblage de cellules, on lui donne le nom de *tissu cellulaire.* Tous les arbres offrent, dans la plupart de leurs organes, la réunion de ces deux tissus.

Tissu vasculaire. — Le tissu vasculaire, vu à l'aide d'un verre grossissant, présente l'aspect de tubes qui parcourent les différents organes des plantes, en s'unissant de distance en distance de manière à simuler les mailles allongées d'un filet (*fig.* 22).

On remarque que les parois en sont fermes, et percées d'ouvertures latérales qui permettent aux fluides qu'il contient de se répandre de tous côtés. Ce tissu se rencontre particulièrement dans toutes les parties solides de l'arbre. C'est lui qui forme les vaisseaux si abondamment répandus dans les couches du corps ligneux et du liber. Il existe également dans le pétiole, dans les nervures des feuilles, etc.

Tissu cellulaire. — Le tissu cellulaire (*fig.* 23) se présente sous forme d'une multitude de petites vésicules agglomérées,

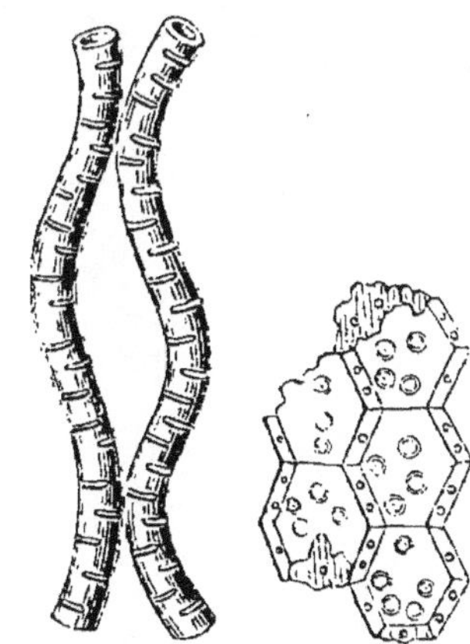

Fig. 22. *Tissu vasculaire.*   Fig. 23. *Tissu cellulaire.*

contiguës les unes aux autres, et dont les parois sont communes. On a comparé avec justesse son apparence à celle de l'eau de savon quand on l'agite.

Les cellules de ce tissu offrent des coupes à peu près hexagones,

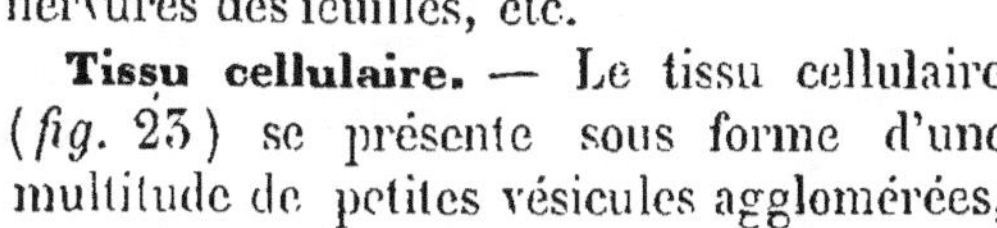

comme les alvéoles des abeilles. Les parois sont percées de pores ou de fentes infiniment petits, et qui établissent des communications entre les cellules.

Le tissu cellulaire compose toutes les parties molles des arbres. La moelle en est entièrement formée. On le trouve encore entre les mailles du tissu vasculaire des couches ligneuses et du liber. Le tissu sous-épidermoïde et le parenchyme des feuilles ne sont autre chose que ce tissu ; enfin, il donne presque exclusivement naissance à la pulpe des fruits charnus et aux petits renflements placés à l'extrémité de chaque radicelle.

Les parois de ces deux sortes de tissus, d'abord très-minces, s'épaississent progressivement par le développement intérieur de nouvelles parois, qui finissent même souvent par en remplir entièrement la cavité.

Ces tissus sont les deux formes qui servent en quelque sorte de type aux divers tissus qu'on rencontre dans les arbres ; mais ils se confondent souvent les uns avec les autres, par d'autres tissus de formes intermédiaires, auxquels on a donné des noms différents, et qu'il nous importe moins de connaître pour comprendre les phénomènes que nous allons étudier.

Tels sont, dans la structure des arbres, les principaux organes que nous avions à examiner. Pour résumer ce que nous venons de voir à cet égard, nous avons placé à la page suivante le tableau analytique de ces organes.

TABLEAU ANALYTIQUE DES PRINCIPAUX ORGANES DES ARBRES.

LES ARBRES PRÉSENTENT DANS LEUR STRUCTURE :

- **Des organes conservateurs :**
  - Racine
    - Collet.
    - Corps ou pivot.
    - Radicelles ou chevelu.
  - Tige
    - Organes extérieurs
      - Bourgeons.
      - Rameaux.
      - Branches.
      - Tronc.
      - Moelle.
    - Organes intérieurs
      - Corps ligneux
        - Bois parfait.
        - Aubier.
      - Écorce
        - Liber.
        - Couches corticales.
        - Tissu sous-épidermoïde
        - Épiderme.
  - Boutons
    - Œil.
    - Bouton proprement dit.
  - Feuilles
    - Pétiole.
    - Disque.
  - Stomates.
- **Des organes reproducteurs :**
  - Fleur
    - Enveloppes florales
      - Calice | Folioles calicinales.
      - Corolle | Pétales.
    - Organes sexuels
      - Étamines
        - Filet.
        - Anthère.
        - Pollen.
      - Pistil
        - Ovaire.
        - Style.
        - Stigmate.
  - Fruit
    - Péricarpe.
    - Semences
      - Cordon ombilical.
      - Tunique.
      - Périsperme.
      - Embryon
        - Plumule.
        - Radicule.
        - Cotylédons.
- **Des organes élémentaires :**
  - Tissu vasculaire.
  - Tissu cellulaire.

CHAPITRE DEUXIÈME

PHYSIOLOGIE VÉGÉTALE.

La physiologie végétale comprend les fonctions que chacun des organes étudiés précédemment remplit dans la vie des plantes, et d'où résultent les différents phénomènes de la végétation; c'est-à-dire la *germination des graines*, la *nutrition*, l'*accroissement*, la *reproduction*, et la *mort*. Nous allons examiner ces phénomènes dans l'ordre où ils se produisent, et constater en même temps le rôle que les organes remplissent dans toutes les phases de la végétation.

Germination. — La germination est l'acte par lequel l'embryon de la graine, placé dans les circonstances favorables à son développement, se débarrasse des enveloppes séminales, et se transforme en un végétal parfait semblable à celui qui lui a donné naissance. L'acte de la germination se résume dans les phénomènes suivants :

Dès qu'une graine reçoit les influences favorables à sa germination, elle absorbe l'humidité, elle se gonfle, ses cotylédons (A, *fig.* 24) grossissent, sa radicule (B) s'allonge, la tunique (C) se rompt, et donne passage à la radicule, qui se dirige vers la terre; la plumule (D) se redresse, se dégage de la tunique; les cotylédons s'étalent, fournissent à la jeune plante la nourriture qu'ils contiennent, puis se flétrissent, et tombent lorsque les premières feuilles sont suffisamment développées. La germination est alors achevée.

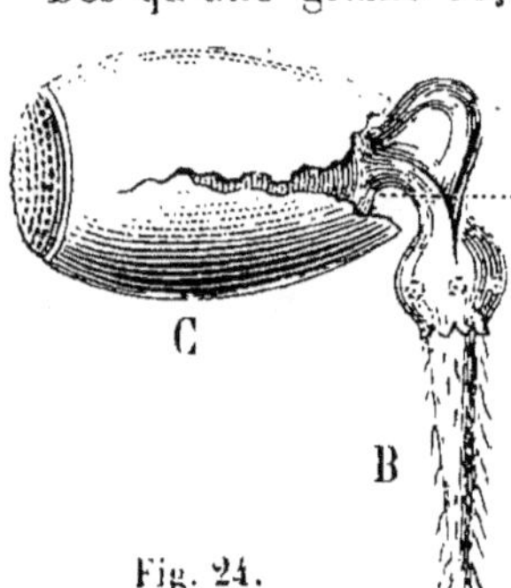

Fig. 24.
Gland de chêne en germination.

La germination d'une graine ne peut s'opérer sans le concours de l'*eau*, de l'*air* et de la *chaleur*.

L'eau assouplit les enveloppes, facilite leur rupture, délaye la substance des cotylédons ou du périsperme, et la rend propre à être absorbée par la jeune plante. La quantité d'eau nécessaire à la germination de chaque graine est toujours en raison du volume de celle-ci.

L'air joue le rôle le plus important dans cette circonstance. Il paraît, d'après des expériences positives, que c'est par l'oxygène qu'il contient que ce gaz concourt à la germination, en modifiant la substance des cotylédons ou du périsperme de manière à la rendre plus propre à la nutrition.

La chaleur détermine l'évolution des germes en stimulant et activant l'énergie vitale. Mais, pour que son action soit efficace, elle doit être appliquée dans certaines limites. Ainsi, si la température était élevée à 45 ou 50°, l'humidité du sol serait vaporisée et la germination ne s'effectuerait pas. Il en serait encore de même si la température était abaissée au-dessous de zéro, point où les liquides se congèlent. C'est donc entre ces deux limites extrêmes qu'on doit chercher le degré de température convenable pour chaque espèce.

La température la plus basse à laquelle les graines puissent se germer varie en raison de l'espèce; mais, ce point déterminé, la germination est d'autant plus accélérée, que la chaleur est plus élevée, pourvu qu'elle ne dépasse pas 45 ou 50°.

Bien que l'eau, l'oxygène et la chaleur soient les seuls agents absolument indispensables pour l'accomplissement du phénomène que nous décrivons, on ne peut passer sous silence l'action du sol dans lequel la graine est semée. Ce milieu est nécessaire à la germination de la plupart des espèces. Il sert de support et de soutien aux jeunes plantes, il distribue lentement à chaque graine la quantité d'humidité qui lui est nécessaire, et, dès que la radicule est développée, il lui fournit les liquides chargés de principes nutritifs qu'elle a besoin d'absorber. La lumière nuit à la germination en empêchant l'action efficace du gaz oxygène; le sol influe donc encore favorablement dans ce phénomène en privant les graines de la présence de la lumière.

La qualité du sol influe sur le succès de la germination. L'expérience a démontré que les graines germent plus facilement dans les terrains légers que dans ceux qui sont lourds et compactes. La surface de ces derniers se durcit en une croûte imperméable, prive les graines de l'influence de l'air, et en retarde la germination. D'autres fois ils retiennent l'eau en trop grande abondance; les semences s'y trouvent comme noyées et pourrissent. Les sols légers sont au contraire très-perméables à l'air et à l'eau; les semences y sont soumises à l'influence de l'oxygène, et y trouvent une humidité suffisante. Enfin la profondeur à laquelle les graines sont enterrées agit encore sur la germination. On conçoit que, si ces graines sont recouvertes de telle manière que l'air ne puisse les atteindre, leur évolution restera stationnaire. Elles souffriront également si elles sont posées seulement à la surface du sol, où les plus grosses surtout ne trouveront pas assez d'humidité.

D'après ces motifs, on a posé les principes suivants :

1° Les grosses graines doivent être enterrées plus profondément que les petites, parce qu'elles ont besoin, pour germer, d'une plus grande quantité d'humidité;

2° Les mêmes graines doivent être enterrées plus profondément dans un terrain léger que dans un sol compacte, parce que le premier retient moins l'humidité que le second, et qu'il est plus perméable à l'air.

Les trois agents précédents, combinés dans les proportions les plus favorables aux besoins de chaque sorte de semence, agissent avec plus ou moins d'intensité, en raison de l'organisation propre à chacune d'elles. De là, les différences de temps qu'exige chaque espèce pour germer.

En général, les graines d'arbres germent plus lentement que celles des plantes herbacées; cela tient à ce que les premières sont habituellement recouvertes d'une tunique moins perméable à l'humidité que les secondes. C'est aussi par cette raison que les graines d'arbres d'une consistance osseuse (les *néfliers*, les *rosiers*) lèvent plus lentement que les autres.

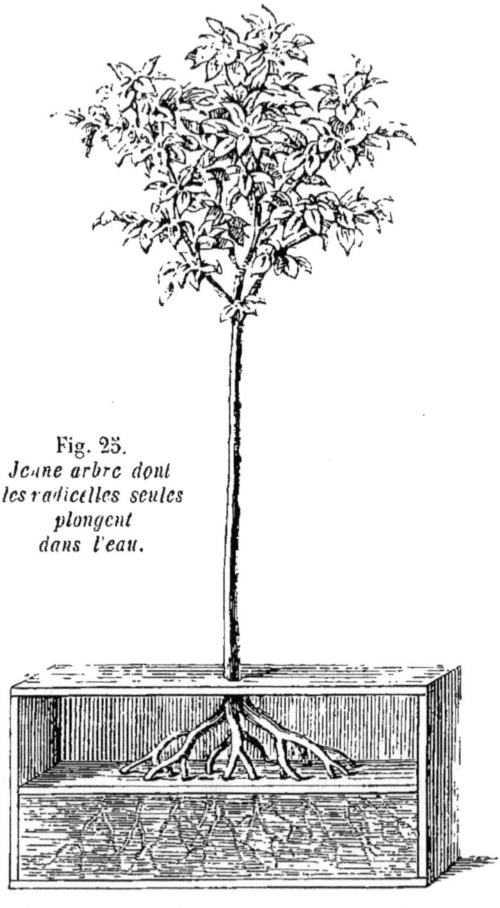

Les semences se développent d'autant plus rapidement qu'elles sont plus nouvellement récoltées : encore imbibées de leur eau de végétation, leur tunique se laisse plus facilement pénétrer par l'humidité extérieure. D'ailleurs, en vieillissant, l'embryon s'engourdit et perd une partie de son énergie vitale.

Nutrition. — Les substances propres à la végétation des arbres sont d'abord introduites dans leurs organes, puis modifiées, préparées, de manière à servir ensuite à leur accroissement. Ces phénomènes constituent la *nutrition*. Occupons-nous du mode d'absorption de ces substances, en recherchant

Fig. 25.
Jeune arbre dont les radicelles seules plongent dans l'eau.

avant tout de quelle nature elles sont en général.

Les végétaux contiennent du carbone, de l'eau toute formée, ou ses éléments (oxygène et hydrogène), du phosphore, du soufre, des oxydes métalliques unis aux acides phosphorique, sulfurique et silicique, des chlorures, des bases alcalines (potasse, soude, chaux, magnésie) combinées à des acides végétaux. Les plantes ont donc besoin pour vivre d'absorber incessamment de l'eau ou ses éléments, de l'air ou ses éléments, de l'acide carbonique et certaines matières minérales. C'est du sol et de l'atmosphère qu'elles tirent toutes ces matières alimentaires. Dans la terre, les racines puisent l'eau, les substances minérales ou salines, et les substances organiques fournies par les engrais; substances qui consistent en des composés riches en carbone et en azote. De leur côté les feuilles absorbent, dans l'atmosphère qui les baigne de toutes parts, le gaz acide carbonique, l'ammoniaque, l'hydrogène sulfuré, qui fournissent aux tissus la plus grande partie du charbon, de l'azote et du soufre qu'on rencontre dans leur constitution intime. Mais comment tous ces principes élémentaires sont-ils introduits dans la jeune plante?

Posons d'abord en principe que toutes les substances solides dont nous venons de parler ne peuvent pénétrer dans les végétaux qu'à l'état de dissolution dans l'eau ou à l'état gazeux. L'épiderme des racines est dépourvu de stomates ou pores, et ceux qui existent sur les organes foliacés sont beaucoup trop ténus pour permettre à ces matières d'être introduites à l'état solide. L'eau, outre qu'elle est un élément nutritif pour les plantes, sert donc encore de véhicule pour l'introduction et la répartition des molécules nutritives dans toutes les parties de l'arbre.

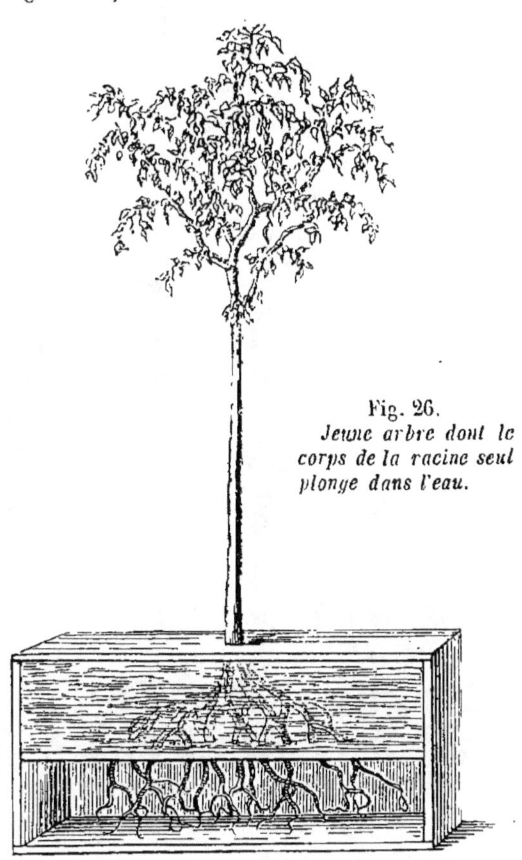

Fig. 26.
Jeune arbre dont le corps de la racine seul plonge dans l'eau.

Les organes absorbants des arbres sont les racines et les feuilles. Occupons-nous d'abord de l'absorption par les racines.

Les racines puisent dans la terre des gaz et des fluides aqueux qui tiennent en dissolution les matières propres à la nutrition des arbres. Pour se convaincre de ce fait, il suffit de placer les racines d'un jeune arbre dans un vase rempli d'eau. Cet arbre continuera de végéter, et l'on verra le liquide diminuer progressivement. La même expérience peut servir à démontrer l'existence d'un second fait, c'est que l'absorption des racines a lieu surtout pendant le jour. En effet, on voit le liquide diminuer sensiblement du matin au soir, et très-peu du soir au matin.

Nous savons déjà que c'est dans les extrémités radiculaires ou le chevelu de la racine que réside surtout la propriété d'absorption. Pour prouver l'exactitude de cette assertion, on a disposé (*fig. 25*) un jeune arbre de manière à ce que les radicelles seules plongeassent dans l'eau, tandis que le corps de la racine était seulement abrité du contact de l'air. L'arbre a continué de végéter. Puis on a fait le contraire (*fig. 26*) : on a placé le corps de la racine dans l'eau, tandis que les radicelles étaient privées de son contact ; la végétation s'est arrêtée tout à coup, et les feuilles se sont flétries. Ces deux expériences sont concluantes [1].

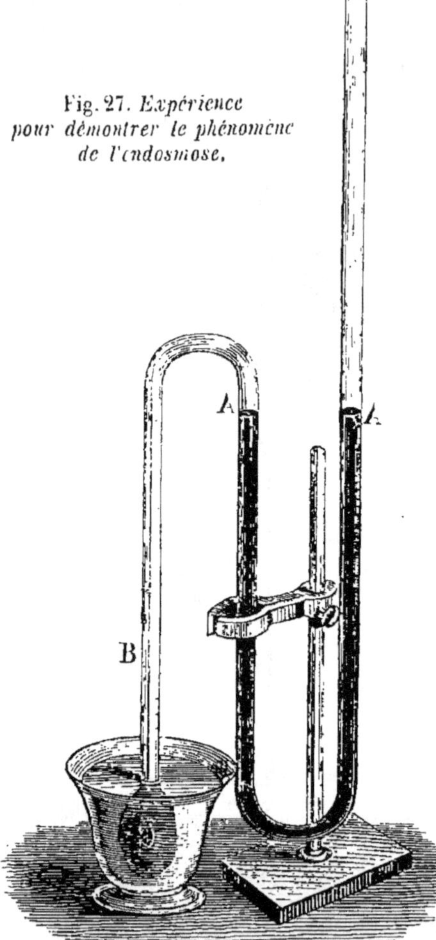

Fig. 27. *Expérience pour démontrer le phénomène de l'endosmose.*

Dès que l'eau du sol, chargée de matières solubles, est entrée dans les radicelles, elle fait partie des sucs du végétal : c'est à ce fluide que l'on donne le nom de *séve proprement dite*. Étudions maintenant quelle direction cette séve suit dans l'arbre, et quelles sont les parties de la tige qui servent à sa circulation.

[1] On doit à M. Dutrochet l'explication du phénomène par lequel les liquides répandus dans le sol pénétrent dans les extrémités radiculaires, recouvertes cependant par une membrane continue. Ce résultat est dû à une force nommée *endosmose* et qui fait que deux liquides de densité différente et séparés par une membrane animale ou végétale traverseront cette membrane pour se mettre en équilibre. Ainsi, qu'une petite vessie membraneuse (D, *fig.* 27), remplie d'eau sucrée ou gommeuse, soit fixée à la base d'un tube à double courbure, rempli lui-même d'eau sucrée de B en A, et de mercure d'A en A ; qu'on plonge la vessie dans un vase rempli d'eau pure, et l'on verra bientôt celle-ci, pénétrant à travers la vessie, exercer une pression telle sur la colonne de mercure, que cette dernière pourra s'élever à plus d'un mètre dans l'espace de deux jours. C'est sous l'influence de ce même phéno-

La séve, absorbée par les racines, s'élève jusqu'aux feuilles; c'est à ce phénomène qu'on donne le nom d'*ascension de la séve*, ou *séve montante*. Les expériences les plus concluantes sont venues démontrer que c'est par le corps ligneux que s'opère le mouvement d'ascension. Voici l'expérience principale qui, répétée par plusieurs physiologistes et par nous, est venue éclairer cette question. On arrosa un jeune arbre, placé dans un vase, avec un liquide coloré. Après plusieurs jours d'expérience, on coupa transversalement la tige de cet arbre, et l'on reconnut, à la couleur des parties qui avaient servi à la circulation, que le liquide avait suivi dans son mouvement d'ascension seulement les vaisseaux formant les deux ou trois couches les plus extérieures de l'aubier. L'ascension de la séve s'opère donc par les couches d'aubier les plus jeunes; de là elle passe dans les vaisseaux qui forment le pétiole (II, *fig.* 7), puis elle se répartit dans toute l'étendue de la feuille [1].

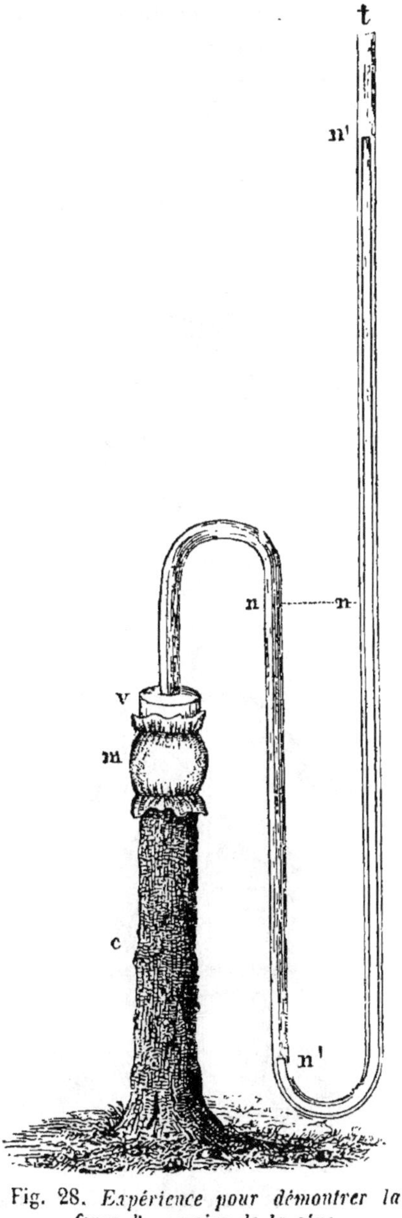

mène de l'endosmose qu'on voit les cerises et les prunes se déchirer lorsqu'elles sont mouillées par les pluies aux approches de leur maturité.

[1] C'est encore à l'endosmose qu'on doit attribuer en grande partie la force qui détermine l'ascension de la séve; toutefois l'action de l'évaporation sur toutes les parties vertes des arbres vient encore aider à ce mouvement ascensionnel, en produisant dans les tissus environnants un vide qui attire à lui la séve des racines. Cette force d'ascension est telle, que si l'on coupe, au printemps, un cep de vigne C (*fig.* 28) près de sa base et que l'on adapte sur cette coupe M un tube à double courbure T rempli de mercure jusqu'au point N (*fig.* 28), on voit bientôt la séve qui s'échappe de la section exercer une pression telle sur la colonne de mercure, que cette dernière arrive aux points N' et N'', et peut s'élever ainsi à plus d'un mètre au-dessus de son niveau.

Fig. 28. *Expérience pour démontrer la force d'ascension de la séve.*

Les racines ne sont pas les seuls organes absorbants : les feuilles remplissent aussi cette fonction, et puisent, dans l'atmosphère, de la vapeur d'eau, de l'acide carbonique et de l'oxygène. Cette absorption se fait particulièrement par les pores de la face inférieure des feuilles. Dans les racines, cette introduction de fluides a lieu surtout pendant le jour; dans les feuilles, au contraire, elle s'opère pendant la nuit. Les fluides absorbés par les feuilles et par les racines sont accumulés dans les cellules répandues entre les mailles qui composent les parties foliacées de l'arbre.

La séve ascendante, parvenue dans les feuilles, y subit plusieurs modifications : d'abord, elle abandonne une grande partie de son humidité, qui est rejetée dans l'atmosphère sous forme de vapeur aqueuse par toutes les parties vertes, et surtout par les pores qui couvrent la face inférieure des feuilles. Ce premier fait a été clairement démontré par les expériences de Hales, célèbre physiologiste anglais. Il planta (*fig. 29*) un soleil des jardins dans un vase fermé par une platine percée seulement par deux ouvertures, l'une pour laisser passer la tige de la plante, l'autre pour pratiquer des arrosements. Le pot et la plante furent soigneusement pesés soir et matin pendant quinze jours. Il résulta de ces observations que la plante perdit par l'évaporation 600 grammes d'eau par jour.

La même expérience a servi à démontrer que cette exhalation a lieu surtout sous l'influence de la lumière. Ainsi, en pesant le matin le pot et la plante, il ne trouva pas de perte bien sensible.

Fig. 29. *Soleil des jardins.*

Quelquefois cette transpiration est si considérable, qu'elle devient sensible, comme la sueur, sous forme de gouttelettes. Ceci explique la présence des gouttelettes d'eau qu'on observe fréquemment sur les feuilles de quelques espèces aux premiers rayons du soleil levant. On avait cru d'abord que cette humidité était produite par la rosée; mais on a reconnu qu'elle s'observe de même sur les plantes recouvertes pendant la nuit d'une cloche de verre, et qu'elle devait être rapportée en grande partie à la transpiration des plantes.

La modification la plus importante subie dans les feuilles par la séve ascendante est incontestablement la suivante.

Nous savons que, d'un côté, cette séve tient en dissolution des matières carbonées provenant des engrais repandus dans le sol. D'un autre côté, nous avons vu que les feuilles absorbent du gaz oxygène dans l'air pendant la nuit; or des expériences minutieuses ont démontré que le gaz oxygène s'unit aux matières carbonées pour former du gaz acide carbonique; puis, que ce dernier gaz est ensuite décomposé, que le carbone est fixé dans le végétal, et le gaz oxygène reversé dans l'air. Le gaz acide carbonique, puisé dans l'air par les feuilles en même temps que le gaz oxygène et les vapeurs aqueuses, subit la même décomposition. Ce qu'il y a de remarquable dans ce phénomène, c'est qu'il n'a lieu que sous l'influence des rayons solaires.

L'expérience suivante vient, du reste, prouver d'une manière bien évidente cette absorption de l'acide carbonique par les feuilles, sa décomposition sous l'influence de la lumière et la fixation du carbone dans la plante. Si l'on place sur une même cuvette (*a, fig.* 30) deux bocaux renversés, l'un *b*, ainsi que la cuvette, plein d'eau distillée dans laquelle nage une plante de menthe aquatique, l'autre, *c*, rempli d'acide carbonique; qu'on surmonte l'eau de la cuvette d'une épaisse couche d'hui-

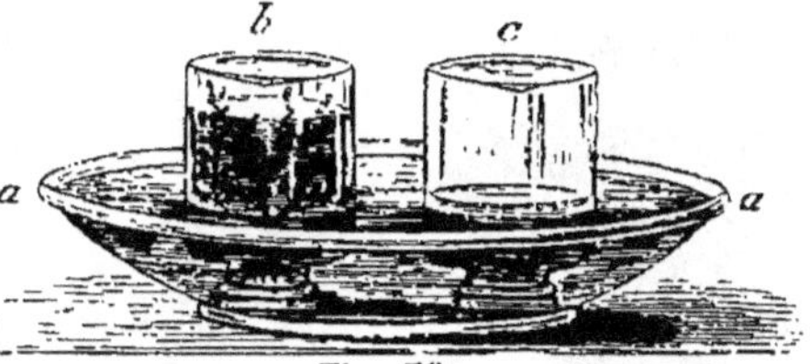

Fig. 30.

le, pour éviter le contact de l'air atmosphérique, et qu'on expose l'appareil au soleil, voici ce qui a lieu. l'acide carbonique est progressivement absorbé par l'eau, qui le cède à mesure à la plante de menthe; celle-ci le décompose et rejette l'oxygène, lequel s'accumule successivement au sommet du bocal *b*, tandis que l'on voit l'eau s'élever dans le bocal *c* et y occuper un espace à peu près égal à celui de l'oxygène qui s'accumule au-dessus de la plante de menthe.

D'un autre côté, si un jeune arbre en végétation est plongé dans l'obscurité complète, les parties qui se développent contiennent, à volume égal, une bien moins grande proportion de charbon que celles développées à la lumière; en outre, elles sont d'une couleur jaunâtre et chargées d'une bien plus grande quantité de fluides aqueux. Ceci prouve évidemment que le carbone ou charbon ne peut être fixé dans la plante qu'à l'aide du concours de la lumière, et que la présence de cet agent est également nécessaire pour que la séve se débarrasse de son eau surabondante au moyen de la transpiration.

2.

Telles sont les principales modifications que subissent, dans les feuilles, les divers fluides absorbés, avant de servir à l'accroissement des arbres. Voyons maintenant quelle route suit cette séve pour arriver aux différents points où doivent se faire de nouveaux développements.

La séve, après avoir reçu les modifications précédentes dans le tissu cellulaire des feuilles, devient moins liquide, et acquiert le caractère d'un nouveau fluide, connu sous le nom de *cambium*. Ainsi préparé, le cambium passe des cellules de la feuille dans les nervures du même organe, composées, comme nous le savons, de vaisseaux, ou tissu vasculaire. Il circule dans ces vaisseaux, et parvient, en descendant, jusqu'à la base du pétiole. Là, il détermine la formation d'une couche d'aubier et de liber, puis une partie descend par les vaisseaux de cette même couche de liber (*c*, *fig.* 7). On donne à ce second mouvement de la séve le nom de *séve descendante*.

Plusieurs physiologistes ont nié le passage du cambium ou séve descendante par le liber. Ils ont pensé qu'il suivait les vaisseaux de la couche d'aubier. Le fait suivant est venu donner tort à cette opinion. Si l'on enlève un anneau d'écorce à la tige ou à une branche d'un arbre en végétation (A, *fig.* 31), on voit bientôt se former au bord supérieur de la plaie un bourrelet (*a*). Si l'on opère cette section sur une branche dépourvue ou dégarnie de feuilles (B), il ne se forme point de bourrelet à la lèvre supérieure (*b*). Ce bourrelet ne se développe qu'à mesure que les feuilles, apparaissant sur cette branche, viennent élaborer le cambium. Il est difficile de ne pas conclure de ces faits que la séve descendante suit, pour opérer ce mouvement, les couches de liber, et que, arrêtée par la section annulaire, elle donne lieu au bourrelet.

Fig. 31.

Accroissement. — Le phénomène par lequel le fluide organisateur ou cambium est réparti sur les divers points du végétal et sert à son développement constitue l'*accroissement*.

On distingue dans l'accroissement celui de la tige et celui des racines.

L'accroissement de la tige présente deux phénomènes : l'accroissement en longueur et l'accroissement en diamètre.

Accroissement en longueur. — Le cambium élaboré par les feuilles pendant tout le temps de la végétation n'est pas employé en totalité à la formation de nouvelles parties : une certaine quantité reste en dépôt dans les tissus de l'arbre pendant l'hiver, pour servir au premier développement, lors du réveil de la végétation, alors qu'il n'y a pas encore de feuilles qui puissent concourir à sa préparation. Pour prouver ce fait, on coupe, vers le milieu de l'hiver, le tronc d'un arbre ; on le conserve jusqu'au printemps dans un endroit un peu humide pour empêcher l'évaporation des fluides qu'il renferme, et on le voit, au printemps, developper des bourgeons quelquefois longs d'un mètre. Le tronc étant privé de racines et de feuilles, ces bourgeons sont évidemment alimentés par le cambium tenu en réserve dans les tissus de cette partie de l'arbre.

Au printemps donc, lorsque la température commence à s'élever, les tissus des végétaux, excités par la chaleur, retrouvent toute leur énergie vitale. Les boutons acquièrent une surexcitation particulière ; l'ascension de la séve, des racines vers le sommet de l'arbre, commence à s'effectuer avec une grande force. Ce fluide, comprimé à l'extrémité des rameaux dans les vaisseaux les plus extérieurs de la jeune couche d'aubier (A, *fig.* 32), agit sur les vaisseaux qui forment l'axe rudimentaire des boutons (B et C) et détermine l'allongement de cet axe ; c'est alors que commence l'accroissement en longueur des bourgeons, dont les premiers tissus sont constitués à l'aide du cambium tenu en réserve dans les parties environnantes. Ces jeunes bourgeons se composent d'abord d'un axe (B, *fig.* 32) : c'est l'étui médullaire rempli de moelle (D, *fig.* 32). Cet étui médullaire est formé de quelques vaisseaux ; puis il est recouvert par une couche très-mince de liber (C), de tissu sous-épidermoïde (E), et d'épiderme (F). Ces différentes parties sont les seules dans les arbres qui se développent de bas en haut, et naissent toujours d'un bouton : c'est le *système ascendant.* Toutes les autres parties se déve-

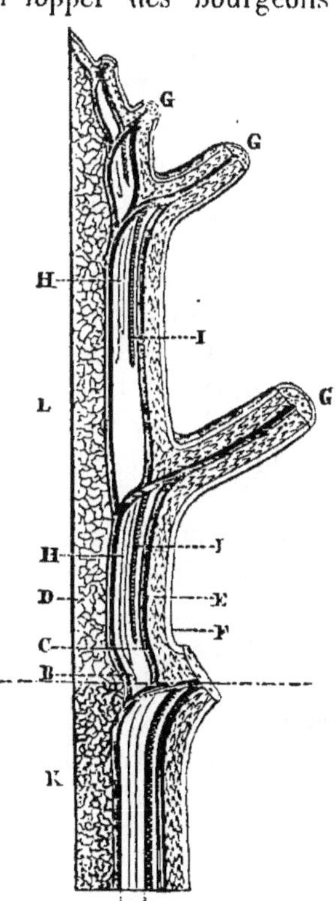

Fig. 32. *Coupe verticale grossie d'un fragment de rameau* (K) *et d'un fragment de bourgeon* (L).

loppent constamment de haut en bas, comme nous le verrons bientôt.

Bientôt après cette évolution de l'axe des bourgeons, les premières feuilles (G) se déploient, et, commençant immédiatement leurs fonctions, transforment en cambium la séve des racines. Il s'établit alors, dans chacun de ces nouveaux prolongements, une lutte entre deux effets opposés : la séve ascendante, qui, par sa force, détermine le prolongement des tissus ; et la séve descendante ou cambium, qui, déposant sur son passage des matières nutritives, tend à constituer et à solidifier ces mêmes parties, à diminuer leur élasticité, et à arrêter ainsi leur allongement. Le développement des filets ligneux (H) et du liber (I), qui naissent de la base des feuilles en se dirigeant de haut en bas, contribue aussi beaucoup à arrêter cette élongation, qui cesse toujours vers la fin de l'année, en commençant d'abord par la base des bourgeons.

Tel est, en général, le mode d'accroissement en hauteur des arbres; le tronc, les branches et les rameaux, se sont ainsi étendus par le développement successif de bourgeons terminaux.

Ce qu'il y a de remarquable dans ce qui précède, c'est, comme nous venons de le dire, que les bourgeons, après s'être allongés pendant une année environ, restent stationnaires, ou, du moins, que leur prolongement n'a plus lieu que par le développement d'un nouveau bourgeon terminal. Ainsi Duhamel fixa, à d'égales distances les unes des autres, des pointes, disposées sur une ligne longitudinale, sur des troncs, des branches et des rameaux ; après plusieurs années d'observation, il ne remarqua pas que l'espace réservé entre ces pointes eût augmenté.

La longueur qu'acquiert chaque bourgeon pendant l'année de son développement varie en raison de plusieurs circonstances.

Si l'on compare entre eux deux arbres de même espèce placés dans des circonstances différentes, on observera souvent que la plupart des bourgeons développés par l'un seront beaucoup plus longs que ceux de l'autre. Ce fait a pour cause générale l'inégalité d'action de la séve ascendante et celle de la séve descendante. En effet, si l'un de ces arbres se trouve planté dans un sol humide et dans une position ombragée, la séve ascendante, très-abondante et surtout très-aqueuse, agira avec force sur s'allongement des bourgeons ; d'un autre côté, les fonctions des feuilles le faisant incomplétement, en raison du peu de lumière qui les éclaire, la séve descendante ou cambium sera aussi très-aqueuse et peu riche en principes organisateurs. Il résultera de ces deux causes que les tissus des bourgeons se solidifieront lentement, que les productions descendantes du bois et du liber seront peu abondantes, et que les bourgeons devront acquérir bien plus de longueur dans un temps donné.

Si, au contraire, un autre individu de la même espèce se trouve planté dans un terrain sec, exposé à une lumière très-vive, la séve ascendante sera moins aqueuse et plus riche en principes nutritifs, les feuilles fonc-

tionneront avec une grande énergie, et la séve descendante sera très-riche
en molécules organisatrices. Il en résultera que les tissus des bourgeons,
étant, d'un côté, soustraits à une partie de l'influence de la séve ascendante, et, de l'autre, recevant une grande quantité de molécules nutritives, se solidifieront bien plus promptement, et que leur allongement
se trouvera aussi plus vite arrêté par l'abondance des filets ligneux et corticaux descendants. Ces bourgeons acquerront alors bien moins d'étendue dans un temps donné.

On trouvera encore des différences très-grandes entre les diverses espèces ligneuses, quant à la longueur de leurs bourgeons. Ici elles ne
sont plus dues seulement à l'influence des causes extérieures, mais encore au mode de nutrition particulier à chaque sorte d'arbre. Comparons,
par exemple, la vigne et le chêne. La vigne développe des bourgeons qui
acquièrent souvent jusqu'à 5 et 6 mètres de long, tandis que dans le
chêne les plus vigoureux ne dépassent guère 1 mètre. Cela tient à ce que,
la vigne s'assimilant une bien moins grande proportion de matière carbonée que le chêne, les causes qui s'opposent à l'allongement des tissus
s'y produisent avec moins d'intensité. Nous pourrions en dire autant du
saule, du *peuplier*, du *tilleul*, comparés au *chêne*; aussi le bois de ces
arbres est-il, à volume égal, bien moins riche en charbon que celui du
chêne.

L'allongement des bourgeons, observé sur un même individu, offre
aussi des différences remarquables. On voit que le bourgeon terminal
d'un rameau est toujours plus vigoureux et acquiert plus de longueur
que ceux placés au-dessous (B, *fig.* 4). Ce phénomène s'explique quand
on songe que la séve ascendante, trouvant moins d'obstacle à circuler
dans une ligne droite que dans une ligne brisée, doit agir avec bien plus
d'énergie sur l'allongement du bourgeon terminal que sur celui des
bourgeons latéraux. Nous devons ajouter que, le bouton terminal d'un
rameau étant formé après les boutons latéraux, les vaisseaux ligneux
qui y portent la séve des racines recouvrent en grande partie ceux qui
alimentent directement les boutons latéraux ; il en résulte que les vaisseaux du bouton terminal, formant immédiatement l'extrémité des radicelles, absorbent plus facilement et en plus grande quantité les fluides
répandus dans le sol ; cela est si vrai, que les boutons terminaux se développent toujours avant les boutons latéraux. On voit aussi que plus un
rameau développe de bourgeons, moins ceux-ci acquièrent de longueur : la séve ascendante, partageant son action entre les divers bourgeons, agit d'autant moins activement sur chacun d'eux qu'ils sont plus
nombreux. Nous nous rappellerons ces principes lorsque nous nous oc-
cuperons de la taille des arbres fruitiers et de l'élagage.

Accroissement en diamètre. — L'accroissement en diamètre des
diverses parties de la tige commence à s'opérer en même temps que leur

développement en longueur. Suivons cet accroissement dans une jeune tige née depuis quelques jours seulement.

A mesure que cette jeune tige s'allonge et que les feuilles se déploient, celles-ci élaborent le cambium. Ce fluide organisateur, une fois formé, descend, par les nervures de la feuille, jusqu'à la base du pétiole. Là il produit un certain nombre de vaisseaux ligneux (M, *fig.* 7), qui, naissant de ce point, recouvrent le canal médullaire et se prolongent jusqu'à l'extrémité des radicelles : c'est la première formation de l'aubier. Les feuilles qui se développent au-dessus de la première fournissent également un certain nombre de ces vaisseaux ligneux (D, *fig.* 7) qui recouvrent successivement ceux des feuilles placées au-dessous, et se prolongent également jusqu'à l'extrémité des racines. Ce développement et cette superposition successive de vaisseaux ligneux se produisent sur la jeune tige tant qu'elle donne naissance à de nouvelles feuilles. Vers l'automne, les feuilles venant à disparaître, il n'y a plus préparation de cambium, et les formations ligneuses cessent. La séve ascendante n'étant plus appelée par les feuilles, les fonctions des racines sont aussi en partie suspendues. Ce qui se forme ainsi d'aubier sur la tige, pendant le cours de la végétation, donne lieu à une couche séparée de celles qui suivront par une petite ligne de couleur plus foncée (*fig.* 6).

S'il est vrai qu'il se forme chaque année sur la tige une couche distincte de bois, il doit être possible de déterminer approximativement l'âge d'un arbre, en comptant sur la coupe transversale de son tronc le nombre de ses couches ligneuses ; mais, pour que le calcul puisse approcher de la vérité, l'arbre doit être coupé près de sa base ; car, si la section était opérée sur un point plus élevé que celui où s'est arrêté, la première année, l'allongement de la jeune tige, et, par, conséquent, la formation de la première couche ligneuse (en B, par exemple, *fig.* 9), on compterait une ou plusieurs couches de moins.

Pour prouver le degré de précision de ce procédé, nous citerons le fait suivant : nous avons coupé transversalement le tronc d'un *platane* qui fut abattu, en 1838, par un ouragan sur le boulevard Martainville, à Rouen. Cette avenue fut plantée en 1776, sous l'intendance de M. de Crosne. Eh bien, en comptant les couches ligneuses de cette coupe, nous en avons trouvé 67. Le nombre d'années écoulées de 1776 à 1838 est de 62 ; comme l'arbre avait au moins 5 ans quand on l'a planté, on voit que le nombre de couches observées indiquait son âge d'une manière assez exacte.

En considérant attentivement la masse du corps ligneux sur la coupe transversale d'un tronc d'arbre déjà âgé, on remarque que les couches concentriques qui la composent offrent entre elles une grande irrégularité d'épaisseur. L'étude comparée de la coupe d'un certain nombre de troncs de vieux arbres a démontré qu'en général leur accroissement en

grosseur est d'abord assez prompt, mais qu'à une certaine époque de
leur existence, époque assez reculée d'ailleurs et variant selon les espèces, l'accroissement annuel diminue beaucoup, et se continue ensuite
jusqu'à la mort de l'arbre sans perdre ni gagner sensiblement. Cette diminution d'accroissement paraît tenir à deux causes, savoir : en premier
lieu, à ce que les racines, en s'éloignant en profondeur de l'influence de
l'air libre, remplissent moins bien leurs fonctions ; en second lieu, à ce
que l'écorce du tronc devient, en vieillissant, plus sèche, moins flexible,
et s'oppose ainsi au libre accroissement du liber et de l'aubier Knight,
physiologiste anglais, a vu que de vieux *poiriers* et *pommiers*, après
avoir été débarrassés de la partie extérieure sèche et désorganisée de leur
écorce, ont formé plus de bois en deux ans qu'ils ne l'avaient fait pendant les vingt années précédentes. Au surplus, ces deux causes générales
sont modifiées par la plus ou moins grande fertilité des diverses zones
de terre que les racines rencontrent dans leur trajet pendant la vie de
l'arbre. Ainsi on voit quelquefois des couches ligneuses, développées pendant la jeunesse de l'arbre, être plus minces que celles qui les précèdent
et les suivent. Ces couches correspondent à une époque de la vie de
l'arbre où les racines se trouvaient engagées dans une terre moins fertile.

Quelquefois aussi presque toutes les couches ligneuses de certains
troncs présentent, vers le même point
de leur étendue circulaire (en A, *fig. 33*),
une épaisseur plus considérable que vers
les autres points ; de telle sorte que le
canal médullaire paraît être placé latéralement, et que le tronc offre de ce
côté un renflement longitudinal très-
marqué. Ce phénomène est dû à la présence d'une grosse branche au-dessus de
ce point. Celle-ci supportant un plus grand
nombre de feuilles, il s'y introduit plus
de cambium et de vaisseaux ligneux, et
les couches de bois acquièrent nécessairement de ce côté plus d'épaisseur. Si on
venait à supprimer cette grosse branche,
ces couches ligneuses cesseraient aussitôt leur accroissement dispropor-
tionnel.

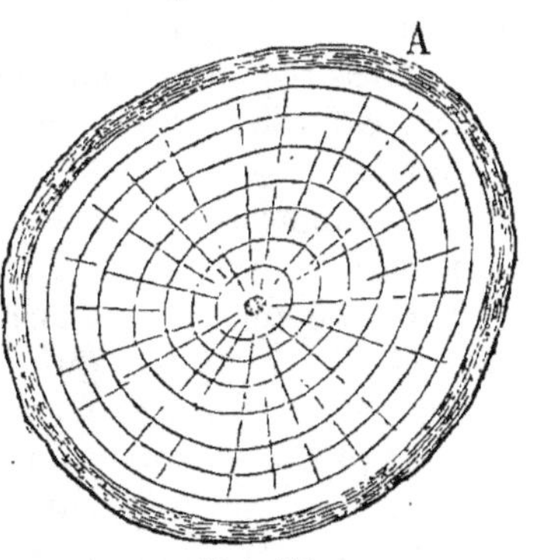

Fig. 33.
*Coupe transversale d'une tige dont
les couches ligneuses sont toutes
plus épaisses d'un côté.*

Nous avons vu, en étudiant l'organisation du corps ligneux, qu'il offre deux parties distinctes : l'une, centrale, d'un tissu plus serré, plus
dur, ordinairement plus coloré, et à laquelle on donne le nom de *bois
parfait;* l'autre, placée à l'extérieur, d'un tissu plus lâche, d'une couleur toujours jaunâtre, et que l'on connaît sous le nom d'*aubier.* C'est
ici le moment de parler de la formation du bois parfait.

Nous savons que l'ascension de la séve s'opère surtout par la couche d'aubier la plus extérieure ; cette couche conserve ses fonctions pendant un, deux, quelquefois même pendant quatre ans, selon le diamètre plus ou moins grand des vaisseaux qui charrient la séve et qui s'obstruent plus ou moins vite. Si l'on opère, au printemps, une section annulaire, large de 0^m,10 environ, sur le tronc d'un *faux acacia*, par exemple, dont le tissu est très-serré, et qu'on isole cette plaie du contact de l'air, la partie placée au-dessus de la section languira pendant le restant de l'année, mais elle ne végétera plus au printemps suivant. La couche d'aubier ne conservant ses fonctions que pendant une année, n'aura pu être remplacée, au point de la section annulaire, par une nouvelle couche, et, la séve ascendante n'arrivant plus aux feuilles, l'arbre mourra. L'*orme*, dont le tissu est un peu plus mou, soumis à la même expérience, ne cesse de vivre qu'au bout de deux ans. Le *marronnier*, le *peuplier*, le *saule*, à tissus plus lâches et moins faciles à obstruer, vivent encore pendant trois et quatre ans.

Tant que les couches ligneuses servent à la circulation des fluides, elles reçoivent toujours quelques molécules nutritives qui viennent augmenter leur densité, et continuent de faire partie de l'aubier. Mais bientôt, les vaisseaux qui composent ces couches finissant par s'obstruer, leurs fonctions cessent ; les fluides qu'elles contiennent encore se solidifient, elles acquièrent plus de dureté, une coloration plus intense, et prennent enfin le caractère de bois parfait.

Néanmoins, dans les arbres à bois mou, le *marronnier*, le *peuplier*, les couches ligneuses centrales diffèrent peu des couches extérieures, et le bois parfait y est peu distinct de l'aubier : c'est que le cambium élaboré par les feuilles de ces arbres est bien moins riche en matière carbonée, et que, les tissus qui en résultent étant plus lâches, les vaisseaux cessent leurs fonctions avant d'être complétement obstrués et d'avoir acquis une grande dureté. La circulation des fluides est alors empêchée dans ces vaisseaux par les nouvelles couches d'aubier qui, venant les recouvrir annuellement, privent leur extrémité inférieure du contact immédiat du sol et les empêchent d'absorber.

Une fois que les couches ligneuses sont passées à l'état de bois parfait, elles ne servent plus qu'à supporter les parties essentiellement vivantes, c'est-à-dire les couches d'aubier les plus extérieures et l'écorce. Encore le bois parfait n'est-il pas, sous ce rapport, indispensable à l'existence des arbres ; car on voit tous les jours des *chênes*, des *ormes*, des *saules*, entièrement creux et qui végètent cependant avec force. Ce fait a servi à démontrer combien était peu fondée l'opinion de ceux qui pensaient que l'ascension de la séve continuait de s'opérer par le canal médullaire.

Les diverses parties que comprend l'*écorce* présentant un mode d'accroissement différent, nous devons les étudier séparément : occupons-nous d'abord du *liber*.

Le liber, partie la plus intérieure de l'écorce, immédiatement en contact avec l'aubier (E et F, *fig.* 7), se compose, comme nous le savons déjà, de feuillets minces superposés, et formés eux-mêmes par la réunion de vaisseaux. Ces vaisseaux naissent aussi de la base des feuilles (E, *fig.* 7) et se prolongent, comme les filets ligneux, jusqu'à l'extrémité des radicelles. Seulement, dans le liber, les vaisseaux qui descendent successivement se développent les uns au-dessous des autres (F, *fig.* 7), de sorte que les plus nouvellement formés sont toujours les plus intérieurs; tandis que, dans le corps ligneux, les nouvelles couches se recouvrant l'une l'autre, la plus jeune est toujours à l'extérieur de l'aubier. Ce qui se forme de vaisseaux du liber pendant le cours de la végétation d'une année donne lieu, comme dans l'aubier, à une couche distincte.

Le cambium préparé dans les feuilles ne concourt pas seulement au développement des vaisseaux descendants de l'aubier et du liber, il produit encore le tissu cellulaire interposé entre les mailles formées par ces différents vaisseaux (*r*, *fig.* 8). Ainsi une partie du cambium circule en descendant dans les vaisseaux du liber; il s'extravase par les pores et les fentes de ces vaisseaux, entre la couche d'aubier la plus extérieure et la couche du liber la plus intérieure (en *g*, *fig.* 7). Là, à mesure que les vaisseaux de l'aubier et du liber s'allongent et s'organisent, le cambium donne lieu à la formation du tissu cellulaire qui existe entre leurs mailles, et maintient en outre le trajet parcouru par ces vaisseaux dans un état d'humidité favorable à leur développement.

Tel est le mode de formation du corps ligneux et des couches du liber. L'année suivante, au printemps, les vaisseaux de la couche d'aubier formés avant l'hiver servent à faire arriver la séve des racines jusqu'aux boutons; les feuilles se déploient et concourent à la production de deux nouvelles couches, une couche d'aubier et une couche de liber, qui sont interposées entre les deux précédentes ; c'est-à-dire que la nouvelle couche d'aubier recouvre la dernière formée, et que la nouvelle couche de liber, se développant au-dessous de celle qui l'a précédée, la repousse à l'extérieur. C'est de cette manière qu'a lieu l'accroissement en diamètre du tronc, des branches et des rameaux des arbres.

Dans les jeunes tiges, on rencontre, à l'extérieur du liber, une couche de tissu cellulaire de couleur souvent verdâtre, à laquelle on a donné le nom de *tissu sous-épidermoïde* (*e*, *fig.* 7). Cette couche est le résultat du cambium sécrété par le tissu cellulaire placé entre les mailles du liber, et répandu par les vaisseaux du liber dans lesquels il circule.

Une nouvelle couche de ce tissu sous-épidermoïde est produite chaque année dans les jeunes tiges, et repousse les anciennes à l'extérieur. Cet état de choses se continue jusqu'à ce que, par le grossissement du corps ligneux, les couches du liber les plus anciennes et les plus extérieures viennent à se distendre, à se déchirer. Mises en contact avec l'air, ces couches se dessèchent et passent à l'état de couches corticales inertes (*d*, *fig*. 6). C'est alors que le liber, encore vivant, étant recouvert par ces couches sans vie, il n'y a plus production de tissu sous-épidermoïde : c'est ce que l'on remarque sur les vieux troncs.

Néanmoins, quelques espèces offrent, sous ce rapport, une anomalie remarquable. Dans le *bouleau*, le *merisier*, le *chêne-liége* et d'autres espèces encore, le liber est organisé de manière à se distendre assez pour se déchirer très-peu sous l'influence du grossissement du corps ligneux. Il en résulte que les anciennes couches du liber passant moins vite à l'état de couches corticales, la production du tissu sous-épidermoïde est beaucoup plus prolongée, et que les couches annuelles de ce tissu s'accumulent en plus grand nombre à la surface du tronc, et lui donnent souvent un aspect particulier. Dans le *bouleau* et le *merisier*, ces feuillets minces et blancs qui couvrent la surface du tronc ne sont autre chose que les couches accumulées du tissu sous-épidermoïde. Dans le *chêne-liége*, le liége qui se forme sur le tronc est également dû à la réunion des couches annuelles du tissu sous-épidermoïde. Cependant les troncs mêmes de ces espèces finissent, en vieillissant, par déchirer les couches de liber, les placer sous l'influence de l'air et les faire passer à l'état de couches corticales. Celles-ci se détachent alors de la tige par fragments et mettent à nu les couches vivantes du liber, et l'on voit se former, à la surface de ces couches, de nouveaux tissus sous-épidermoïdes qui se détacheront d'eux-mêmes après un certain nombre d'années.

L'*épiderme*, dans les jeunes rameaux, est, comme nous l'avons vu, une petite pellicule mince, transparente, qui recouvre la première couche du tissu sous-épidermoïde. Cet épiderme paraît être destiné à abriter la couche inférieure, alors qu'il n'existe pas encore d'anciennes couches de tissu sous-épidermoïde pour remplir cette fonction. Ce qu'il y a de certain, c'est que, dans les branches un peu âgées, où ces anciennes couches sont nombreuses, il n'y a plus formation d'épiderme.

Ainsi que nous venons de le voir, les *couches corticales*, dont nous avons parlé en nous occupant de la structure de la tige (*d*, *fig*. 6), ne sont que la réunion des anciennes couches du liber desséchées et désorganisées par l'impression de l'air. Ce qui le prouve, c'est que, dans les jeunes tiges, on ne rencontre pas ces couches. On n'y trouve, comme écorce, que du liber, du tissu sous-épidermoïde et de l'épiderme. Le corps ligneux, grossissant continuellement par l'addition annuelle de nouvelles parties, distend considérablement les couches corticales les plus anciennement formées, celles qui sont les plus extérieures. Il en résulte que les mailles du tissu de ces couches s'entr'ouvrent et se dessinent à la surface des vieux troncs sous forme de losanges très-allongées. C'est ce qui donne aux troncs de la plupart de nos arbres cet aspect rugueux, augmenté encore par l'action destructive de l'air. Dans le *platane*, le *hêtre*, cette cause agit différemment ; les anciennes couches de liber, à mesure qu'elles passent à l'état de couches corticales, se détachent du tronc par plaques plus ou moins grandes, et tombent.

Un phénomène bien remarquable, dans l'accroissement de l'écorce, c'est la facilité avec laquelle elle recouvre les plaies faites à la tige des arbres. Si l'on enlève, au printemps, une certaine quantité d'écorce sur le tronc d'un arbre, jusqu'à l'aubier (*fig.* 34), le liber est tronqué et mis à nu sur tous les bords de la plaie. Bientôt la séve descendante ou cambium, arrêtée dans sa marche, s'extravase par l'orifice des vaisseaux coupés, se solidifie, s'organise, et forme un bourrelet sur le bord supérieur de la plaie et sur les deux bords latéraux (*fig.* 35). Ces bourrelets

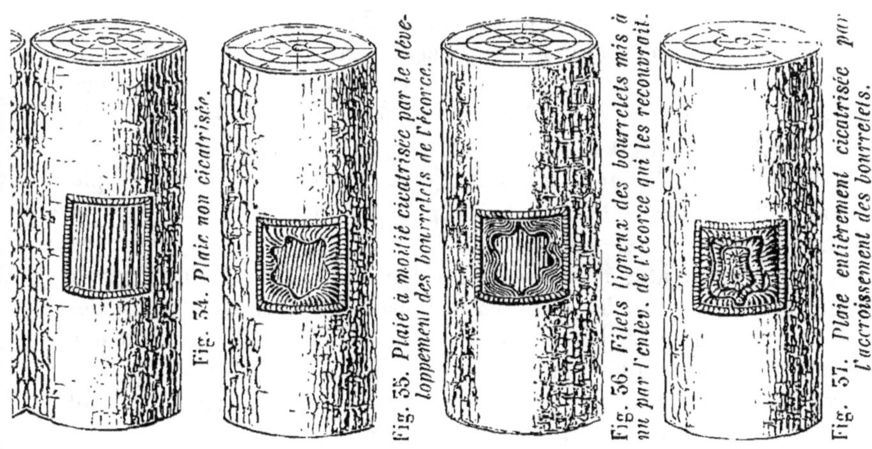

sont d'abord formés par une petite masse de tissu cellulaire ; mais bientôt les filets ligneux et ceux du liber, descendant des feuilles à la face extérieure de l'aubier et à la face intérieure du liber, rencontrent également la solution de continuité. Pénétrant alors le bourrelet de tissu cellulaire, ils rampent d'abord horizontalement à la partie supérieure de la plaie, puis, descendent de chaque côté comme l'indique la figure 36, où l'on a enlevé la couche de tissu cellulaire qui recouvrait ces productions : de sorte qu'à la fin de l'année ces bourrelets sont formés par une petite couche d'aubier et une couche d'écorce.

L'année suivante, une nouvelle couche d'aubier et une de liber s'interposent entre les couches de l'année précédente, et le bourrelet grossit d'autant. Chaque année, le même phénomène se reproduit, jusqu'à ce que ces bourrelets finissent par se joindre au centre de la plaie, et par la clore entièrement (*fig.* 37).

Toutefois il reste une trace indélébile de cette plaie sur la couche d'aubier qui a été exposée pendant plus ou moins de temps à l'influence dés-organisatrice de l'air. Cette surface, qui a acquis une couleur brune, et qui n'a contracté aucune adhérence avec l'aubier des bourrelets qui sont venus la recouvrir peu à peu, est toujours visible dans l'intérieur de l'arbre.

C'est de cette manière qu'on explique la présence de dessins, de chiffres, dont on trouve quelquefois la trace dans le corps ligneux de certains arbres lorsqu'on vient à les exploiter.

Nous avons dit que l'accroissement annuel des tiges en longueur et en diamètre est continu; néanmoins, dans beaucoup de cas, on remarque deux périodes d'accroissement pendant le temps de la végétation. Au printemps, la circulation des fluides étant très-active, les feuilles, nou-vellement développées, remplissent leurs fonctions avec beaucoup d'é-nergie. L'accroissement des diverses parties de la tige est alors très-ra-pide, et c'est à ce premier moment de la circulation qu'on donne le nom de *séve du printemps*. Mais, si l'on se rappelle que l'élaboration des fluides s'opère dans le tissu cellulaire des feuilles, et si l'on songe à la masse de fluides qui est décomposée et recomposée dans chaque cellule sous l'influence de la lumière, on concevra facilement que le jeu, que l'action vitale de ces cellules ne puissent se prolonger longtemps avec la même intensité, et que les feuilles ne remplissent plus leurs fonctions avec la même rapidité qu'à leur début. D'ailleurs, ces cellules finissent par être obstruées par les matières terreuses dissoutes dans les liquides puisés dans la terre par les racines, et qui s'y déposent. Il en résulte que les fonctions des feuilles diminuent peu à peu depuis le printemps jus-qu'au moment où elles sont entièrement obstruées; l'accroissement suit nécessairement cette diminution.

Souvent les mêmes feuilles continuent leurs fonctions jusqu'à la fin de l'automne; alors l'accroissement aura été continu. Mais, souvent aussi, dans les individus très-vigoureux, dans ceux qui puisent et élaborent une grande quantité de fluides nutritifs, les feuilles se trouvent obstruées bien avant cette époque; c'est ordinairement vers le mois d'août que ce phénomène se produit. Toute l'énergie vitale se porte alors sur les bou-tons placés à l'extrémité des rameaux; et ceux-ci, stimulés par la cha-leur, se développent et donnent naissance à de nouvelles feuilles. Ces feuilles fonctionnent avec beaucoup d'activité, et déterminent une re-crudescence dans la circulation des fluides et dans l'accroissement. C'est à cette recrudescence de végétation qu'on a donné le nom de *séve d'août*.

Lorsque la séve d'août se manifeste dans les premiers jours d'août, les rameaux qui en résultent peuvent recevoir avant l'hiver une organisation et une solidification qui les mettent à l'abri de l'influence fâcheuse des gelées. Mais, quelquefois aussi, cette recrudescence de végétation n'a lieu que vers le mois de septembre; et les productions auxquelles elle donne restent alors molles, herbacées, souffrent beaucoup pendant l'hiver, et ne fournissent au printemps suivant que des bourgeons peu vigoureux. Nous devons noter ce fait pour nous le rappeler lors de la taille des arbres fruitiers. Tel est, en somme, le phénomène de l'accroissement des tiges. Disons un mot de l'accroissement des racines.

Accroissement des racines. — L'accroissement en diamètre des racines est en tout semblable à celui des tiges ; mais leur accroissement en longueur diffère essentiellement de celui des parties aériennes des arbres. L'allongement des tiges est le résultat de l'action de la séve des racines sur les vaisseaux ascendants du canal médullaire et de l'écorce des jeunes bourgeons. Dans les racines, au contraire, cet accroissement est produit par le prolongement des vaisseaux ligneux qui, en descendant jusqu'à l'extrémité des racines, se recouvrent sans cesse les uns les autres et déterminent l'allongement des radicelles. Parfois, ces vaisseaux ligneux, empêchés dans leur trajet, s'écartent de leur direction naturelle, percent l'écorce de la racine et donnent lieu aux nombreuses ramifications qu'on y remarque. L'allongement des racines comparé à celui des tiges présente encore cette autre différence : nous avons vu que l'axe des bourgeons continue de s'allonger dans toutes ses parties pendant un certain laps de temps ; les jeunes prolongements radicaux ne croissent au contraire que par leur extrémité. C'est ce que l'on pourra constater au moyen de signes tracés à des distances égales sur un jeune prolongement radical ; l'intervalle existant entre eux ne changera pas, et l'on constatera au delà du dernier toute la longueur que ce prolongement aura acquise pendant l'expérience. Les racines sont recouvertes d'une écorce constituée comme celle des rameaux. Leur liber est aussi le résultat du prolongement des vaisseaux de l'écorce qui naissent de la base des feuilles.

L'allongement des racines suit en général le progrès de celui des bourgeons. Toutefois un certain nombre de jeunes prolongements radicaux paraissent précéder chaque année l'apparition des premières feuilles. En effet, on observe souvent, en déplantant les arbres vers la fin du mois de février, de nouvelles radicelles développées depuis quelques jours seulement. Ces jeunes racines sont formées par des filets ligneux et corticaux qui, surpris à la fin de l'automne dans leur mouvement de descension par les premiers froids, se sont arrêtés, pour reprendre leur trajet sous l'influence des variations de température qui, pendant l'hiver, empêchent la végétation de rester complétement suspendue. Ces vaisseaux ligneux et corticaux, produits par les feuilles voisines du bouton terminal de chaque rameau, portent tout d'abord la séve vers ces boutons, qui se développent toujours les premiers au printemps.

La présence d'une certaine quantité d'air est indispensable à la vie des racines et à l'accomplissement de leurs fonctions. Si, par une circonstance quelconque, elles se trouvent enterrées à une trop grande profondeur, elles ne fonctionnent plus et finissent par pourrir. C'est ce que l'on remarque pour le pivot de la racine de nos grands arbres, qui commence à se détruire après les quatre ou cinq premières années de leur existence. De nombreuses ramifications se développent alors du collet, et elles sont d'autant plus grosses qu'elles sont plus près de la surface du sol. Nous aurons à faire l'application de ces faits lorsque nous parlerons des plantations.

Si l'on compare le développement des divisions de la racine avec celui des divisions de la tige, on remarque que, presque toujours, les plus grosses ramifications de la racine se trouvent placées au-dessous des plus grosses branches, qui, pourvues d'une grande masse de feuilles, préparent une quantité considérable de cambium, et envoient vers la base de nombreux filets ligneux. Il en résulte que les racines placées au-dessous de ces branches prennent plus de développement que sur les autres points.

Reproduction. — L'étude de la nutrition et de l'accroissement nous a montré comment chaque arbre soutient son existence. Voyons maintenant comment les végétaux se reproduisent, ou, en d'autres termes, comment le nombre des individus d'une même espèce peut augmenter. Ce phénomène, auquel on donne le nom de *reproduction*, comprend la floraison, la fécondation, la maturation des fruits, la dissémination des graines et leur germination. Examinons rapidement chacune de ces phases de la vie végétale.

Floraison. — On entend par floraison le phénomène du développement et de l'épanouissement des fleurs. Si l'on compare la floraison avec l'âge des arbres, on voit que ceux-ci ne fleurissent qu'après avoir acquis un certain développement. Il semblerait que la séve ait besoin, pour donner naissance à ces productions, de circuler lentement dans les tissus des végétaux, afin que les élaborations auxquelles elle est soumise soient plus complètes. En effet, un jeune arbre se compose seulement, l'année qui suit son premier développement, d'une tige verticale offrant à peine quelques ramifications. La séve, n'ayant à parcourir que des lignes presque droites, y circule avec une grande rapidité; elle séjourne peu de temps dans les tissus, et n'y subit que des modifications incomplètes qui la rendent peu propre à la production des fleurs. Mais l'arbre, en continuant de croître, augmente le nombre de ses ramifications, et la séve, obligée de suivre, pour arriver jusqu'aux feuilles, une ligne plus prolongée et plus souvent interrompue, monte plus lentement, s'arrête plus longtemps dans ces organes, y subit une préparation plus complète, et enfin acquiert les qualités qu'exige la formation des organes de la fructification.

Les arbres fleurissent d'autant plus tard que leur croissance est plus lente. Ainsi le *chêne* ne fleurit guère qu'à quinze ou vingt ans, tandis que le *bouleau*, le *peuplier*, l'*orme*, fleurissent bien avant ce temps. Ces derniers arbres, se développant plus rapidement que le chêne, sont pourvus plus tôt des ramifications nécessaires pour retarder la rapidité de la circulation de la séve.

Du reste, l'époque de la première floraison des arbres est encore avancée ou retardée par l'humidité plus ou moins grande du sol où ils végètent. Ainsi, à âge égal et pour la même espèce, un arbre planté dans un sol humide fleurira plus tard qu'un autre planté dans un terrain sec; le premier, recevant une nourriture plus aqueuse, développera des rameaux très-longs et peu ramifiés, et la séve acquerra moins promptement les qualités nécessaires à la production des fleurs. Dans le second cas, au contraire, l'arbre produira des rameaux plus courts, mais plus ramifiés, et la séve y deviendra plus tôt propre à déterminer la floraison.

La floraison, examinée quant au nombre des fleurs développées chaque année par un arbre, présente le phénomène suivant : le nombre des fleurs augmente avec l'âge de l'arbre. Si une branche d'un arbre de 15 ans développe 20 fleurs, une branche de même étendue en développera 60 lorsque l'arbre aura atteint 25 ou 30 ans. Cela tient encore à ce que la production des fleurs est d'autant plus considérable que les arbres sont plus ramifiés, que la séve y circule plus lentement.

Cette production abondante de fleurs est si bien déterminée par un séjour prolongé de la séve dans les organes modificateurs des arbres, que ceux-ci n'ont jamais plus de fleurs que lorsqu'ils sont dans un état maladif et que la circulation de la séve est très-peu active. Nous verrons, en nous occupant de la taille des arbres fruitiers, quels sont les moyens en usage pour arrêter la trop grande vigueur de certains arbres et déterminer une floraison abondante.

On remarque encore le fait suivant dans certaines espèces d'arbres. Lorsque, dans nos arbres fruitiers à fruits à pepins (*poirier*, *pommier*) abandonnés à eux-mêmes, et généralement dans tous les arbres qui fleurissent de très-bonne heure et conservent leurs fruits jusqu'à l'automne, les fleurs, et par conséquent les fruits, sont très-abondants une année, ils en sont presque dépourvus l'année suivante, et s'en chargent de nouveau l'année subséquente, et ainsi de suite. Cette intermittence, assez régulière dans la production des fleurs et des fruits, nous paraît devoir être expliquée par la cause suivante. Les fruits de ces arbres contre-balancent l'action des feuilles en attirant à eux la plus grande quantité de la séve absorbée par les racines. Ils transforment cette séve en cambium, comme le font les feuilles; mais, au lieu de le répartir, comme celles-ci, sur les divers points du végétal, ils le font tourner entièrement au profit de leur propre accroissement. Comme ces fruits restent sur les arbres pendant tout le temps de la végétation, c'est-à-dire depuis le printemps jusqu'à l'automne, cette absorption est continuelle, et les boutons qui, s'ils avaient été suffisamment nourris, se seraient transformés en boutons à fleurs pour l'année suivante, ne prennent aucun accroissement et ne développent au printemps qu'une rosette de feuilles. L'arbre emploie alors cette année de non-production à la formation de nouveaux boutons à fleurs, qui fournissent l'année suivante une abondante fructification. Nous verrons aussi, lors de la taille des arbres fruitiers, comment on rend la production plus régulière.

Chaque espèce adopte, pour épanouir ses fleurs, une époque déterminée et constante de l'année. Elle varie néanmoins en raison du degré plus ou moins élevé de la température; accélérée pour la même espèce dans un climat chaud, elle est retardée dans un climat plus froid. A l'appui de cette assertion, M. Aug. de Saint-Hilaire rapporte avoir vu, le 1er avril 1816, les pêchers encore sans feuilles ni fleurs à Brest; le 8, ils étaient entièrement fleuris à Lisbonne; le 25, les pêches étaient nouées à Madère, et, le 29, elles étaient mûres à Ténériffe.

Immédiatement après l'épanouissement des fleurs, les organes sexuels commencent l'accomplissement du phénomène le plus important de la végétation : la fécondation.

Quant à la durée de l'épanouissement de chaque fleur, elle est subordonnée à la fécondation, c'est-à-dire qu'elle se prolonge d'autant plus que l'accomplissement de cet acte est retardé. Aussi remarque-t-on que les fleurs pleines, c'est-à-dire celles dont les étamines et le pistil sont entièrement convertis en pétales, comme dans certaines variétés de *rosiers*, prolongent l'épanouissement de leurs fleurs bien plus longtemps que les autres. C'est là un de leurs principaux mérites. On pourrait, du reste, obtenir le même résultat avec les fleurs simples, en les privant de leurs organes sexuels de manière à empêcher la fécondation.

Fécondation. — Lorsque les fleurs sont épanouies, les anthères, parties essentielles des organes mâles (C, *c*, *fig.* 14), s'entr'ouvrent diversement, suivant les espèces, et répandent le pollen ou poussière fécondante (*d*, *fig.* 14) sur le stigmate (D, *g*, *fig.* 14), partie essentielle de l'organe femelle. A cette époque, le stigmate est couvert d'une substance visqueuse qui retient à sa surface chaque grain de pollen. Ceux-ci, simulant, comme nous le savons, autant de petites vésicules, sont ramollis par le contact de cette liqueur visqueuse. Alors tous ceux qui se trouvent placés sur l'orifice des vaisseaux qui conduisent du stigmate à l'ovaire se dilatent vers ce point, s'allongent en une sorte de tube qui s'engage profondément dans l'un de ces vaisseaux, se déchirent vers leur extrémité inférieure, et laissent échapper le fluide séminal, qui est ainsi transmis jusqu'aux ovaires pour les féconder.

Ce phénomène, bien que démontré par des preuves nombreuses, est cependant contesté par quelques physiologistes. Voici les principaux faits qui viennent à l'appui de la fécondation dans les végétaux.

Si un pied mâle et un pied femelle d'un arbre dioïque, d'un *mûrier de la Chine* ou d'un *cèdre de Virginie*, fleurissent l'un près de l'autre, la fécondation sera parfaite, parce que le pollen du pied mâle sera facilement transporté par le vent sur les stigmates du pied femelle. Si l'on éloigne davantage ces deux individus l'un de l'autre, l'espace qui existera entre eux devenant un obstacle, la fécondation sera moins parfaite, plusieurs ovaires seront stériles. Enfin, si on les place à une grande distance, elle deviendra nulle, à moins, comme cela arrive souvent, que les insectes, qui voltigent de fleur en fleur pour y puiser leur nourriture, ne transportent des fleurs mâles aux fleurs femelles les grains de pollen qui se sont attachés autour d'eux. Quelques fécondations artificielles démontrent aussi ce phénomène. Il y a un grand nombre d'années, il existait dans les serres du Jardin de Berlin un palmier femelle qui fleurissait depuis plusieurs années sans jamais rapporter de fruits. Une certaine année, on apprit, à l'époque où cet arbre était en fleurs, qu'un palmier mâle de la même espèce était épanoui à Dresde. On en fit venir des fleurs par la poste, on les suspendit sur celles du pied femelle, qui, cette année-là, donna des fruits.

Citons encore l'exemple d'un singulier pommier observé à Saint-Valery-en-Somme. Les fleurs de cet arbre ne portent accidentellement que des pistils. Chaque année on va chercher sur les arbres voisins des fleurs munies d'étamines, on en répand le pollen sur le pistil des fleurs femelles, et celles qui sont ainsi saupoudrées portent fruits, tandis que les autres restent stériles.

La production des fleurs pleines a concouru aussi à démontrer l'action des étamines et des pistils. On remarque, en effet, que les fleurs entièrement pleines, comme celles du cerisier et du pêcher à fleurs pleines, dont les étamines et les pistils sont complétement transformés en pétales, ne donnent jamais de fruits. On en obtient fréquemment des fleurs doubles, c'est-à-dire de celles dont une partie des étamines sont encore intactes.

L'influence de l'humidité vient encore à l'appui des faits que nous venons de citer. S'il survient des pluies abondantes ou des brouillards prolongés, les fleurs qui s'épanouissent sont presque toujours stériles : on dit alors qu'elles *coulent*. C'est que le pollen, mis en contact avec l'humidité, se déchire, se crève avant d'avoir été projeté sur le stigmate, ou qu'il est entraîné par l'eau des pluies.

Enfin, la preuve la plus incontestable de l'existence des sexes et de la fécondation est certainement la formation des plantes *hybrides* ou *mulets*. Il arrive quelquefois que des semences, récoltées sur une plante et mises en terre, donnent naissance à des individus qui s'écartent plus ou moins par leurs caractères de la plante sur laquelle on a récolté ces semences. Cela tient le plus souvent à ce que cette plante a été fécondée par une espèce voisine. Aussi remarque-t-on toujours que les caractères de la plante qui naît de ces semences se rapprochent, et de ceux du pied-mère, et de ceux de la plante dont le pollen a servi à les féconder. On donne à ces individus le nom de plantes *hybrides*.

Toutefois, la fécondation d'une espèce par une autre ne peut avoir lieu qu'entre des plantes très-rapprochées par leurs caractères. Ainsi le *chêne* ne pourrait être fécondé par le *bouleau*, le *frêne* par le *noyer*; mais le *lilas commun* peut être fécondé par le *lilas à feuilles laciniées* et les autres espèces du même genre. C'est ainsi que M. Varin, alors conservateur du Jardin des Plantes de Rouen, a obtenu le lilas qui porte son nom. Cette espèce hybride présente les caractères du *lilas à feuilles laciniées* et ceux du *lilas commun*.

Hybridation au moyen de fécondations artificielles. Les espèces hybrides peuvent se former naturellement, c'est-à-dire sans le secours de la main de l'homme, par le transport, au moyen du vent ou des insectes, du pollen d'une espèce sur les fleurs d'une autre. Mais les exemples que l'on a de ces fécondations croisées sont si peu nombreux, qu'on peut les considérer comme accidentels. Les résultats heureux que l'on peut obtenir de l'hybridation pour l'amélioration des végétaux utiles ont donc engagé quelques cultivateurs à produire ce phénomène à l'aide de fécondations artificielles. C'est en Angleterre et en Belgique que l'on a commencé d'abord à entrer dans cette voie; l'ouvrage publié sur ce sujet par M. Lecoq, de Clermont-Ferrand, a fixé l'attention de nos cultivateurs français, qui maintenant suivent aussi avec succès la voie tracée par leurs devanciers. Voici quelques-unes des principales règles qui peuvent servir de guide dans la pratique de cette opération.

Le *choix des sujets* qui, dans l'hybridation, doivent porter le fruit, présente quelque importance. Ainsi l'on a remarqué que les individus que l'on obtient de cette manière tiennent plus du pied-mère que de l'espèce qui a servi à féconder. D'où il résulte que si l'on veut augmenter le volume d'un fruit sans changer sensiblement sa qualité et l'époque de la maturité, il conviendra de choisir cette espèce ou variété pour pied-mère et de la féconder avec une autre espèce ou variété à fruit plus gros et mûrissant à peu près au même moment. Si le contraire avait lieu, les qualités qui font rechercher la première variété disparaîtraient presque dans son union avec la seconde. Le choix de l'espèce destinée à féconder doit aussi remplir certaines conditions : ainsi, tout en présentant les qualités qu'on voudrait rencontrer dans le pied-mère, elle ne doit pas offrir de trop grands défauts, qui se reproduiraient en partie dans l'individu qu'on en obtiendrait.

Un fait remarquable, c'est que les diverses variétés que l'on obtient par les fécondations croisées s'entre-fécondent ensuite bien plus facilement entre elles que les espèces mêmes qui leur ont donné naissance.

Les types, les espèces primitives, sont doués d'une force de *stabilité* qui nuit jusqu'à un certain point à ces sortes de croisements. Il y aura donc tout avantage à choisir, pour l'hybridation, des variétés déjà obtenues de cette manière, et surtout à prendre celles qui sont déjà les plus remarquables par leur perfection; ce sera le moyen d'obtenir de nouvelles améliorations.

La *préparation des pieds-mères* consiste à les éloigner le plus possible des espèces ou variétés du même genre, afin d'empêcher le pollen de ces plantes d'arriver sur le porte-graine que l'on a choisi. Au moment de la floraison on ne laisse en outre, sur cet individu, qu'un petit nombre de fleurs, en préférant celles qui sont placées de manière à recevoir une plus grande quantité de sucs nutritifs. Enfin il faudra aussi priver ce porte-graine de tous ses organes mâles. Pour les espèces hermaphrodites, on devra enlever avec soin, à l'aide de petites pinces, toutes les anthères avant qu'elles commencent à répandre le pollen. Pour les plantes monoïques, il suffira de couper les fleurs mâles avec de petits ciseaux avant leur épanouissement. Quant aux espèces dioïques, il sera indispensable d'isoler complétement les individus femelles des individus mâles.

La *récolte du pollen* exige les soins suivants : aussitôt que les anthères commencent à s'entr'ouvrir, on les détache à l'aide de la petite pince dont nous avons parlé, et on les réunit dans une petite boîte pour appliquer ensuite le pollen sur les organes femelles des porte-graine. Quelquefois les fleurs de ces derniers s'épanouissent plusieurs jours après celles de l'individu qui doit féconder; dans ce cas, on peut, sans inconvénient, conserver le pollen jusqu'au moment convenable. Les expériences que l'on a faites jusqu'à présent démontrent que la poussière fécondante de plusieurs espèces peut être conservée intacte pendant une année. On peut la placer entre deux verres de montre réunis à l'aide de gomme arabique et recouverts d'une feuille d'étain; on les place ensuite dans un endroit sec et non exposé à la chaleur.

Pour *appliquer la poussière fécondante sur les organes femelles*, il faut saisir avec précision le moment où l'organe femelle est disposé à recevoir la fécondation; c'est ordinairement aussitôt après l'épanouissement des fleurs, c'est-à-dire, suivant les espèces, depuis le lever du soleil jusqu'à midi. Pour pratiquer cette opération, on se sert d'un petit pinceau très-délié, semblable à ceux dont on se sert pour l'aquarelle. La poussière fécondante, recueillie à l'avance, s'attache au pinceau, et on la dépose à la surface du stigmate, qui, si le moment a été bien choisi, est recouvert d'un liquide visqueux où s'attache le pollen. Si les fleurs restent épanouies pendant plusieurs jours, on pourra répéter l'opération sur les mêmes fleurs, afin d'être plus assuré du succès.

Tels sont les soins principaux qu'exige l'hybridation artificielle. Disons en terminant que les nouveaux individus que l'on obtient de cette manière présentent peu de stabilité dans leurs caractères différenciels, qu'ils tendent sans cesse à retourner à leur type primitif, et que, ne pouvant être reproduits au moyen des graines avec les qualités qui les distinguent, on est obligé, pour les multiplier, d'avoir recours à la greffe, au marcottage ou aux boutures.

Maturation des fruits. — On donne le nom de *maturation* à la réunion des divers phénomènes qui se succèdent depuis le moment où les ovules sont fécondés jusqu'à l'époque où le fruit a acquis sa maturité complète. Ce phénomène peut être comparé à la gestation dans les animaux.

Dès que l'embryon est fécondé, il acquiert une vie particulière, et attire à lui la séve des parties environnantes; les enveloppes florales et les étamines se flétrissent et tombent; l'ovaire seul continue à croître, et c'est alors qu'on dit que *le fruit est noué.*

Pour qu'un ovaire noue, il n'est pas nécessaire que tous les *ovules* ou rudiments des semences qu'il renferme aient été fécondés. Le contraire arrive fréquemment. Dans les fruits de nos arbres fruitiers, le *poirier*, le *pommier*, on remarque souvent qu'un certain nombre de semences ont avorté ; ce qui n'a pas empêché le fruit de prendre son développement accoutumé.

Depuis le moment où les fruits sont noués jusqu'à l'époque de leur maturité, ils attirent à eux la séve ascendante par leur action propre. Hales a constaté que des branches de pommier chargées de leurs fruits pompent une bien plus grande quantité d'eau, à surface égale, que celles qui ne portent que des feuilles. Cette action des fruits, pour attirer la séve, est encore prouvée par diverses observations pratiques. Ainsi M. Gallesio rapporte avoir vu des orangers, à moitié dépouillés de leurs fruits, geler du côté où on leur en avait laissé, et ne pas geler du côté où on les avait enlevés. En parlant de la floraison, nous avons dit qu'une trop grande quantité de fleurs, et par conséquent de fruits, sur un arbre, nuisait à la production de l'année suivante. Ce phénomène vient encore à l'appui de ce qui précède. Si les fruits sont trop nombreux sur un arbre, il est clair qu'ils ne pourront acquérir un développement suffisant, et qu'il s'en desséchera un grand nombre avant qu'ils arrivent à leur maturité. De là la convenance pratique d'enlever les jeunes fruits les moins gros, afin que ceux qui restent profitent plus complétement de la séve.

Si l'on considère la maturation des fruits sous le rapport des modifications qu'y subissent les fluides nourriciers qu'ils absorbent continuellement, on observe les faits suivants :

Jusqu'au moment où les fruits ont acquis leur développement complet, ils font subir aux fluides qui arrivent dans leurs tissus des changements analogues à ceux qu'éprouve la séve des racines dans les feuilles. Comme elles, ils exhalent, par les pores de leur surface, de l'eau et du gaz oxygène; seulement tous les fruits ne rejettent pas une égale quantité d'humidité; ceux qui en exhalent le plus deviennent des fruits à péricarpe sec, comme les fruits des *robiniers*, des *féviers*, etc.; ceux qui en exhalent le moins deviennent charnus, comme la pomme, la pêche, etc.

Aussitôt que les fruits charnus ont atteint tout leur développement, ils abandonnent progressivement leur couleur verte et se colorent en jaune, en rouge ou en violet; puis, au lieu d'absorber, comme avant, de l'acide carbonique et d'exhaler de l'oxygène, ils absorbent de l'oxygène et exhalent de l'acide carbonique. Dès que ce phénomène se produit, il s'opère une modification importante dans la composition chimique du fruit; d'acide qu'elle était, sa saveur devient sucrée. Ce changement dans les gaz absorbés et exhalés par le fruit aux différentes époques de sa maturation a été démontré par des expériences positives. Nous rappellerons à l'appui les accidents qui sont résultés souvent du séjour d'individus dans des appartements remplis de fruits mûrs. Plusieurs sont morts asphyxiés; l'air avait été vicié par la grande quantité d'acide carbonique exhalé par ces fruits.

Quant à la coloration particulière qu'acquiert chaque espèce de fruit charnu, à mesure qu'il approche de sa maturité complète, elle est certainement due à l'influence de la lumière, car les fruits sont toujours plus colorés du côté où ils sont frappés par les rayons solaires que du coté opposé; mais on ignore comment cette influence détermine cette coloration.

Les fruits charnus, considérés sous le rapport de leur saveur, offrent des nuances infinies, suivant les espèces et les variétés. Les physiologistes n'ont pu encore expliquer la cause de ces différences. On peut cependant la rapporter en grande partie à l'action particulière des cellules de chaque fruit, qui modifient diversement, suivant les espèces, les fluides qui y sont introduits. Quelques auteurs prétendent que ces différences sont dues à la nature des fluides absorbés par les racines; mais le fait suivant démontre qu'on doit s'arrêter à la première opinion. Lorsqu'on place une greffe de *pêcher* sur un *prunier*, la saveur des fruits de cette greffe ne participe en rien de celle du *prunier*, quoiqu'ils soient alimentés par les racines de cet arbre. Les péricarpes charnus doivent donc être considérés comme un amas de cellules qui modifient la séve qu'elles reçoivent chacune à leur façon, comme le prouve le fruit de certaines variétés d'oranges et de raisins, dont les divers quartiers sont de couleur et de saveur différentes. Les fruits de la même variété présentent toujours la même saveur; si cette saveur n'est pas également prononcée dans tous les individus, on peut l'attribuer à l'influence plus ou moins grande des trois agents suivants : la chaleur, la lumière et l'humidité.

Des expériences journalières démontrent que la chaleur et la lumière sont les agents qui déterminent surtout la maturité des fruits, et tendent particulièrement à y développer la matière sucrée. Ce qui le prouve, c'est que, dans un fruit qui a mûri exposé au soleil, le côté frappé directement par la lumière est toujours bien plus sapide, bien plus sucré que le côté opposé. Un arbre ombragé donnera donc des fruits bien moins sucrés qu'un individu de la même variété exposé au soleil.

L'état du sol influe aussi sur la saveur des fruits. Dans un terrain sec, la séve entrant en moins grande quantité à la fois dans le fruit, les cellules de celui-ci peuvent la préparer complétement, et les principes sucrés, moins étendus d'eau, donnent une saveur plus prononcée. Au contraire, dans un terrain humide, la séve, plus aqueuse, arrive dans le fruit trop abondamment; les cellules ne peuvent l'élaborer que d'une manière imparfaite, et le fruit devient gros, mais insipide. C'est par un phénomène analogue que les jeunes arbres, recevant une séve plus aqueuse et plus abondante, donnent des fruits moins savoureux que les arbres plus âgés.

Ces considérations expliquent encore pourquoi certains fruits sont de meilleure qualité lorsqu'on les a détachés de l'arbre quelques jours avant leur maturité absolue : la pêche, la poire, sont de ce nombre. Ces fruits renferment alors les sucs qui leur sont nécessaires : en les détachant, on empêche qu'il n'en arrive de nouveaux, et on les force à modifier plus complétement ceux qu'ils contiennent.

Si nous considérons la maturation quant à sa durée, nous voyons que le temps qui s'écoule entre la fécondation et la maturité parfaite est très-différent d'une plante à l'autre, sans qu'il soit possible de rapporter cette diversité à une cause connue. Quelques espèces mûrissent leurs fruits en deux mois, comme le *cerisier*, l'*orme;* en six mois, comme le *poirier*, la *vigne;* plusieurs arbres résineux emploient une année entière: enfin le *cèdre du Liban* ne laisse échapper ses graines que vingt-sept mois après la floraison.

Deux causes principales tendent à accélérer accidentellement la maturité des fruits. La première est la piqûre occasionnée par les insectes qui déposent leurs œufs dans le tissu du fruit; tout le monde sait que les fruits dits *verreux*, c'est-à-dire piqués par les insectes, mûrissent toujours plus tôt que les autres. Cette piqûre parait agir en stimulant les fonctions des cellules du fruit. On pourrait obtenir le même résultat en piquant profondément un fruit après son premier développement, et en introduisant un peu d'huile dans la piqûre, afin que la plaie ne se cicatrise pas trop rapidement. Ce moyen est usité dans quelques communes des environs de Paris, pour hâter la maturation des figues; mais les fruits dont la maturité a été ainsi avancée sont d'une moins bonne qualité que les autres.

Le second moyen, découvert par Lancry en 1776, est l'incision annulaire. Il a remarqué qu'en enlevant, à l'époque de la floraison, un an-

aneau d'écorce à la branche qui soutient les fleurs, les fruits nouaient d'une manière plus certaine et étaient plus tôt mûrs. L'anneau enlevé devoit être assez étroit (environ 0ᵐ, 005) pour que la communication puisse se rétablir au bout de peu de temps, sans quoi la branche opérée souffrirait et risquerait de périr. Cette incision paraît avoir une double influence : d'abord, elle retient momentanément la séve descendante dans les parties qui entourent le fruit, ce qui tend à donner à celui-ci plus de force dans le premier moment qui suit la fécondation; puis ensuite, en mettant à nu la couche d'aubier par où se fait l'ascension de la séve, on détermine une légère altération dans les vaisseaux de cette couche, et l'on diminue ainsi la rapidité de la circulation vers le sommet de la branche. Il en résulte que les fruits élaborent plus complétement la séve, et qu'ils sont plus tôt mûrs. Lancry montra à la Société d'agriculture de Paris une branche de prunier qui avait subi l'incision annulaire: la partie supérieure à l'incision présentait des fruits mûrs, et la partie inférieure n'offrait que des fruits verts.

C'est surtout à la vigne et au pêcher, dont les anciens rameaux à fruit peuvent être sacrifiés chaque année, que l'on a appliqué ce procédé. On rapporte, dans le *Bulletin des sciences agricoles*, que le colonel Bouchotte, de Metz, ayant opéré l'incision annulaire sur 35 ares de vigne, y a vu la maturité accélérée de douze à quinze jours.

Ce que nous venons de dire de la maturation s'applique surtout au péricarpe ou enveloppe des graines. Disons aussi quelques mots de la maturation de celles-ci.

Dès que la graine est visible dans l'ovaire, la tunique ou enveloppe extérieure en est la partie la mieux développée. Bientôt après, l'embryon s'y montre entouré d'un liquide auquel on donne, par analogie, le nom d'*amnios*. Aussitôt que la fécondation a eu lieu, la graine, animée d'une action vitale qui lui est propre, tire du péricarpe, par le *cordon ombilical* qui l'y attache, la nourriture dont elle a besoin. L'embryon grossit soit par cette absorption, soit par celle de l'amnios. Lors de la maturité complète, l'embryon remplit toute la cavité de la tunique, comme dans les *glands du chêne*, ou bien il n'en occupe qu'une partie, comme dans les *arbres résineux*. Dans ce dernier cas le restant de l'espace est rempli par le périsperme, lequel n'est autre chose que l'amnios qui s'est solidifié. Ce qui constitue la maturité complète de la graine, c'est de ne plus contenir d'eau à l'état libre.

Il résulte de ces divers changements dans les graines qu'elles deviennent plus pesantes que l'eau. Si, placées sur ce liquide, elles se soutiennent à sa surface, c'est que leur embryon a avorté et qu'elles renferment une cavité pleine d'air. C'est donc avec raison qu'on emploie quelquefois ce moyen, bien qu'incomplet, pour distinguer les graines fertiles de celles qui ne le sont pas.

Dissémination des graines. — La maturation des fruits terminée, la nature songe à placer chacune des graines qu'ils renferment dans les circonstances les plus favorables à leur germination et à leur accroissement. On donne à ce dernier phénomène de la végétation annuelle le nom de *dissémination.*

Le but que se propose la nature dans la dissémination est d'abord d'empêcher que les graines, en se réunissant au pied de l'individu qui les a produites, ne soient resserrées sur un trop petit espace, ne se nuisent les unes aux autres dans leur développement, et ne finissent par périr toutes avant d'avoir produit de nouveaux individus. Elle a aussi en vue de placer ces semences dans des circonstances telles qu'elles rencontrent l'influence des agents nécessaires au développement de chaque espèce.

Jetons un coup d'œil sur les principaux moyens qu'elle emploie pour obtenir ce double résultat.

Les vents sont un des agents qui jouent le plus grand rôle dans la dissé

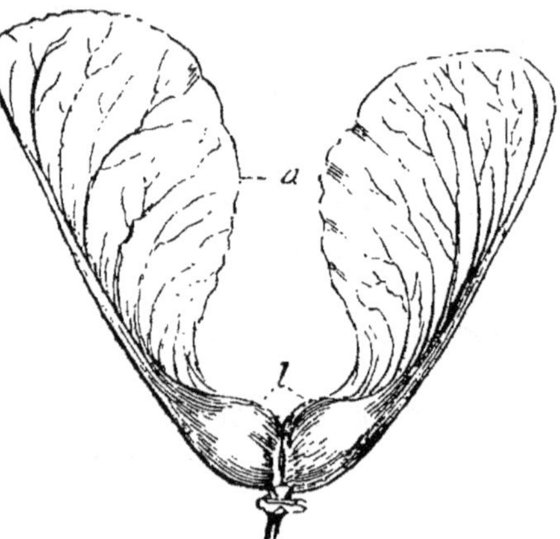

Fig. 58. *Fruit de l'érable.*

Fig. 59. *Fruit du frêne.*

mination des graines; la nature a même donné à la plupart d'entre elles une structure qui se prête merveilleusement à l'action de cet agent. Il en est un certain nombre qui, par leur seule légèreté, peuvent être transportées dans l'air à de grandes distances. Telles sont celles de l'*aune*, du *bouleau.* Plusieurs autres sont munies d'appendices légers, qui, en donnant plus de prise au vent, facilitent leur transport au loin. Telles sont celles des *érables* (*fig.* 38), des *frênes* (*fig.* 39), de l'*orme*, des *pins* (*fig.* 40), qui sont entourées d'une membrane foliacée mince et transparente. Telles sont encore celles du *platane*, du *peuplier*, du *saule*, qui sont pourvues d'aigrettes plumeuses

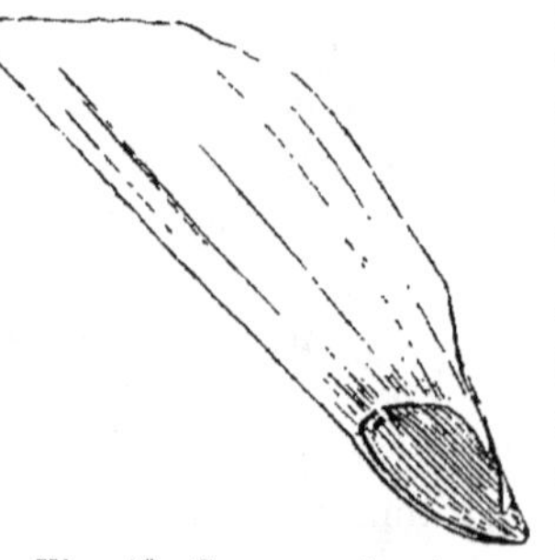

Fig. 40. *Semence du pin.*

semblables à de petits parachutes, à l'aide desquelles elles se soutiennent dans l'air et traversent ainsi de grands espaces.

Les animaux contribuent aussi à la dissémination des graines. C'est surtout pour celles qui, par leur volume et l'enveloppe charnue qui les entoure, échappent à l'action des vents que la nature a appelé les animaux à son aide.

Les semences de l'*aubépine*, du *gui*, etc., sont recouvertes d'une substance pulpeuse qui sert d'appât aux oiseaux. Souvent ces animaux avalent les graines avec la pulpe; mais, comme ces semences, pourvues d'une enveloppe ligneuse, peuvent traverser, sans altération, les organes digestifs des oiseaux, ceux-ci, en les déposant au loin, dans leurs excréments, remplissent encore le vœu de la nature. C'est de cette manière qu'on explique la dissémination des graines de *gui*, par la grive, qui est très-friande des fruits de cet arbrisseau parasite.

Si la nature a été ingénieuse pour faciliter l'éloignement des graines de leur pied-mère, elle ne l'a pas été moins pour les placer dans les circonstances les plus favorables à leur germination. Dès que ces graines ont atteint leur maturité parfaite, elles ont besoin d'être immédiatement soustraites à l'influence desséchante du soleil et de l'air, qui leur ferait perdre leurs propriétés germinatives. Aussi la nature a-t-elle voulu qu'une fois ce moment arrivé elles pussent se détacher d'elles-mêmes du pied-mère. Mais, tombées à la surface du sol, elles n'y trouveraient pas encore les circonstances nécessaires à leur germination; les grosses graines surtout seraient privées d'une humidité suffisante; or la nature a encore pourvu à ce danger en recouvrant chacune d'elles d'une couche de feuilles d'une épaisseur en rapport avec son volume. Ainsi les semences les plus volumineuses de nos arbres, celles du chêne, du hêtre, du châtaignier, du marronnier d'Inde, se détachant quelques jours avant la chute des feuilles, se trouvent placées à plusieurs centimètres de profondeur au-dessous de ces feuilles, qui se pourrissent pendant l'hiver, et leur forment au printemps une couverture de terreau singulièrement favorable à la germination.

Les semences moins grosses, comme celles du tilleul, du frêne, ne tombent que lorsque la chute des feuilles est déjà commencée, et sont ainsi placées moins profondément. Enfin, les graines très-fines, celles du bouleau, de l'aune, qui n'ont besoin, pour germer, que d'une couverture très-mince, ne commencent à se disséminer qu'après la disparition complète des feuilles. On voit souvent dans les forêts, pendant l'hiver, la neige couverte de semences de bouleau. L'harmonie de ces faits est si peu due au hasard, que les arbres résineux, les pins, les sapins, qui ne perdent leurs anciennes feuilles qu'au commencement de l'été, ne laissent échapper les semences de leur cône qu'un peu avant la chute de ces feuilles, c'est-à-dire vers le mois de mai.

Malgré ces ingénieux stratagèmes, il est bien rare de voir toutes les semences d'un arbre germer et se développer; une grande partie ne rencontre pas l'influence des agents qui leur sont nécessaires; un plus grand nombre encore est dévoré par les animaux. La nature a également prévu ces accidents en douant la plupart des végétaux des deux grandes facultés suivantes : la première, de produire une quantité de graines bien plus que suffisante pour perpétuer les espèces et les multiplier dans des bornes convenables; ainsi on a compté jusqu'à 529,000 graines sur un seul pied d'orme.

La seconde, de conserver aux graines leur propriété germinative pendant un temps quelquefois très-long : en sorte que, si elles ne rencontrent pas d'abord les circonstances favorables à leur développement, elles peuvent les attendre sans souffrir, pourvu qu'elles se trouvent placées dans un milieu qui ne soit ni trop sec ni trop humide, et à l'abri de l'influence de l'air et des brusques changements de température.

L'ombrage des bois, des futaies, suffit pour empêcher la germination de beaucoup de semences répandues dans le sol. Une forêt vient-elle à être exploitée, une foule d'arbres et d'arbrisseaux, différents de ceux dont elle se composait, apparaissent tout à coup. Des semences de ces nouveaux arbres avaient donc conservé leurs propriétés germinatives depuis l'époque de la coupe précédente jusqu'au moment de la nouvelle exploitation, c'est-à-dire pendant plus de 50 ans. M. Charles des Moulins, de Bordeaux, et le docteur Lindley, citent l'exemple de plusieurs espèces de plantes dont les graines ont parfaitement germé après une conservation de 15 à 1,600 ans dans des tombeaux antiques.

A la dissémination des graines succède la germination. Ce phénomène termine les différentes phases de la reproduction, et peut être considéré aussi comme le point de départ de la végétation d'un nouvel individu. C'est sous ce dernier point de vue que nous l'avons précédemment envisagé, nous n'avons donc pas à nous en occuper ici.

Mort des arbres. — L'énergie vitale donne aux molécules qui arrivent dans les tissus des arbres une force telle, qu'elles résistent jusqu'à certain point aux lois des affinités chimiques et de la pesanteur. Tant que cette force est prédominante, elle fait passer la matière brute à l'état de matière organisée; mais, comme la pesanteur et les affinités agissent sans relâche et toujours avec une égale intensité, tandis que l'énergie vitale se ralentit et s'éteint même par un trop long exercice, tôt ou tard la vie cesse, et les formes de l'organisation disparaissent. Le temps suffit donc pour amener la mort des arbres, indépendamment d'une foule de circonstances accidentelles qui viennent souvent troubler l'action des forces vitales et déterminer des maladies qui abrégent la durée de chaque individu.

En traitant de la culture des arbres, nous nous arrêterons à l'étude de leurs maladies, et nous indiquerons les moyens de les prévenir ou d'y remédier. Occupons-nous seulement ici de leur *mort naturelle*.

En considérant la vieillesse du tronc de certains arbres âgés de plus

Ifs de la Haie de Routot (Eure)

L. Huillier del.

Le Chêne-chapelle d'Allouville (Pays de Caux)

Page 55

Geny-Gros imp. rue du Plâtre, 28. Paris.

de huit cents ans, comme celui du chêne-chapelle d'Allouville, dans la Seine-Inférieure (Pl. I), ou de plus de quatorze cents ans, comme ceux des ifs de la Haie-de-Routot, dans le département de l'Eure (Pl. II), on serait tenté de croire à l'immortalité de quelques-uns d'entre eux. On croirait qu'ils échappent à la loi générale, d'après laquelle chaque être organisé doit périr dans un temps donné. Mais, en se reportant à l'examen de leur mode d'accroissement, on reconnaît que, comme dans toutes les plantes, la vie ne se prolonge dans chacun de leurs organes que pendant peu d'années. En effet, les parties essentiellement vivantes des arbres, c'est-à-dire les couches les plus jeunes du liber et de l'aubier, ne conservent guère leurs fonctions que pendant deux à trois ans; au bout de ce temps, elles sont remplacées par de nouvelles couches et deviennent complétement inertes. Les organes absorbants, les feuilles et les extrémités radiculaires, ne vivent qu'une année. Des productions semblables leur succèdent l'année suivante. C'est donc réellement un nouvel arbre qui se développe et recouvre annuellement les anciens, dont la vie a cessé. L'origine de ce nouvel arbre est dans les boutons placés sur les rameaux de l'année précédente, et qui peuvent être comparés à des graines.

Si, dans les plantes dites annuelles, le *lin*, la *moutarde*, l'on ne remarque pas cette accumulation d'individus superposés, comme dans les arbres, c'est que la fructification très-abondante de ces plantes, épuisant leurs tissus, anéantit leur force vitale : il n'y a pas alors production de boutons qui puissent entretenir la vie dans la couche du liber et fournir une nouvelle végétation l'année suivante. Cela est si vrai, que, si l'on empêche l'une d'elles de fructifier, en enlevant les fleurs à mesure qu'elles se développent, on voit se former des boutons à l'aisselle des feuilles, le liber se maintient vivant au delà du terme ordinaire, et, l'année suivante, ces boutons donnent naissance à un nouvel individu qui recouvre entièrement l'ancien. Si donc nous ne considérons que les parties essentiellement vivantes des arbres, nous pouvons dire qu'ils ne prolongent guère leur existence au delà de deux à trois ans. Mais, si nous donnons le nom d'arbre à l'ensemble des parties vivantes et des parties inertes, composées des anciennes couches ligneuses, nous dirons qu'il n'y a point de terme naturel à leur durée, parce que les forces vitales sont aussi énergiques dans le liber et dans les boutons d'un chêne de cent ans que dans ceux d'un chêne de trente ans.

La mort dans les arbres, considérée sous ce dernier point de vue, est donc toujours accidentelle. Néanmoins, quelques espèces paraissent céder plus promptement que d'autres à l'influence de ces causes accidentelles. Ainsi les peupliers, les marronniers, résistent moins longtemps que le chêne, l'if, etc. Leurs tissus, moins serrés et moins durs, sont plus facilement impressionnés par les causes destructives qui réagissent constamment sur eux. Mais, lorsqu'ils se trouvent placés hors de l'atteinte de ces causes, ils vivent aussi longtemps que le chêne et l'if. On cite l'exemple de tilleuls et de marronniers âgés de plusieurs siècles.

DEUXIÈME SECTION

AGENTS NATURELS DE LA VÉGÉTATION

Nous entendons par agents naturels de la végétation ceux qui facilitent, et souvent même déterminent entièrement les divers phénomènes que nous venons d'étudier dans la vie des plantes. Ces agents sont particulièrement le *sol*, l'*eau*, l'*air*, la *lumière* et la *température*.

Examinons rapidement leur influence sur la végétation, et tâchons surtout de découvrir les proportions dans lesquelles ils doivent se rencontrer pour agir efficacement sur le développement de chaque espèce. Nous disons de chaque espèce, car elles ont toutes reçu une organisation particulière, en rapport avec les circonstances au milieu desquelles elles vivent dans leur état de spontanéité. Chacune d'elles a besoin, pour sa prompte et vigoureuse végétation, d'un sol dont la nature s'harmonise avec ses besoins, d'un degré de température, d'une exposition déterminés. C'est donc seulement après avoir bien constaté les besoins des diverses espèces, quant à la proportion des agents dont nous venons de parler, qu'on peut, imitant la nature, les placer sous l'influence des circonstances qui leur sont nécessaires et les soumettre avec succès à la culture.

Du sol. — Un des agents naturels les plus importants à connaître est, sans contredit, le sol. C'est lui qui sert de support aux végétaux; c'est dans son sein que germent les semences et que les plantes puisent la plus grande partie des matériaux nutritifs qui contribuent à leur développement progressif.

Les plantes ne sont point, comme les animaux, susceptibles de locomotion; fixées pour toujours sur une portion déterminée du sol, elles sont condamnées à satisfaire tous leurs besoins aux dépens de l'espace étroit qu'elles occupent. Il faut donc qu'elles trouvent autour d'elles les principes nutritifs nécessaires à leur accroissement et à l'exercice de leurs fonctions.

Le même sol n'étant pas également propre à la végétation de toutes les espèces d'arbres, nous avons à examiner la nature des différentes terres et les propriétés de chacune d'elles sur la végétation des arbres en général.

Disons d'abord un mot de la formation de la couche superficielle de terre, c'est-à-dire de celle où se développent les racines des arbres. Le sol cultivé repose sur des roches placées à une plus ou moins grande profondeur, et qui, par leur décomposition, lui ont donné naissance. Ces roches, de nature différente, sont surtout les suivantes :

Roches calcaires. Elles se composent, en grande partie, de chaux à l'état de carbonate, c'est-à-dire combiné avec l'acide carbonique. On y rencontre, en outre, une plus ou moins grande quantité de silice ou sable, puis de l'argile, ce qui fait varier leur dureté. On les reconnaît facilement à leur couleur blanchâtre : elles forment la plupart de nos coteaux.

Roches siliceuses ou *grès*, composées de petits grains de sable ou de silice agglomérés, dont la couleur varie du blanc au rouge, selon la proportion d'oxyde de fer qu'elles renferment.

Roches schisteuses ou *argileuses*. Ce sont celles analogues aux ardoises, et qui, par leur décomposition, ont donné naissance aux argiles.

Roches granitiques. Elles présentent une très-grande dureté et appartiennent aux premières formations de la croûte terrestre. Elles se composent en général de silice, d'alumine, de chaux, de magnésie, de sels de potasse, de soude, d'oxyde de fer, et donnent naissance, par leur décomposition, aux terrains granitiques.

Toutes ces roches, de nature et de dureté différentes, placées d'abord à la surface de la terre, se sont décomposées à la longue sous l'influence de l'eau et de l'air. Les inondations qui, dans les temps les plus reculés, ont recouvert successivement d'eau les diverses parties du sol, ont entraîné, mélangé les débris de ces roches, et les ont déposés sur les plaines et dans les vallées. De nos jours encore, les fleuves, les rivières, abandonnent sur leurs bords des dépôts terreux provenant des roches que les eaux ont désagrégées dans leur passage.

Quant aux éléments qui entrent dans la composition du sol en général, on conçoit qu'ils sont de même nature que les substances qui forment la base des différentes roches à la décomposition desquelles ils doivent leur formation. Aussi la plupart des terrains offrent-ils, et en proportion variée, les éléments suivants :

De la *silice*, provenant de la décomposition des roches siliceuses ou grès ;

De l'*argile*, provenant de la décomposition des roches schisteuses ou argileuses ;

Du *carbonate de chaux* ou *matière calcaire*, provenant de la décomposition des roches de même nature.

Outre ces trois éléments principaux de tous les terrains, on y rencontre presque toujours une certaine quantité d'*humus* ou *terreau*. Cette matière, qui peut être considérée comme la base de la fertilité dans le sol, est produite par la décomposition des végétaux et des animaux morts.

Ajoutons encore à cette substance de l'oxyde de fer, qui donne à la terre une couleur brune, rouge ou jaune; puis quelques matières salines, telles que des sels de potasse, de soude, etc.

Avant d'aller plus loin, il convient de jeter un coup d'œil sur les principales propriétés physiques de chacun des éléments terreux. Nous nous rendrons ainsi plus facilement compte du degré de fertilité des divers terrains dans la composition desquels ils entrent.

L'*argile* est très-compacte, difficile à diviser; elle est imperméable à l'eau, qu'elle retient à sa surface, et à l'air, qu'elle empêche de pénétrer dans les couches inférieures. Lorsque l'argile est humide, elle abandonne très-lentement cette humidité, devient pâteuse et collante. En se desséchant, elle se couvre de larges crevasses et acquiert une dureté extraordinaire.

La *silice* offre des caractères absolument opposés à ceux de l'argile. Elle est très-friable, facile à diviser, très-perméable à l'air et à l'eau; aussi les pluies la traversent-elles comme elles feraient d'un crible. Il en résulte que les terrains où cet élément domine sont toujours exposés à la sécheresse.

La *matière calcaire*, ordinairement de couleur blanchâtre, s'échauffe difficilement au soleil. Elle présente moins de ténacité que l'argile et un peu plus que le sable. Elle absorbe l'humidité avec rapidité, mais l'abandonne avec autant de promptitude. Enfin elle tient, par ses propriétés, le milieu entre l'argile et la silice.

D'après les propriétés des principaux éléments terreux, on conçoit déjà qu'aucun d'eux ne peut déterminer seul une bonne végétation. En effet, c'est seulement du mélange, en certaines proportions, de ces différentes terres que nait la fertilité du sol : les vices de l'une sont corrigés par les qualités de l'autre.

L'analyse chimique d'un grand nombre de sols est venue démontrer que les plus féconds sont ceux où les principaux éléments se trouvent réunis en quantité presque égale, et que la fertilité diminue à mesure que l'un d'entre eux domine dans le mélange.

Une seconde remarque non moins importante, c'est que ces trois éléments terreux principaux, mélangés dans les proportions les plus favorables à la végétation, resteront encore presque stériles s'il ne s'y trouve de l'humus ou terreau. C'est qu'en effet ce dernier est la source des matières salines et d'une partie des principes azotés et carbonés, nécessaires à l'accroissement des plantes.

Maintenant que nous avons un aperçu de la composition du sol en général, jetons un coup d'œil sur les mélanges terreux les plus importants à connaître, et examinons l'action de chacun d'eux sur la végétation des arbres.

Du sol arable et du sous-sol. — On divise le sol en deux parties différentes : le *sol arable* et le *sous-sol*. Le premier est la couche superficielle, celle qui est remuée et cultivée par les instruments aratoires et qui est imprégnée par l'air atmosphérique, celle enfin qui s'étend depuis la surface jusqu'à 0ᵐ,75 de profondeur environ. Le sous-sol est la couche placée immédiatement au-dessous. Tantôt il diffère par sa composition du sol arable, tantôt il est de même nature ; mais il est toujours moins fertile en humus ou terreau que le sol arable, dont la décomposition des plantes vient sans cesse enrichir la surface.

On peut partager les diverses sortes de sols arables en quatre classes principales, dont les noms indiquent celui des éléments qui domine dans le mélange. Nous avons des sols arables *argileux* ou *glaiseux*, *siliceux*, *calcaires*, *humifères* ou *tourbeux*. Voici la liste de ces terres, rangées d'après cette classification.

1ʳᵉ CLASSE. Sols argileux	Argileux proprement dit (terre glaise). Argilo-ferrugineux. Argilo-calcaire. Argilo-siliceux { Terre forte. Terre franche.
2ᵉ CLASSE. Sols siliceux	Silicéo-argileux (terre légère). Silicéo-argilo-ferrugineux. Silicéo-argilo-calcaire. Silicéo-calcaire. Silicéo-humifère ou terre de bruyère. Siliceux proprement dit. Granitique. Volcanique.
3ᵉ CLASSE. Sols calcaires	Calcairo-argileux. Calcairo-argilo-siliceux.
4ᵉ CLASSE. Sols humifères ou tourbeux	Humus pur ou tourbe. Humus siliceux.

1° Les sols argileux ou glaiseux sont ceux où l'argile domine. Ils offrent les caractères suivants :

Ils sont colorés plus ou moins en brun, en rouge ou en jaune, par une certaine quantité d'oxyde de fer, et présentent tous les caractères que nous avons indiqués pour l'argile pure ; ces caractères sont d'autant plus prononcés, que l'argile est plus abondante dans le mélange. Les inconvénients qu'on reproche aux terrains où l'argile abonde sont les suivants :

Les arbres y poussent avec rapidité, mais le bois est moins dur, et présente, par conséquent, moins de valeur que partout ailleurs ; ils sont bien plus exposés aux effets des fortes gelées et aux diverses maladies. Les arbres fruitiers y donnent une moins grande quantité de fruits ; ces fruits sont, à la vérité, plus gros, mais ils sont toujours moins savoureux et se conservent moins longtemps.

Les principaux vices de ces sortes de terres étant leur imperméabilité et leur cohérence, on peut les amender par l'emploi de toutes les substances propres à diviser le sol. Ainsi la silice, les cendres, la marne, les décombres de bâtiments, etc., peuvent y être employés avec avantage.

Les sols argileux sont très-répandus ; mais la proportion d'argile est loin d'être la même dans tous. Voici, sous ce rapport, quelles sont les principales espèces :

Terre argileuse proprement dite ou *terre glaise*. Cette terre, que l'on rencontre quelquefois tout près de la surface du sol, est d'une grande importance pour la confection des vases en terre cuite, mais elle est la plus stérile de toutes les terres argileuses, parce qu'elle ne renferme qu'une très-faible proportion des autres éléments terreux, et oppose, au plus haut degré, à la culture, les inconvénients de l'argile. Elle est colorée, tantôt en gris par des matières organiques en décomposition, tantôt en rouge par la présence de l'oxyde de fer ; elle est rarement blanche.

Nous donnons, comme exemple de ces sols, un terrain de la commune de Forges-les-Eaux dans la Seine-Inférieure, dont nous devons l'analyse, ainsi que celle des terrains suivants, à l'obligeance de notre collègue et ami M. Girardin, professeur de chimie agricole et correspondant de l'Institut.

Desséchée à + 100°, elle contient :

Sable fin	Siliceux	16,505
	Calcaire	1,660
Matières solubles dans l'eau	Humus soluble azoté . . . . . . 0,549 Sulfates de chaux et de magnésie Sulfates de fer et de cuivre . . . 0,886 Sulfates de potasse et d'alumine Phosphates alcalins	1,455
Terre ténue	Humus soluble	2,666
	Argile	71,855
	Carbonates de chaux et de magnésie	2,500
	Phosphate de chaux	0,868
	Oxyde de fer	2,511
		100,000

Terre argilo-ferrugineuse. Elle renferme une forte proportion d'oxyde de fer, qui la colore en rouge ou en jaune. Cette variété, assez répandue, n'est pas très-fertile, parce que la trop grande quantité d'oxyde de fer devient nuisible aux plantes.

Voici l'analyse de l'une de ces terres, prise dans la commune de Belbeuf (Seine-Inférieure).

Desséchée à + 100°, elle renferme :

Sable fin	Siliceux		11,280
	Calcaire		6,770
Débris organiques grossiers et coquilles.			1,000
Matières solubles dans l'eau	Humus soluble azoté	0,47	
	Carbonates et chlorures alcalins.		
	Sulfates alcalins et sels magnésiens	0,38	0,850
Terre ténue	Humus insoluble		17,500
	Argile		34,600
	Calcaire avec carbonate de magnésie		12,180
	Peroxyde de fer		16,020
			100,000

Terre argilo-calcaire. Cette argile renferme une proportion notable de matières calcaires ; elle est généralement fertile, parce que la présence de la matière calcaire vient diminuer son imperméabilité.

Voici l'analyse d'un terrain argilo-calcaire de la commune de Pougues (Nièvre), et que nous avons empruntée aux Mémoires de M. Bertier :

Argile	60.8
Calcaire	18,0
Carbonate de magnésie	»
Oxyde de fer	04,0
Sable	05,0
Eau	11,0
	98,8

Terre argilo-siliceuse. Celle-ci contient une quantité notable de silice. Elle forme la *terre franche* ou terre à blé, puis les *terres fortes.* Quand elle renferme une proportion suffisante de silice, elle devient friable, perméable à l'eau et à l'air, d'une culture facile ; enfin, elle constitue ce sol de bonne qualité auquel on donne le nom de *terre franche.* Lorsqu'au contraire la silice y est peu abondante, elle devient collante à l'humidité, d'une grande dureté en se desséchant, et offre les inconvénients des terres argileuses pures. On lui donne alors le nom de *terre froide* ou *terre forte.*

Nous donnons ci-après l'analyse de deux sortes de ces terres argilo-siliceuses.

Terre argilo-siliceuse (terre forte) *de la commune de Darnetal* (Seine-Inférieure).

4

Desséchée à + 100°, elle contient :

Gros gravier		2,800
Sable moyen	Siliceux	1,600
	Calcaire	1,650
Sable fin	Siliceux	22,390
	Calcaire	7,280
Débris organiques		0,660
Terre ténue	Humus azoté	3,050
	Argile pure	49,600
	Carbonate de chaux	1,770
	Oxyde de fer	8,700
Sels solubles dans l'eau		0,500
		100,000

Terre argilo-siliceuse (terre franche) *prise dans la commune du Bois-Guillaume* (Seine-Inférieure).

Desséchée à + 100°, elle contient :

Gros gravier	Siliceux		5,560
	Calcaire		0,560
Sable moyen	Siliceux		5,500
	Calcaire		0,260
Sable fin	Siliceux		50,461
	Calcaire		1,094
Gros débris organiques			5,262
Matières solubles dans l'eau	Humus soluble azoté	675	
	Carbonates et phosphates alcalins		
	Sel marin	537	1,210
	Sulfates de chaux et de magnésie		
Terre ténue	Humus insoluble		9,289
	Argile		34,063
	Calcaire		0,963
	Phosphates de chaux		0,088
	Carbonate de magnésie		
	Oxyde de fer		9,690
			100,000

2° Les terrains siliceux offrent toujours une grande proportion de silice. Leur couleur varie aussi beaucoup, en raison de la dose d'oxyde de fer qu'ils renferment. Ils sont bruns, rouges, jaunes ou blancs. Ils s'échauffent facilement au soleil, sont très-friables, et par conséquent très-perméables à l'air et à l'eau. Il en résulte que, pendant l'été, ils sont exposés à la sécheresse. L'inconvénient principal de ces terrains étant leur peu de ténacité, on pourra les améliorer par l'addition de terres argileuses.

Les terres siliceuses couvrent aussi d'assez grands espaces. Les principales espèces sont les suivantes :

Terre silicéo-argileuse. Elle ne diffère des terres argilo-siliceuses ιqu'en ce que la proportion de silice l'emporte sur celle d'argile. Humide, elle est moins boueuse; sèche, elle ne durcit pas autant. Ce sont ces serres qui constituent la plupart des sols de jardins connus sous le nom de *terres légères*. On les rencontre fréquemment aussi sur les rivages des fleuves et des rivières; elles y acquièrent une très-grande fertilité, à cause des matières limoneuses qu'elles renferment.

La commune de Caudebec-lez-Elbeuf (Seine-Inférieure) nous a fourni un exemple de l'un de ces terrains, dont voici l'analyse :

Desséchée à + 100°, elle contient :

Gros gravier siliceux		5,800
Sable moyen siliceux		2,500
Sable fin		70,000
Gros débris organiques		0,280
	Humus soluble	0,070
Matières solubles dans l'eau	Sulfate potassique Chlorure potassique Chlorure sodique Chlorure calcique	0,550
Matières insolubles dans l'eau	Humus insoluble	1,600
	Argile	19,400
	Oxyde de fer	faible quantité.
		100,000

Terre silicéo-argilo-ferrugineuse. Cette terre est des plus stériles; la silice qu'on y rencontre s'y trouve le plus souvent à l'état de gravier; de sorte qu'elle ne peut se lier intimement avec l'argile, qui, très-dure sous l'influence de la sécheresse, se transforme en boue collante dès qu'elle est mouillée. D'un autre côté, la grande proportion d'oxyde de fer que présente cette terre nuit encore à la végétation, et fait qu'elle s'échauffe trop au soleil.

L'analyse du sol suivant, pris à Blosseville-Bon-Secours (Seine-Inférieure), fournit un exemple de ces terrains.

Desséchée à + 100°, elle contient :

Gros gravier siliceux			5,872
Sable moyen siliceux			15,205
Sable fin	Siliceux		44,800
	Calcaire		traces.
Matières solubles dans l'eau	Humus soluble azoté	0,176	0,547
	Sulfate de chaux	0,171	
	Chlorure de calcium		
	Humus insoluble		4,406
	Argile		27,575
Terre ténue	Oxyde de fer		1,941
	Calcaire		0,056
	Carbonate de magnésie		
	Phosphate de chaux		
			100,000

Terre silicéo-argilo-calcaire. Cette terre est une des plus fertiles, en raison de la proportion presque égale des trois éléments terreux. On la rencontre fréquemment sur le bord des fleuves et des rivières. Dans cette position, sa fertilité est encore augmentée, d'abord par l'état de division extrême de ses éléments, et surtout par la proportion assez forte de matières organiques en décomposition qu'elle renferme. L'une de ces terres, dont nous donnons l'analyse ci-après, a été récueillie sur les rives de la Seine, dans la commune du Petit-Quevilly (Seine-Inférieure).

Desséchée à + 100°, elle contient :

Sable moyen	Siliceux		5,280
	Calcaire		2,380
Sable fin	Siliceux		23,670
	Calcaire		15,130
Débris organiques.			0,005
Matières solubles dans l'eau.	Humus soluble azoté.	0,447	
	Sulfate de chaux.		
	Sulfates alcalins.		0,738
	Carbonates alcalins	0,291	
	Sulfates de magnésie		
	Chlorures alcalins.		
Terre ténue.	Humus insoluble		4,716
	Argile		32,325
	Calcaire		13,251
	Oxyde de fer.		4,410
	Phosphate de chaux.		0,095
	Carbonate de magnésie		
			100.000

Terre silicéo-calcaire. Cette terre est moins fertile que la précédente, en raison de l'absence presque complète de l'un des éléments principaux, l'argile. Nous avons rencontré celle dont nous donnons ici l'analyse dans la commune de Saint-Martin-de-Boscherville (Seine-Inférieure).

Desséchée à + 100°, elle contient :

Gros gravier.	Calcaire		15,210
	Siliceux		0,530
Sable moyen.	Calcaire.		4,970
	Siliceux.		4,990
Sable fin.	Calcaire		15,410
	Siliceux.		38,064
Matières solubles dans l'eau.	Humus soluble azoté.	0,200	
	Sulfates, phosphates et chlorures alcalins.	2,806	3,006
	Sulfate de chaux		
	— de magnésie.		
Terre ténue.	Humus insoluble.		»
	Calcaire.		10,826
	Argile.		6,270
	Phosphate de chaux.		1,750
	Oxyde de fer.		0,974
	Carbonate de magnésie.		traces.
			100,000

Terre silicéo-humifère ou terre de bruyère. Ce sol, composé d'un sable ordinairement fin, offre une proportion notable d'humus, produit de la décomposition à la surface des bruyères et autres plantes. La couleur brune ou grise qui le caractérise est due à la présence de cet humus. Cette terre est d'un grand secours pour le jardinage ; mais, comme elle offre généralement peu de profondeur et se dessèche complétement pendant l'été, elle présente peu d'avantages pour la grande culture. Celle dont nous donnons ici l'analyse a été recueillie dans la forêt de Saint-Étienne-du-Rouvray (Seine-Inférieure).

Desséchée à + 100°, elle contient :

Gros gravier siliceux		7,560
Sable moyen siliceux		17,814
Sable fin siliceux		47,520
Gros débris organiques		5,626
Matières solubles dans l'eau	Humus azoté 1,120	
	Sulfates alcalins	
	Phosphates alcalins	2,782
	Chlorures alcalins 1,662	
	Sulfates de chaux	
Terre ténue	Humus insoluble	7,156
	Argile	5,190
	Calcaire	5,964
	Carbonate de magnésie et phosphate de chaux	0,588
	Oxyde de fer	traces.
		100,000

Terre siliceuse proprement dite. Cette terre, assez commune, n'offre dans sa composition que de la silice presque pure. Elle est ordinairement colorée en gris par une petite proportion d'humus et par de l'oxyde de fer. Ces terres sont une des plus stériles parmi les sols siliceux.

Nous donnons ici l'analyse d'un terrain de cette nature pris dans la commune du Petit-Quevilly (Seine-Inférieure).

Desséchée à + 100°, elle contient :

Gros gravier	Siliceux	9,000
	Calcaire	0,250
Sable moyen	Siliceux	7,250
	Calcaire	0,500
Sable fin	Siliceux	70,210
	Calcaire	0,690
Matières solubles dans l'eau	Humus soluble azoté 0,1025	0,410
	Sels solubles 0,5075	
Terre ténue	Humus insoluble	2,740
	Argile	6,800
	Calcaire	0,950
	Peroxyde de fer	0,910
	Carbonate de magnésie	0,510
		100,000

4.

Terre granitique. La décomposition du granite donne naissance à ces terrains qui se composent d'une silice argileuse assez aride. Il convient cependant à la végétation de certains arbres qui, comme le chêne et le châtaignier, y acquièrent un beau développement.

Terre volcanique. Ce sont les débris d'anciens volcans, ou le produit des éruptions de laves modernes qu'on ne rencontre que dans quelques localités. Ces terres sont généralement légères, noires ou noirâtres, souvent pulvérulentes, et jouissent d'une étonnante fertilité, surtout lorsqu'on peut leur procurer, en été, une humidité suffisante. La proportion notable de matières salines que renferment ces terrains explique ce haut degré de fertilité.

3° Les sols calcaires sont ceux où la matière calcaire domine les autres éléments. Nous connaissons les propriétés physiques de ces sols, et nous pouvons en conclure ici qu'en raison de leur couleur blanche qui les fait s'échauffer difficilement, de leur peu de ténacité qui les expose à la sécheresse, enfin de leur peu de profondeur, ce sont en général les moins propres à la culture des arbres. On ne peut les améliorer qu'en y ajoutant de l'argile et des engrais de couleur noire. Voici quelles sont les principales espèces :

Terre calcairo-argileuse. Ce sol contient une proportion notable d'argile jointe à sa base, qui est de la matière calcaire très-tendre ou *marne*. Toutefois cette argile y est beaucoup moins abondante que dans la terre argilo-calcaire. Cette terre est fréquente sur le penchant de la plupart des collines. Nous avons pris celle dont nous donnons ici l'analyse sur les coteaux de Blosseville-Bon-Secours (Seine-Inférieure).

Desséchée à + 100°, elle contient :

Carbonate de chaux..	92,5
— de magnésie..	2,0
Argile	5,5
Oxyde de fer..	
Matières organiques	traces.
	100,0

Terre calcairo-argilo-siliceuse ou terre tuffeuse. La matière calcaire qui forme la base de cette terre offre une plus grande ténacité que dans l'espèce précédente; elle contient dans sa composition une certaine quantité de sable. Cette matière, jointe à l'argile, donne une terre qui peut être considérée comme la moins stérile des terres calcaires.

Voici une analyse de ces sortes de sols pris aux environs de Rouen :

Carbonate de chaux	90,00
Silice.	02,40
Argile..	06,50
Oxyde de fer..	traces.
Carbonate de magnésie.	»
Eau..	01,00
Humus.	00,10
	100,00

4° Nous comprenons sous la dénomination de sols humifères ou tourbeux tous ceux dans lesquels l'humus ou terreau l'emporte de beaucoup
en proportion sur les autres éléments terreux. Ces terres se distinguent
par la couleur brun foncé qu'elles reçoivent de l'humus. Leurs propriétés
physiques sont les suivantes : d'une consistance très-spongieuse, elles absorbent une grande quantité d'eau, mais l'abandonnent avec facilité sous
l'influence de la haute température que leur couleur brune leur fait em-
prunter au soleil; il en résulte que, pendant l'été, elles sont exposées à
une sécheresse excessive.

Nous ajouterons que l'humus, qui forme ordinairement la base de la
fertilité de tous les terrains, se trouvant là à l'état acide, ne peut être dis-
sous dans l'eau, et servir, par conséquent, à la végétation des plantes. Ces
divers inconvénients rendent les sols tourbeux généralement peu propres
à la culture. On en rencontre deux espèces principales.

Humus pur ou *tourbe*. Ces terres contiennent à peine d'autres substances que l'humus; elles doivent leur formation à la décomposition des
végétaux sous l'eau. Cette décomposition s'opérant continuellement, on
voit, dans les marais, où la végétation est généralement plus rapide, la
couche d'humus acquérir en peu de temps une épaisseur très-considérable.
Ainsi, dans les marais d'Heurtauville, de Forges-les-Eaux (Seine-Inférieure), de Varnier, près Quillebeuf, on remarque des bancs de tourbe
de 8 ou 10 mètres d'épaisseur. Cette terre est la plus stérile des terres
humifères. On ne peut l'améliorer qu'en y répandant des sables, des
cendres, de la chaux, ou en brûlant une partie de la surface pour en
faire disparaître l'acidité.

Nous donnons l'analyse de l'un de ces terrains, pris dans les marais
de Forges-les-Eaux :

$$
\begin{array}{lr}
\text{Matières organiques.} & 92,3 \\
\text{— minérales} & 7,7 \\
\hline
& 100,0
\end{array}
$$

Les matières minérales sont, dans l'ordre de leur plus grande quantité :

Silice.	Oxyde de fer.
Argile.	Carbonates de chaux et de magnésie.
Phosphates de chaux et d'alumine.	Chlorures alcalins.
Sulfate de chaux.	Silicates alcalins.

Humus siliceux. Cette terre ne diffère de la terre silicéo-humifère
ou terre de bruyère qu'en ce que la quantité d'humus y est plus considérable. On rencontre l'humus siliceux dans les mêmes localités que la
terre de bruyère; il est moins stérile que l'humus pur; on peut l'améliorer par l'addition d'argile et de terre calcaire.

Voici l'analyse d'une terre prise dans la forêt de Saint-Étienne-du-
Rouvray.

Desséchée à + 100°, elle contient :

Gros gravier siliceux		3,486
Sable fin siliceux.		34,170
Gros débris organiques		6,820

Matières solubles dans l'eau :
- Humus soluble azoté 1,436
- Sulfates alcalins . . . .
- Phosphates alcalins 1,660
- Sulfate de chaux . . . .
- Oxyde de fer . . . .
- — — — 3,096

Terre ténue :
- Humus insoluble 59,854
- Argile 9,314
- Calcaire 0,422
- Phosphate de chaux 0,554
- Oxyde de fer 1,464

Perte 0,820

                                        ————
                                      100,000

Telles sont les diverses sortes de terres les plus répandues. Ainsi qu'on le voit, on peut les rapporter toutes aux quatre classes précédentes : l'argile, la silice, la matière calcaire et l'humus.

Nous n'avons examiné dans ces quatre classes que les espèces principales. Nous devons faire observer que ces classes sont liées les unes aux autres, sous le rapport de leur composition, par des espèces intermédiaires.

Parmi les terres que nous venons d'étudier, nous en avons trouvé d'une grande stérilité; cependant il n'est pas un seul terrain, quelle que soit sa nature, qui, convenablement préparé, ne puisse nourrir certaines espèces d'arbres. Le point important est de savoir choisir les arbres qui peuvent vivre dans tel ou tel sol. Nous nous étendrons longuement sur ce point essentiel en traitant de la culture spéciale de chaque espèce d'arbre.

Le sol arable n'est pas la seule partie du sol qui doive fixer l'attention du cultivateur, car la couche inférieure venant à différer, par sa composition, de la couche supérieure, elle ne jouira pas des mêmes propriétés, et influera sur la fertilité du sol arable. Il est donc nécessaire d'étudier la composition et les propriétés de la couche de terre qui se trouve immédiatement au-dessous du sol arable, et à laquelle on donne le nom de sous-sol.

Le sous-sol est formé, tantôt par la réunion des trois éléments terreux, tantôt par deux d'entre eux, tantôt par un seul. Toutes les fois que le sous-sol diffère du sol arable par sa composition, il agit toujours sur ce dernier, soit en y introduisant des vices, soit en corrigeant ceux qu'il présente. Admettons, par exemple, qu'un sol arable argilo-siliceux soit assis sur un sous-sol argileux proprement dit. L'eau des pluies, étant retenue à la surface de cette dernière couche, s'élèvera dans le sol arable; celui-ci deviendra boueux, d'une culture difficile, et perdra une partie

a sa fertilité. Dans ce cas, le sous-sol aura nui à la fertilité du sol
arable.

Supposons, au contraire, un sol arable composé de terre siliceuse, et
reposant sur un sous-sol compacte; il est bien évident que le sous-sol
viendra en aide au sol arable, en retenant l'eau des pluies et en y entre-
tenant l'humidité constante si nécessaire à la fertilité de ces sortes de
terrains. Si ce sol arable eût été posé sur un sous-sol de même nature
que lui, il se serait desséché aux moindres rayons du soleil et serait devenu impropre à la végétation.

De l'eau. — L'agent nutritif qui, après le sol, joue le plus grand rôle
dans la végétation est certainement l'eau. Nous connaissons déjà son influence sur la germination des graines et la nutrition; nous ne parlerons
que de son action générale pendant la végétation.

L'eau se rencontre dans le sol à l'état liquide, et dans l'atmosphère à
l'état de vapeur aériforme.

Si l'eau n'était pas à l'état liquide dans la terre, celle-ci serait sans
propriétés sur la végétation; c'est seulement en dissolution dans l'eau,
ou à l'état gazeux, que les matières nutritives que renferme le sol peuvent
pénétrer dans les organes des plantes.

Le rôle de l'eau liquide ne se borne pas à dissoudre les matières nutritives; elle sert encore, sous le nom de séve, à les charrier dans les diverses parties de l'arbre où doivent s'opérer de nouveaux développements.
Ceci explique pourquoi certains terrains, exposés à la sécheresse, don-
ment, bien que contenant une proportion notable d'engrais, une végétation
moins abondante, moins vigoureuse que d'autres terrains, moins riches
en principes nutritifs, mais plus humides. Ceci explique encore ce temps
d'arrêt que l'on remarque dans la végétation, vers le milieu de l'été, au
moment où les sols exposés à la sécheresse sont en partie desséchés par
la végétation et l'évaporation qui ont eu lieu depuis le printemps. Dès ce
moment, la végétation cesse complétement, pour recommencer avec une
nouvelle vigueur aussitôt que les premières pluies d'automne ont humecté
la terre.

D'après ce qui précède, on conçoit déjà les effets de la rareté de l'eau
sur la végétation. Si la sécheresse du sol est peu considérable, il en résulte
seulement moins de vigueur dans la végétation, et une plus grande
quantité de fleurs pour l'année suivante. Si la sécheresse est plus intense, et surtout d'une certaine durée, la végétation est suspendue; il
n'y a plus aucun développement; les feuilles se fanent, jaunissent et tombent. Enfin, si elle devient extrême, l'arbre se dessèche complétement et
meurt.

Les seuls moyens à employer pour arrêter la trop grande dessiccation
du sol sont les arrosements, les couvertures et les binages. Nous étudierons l'emploi de ces procédés en nous occupant des plantations.

Une trop grande quantité d'eau dans le sol n'est pas moins nuisible que la sécheresse. Dans un sol où l'humidité est abondante, la végétation est très-rapide : le bois est de mauvaise qualité, parce qu'il est toujours trop mou; les arbres fruitiers donnent moins de fleurs, et partant moins de fruits; ceux-ci sont peu savoureux et se conservent à peine. Mais, si l'eau devient stagnante et couvre les racines, les accidents sont plus graves. Les racines, privées du libre contact de l'air, ne peuvent plus remplir leurs fonctions; elles pourrissent, et l'arbre meurt. Les eaux courantes offrent de moins grands inconvénients que les eaux stagnantes, parce qu'elles contiennent toujours une certaine quantité d'air.

Quelques espèces, ainsi que nous le verrons plus tard, supportent plus facilement que d'autres ces excès de sécheresse ou d'humidité.

L'eau à l'état de vapeur dans l'atmosphère n'est pas moins utile à la végétation que celle que le sol contient à l'état liquide.

Ces vapeurs aqueuses sont absorbées par les feuilles, qui viennent ainsi en aide aux racines pour réparer dans le végétal les pertes produites par l'évaporation. Ce qu'il y a de remarquable, c'est que cette absorption des vapeurs aqueuses par les feuilles a surtout lieu lorsque les racines, placées dans un terrain trop sec, fonctionnent difficilement. Par une sage prévoyance de la nature, c'est précisément au moment où les végétaux ont besoin de la plus grande quantité d'humidité que cette humidité est le plus abondamment répandue dans l'air; et cela se conçoit, puisque sa présence dans l'atmosphère est due à l'action du soleil, qui la vaporise à la surface du sol.

Une atmosphère trop humide n'est pas non plus sans quelques inconvénients pour la végétation. Ainsi, lorsque les vapeurs condensées, rapprochées par un abaissement de température, se présente sous forme de brouillards, et que ceux-ci séjournent quelque temps, au printemps, à l'époque de la floraison des arbres fruitiers, il en résulte de grands dommages. Ces brouillards s'attachent en petites gouttelettes sur les anthères des étamines, les grains de pollen se déchirent avant d'avoir été projetés sur le stigmate, et la fécondation devient nulle : les fleurs se flétrissent et tombent.

De l'air. — L'air influe sur le développement des plantes par le gaz oxygène et le gaz acide carbonique qui entrent dans sa composition. Ce que nous en avons dit précédemment, à propos de la germination et de la nutrition, nous dispense de revenir ici sur le rôle du fluide atmosphérique et de ses éléments.

De la lumière. — La lumière n'est pas moins indispensable à la végétation. Nous avons vu que c'est la lumière qui produit le phénomène de la nutrition dans les plantes; c'est elle qui détermine la succion, l'absorption des racines; c'est aussi sous son influence que se fait, dans toutes les parties vertes des végétaux, la décomposition du gaz acide carbonique;

décomposition à l'aide de laquelle le carbone ou charbon, devenu libre et dans un état de division inappréciable, peut être assimilé aux plantes et servir à l'accroissement de leurs parties. C'est encore à l'action de cet agent qu'est due la transpiration aqueuse par la surface des feuilles, phénomène qui permet à la séve des racines de se débarrasser de son eau surabondante et d'être transformée en cambium.

Lorsqu'on veut conserver frais des rameaux détachés d'une plante, le premier soin à prendre doit donc consister à les placer dans l'obscurité, afin de diminuer la transpiration de l'eau. C'est ce que savent très-bien les bouquetières qui veulent empêcher la fanaison des fleurs, et les jardiniers lorsqu'ils veulent transporter des boutures. C'est également l'influence de la lumière qui détermine dans les feuilles la formation des sucs qui donnent aux végétaux une saveur et une odeur particulières. Enfin, la couleur verte, si abondamment répandue dans les plantes, et les couleurs particulières qui distinguent chacune de leurs parties, sont dues aussi à la lumière à l'aide de laquelle les cellules des fleurs, des fruits, des feuilles, modifient diversement les fluides qu'elles contiennent et produisent ces diverses colorations.

Une seule expérience suffit pour démontrer l'exactitude des faits que nous venons d'énoncer.

Si l'on place une plante quelconque dans un lieu complétement obscur, elle continuera de végéter, mais les nouvelles parties qui se développeront n'offriront dans leurs tissus qu'une très-petite quantité de carbone, parce que, l'acide carbonique ne pouvant être décomposé, le carbone ne pourra y être fixé. La transpiration aqueuse ne pouvant non plus avoir lieu, ces tissus seront engorgés d'une grande quantité de fluides aqueux. Il en résultera que ces parties resteront toujours molles et herbacées. En outre, elles n'offriront pas la couleur verte qui caractérise les tissus développés à la lumière et resteront d'un blanc jaunâtre. Enfin, toujours insipides, elles ne présenteront ni l'odeur ni la saveur qui distinguent l'espèce à laquelle elles appartiennent. Ce dernier phénomène est bien sensible dans la chicorée sauvage, qui, verte, est d'une amertume insupportable, et qui, blanchie à l'obscurité et connue alors sous le nom de *barbe de capucin*, devient presque complétement insipide.

Les plantes qui se développent dans de pareilles circonstances offrent toutes ces accidents, auxquels on donne le nom d'*étiolement*.

On peut conclure de ces faits que plus les arbres sont exposés à une lumière vive, plus leur bois est dur et compacte, parce qu'ils peuvent assimiler une plus grande quantité de carbone. En effet, la tige d'un arbre placé isolément sur une haute montagne contiendra plus de charbon, sera d'une plus grande dureté, se conservera plus longtemps qu'une tige de la même espèce, du même volume, mais développée au milieu d'une épaisse futaie.

Parmi les diverses influences de la lumière sur la végétation, une des plus remarquables est celle qu'elle exerce sur la direction des tiges. Placez une plante en végétation dans un appartement percé de deux ouvertures latérales, l'une donnant accès à l'air sans donner passage à la lumière, l'autre laissant arriver la lumière sans donner accès à l'air; et l'on verra tous les rameaux se diriger vers la seconde ouverture.

Voici comment se produit ce phénomène. Lorsqu'un bourgeon feuillé reçoit plus de lumière d'un côté que de l'autre, le côté le plus éclairé élabore plus complétement la séve des racines; il y a sur ce point du bourgeon une plus grande quantité de carbone fixée dans les tissus; ceux-ci croissent moins longtemps en longueur, parce qu'ils sont plus vite solidifiés, et que d'ailleurs les vaisseaux ligneux descendants, qui se forment en plus grande abondance sur ce point, arrêtent aussi plus vite l'allongement des vaisseaux ascendants. Mais, le côté opposé recevant une moins grande quantité de cambium et les vaisseaux descendants se formant moins vite, les tissus s'allongent plus longtemps. Or, comme les deux côtés d'un même bourgeon ne peuvent pas se séparer l'un de l'autre pour croître chacun à sa façon, il faudra nécessairement que ce bourgeon se courbe du côté où il s'allonge le moins, c'est-à-dire du côté le plus éclairé. Ceci nous explique pourquoi les branches des arbres en espalier, qui ne reçoivent la lumière que d'un seul côté, tendent sans cesse à se diriger en avant; pourquoi les arbres des lisières des forêts inclinent leurs branches plus du côté extérieur que du côté intérieur; pourquoi enfin ces mêmes arbres sont généralement plus gros, moins élevés, plus ramifiés que ceux de l'intérieur de la forêt, qui n'offrent de ramifications qu'à leur sommet et n'ont jamais une grosseur proportionnée à leur élévation. Tous ces faits doivent être expliqués par l'influence de la lumière, et non, comme l'avaient pensé quelques cultivateurs, par celle de l'air, dont la libre circulation n'est nullement contrariée dans ces diverses circonstances.

De la température. — L'action générale de la température sur la végétation peut être considérée sous deux points de vue principaux : son influence lorsqu'elle est appliquée dans des limites convenables, et ses effets lorsqu'elle dépasse les bornes de son action efficace pour chaque espèce.

Nous connaissons déjà en grande partie l'action de la température lorsqu'elle agit dans les limites convenables; ainsi nous savons qu'en général elle tend à exciter les propriétés vitales. Toutes choses étant égales d'ailleurs, une température chaude augmente l'absorption par les racines et la transpiration par les feuilles, elle assure et accélère la germination des graines, la floraison, la fécondation, la maturité des fruits.

Une température froide produit les résultats inverses : elle diminue les fonctions de chacun des organes et suspend la végétation. Jetons maintenant un coup d'œil sur les effets de la température sur la végétation, lorsqu'elle est trop élevée ou trop basse.

Les effets produits sur les plantes par une température trop élevée se divisent en deux séries, selon que la chaleur coïncide avec la sécheresse ou l'humidité. Lorsqu'une température trop élevée est accompagnée de la sécheresse du sol, il en résulte, pour les arbres, d'abord la fanaison des parties vertes, parce que cette haute température détermine à la surface de ces organes une grande évaporation que la sécheresse du sol ne permet pas aux racines de réparer assez vite. Si cet état de choses se prolonge, les feuilles jaunissent bientôt et finissent par tomber, la végétation s'arrête, et les autres organes de l'arbre se dessèchent peu à peu. Les parties extérieures et vivantes de la tige, le liber, venant aussi à perdre leur humidité, l'arbre meurt; car nous savons que le liber est, dans les plantes, le siége de la vie. Quelquefois le liber n'est desséché et désorganisé par la chaleur que par places : c'est ce qui arrive surtout aux arbres en espalier; toute l'écorce lésée tombe alors et met à nu une certaine étendue de l'aubier. On prévient cet accident en préservant la tige de l'ardeur du soleil au moyen d'une enveloppe quelconque.

Lorsqu'une température trop élevée est jointe à une grande humidité, elle produit des résultats contraires aux précédents. Elle excite les plantes à pousser trop en feuilles, et la production des fruits devient presque nulle.

Les accidents déterminés par une trop grande chaleur seraient bien plus fréquents si la nature prévoyante n'avait mis en usage certains moyens propres à en modérer l'action. Le plus puissant est le suivant :

Le sol offrant toujours en été une température plus basse que celle de l'atmosphère, et la circulation des fluides des racines aux feuilles étant d'autant plus active que la lumière est plus vive et la température plus élevée, il en résulte que la séve des racines vient continuellement balancer l'influence de la chaleur sur la tige et éloigner les accidents. La température du sol, comparée à celle de l'atmosphère, étant, en été, d'autant plus basse qu'on l'observe à une plus grande profondeur, on peut en conclure que les arbres dont les racines s'enfoncent le plus profondément dans le sol sont les moins exposés aux influences de la chaleur. Les terrains siliceux sont ceux qui s'échauffent le plus facilement au soleil; et comme, d'ailleurs, ils sont aussi les plus perméables à l'air, on peut tirer cette seconde conséquence : que les arbres doivent être plantés plus profondément dans ces terrains que dans les autres. Pour empêcher le sol de s'échauffer autant, on peut le couvrir de paille, de feuilles, de fougères, de genêts, et même de pierres. C'est surtout dans les terrains siliceux que ce moyen doit être employé.

Lorsque la température descend au-dessous de zéro, elle atteint les liquides renfermés dans le tissu des parties vertes et foliacées du végétal, liquides qui ne sont séparés de l'influence de la température extérieure que par quelques membranes très-minces. Sous l'influence de cette basse température, ces liquides se congèlent ; mais, comme, en passant à l'état de glace, ils augmentent de volume, les vaisseaux et les cellules qui les contiennent sont alors distendus et souvent déchirés. De là le mélange de ces fluides, leur fermentation, puis la mort des parties de l'arbre où se manifestent ces accidents. C'est ainsi que périssent, par les premières gelées d'automne, les jeunes rameaux encore herbacés, ceux dont la végétation s'est prolongée trop longtemps et qui ne sont pas encore bien aoûtés. C'est de cette manière aussi que sont désorganisés, par les gelées du printemps, les bourgeons nouvellement développés.

Si le froid devient très-intense, il détermine la congélation des fluides contenus dans les couches du liber, et en produit la désorganisation. Or, comme une des fonctions de cet organe est d'entretenir la vie dans les boutons qui doivent, au printemps, donner lieu à une nouvelle végétation, il en résulte la mort de ceux-ci, et, partant, celle de l'arbre.

Une chose digne de remarque, sous le rapport de l'influence de la gelée sur les arbres, c'est l'irrégularité avec laquelle elle agit sur les divers individus d'une même espèce, et cela, dans un rayon souvent assez circonscrit. Ces différences d'action peuvent être déterminées par les lois suivantes :

1° *Ce n'est pas sur les parties solides du végétal que s'exerce l'influence de la température, mais bien sur les liquides.* Ainsi, moins il y aura de ces derniers dans un végétal, moins il sera sensible à l'action de la température, parce qu'il y aura moins d'eau à geler : le bois et les couches extérieures de l'écorce résistent bien au froid, tandis que le liber est facilement altéré. Aussi les gelées d'automne font-elles moins de mal que celles du printemps, parce qu'à l'automne les arbres, mieux aoûtés, contiennent moins d'eau. Un hiver très-rigoureux est moins à craindre après un été chaud qu'après un été pluvieux. Les arbres gèlent plus facilement dans un terrain gras et humide que dans un sol sec.

2° *Blagden a prouvé que l'eau bourbeuse, visqueuse, gèle plus difficilement que l'eau pure.* Nous pouvons conclure de cette seconde loi : que les végétaux gèlent d'autant moins que leurs sucs sont plus visqueux, plus épais.

3° *On sait encore que l'eau résiste à plusieurs degrés de froid sans se congeler lorsqu'elle est dans un repos absolu;* d'où nous pouvons conclure cette troisième loi : que les végétaux résistent d'autant mieux au froid que l'immobilité de leurs fluides est plus complète ; ce qui nous donne une nouvelle explication de la facilité avec laquelle les arbres gèlent lorsque leur séve est en mouvement.

4° *Enfin, nous avons vu plus haut que les arbres offrent une température plus fraîche en été et plus chaude en hiver que celle de l'atmosphère, et cela parce que leurs racines vont puiser leurs fluides sur un point du sol plus frais que l'atmosphère dans l'été, et plus chaud dans l'hiver.* Il est bien évident que la température intérieure d'un arbre sera, en hiver, d'autant plus élevée, comparée à celle de l'air extérieur, que ses racines seront soustraites plus profondément à l'influence de la température du dehors. D'où cette quatrième loi : que les arbres résistent d'autant mieux à la gelée que les racines peuvent absorber une séve moins exposée aux influences de la température extérieure, ou, en d'autres termes, qu'elles se trouvent placées à une plus grande profondeur. Ceci justifie le procédé mis en usage par beaucoup de cultivateurs, et qui consiste à couvrir de paille ou de feuilles sèches, pendant l'hiver, le pied des arbres délicats ; de cette manière on empêche le sol de se refroidir autant, et, les racines puisant une séve moins froide, l'arbre supporte plus facilement l'influence des fortes gelées.

Telles sont les principales causes qui déterminent les différences d'action de la gelée sur les divers individus d'une même espèce. D'après cela, on peut facilement s'expliquer pourquoi, par exemple, un individu placé dans un terrain humide, exposé au midi et planté à la surface du sol, gèlera plus facilement qu'un autre individu de même espèce placé dans un terrain sec, exposé au nord et planté profondément.

Lorsque les arbres ont subi l'influence fâcheuse de la gelée, le seul remède à tenter est d'éviter que les parties gelées ne soient exposées à un retour trop brusque vers une température élevée, et de ne les y soumettre que graduellement. Ainsi, lorsque des espaliers ont subi au printemps l'influence des gelées blanches, il est bon d'arroser la tige des arbres dès le matin, et de la garantir autant que possible de l'influence du soleil jusqu'au milieu du jour.

Souvent la gelée se fait sentir sur des arbres déplantés pour être replantés. Son action est d'autant plus funeste dans ce cas qu'elle agit sur les racines, et que cette partie, toujours plus chargée de fluides aqueux que la tige, est facilement désorganisée par une température de 2° au-dessous de zéro. On peut diminuer les effets de cet accident en plaçant les arbres, avant leur dégel, dans un endroit abrité de la lumière et le plus frais possible. Thouin cite le fait suivant : il expédia à Moscou plusieurs caisses d'arbres fruitiers : ces arbres y arrivèrent complétement gelés ; on les mit immédiatement dans une glacière, où ils passèrent l'hiver ; vers le printemps, on les rapprocha progressivement de l'entrée de cette glacière, puis enfin on les planta, et ils se développèrent parfaitement.

Par ce qui précède, on se rend bien compte de la différence d'action du même degré de froid sur divers individus d'une même espèce ; mais ce que nous n'avons pas encore expliqué, ce sont les causes qui font que tous les individus de quelques espèces supportent, sans souffrir, un degré d'abaissement de température, tandis que ce même degré de froid tue complétement tous les individus de certaines autres. Ainsi aucune des plantes des pays chauds ne peut supporter la rigueur de nos hivers, et ceci doit être : car la nature est immuable dans ses lois ; elle a organisé les végétaux pour vivre au milieu de circonstances données, et rien ne peut faire changer cette organisation ; chaque espèce ne peut supporter qu'une température limitée, et ne peut prospérer dans un sol autre que celui pour lequel la nature l'a créée. Ce sera toujours en vain qu'on voudra faire croître les arbres des tropiques dans nos climats, et faire vivre les arbres des terrains compactes dans des sols légers. Il est donc de la plus haute importance, en culture, de se rendre bien compte des circonstances générales, et surtout du degré de température sous l'influence desquels vit chaque espèce dans son état sauvage, afin de reproduire artificiellement les mêmes circonstances.

Ceci nous conduit naturellement à dire un mot des acclimatations et des naturalisations.

On entend par *acclimatation*, les diverses opérations à l'aide desquelles on a essayé de faire supporter à une espèce un degré de température plus bas que celui du climat où elle croît spontanément. On a tenté d'obtenir ce résultat en exposant graduellement les plantes à l'influence d'une température plus basse que celle de leur pays natal, jusqu'à ce qu'elles pussent supporter sans souffrir la température de celui où on voulait les faire vivre en plein air.

Les connaissances que l'on a de la structure des plantes, et surtout de la manière immuable dont elles sont organisées, empêchent d'admettre la possibilité de leur acclimatation. En effet, pour qu'un arbre des pays chauds puisse supporter le froid de nos hivers, il faudrait que sa structure fût modifiée.

Quant aux résultats que l'on pensait avoir obtenus, un examen plus approfondi est venu les réduire à leur juste valeur. Ainsi, l'*Aucuba du Japon*, la *Pivoine en arbre*, originaires de la Chine, et beaucoup d'autres espèces, furent placées dans des serres chaudes lors de leur introduction dans nos jardins ; quelque temps après on les mit en orangerie, puis on en abandonna quelques pieds en pleine terre pendant l'hiver : ces plantes se développèrent au printemps, et l'on dit qu'on les avait acclimatées. Mais si, dès leur arrivée en Europe, on les eût mises en pleine terre, elles auraient supporté notre climat comme elles le supportent maintenant. Et cela est d'autant moins extraordinaire, qu'on a pu constater depuis que ces plantes vivent naturellement dans une contrée presque aussi froide en hiver que la nôtre. Elle est à la vérité plus rapprochée de l'équateur, mais elle est aussi plus élevée au-dessus du niveau de la mer.

Nous le répétons, l'acclimatation nous parait impossible. Lorsqu'on soumet à cette opération une espèce nouvellement introduite, elle meurt toujours si le climat où elle vit habituellement est plus chaud que celui auquel on veut l'habituer ; si, au contraire, elle survit, c'est que le climat d'où elle vient offre une température à peu près égale à celle de la contrée où on veut l'introduire : elle n'est donc pas acclimatée, mais seulement *naturalisée*.

Quant à la naturalisation, cette opération est bien plus simple que la précédente ; elle consiste seulement dans le transport d'une espèce de son pays natal dans un autre ; elle est de la plus grande importance : c'est par elle que nos jardins fruitiers se sont successivement meublés d'espèces nouvelles d'arbres à fruits ; que nos forêts se peuplent de bois plus vigoureux ou de meilleure qualité, que nos jardins enfin s'enrichissent de nouveaux arbres remarquables par l'éclat de leurs fleurs ou l'élégance de leur feuillage.

Le principe sur lequel repose la naturalisation des plantes est surtout la similitude des contrées sous le rapport de la température.

La température d'une contrée est déterminée par les deux causes suivantes : d'abord par la distance qui la sépare de l'équateur. Ainsi, plus une contrée se rapproche de l'équateur, plus elle est chaude et plus les plantes qui y vivent exigent un degré de température élevé. Les espèces qui croissent sous la ligne ne peuvent végéter chez nous que placées dans des serres maintenues à un haut degré de chaleur. A mesure que l'on se rapproche des pôles, la température diminue, l'aspect de la végétation change, jusqu'à ce que, sous les pôles, remplacée par des glaces éternelles, elle cesse complétement.

La seconde cause qui détermine la température d'une localité est son élévation au-dessus du niveau de la mer. Plus la localité est élevée, plus elle est froide. En gravissant une haute montagne comme la chaîne des Andes, dans l'Amérique méridionale, on observe la même décroissance de température qu'en voyageant de l'équateur vers les pôles ; arrivé au sommet de ces montagnes, on trouve, quoique sous l'équateur, des glaciers permanents. Ce qu'il y a de remarquable, c'est que, dans ce trajet, on rencontre les mêmes changements dans la végétation que de l'équateur aux pôles ; et que, près des glaciers qui couronnent ces montagnes élevées, on trouve des plantes de genres et quelquefois même d'espèces analogues à celles qui croissent sous les pôles, aux limites de la végétation.

Ainsi donc, avant de soumettre une plante étrangère à la rigueur de notre climat, avant d'essayer de la naturaliser, il faut non-seulement se rendre compte de la distance qui existe entre sa contrée natale et l'équateur, mais encore de l'altitude de cette contrée. C'est pour ne pas avoir tenu compte de cette dernière circonstance que quelques cultivateurs ont cru acclimater chez nous des plantes originaires, il est vrai, des pays équatoriaux, mais qui vivaient dans des localités placées à une grande élévation au-dessus du niveau de la mer.

De l'exposition. — Une dernière circonstance atmosphérique agit encore sur la végétation des arbres : c'est l'exposition.

Un mur ou un coteau sont exposés au midi lorsque les rayons du soleil tombent directement sur eux au milieu du jour ; l'exposition du nord est celle du côté opposé à ce mur ou à ce coteau. Les expositions du levant et du couchant sont celles qui reçoivent directement les rayons du soleil levant ou du soleil couchant. Ces diverses expositions offrent, pour la France, les caractères suivants :

L'exposition du midi est la plus chaude, celle du nord est la plus froide. L'exposition du levant est généralement moins chaude que celle du midi, mais elle est plus sèche, à cause des vents moins chargés d'humidité qui soufflent de ce point. L'exposition du couchant est moins chaude aussi que celle du midi, mais elle est la plus humide de toutes, en raison des vents d'ouest et des pluies fréquentes qui viennent de ce côté.

Il résulte des différents degrés de chaleur et d'humidité de ces expositions qu'elles influent beaucoup sur la végétation des arbres, et qu'on doit avoir égard aux besoins de chaque espèce, sous ce rapport, lorsqu'on les plante.

Ainsi l'expérience a démontré que les arbres et arbrisseaux à feuilles persistantes, tels que les *rosages*, les *arbres résineux*, plusieurs espèces de *magnolia*, etc., préfèrent l'exposition du nord à celle du midi, parce que, au midi, leurs feuilles et leurs tissus, échauffés pendant l'hiver par le soleil, déterminant les mouvements de la séve et l'absorption des racines, ils souffrent davantage des fortes gelées que lorsqu'ils sont au nord, où ils ne reçoivent pas l'influence du soleil, et où leur végétation reste endormie pendant tout l'hiver.

Le choix de l'exposition est surtout très-important pour les arbres fruitiers en espalier. Nous verrons, en nous occupant de la culture de ces arbres, celle qui convient le mieux à chacun d'eux.

DEUXIÈME PARTIE

APPLICATION DES CONNAISSANCES PRÉCÉDENTES

Nous avons exposé, dans les connaissances préliminaires, les principes généraux qui servent de base à toutes les opérations de la culture, et qui, seuls, peuvent assurer leur succès. Il convient maintenant d'en faire l'application. Les diverses espèces d'arbres soumises à la culture sont assez nombreuses, et diffèrent entre elles quant à la nature de leurs produits et au mode de culture qu'elles réclament. On peut, sous ces deux rapports, partager ces arbres en quatre séries principales :

1° Les *arbres et arbrisseaux forestiers*, ceux cultivés pour leur bois;

2° Les *arbres et arbrisseaux d'ornement*, employés pour la décoration des parcs et jardins;

3° Les *arbres et arbrisseaux économiques*, dont les produits variés sont employés à divers usages autres que ceux dont nous venons de parler, comme le mûrier, le chêne-liége, le sumac, etc.;

4° Les *arbres et arbrisseaux fruitiers*, ceux dont les fruits servent à l'alimentation.

Tel est l'ordre que nous adopterons dans cette deuxième partie, en faisant toutefois précéder l'étude de ces matières de considérations générales sur les *pépinières*.

PREMIÈRE SECTION

DES PÉPINIÈRES.

Presque toutes les espèces d'arbres sont multipliées et élevées, jusqu'à un certain âge, dans un endroit spécial, avant que d'être plantées à demeure dans le terrain qui les nourrira pendant toute leur vie. On donne à l'emplacement consacré à cet usage le nom de *pépinière*, dérivé de *pepin*, semence du poirier, du pommier, etc., dont on a fait *pépinière*, pour indiquer le lieu où l'on élève les jeunes arbres.

Nous avions d'abord pensé, avec quelques auteurs, que la création des pépinières ne datait que de l'avant-dernier siècle; mais le mot *semina-*

rium, employé par Columelle et dans le Digeste, dans le sens que nous donnons au mot pépinière, ne laisse aucun doute sur l'antiquité de cette sorte de culture.

Utilité d'une pépinière. — Cet emplacement est presque toujours indispensable pour la culture des plantes ligneuses. On pourrait, il est vrai, en imitant ce que fait la nature, semer les graines à demeure, c'est-à-dire là où les arbres devront vivre jusqu'à leur mort ; mais, en pratique, ce moyen sera le plus souvent inapplicable. Il suffit à la nature, parce qu'elle peut disposer d'une innombrable quantité de graines, et que, si quelques-unes seulement réussissent, l'espèce se trouve reproduite dans des limites convenables ; il n'est pas nécessaire, d'ailleurs, pour que son but soit atteint, que ces arbres soient régulièrement distribués à la surface du sol. Pour les arbres soumis à la culture, on trouve d'autres exigences : ainsi ces arbres doivent presque toujours former des lignes régulières et présenter entre eux un espace égal. Cette condition ne pourra pas être remplie si l'on sème à demeure, car il ne faudra mettre qu'une graine à chaque point, et il sera bien rare de les voir toutes venir à bien. D'ailleurs, il ne sera pas possible, dans cette position, de donner à ces graines et aux jeunes plants les soins minutieux qu'ils exigent pendant leur premier développement, tels qu'un sol d'une nature spéciale, de l'ombrage, de légers arrosements, quelquefois des abris, etc. Puis, beaucoup d'espèces ne se développent qu'après plus d'une année de semis ou s'accroissent très-lentement pendant la première année ; on éprouvera ainsi un retard considérable dans le produit qu'on veut obtenir, et les jeunes plants resteront longtemps exposés aux accidents qui peuvent les atteindre par suite de leur jeune âge et de la position qu'ils occupent.

De ce qui précède résulte donc la nécessité d'élever les jeunes arbres dans une pépinière. Là ils trouveront un sol mieux préparé et d'une nature en rapport avec leur jeune âge. On pourra ainsi placer chaque graine dans les conditions les plus favorables à son développement et entourer les jeunes sujets de ces soins minutieux qu'exige toujours l'enfance des êtres organisés, et cela, jusqu'au moment où les jeunes arbres auront acquis assez de force et de rusticité pour s'accommoder du sol, le plus souvent de moins bonne qualité, où on les plantera à demeure.

On pourrait objecter, il est vrai, contre les pépinières, le déplacement auquel sont soumis les jeunes arbres pour les planter à demeure, déplacement qui influe défavorablement sur leur belle venue. Il est certain que les jeunes sujets résultant d'un semis à demeure, *et qui ont résisté aux causes nombreuses d'insuccès qui entourent leur jeune âge*, se développent ensuite avec plus de vigueur que ceux qui ont été transplantés ; mais il n'est pas douteux non plus que cet avantage est loin de compenser les chances innombrables d'insuccès auxquelles sont exposés ces semis.

Concluons donc que les pépinières sont indispensables, sauf de rares exceptions, que nous indiquerons dans le cours de cet ouvrage.

Choix d'un emplacement convenable. — Le *lieu à choisir* pour l'établissement d'une pépinière doit être abrité des grands vents, qui tourmentent les jeunes arbres, et surtout des vents desséchants du nord et du nord-est, qui entravent la marche de la séve, et font souvent périr, pendant l'hiver, les espèces délicates. Au surplus, le mieux est de suivre les indications de la nature : tous les arbres vivent en société dans leur état sauvage; les graines qu'ils répandent sur le sol se développent dans leur voisinage, et les jeunes arbres qui en résultent sont ainsi abrités des vents et des fortes gelées pendant leur jeunesse.

La surface du terrain devra être plutôt horizontale qu'inclinée; elle sera ainsi moins exposée à être ravinée par les pluies violentes, et les irrigations seront plus facilement exécutées, si le climat rend cette opération nécessaire.

La *nature du sol* est une considération importante pour l'établissement d'une pépinière. Le terrain qui convient le mieux est celui que nous avons désigné sous le nom de silicéo-argileux ou terre franche. Les terres plus argileuses seraient trop peu perméables à l'air et réclament de nombreux labours et binages que la dureté de ces terrains rend très-coûteux. En outre, peu perméables à l'eau et à la chaleur, elles deviennent boueuses sous l'influence de l'humidité, et la végétation y est très-tardive. Enfin, les arbres y développant moins de racines que dans les autres terrains, le succès de leur transplantation est moins assuré.

Les terres très-légères, les terres siliceuses proprement dites, offrent des inconvénients contraires. Exposées à la sécheresse, elles nécessitent de fréquents binages et même des arrosements; encore les jeunes arbres y sont-ils peu vigoureux.

Toutefois, si les arbres de la pépinière à créer étaient tous destinés à la plantation d'un terrain d'une nature uniforme, il faudrait choisir un sol à peu près identique à celui où les arbres doivent être plantés à demeure, et plutôt un peu moins fertile. La légère différence de fertilité en plus, au profit du terrain où l'on se proposerait de planter à demeure, compenserait la souffrance qu'éprouvent toujours les arbres lors de la transplantation. Règle générale : plus le sol de la pépinière se rapprochera, par sa composition élémentaire, de celui que l'on aura à planter, plus le succès de la plantation sera assuré, à moins que ce dernier ne soit de médiocre qualité, ce qui donnerait lieu, pour la pépinière, à une végétation trop chétive.

Outre la composition élémentaire du sol, on doit encore étudier sa *richesse en engrais*. Aux yeux du pépiniériste, cette richesse n'est jamais trop grande : plus les arbres végètent avec vigueur, mieux et plus tôt il en trouve le débit; mais les propriétaires éprouvent souvent du désavan-

5.

tage à acheter des arbres qui, ayant pris un développement proportionné à la nourriture abondante qui leur était fournie, ne trouvent plus, lorsqu'ils viennent à changer de position, surtout après une transplantation qui diminue le nombre et l'action vitale des racines, des aliments suffisants. Le sol où ils sont transplantés étant moins riche que le précédent en principes nutritifs, leurs racines ne sont plus assez nombreuses pour couvrir un espace convenable et y puiser une quantité suffisante de nourriture pour alimenter la tige.

Il est donc désirable que le sol d'une pépinière soit d'une fertilité moyenne. Les jeunes arbres qui en sortiront seront moins exposés à rencontrer une différence funeste entre la richesse du terrain où ils ont été élevés et celle du sol où on les plante à demeure.

Il est une autre considération à laquelle on doit encore s'arrêter dans le choix d'un emplacement, c'est la profondeur du sol arable. Plus la couche de terre végétale est épaisse, mieux les jeunes arbres s'y développent. Dans tous les cas, elle ne doit pas avoir moins de 0^m,64. Il faudra surtout faire en sorte que le sous-sol ne se compose pas d'une couche imperméable à l'eau : car, dans ce cas, il en résultera une surabondance d'humidité nuisible à la végétation de la plupart des espèces. Si cet inconvénient se présentait, il faudrait avoir recours à un bon mode de drainage pour assainir cette couche. (Voir, pour cela, la création du jardin fruitier.)

Il sera aussi très-essentiel d'avoir dans la pépinière une quantité d'eau suffisante pour pratiquer les arrosements. Dans le Nord et dans le Centre, un ou plusieurs réservoirs, suivant l'étendue de la pépinière, suffiront pour les besoins; mais dans le Midi, où il importe souvent de baigner toute la surface, le voisinage d'un cours d'eau, situé un peu plus haut que le sol de la pépinière, sera indispensable.

Enfin, si les produits de la pépinière sont destinés au commerce, il conviendra encore de la placer dans le voisinage d'un grand centre de population ou près d'un chemin de fer, afin d'avoir des débouchés faciles et assurés.

Clôtures. — Il est nécessaire de clore la pépinière pour la préserver de toute déprédation. Les murs, les haies vives, les fossés, sont les trois moyens qu'on peut employer pour cela.

Les *murs* sont le mode de clôture le plus solide et le plus convenable. Ils abritent le terrain et peuvent être d'un grand secours pour l'éducation des arbres fruitiers, mais ils donnent lieu à une dépense considérable. Le pépiniériste ne devra donc avoir recours à ce procédé que s'il est propriétaire du terrain ou s'il l'a affermé pour un temps assez long et que le propriétaire consente à supporter une grande partie de la dépense.

Les *haies vives* ne seront employées qu'à défaut des murs, parce qu'elles présentent les inconvénients suivants : elles ne sont terminées qu'après huit ou dix ans, et doivent être garanties elles-mêmes pendant

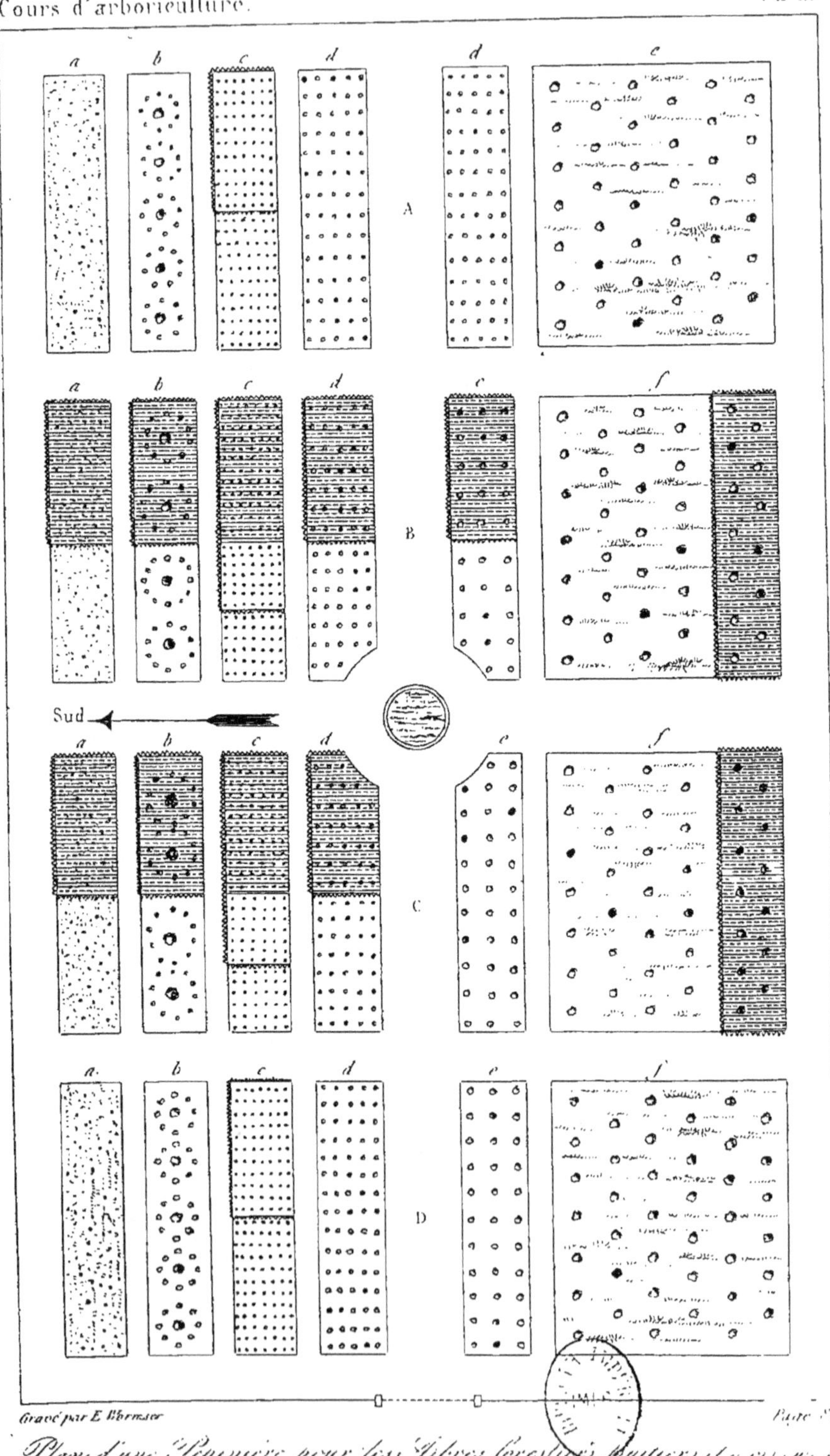

Gravé par E. Ebermser.

Page 93.

Plan d'une Pépinière pour les Arbres forestiers, fruitiers et résineux.

quelques années ; puis elles occasionnent une assez grande perte de terrain, car il est impossible de cultiver jusqu'au pied. (Voir l'article relatif à l'établissement des haies vives.)

Les *fossés* sont le dernier moyen auquel on aura recours ; ils occasionnent une perte de terrain considérable, car, pour être défensifs, ils doivent être larges et profonds ; ils n'offriront donc d'avantages que dans les terrains humides, qu'ils contribueront à assainir.

Distribution du terrain. — La distribution d'une pépinière doit varier en raison du mode de culture qu'exigent les espèces qui y sont multipliées. On peut y partager les plantes ligneuses en quatre groupes principaux :

1° Les arbres forestiers à feuilles caduques ;

2° Les arbres et arbrisseaux d'ornement à feuilles caduques ;

3° Les arbres et arbrisseaux à feuilles persistantes ;

4° Les arbres et arbrisseaux fruitiers.

Ceci posé, nous proposons de distribuer de la manière suivante les pépinières spécialement consacrées à la culture de l'un ou de l'autre de ces groupes.

Pour le premier groupe, la surface (A, *pl.* III) devra se composer de cinq carrés principaux destinés, le premier, *a*, aux semis ; le second, *b*, aux marcottes ; le troisième, *c*, aux boutures ; le quatrième, *d*, aux repiquages ; le cinquième, *e*, aux transplantations.

Dans la pépinière du second et du troisième groupe, on consacrera (B et C, *pl.* III) un certain espace pour les semis, *a* ; pour les marcottes, *b* ; pour les boutures, *c* ; pour les repiquages, *d* ; pour les greffes, *e* : enfin, pour les transplantations, *f*. Ces pépinières différeront de la précédente par la création d'un carré spécial pour les greffes.

Dans la pépinière des arbres et arbrisseaux fruitiers (D, *pl.* III), on supprimera le carré des transplantations ; d'un autre côté, celui des greffes devra être partagé en deux parties : l'une, *e*, consacrée aux arbres à basse tige ; l'autre, *f*, consacrée à ceux à haute tige.

Les divers carrés de chacune de ces pépinières doivent avoir une étendue proportionnelle, calculée de manière que les trois premiers ne forment que le tiers environ de la surface totale du terrain. Les quatre premiers carrés seront séparés des deux autres par un chemin de trois mètres de large qui permettra l'accès d'une voiture ; des chemins d'un mètre seulement établiront la circulation entre chacun de ces quatre carrés et les deux derniers ; enfin, la pépinière sera entourée par un chemin de deux mètres de large. Si le terrain est naturellement humide, ces divers chemins seront abaissés à $0^m,14$ au-dessous de la surface du sol, afin que les eaux s'écoulent facilement. Si, au contraire, le terrain est exposé à la sécheresse, les chemins seront élevés à $0^m,14$ au-dessus du sol ; l'humidité des pluies ou des arrosements sera ainsi plus facilement retenue.

On devra faire en sorte que les plates-bandes et les carrés soient dirigés de l'est à l'ouest, afin que les lignes d'arbres, plantées parallèlement à la longueur de ces carrés, soient enfilées par les vents dominants de l'ouest; les arbres, se protégeant mutuellement, ne seront pas courbés.

Lorsqu'on pourra joindre ensemble deux ou un plus grand nombre de ces diverses pépinières, on devra les disposer de telle sorte que les carrés qui ont la même destination, comme ceux des semis, des marcottes, des boutures, etc., soient contigus les uns aux autres. Il y aura moins de perte de temps pour les ouvriers, et la surveillance sera plus facile.

Le plan que nous donnons est celui que nous avions adopté pour le modèle de pépinière du Jardin des Plantes de Rouen.

Si l'on donne à la pépinière une grande étendue, et qu'elle soit appelée à former un établissement important, il sera nécessaire d'y ajouter une école d'arbres destinée à recevoir et à conserver un individu de chacune des espèces et variétés qui doivent faire l'objet de cette culture. Cette collection de pieds mères, portant une nomenclature aussi exacte que possible, fournira toutes les greffes, les boutures et même les marcottes dont on aura besoin, sans qu'on soit obligé pour cela de s'adresser au dehors, ce qui détermine souvent des erreurs regrettables, surtout pour les arbres fruitiers. Cette collection pourra être distribuée sur des plates-bandes spéciales bordant les chemins principaux de la pépinière.

Première préparation du terrain. — La distribution du terrain ayant été tracée, on le défonce convenablement pour le rendre perméable aux racines des jeunes arbres, jusqu'au point où elles peuvent atteindre. Ce défoncement ne doit comprendre que les carrés et les plates-bandes. Les chemins sont seulement vidés jusqu'à la profondeur de $0^m,35$ environ, de manière à enlever la couche superficielle, améliorée par l'influence de l'air et la décomposition des plantes, et que l'on rejette à mesure sur les carrés ou plates-bandes voisins. Tous les carrés ou plates-bandes, moins ceux destinés aux semis, aux boutures et aux repiquages, sont défoncés à la profondeur de $0^m,64$. Toutefois, si la couche de terre inférieure était de mauvaise qualité, il vaudrait mieux faire le défoncement moins profond que d'en ramener une partie à la surface. On rejette dans les chemins voisins une quantité de terre égale à celle qui en a été extraite; cette terre est prise successivement au fond des tranchées du défoncement. Les plates-bandes des semis, des boutures et des repiquages sont défoncées seulement à la profondeur d'environ $0^m,35$. Les jeunes plants séjournant au plus deux ans dans ces plates-bandes, les racines ne dépassent guère ce point, et il serait inutile de préparer le sol plus profondément. Une quantité de et terre égale à celle qui a été jetée des chemins sur ces plates-bandes doit être aussi extraite du fond des tranchées pour remplacer sur les chemins celle qui en a été enlevée.

Cette opération est effectuée à la bêche ou, mieux encore, à la pioche. Les pierres, les racines traçantes des plantes vivaces, sont enlevées avec soin. Il est essentiel au succès de ce défoncement qu'il soit exécuté plusieurs mois avant l'ensemencement de la pépinière, surtout avant l'hiver et par un temps sec. Les terres de la couche inférieure, ramenées à la surface, recevront ainsi l'influence fertilisante de l'air et se pulvériseront sous l'action des pluies, des neiges et de la gelée.

Quelle que soit la fertilité du sol choisi pour établir la pépinière, certaines espèces ne pourront y prospérer; tels sont la plupart des arbres et arbrisseaux à feuilles persistantes, et quelques espèces à feuilles caduques qui exigent impérieusement un sol plus léger et se rapprochant autant que possible de celui dans lequel ils croissent spontanément. Cette terre est celle que nous avons désignée sous le nom de silicéo-humifère ou terre de bruyère.

Il sera donc indispensable de former, avec cette terre, dans les divers carrés consacrés à l'éducation des arbres et arbrisseaux à feuilles persistantes, et des arbres et arbrisseaux d'ornement, une certaine étendue de plates-bandes variées d'épaisseur en raison de leur destination. Pour les semis, on se contentera de $0^m,16$, et cela pour deux raisons : la première est que l'allongement du pivot des jeunes plants, ne rencontrant qu'une faible couche à parcourir, sera plus facilement arrêté et que ces plants auront alors meilleur pied lors du repiquage. La seconde raison, c'est que, cette terre se décomposant rapidement, on est obligé de la renouveler presque à chaque levée de plant; or, comme son prix est assez élevé, moins la couche est épaisse, et moins la dépense est considérable. Pour les boutures, on portera l'épaisseur de la couche à $0^m,20$; pour les repiquages, il suffira de $0^m,25$ à $0^m,30$; enfin, pour les plates-bandes destinées à la transplantation et à la plantation des pieds mères pour le marcottage, l'épaisseur de cette couche devra varier entre $0^m,50$ et $0^m,60$. Dans le plan de distribution d'une pépinière que nous avons donné plus haut, nous avons distingué les plates-bandes de terre de bruyère par des sillons rapprochés.

Abris ou brise-vents. — Les graines qui se développent dans les forêts sans le secours de l'homme germent dans les localités un peu ombragées et surtout abritées des grands vents. L'expérience a démontré que, lorsqu'il est possible de reproduire artificiellement cet état de choses dans les pépinières, les semences ne s'en développent que mieux. Ce soin est même indispensable pour les graines qui doivent être semées en terre de bruyère. Cette terre, de couleur noire, s'échauffe tellement sous l'influence des rayons solaires, que, si elle est privée d'ombre, elle dessèche complétement les racines délicates des jeunes plants à mesure qu'elles s'allongent. Les jeunes plants repiqués ou transplantés dans cette même terre, ainsi que les boutures qu'on y fait, souffrent aussi beaucoup de l'ardeur du soleil. Il en est de même pour certaines espèces de boutures faites dans la terre ordinaire. Il est donc convenable d'entourer les plates-bandes de la pépinière qui ont ces diverses destinations avec des palissades placées du côté du sud, de l'ouest et de l'est. Les abris les plus convenables sont, pour le climat du nord et le centre, les *thuyas*, les *ifs*, le *cèdre de Virginie*; dans le midi, le *cyprès pyramidal*, le *laurier-cerise*, le *laurier-thym*. On plante ces arbres en lignes, à 0^m,40 environ les uns des autres. On palisse leurs branches chaque année de manière à combler l'intervalle laissé entre eux, puis on les tond sur les deux côtés de telle sorte que ces murailles de verdure ne présentent pas plus de 0^m,30 d'épaisseur. Ces palissades devront être élevées successivement jusqu'à la hauteur de 4 mètres et plus. Il est bien entendu que le sol des chemins sur le bord desquels ces arbres seront plantés sera préparé convenablement, afin que les racines puissent y vivre sans le secours de la terre des plates-bandes.

Lorsque des circonstances particulières empêcheront d'employer des arbres pour former ces palissades, ou bien lorsqu'elles ne seront pas encore assez développées pour ombrager suffisamment, on y suppléera par des claies faites de tiges sèches de roseaux, disposées comme l'indique la figure 41, et offrant une étendue de 2 mètres en tous sens. Ces abris sont fixés le long des plates-bandes, en A (*fig.* 42), à l'aide de pieux

Fig. 41. *Palissades en tiges de roseaux.*

(B et C), enfoncés dans la terre, de 2 en 2 mètres, verticalement et obliquement.

Toutefois ces abris seront insuffisants pour préserver les plates-bandes du soleil vers le solstice d'été. A cette époque, en effet, les rayons solaires arrivant sous l'angle de 67° 1/2, l'étendue de l'ombre n'égale que la moitié de la hauteur des objets qui la projettent. Or, nos abris n'ayant que 2 mètres d'élévation et les plates-bandes à ombrager présentant une largeur égale, il en résulterait que, les rayons solaires suivant la ligne D E (*fig.* 42), nous n'aurions d'ombragée que la moitié de nos plates-bandes,

et cela, au moment de la plus grande chaleur de l'été.

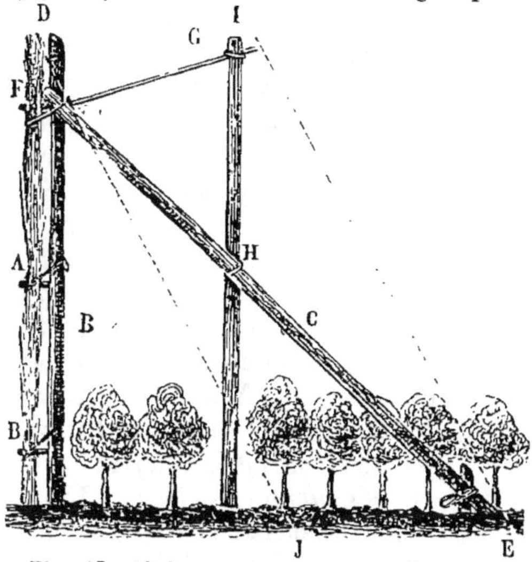

Pour éviter cet inconvénient, on devra ajouter aux abris placés verticalement des claies semblables à celles indiquées (*fig.* 43); elles se composent également de tiges de roseaux maintenues à l'aide de quatre tringles en bois. Ces claies, qui présentent une longueur de 2 mètres et une largeur de 1 mètre, sont faites de manière à laisser facilement passer l'eau des pluies et des rosées, mais de manière aussi à intercepter en partie les rayons solaires. Elles sont

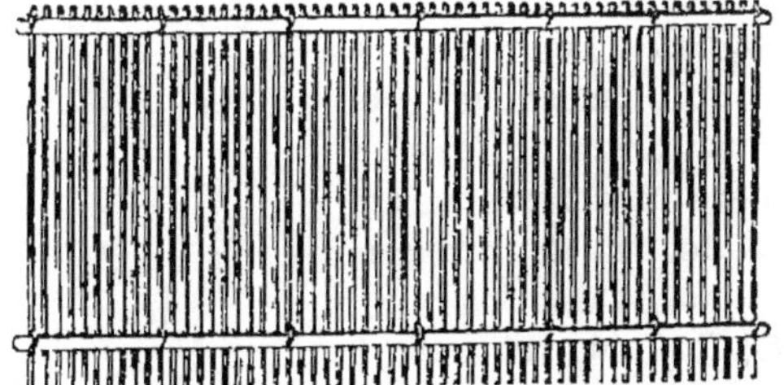

Fig. 42. *Abris pour les plates-bandes en terre de bruyère.*

appuyées en F (*fig.* 42), sur la traverse placée à 0ᵐ,25 du sommet des abris latéraux, et attachées en G, à 2 mètres du sol, sur des pieux enfoncés de 2 en 2 mètres. Ceux-ci sont eux-mêmes fixés, en H, sur les autres pieux placés obliquement à la même distance. Il résulte de cette disposition que, les rayons solaires suivant la ligne I E, parallèle à la ligne D J, la plate-bande se trouve ombragée sur toute sa largeur.

Fig. 43. *Claies en tiges de roseaux.*

Catalogues, étiquettes. — Un reproche que méritent beaucoup de pépinières, surtout lorsqu'elles sont un peu étendues, c'est qu'on n'y établit pas un ordre suffisant. De là la confusion et les erreurs nombreuses qui se produisent dans la nomenclature des produits de la pépinière. Le seul moyen de prévenir cette confusion et ces erreurs regrettables est de dresser plusieurs catalogues et d'adopter une série d'étiquettes convenables.

On dresse d'abord le *catalogue de souche.* C'est celui sur lequel on inscrit le *nom,* l'origine, les particularités relatives à chacune des espèces ou variétés cultivées dans la pépinière et dont on conserve un pied mère. Chacun de ces pieds mères porte une étiquette sur laquelle on inscrit d'abord deux initiales, C. S. qui signifient *catalogue de souche*, et au-dessous le numéro correspondant à ce même catalogue.

Ainsi, si l'on introduit dans la pépinière une nouvelle variété de poiriers, le pied mère portera une étiquette semblable à celle de la fig. 44, et sur le catalogue de souche, à la suite du numéro 320, correspondant à celui de l'étiquette, on inscrira les renseignements relatifs à cette variété; soit, par exemple : *Poirier, professeur du Breuil, obtenu, en 1840, au Jardin des Plantes de Rouen, par M. du Breuil, de pepins de Louise bonne d'Avranches. Nommé par la Société d'horticulture de Rouen. Arbre vigoureux; bon fruit, mûrit en septembre.—Reçu en 1853.*

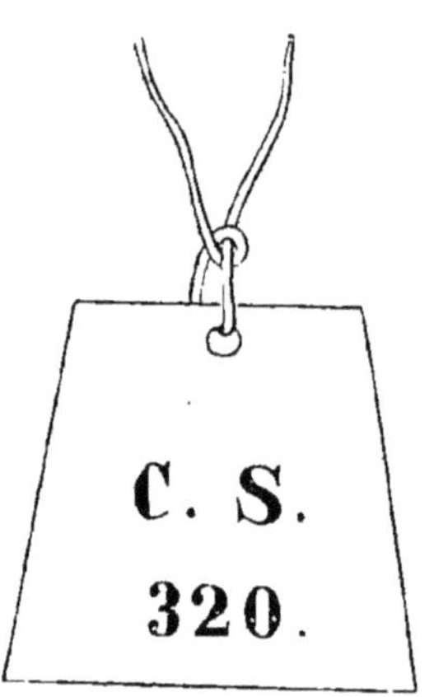

Fig. 44. *Étiquettes correspondant au catalogue de souche de la pépinière.*

Indépendamment de ce catalogue, il en faut chaque année quatre autres destinés aux *semis*, aux *greffes*, aux *boutures*, aux *marcottes*. Les étiquettes correspondant à ces catalogues diffèrent, par leur forme, de celles des pieds mères (*fig.* 45). On y inscrit d'abord le dernier chiffre de l'année, puis à côté, mais dans un sens différent, le numéro qui correspond au catalogue. Ce numéro est suivi de la lettre S, G, B ou M, selon qu'il se rapporte à un semis, une greffe, une bouture ou une marcotte. Une seule étiquette pourra suffire pour tous les semis, greffes, marcottes ou boutures du même carré et appartenant à la même espèce, jusqu'au moment où on les déplacera dans la pépinière; mais, au moment de la transplantation des jeunes sujets,

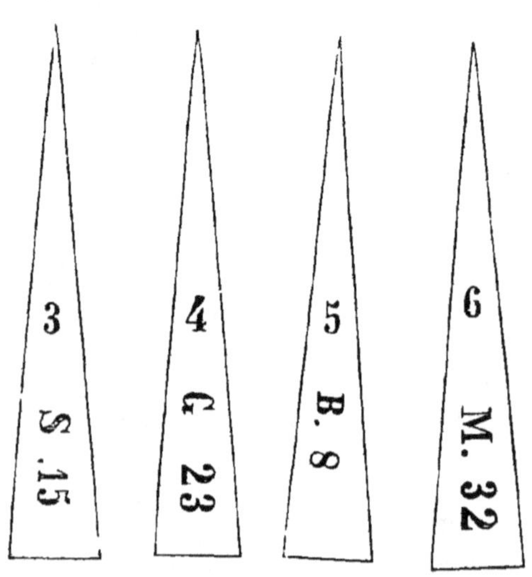

Fig. 45. *Étiquettes correspondant au catalogue des semis, des greffes, des boutures ou des marcottes.*

Chacun d'eux devra porter son étiquette, qu'il conservera jusqu'au moment de sa sortie de la pépinière.

Différentes opérations pratiquées dans les pépinières. — Pour ne
pas nous exposer à décrire plusieurs fois la même opération en parlant
de la multiplication de chaque espèce, nous allons d'abord étudier isolément les divers travaux exécutés dans les pépinières, soit pour la multiplication, soit pour l'élève des jeunes arbres. Ensuite, réunissant par
groupes les différentes espèces qui offrent de l'analogie quant aux soins
qu'elles exigent sous ces deux rapports, nous envisagerons la multiplication et l'élève de ces groupes en leur appliquant les opérations que nous
aurons étudiées.

Multiplication. — On peut distinguer deux modes principaux de multiplication : la *multiplication naturelle*, celle qui s'effectue au moyen
des semences; et la *multiplication artificielle* ou *par division*, c'est-à-
dire celle qui se fait au moyen des greffes, des boutures et des marcottes.

En général, le mode de multiplication le plus convenable des espèces
ligneuses est le semis; les individus qui en résultent sont toujours plus
vigoureux et vivent plus longtemps; et c'est, pour la plupart des espèces,
le mode de reproduction le plus facile et le plus prompt. La multiplication naturelle est donc usitée pour presque toutes les espèces ligneuses.

Cette règle admet cependant quelques exceptions. Ainsi certaines espèces que nous indiquerons plus tard sont plus promptement reproduites
par la multiplication artificielle; d'un autre côté, les *variétés* des diverses
espèces ne peuvent être multipliées au moyen des semis; soit parce que
les qualités particulières qui les distinguent ne seraient pas transmises
aux individus qui naîtraient de ce mode de reproduction, soit parce que
ces plantes ne donnent pas de graines fertiles. La multiplication naturelle doit donc être surtout employée pour les *espèces proprement
dites.*

Semis. — Le succès des semis en général dépend surtout du choix
des semences; de leur mode de récolte, de préparation et de conservation; de l'époque des semis; de la nature et de la préparation du sol;
du mode d'ensemencement.

Pour qu'une graine soit propre à germer, il faut qu'elle ait reçu une
bonne conformation sur la plante mère, et surtout qu'elle ait été fécondée.
Ainsi chaque graine doit offrir, bien conformée, une *tunique* et un *embryon*, et être parvenue à un degré convenable de maturité. Cette maturité se reconnait lorsque le fruit qui renferme la graine a acquis tout
son développement, et qu'il se détache naturellement de l'arbre. Pour le
plus grand nombre des espèces, le moment de la maturité arrive à
l'automne; mais, comme il y a de nombreuses exceptions à cette règle,
nous avons indiqué dans le tableau suivant l'époque à laquelle on doit

faire la récolte des graines des principales espèces ligneuses multipliées au moyen des semences.

SÉRIES.	GENRES.	ÉPOQUE de MATURITÉ.	DURÉE MOYENNE de la faculté germinative des graines conservées par les procédés ci-après.
	Andromèdes (Andromeda).	Novembre.	6 mois.
	Arbre de Judée (Cercis).	Novembre.	24 —
	Aunes (Alnus).	Décembre.	6 —
	Azalées (Azalea).	Novembre.	6 —
	Baguenaudiers (Colutea).	Octobre.	24 —
	Bouleaux (Betula).	Novembre.	6 —
	Caragana (Caragana).	Octobre.	24 —
	Catalpa (Catalpa).	Octobre.	6 —
	Cèdre du Liban (Larix Cedrus).	Novembre.	12 —
	Charmes (Carpinus).	Octobre.	6 —
	Châtaigniers (Castanea).	Octobre.	6 —
	Chênes (Quercus).	Octobre.	6 —
	Clématites (Clematis).	Octobre.	6 —
	Clethra (Clethra).	Octobre.	6 —
	Cyprès (Cupressus).	Janvier.	12 —
	Cytises (Cytisus).	Octobre.	24 —
	Érables (Acer).	Octobre	6 —
	Faux-indigo (Amorpha).	Novembre.	24 —
	Féviers (Gliditschia).	Novembre.	24 —
	Frènes (Fraxinus).	Novembre.	6 —
	Genêts (Genista).	Septembre.	24 —
	Halesia (Halesia).	Octobre.	6 —
	Hêtres (Fagus).	Octobre.	6 —
	Hibiscus (Hibiscus).	Octobre.	6 —
1re SÉRIE.	Kalmies (Kalmia).	Novembre.	6 —
	Koëlreuteria (Koelreuteria).	Octobre.	6 —
Semences à péricarpe sec.	Ledum (Ledum).	Novembre.	6 —
	Lilas (Syringa).	Octobre.	6 —
	Marronniers (OEsculus).	Septembre.	6 —
	Mélèzes (Larix).	Décembre.	12 —
	Myrica (Myrica).	Novembre.	6 —
	Noisetiers (Corylus).	Septembre.	6 —
	Noyers (Juglans).	Septembre.	6 —
	Ormes (Ulmus).	Mai.	1 —
	Paviers (Pavia).	Septembre.	6 —
	Pin sylvestre (Pinus sylvestris).	Novembre.	12 —
	Pin à pignons (Pinus pineo).	Novembre.	12 —
	Pin Weymouth (Pinus strobus).	Octobre.	12 —
	Pin cimbro (Pinus cembro).	Novembre.	12 —
	Planera (Planera).	Octobre.	6 —
	Ptelea (Ptelea).	Octobre.	6 —
	Rhododendron (Rhododendrum).	Novembre.	6 —
	Rhus (Rhus).	Octobre.	6 —
	Robiniers (Robinia).	Novembre.	24 —
	Sapin épicéa (Abies picea).	Octobre.	12 —
	Sapin commun (Abies taxifolia).	Octobre.	12 —
	Sapin baumier (Abies balsamea).	Septembre.	12 —
	Sapinette blanche (Abies alba).	Septembre.	12 —
	Staphylea (Staphylea).	Octobre.	6 —
	Thuyas (Thuya).	Novembre.	12 —
	Tilleuls (Tilia).	Octobre.	6 —
	Tulipiers (Liriodendron).	Novembre.	6 —

SÉRIES.	GENRES.	ÉPOQUE de MATURITÉ.	DURÉE MOYENNE de la faculté germinative des graines conservées par les procédés ci-après.
	Abricotiers (*Armeniaca*).	Août.	1 mois.
	Airelles (*Vaccinium*).	Août.	1 —
	Amandiers (*Amygdalus*).	Septembre.	2 —
	Anone (*Anona*).	Septembre.	1 —
	Aralia (*Aralia*).	Septembre.	6 —
	Argousier (*Hippophae*).	Octobre.	5 —
	Celastrus (*Celastrus*).	Octobre.	6 —
	Cerisiers (*Cerasus*).	Juillet.	1 —
	Cognassiers (*Cydonia*).	Novembre.	6 —
	Cornouillers (*Cornus*).	Octobre.	1 —
	Epines-vinettes (*Berberis*).	Septembre.	5 —
	Fusains (*Evonymus*).	Octobre.	6 —
2me SÉRIE.	Genévriers (*Juniperus*).	Décembre.	5 —
	Groseilliers (*Ribes*).	Juin.	1 —
Semences des	Houx (*Ilex*).	Novembre.	6 —
fruits à pe-	Ifs (*Taxus*).	Août.	5 —
pins, en baies	Lauriers (*Laurus*).	Novembre.	1 —
et à noyau.	Magnoliers (*Magnolia*).	Octobre.	5 —
	Mahonia (*Mahonia*).	Octobre.	5 —
	Micocouliers (*Celtis*).	Octobre.	5 —
	Mûriers (*Morus*).	Août.	6 —
	Nerpruns (*Rhamnus*).	Septembre.	1 —
	Olivier (*Olea*).	Novembre.	1 —
	Pêchers (*Persica*).	Août.	1 —
	Plaqueminiers (*Diospyros*).	Octobre.	1 —
	Poiriers (*Pyrus*).	Octobre.	6 —
	Pommiers (*Malus*).	Octobre.	6 —
	Pruniers (*Prunus*).	Septembre.	1 —
	Ronces (*Rubus*).	Juillet.	1 —
	Rosiers (*Rosa*).	Octobre.	6 —
	Troènes (*Ligustrum*).	Octobre.	1 —
	Viornes (*Viburnum*).	Octobre.	6 —
3me SÉRIE.	Aliziers (*Cratægus*).	Novembre.	18 —
Semences des	Aubépines (*Mespilus*).	Octobre.	18 —
fruits à os-	Néfliers (*Mespilus*).	Octobre.	18 —
selets.	Sorbiers (*Sorbus*).	Octobre.	18 —

Les semences, récoltées fraîches, et présentant le degré convenable de maturité, reçoivent un mode de préparation et de conservation qui varie en raison de leur nature. On peut, sous ce point de vue, les partager en trois séries : fruits à péricarpes secs; fruits à pepins, en baies et à noyau; fruits à osselets.

Les semences à péricarpe sec, comme celles du frêne, du chêne, du hêtre, du châtaignier, de l'érable, du robinier, du charme, etc., ne reçoivent aucune préparation; immédiatement après leur récolte, on les étend spacieusement dans des endroits aérés, où on les remue souvent pour les faire sécher et leur donner un dernier degré de maturité. Les semences qui, en se détachant de l'arbre, conservent leur péricarpe, comme celles des pins et sapins, de l'acacia, etc., ne doivent être extraites de leur enveloppe qu'au moment même de l'ensemencement; elles s'en conservent beaucoup mieux. Quand elles sont suffisamment desséchées, on les place, jusqu'au moment de leur mise en terre, dans un endroit ni trop sec ni trop humide, abrité de la lumière et des brusques changements de température.

Les semences des fruits à pepins, en baies et à noyau, doivent d'abord être débarrassées, par plusieurs triturations et lavages, de la plus grande partie de la pulpe charnue qui les recouvre; après quoi, on les étend dans un endroit spacieux et aéré, où on les remue souvent. Lorsqu'elles sont bien sèches, on les place, jusqu'au moment de l'ensemencement, dans un endroit semblable à celui que nous avons indiqué pour les graines à péricarpe sec.

Quant aux fruits à osselets, comme ceux des aubépines, des aliziers, etc., ils sont mis en tas, en plein air, immédiatement après leur récolte; puis on les remue de temps en temps, afin d'empêcher que la fermentation qui se développe ne détruise la faculté germinative des graines. On les laisse ainsi pendant tout l'hiver; au printemps suivant, alors que la pulpe est en partie détruite, on enterre jusqu'au niveau du sol un vase ou un tonneau défoncé par le haut, puis on y place ces semences en les mélangeant avec une petite quantité de terreau consommé. On les abandonne dans cet état pendant l'été et l'hiver qui suivent. Vers la fin de mars, ces graines commencent à germer, et c'est alors qu'on les confie à la terre. L'expérience a démontré qu'en les semant dès le printemps qui suit leur récolte quelques-unes se développent seules pendant l'été même, mais que le plus grand nombre ne germent que l'année suivante. Or, à cette époque, le terrain préparé depuis un an est en mauvais état, il ne donne lieu qu'à une végétation chétive; d'un autre côté, ce mode d'ensemencement deviendrait plus coûteux que le premier, car le sol sera occupé pendant deux années au lieu d'une.

A l'aide de ces procédés, les graines peuvent être conservées, sans souffrir sensiblement, jusqu'au moment de leur ensemencement; toutefois le laps de temps qui s'écoulera depuis leur récolte jusqu'à leur mise en terre ne pourra pas dépasser une certaine limite, au delà de laquelle elles perdraient leur faculté germinative; nous avons indiqué cette limite dans une des colonnes du tableau précédent.

Lorsqu'on sera obligé de semer des graines un peu vieilles, on pourra, pour détremper leur enveloppe et hâter leur germination, les laisser séjourner pendant cinq à six heures dans de l'eau à laquelle on aura ajouté du sel marin dans la proportion de quinze grammes par litre d'eau. Ce sel marin stimulera l'énergie vitale de l'embryon engourdie par l'âge.

Quant à l'époque la plus favorable pour les semis des plantes ligneuses, la nature nous indique qu'en général on devra les confier à la terre aussitôt qu'elles se détachent d'elles-mêmes des arbres.

Toutefois la nature du sol et d'autres circonstances, telles que la rigueur de l'hiver et la présence des animaux rongeurs, viennent singulièrement modifier cette règle. En effet, si le sol de la pépinière est d'une nature argileuse, les graines resteront longtemps exposées, avant leur germination, à l'influence nuisible de l'humidité surabondante que présentent ces terrains pendant l'hiver, et pourriront souvent. D'un autre côté, il est certaines semences qui, comme celle des châtaigniers, ne peuvent supporter, sans être désorganisées, l'action des gelées. Enfin, les grosses graines, comme celles du marronnier, du chêne, du hêtre, du noyer, etc., sont exposées à être complétement détruites par les animaux rongeurs. Les terrains du Midi et les sols très-légers du Nord, exposés dès le printemps à la sécheresse, offrent donc seuls plus d'avantage aux semis d'automne. Pour éviter les inconvénients de conservation des graines que présentent les ensemencements du printemps, on devra faire usage de la *stratification*.

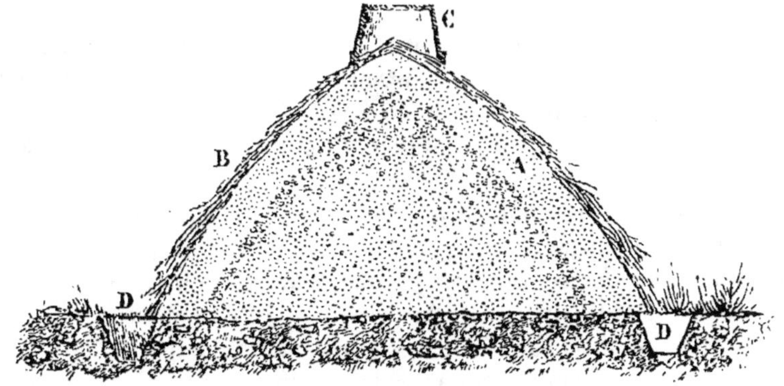

Fig. 46. *Graines stratifiées à la surface du sol.*

La *stratification* consiste dans l'opération suivante : lorsque les semences ont été récoltées et préparées avec les soins que nous avons prescrits, on les dépose sur le sol, en plein air, en les mélangeant avec du sable fin ou de la terre légère, plutôt sèche qu'humide. On en forme une sorte de monticule (*fig.* 46) qu'on place autant que possible sur un terrain élevé, de telle sorte que les eaux surabondantes de l'hiver n'y séjournent pas. On recouvre le tout avec une couche de sable ou de terre légère (A) assez épaisse pour empêcher les effets de la gelée (environ $0^m,50$). Puis on place par-dessus une petite couche de paille longue (B) disposée de manière à éloigner l'eau des pluies. On couvre, dans le même but, le sommet de ce monticule avec un vase renversé (C). Enfin, le pied de ce cône est défendu des eaux qui coulent à la surface du sol par une petite rigole circulaire (D).

Ce mode de stratification peut être employé pour les grandes quantités de graines; quand on en aura peu, on les disposera dans un vase (A, *fig.* 47), qu'on enterrera en le surmontant d'une petite butte de terre (B) de manière à en écarter les eaux.

On a conseillé de stratifier les graines dans des caves ou dans des celliers abrités de la gelée; mais, la température y étant plus élevée qu'en plein air, la germination s'y trouve trop hâtée, et il devient nécessaire de pratiquer l'ensemencement avant les dernières ge-

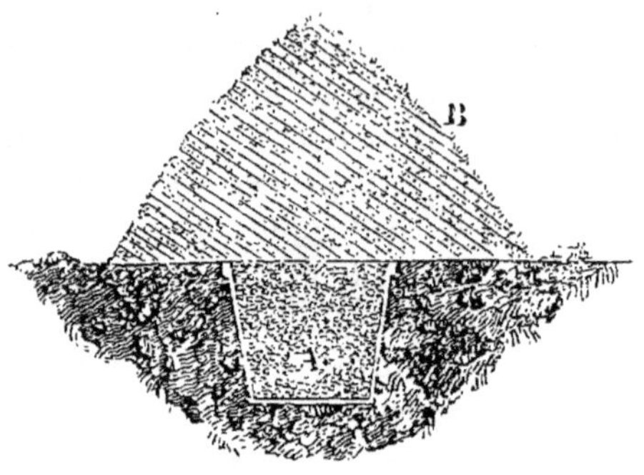

Fig. 47.

Graines stratifiées dans un vase enterré.

lées printanières, qui peuvent alors désorganiser complétement les graines.

Les graines stratifiées se conservent aussi bien que si on les eût ensemencées dès l'automne. Au printemps, aussitôt que la germination commence, on procède à la mise en terre. Les petites graines sont semées avec le sable qui les entoure; les grosses en sont débarrassées.

La stratification présente encore cet avantage, que les graines étant presque toujours germées lorsqu'on vient à les semer, leur radicule a déjà acquis quelques centimètres de longueur. Or, une certaine étendue de cet organe étant rompue par la pratique de l'ensemencement, ce rudiment de la racine se ramifie, et les jeunes plants ne présentent plus un seul pivot sans division, comme cela a lieu souvent dans le châtaignier, etc. La racine offre au contraire un grand nombre de ramifications qui rendent le succès des transplantations bien plus assuré. Il est bien entendu que ce que nous avons dit relativement aux fruits à osselets ne doit être en rien modifié par ce qui précède.

Quant à la nature de sol qui convient le mieux pour les semis et l'éducation des arbres, nous avons dit qu'on devait préférer à tous les autres les terrains de consistance et de fertilité moyennes, ceux auxquels nous avons donné le nom de silicéo-argileux ou terres franches. Nous exceptons cependant la plupart des espèces à feuilles persistantes et quelques espèces à feuilles caduques, qui exigent la terre de bruyère. Nous avons indiqué, en traitant de la préparation du sol de la pépinière, la création des plates-bandes destinées à cet usage.

La préparation du terrain pour les semis exige quelques soins particuliers. Outre le défoncement uniforme donné comme première préparation à toute la surface de la pépinière, les espaces destinés à être ensemencés devront recevoir un labour au moment même de l'ensemencement, afin que la surface soit bien pulvérisée et rendue perméable à l'air et aux premières racines des jeunes arbres.

Bien qu'en général le terrain des pépinières doive être maintenu dans un état de fertilité moyenne, la surface du sol destiné au semis doit être bien fumée. Ceci est encore une indication de la nature; car, si nous examinons ce qui se passe pour les ensemencements naturels des forêts, nous voyons que les graines sont placées dans une couche superficielle du sol très-riche en humus, provenant de la décomposition des feuilles et autres débris végétaux. Il semble que les arbres aient besoin, pendant leur première jeunesse, d'une nourriture abondante, facile à puiser, en rapport avec la délicatesse de leurs organes, tandis que, plus tard, alors qu'ils ont acquis plus de vigueur, ils se contentent d'une nourriture moins bien préparée, plus difficile à absorber.

Nous exceptons de ce qui précède les terres de bruyère, qui, dans aucun cas, ne doivent recevoir de fumure.

La dernière étude, lors de l'opération que nous décrivons, est le mode d'ensemencement. Ici nous avons à examiner successivement la manière de répandre les semences sur le sol, la profondeur à laquelle elles doivent être enterrées, les procédés à employer pour les recouvrir. Deux procédés sont usités : le *semis à la volée* et le *semis en ligne*.

L'ensemencement à la volée est généralement préféré, comme le plus prompt, pour les semences dont la grosseur ne dépasse pas celles du hêtre. Pour cela, on unit bien la surface du sol avec un râteau, puis on y répand la semence à la main, le plus régulièrement possible, et à des distances proportionnées au développement que doivent prendre les jeunes plantes. Les graines plus volumineuses, y compris celles du hêtre, sont plus convenablement *semées en ligne*. Dans ce cas, on trace sur la plate-bande, avec la binette, de petits rayons parallèles entre eux à des distances en rapport avec le développement qu'acquerra le jeune plant, puis on y répand les semences le plus régulièrement possible: les graines se trouvent ainsi plus uniformément espacées, et surtout plus régulièrement enterrées.

La *profondeur* à laquelle les semences doivent être placées dans la terre demande aussi à être examinée avec attention.

Nous savons déjà que l'air et l'eau sont indispensables à la germination des graines; celles-ci doivent donc être enterrées de manière à recevoir l'influence de ces deux agents. Placées au-dessous de $0^m,16$ de profondeur, elles sont privées du libre concours de l'air et elles ne germent pas; placées tout à fait à la surface, les graines un peu volumineuses ne rencontrent pas une suffisante quantité d'humidité, et leur germination reste stationnaire. C'est donc entre ces deux points extrêmes qu'on doit chercher le degré de profondeur le plus convenable pour le développement de chaque espèce. Nous disons de chaque espèce, car nous savons déjà que la quantité d'eau absorbée par les graines pendant leur évolution est en raison directe de leur volume; or, comme les couches superficielles du terrain sont d'autant plus humides qu'elles sont plus éloignées de la surface, il en résulte que plus les graines sont grosses, plus elles doivent être placées profondément.

Le tableau suivant renferme une série de graines, depuis la plus petite jusqu'à la plus grosse, avec l'indication de la profondeur à laquelle chacune d'elles doit être enterrée.

Bouleaux.	$0^m,002$	Arbres résineux.	$0^m,015$
Aunes.	$0^m,004$	Érables. Frênes.	$0^m,020$
Charmes. Ormes.	$0^m,007$	Hêtres.	$0^m,030$
Robiniers. Cytises.	$0^m,009$	Chênes.	$0^m,040$
Poiriers. Pommiers. Aubépines.	$0^m,012$	Châtaigniers. Noyers. Marronniers.	$0^m,060$

Toutefois ces indications ne peuvent être considérées que comme des règles générales qui varient en raison de la nature du sol. Ainsi, dans une terre argileuse très-compacte, les mêmes graines devront être placées plus superficiellement, parce que ce terrain est moins perméable à l'air et qu'il est toujours plus humide. Dans un sol très-léger, dans un sol siliceux, elles sont placées plus profondément, parce que les couches superficielles sont plus exposées à la sécheresse, et que ce terrain est plus perméable à l'air.

Les graines ayant été répandues sur la terre, on doit les *recouvrir*. Sur celles qui ont été semées à la volée, on répandra de la terre bien pulvérisée, de manière à les enterrer à une profondeur en rapport avec leur volume. Pour les graines semées en ligne, à un degré de profondeur convenable, il suffira d'abattre avec le dos du râteau le sommet de chaque crête formée par les sillons, de telle sorte que la surface du terrain soit bien nivelée.

Les semences étant ainsi recouvertes, on devra *plomber* le sol, c'est-à-dire le tasser légèrement sur les graines, afin que tous les points de celles-ci soient bien en contact avec la terre et y puisent plus facilement l'humidité. Cette opération peut être effectuée avec le dos de la pelle ou avec une sorte de batte. Ce plombage est surtout utile pour les terrains légers. Dans les terres compactes il est moins nécessaire, et l'on ne devra plomber que très-légèrement.

Enfin, après le plombage, on répandra à la surface du sol une couche très-mince de paille en décomposition, de feuilles sèches ou de fumier usé. Cette couverture sera comprise dans l'épaisseur de la couche qui doit être placée sur chaque sorte de graines. Ainsi, pour les graines de la grosseur des pepins de pommier et au-dessous, il suffira de cette couverture pour qu'elles soient suffisamment enterrées. Cette dernière opération est destinée à empêcher la couche superficielle du sol de se dessécher aussi vite, ou de se durcir sous l'influence des arrosements, lorsque la sécheresse force d'y avoir recours; elle rend aussi le développement des plantes nuisibles moins abondant. Pour les semis effectués en terre de bruyère, on y emploiera avec succès la mousse hachée.

Nous rappelons ce que nous avons dit plus haut en décrivant les travaux d'établissement de la pépinière à l'égard des abris qu'il convient d'employer pour les semis faits en terre de bruyère.

Telles sont, en somme, les diverses opérations qui constituent la multiplication au moyen des semis. Depuis le moment où les graines germent jusqu'à celui du repiquage, il n'y a d'autres soins à prendre que d'empêcher l'envahissement des plantes nuisibles, et d'effectuer après le coucher du soleil quelques arrosements pendant les grandes sécheresses.

La *multiplication artificielle*, ou *par division*, diffère de la multiplication naturelle en ce qu'au lieu d'avoir recours aux semences destinées par la nature à reproduire l'espèce on divise l'individu en un certain nombre de parties, que l'on pourvoit, par des procédés particuliers, des organes qui leur manquent, et à l'aide desquels elles peuvent végéter comme autant d'individus distincts. Ainsi on peut transformer toutes les branches ou toutes les racines d'un arbre en autant d'arbres parfaits, en faisant développer à chacune d'elles des racines ou des tiges.

Quant à la convenance de ce mode de multiplication, nous l'avons déjà dit en traitant des semis, il est surtout utile pour les espèces d'arbres qui donnent peu ou pas de graines fertiles, pour celles que l'on multiplie ainsi beaucoup plus promptement que par la voie des semis, enfin pour les variétés qui, multipliées à l'aide des semences, ne conserveraient pas les qualités qui les font rechercher. Mais, hors ces circonstances, on devra toujours préférer la multiplication naturelle; on en obtiendra des arbres constamment plus vigoureux, d'une croissance plus régulière, et surtout d'une existence plus prolongée. Il semble, en effet, que les individus perdent une partie de leur vigueur par la multiplication par division, et qu'ils puisent au contraire une nouvelle dose

6

de vitalité dans la semence qui sert à les reproduire. Ce qu'il y a de certain, c'est que les arbres obtenus par division sur d'autres individus multipliés eux-mêmes depuis longtemps par ce moyen finissent par perdre la faculté de donner des semences. La *boule de neige*, qui est constamment multipliée de cette manière, est arrivée à ne plus donner aucune graine fertile. Nos arbres fruitiers, sans cesse reproduits au moyen de la greffe, offrent des fruits qui renferment un bien moins grand nombre de semences que les espèces primitives.

Les différentes sortes de multiplications artificielles sont au nombre de trois, la *greffe*, le *marcottage* et la *bouture*.

Greffe. — La greffe est une portion vivante d'un végétal qui, unie à un autre végétal qu'on nomme *sujet*, s'identifie avec lui et y croît comme sur son pied mère, lorsque l'analogie entre les individus ainsi rapprochés est suffisante. Il résulte de cette définition que l'art de greffer a pour but de remplacer le tronc ou seulement les branches d'un arbre par le tronc ou les branches d'un autre végétal.

Voici comment s'explique la reprise de la greffe : l'expérience a démontré que les bourgeons peuvent modifier la séve qui leur est fournie par des racines étrangères, de manière à la faire servir à leur accroissement. La greffe pourra donc vivre sur le sujet toutes les fois que la partie tronquée des vaisseaux de celui-ci, destinés à charrier les fluides séveux de la racine aux feuilles, pourra être mise en contact immédiat avec la partie tronquée des vaisseaux séveux de la greffe; les orifices de ces vaisseaux se trouvant appliqués positivement les uns sur les autres, les sucs nourriciers du sujet arriveront dans la greffe sans rencontrer d'obstacles. Bientôt, les boutons de la greffe laisseront échapper les premières feuilles, celles-ci transformeront en cambium les fluides séveux fournis par le sujet, et les vaisseaux descendants, soit ligneux, soit corticaux, naîtront de la base de chaque feuille, et passeront de la greffe dans le sujet en suivant la voie humide existant entre l'aubier et l'écorce; enfin, une partie de cambium, dans son mouvement de descension, déposera, en passant, une quantité de matière organique suffisante pour souder les bords de la plaie, et la reprise de la greffe sera opérée.

Une des conditions importantes pour la réussite de cette opération est donc de faire coïncider parfaitement les vaisseaux séveux du sujet avec ceux de la greffe. Comme ces vaisseaux sont placés dans les couches d'aubier et les couches du liber les plus jeunes, il suffira, pour atteindre ce résultat, de bien mettre en contact ces deux couches dans la greffe et dans le sujet. Il est encore une autre condition non moins essentielle à remplir, c'est de faire en sorte qu'il y ait une analogie suffisante entre le sujet et la greffe. Ainsi, on ne pourra greffer l'une sur l'autre que des variétés de la même espèce ou des espèces du même genre. Toutes les espèces et variétés de pommiers peuvent se greffer l'une sur l'autre. Il en est de même de toutes les espèces et variétés de pruniers, de pêchers, d'abricotiers, et en général de toutes les plantes très-rapprochées l'une de l'autre par leurs caractères. Mais on ne réussirait pas à greffer le lilas sur l'orme, le chêne sur le charme, ou, comme on l'a prétendu, le rosier sur le houx, afin d'obtenir des roses vertes, ou sur le cassis, comme le recommande Columelle, pour avoir des roses noires. Les quelques résultats que l'on prétend avoir obtenus, contrairement à ces principes, doivent être considérés, jusqu'à présent du moins, comme de rares et passagères exceptions. Il ne suffit pas que les espèces et variétés que l'on greffe les unes sur les autres soient très-rapprochées par leurs caractères botaniques : il faut encore qu'elles présentent un mode de végétation semblable, et surtout que leur végétation s'effectue autant que possible à la même époque. Plus la différence sera sensible sous ce rapport, moins le succès de l'opération sera assuré. La greffe ne périra pas toujours, mais elle restera constamment languissante. Ainsi donc, s'il s'agit de greffer des variétés de poiriers ou de pommiers les unes sur les autres, il faudra étudier avec soin l'époque de végétation des greffes et des sujets de manière à ne pas greffer, comme on le fait trop souvent, des variétés tardives sur des sujets précoces, et *vice versa*.

La greffe augmente la qualité des fruits et hâte l'époque de leur maturité. Voici comment : il résulte de la soudure de la greffe sur le sujet un désordre dans la direction des vaisseaux des couches d'aubier et d'écorce qui se développent vers ce point. Il s'ensuit que la séve ascendante, traversant plus difficilement cette partie de la tige, arrive plus lentement et en moins grande quantité à la fois dans la greffe, subit une élaboration plus complète dans les cellules des fruits, et que ceux-ci sont plus savoureux et mûrissent plus tôt.

La greffe avance de plusieurs années la fructification des arbres. Ceci est encore dû à la même cause; la séve, circulant plus lentement dans la greffe, y reçoit une préparation plus parfaite, et est plus tôt propre au développement des fleurs et des fruits. Ce second avantage n'est pas sans importance, il devient même très-utile dans certaines circonstances. Ainsi, il faut attendre dix ou douze ans avant de savoir si un jeune arbre fruitier qui offre dans la pépinière l'apparence d'une variété nouvelle donnera véritablement un fruit nouveau, tandis qu'en coupant un rameau de ce jeune arbre, et en le greffant sur un vieux pied, la troisième année au plus tard, on peut juger du mérite de sa nouvelle acquisition.

Enfin, à l'aide de la greffe, on peut faire croître dans un sol quelconque une espèce qui n'y viendrait pas franche de pied, il suffit de la greffer sur une espèce voisine qui s'accommode de la nature de ce sol.

Mais ces avantages sont accompagnés de quelques inconvénients. Ainsi les individus greffés paraissent vivre moins longtemps que les individus francs de pied. Cela doit être surtout attribué à la difficulté qui résulte pour la séve de circuler librement des racines vers les feuilles et des feuilles vers la tige. On remarque souvent, dans les arbres greffés, un bourrelet très-prononcé au point de la greffe (A, *fig.* 48); or ce renflement est dû aux vaisseaux descendants et au cambium qui s'amassent vers ce point qu'ils franchissent difficilement.

Instruments convenables. — Avant d'examiner les différentes sortes de greffes, nous devons jeter un coup d'œil sur les instruments em-

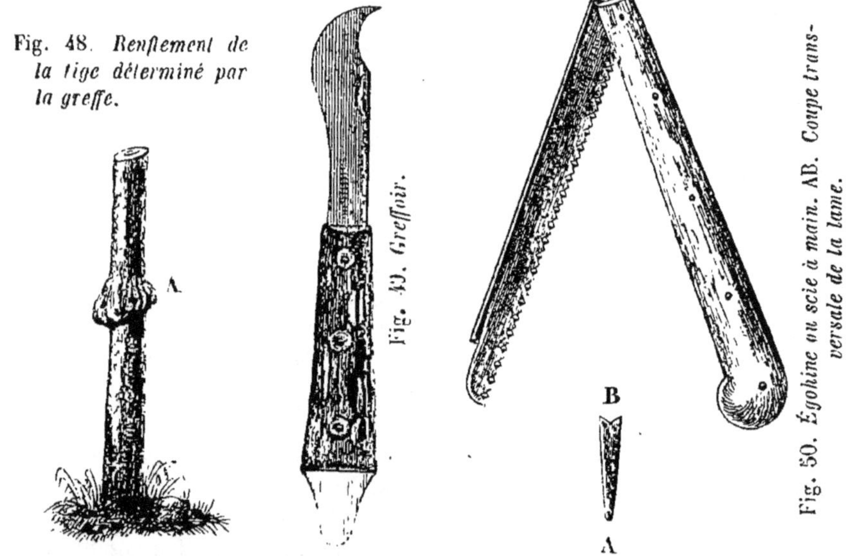

Fig. 48. *Renflement de la tige déterminé par la greffe.*

Fig. 49. *Greffoir.*

Fig. 50. *Égohine ou scie à main. AB. Coupe transversale de la lame.*

ployés dans cette opération. Le principal est le *greffoir* (*fig.* 49). C'est une sorte de petit couteau dont la lame, longue de 0^m,05 à 0^m,07, est un peu arrondie à son extrémité antérieure du côté tranchant. Au talon du manche est implantée une spatule en buis, en ivoire ou en os. On doit éviter de la faire en métal, trop facilement oxydable, parce que, destinée à soulever l'écorce, elle altérerait la séve. On se sert en outre d'une *serpette*, que tout le monde connait; puis d'une *égohine* (*fig.* 50), petite scie à main dont la lame est longue de 0^m,18 à 0^m,20. Les dents sont disposées de manière à tracer une large voie à la lame. Pour atteindre plus sûrement ce résultat, le dos de cette lame (A) est beaucoup plus mince que le côté opposé (B). Sans ce mode de construction,

cet instrument, destiné à couper du bois vert, fonctionnerait difficilement. On joint à ces instruments un petit *maillet* en bois qui sert à
frapper sur le dos de la serpette pour fendre verticalement les grosses
tiges des sujets, afin d'y placer la greffe. On doit être également muni
d'un petit *coin* en bois dur, à l'aide duquel on maintient la fente entr'ouverte pendant l'opération.

Depuis quelque temps on a remplacé avec avantage, pour la greffe
des tiges un peu grosses, la serpette et le coin par un *greffoir à coin*
représenté par la figure 51. La lame B, et qui ne doit
pas être plus épaisse que la lame de la serpette, sur
laquelle on frappe à l'aide d'un petit maillet, est destinée à fendre verticalement la tige de l'arbre à greffer, et la partie A, enfoncée ensuite dans la fente,
la maintient entr'ouverte tandis qu'on y place la
greffe.

Les greffes doivent être maintenues dans une position
fixe sur le sujet pendant tout le temps de la reprise.
On se sert pour cela de diverses ligatures. La laine
grossièrement filée et peu tordue est la ligature que
l'on doit préférer. Elle est très-élastique, et peut se prêter
au grossissement du sujet, ce qui empêche les étranglements de la tige. On emploie aussi des lanières d'é-
corce, mais elles sont moins élastiques, et peuvent donner lieu à des étranglements. On peut néanmoins les
préférer comme beaucoup plus économiques lorsqu'il
s'agit de ligaturer de grosses tiges.

Engluments. — Une condition importante est de
garantir de l'action de l'air les plaies occasionnées par
la greffe. On se sert pour cela d'un certain nombre de
substances.

Les unes, connues sous le nom de *mastics à greffer*, ont pour base la résine; les autres, désignées sous
le nom d'*onguents de Saint-Fiacre*, se composent en
grande partie de terre argileuse.

Les *onguents de Saint-Fiacre* offrent l'inconvénient
grave d'être facilement fendillés par la sécheresse et
promptement entraînés par l'action des pluies; il en résulte que la
plaie n'est qu'imparfaitement abritée du contact de l'air. D'un autre
côté, ils servent de refuge à certains insectes, et notamment aux
pucerons lanigères, qui, se logeant entre cette sorte de couverture et
l'écorce, font naître, sur la greffe des pommiers, des exostoses qui
nuisent singulièrement au succès de l'opération.

Les *mastics à greffer* sont donc préférables. Ils doivent être com-

Fig. 51. *Greffoir
à coin.*

6.

posés de telle sorte, qu'ils ne coulent pas sous l'influence du soleil et qu'ils ne soient pas fendillés par la gelée. La composition de ces mastics varie selon que l'on veut les employer chauds ou froids.

Voici la composition de l'un des meilleurs parmi ceux qu'on emploie chauds :

Poix noire	28	
Poix de Bourgogne	28	
Cire jaune	16	Pour 100 parties en poids.
Suif	14	
Cendres tamisées ou ocre	14	
	100	

Ce mélange doit être employé assez chaud pour être liquide, mais pas assez pour altérer les tissus de l'arbre. On l'étend sur les plaies à l'aide d'une petite brosse.

Lorsqu'on a un certain nombre de greffes à mastiquer, il arrive souvent que le mastic ne se conserve pas assez longtemps chaud pour qu'on puisse terminer l'opération en une seule fois et qu'on est obligé de le faire réchauffer plusieurs fois. Pour obvier à cet inconvénient, nous avons imaginé l'appareil suivant, à l'aide duquel le mastic est tenu constamment liquide.

Cet appareil se compose de deux parties superposées. La première

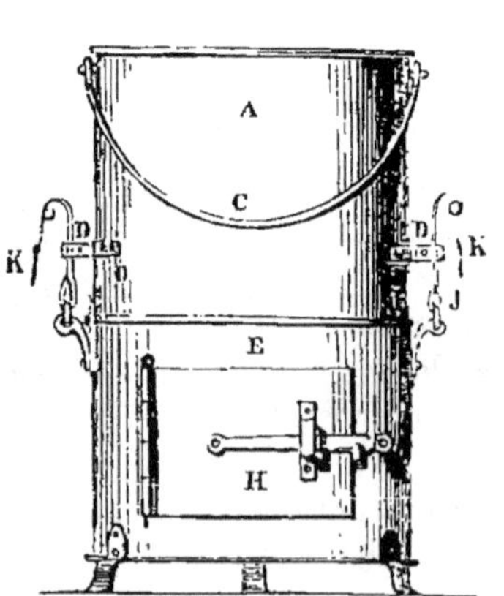

Fig. 52. *Appareil pour chauffer le mastic à greffer.*

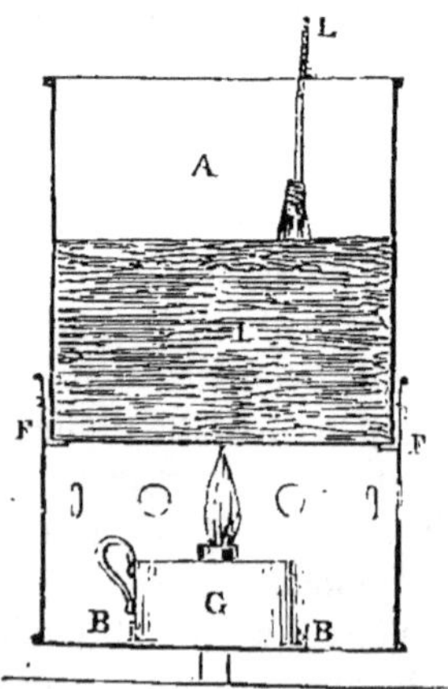

Fig. 53. *Coupe verticale de la figure 50.*

(A, *fig.* 52 et 53) est un vase en cuivre ou en fer battu présentant une capacité de cinq litres environ, et destiné à recevoir le mastic à greffer (I, *fig.* 53). Comme il arrive fréquemment que ce mélange résineux ormonte lorsqu'on le fait chauffer, le vase devra toujours présenter une étendue moitié plus considérable qu'il ne le faut pour contenir le mastic froid. Ce même vase est muni d'une anse (C, *fig.* 52), puis de deux petites pattes (D, *fig.* 52), percées d'un trou à leur extrémité. La base de ce vase est engagée dans la seconde partie de l'appareil (E, *fig.* 52), et y est retenue au premier tiers de la hauteur de cette seconde partie, au moyen de petites pattes en tôle (F, *fig.* 55). Cette seconde partie se compose d'une sorte de petit réchaud en tôle qui reçoit, à sa partie inférieure, une lampe à huile (G, *fig.* 55). Cette lampe, introduite par la porte (H, *fig.* 52,), est retenue au centre de l'espace au moyen de petites pattes en saillie (B, *fig.* 55) rivées sur le fond ; deux trous pratiqués sur la paroi établissent le courant d'air nécessaire à la combustion. Cette partie inférieure de l'appareil est jointe au vase supérieur au moyen de petites pattes à charnières, J, et de clavettes, K (*fig.* 52).

Lorsqu'on veut se servir du mastic, on isole le vase de la partie inférieure et on le place sur le feu. Lorsque le mélange est bien chaud, on replace le vase sur le réchaud et l'on allume la lampe, qui suffit pour maintenir le mastic assez liquide. On devra faire en sorte que la brosse dont on se sert pour employer le mastic ne séjourne pas au fond du vase, car, lorsqu'on vient à le chauffer, cette paroi acquiert une si haute température, que les crins de la brosse seraient brûlés. Pour éviter cet inconvénient, on devra munir le manche de cette brosse d'un petit crochet, à l'aide duquel on le fixe sur l'un des côtés du vase, comme nous l'avons indiqué (L, *fig.* 53).

Les mastics à greffer, composés jusqu'à présent pour être employés froids, étaient tous à l'état de pâte malléable et présentaient par conséquent l'inconvénient très-grave d'obliger l'opérateur à se mouiller constamment les doigts pour les appliquer ; aussi on donnait presque toujours la préférence aux mastics employés chauds, quoique la nécessité de les faire chauffer soit aussi assez gênante. Mais M. Lhomme-Lefort, de Belleville, près de Paris, vient heureusement d'imaginer un mastic liquide et que l'on emploie froid. Ce mastic, dont l'inventeur s'est réservé le secret de la composition, a la consistance d'une bouillie épaisse que l'on applique très-facilement sur la greffe à l'aide d'une petite spatule en bois. Cette matière acquiert une dureté extraordinaire dans l'espace de très-peu de jours, ne se ramollit pas au soleil et ne se fendille pas sous l'influence de la gelée ; l'influence de l'humidité ne fait que hâter sa solidification. Ce mastic étant d'ailleurs livré à un prix peu élevé, nous sommes convaincu qu'il est appelé à remplacer tous ceux qui ont été imaginés jusqu'à présent.

Les différentes sortes de greffes peuvent être partagées en trois sections principales, ainsi que nous l'avons fait dans le tableau suivant :

I⁰ᵉ Section.
Greffes par approche . .
- 1° Sylvain.
- 2° Agricola.
- 3° Anglaise ou Aiton.
- 4° Herbacée Jard.
- 5° Herbacée Leberryais.

II⁰ Section.
Greffes par scions ou par rameaux. . . .

1er Groupe.
Greffes en fente. . . .
- 1° Simple ou Atticus.
- 2° Palladius ou double.
- 3° Bertemboise.
- 4° Lee.
- 5° Anglaise.
- 6° En fente-bouture.
- 7° De Tschuody.
- 8° Herbacée.

2e Groupe.
Greffes en couronne. .
- 1° Théophraste.
- 2° Varin.
- 3° Perfectionnée (Du Breuil).

3e Groupe.
Greffes de côté . . . .
- 1° Richard.
- 2° En navette.
- 3° Girardin.

4e Groupe.
Greffes sur racine . .
- 1° Saussure.
- 2° Cels.

III⁰ Section.
Greffes par gemma, œil ou boutons . . .

1er Groupe.
Greffes en écusson . .
- 1° Vitry ou à œil dormant.
- 2° Jouette ou à œil poussant.
- 3° De semet ou double.
- 4° Pœderlé ou sans bois.
- 5° Lenormand ou boisée.
- 6° Sickler ou sur racine.

2e Groupe.
Greffes en flûte. . . .
- 1° Jefferson.
- 2° En sifflet.
- 3° De faune.

On peut évaluer le nombre des greffes maintenant décrites à plus de deux cents; mais beaucoup d'entre elles sont plus curieuses qu'utiles. Nous nous bornerons à l'étude de celles dont nous venons de donner la liste, et dont la pratique présente réellement des avantages. Nous avons conservé à la plus part d'entre elles le nom qui leur a été imposé par le professeur Thouin.

Première section. Greffes par approche. Elles offrent pour caractère de n'être séparées de leur pied mère qu'après qu'elles sont complétement soudées avec le sujet. L'origine de cette sorte de greffe remonte à la plus haute antiquité, et ceux qui la pratiquèrent pour la première fois en puisèrent probablement l'exemple dans la nature, car on rencontre fréquemment, dans les forêts, des greffes par approche naturelle. Le vent, en ébranlant deux branches qui se touchent par l'un de leurs points, les fait s'user mutuellement; les libers finissent par se trouver en contact immédiat, et, si un temps un peu calme succède à cet état de choses, les deux branches se soudent, et il en résulte une greffe par approche naturelle. Non-seulement on remarque dans la nature des exemples de tiges ainsi soudées, mais on rencontre aussi fréquemment

ces racines offrant le même phénomène. Deux racines de la même espèce, ou d'espèces voisines, mises en contact, viennent-elles à se gêner
dans leur développement en grosseur, elles se pressent tellement l'une
contre l'autre, qu'elles finissent par s'unir.

Le mode d'opérer les greffes par approche consiste : 1° à faire, aux
parties qu'on veut greffer les unes sur les autres, des plaies correspon-
dantes bien nettes et proportionnées à leur grosseur, depuis l'épiderme
jusqu'à l'aubier, et quelquefois jusqu'au canal médullaire, suivant l'exi-
gence des cas ; 2° à réunir ces plaies, de manière qu'elles se recouvrent mutuellement, qu'elles ne laissent entre elles que le moins de vide
possible, et surtout que les feuillets du liber soient exactement joints
dans le plus grand nombre possible de leurs points ; 3° à fixer ces parties
ainsi disposées au moyen de ligatures et de tuteurs solides, pour empêcher toute disjonction ; 4° à préserver les plaies de l'accès de l'eau et
de l'air au moyen du mastic à greffer ; 5° à surveiller le grossissement
des parties, pour prévenir toute nodosité difforme, nuisible à la circulation de la séve ; 6° à ne sevrer les greffes de leur pied mère qu'après
leur soudure complète avec le sujet. Cette jonction est ordinairement
suffisante au bout d'un an. Quelquefois, cependant, lorsque les espèces
se soudent difficilement, on est obligé d'attendre deux ans. En général,
pour les espèces délicates, il y aura avantage à n'effectuer le sevrage que
progressivement, c'est-à-dire qu'on commencera par pratiquer une entaille qui pénétrera jusqu'au tiers de la grosseur de la greffe, et cela, du
côté opposé à l'incision, immédiatement au-dessous du point où elle
commence à s'unir avec le sujet, en A (*fig.* 56). Quelque temps après
on fera pénétrer cette entaille jusqu'aux deux tiers de la grosseur de la
greffe ; enfin, après un nouveau laps de temps, on la séparera complétement. En opérant ainsi, on habitue la greffe à tirer sa nourriture du
sujet, et le trouble résultant du sevrage devient pour elle beaucoup
moins sensible. On hâte aussi la soudure, en forçant les filets ligneux
et corticaux descendants à passer de la greffe dans le sujet.

Quant à l'époque la plus favorable pour exécuter la greffe par approche, cette opération peut être pratiquée en toute saison, pourvu que
ce ne soit pas pendant les gelées ou sous l'influence des fortes chaleurs.
Néanmoins, le commencement du printemps est le moment le plus convenable, parce que les individus opérés profitent, pour se souder, de
toute la végétation qui s'effectue depuis cet instant jusqu'à l'automne.

Voici quelles sont les principales sortes de greffe par approche :

Greffe par approche Sylvain. Courber deux jeunes arbres l'un vers
l'autre (*fig.* 54) ; faire, aux points où ils se croisent, deux entailles cor-
respondantes (A), jusqu'au canal médullaire, puis réunir les parties opérées en les maintenant dans cette position à l'aide d'une ligature. Cette
sorte de greffe peut être utilisée surtout pour la confection des palis-

sades, des haies vives. A cet effet, on plante de jeunes arbres, à tige

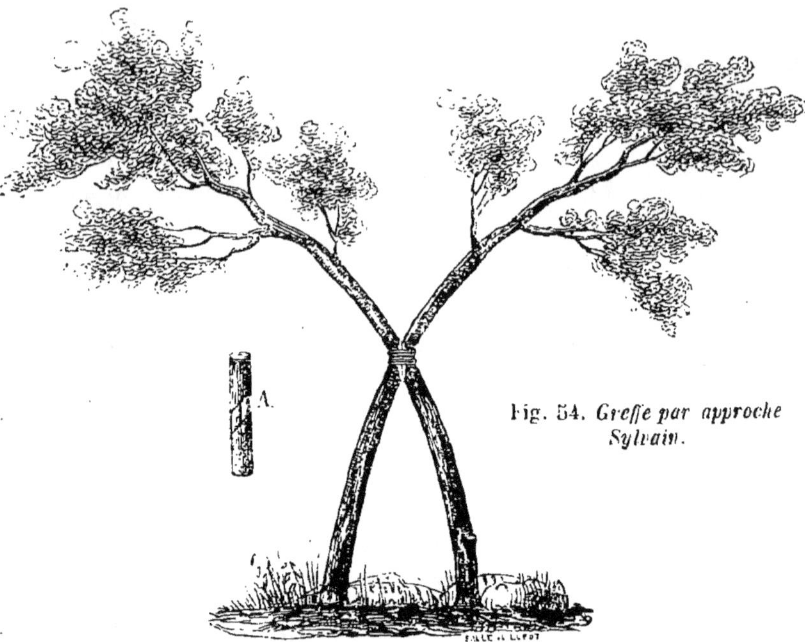

Fig. 54. *Greffe par approche*
Sylvain.

mince et flexible, de deux à trois mètres de haut, en leur donnant la
même disposition qu'aux gaulettes d'un treillage ; on pratique sur cha-

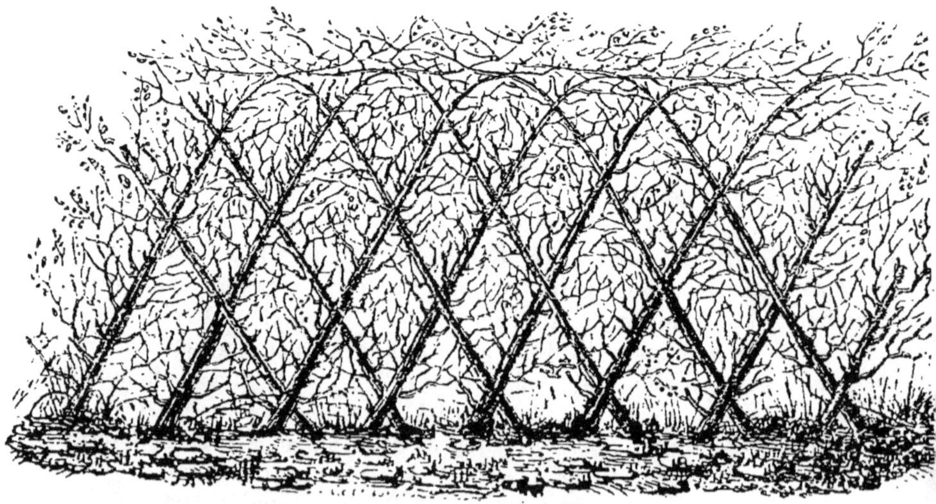

Fig. 55. *Haie vive formée à l'aide de la greffe par approche Sylvain.*

que tige, et à chacun des points de l'intersection qu'elles forment les

ones avec les autres, une entaille semblable; puis on les maintient soli-
nement réunies au moyen d'une ligature. L'année suivante, et lorsque
toutes ces tiges sont soudées les unes aux autres, on donne à leur sommet
une direction presque horizontale, à la hauteur à laquelle on veut conserver la haie, et l'on enlace les extrémités les unes dans les autres. Les
interstices de ce treillage vivant sont bientôt remplis par les ramifications qui se développent de toutes parts, et forment une haie vive presque impénétrable (*fig.* 55). Les espèces qui se prêtent le mieux à cette
opération, sont : le charme, le hêtre, l'orme, le troëne, le saule, etc.

Greffe par approche Agricola (*fig.* 56). Rapprocher la tige du sujet
de la branche qui doit
servir de greffe, soit en
sellant les sujets à côté
de l'arbre à multiplier,
soit en plaçant les sujets
dans des pots; faire sur
la tige du sujet et sur
la branche qui sert de
greffe une entaille longitudinale de même éten-
due et jusqu'au canal
médullaire; couvrir ces
deux plaies l'une par
l'autre, de manière que
leurs libers soient en
contact, puis ligaturer.
Les deux entailles doi-
vent être faites de telle
sorte, que l'entaille du
sujet soit moins pro-
fonde à la base (B) qu'au
sommet, et qu'au con-
traire l'entaille de la
greffe soit moins pro-

Fig. 56.
Greffe par approche Agricola.

fonde au sommet (C) qu'à la base (A). Il en résultera que, lors du
sevrage, la suppression de la tête du sujet au point D et la section de
la greffe au point A laisseront une difformité moins grande sur la
tige.

Lorsque la soudure est complète, ce qui a lieu ordinairement l'année
suivante, on opère le sevrage. Pour cela, on supprime la tête du sujet
immédiatement au-dessus de son point de contact avec la greffe, en D,
et l'on coupe la greffe immédiatement au-dessous de son point de contact avec le sujet, en A. On enlève ensuite la ligature, qui, si on la lais-

sait, étranglerait la partie opérée, puis on couvre les plaies avec du mastic à greffer.

On peut modifier cette greffe lorsqu'il s'agit, par exemple, de remplir un vide parmi les branches de la charpente d'un arbre fruitier. Si ce vide existe en A (*fig.* 57), le rameau B. permettra de le combler. On pratique d'abord, avec la scie à main, une entaille en chevron sur la tige, immédiatement au-dessous du point où le rameau B doit être greffé, en A (*fig.* 58), afin d'y arrêter la séve des racines. Cette entaille comprend environ la moitié de la circonférence de la tige. Immédiatement au-dessous, on en fait une autre verticale, longue d'environ 6^m,06, d'une largeur et d'une profondeur égales au diamètre du ra-

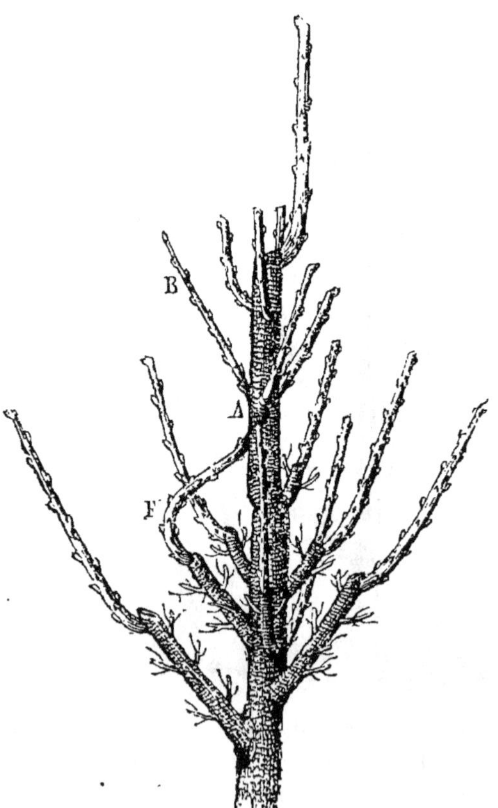

Fig. 57. *Greffe par approche Agricola employée pour aider à la formation des arbres en pyramide.*

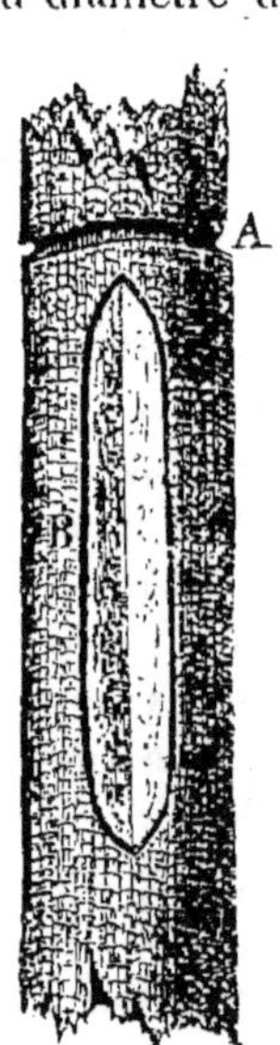

Fig. 58. *Détail de la figure 55.*

meau B (*fig.* 58). On incise le rameau au point A (*fig.* 57) en donnant à cette incision une forme telle que cette partie du rameau s'engage complétement dans l'entaille verticale de la tige (*fig.* 59), et que les écorces de la tige et du sujet soient en contact immédiat sur les deux côtés de l'entaille. Ceci fait, on réunit les parties, on ligature et l'on recouvre la partie opérée avec du mastic à greffer.

L'année suivante, au moment de la taille d'hiver, la soudure sera complète, et l'on pourra opérer le sevrage. La partie inférieure F du rameau (*fig.* 57) pourra, après avoir été redressée, servir de nouveau comme branche latérale.

Greffe par approche anglaise ou Aiton (*f*. 60). Cette sorte de greffe par approche ne diffère de la greffe Agricola qu'en ce qu'on pratique au milieu de l'incision longitudinale faite au sujet et à la greffe une sorte d'agrafe qui rend encore la soudure plus solide. Cette greffe est préférée pour les espèces à bois très-dur, et dont les écorces se soudent le moins facilement.

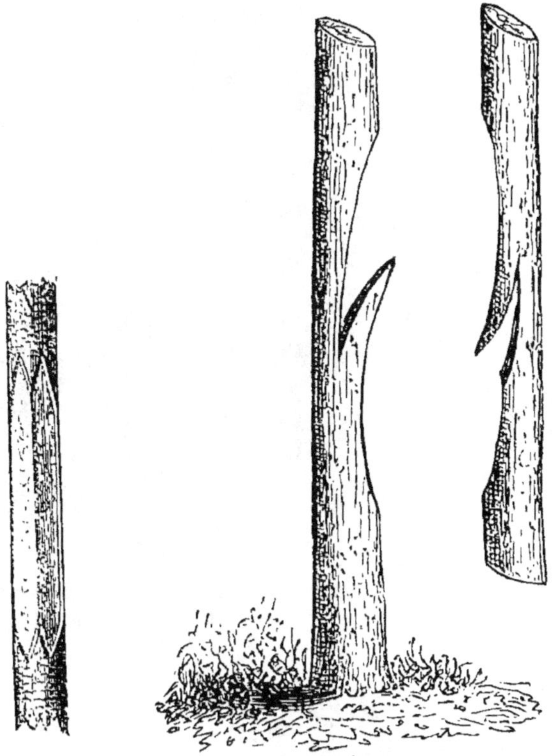

Fig. 59. *Détail de la figure* 57.

Fig. 60. *Greffe par approche anglaise ou Aiton.*

Greffe par approche herbacée Jard. Ici, au lieu d'opérer sur des parties ligneuses de la greffe et du sujet, on opère sur des bourgeons encore herbacés qui n'ont atteint que les deux tiers environ de leur développement en longueur. Cette greffe est très-utile pour les espèces à écorce mince, et dont la jonction présente peu d'adhérence, parce que, toutes les parties qui se trouvent mises en contact étant encore herbacées, il en résulte qu'elles s'unissent sur toute leur surface et que cette soudure est plus solide.

En 1802, M. Jard, aujourd'hui président de la Société d'horticulture de Mâcon, a employé cette sorte de greffe avec beaucoup d'avantage pour remplir les vides parmi les rameaux à fruit qui garnissent latéralement les branches mères ou sous-mères du pêcher. Mais ce n'est que depuis 1842 que cet utile procédé a commencé à se répandre. Voici comment on opère :

7

Supposons qu'un vide existe parmi les rameaux à fruit d'une branche de pêcher (*fig.* 61). Le bourgeon B pourra servir à combler ce vide. Pour cela, on fera sur la branche, au point où le vide existe, une incision longue de 0^m,04 environ, et terminée à chaque extrémité par

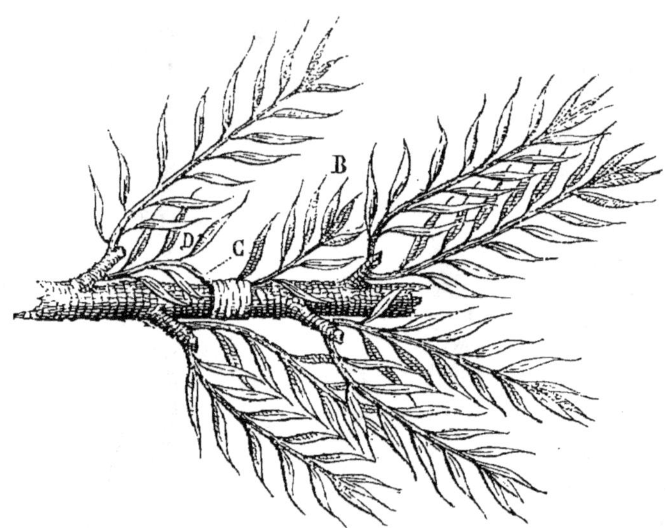

Fig. 61. *Greffe par approche herbacée employée pour remplacer les rameaux à fruits du pêcher.*

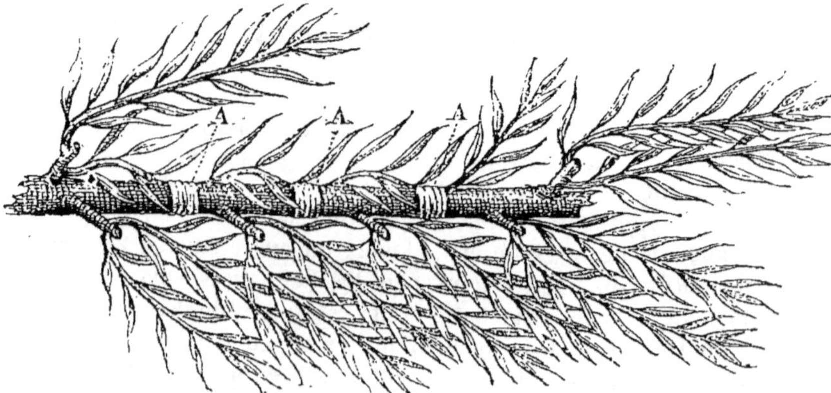

Fig. 62. *Greffe par approche herbacée multiple, employée au même usage que la précédente.*

une incision transversale (C, *fig.* 63). Le bourgeon B (*fig.* 61) sera incisé comme on le voit en D (*fig.* 63), puis on réunira les parties au moyen d'une ligature. L'année suivante, au printemps, la soudure sera complète. Toutefois il faudra n'opérer le sevrage qu'au second printemps; autreɔɔment beaucoup de ces greffes se dessécheraient. Ce moment étant venu, le bourgeon qui a fourni la greffe est coupé en C (*fig. 61*), et la partie inférieure de ce rameau D est taillée comme s'il n'eût pas été greffé.

Si la branche présentait plusieurs vides continus et que le bourgeon fût assez vigoureux, on pourrait le greffer successivement à chacun de ces points (*fig. 62*). On opérerait alors le sevrage aux points A. Mais il serait bon toutefois de laisser s'écouler huit ou dix jours entre chacune des greffes du même bourgeon, sous peine de nuire à son développement.

Cette opération peut être employée avec le même succès pour toutes les espèces à fruits à noyau et même pour la vigne, ainsi que le montre la figure 64.

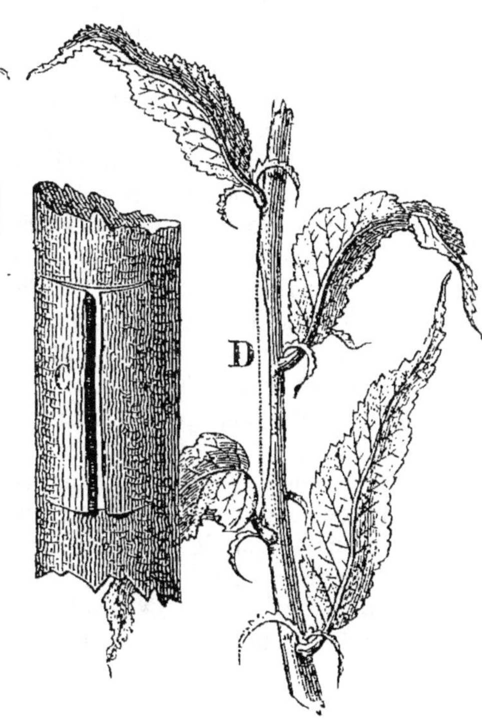

Fig. 63. *Détail de la figure 61.*

Fig. 64. *Greffe par approche herbacée de la vigne.*

Greffe par approche herbacée Leberryais (*fig. 65*). M. Luiset père, pépiniériste à Écully, près de Lyon, a fait une heureuse application de la greffe par approche herbacée en l'employant pour augmenter le volume ordinaire des fruits. Vers la fin de juin, choisir un bourgeon vigoureux placé dans le voisinage d'un fruit; le greffer par approche sur le pédoncule de ce fruit; pincer ensuite l'extrémité de ce bourgeon lorsque la soudure est complète, afin de l'empêcher d'absorber une trop grande quantité de séve au détriment du fruit. Ce bourgeon attire ainsi une plus grande abondance de fluides nourriciers au profit du fruit, qui devient beaucoup plus gros. La figure 66 montre une pêche soumise à la même opération. Le pédoncule de ce fruit étant trop court, on greffe le bourgeon tout près du point d'attache de ce pédoncule. Cette greffe est décrite, sous le nom que nous

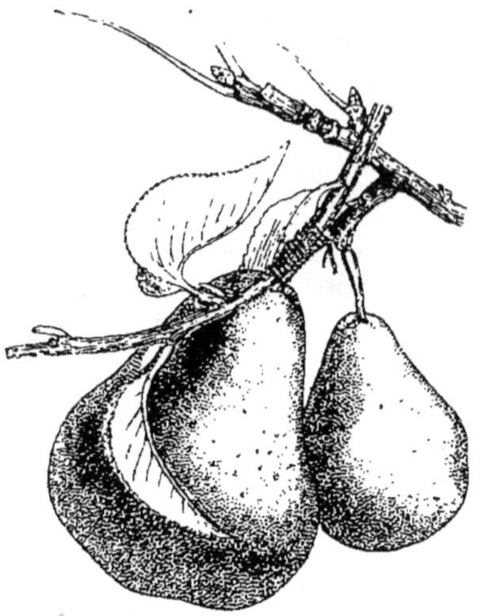

Fig. 65. *Greffe par approche herbacée Leberryais appliquée au poirier.*

lui donnons ici, dans la monographie des greffes du professeur Thouin.

Deuxième section. Greffes par scions ou rameaux. Les caractères distinctifs des greffes de cette section sont les suivants : elles s'effectuent avec des rameaux ou des portions de rameaux qu'on sépare de leur pied mère pour les placer sur un autre individu.

Les conditions ci-après doivent être remplies, sous peine de voir échouer l'opération qui nous occupe : 1° choisir, pour greffe, des rameaux de l'année précédente, et prendre de préférence les plus vigoureux et les mieux aoûtés; 2° faire en sorte que la greffe soit tou-

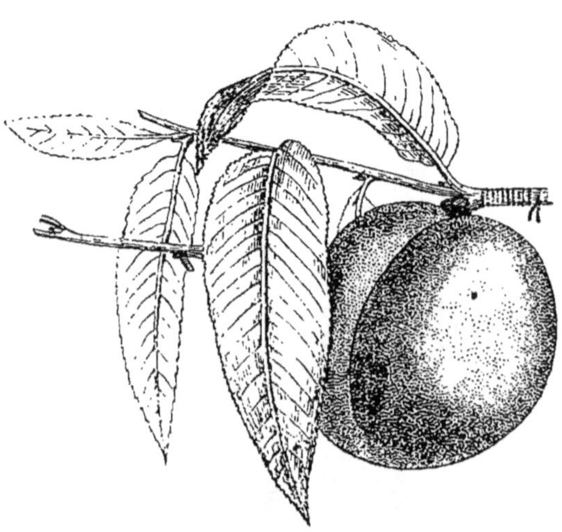

Fig. 66. *Greffe par approche herbacée Leberryais appliquée au pêcher.*

jours dans un état de végétation moins avancé que le sujet; si le contraire avait lieu, la greffe, ne trouvant pas dans le sujet une quantité de séve assez abondante pour fournir à ses besoins, se dessécherait rapidement. Pour atteindre plus sûrement ce but, il suffira de détacher les greffes de leur pied mère un mois ou deux avant l'opération, et de les enterrer au pied d'un mur exposé au nord. Ces greffes se conserveront parfaitement ainsi, et, leur végétation restant stationnaire tandis que celle des sujets suivra l'influence de la saison, elles seront moins avancées que les sujets; 3° placer la greffe sur le côté de la tige du sujet exposé au midi, afin que la sève y arrive en plus grande abondance ; 4° pratiquer les amputations nécessaires de manière que les écorces soient coupées bien net et non déchirées sur leurs bords; 5° faire coïncider parfaitement les couches du liber du sujet avec celles de la greffe, sur la plus grande partie de l'étendue de la plaie; 6° ligaturer les parties opérées, puis recouvrir les plaies avec du mastic à greffer; 7° abriter les greffes, pendant les quinze premiers jours qui suivent l'opération, contre l'ardeur du soleil et l'action desséchante de l'air; on peut, dans ce but, les recouvrir immédiatement d'un cornet de papier (*fig.* 67) : ce cornet a en outre pour résultat d'éloigner certains insectes qui dévorent les boutons de la greffe dès qu'ils commencent à s'entr'ouvrir ; 8° faire en sorte que les greffes, une fois placées, ne soient plus ébranlées. Le moindre choc, au moment où elles commencent à se souder avec le sujet, peut suffire pour détruire toute chance de succès. Ce sont surtout les greffes placées sur les arbres à haute tige, sur les pommiers, les poiriers, les cerisiers, etc., qui sont exposées à de semblables accidents, et particulièrement celles des arbres plantés dans les pâturages, les grands vergers ou en plein champ. Les gros oiseaux viennent s'abattre sur le sommet de ces arbres

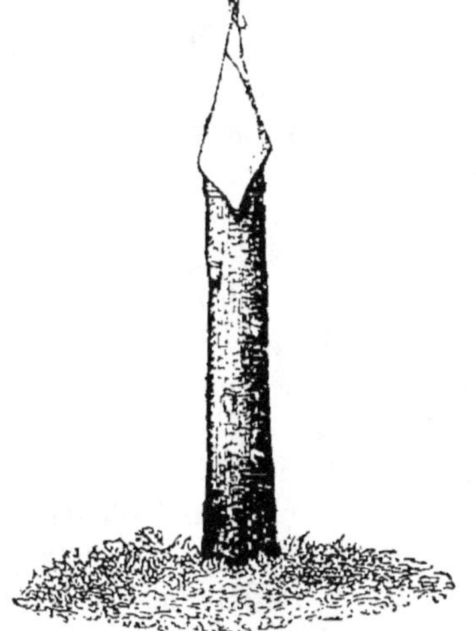

Fig. 67. *Cornet de papier pour abriter les greffes.*

nouvellement greffés, brisent la greffe, ou au moins l'ébranlent et nuisent à sa reprise.

Pour obvier à cet inconvénient, il sera bon de placer au sommet des arbres greffés une sorte de perchoir composé d'un rameau flexible (A. *fig.* 68) long d'un mètre environ, cintré au-dessus de la greffe, et fixé solidement à l'aide de liens d'osier, par ses extrémités, de chaque côté de la tige. Les oiseaux viennent se poser sur ce perchoir sans ébranler la greffe. Mais cette pratique présente encore un autre avantage : lorsque la greffe se développe vigoureusement et qu'elle est isolée au sommet d'un arbre à haute tige, il arrive souvent que ébranlée par les vents violents, elle se brise; on prévient cet accident en fixant sur le perchoir les principaux bourgeons (B) que développe la greffe; 9° enfin, veiller avec soin à ce que les nombreux bourgeons qui naissent presque toujours sur la tige des sujets étêtés, n'anéantissent pas la greffe en absorbant à leur profit toute la séve des racines. C'est surtout pendant l'été qui suit l'opération que la tige des sujets greffés se couvre de ces bourgeons. Aussitôt que la végétation de la greffe commence à se manifester, on pince les plus vigoureux, puis on les supprime complétement en commençant par ceux qui se sont développés à la base de la tige, et en avançant progressivement vers le sommet, de manière à ne détruire ceux qui sont dans le voisinage de la greffe qu'alors que les bourgeons de celle-ci ont atteint une longueur d'au moins 0^m,15.

Les greffes par scions ou par rameaux peuvent être subdivisées en quatre groupes principaux, comme nous l'avons indiqué plus haut.

Groupe I. Greffes par rameaux en fente. Les greffes en fente présentent pour caractère de nécessiter l'incision longitudinale du corps ligneux pour placer la greffe. On les pratique le plus souvent au printemps, au moment où les boutons du sujet commencent à s'entr'ouvrir. On peut cependant greffer aussi en fente dans les premiers jours

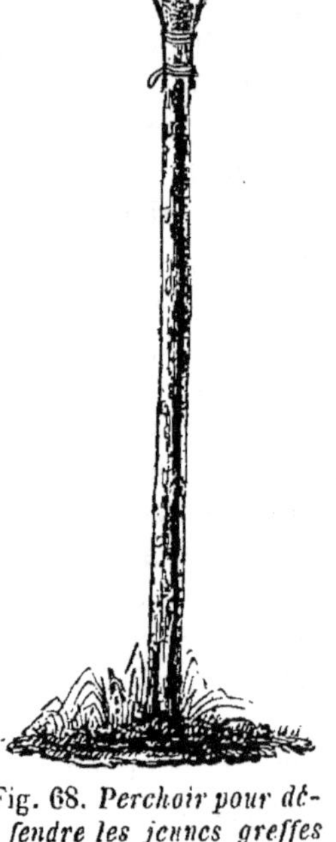

Fig. 68. *Perchoir pour défendre les jeunes greffes à haute tige contre les oiseaux et la violence des vents.*

de septembre, alors que les sujets n'ont plus de séve que ce qu'il en faut pour opérer seulement la soudure de la greffe. Celle-ci ne se développe qu'au printemps suivant. Cette époque présente les avantages suivants : les greffes ne sont pas soumises avant leurs reprises aux hâles du printemps, qui les fatiguent beaucoup; les cultivateurs sont à ce moment moins pressés de travaux; enfin, l'on a deux chances de succès au lieu d'une : si l'opération manque à l'automne on peut recommencer au printemps.

Les principales sortes de greffes en fente sont les suivantes :

Greffe en fente simple ou Atticus (fig. 69). Donner au rameau qui doit servir de greffe une longueur de 0^m,10 à 0^m,20, suivant la grosseur et la vigueur du sujet. Faire en sorte que le sommet de ce rameau soit terminé par un bouton (A). Si l'on greffe à l'automne, supprimer les feuilles de la greffe en en conservant seulement le pétiole. Tailler la base

(B) en lame de couteau sur une longueur de 0^m,03 environ, en commen-çant cette entaille à la hauteur d'un bouton. La greffe ainsi préparée, couper horizontalement la tête du sujet, bien unir la plaie avec un in-strument tranchant. Pratiquer sur cette coupe, avec la serpette et le maillet, si la grosseur du sujet rend cela nécessaire, une fente verticale (C) passant par le centre de la tige et descendant à 0^m,06 environ au-dessous de la coupe. Effectuer cette section verticale en imprimant à la lame de l'instrument un mouvement de balancement, de manière à cou-per l'écorce avant le corps ligneux, afin que la première ne soit pas déchirée au lieu d'être coupée. Main-

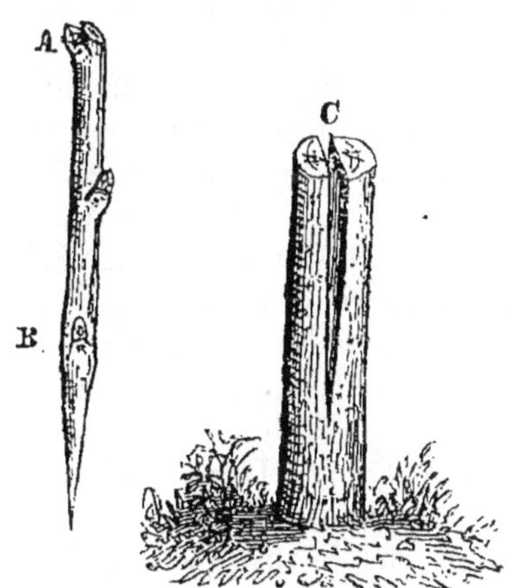

Fig. 69. *Greffe en fente simple ou Atticus.*

tenir la fente entr'ouverte avec un coin en bois pendant qu'on y place la greffe. Incliner légèrement le sommet (E, *fig.* 70) de celle-ci vers

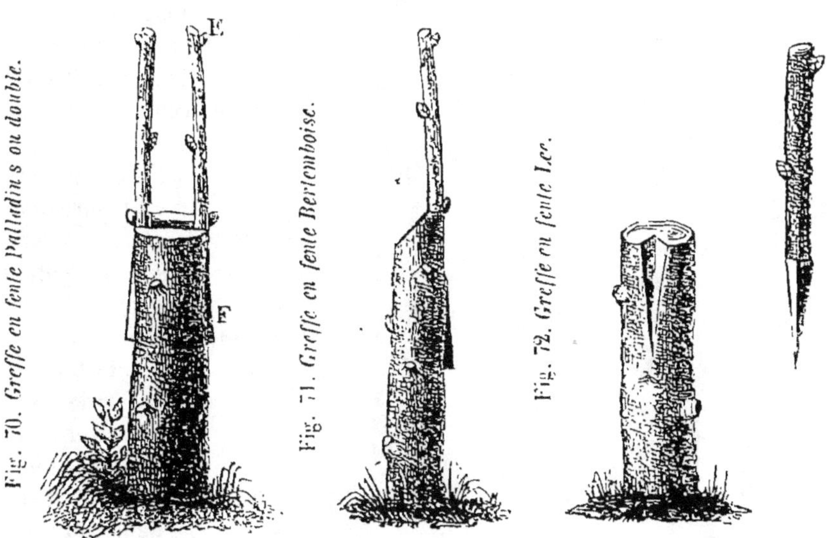

le centre de la tige, puis faire ressortir un peu la base (F), de telle sorte que le liber du sujet et celui de la greffe soient certainement en contact sur un point de leur étendue. Enfin ligaturer le tout et recou-vrir les plaies, y compris le sommet tronqué de la greffe, avec du mastic à greffer. Toutefois la ligature ne sera pas nécessaire pour les sujets offrant un diamètre de 0^m,05, et dans la fente desquels la greffe sera assez serrée.

Greffe en fente Palladius ou double (fig. 70). Cette greffe diffère de la précédente parce qu'au lieu d'un seul rameau on en met deux sur le sujet, un de chaque côté du diamètre de la tige. Cette greffe devra être préférée lorsque la grosseur du sujet permettra d'y avoir recours; car, la cicatrisation de la plaie étant surtout le résultat des bourrelets qui se forment à la base de chaque greffe, on conçoit que la plaie sera plus tôt fermée lorsqu'il y aura deux greffes que lorsqu'une seule sera posée. D'ailleurs : on aura ainsi plus de chance de succès, si l'une ne prend pas, l'autre pourra réussir.

Greffe ou fente Bertemboise (fig. 71). Couper la tête du sujet en biseau terminé par une petite surface horizontale, puis placer la greffe au sommet du biseau, en opérant comme dans le cas précédent.

Lorsque le sujet ne sera pas assez volumineux pour porter deux greffes, on devra préférer ce mode d'opérer aux deux précédents : d'abord, les bourrelets seront moins saillants et la tige moins difforme, ensuite, toute la séve des racines étant conduite, à cause de la coupe oblique, vers le point où est posée la greffe, celle-ci se développera plus vigoureusement.

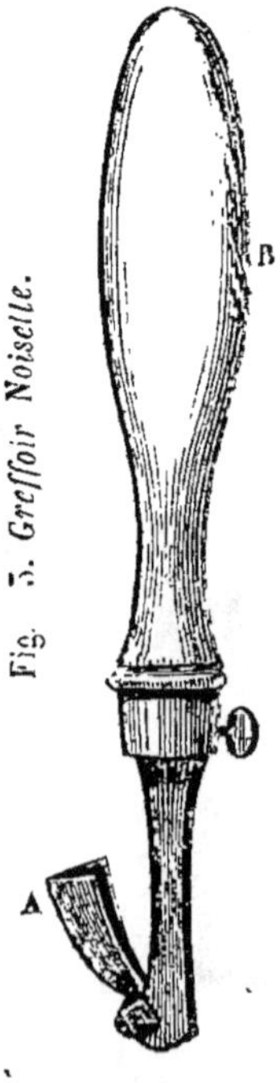

Greffe en fente Lee (fig. 72). Au lieu de fendre verticalement la tige du sujet étêté, pratiquer une entaille triangulaire sur le côté de la tige, puis tailler la base de la greffe en pointe triangulaire de même forme et de même dimension que l'entaille du sujet. On peut se servir, dans cette opération, du *greffoir*

Fig. 5. *Greffoir Noisette.*

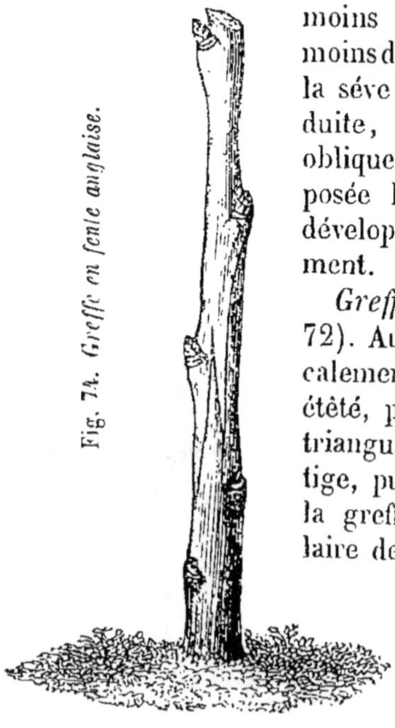

Fig. 74. *Greffe en fente anglaise.*

Noisette (fig. 73), très commode pour pratiquer cette entaille triangulaire. On se sert de cet instrument en faisant mouvoir la lame A de bas en haut.

Greffe en fente anglaise (fig. 74). Couper la tête du sujet en biseau très-allongé. Pratiquer une fente vers le milieu de la longueur de la plaie. Répéter la même opération sur la base de la greffe, mais en sens inverse, puis réunir les parties. Cette greffe, d'une grande solidité, est très-propre à la multiplication des espèces qui se soudent lentement.

Greffe en fente-bouture (fig. 75). Cette greffe est employée pour la vigne. On découvre la souche du cep à greffer jusqu'à 0^m,50 au-dessous de la surface du sol. On coupe cette souche à 0^m,15 au-dessous du niveau du sol, en biseau très-allongé, puis on pratique une fente verticale au milieu de ce biseau. On choisit comme greffe un sarment, le plus gros possible, long de 0^m,25 et muni à sa base de son talon ou empatte-ment. On pratique vers le milieu de sa longueur une entaille un peu plus longue que le biseau du sujet, et pénétrant jusqu'au quart du diamètre du sarment. On fait ensuite, au milieu de la première, une seconde entaille dirigée de bas en haut et longue de 0^m,04. L'esquille de bois qui résulte de cette seconde entaille est engagée dans la fente du sujet. On ligature ensuite, l'on couvre les plaies de mastic, et l'on replace la terre sur la souche de façon qu'un seul bouton de la greffe sorte de terre. En même temps que la greffe se soude avec le sujet, elle développe presque toujours des racines vers sa base, comme le ferait une bouture,

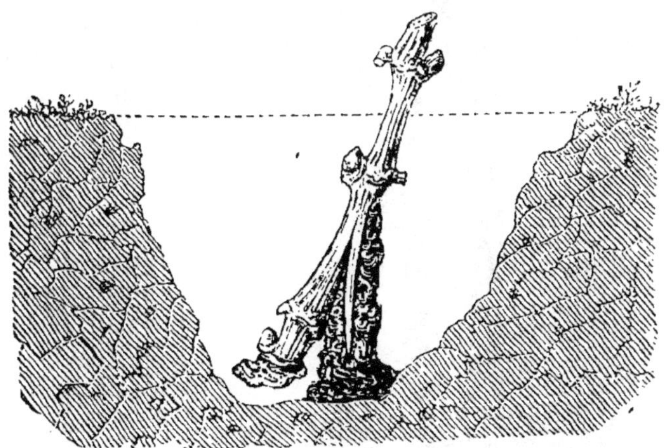

Fig. 75. *Greffe en fente-bouture.*

ce qui assure sa reprise et augmente beaucoup sa vigueur. Cette greffe est la meilleure et la plus usitée pour la vigne.

Greffe en fente Tschuody (fig. 76). Cette greffe, imaginée par le baron de Tschuody, a été trouvée dans les nombreux travaux inédits qu'il a laissés sur l'arboriculture, et nous a été communiquée par un mem-bre de sa famille. On exécute cette greffe *pendant la végétation*, en procédant ainsi : Couper la tête du sujet vers le point où l'on veut placer la greffe, en réservant immédiatement au-dessous de cette coupe un petit rameau feuillé (A), destiné à attirer la séve vers ce point. Supprimer sur la tige tous les autres bourgeons. Faire sur le côté de la tige du sujet, à 0^m,06 ou 0^m,08 au-dessous de la coupe, une entaille verticale comme pour la greffe par approche. Choisir comme greffe le sommet d'un rameau (B) pourvu de quelques bourgeons vigoureux. Détacher ce rameau de son pied mère et l'entailler à moitié bois au point où l'on veut le souder avec le sujet, comme pour la greffe par approche. Couvrir les plaies l'une par l'autre, ligaturer et appliquer du mastic à greffer sur les sutures. Introduire la base de la greffe, à laquelle on a laissé une longueur de 0^m,20 à 0^m,30, dans un vase plein d'eau (C) que l'on renouvelle souvent. La greffe tire de ce vase les fluides aqueux qui lui sont nécessaires pour entretenir sa végétation, jusqu'au moment où elle est soudée avec le sujet et peut vivre aux dépens de celui-ci. Empêcher le développement des bourgeons sur la tige, au-dessous de la greffe. Pour donner plus de solidité à cette greffe, on pourra faire les incisions comme pour la greffe par approche Aiton, ainsi que nous le montrons en D. Lorsque la greffe est soudée, supprimer le tire-séve A en deux ou trois fois, puis couper le sommet du sujet en E au printemps suivant.

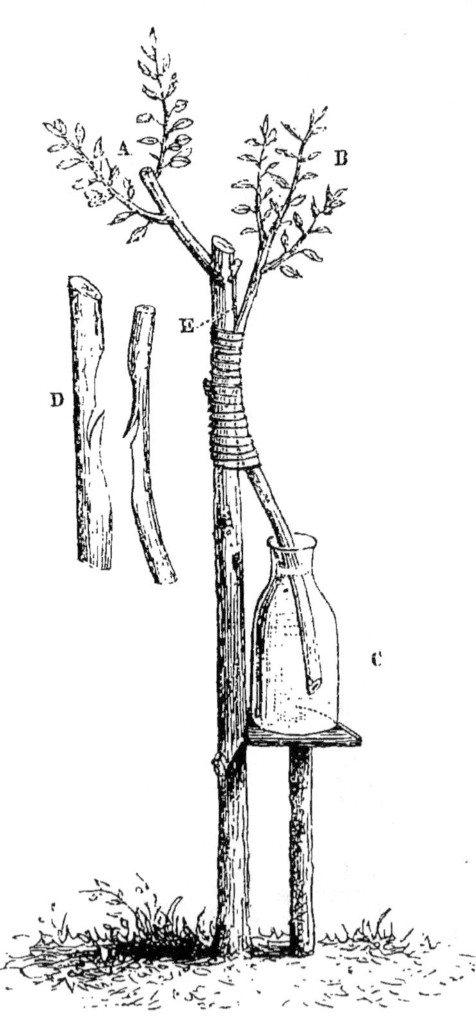

Fig. 76. *Greffe en fente Tschudy.*

La reprise de cette greffe est assurée et peut être d'un grand secours lorsqu'on est obligé de greffer à une époque de l'année où l'on ne peut

pas employer les autres greffes, et que l'éloignement des sujets du pied
mère empêche d'avoir recours à la greffe par approche.

Greffe en fente herbacée. Parmi les greffes en fente, une des plus
importantes est sans contredit celle qui a été également imaginée par
le baron de Tschudy, vers 1815. Elle consiste à choisir, comme pour
la greffe *par approche herbacée*, des bourgeons non encore solidifiés.
Il résulte de cette modification que certaines espèces, telles que les arbres résineux, les noyers, les chênes, etc., que l'on multipliait difficilement à l'aide des autres procédés, peuvent être ainsi facilement greffés. Le mode d'opérer doit varier un peu, selon qu'il s'agit des arbres
résineux ou des autres espèces.

Voici le mode d'opérer pour les arbres résineux (*fig.* 77). Lorsque
le bourgeon terminal du sujet (A) est arrivé aux deux tiers de sa longueur, on le coupe horizontalement vers le point où il commence à
perdre la consistance herbacée pour prendre la consistance ligneuse.
On arrache ensuite les jeunes feuilles sur une longueur de 0^m,6 à 0^m,7;
on n'en laisse qu'un bouquet de 0^m,02 à 0^m,03 au sommet pour y attirer la séve et nourrir la greffe. On fend ensuite par le milieu le bourgeon sur une longueur de 0^m,4 à 0^m,6, et on y introduit la greffe (B)
préalablement taillée en forme de coin obtus. Celle-ci doit être descen-
due dans la fente du sujet, de telle sorte que le point de départ de l'incision se trouve placé à 0^m,02 ou 0^m,03 au-dessous du sommet du sujet.

On cueille à l'avance les greffes à l'extrémité des branches latérales
des espèces qu'on veut multiplier.
Il faut, comme pour le sujet, que
ces bourgeons ne soient ni trop
herbacés ni trop ligneux. Au moment de leur emploi, on les rogne
à 0^m,06 ou 0^m,07 de longueur,
c'est-à-dire vers le point où elles
présentent une consistance semblable à celle de la partie du sujet
où ces greffes doivent être placées.
On arrache les feuilles sur 0^m,03
ou 0^m,04 vers le bas, en les tail-
lant comme nous venons de le dire.
Il est essentiel de choisir des greffes dont le diamètre soit égal à
celui du sujet, ou, du moins, que
ce diamètre ne soit pas plus considérable; car la greffe formerait

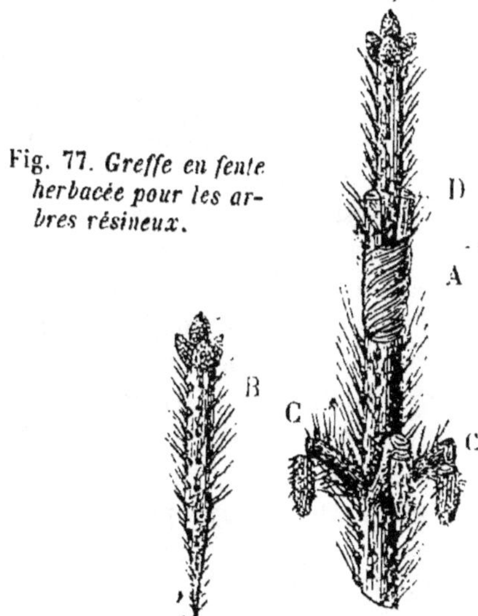

Fig. 77. *Greffe en fente herbacée pour les arbres résineux.*

sur la tige du sujet une saillie prononcée, qui nuirait au succès de l'o-
pération.

La greffe étant insérée dans l'entaille, on ligature avec de la laine, en commençant par le haut, au-dessous du bouquet de feuilles conservé au sommet du sujet, et cela de manière à serrer convenablement sans donner au bourgeon du sujet un mouvement de torsion. Ceci terminé, on rompt, à 0ᵐ,012 ou 0ᵐ,015 de leur naissance, l'extrémité de tous les bourgeons (C) de la couronne sur la flèche de laquelle on opère.

S'il s'agit d'espèces rares et délicates, il est bon d'envelopper la greffe dans un cornet de papier, pour la préserver de l'influence de l'air et du soleil pendant les quinze premiers jours.

Cinq ou six semaines après le greffage, la cicatrisation de la suture est complète; on procède alors au délainage, et l'on coupe les portions (D) garnies de feuilles qui ont servi de tire-séve pour la nutrition de la greffe. Sans cette précaution, ces feuilles pourraient donner lieu à de nouveaux bourgeons qui affameraient la greffe.

Voici maintenant comment on procède pour les autres espèces (*fig.* 78). Vers la fin de mai, lorsque le bourgeon terminal du sujet est dans un état de végétation satisfaisant, on le coupe à 0ᵐ,03 au-dessus de l'insertion du pétiole de la troisième, de la quatrième ou de la cinquième feuille, à partir du sommet, selon l'état de solidification du bourgeon. Si l'on observe attentivement l'aisselle de cette feuille (A), on reconnaît trois yeux ou gemmas, dont l'un, celui du centre, est plus développé que les deux autres. C'est entre l'œil central et l'un des latéraux

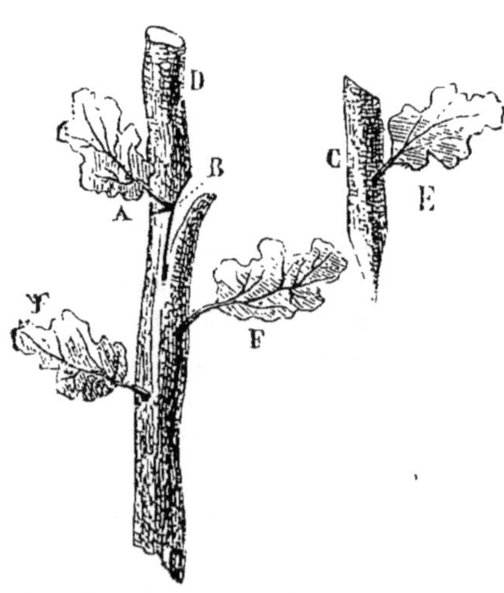

Fig. 78. *Greffe en fente herbacée pour les arbres non résineux.*

en (B) qu'on pratique une fente oblique qui doit s'arrêter au centre du sujet, en descendant à 0ᵐ,03 ou 0ᵐ,05 au-dessous de l'aisselle de la feuille. C'est dans cette fente qu'on insère la greffe. Cette greffe (C) consiste dans un fragment de bourgeon présentant le même diamètre que le sujet et dans un état de végétation semblable. Ce fragment, exactement de la longueur du prolongement (D) réservé au-dessus de la feuille terminale (A), est pourvu d'un bon œil et de la feuille qui l'accompagne. Cette greffe, taillée en coin, est insérée dans la fente pratiquée et ligaturée avec un fil de laine.

La feuille (A) réservée au sommet du sujet est destinée à appeler la séve vers ce point et à nourrir la greffe. La feuille de la greffe (E) con-

nant à absorber au profit de celle-ci la séve qui est amenée vers ce
point. Le cinquième jour après l'opération, on supprime l'œil central,
placé à l'aisselle de la feuille terminale (A). Cinq jours plus tard, on
coupe le disque des feuilles (F) placées au-dessous de la greffe, en réservant seulement la nervure médiane. On enlève en même temps les yeux
qui accompagnent ces feuilles. Cette dernière suppression doit encore
être répétée dix jours après s'il y a lieu, et l'on doit aussi à ce moment,
c'est-à-dire vingt jours après l'opération, couper le disque de la feuille
terminale du sujet (A). Ces diverses suppressions forcent progressivement
la séve des racines à tourner au profit de la greffe. Vers le trentième
jour la greffe entre en végétation; il faut alors la débarrasser de la ligature et la tenir enveloppée dans un cornet de papier pendant une
dizaine de jours encore; après quoi on peut l'abandonner à elle-même.

Groupe II. Greffes par rameaux en couronne. Les greffes en couronne se distinguent de celles du groupe précédent par l'époque tardive
à laquelle elles doivent être opérées, c'est-à-dire lorsque les bourgeons
du sujet ont atteint une longueur de 0^m,01 environ, car il faut que la
végétation soit assez avancée pour permettre de détacher facilement l'é-
corce de l'aubier. Elles en diffèrent surtout parce que le corps ligneux
n'est pas incisé; l'écorce seule est fendue verticalement. Les principales
greffes de ce groupe sont les suivantes :

Greffe en couronne Théophraste (fig. 79). Couper horizontalement
la tige du sujet ou seulement les ramifica-
tions du second ou du troisième ordre, selon l'âge de l'arbre, à 0^m,50 de leur naissance. Fendre l'écorce verticalement jusqu'à
l'aubier sur une longueur de 0^m,08 environ.
Tailler les greffes (A) en bec de flûte, en
pratiquant un cran à la partie supérieure de
l'entaille. Soulever l'écorce sur les bords de
l'incision faite au sujet, puis introduire la
greffe entre cette écorce et l'aubier, en la
disposant de manière que le côté entaillé soit
appliqué sur l'aubier. Ligaturer ensuite,
puis abriter du contact de l'air avec du mastic à greffer.

On peut ainsi placer autant de greffes sur
la coupe de la même tige ou de la même
branche que le périmètre de cette tige ou

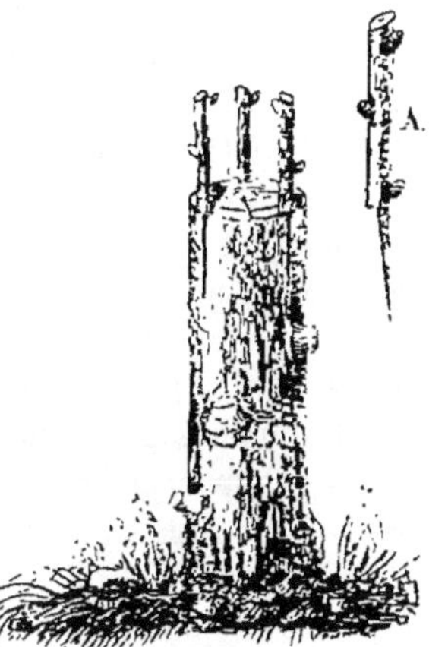

Fig. 79. *Greffe en couronne*
Théophraste.

de cette branche le permet. Il sera toutefois nécessaire de réserver un
espace de 0^m,08 environ entre chaque greffe. Cette sorte de greffe est
d'un usage très-fréquent pour les arbres fruitiers déjà avancés en âge
et dont on veut changer la nature de fruits.

Lorsqu'on appliquera cette greffe à des arbres âgés de vingt-cinq à trente ans et plus, il sera bon de ne pas la pratiquer la même année sur toutes les branches, car l'arbre, se trouvant tout à coup privé de tous ses boutons, et ne pouvant en développer facilement de nouveaux, en raison de l'épaisseur des couches inertes de l'écorce, il pourra arriver que, les fonctions des racines étant brusquement suspendues, celles-ci pourrissent et déterminent la mort totale de l'arbre. Il sera donc prudent de n'opérer que sur la moitié des branches à greffer, en les choisissant de manière qu'elles soient également réparties sur l'ensemble de la tête de l'arbre; puis on retranchera une faible partie des branches réservées. Deux ans après, lorsque les premières greffes auront pris un développement convenable, on opérera les branches conservées.

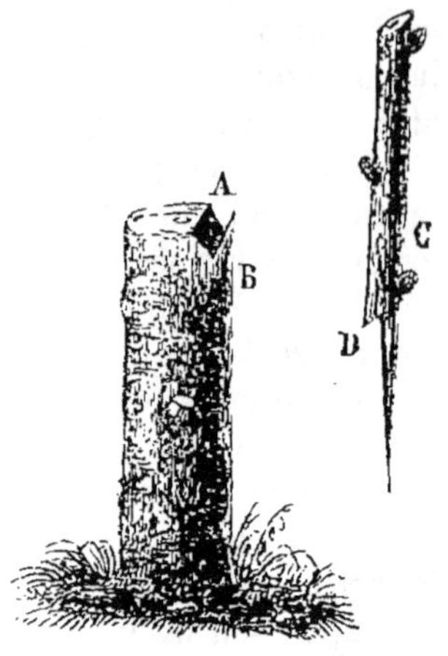

Fig. 80. *Greffe en couronne Varin.*

Greffe en couronne Varin (fig. 80). Couper horizontalement la tête du sujet. Pratiquer transversalement une entaille triangulaire (A) sur l'un des côtés de l'aire de la coupe, puis fendre verticalement l'écorce en B, en face de l'entaille pratiquée. Tailler la base de la greffe (C) en bec de flûte, en pratiquant, à la naissance de l'entaille, une dent triangulaire (D). Insérer cette greffe entre l'écorce et l'aubier, de manière que la dent (D) vienne remplir l'entaille triangulaire (A).

Cette greffe, imaginée, en 1786, par M. Varin, alors jardinier en chef au jardin des plantes de l'Académie de Rouen, n'est applicable qu'aux très-jeunes sujets. Elle présente d'ailleurs beaucoup de solidité et beaucoup de chances de succès.

Greffe en couronne perfectionnée (Du Breuil) *(fig. 81).* Nous avons perfectionné ainsi la greffe précédente : la tige est coupée en biseau, comme pour la greffe en fente Bertemboise. On pratique une fente verticale sur l'écorce, un peu à gauche ou à droite du sommet du biseau. La greffe est taillée comme celle en couronne Varin, avec cette différence, que l'un des côtés de la languette est incisé, comme le montre notre figure. La greffe est ensuite placée sur le sujet, de façon que la dent qu'elle offre au sommet de la partie entaillée chevauche sur le sommet du biseau du sujet, et que l'incision latérale de la languette vienne s'appliquer contre le côté de l'écorce du sujet non soulevée pour recevoir cette languette. On ligature ensuite et l'on couvre de mastic.

Groupe III. Greffes par rameaux de côté. Ce qui distingue essentiellement les greffes de ce groupe de celles des précédents, c'est que leur développement ne nécessite pas l'amputation de la tête du sujet, et qu'on les effectue toujours sur les côtés de la tige. On les pratique à la même époque que les greffes en couronne.

Greffe de côté Richard (*fig. 82*). Tailler en biseau prolongé la base de la greffe (A). Faire à l'écorce du sujet une incision (C) en forme de T. Pratiquer immédiatement au-dessus de l'incision, en B, une entaille pé-

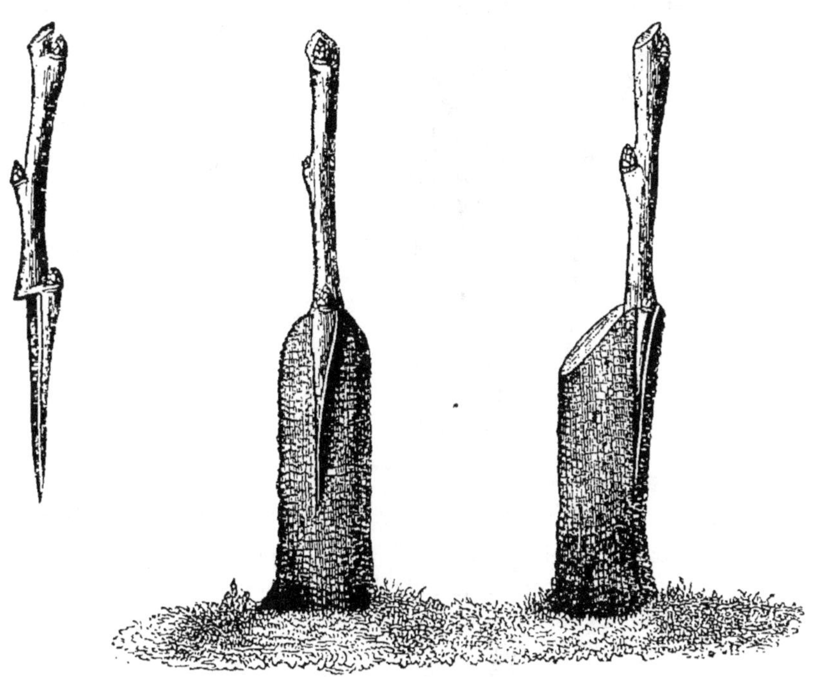

Fig. 81. *Greffe en couronne perfectionnée* (Du Breuil).

nétrant jusqu'au-dessous de la première couche d'aubier. Soulever l'écorce incisée avec la spatule du greffoir, et introduire la greffe.

Cette sorte de greffe est particulièrement employée pour remplacer, dans les arbres fruitiers soumis à une taille régulière, des branches manquant.

Greffe de côté en navette (*fig. 83*). Tailler la greffe (A) en forme de navette, sur une longueur de 0^m,05 environ, et de telle sorte que le côté qui porte le bouton (B) soit plus large que la face opposée. Inciser latéralement la tige ou la branche du sujet (C), y placer la greffe, puis ligaturer.

Cette sorte de greffe n'est guère employée que pour remplacer des coursons sur les cordons dégarnis de la vigne.

Greffe de côté Girardin (*fig. 84 à 87*). Cette sorte de greffe, décrite sous ce nom par le professeur Thouin, et popularisée par M. Luiset.

d'Équilly, près de Lyon, est ainsi pratiquée : enlever, vers la fin d'août, sur un arbre de même variété ou de variété différente, de petits rameaux

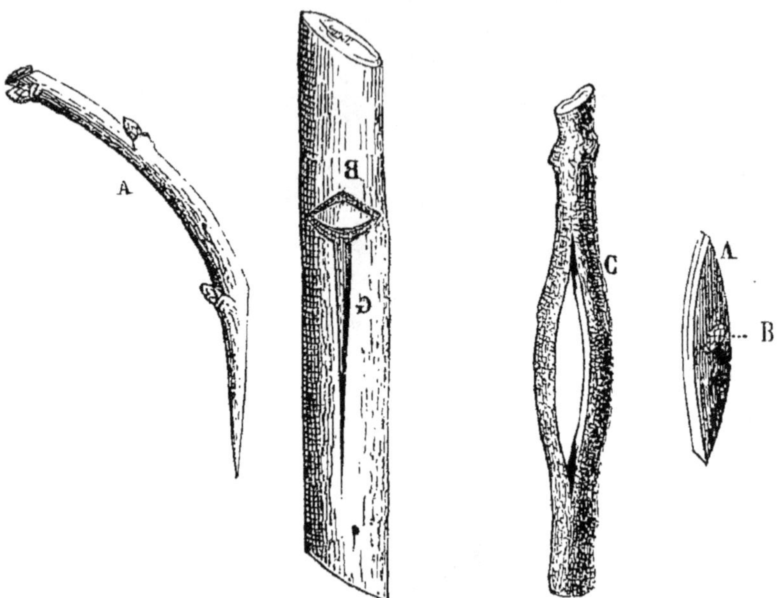

Fig. 82. *Greffe de côté Richard.* Fig. 83. *Greffe de côté en navette.*

portant un bouton à fleur pour le printemps suivant (*fig.* 84), et, autant que possible, un rameau terminal (*fig.* 85); couper les feuilles et tailler

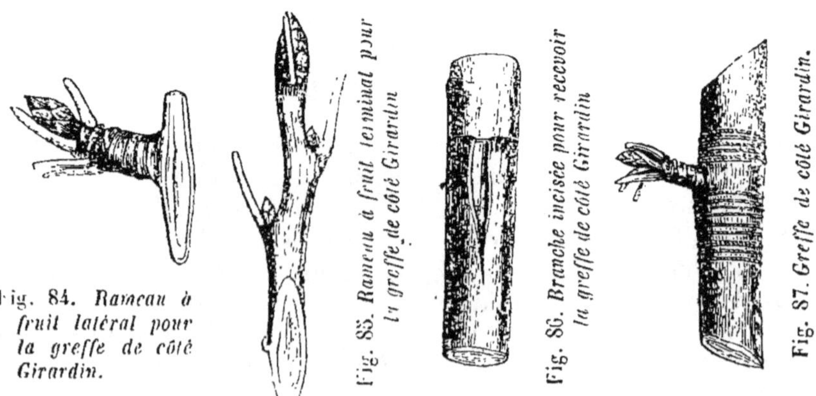

Fig. 84. *Rameau à fruit latéral pour la greffe de côté Girardin.*

Fig. 85. *Rameau à fruit terminal pour la greffe de côté Girardin.*

Fig. 86. *Branche incisée pour recevoir la greffe de côté Girardin.*

Fig. 87. *Greffe de côté Girardin.*

leur base, comme l'indiquent les figures; faire, sur l'écorce de la tige ou de la branche où ils doivent être greffés, une incision semblable à celle de la figure 86 ; insérer ces petites greffes au-dessous de l'écorce, ligaturer comme le montre la figure 87, puis recouvrir la plaie avec du mastic à greffer. Ces petits rameaux se soudent avec la branche, épanouissent leurs fleurs au printemps suivant et fructifient. On peut aussi pratiquer cette greffe au commencement d'avril, mais avec moins de chances de succès; il convient alors de détacher, un mois à l'avance, les branches qui portent les rameaux à fruit et de les enterrer à l'ombre jusqu'au moment de les greffer.

Ce mode de greffe est très-usité aujourd'hui pour placer des rameaux à fruit sur les branches de charpente des arbres, là où ils ont disparu; mais on ne peut l'employer que pour le poirier et le pommier.

Groupe IV. Greffes par rameaux sur racine. Ici ce sont les racines qui servent de sujets.

Quoique ces greffes ne soient pas d'un usage ordinaire, elles sont néanmoins d'une grande utilité pour multiplier les espèces pour lesquelles on n'a pas encore trouvé de sujets convenables et qu'on n'a pas pu, jusque-là, reproduire au moyen de la greffe. Voici les principales :

Greffe sur racine Saussure (fig. 88). Couper les racines près de

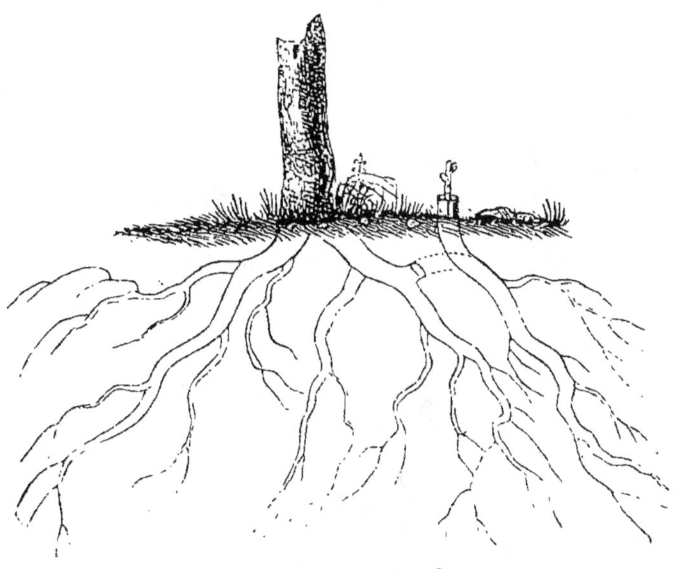

Fig. 88. *Greffe sur racine Saussure.*

leur souche, les relever à 0ᵐ,01 au-dessus du sol, puis leur appliquer la greffe en fente simple ou Atticus.

Greffe sur racine Cels (fig. 89). Arracher des racines, les séparer de leur souche. Tailler la greffe (A) en bec de flûte surmonté d'une dent (D). Couper horizontalement le sommet de la racine; pratiquer sur cette coupe une entaille triangulaire (B) pour recevoir la dent de la greffe, puis pratiquer une plaie longitudinale (C), qui est couverte par le bec de flûte de la greffe, enterrer cette greffe jusqu'à l'avant-dernier bouton.

Cette greffe peut aussi servir à multiplier les espèces qui n'ont pas de congénères qui puissent servir de sujets.

Troisième section. Greffes par gemma ou œil. Les greffes de cette section consistent à enlever un œil ou bouton avec une plaque d'écorce plus ou moins grande et de différentes formes, et à la transporter d'une place à une autre sur le même individu ou sur un individu différent. Cette section peut être partagée en deux groupes : les greffes *en écusson* et les greffes *en flûte.*

Groupe I. Greffes par gemma en écusson. On donne le nom d'écusson à une plaque d'écorce sur laquelle se trouve un œil ou bouton; cette plaque rappelle, par sa forme, les écussons d'armoiries (A, *fig. 91*). Ces greffes sont particulièrement employées pour de jeunes sujets âgés d'un à cinq ans et présentant une écorce mince, lisse et tendre.

La greffe en écusson ne peut être pratiquée que *lorsque les arbres sont en sève,* afin que l'écorce du sujet puisse être facilement détachée de l'aubier. On choisit à cet effet le mois de mai, et, plus souvent, le moment de la sève d'août.

On prend, sur les arbres qu'on veut multiplier au moyen de cette greffe, des *bourgeons dont l'aisselle des feuilles offre des yeux bien constitués;* s'ils ne le sont pas suffisamment, on pince l'extrémité herbacée de ces bourgeons pour faire refluer la sève vers la base. Au bout d'une douzaine de jours, les yeux ont atteint un développement suffisant, et l'on détache le bourgeon de son pied mère. Aussitôt après, *on supprime les feuilles de ces bourgeons, en ne réservant qu'un centimètre environ de leur pétiole* (C, *fig. 91*). Cette petite queue, qui reste

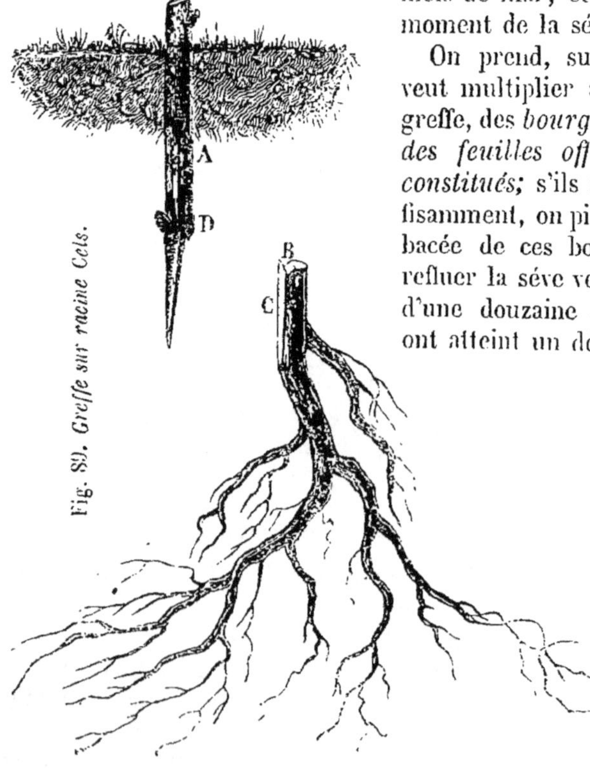

Fig. 89. *Greffe sur racine Cels.*

attachée au-dessous de chaque œil, sert à le tenir entre les doigts et
à le placer facilement dans l'incision. Les bourgeons, ainsi dépouillés
de leurs feuilles, sont enveloppés de mousse humide, si les greffes doivent n'être posées qu'un jour ou deux après la séparation de leur pied
mère. Lorsqu'on a beaucoup d'écussons à poser dans la même journée,
on place tous les bourgeons dans un vase rempli d'eau, tenu constamment à l'ombre, et d'où on ne les retire que les uns après les autres, et lorsqu'on a épuisé tous les yeux que chacun d'eux peut fournir.

*L'incision destinée à recevoir les yeux doit présenter la figure
d'un T et pénétrer jusqu'à l'aubier.* On écarte ensuite par le haut, avec
la spatule du greffoir, les deux lèvres de l'écorce, qui est ainsi préparée pour recevoir l'écusson (B, *fig. 91*).

*L'écusson est levé de manière à conserver au-dessous de l'œil l'a-
mas de tissu cellulaire qui s'y trouve.* Si l'œil était vidé, il ne faudrait pas l'employer, car il ne se souderait pas avec le sujet.

*L'écusson étant posé, les lèvres de l'écorce du sujet sont rappro-
chées par-dessus à l'aide d'une ligature,* de manière que les parties
ne laissent aucun vide entre elles, et surtout que la base de l'œil soit
bien appuyée sur l'aubier du sujet : l'opération est alors terminée.

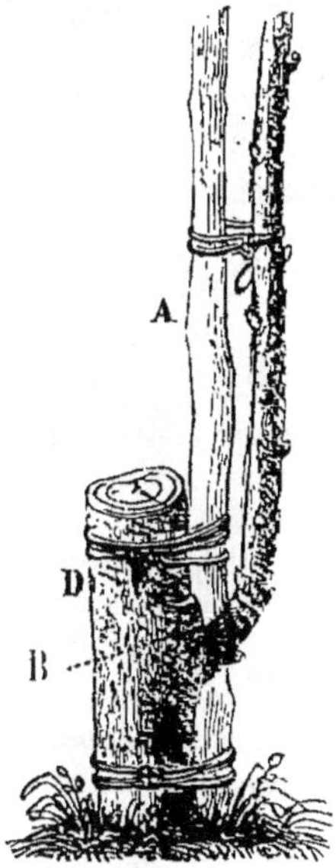

Quelques semaines après, si l'on s'aperçoit que
les ligatures donnent lieu à la formation de bourrelets ou d'étranglements, on les desserre.

Pour que les écussons placés lors de la première
séve, vers le mois de mai, se développent immédiatement après leur soudure avec le sujet, *on
coupe la tête ou les branches du sujet à 0ᵐ,05
ou 0ᵐ,04 du point où les écussons sont posés, et
cela, immédiatement après l'opération de la
greffe.*

*Les écussons posés lors de la séve d'août ne de-
vant végéter qu'au prin-
temps, on ne pratique
l'amputation de la tête
ou des branches du sujet
qu'au printemps qui suit
l'opération.* Si l'on cou-
pait la tête du sujet im-
médiatement après la pose
de l'écusson, celui-ci se développerait avant l'hiver;
mais le bourgeon, n'ayant
pas le temps de s'aoûter

Fig. 90. *Support ou tu-
teur pour soutenir les
écussons lors de leur
premier développe-
ment.*

Fig. 91. *Greffe en écusson
Vitry ou à œil dormant.*

suffisamment, serait exposé à périr ou au moins à souffrir beaucoup,

Lorsque les écussons commencent à végéter, on les défend contre la violence des vents à l'aide d'un petit support (A, *fig.* 90) fixé sur la tige par deux liens, et la dépassant de 0^m,30 environ. Dès que le bourgeon de l'écusson a atteint une longueur de 0^m,15 à 0^m,20, on commence à l'attacher sur ce support.

Les sujets étant presque toujours étêtés, il en résulte le développement de nombreux bourgeons sur la tige. Pour que ces bourgeons n'absorbent pas toute la séve des racines au détriment de la greffe, on opère comme nous l'avons indiqué pour les greffes par scions ou rameaux. Enfin, le sommet (D, *fig.* 90) de la tige primitive du sujet est coupé pendant l'hiver qui suit le développement de l'écusson, et cela, en B, immédiatement au-dessus du point ou celui-ci a été placé.

Voici quelles sont les principales sortes de greffes de ce groupe.

Greffe en écusson Vitry ou à œil dormant. (*fig.* 91). Placer l'écusson de la manière ordinaire, mais à la séve d'août. Ne supprimer la tête du sujet qu'au printemps suivant, si l'écusson est repris.

Greffe en écusson Jouette ou à œil poussant. Opérer comme pour la précédente; seulement, poser l'écusson vers le mois de mai, puis couper immédiatement la tête du sujet. Quoique cette seconde greffe fasse gagner une année sur la précédente, il sera généralement préférable d'avoir recours à la première. En effet, la greffe à œil poussant, ne commençant guère à se développer que vers le milieu de l'été, n'est pas suffisamment aoûtée avant les froids de l'hiver, et périt souvent.

D'un autre côté, comme on est obligé de couper la tête du sujet pour pratiquer cette greffe, si elle ne réussit pas, le sujet est à peu près perdu. Pour la greffe Vitry, au contraire, on ne

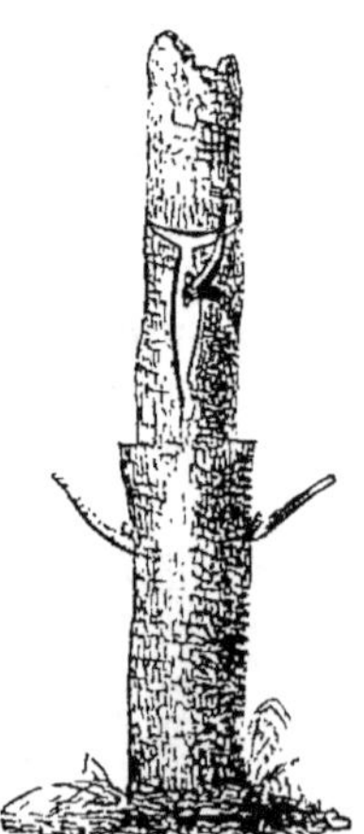

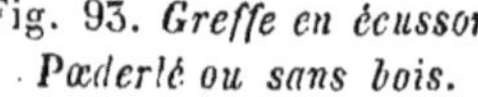

Fig. 92. *Greffe en écusson Descemet ou double.*   Fig. 93. *Greffe en écusson Pœderlé ou sans bois.*   Fig. 94. *Greffe en écusson Lenormand ou boisé.*

tranche la tête du sujet qu'après la reprise; ce qui permet de recommencer l'opération, si elle n'a pas réussi d'abord, ou d'employer l'une des greffes en fente ou en couronne.

Greffe en écusson Descemet ou double (*fig.* 92). Opérer comme pour l'une ou l'autre des deux greffes précédentes, mais placer sur le même sujet deux ou un plus grand nombre d'écussons. Cette greffe est très-utile pour hâter la formation de la charpente des jeunes arbres fruitiers soumis à une taille régulière.

Greffe en écusson Pœderlé ou sans bois (fig. 93). Opérer comme dans l'un ou l'autre des trois cas précédents, mais détacher l'écusson du bourgeon qui le porte, de manière qu'il ne reste au-dessous de l'écorce aucune trace d'aubier, ou bien supprimer après coup l'aubier enlevé avec l'écusson. En opérant ainsi, on sera plus certain du succès de l'opération; car c'est seulement par le liber, face interne de l'écorce, que l'écusson se soude avec le sujet.

Greffe en écusson Lenormand ou boisé (fig. 94). Elle ne diffère de la précédente que par l'écusson, qui est levé de manière qu'une lame d'aubier couvre le tiers environ de la face interne de l'écusson.

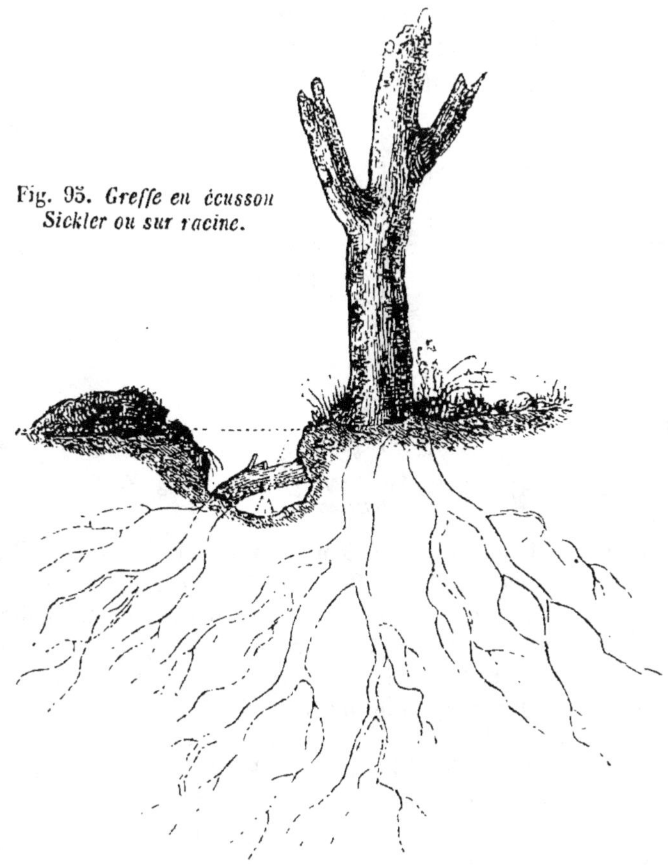

Fig. 93. *Greffe en écusson Sickler ou sur racine.*

Ce mode d'opérer est beaucoup plus prompt et surtout plus facile que la greffe précédente, mais il est moins sûr. Le plus grand nombre des pépiniéristes le préfèrent, en raison des deux avantages que nous venons de signaler.

Greffe en écusson Sickler ou sur racine (*fig.* 95). Découvrir des racines traçantes de la grosseur du doigt, les greffer en écusson au printemps, et laisser la place de l'écusson découverte. L'année suivante, lorsque les greffes ont poussé, séparer la racine de son pied mère, en A. On obtient ainsi un nouvel individu. Cette sorte de greffe peut être utilement employée pour multiplier des espèces d'arbres qui n'ont point de congénères.

Groupe II. Greffes par gemma en flûte. Ces greffes se composent d'un ou plusieurs yeux ou boutons portés sur un anneau d'écorce plus ou moins grand et sans aubier. Elles sont affectées plus particulièrement à la multiplication de certains grands arbres fruitiers et autres, tels que noyers, châtaigniers, quelques chênes, des mûriers, etc. Les principales espèces de greffes de ce groupe sont :

Greffe en flûte Jefferson (*fig.* 96). Vers le déclin de la séve d'août choisir un jour où le temps est doux et sans pluie. Chercher sur l'arbre qu'on veut multiplier un bourgeon d'une grosseur semblable à celle du sujet et muni d'yeux bien formés.

Enlever sur ce bourgeon, sans le détacher de son pied mère, un anneau d'écorce (A) muni d'un ou deux yeux.

Fig. 96. *Greffe en flûte Jefferson.*

Fig. 97. *Greffe en flûte sifflet.*

Détacher sur le sujet un anneau d'écorce sans yeux et de pareille dimension. Placer l'anneau de la greffe à la place de celui enlevé au sujet, en B, et mettre l'anneau du sujet à la place de celui enlevé au bourgeon de la greffe; recouvrir les scissures avec du mastic à greffer. Au printemps suivant, si la greffe est reprise, couper la tête du sujet immédiatement au-dessus du point où la greffe a été posée, afin de favoriser le développement des boutons qu'elle porte.

Greffe en flûte sifflet (*fig.* 97). Lors de la séve du printemps, choisir sur l'arbre à multiplier un rameau exactement de la même grosseur que la tige du sujet; enterrer le rameau à l'ombre pendant une quinzaine de jours, afin de retarder la végétation au profit de celle du sujet; couper ensuite la tête du sujet (A), puis enlever un anneau d'écorce de 0^m,08 de long. Détacher, sur le rameau qui sert de greffe, un anneau d'écorce (B), muni d'un à deux boutons, et de même longueur que celui enlevé sur le sujet ; ajuster ce cylindre à la place de l'anneau du sujet, et faire parfaitement coïncider sa base avec l'écorce de celui-ci ; recouvrir les plaies avec du mastic à greffer.

Greffe en flûte de faune (*fig.* 98). Elle diffère de la précédente en ce qu'elle porte un plus grand nombre d'yeux et qu'elle est par conséquent plus longue ; puis, au lieu de supprimer l'écorce du sujet au point où la greffe est placée, on la divise verticale- ment en plusieurs lanières, qu'on rabat vers la terre et qu'on relève sur la greffe, lorsqu'elle a été placée. On peut, à la rigueur, se dispen- ser d'employer pour cette greffe aucune liga- ture ni mastic ; si cependant il était pour pleu- voir, il faudrait coiffer chacune d'elles d'une coquille d'œuf ou de gros limaçons.

De toutes les greffes de la troisième section, celles de ce dernier groupe sont les plus solides, les moins exposées à être décollées par les vents ; mais aussi elles exigent plus de temps pour être pratiquées.

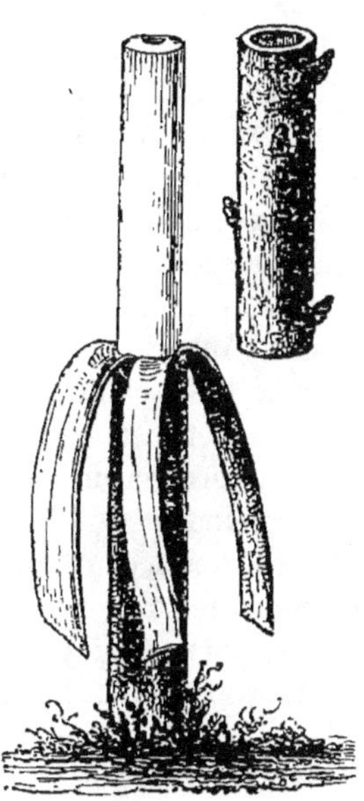

Fig. 98. *Greffe en flûte de faune.*

Marcottage. — Le marcottage est une opé- ration à l'aide de laquelle on fait développer des racines à une tige, ou une tige à des ra- cines, avant de les avoir séparées de leur pied mère. La théorie de cette opération repose sur ce principe de physiologie qui établit :

1° Que toutes les parties de la tige d'un arbre peuvent développer des racines lorsqu'elles rencontrent les circonstances où se trouvent or- dinairement placées celles-ci, c'est-à-dire un milieu humide et abrité de la lumière ;

2° Que les racines placées sous l'influence de la lumière et du libre concours de l'air peuvent donner naissance à des tiges.

Le marcottage, tout en présentant les avantages généraux inhérents à la multiplication artificielle, offre encore celui de pouvoir être utile- ment employé dans le cas où les greffes ne peuvent réussir.

Le marcottage peut être pratiqué en toute saison, pourvu que la tem- pérature ne soit pas au-dessous de zéro. Cependant il y aura toujours plus d'avantage à l'effectuer au moment qui précède le premier bour- geonnement, au printemps ; la marcotte recevra l'influence de toute la végétation de l'été suivant et développera des racines plus nombreuses.

A part le mode d'opérer particulier à chaque sorte de marcotte, voici quelques soins qui s'appliquent à la plupart d'entre elles. On ne devra, en général, marcotter que les rameaux âgés de deux ans au plus, et toujours choisir les plus vigoureux; car, plus ils sont jeunes et vigoureux, plus aussi l'écorce est tendre et développe facilement les racines. Il convient de fumer convenablement avec du terreau et d'ameublir parfaitement toute la surface du terrain où les marcottes doivent être couchées. Il faut relever, à l'aide d'un tuteur (C, *fig.* 102), le sommet de toutes les marcottes. Sans cette précaution, le rameau, placé dans une position très-oblique, se développerait faiblement, et le nombre des racines serait très-restreint. Enfin, il est utile de supprimer, toutes les fois qu'on le pourra, dans la souche qui fournit les marcottes, tous les rameaux ou branches qui ne pourront être marcottés, et qui, restant dans une position verticale, absorberaient, au détriment des marcottes couchées presque horizontalement, la plus grande partie de la séve des racines. Autant que possible, la souche devra présenter, après le marcottage, l'aspect de la figure 102. Il en résultera un autre avantage : c'est que cette souche, ainsi opérée, développera de vigoureux bourgeons qui pourront servir de marcottes l'année suivante.

Il est indispensable, pendant les grandes chaleurs de l'été, de maintenir la terre constamment humide, à l'aide de quelques arrosements pratiqués le soir, après le coucher du soleil. Cette condition est une des plus importantes; car, sans elle, les marcottes s'enracineront peu ou point. Afin d'empêcher l'eau de battre et de durcir la surface du sol, on doit recouvrir celui-ci d'un paillis; les arrosements en seront moins souvent nécessaires.

Les espèces à bois mou, qui s'enracinent facilement, peuvent, si elles ont été opérées avant l'été, être sevrées dès l'automne suivant. Ce sevrage se fait en séparant la marcotte de son pied mère, immédiatement au-dessous du point où elle a développé des racines, en B (*fig.* 102). Les espèces à bois dur ne seront séparées de leur pied mère qu'après deux ans. Pour les espèces délicates ou qui s'enracinent difficilement, il sera bon de n'opérer le sevrage que progressivement, ainsi que nous l'avons indiqué pour les greffes. C'est l'automne qu'on devra généralement préférer pour sevrer les marcottes, surtout si on les plante dans un sol léger exposé à la sécheresse.

Tous les arbres ne s'enracinent pas aussi facilement les uns que les autres par le marcottage : aussi la manière d'effectuer cette opération varie-t-elle en raison des espèces. On peut, sous ce rapport, diviser les marcottes comme nous l'avons fait dans le tableau suivant.

Ire Section. Marcottages simples.	1° Par drageons. 2° Par racines. 3° Par butte ou par cépée. 4° En archet. 5° En serpenteaux. 6° Chinois.

IIe Section.
Marcottages compliqués.. . . . .
{ 1° Par incision annulaire.
2° Par incision en Y.
3° Herbacé.
4° Par double incision.
5° En l'air.

Cette liste est loin de comprendre toutes les marcottes connues aujourd'hui; nous n'avons indiqué que les plus utiles.

Disons un mot du meilleur mode d'opérer chacun de ces marcottages.

Première section. Marcottages simples. Toutes les marcottes de cette section n'ont besoin que d'être recouvertes de terre pour s'enraciner, et vivre comme des individus distincts après avoir été séparées de leur pied mère. Cette section renferme les espèces suivantes :

Marcottage par drageons (*fig.* 99). Certains arbrisseaux, tels que les lilas, les rosiers, les chèvrefeuilles, les spirées, etc., développent, au collet de leur racine, des bourgeons souterrains ou drageons (A) qui s'étendent horizontalement sous terre, en sortent ensuite, et donnent lieu à de nouvelles tiges (B). Pour activer le développement des racines sur ces drageons, il suffit de pincer, vers le mois de juillet, leur extrémité herbacée et aérienne. Au printemps suivant, ces drageons sont ordinairement bien enracinés, et on les sépare de leur pied mère.

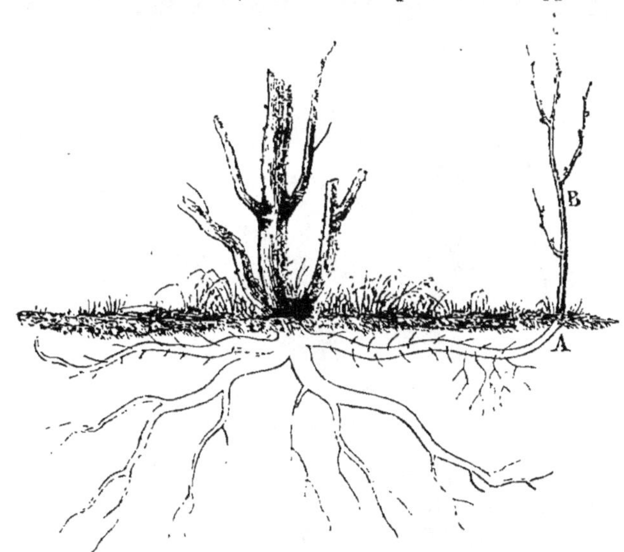

Fig. 99. *Marcottage par drageons.*

Marcottage par racines. (*fig.* 100). Ce marcottage est usité pour quelques espèces dont les racines très-longues s'enfoncent peu profondément : tels sont les *robiniers*, le *vernis du Japon*, le *chicobonduc*, etc. Les racines de ces arbres sont souvent blessées par les in-

8

struments de labour; il se forme alors sur chaque plaie des exostoses (A) qui développent des bourgeons (B) formant bientôt de nouvelles tiges. En séparant ces racines de leur pied mère immédiatement au-dessous du point où les bourgeons se sont développés, en C, on obtient de nouveaux individus. On peut également, pour augmenter l'abondance du

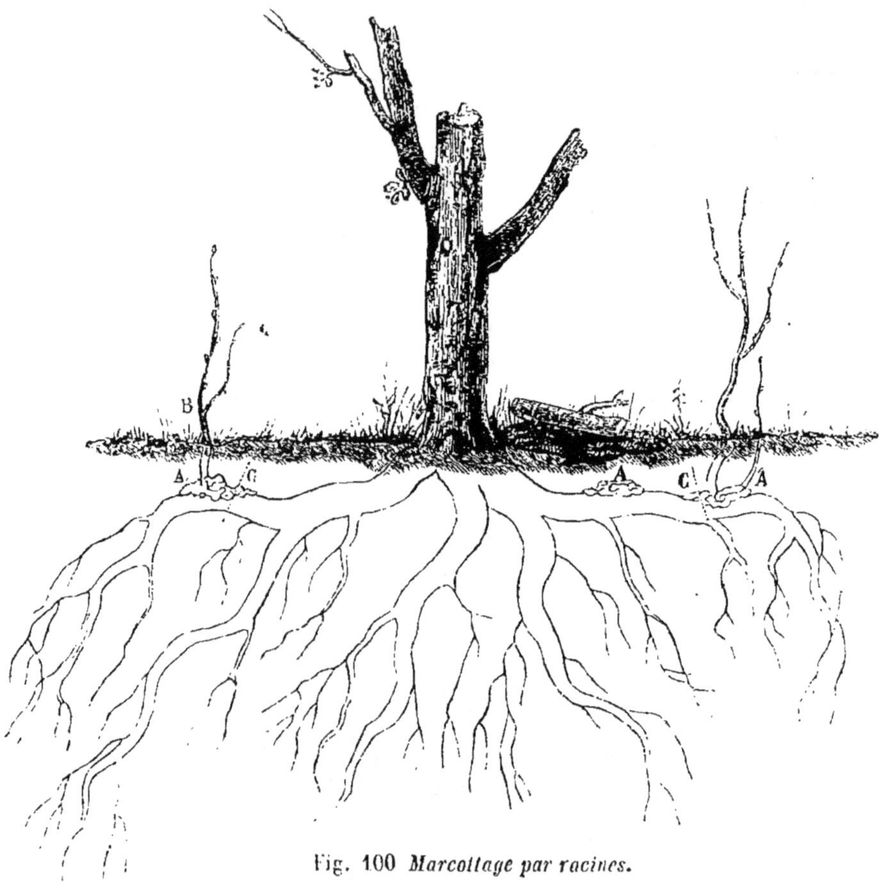

Fig. 100 *Marcottage par racines.*

chevelu sur les racines, pincer vers le mois de juillet l'extrémité herbacée de ces bourgeons.

Marcottage en butte ou en cépée (fig. 101). Ce marcottage consiste à rabattre, au printemps, la tige principale d'un jeune arbre à 0^m,16 environ du collet. Bientôt on voit apparaître, au-dessous de la coupe de nombreux bourgeons (A). Au printemps suivant, on recouvre le sommet du tronc mutilé d'une couche de terre bien amendée, de 0^m,08 d'épaisseur et disposée en forme de cône tronqué (B) et creusée en godet. Tous les rameaux qui se sont développés s'enracinent pres-

que aussitôt à leur base, et peuvent être sevrés et plantés l'année suivante. Les souches restantes peuvent ainsi servir tous les deux ans à
une nouvelle production.

Ce mode de multiplication est surtout employé pour les espèces qui
se ramifient facilement à leur base, et dont l'écorce est très-tendre. Les

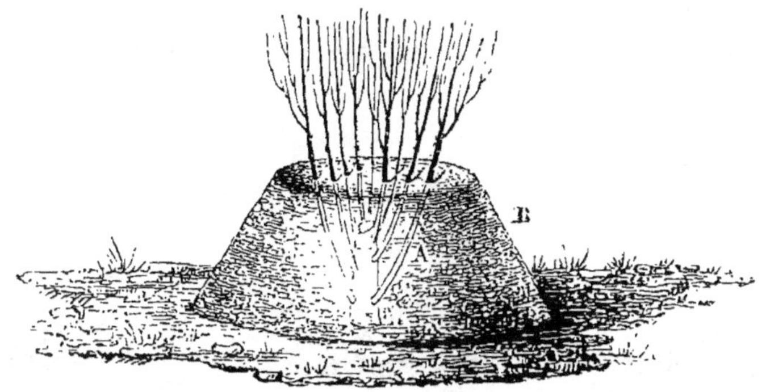

Fig. 101. *Marcottage en butte ou en cépée.*

jeunes *cognassiers*, les *pommiers* dits *doucin* et *de paradis*, sont multipliés de cette manière. On peut encore l'employer avec avantage pour
les *mûriers*, et surtout le *mûrier multicaule.*

Marcottage en archet (fig. 102). Au printemps, on choisit, dans une
touffe d'arbrisseaux, des rameaux d'un à deux ans, bien vigoureux.

A l'aide d'un petit crochet en bois (A), on les courbe dans de petites

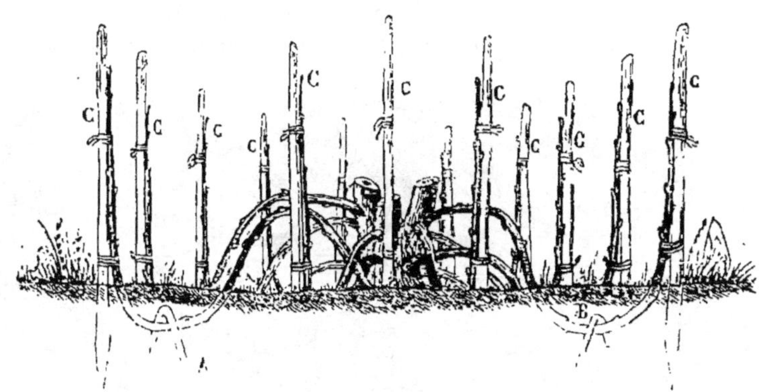

Fig. 102. *Marcottage en archet.*

fossettes (B) de 0^m,08 de profondeur, pratiquées dans le sol environnant. On laisse sortir hors de terre leur extrémité, qu'on redresse à
l'aide d'un tuteur (C), puis on remplit les fossettes avec de la terre
bien fumée. Ces marcottes développent assez de racines pour être séparées de leur pied mère un an ou deux ans après. Ce mode d'opé-

rer est employé pour les espèces à écorce dure. La courbure que l'on fait éprouver à ces rameaux devient un obstacle à la libre circulation de la séve descendante ou cambium, et surtout au passage des filets ligneux et corticaux qui naissent des feuilles. Ces filets, arrivant successivement vers le point où le rameau est courbé, percent l'écorce et donnent lieu à des racines.

Marcottage en serpenteaux (fig. 103). Des rameaux sarmenteux (A).

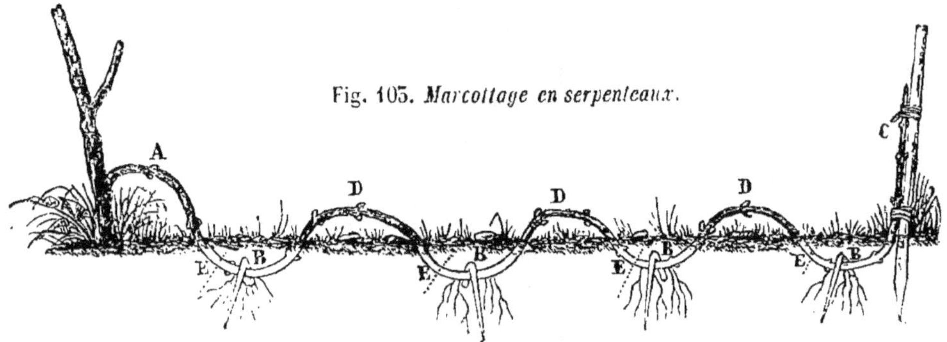

Fig. 103. *Marcottage en serpenteaux.*

fournis par un pied vigoureux, sont couchés tous les 0^m,64, et fixés dans des fossettes (B) de manière que l'étendue enterrée du sarment égale celle qui sort de terre (D). L'extrémité (C) est redressée à l'aide d'un tuteur. L'essentiel, dans cette opération, est que chaque portion de cercle que décrit le sarment en sortant successivement de terre se trouve pourvue de plusieurs boutons destinés au développement de nouveaux bourgeons. Lorsque cette tige est enracinée aux divers points

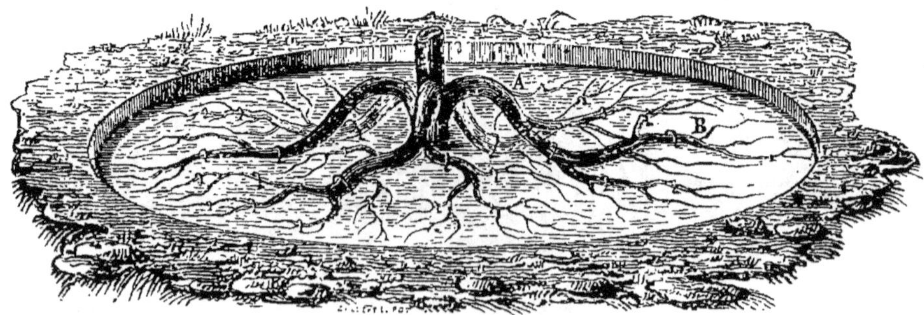

Fig. 104. *Marcottage chinois.*

enterrés, on opère le sevrage immédiatement au-dessous de chacun de ces points (E), et l'on obtient ainsi plusieurs individus d'un seul rameau. Ce marcottage est utilement employé pour tous les arbrisseaux sarmenteux, tels que les vignes, les chèvrefeuilles, les clématites, les glycines, etc.

Marcottage chinois (fig. 104). Ce marcottage consiste à coucher, lors de la séve du printemps, une ou plusieurs branches entières avec leurs rameaux (A). Ceux-ci sont assujettis par un nombre suffisant de crochets, de manière à former une surface horizontale dans une sorte de fosse (B) plate et peu profonde. Quand l'arbre entre en végétation, chaque bouton donne lieu à un bourgeon qui s'élève verticalement; on recouvre alors de quelques centimètres de terre toutes les branches et les rameaux couchés, en ayant soin d'arroser suivant les besoins. Chaque bourgeon développe, avant la fin de l'été, un certain nombre de racines; de sorte qu'en pratiquant le sevrage à l'automne ou au printemps suivant, on obtient autant d'individus distincts qu'il s'est développé de bourgeons sur les rameaux de la branche couchée.

Deuxième section. Marcottages compliqués. Les opérations que nous venons de décrire sont suffisantes pour faire enraciner les rameaux des espèces à bois mou et de consistance moyenne; mais il en est un certain nombre pour lesquelles on a dû modifier les opérations précédentes, de manière à déterminer le développement des racines sur les marcottes. On y est parvenu au moyen d'incisions de formes diverses qui ont arrêté en partie la descension du cambium et des filets ligneux et corticaux. On a provoqué ainsi la formation de bourrelets de tissu cellulaire sur les bords des incisions, et l'on a forcé les filets descendants à traverser ces bourrelets et à apparaître au dehors sous forme de racines.

Par opposition au mode très-simple d'opérer les marcottages précédents, on donne le nom de marcottages compliqués à tous ceux pour lesquels on fait usage des incisions.

Voici les principales sortes de marcottages qui rentrent dans cette seconde section.

Marcottage par incision annulaire (fig. 106). A l'aide de la lame du greffoir, ou mieux de l'instrument nommé *coupe-séve (fig. 105),* on pratique sur le rameau (A), destiné à être marcotté, une incision annulaire (B) large de 0^m,015 environ; ce rameau est courbé comme pour le marcottage en archet, de telle sorte que l'incision se trouve placée au milieu de l'espace enterré. Un bourrelet se forme rapidement au bord supérieur de la plaie, et les racines s'y développent en grand nombre. L'incision doit être pratiquée de manière que le bord supérieur de la plaie affleure un bouton. Ce marcottage est très-usité pour la vigne et pour tous les arbres fruitiers qu'on veut avoir francs de pied.

Fig. 105.
Coupe-séve.

Marcottage par incision en Y (fig. 107). Celui-ci ne diffère non plus du marcottage en archet que par l'incision qu'on pratique comme il suit. Vers le milieu de l'espace du rameau qui doit être enterré, on fait une incision longitudinale de 0ᵐ,02 (A) dirigée vers le sommet du rameau et arrivant jusqu'à la moelle. On coupe obliquement la base de la languette (B) résultant de l'incision de bas en haut. Pour tenir les lèvres de l'incision éloignées l'une de l'autre, on introduit entre elles un corps étranger (C). Ceci fait, l'incision repré-

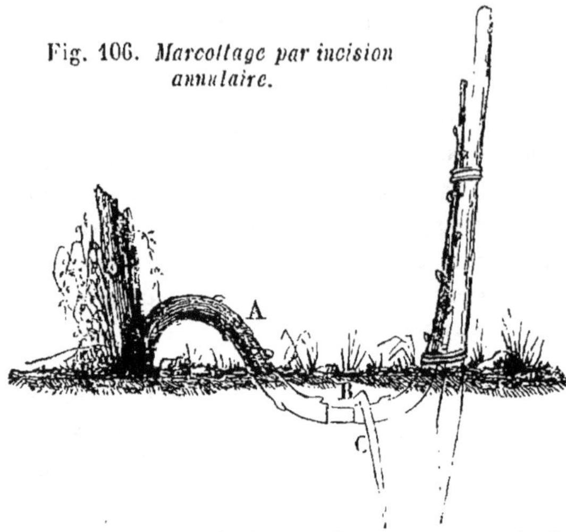

Fig. 106. *Marcottage par incision annulaire.*

sente à peu près la forme d'un Y renversé. Autant que possible, la base de la languette doit être terminée par un bouton (D). Bientôt un bourrelet se forme sur les bords de l'incision, et les racines s'y développent en abondance.

Marcottage herbacé. Cette opération diffère de la précédente, parce qu'au lieu d'opérer sur des rameaux on choisit des bourgeons. L'incision est pratiquée au point d'attache du bourgeon sur le rameau, de façon que la base de la languette se compose de l'empattement du bourgeon. Ce

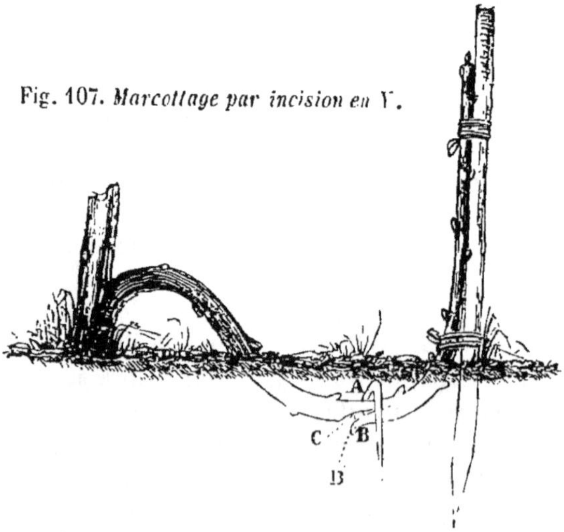

Fig. 107. *Marcottage par incision en Y.*

marcottage est employé exceptionnellement pour les espèces qui développent difficilement des racines.

Marcottage par incision double (fig. 108). On procède comme pour le marcottage en Y; toutefois la languette de la marcotte (A) est partagée en deux portions égales qu'on maintient écartées à l'aide de corps étrangers (B). On multiplie ainsi la surface du liber mis à nu, et l'on augmente les chances de développement des racines.

Ce marcottage, imaginé par M. Varin, alors jardinier en chef du Jardin botanique de Rouen, est d'un emploi avantageux pour les espèces qui s'enracinent difficilement.

Marcottage en l'air (fig. 109). Ce marcottage est particulièrement employé pour les arbres ou les arbrisseaux dépourvus de rameaux à la base de leur tige, et pour lesquels on est obligé d'avoir recours aux ramifications du sommet. Dans ce cas, on fait passer celles-ci dans un vase approprié à cet usage et rempli de terre maintenue constamment humide.

Les vases que l'on peut employer varient beaucoup de forme. Les plus simples et les moins coûteux sont en terre cuite et présentent la forme indiquée par la fig. 109. La fente (A), destinée à introduire latéralement le rameau à marcotter, est ensuite fermée à l'aide de deux fragments d'ardoise (B). Le vase est soutenu à une hauteur convenable à l'aide d'un petit support en bois (C). Les marcottes pratiquées de cette manière doivent toujours être incisées. Il faut, en outre, entourer le pot ou au moins le couvrir de mousse pour empêcher la terre de se dessécher aussi vite sous l'influence du soleil.

Boutures. — On donne le nom de bouture à une partie de végétal qui, séparée de son pied mère, est mise en terre pour y développer des racines si c'est une fraction de la tige, ou des bourgeons si c'est un fragment de racine. Ce mode de multiplication est plus prompt que le marcottage; mais il ne peut être employé que pour les espèces à bois très-mou qui s'enracinent facilement, telles que les saules, les peupliers, les platanes, etc.

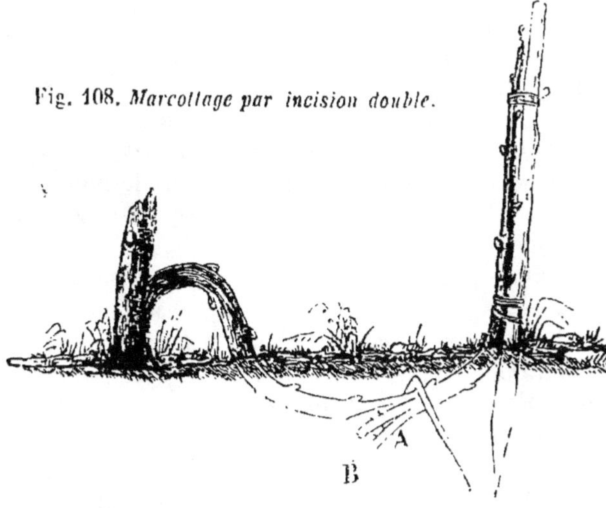

Fig. 108. *Marcottage par incision double.*

Voici comment on peut expliquer que les boutures, qui ne sont que des portions de tige ou de racines, puissent vivre quelque temps et même se développer avant d'être complétement enracinées dans le sol.

Un rameau ou une partie de racine détaché d'un arbre renferme une dose de principe vital aussi grande que l'arbre auquel il appartient; car, dans les végétaux, ce principe vital est également répandu dans toutes les parties de l'individu; seulement, ce rameau ou ce fragment de racine manque d'un organe indispensable à l'entretien de ce principe vital, à savoir des bourgeons si c'est une partie de racine, ou des racines si c'est un rameau. Mais nous savons que la tige et la racine tiennent en réserve, après la végétation, une certaine quantité de séve épaissie ou cambium destinée à alimenter le premier développement des bourgeons, au printemps, avant l'apparition des feuilles; or, lorsqu'au printemps on confie une bouture au sol, l'énergie vitale est excitée par l'élévation de température qui se manifeste à cette époque, et ce fragment de plante entre en végétation. Le cambium qu'il renferme concourt au développement des bourgeons et des premières feuilles; celles-ci puisent dans l'atmo-

Fig. 109. *Marcottage en l'air.*

sphère de nouveaux sucs nutritifs qu'elles transforment en fluide organisateur; les filets ligneux et corticaux descendants qui naissent des feuilles sont arrêtés dans leur trajet, ainsi que le cambium, à la base de la bouture, où celui-ci donne lieu à des bourrelets de tissu cellulaire sur les bords de la plaie; bientôt les filets ligneux et corticaux, se faisant jour à travers cette masse spongieuse, apparaissent sous forme de racines. La bouture est dès lors un individu parfait, puisqu'elle se compose d'une racine et d'une tige.

Le *sol le plus convenable pour les boutures* doit être considéré sous trois points de vue : sa nature, son exposition et sa préparation.

Quant à sa nature, il devra être en général d'une consistance moyenne; mais il est bien entendu que, pour les espèces d'arbres et d'arbrisseaux qu'on cultivera en terre de bruyère, les boutures seront placées dans un terrain de même nature. L'exposition devra autant que possible être celle du nord, parce que les boutures y seront moins desséchées. Il sera également important de les abriter du soleil pendant leur reprise, surtout les espèces à feuilles persistantes; car le soleil du printemps suffirait pour les dessécher entièrement.

Des abris semblables à ceux que nous avons recommandés pour les semis rempliront parfaitement ce but pour les espèces délicates à feuilles caduques. Quant aux espèces à feuilles persistantes, il faudra les placer sous un châssis à froid, comme nous le recommandons pour les semis en terre de bruyère, en traitant plus loin de la *Pépinière* pour les espèces d'ornement.

Enfin le sol sera ameubli à l'aide de labours, et fumé avec du terreau.

Le *mode de préparation des boutures* varie nécessairement, suivant les sortes; disons seulement que les plaies devront être faites avec des instruments bien tranchants, afin qu'elles se cicatrisent plus facilement. On devra bien se garder de supprimer, ainsi que le font à tort quelques cultivateurs, les feuilles des boutures d'espèces ligneuses à feuilles persistantes; en opérant de cette manière on prive ces boutures d'une partie des organes qui, à défaut de racines, absorbent dans l'atmosphère des fluides nourriciers dont elles ont besoin, et l'on retarde leur reprise.

L'époque la plus convenable pour effectuer les boutures en plein air est celle où la végétation est en repos : du mois de novembre au mois d'avril.

Toutefois, si l'on opère sur un sol léger exposé à la sécheresse dès le printemps, il vaut mieux faire les boutures à l'automne; car la sécheresse est un obstacle grave à leur reprise. Dans un sol compacte, humide, il est mieux, au contraire, d'opérer au printemps, car la base des boutures serait exposée à pourrir pendant l'hiver. Nous devons encore faire une autre exception en faveur des boutures d'espèces à feuilles persistantes; celles-ci doivent être exécutées à la fin de l'été, lorsque les bourgeons de l'année, que l'ont choisit de préférence pour cela, sont suffisamment aoûtés.

Enfin, les *soins qu'exigent les boutures pendant leur reprise* consistent, surtout, à empêcher l'action de la sécheresse. Il sera utile, pendant la première année, d'ombrager les plates-bandes, de pratiquer quelques arrosements pendant les grandes chaleurs de l'été et de couvrir la surface du sol avec un paillis.

Les boutures destinées à former des arbres de haut jet reçoivent, pendant la deuxième année de leur développement, les soins destinés à favoriser la première formation de leur tige. Ces boutures présentent ordinairement hors du sol trois ou quatre boutons, qui se développent avec plus ou moins de force pendant la première année. A la fin de l'hiver suivant, on choisit le rameau le plus vigoureux, situé, autant que possible, à quelque distance du sommet, en A (*fig.* 110), et on le place dans une position verticale. A l'automne suivant on transplante ces boutures; on retranche, en B, leur sommet; puis on raccourcit un peu, en C, les rameaux conservés au-dessous du prolongement, s'ils présentent une certaine vigueur. Ces rameaux sont complétement supprimés pendant l'hiver subséquent.

Les diverses sortes de boutures propres aux pépinières sont assez

Fig. 110. *Bouture de deux ans disposée pour former un arbre de haut jet.*

nombreuses. Nous nous contenterons de décrire les suivantes, qu'on peut classer comme nous l'inscrivons dans cette liste :

Ire SECTION. Boutures au moyen de fragments de tige.	1° Par rameaux. 2° Par rameaux avec talon. 3° Par crossettes. 4° Par plançons. 5° Par étranglement. 6° Par ramée. 7° Semées.
IIe SECTION. Boutures au moyen de fragments de racines.	1° Par tronçons de racines.

Première section. Bontures au moyen de fragments de tige. Ces boutures s'effectuent à l'aide de fragments de tige auxquels on fait développer des racines pour les transformer en autant d'individus parfaits.

Bouture par rameaux (fig. 111). On choisit des rameaux nés l'année précédente : plus âgés, ils s'enracinent moins facilement; on les coupe par fragments de 0^m,16 à 0^m,20, selon le nombre des boutons; chaque extrémité de la bouture doit être terminée par un bouton, afin que ceux-ci entretiennent la vie dans toute l'étendue de la bouture. On les dispose en lignes plus ou moins distantes, selon la vigueur des espèces; on les plante, soit au plantoir, soit en les enfonçant dans la terre, mais toujours de telle sorte qu'il n'y ait que deux boutons hors de terre. Le plantoir doit être préféré, en ce que la base de la bouture est moins déchirée par le frottement sur le sol; en outre, il comprime mieux la terre contre la base de la bouture, condition essentielle pour le succès de l'opération.

Bouture par rameaux avec talon (fig. 112). Ici, au lieu de couper le rameau à quelque distance du point où il s'unit à la branche, on le coupe tout près de cette partie et on l'enlève avec le talon (A) qui se trouve à sa base. D'autres fois, au lieu de couper le rameau, on l'arrache avec effort, de manière à enlever une petite portion du corps ligneux de la branche sur laquelle il est né. Mais ce dernier moyen, qui est cependant le meilleur, offre de graves inconvénients pour les arbres sur lesquels on le pratique. Les plaies qui en résultent donnent souvent lieu à des chancres qui entraînent la perte de l'arbre. Pour éviter ces accidents, il est bon de recéper entièrement les tiges sur lesquelles on a opéré; il naît alors des bourgeons vigoureux; et les souches peuvent ainsi fournir, tous les deux ans, une abondante récolte de boutures à talon. Les boutures à talon s'enracinent plus facilement que les précédentes, parce que l'empattement de la base offre une plus grande quantité de boutons rudimentaires qui favorisent la formation des racines.

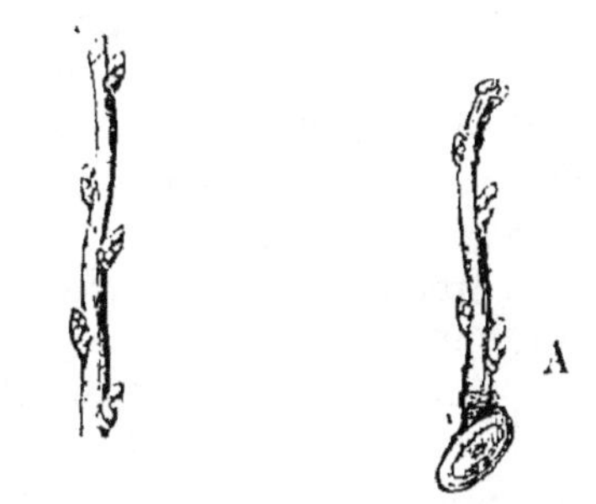

Fig. 111. *Bouture par rameaux.*   Fig. 112. *Bouture par rameaux avec talon.*

Bouture par crossettes (fig. 113). Pour cette bouture on réserve à la base du rameau de l'année (A) une certaine étendue de la branche qui lui a donné naissance (B). On laisse au rameau une longueur de 0^m,30, et, à la portion de la branche, une étendue de 0^m,16; de manière, toutefois, que chacune des extrémités de ce fragment de branche soit munie d'un point (C) ayant donné naissance à un bouton ou à un rameau. Cette bouture offre des chances plus grandes de succès pour

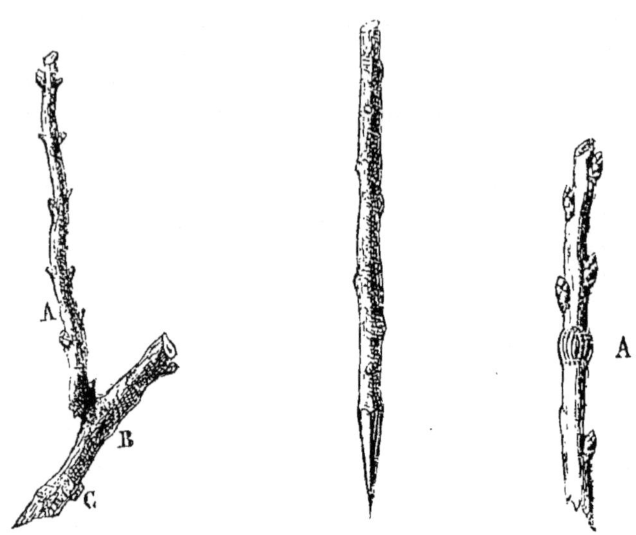

Fig. 113. *Bouture par crossettes.*   Fig. 114. *Bouture par plançons.*   Fig. 115. *Bouture par étranglement.*

multiplier la vigne et les espèces d'arbrisseaux sarmenteux, parce que les diverses insertions qui se trouvent enterrées sont très-favorables au développement des racines. Les boutures par crossettes ne sont pas plantées perpendiculairement : on les couche sur un angle d'environ 45° dans de petites fossettes, et on ne laisse sortir de terre que deux boutons de l'extrémité supérieure. Ce mode de plantation est nécessaire pour ne pas priver la base de la bouture de l'utile influence de l'air.

Bouture par plançons (fig. 114). Cette bouture consiste en une branche de trois à cinq ans, droite, vigoureuse, coupée à la longueur de deux à trois mètres; on la débarrasse de toutes ses ramifications, on la taille en pointe triangulaire, et on l'enterre, à la profondeur de 0^m,50, comme on plante un jeune arbre.

Cette bouture est très-bonne pour former à demeure, dans les sols humides, des têtards de peupliers, de saules, d'aunes, etc., destinés à fournir des échalas ou de l'osier.

Bouture par étranglement (fig. 115). On pratique, sur un rameau, au-dessous d'un bouton, une ligature au-dessus de laquelle il se forme bientôt un bourrelet (A). Lorsque ce bourrelet est bien développé, ce qui a lieu au bout d'un an, on coupe le rameau immédiatement au-dessous, on lui donne une longueur de 0ᵐ,20 environ, puis on le plante comme les autres boutures.

Ce procédé peut être employé pour les espèces à bois très-dur et qui s'enracinent difficilement.

Bouture par ramée (*fig.* 116). Ces boutures se composent de bran-

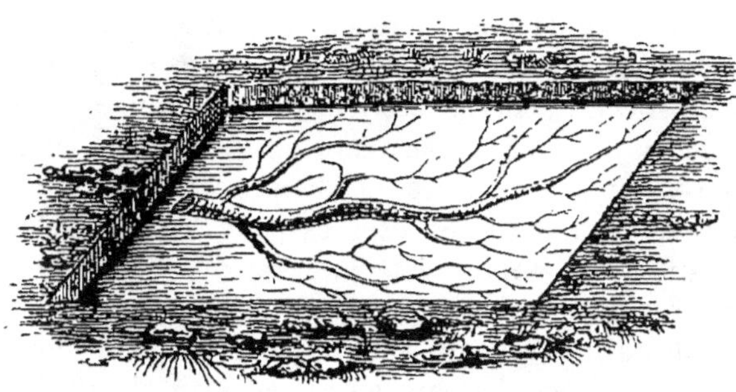

Fig. 116. *Bouture par ramée.*

Fig. 117. *Bouture semée.*

ches de troisième et de quatrième ordre, garnies d'un grand nombre de rameaux, et présentant une longueur de cinq à six mètres. On couche ces branches horizontalement dans une fosse de 0ᵐ,25 de profondeur, dont on a bien ameubli le fond, puis on les recouvre de terre. Les plus grosses branches sont enterrées à 0,20 de profondeur, les plus petites à 0ᵐ,10, et les rameaux à 0ᵐ,04. Tous les rameaux sont redressés et coupés vers leur sommet de manière qu'ils ne présentent hors de terre que deux boutons. Chacun de ces rameaux venant à s'enraciner, il en résulte autant d'individus qu'on sépare les uns des autres. Toutes les espèces à bois mou peuvent être multipliées de cette manière.

Bouture semée (*fig.* 117). Toutes les parties suffisamment aoûtées d'un rameau de l'année précédente sont coupées par de petits tronçons, munis chacun d'un seul bouton. Ces fragments sont semés en rigole, en terre très-légère, au moment de la séve du printemps; on les recouvre de 0ᵐ,04 de terre, en ayant soin de tenir le sol suffisamment humide. Le bouton se développe bientôt, tandis que le côté opposé émet un faisceau de racines. On peut employer ce mode de multiplication pour toutes les espèces à bois mou, et particulièrement pour les mûriers, mais seulement dans le midi de la France où l'on peut joindre à l'humidité une température suffisante.

Deuxième section. Boutures au moyen de fragments de racine. Les boutures de cette seconde section sont d'une application beaucoup moins étendue que celles de la précédente; leur emploi peut cependant devenir utile dans quelques circonstances. Nous ne citerons qu'une sorte de boutures par fragments de racine.

9

Bouture par tronçons de racine (fig. 118). Lorsqu'on déplante un arbre pour le détruire ou pour le changer de place, ou bien lorsqu'en labourant dans son voisinage on supprime celles de ses racines qui nuisent aux cultures voisines, on peut réunir toutes les racines qui se trouvent détachées de leur pied mère et en faire des boutures. A cet effet, on les divise par tronçons de $0^m,10$ à $0^m,16$ de long; puis on les plante en élevant leur gros bout à $0^m,01$ environ au-dessus de la surface du sol. En général, ces boutures développent des bourgeons dès la première année; quelquefois aussi elles restent stationnaires pendant un an. Nous indiquerons plus loin les espèces pour lesquelles on peut utilement employer ce moyen.

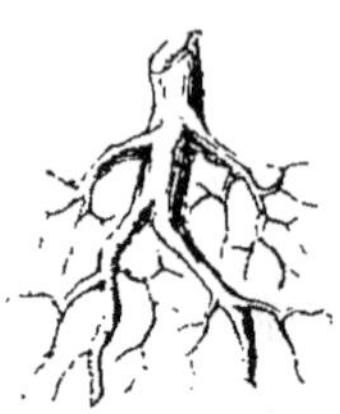

Fig. 118.
Bouture par racine.

Du repiquage. — Le repiquage a pour but d'enlever les jeunes plants des plates-bandes des semis, où ils sont trop serrés, et se nuisent mutuellement, pour les placer dans un autre carré où ils s'habituent à l'ardeur du soleil, et où leurs racines, dérangées par ce déplacement, cessent de s'allonger pour se ramifier davantage.

Les pépiniéristes ont généralement la fâcheuse habitude, dans le but de gagner un peu de temps et surtout pour économiser la main-d'œuvre, de placer les jeunes plants d'arbres forestiers dans le carré des transplantations, à la sortie des carrés des semis. Ces jeunes arbres séjournent dans ce carré jusqu'au moment de leur plantation à demeure, c'est-à-dire pendant quatre à cinq ans. Il résulte de ce mode d'opérer deux inconvénients : le premier, c'est que les jeunes plants, âgés d'un ou deux ans, et qui, dans le carré des semis, se sont développés très-rapprochés les uns des autres, souffrent beaucoup lorsqu'on vient à les placer tout à coup à une grande distance les uns des autres. Privés instantanément de l'abri qu'ils se procuraient mutuellement, un grand nombre sont desséchés par l'ardeur du soleil et ne fournissent qu'une végétation languissante. Le second inconvénient, c'est que les jeunes arbres occupant, dans le carré des transplantations, la même place jusqu'au moment où ils peuvent être plantés à demeure, présentent, lorsqu'on vient à les déplanter, des racines très-longues, mais peu nombreuses et peu ramifiées, dont on est obligé de sacrifier une partie; les arbres ont alors mauvais pied et reprennent moins bien.

A l'aide du repiquage, au contraire, les jeunes plants, placés à des distances plus grandes que dans le carré des semis, mais plus rapprochées que dans celui des transplantations, s'habituent progressivement à l'ardeur du soleil. Le dérangement qu'ils éprouvent pour passer de ce carré dans celui des transplantations suffit pour empêcher l'allongement démesuré de leurs racines et favorise leur ramification; de sorte que, tout aussi abondantes en masse, elles occupent une moins grande surface.

D'après ce qui précède, on conçoit que plus tôt on fait le repiquage des jeunes plants, et mieux cela vaut.

L'âge le plus convenable est un an; à cette époque, les racines ne sont pas encore très-longues, et l'on peut les enlever toutes sans les endommager. Toutefois, lorsque les semis auront été faits en ligne et que les graines auront été assez espacées, on pourra attendre jusqu'à deux ans : c'est l'époque que l'on choisit pour plusieurs arbres forestiers; mais, pour les arbres fruitiers, il sera toujours plus avantageux de repiquer à un an.

Le repiquage comprend trois opérations distinctes, la *déplantation*, la *préparation* ou l'*habillage* et la *plantation*.

La *déplantation* se fait en creusant à l'une des extrémités de la plate-bande une tranchée dont la profondeur dépasse de quelque peu l'extrémité inférieure des racines. En minant ensuite le terrain de proche en proche, on soulève les jeunes plants sans détruire ni désorganiser le chevelu de leurs racines. Aussitôt que cette opération est terminée, le jeune plant doit être mis en jauge, s'il n'est pas planté immédiatement, car l'air dessécherait rapidement les radicelles et nuirait singulièrement à la reprise. Il est quelques espèces qui souffrent plus que les autres de l'action de l'air sur les racines, ce sont surtout les arbres résineux, au pied desquels il sera toujours plus convenable de conserver un peu de terre. Si on opère sur un terrain très-friable, ou si le sol est très-sec, il sera difficile d'obtenir ce dernier résultat; dans ce cas, on pourra, la veille de la déplantation, arroser le sol des plates-bandes pour que la terre ait plus d'adhérence.

Pour toutes les espèces, lorsque le jeune plant sera destiné à voyager pendant quelques jours, il faudra le réunir par petits paquets, et tremper immédiatement les racines dans un mélange liquide de bouse de vache et de terre glaise, lequel empêchera l'influence desséchante de l'air.

Le jeune plant ayant été déplanté, on procède à son habillage.

L'*habillage* des jeunes plants consiste à couper avec un instrument bien tranchant celles de leurs racines qui ont été endommagées, et cela immédiatement au-dessus du point où la blessure a été faite, puis à supprimer une partie du pivot de la racine. Ces opérations ont pour but de favoriser la cicatrisation des plaies faites aux racines, et de forcer celles-ci à se ramifier davantage, pour que les transplantations suivantes s'effectuent avec plus de succès.

On ne doit amputer les pivots, soit simples, soit ramifiés, qu'au tiers de leur longueur, c'est-à-dire, vers le point où ils commencent à diminuer sensiblement de grosseur (A, *fig.* 119).

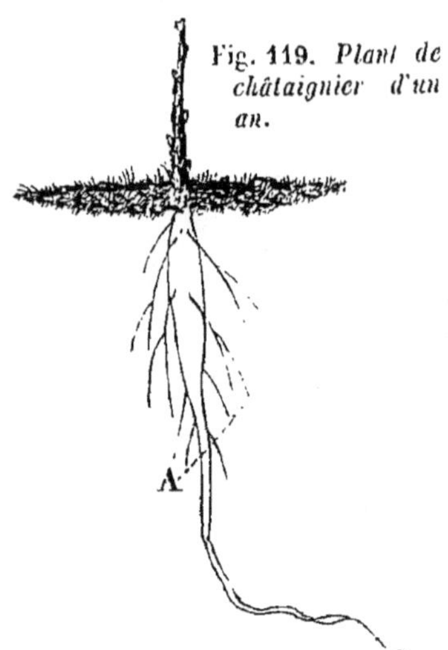

Fig. 119. *Plant de châtaignier d'un an.*

On s'est souvent élevé contre la suppression d'une partie du pivot de la racine, surtout pour les espèces destinées à former des arbres de haut jet. On a dit que cette opération nuisait à leur développement futur et surtout à la beauté de leur tige. Mais l'expérience a démontré que les très-faibles inconvénients de cette pratique sont bien plus que compensés par les avantages qu'elle procure. En effet, ce pivot ne sert aux jeunes arbres qu'à les fixer au sol pendant les deux ou trois premières années de leur végétation; passé ce temps, il ne prend plus d'accroissement, et est remplacé par des ramifications d'autant plus grosses, qu'elles naissent plus près de la surface du sol; dans les arbres déjà âgés on n'en remarque même plus aucune trace. En retranchant une petite étendue de ce pivot, on ne fait donc que devancer la nature de quelques années, et l'on favorise le développement de nombreuses ramifications, qui, placées plus près de la surface du sol, fonctionnent avec bien plus d'énergie.

Après l'habillage des jeunes plants vient la *plantation*. Les espèces destinées à former des arbres de haut jet et qui doivent être transplantées peu de temps après sont repiquées dans des plates bandes, en lignes distantes de 0^m,20 en tous sens. Les arbrisseaux d'ornement sont plantés de même, seulement les lignes sont placées à 0^m,32 en tous sens. Les espèces qui doivent servir de sujet pour la greffe sont plantées dans le carré des greffes. Celles greffées dès l'âge de deux ans ou plus sont plantées en lignes distantes de 0^m,64 en tous sens.

Les pépiniéristes ont le tort habituel de planter beaucoup trop près les uns des autres les arbres qui doivent être greffés. Il en résulte que les arbres à basse tige ou en pyramide sont trop dégarnis de ramifications vers la base, et que les arbres à haute tige, ne présentant pas une grosseur proportionnée à leur hauteur, peuvent à peine se soutenir lorsqu'on vient à les planter à demeure. On est alors obligé de les mutiler en supprimant une partie de leur tige.

Le mode de plantation le plus convenable pour le repiquage consiste à creuser au cordeau, au moyen de la bêche, une rigole d'une profondeur et d'une largeur proportionnées à la longueur et au volume des racines. On y met un à un les jeunes plants en les appuyant contre la tête d'un des côtés; on ouvre ensuite, parallèlement à la première, une seconde rigole, dont la terre est rejetée sur les racines du rang précédent; on continue ainsi sur toute la longueur du carré ou de la plate-bande. Il ne reste plus qu'à tasser le sol avec les pieds pour l'affermir autour des racines, puis à dresser convenablement la tige des plants à mesure que la terre est comprimée.

L'*époque* à choisir pour pratiquer le repiquage varie selon qu'il s'agit d'espèces à feuilles caduques ou d'espèces à feuilles persistantes. Pour les premières, il faudra toujours exécuter cette opération à l'automne, aussitôt que les feuilles commenceront à tomber. En opérant ainsi, les jeunes plants développent quelques racines pendant l'hiver; ils prennent possession du sol et se défendent alors beaucoup mieux des premières sécheresses du printemps que s'ils venaient d'être plantés. Il y a toutefois une exception à cette règle, c'est pour les terrains compactes et humides, dans lesquels les racines seraient exposées à pourrir pendant l'hiver. Là, il sera préférable de ne faire le repiquage qu'en mars, lorsque le sol sera bien égoutté et qu'il commencera à se réchauffer. Tous les pépiniéristes connaissent les avantages des repiquages d'automne pour les espèces à feuilles caduques; mais les deux causes suivantes les empêchent souvent de choisir cette époque : d'abord, à ce moment, ils n'ont pas assez de bras pour suffire au travail des expéditions; puis ils manquent alors de terrain pour ces repiquages; car c'est souvent celui qui devient libre, par suite des expéditions, qu'on destine aux nouvelles plantations. Il faudra toujours choisir, pour pratiquer ces repiquages, un temps doux, plus humide que sec, et lorsque la terre est bien égouttée.

Pour les espèces à feuilles persistantes, il convient de choisir une autre époque. En effet, ces arbres, qui conservent leurs feuilles pendant l'hiver, sont doués d'une végétation continue, beaucoup moins sensible, il est vrai, pendant cette saison, et destinée alors à porter dans les feuilles les fluides dont elles ont besoin pour ne pas être desséchées par l'évaporation. Si donc on vient à transplanter ces espèces à la fin de l'automne ou de l'hiver, au moment ou la circulation des fluides est la moins active, il en résultera une suspension complète dans cette circulation, puis la dessiccation des feuilles, et par suite la mort de l'arbre. Il faut donc choisir une époque telle, que la végétation soit assez active pour qu'elle résiste en partie à cette transplantation, ou du moins que sa suspension ne soit que très-limitée. L'expérience a démontré que les deux époques les plus convenables pour cela sont les premiers jours de septembre, alors que la végétation est encore assez active, et les premiers jours de mai, au moment où commence le premier développement. Dans le premier cas, les arbres auront le temps de reprendre avant l'hiver; dans le second, la végétation est si active à ce moment, que son interruption ne sera pas assez longue pour que les arbres en souffrent. La fin de l'été sera préférée pour le climat du Midi, à cause des chaleurs intenses de la fin du printemps.

Quelle que soit celle de ces deux époques qu'on choisira, il faudra profiter aussi, pour ces repiquages, d'un temps doux, humide, et lorsque la terre sera bien friable.

De la transplantation. — Au bout de deux à trois ans, suivant les espèces, les jeunes arbres qui ont été repiqués se trouvent trop gênés et ont besoin d'être transplantés; ils ont d'ailleurs acquis les qualités qu'on voulait leur donner; ils peuvent, sans souffrir, supporter l'ardeur du soleil, et leurs racines sont plus abondantes.

Pour les arbrisseaux d'ornement, pour les arbres fruitiers qui ont été greffés pour former des basses tiges, pour les arbres forestiers destinés à la plantation des bois ou des massifs, c'est le moment de les planter à demeure; mais les espèces réservées pour les plantations d'alignement ou les bordures n'ont pas encore acquis assez de développement pour se défendre convenablement des divers accidents auxquels elles sont exposées, elles ont besoin de subir une transplantation dans la pépinière après le repiquage.

La transplantation n'a pas seulement pour but de favoriser le développement de la tige des arbres, elle agit encore en forçant les racines à se ramifier davantage, à produire plus de chevelu et à favoriser ainsi la reprise des arbres qu'on ne veut planter à demeure que dans un âge un peu avancé.

Parmi les espèces pour lesquelles la transplantation est indispensable, les arbres résineux sont en première ligne. Leurs racines, surtout celles des pins et des sapins, se ramifient difficilement, sont peu nombreuses, s'allongent beaucoup, et, dans cet état, supportent difficilement les déplacements; on ne parvient à en augmenter le nombre et à diminuer leur allongement qu'en les transplantant souvent. Ces arbres auraient en quelque sorte besoin, après le repiquage, d'être déplacés tous les deux ans, jusqu'à l'époque de leur plantation à demeure. On n'obtiendra ainsi qu'une certaine quantité de terre pouvant être maintenue autour des racines, celles-ci seront protégées contre l'action de l'air, lors des transplantations, et la tige résistera plus facilement à l'ébranlement déterminé par le vent.

La transplantation comprend, comme le repiquage, la déplantation, l'habillage du plant et la plantation.

La *déplantation* s'opère, comme pour le repiquage, à jauge ouverte. C'est ici surtout qu'il devient indispensable de réserver une motte aux arbres résineux, afin que les racines n'abandonnent point leur position naturelle.

L'*habillage* se fait aussi d'après le même principe que pour le repiquage : on coupe avec un instrument bien tranchant l'extrémité des racines qui ont été brisées, puis on raccourcit sur la tige un nombre de ramifications en rapport avec le retranchement opéré sur les racines. Cette suppression ne doit jamais porter sur le rameau terminal. Nous devons excepter de cette opération les arbres résineux, dont les retranchements sur les branches ne sont presque jamais remplacés par de nouvelles productions. On devra donc se contenter d'appliquer l'habillage aux racines.

Enfin, les arbres sont plantés en quinconce dans le carré des transplantations. Ils y sont placés à des distances proportionnées à leur accroissement futur, assez loin les uns des autres pour que l'air et la lumière puissent pénétrer dans la plantation, mais assez près pour qu'ils soient forcés de s'élever, au lieu de s'étendre latéralement plus qu'il ne convient.

Dans un sol profondément et complétement ameubli, comme celui des pépinières, il y aurait peu d'avantage à ouvrir des tranchées continues comme pour le repiquage; on se contente de faire, avec la bêche, des trous assez grands pour recevoir les racines à l'aise. L'arbre doit y être placé de manière qu'il ne soit pas plus enterré qu'il ne l'était précédemment ; et, tandis qu'un ouvrier rejette la terre sur les racines, un autre donne à la tige un mouvement de va-et-vient de bas en haut, pour faire pénétrer la terre par les interstices des racines. Enfin, lorsque le trou est en partie comblé, on tasse la terre en appuyant d'autant plus que le sol est plus léger.

Formation de la tige et de la tête des jeunes arbres. — Pendant les premières années qui suivent la transplantation des arbres de haut jet, ou la greffe des arbres fruitiers, les uns et les autres exigent quelques soins qui ont pour but la formation de leur tige, ou la disposition convenable de la tête des arbres fruitiers. Ces opérations sont le recepage et la taille.

Le *recepage* est la suppression de la tige des jeunes arbres, deux ans après leur transplantation, à quelques centimètres seulement au-dessus du collet de la racine ; il a pour but de remplacer cette tige par une nouvelle plus droite et surtout plus vigoureuse. L'époque la plus favorable pour effectuer cette opération est le mois de février. La coupe (A) du recepage (*fig.* 120) doit toujours être dirigée vers le nord, afin que, n'étant pas desséchée par l'ardeur du soleil, elle puisse se cicatriser promptement. Vers le printemps, il se développe au-dessous un certain nombre de bourgeons. Au commencement de l'été, on choisit le plus vigoureux et, autant que pos-

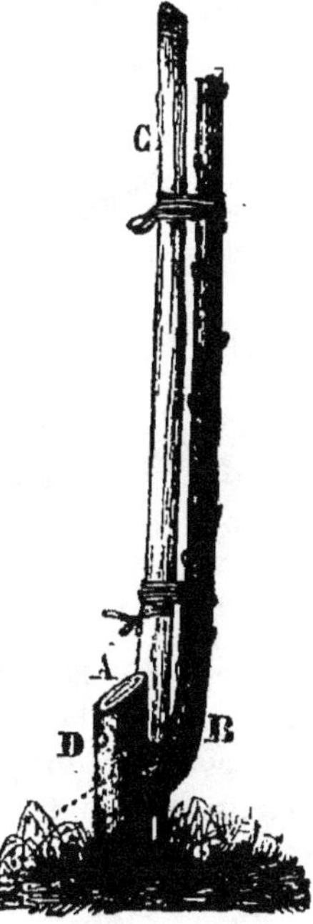

Fig. 120. *Jeune arbre d'un an de recepage.*

sible, celui qui naît à 0^m,02 environ au-dessous de la coupe du recepage et du côté qui lui est opposé, en B, par exemple. On coupe rez l'écorce tous les autres, et l'on maintient celui que l'on a réservé dans une position verticale à l'aide d'un tuteur (C). Enfin, dans le courant de l'hiver suivant, on coupe tout près de la nouvelle tige le sommet (D) de la tige primitive.

Le recepage peut être appliqué à un grand nombre d'espèces. La

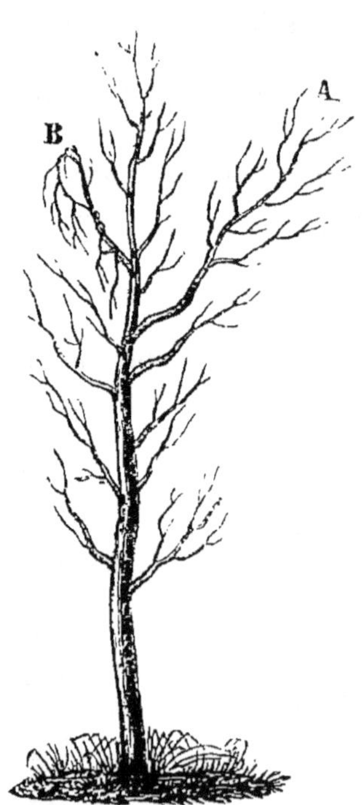

Fig. 121. *Jeune arbre en pépinière avec branches latérales trop vigoureuses.*

Fig. 122. *Jeune pommier de trois ans de repiquage.*

plupart des arbres fruitiers et toutes les espèces forestières à bois mou s'en accommodent parfaitement; mais il devient très-nuisible pour les espèces à bois dur, les espèces résineuses et beaucoup d'autres que nous indiquerons en faisant plus loin l'application de ces opérations aux diverses espèces en pépinière.

Quant à *la taille*, nous l'envisagerons sous les deux points de vue suivants : *la formation de la tige des arbres forestiers de haut jet et des arbres fruitiers destinés à être greffés en tête, et la première formation de la greffe des arbres fruitiers.*

La tige des arbres forestiers de haut jet et des arbres fruitiers destinés à être greffés en tête exige quelques soins particuliers pendant son premier développement. Souvent la tige de ces arbres se couvre, dès la seconde année de leur transplantation ou de leur recepage, de bourgeons latéraux dont quelques-uns, plus favorisés par la lumière ou leur position, se transforment en branches vigoureuses (A, *fig.* 121), qui disputent au rameau terminal la prééminence qu'il doit conserver pour prolonger la tige de l'arbre.

Pour empêcher le développement trop vigoureux de ces ramifications, on devra, chaque année, jusqu'à l'époque de la plantation à demeure, visiter ces arbres vers le mois de juillet, et pincer l'extrémité herbacée des bourgons latéraux les plus vigoureux, c'est-à-dire ceux qui naissent dans le voisinage du bourgeon terminal (*fig.* 122). Cette mutilation suffira pour arrêter leur vigueur. Si l'on négligeait ce soin, les bourgeons seraient transformés en rameaux, puis bientôt en branches qui affameraient le sommet de l'arbre. Si cela arrivait, le seul remède serait de tordre ces branches vers les deux tiers de leur longueur, comme en B (*fig.* 121), et cela un peu avant la séve d'août; pendant l'hiver suivant, on les couperait rez tronc.

Il faut bien se garder de supprimer, comme on le fait quelquefois, tous les rameaux latéraux, à mesure qu'ils se développent, sous le prétexte de favoriser l'allongement rapide de la tige. On arrive, en effet, de cette manière, à la faire croître rapidement en hauteur; mais, privée du plus grand nombre de ses feuilles, organes qui développent les filets ligneux et corticaux descendants, elle ne prend plus qu'un très-faible accroissement en diamètre, ne peut pas se soutenir d'elle-même, et l'on est obligé d'en enlever une partie lors de la plantation à demeure. On doit donc laisser les jeunes arbres continuellement garnis de ramifications du haut en bas (*fig.* 123), et se borner à supprimer celles qui tendent à prendre un accroissement disproportionné.

Toutefois les arbres fruitiers destinés à être greffés en tête exigent sous ce rapport quelques soins différents. Ainsi, lorsque leur tige a acquis une grosseur convenable, vers l'âge de quatre ans, on arrête leur rameau terminal à $2^m,64$ d'élévation environ, puis on commence à couper rez tronc les ramifications latérales les plus grosses, à l'exception de celles placées vers le sommet. On continue cette opération pendant les deux ou trois hivers qui précèdent l'opération de la greffe, et, ce moment arrivé, la tige offre l'aspect de la figure 124.

La première formation des arbres fruitiers qui ont été greffés est une des opérations les plus négligées par les pépiniéristes. Le plus souvent, ils abandonnent à lui-même le développement de la greffe, bornant leurs efforts à ce que celle-ci acquière les plus grandes dimensions possibles dans un temps donné, sans songer à lui imprimer une forme en rapport avec la destination des arbres. Il s'ensuit que, lorsqu'on plante ceux-ci à demeure, il est impossible de leur imposer une forme régulière, à moins de supprimer la plus grande partie des ramifications de la greffe; de là, une perte de temps et des plaies considérables toujours nuisibles à l'arbre.

La direction à donner au développement des greffes varie nécessairement suivant la forme à laquelle on veut soumettre les arbres. S'il s'agit d'arbres en tête en plein vent, à fruits à pepins ou à noyau, voici comment on devra procéder.

Pendant l'année de la reprise de la greffe, on veillera à ce qu'il ne se développe sur celle-ci que deux, trois ou quatre bourgeons. S'il n'y en a que deux, ils devront être opposés (*f.* 125); s'il y en a trois, ils devront former un triangle (*fig.* 126); s'il s'en développe quatre, ils devront être opposés en croix (*fig.* 127). S'il en apparaît un plus grand nombre, ou si quelques-uns sont mal placés, on arrêtera leur allongement en pinçant leur extrémité herbacée quelque temps après la première végétation. On veillera également à ce que les bourgeons réservés conservent la même force, et l'on pincera, vers le mois d'août, l'extrémité herbacée de ceux qui deviendraient trop vigoureux. L'arbre présentera, à la fin de la première année de greffe, l'aspect des figures 125, 126 ou 127, selon le nombre des bourgeons conservés.

Pendant l'hiver suivant, on raccourcira les rameaux conservés en A, à 0^{m},20 environ de leur naissance, sur deux boutons placés de chaque côté, lesquels devront seuls, pendant l'été qui suit, se développer vigoureusement.

Fig. 125. *Jeune arbre en pépinière avec branches latérales d'une vigueur convenable.*

Fig. 124. *Sujet de pommier franc en pépinière, deux ans avant l'opération de la greffe.*

A la fin de l'été, l'arbre, composé de rameaux principaux d'égale force
(*fig.* 128, 129, 130), est en état d'être planté à demeure.

Dès que la tête des arbres sera composée de huit rameaux principaux
comme la figure 130, elle aura acquis sa formation complète, et il n'y
aura plus qu'à en favoriser l'accroissement. Quant à ceux dont la tête
n'offre encore que quatre ou six rameaux, c'est après leur plantation à
demeure qu'on complétera le nombre des branches principales.

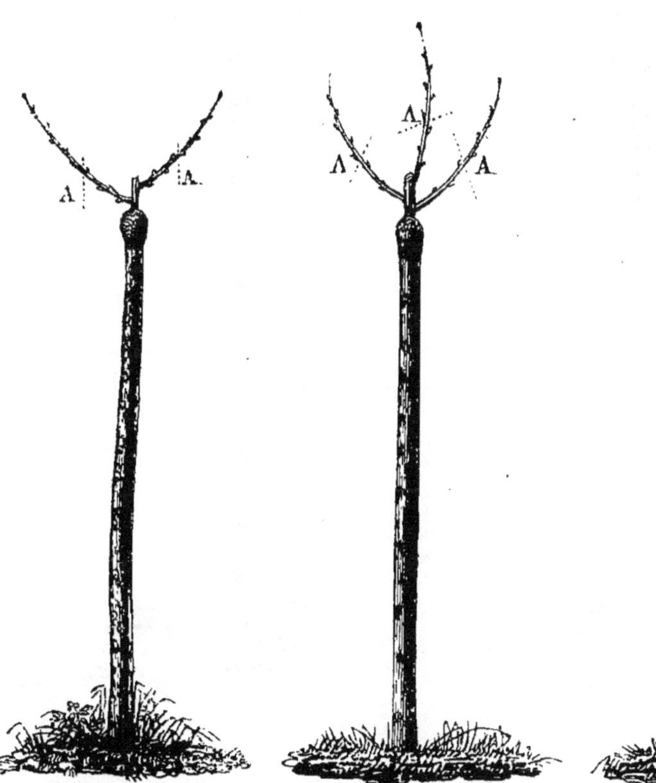

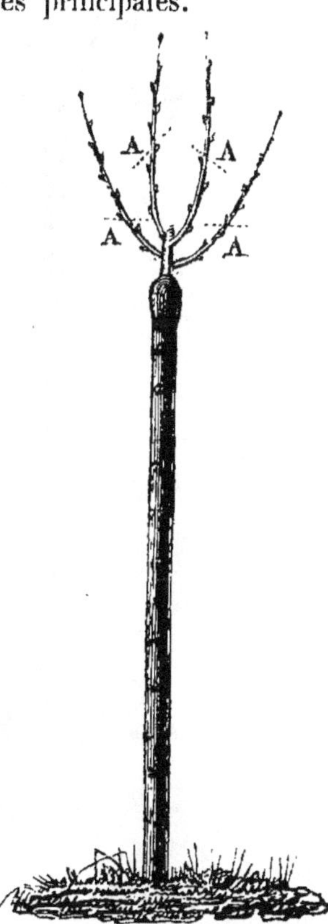

Fig. 125. *Pommier d'un an
de greffe avec* 2 *rameaux.*   Fig. 126. *Pommier d'un an
de greffe avec* 3 *rameaux.*   Fig. 127. *Pommier d'un an
de greffe avec* 4 *rameaux.*

On opérera de même que pour les arbres à haut vent, s'il s'agit de
former des arbres en vase à basse tige ou en buisson.

Sur les arbres auxquels on veut imposer la forme en pyramide, on
laissera la greffe se développer en ne conservant qu'un seul bourgeon
(*fig.* 131); au mois de février suivant, on coupera ce bourgeon à
0^m,50 de sa naissance environ, en A; pendant l'été, le plus grand
nombre des boutons placés au-dessous de la coupe se développera;
on veillera à ce que le bourgeon terminal conserve la prééminence;

et, pour que les bourgeons latéraux présentent la même vigueur entre
eux, on pincera l'extrémité herbacée de ceux qui menaceraient de de-

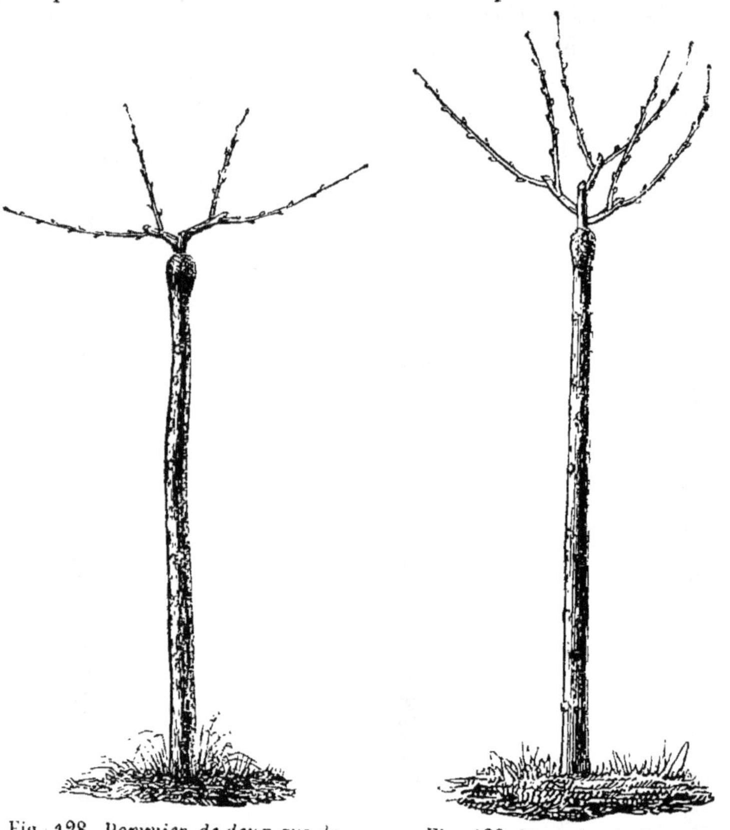

Fig. 128. *Pommier de deux ans de
greffe avec 4 rameaux.*

Fig. 129. *Pommier de deux ans de
greffe avec 6 rameaux.*

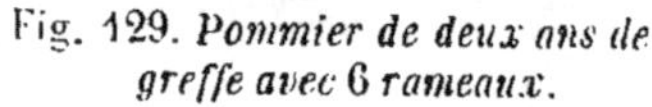

(A) *Têtes des arbres vues en plan.*

venir trop forts. A la fin de l'année, l'arbre présentera la figure 132 et
pourra être planté à demeure.

Enfin, si les arbres sont destinés à former des basses tiges pour les espaliers, on aura dû faire usage de la greffe en écusson Descemet ou double, et l'on aura placé sur chaque sujet deux ou trois écussons, comme dans les figures 153 et 154. Pendant l'été suivant, on veillera à ce que ces écussons se développent avec une égale vigueur. A la fin de l'année, on aura obtenu des arbres présentant les figures 133 ou 154, selon que l'on aura posé deux ou trois écussons. On pourra appliquer à ces arbres toutes les formes usitées pour les espaliers. Les arbres arrivés à ce point devront être plantés à demeure pendant l'hiver suivant.

Il est bien peu de cultivateurs qui mettent ces soins en pratique; mais le manque de savoir ou l'indifférence n'en sont pas toujours la cause. Beaucoup de propriétaires, ne sachant pas distinguer un arbre bien formé d'un autre qui aura été abandonné à lui-même, préfèrent celui-ci parce qu'il coûte moins cher; en sorte qu'un pépiniériste qui donnerait à ses arbres les soins que nous venons d'indiquer serait exposé à perdre sa clientèle, parce qu'il vendrait un peu plus cher que ses confrères.

Que résulte-t-il, cependant, pour les propriétaires de la parcimonie qu'ils apportent dans le choix de leurs arbres? C'est que, ceux-ci étant plantés, on est obligé de les rabattre presque entièrement; plusieurs ne résistent pas à cette mutilation, et les autres emploient quatre ou cinq ans à développer une nouvelle charpente. De sorte que, pour avoir fait une faible écono-

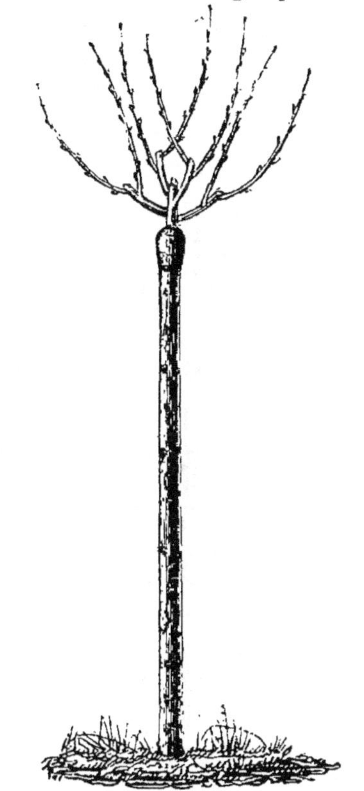

Fig. 130. *Pommier de deux ans de greffe avec huit rameaux.*

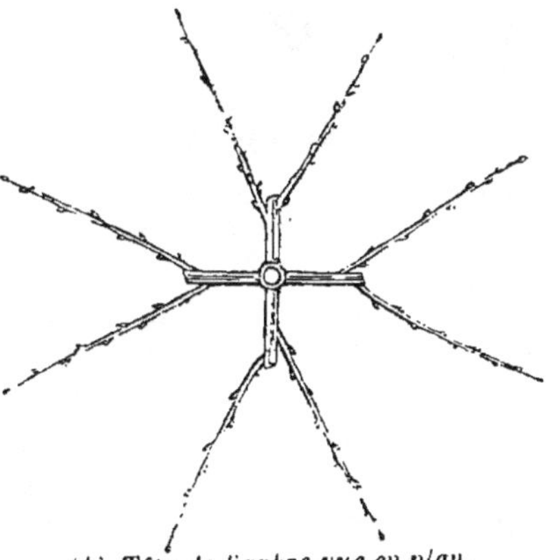

(A) *Tête de l'arbre vue en plan.*

mie d'argent, on éprouve une perte notable de temps et que l'on n'a jamais que des arbres difformes.

Sécheresse, plantes nuisibles et gelée. — Les diverses opérations propres à défendre les pépinières de l'influence de la sécheresse, de la

Fig. 131. *Greffe en écusson, âgée d'un an, pour former une pyramide.*

Fig. 132. *Greffe en écusson, âgée de deux ans, pour former une pyramide.*

croissance des plantes nuisibles et de la gelée sont les *labours*, les *arrosements*, les *binages* et les *couvertures*.

Les *labours* détruisent les plantes nuisibles en ramenant à la surface du sol les racines traçantes des plantes vivaces, telles que *liserons*, *chiendent*, etc. En outre, ils maintiennent le sol dans un état de division convenable, et le rendent plus perméable à l'air et aux racines. La nature du sol influe sur le nombre des labours. Ils sont surtout indispensables dans les terres un peu compactes qui doivent en recevoir au moins un chaque année, au commencement de l'hiver. Dans les terrains très-légers, le labour peut être retardé jusqu'au printemps.

Un point essentiel est le choix d'un instrument convenable. La bêche et tous les instruments à lame doivent être exclus; un trop grand nombre de racines des jeunes plants seraient coupées; on doit se servir exclusivement de la fourche à dents plates ou trident, ou des houes fourchues.

Les *arrosements* ne peuvent être employés que pour les semis, les marcottages, les boutures et les repiquages; mais cette opération ne doit être exécutée que lorsque le besoin s'en fait absolument sentir, lors des grandes sécheresses de l'été; sans cela, le plant prend trop de développement, ses racines sont dépourvues de chevelu, et il reprend difficilement. Ces arrosements doivent être exécutés après le coucher du soleil. On pourra négliger cette opération, dans le centre et dans le nord, pour les arbres forestiers, et la réserver uniquement pour les espèces d'ornement, toujours plus délicates, et notamment pour celles qu'on élève en terre de bruyère.

Quant aux greffes et aux transplantations, on les préserve de la sécheresse à l'aide des *binages* et des *couvertures*. On aura recours aux arrosements dans le midi seulement.

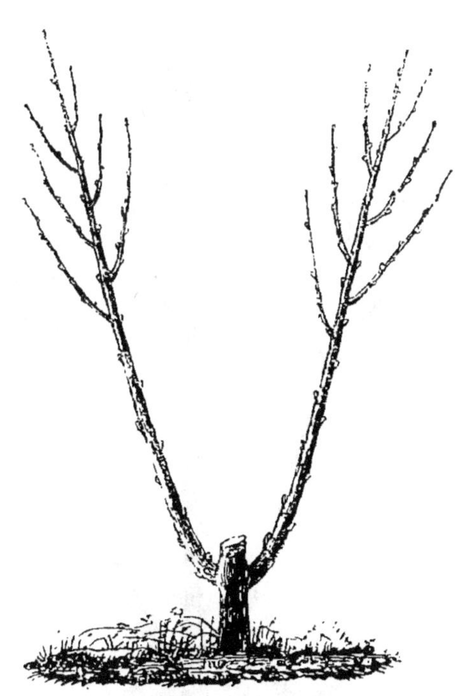

Fig. 155. *Greffe de pêcher en écusson Descemet, âgée d'un an, pour former un arbre en espalier.*

Le binage consiste à remuer et à pulvériser le sol, à la profondeur de 0^m,05 environ, aussitôt que sa surface commence à se dessécher et à se crevasser.

Voici comment on explique l'influence des binages contre la dessiccation du sol. La chaleur du soleil dessèche la terre d'autant plus profondément, que celle-ci est plus affermie, parce que, les particules qui la composent étant en contact immédiat les unes avec les autres, celles de la surface, desséchées par les rayons du soleil, réparent l'humidité qu'elles perdent aux dépens de celles placées immédiatement au-dessous d'elles. Celles-ci produisent le même effet sur les particules inférieures, et c'est ainsi que, de proche en proche, la sécheresse parvient à de grandes profondeurs.

A l'aide du binage, on ameublit la superficie du sol; cette couche supérieure ainsi pulvérisée perd, il est vrai, rapidement son humidité; mais, n'étant plus adhérente à la partie inférieure, elle ne répare plus aux dépens de celle-ci la perte qu'elle a éprouvée, et, s'interposant entre l'action du soleil et la couche inférieure, elle devient un obstacle au desséchement de cette dernière. Pour maintenir cet état de choses, il faut donner un nouveau binage après chaque ondée de pluie; car celle-ci, en mouillant la surface, lui fait contracter une nouvelle adhérence avec la couche inférieure, et détruit les effets du premier binage.

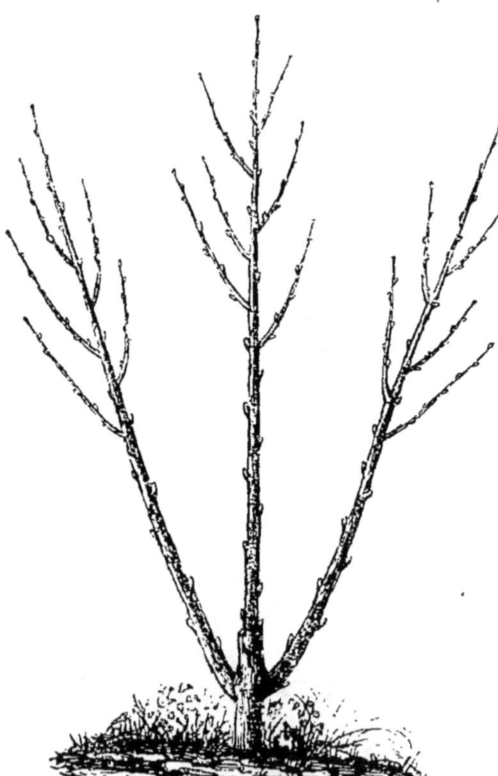

Fig. 154. *Greffe de pêcher en écusson Descemet, âgée d'un an, pour former un arbre en espalier.*

Les binages peuvent être surtout utilement employés dans les terres argileuses, qu'ils maintiennent dans un état convenable d'ameublissement. Quant aux terres légères, très-perméables déjà, et toujours trop exposées à l'évaporation, il sera plus avantageux, quand les circonstances le permettront, d'employer les couvertures.

Ces couvertures, que l'on pourra composer de tiges de jonc marin, de fougère ou de bruyère, de feuilles sèches, de paille en décomposition, ou de marc de pommes déjà ancien et ayant perdu une grande partie de son acidité, offriront le triple avantage d'empêcher les effets de l'évaporation sur le sol, de s'opposer à la croissance des plantes nuisibles, de pouvoir être enterrées et de servir ainsi d'engrais lors de l'enlèvement des plants. Leur action sera la même que celle des binages, c'est-à-dire que, non adhérentes avec la surface du sol, elles seront un obstacle à l'action des rayons solaires.

Il sera bon de réunir ces couvertures chaque hiver, en une ligne entre les rangs d'arbres, afin d'empêcher les mulots et les souris de s'y réfugier et de ronger le pied des arbres, et aussi pour exposer à l'action des gelées les insectes nuisibles qui s'y retirent.

Certaines espèces d'arbres et d'arbrisseaux redoutent, dans le nord de la France, pendant leur première jeunesse, l'intensité des gelées; surtout lorsque, sous l'influence d'un été humide, les jeunes tiges sont mal *aoûtées*. Pour éviter les accidents que déterminent quelquefois les hivers rigoureux, il conviendra de répandre, au commencement de l'hiver, sur les plates-bandes où sont placés ces jeunes plants et particulièrement ceux à feuilles persistantes, une couche de feuilles sèches de 0^m,12 à 0^m,15 d'épaisseur.

Pour terminer l'exposé des principes qui doivent servir de guide dans la culture des pépinières en général, il nous reste à dire un mot de l'influence de l'alternance sur le succès de cette culture.

De l'Alternance. — On entend par alternance l'art de faire alterner les diverses espèces de plantes sur le même terrain, pour tirer de celui-ci le plus grand produit, aux moindres frais possibles. La grande loi de l'alternance s'applique, non-seulement aux plantes herbacées, mais encore aux jeunes plants cultivés en pépinière.

La théorie de l'alternance, pour les pépinières, repose sur l'observation des deux faits suivants :

1° Si l'on cultive sans interruption la même espèce de plant dans le même terrain, la vigueur des dernières levées diminue progressivement, quoique, avant chaque ensemencement, on ait ajouté au sol la quantité de principes fertilisants que la levée précédente y a absorbée; mais ce sol, devenu stérile pour l'espèce qu'on y a cultivée pendant plusieurs années, peut être très-fertile pour des plants appartenant à d'autres familles de plantes.

Cette action des jeunes plants sur le sol, action à laquelle on donne le nom d'*effritement*, n'a pu jusqu'à présent être expliquée d'une manière bien satisfaisante. De Candolle prétend que les plantes sécrètent par leurs racines certaines substances qui, accumulées dans le sol, rendent celui-ci impropre à la végétation de l'espèce qui a produit ces sécrétions; cette explication serait très-satisfaisante, mais rien n'est moins prouvé que ces sécrétions.

2° On a également remarqué que tous les jeunes arbres n'absorbent pas, à volume égal, la même quantité de fumure dans le sol, c'est-à-dire qu'ils ne sont pas également *épuisants*. C'est ainsi que le chêne, le frêne, paraissent être au nombre des espèces les plus épuisantes, tandis que l'orme, les robiniers, le sont beaucoup moins. Cette différence doit être attribuée à la cause suivante :

Nous savons que les plantes sont pourvues de deux appareils nourriciers : les racines, qui puisent des matières nutritives dans le sol; les feuilles, qui remplissent les mêmes fonctions dans l'atmosphère. Or l'équilibre entre les fonctions de ces deux organes existe rarement; tantôt c'est l'absorption des racines qui domine, tantôt c'est celle des feuilles. On conçoit bien, d'après cela, que les espèces dans lesquelles la force d'absorption des racines sera très-considérable épuiseront bien plus le sol que celles dans lesquelles l'absorption des feuilles sera dominante, puisque l'une et l'autre de ces deux plantes ne s'assimileront que la même quantité de principes nutritifs.

Il sera donc avantageux d'éloigner le plus possible le retour sur le même sol des mêmes espèces, des espèces du même genre ou de la même famille, et de remplacer dans le carré des semis, des repiquages, des greffes et des transplantations, chaque levée de plant par des espèces qui s'éloignent le plus possible de celles auxquelles elles succèdent. Si le nombre trop restreint des espèces cultivées dans la pépinière forçait à faire reparaître trop souvent le même plant sur le même sol, il serait plus avantageux, plutôt que d'obtenir des produits sans valeur, de cesser alternativement et périodiquement la culture des arbres sur chacune des parties de chaque carré principal de la pépinière, et de la consacrer pendant un ans ou deux à la culture des gros légumes. C'est un excellent moyen de rendre la fertilité à un terrain fatigué par la culture trop souvent répétée des mêmes arbres.

DEUXIÈME SECTION

CULTURE SPÉCIALE DES ARBRES FORESTIERS OU SYLVICULTURE.

La culture des arbres forestiers peut être envisagée sous les trois points de vue suivants :

1° Lorsque les arbres, répartis sans ordre sur toute la surface du sol, sont reproduits, après leur exploitation, soit à l'aide de nouvelles tiges qui naissent sur les anciennes souches, soit au moyen d'ensemencements naturels ou artificiels. Si ces surfaces boisées présentent une étendue considérable, elles prennent le nom de *forêts*, et celui de *bois* lorsqu'elles sont plus restreintes;

2° Lorsque les arbres sont régulièrement plantées en lignes parallèles plus ou moins nombreuses, qu'on leur laisse acquérir tout leur développement avant de les abattre, et qu'ils sont renouvelées seulement à l'aide de nouvelles plantations. Ce mode de culture prend le nom de *plantations d'alignement* ;

3° Enfin, quand ces arbres, maintenus à une faible hauteur, sont disposés de manière à servir de clôture et forment ce que l'on nomme une *haie vive.*

Nous allons d'abord faire l'étude des diverses espèces ligneuses employées pour l'une ou pour l'autre de ces trois destinations; puis, après avoir examiné leur mode de multiplication dans la pépinière, nous décrirons les principales opérations qui constituent les trois modes de culture que nous venons d'indiquer.

ÉTUDE DES PRINCIPALES ESPÈCES D'ARBRES FORESTIERS.

ESPÈCES INDIGÈNES.

Arbres non résineux. — *Alizier blanc, A. commun* ou *Allouchier* (*Cratægus aria*, Lin.) (*fig.* 135.) — Tige de 10 mètres d'élévation environ et de 1 mètre de circonférence. Bois très-dur, grain fin et serré, susceptible d'un beau poli et prenant bien la teinture. Il est propre à faire des alluchons dans les moulins, des montures d'outils, des flûtes, etc., son charbon est très-estimé. L'alizier se plaît dans les terres argilo-calcaires un peu sèches, et supporte bien les climats rigoureux; on le réserve dans les forêts pour fournir des fruits aux oiseaux qui font la chasse aux insectes. Jamais cet arbre n'est semé seul dans les forêts; on mélange quelques-unes de ses graines avec celles des autres espèces, ou bien on plante de jeunes sujets élevés dans les pépinières. Il repousse bien de souche après qu'il a été exploité[1].

Alizier de Fontainebleau (*C. latifolia*, Lam.) (*fig.* 136).

Alizier des bois (*C. torminalis.* Lin.) (*fig.* 137). — Ces deux espèces présentent les mêmes qualités que la précédente; leur bois est employé

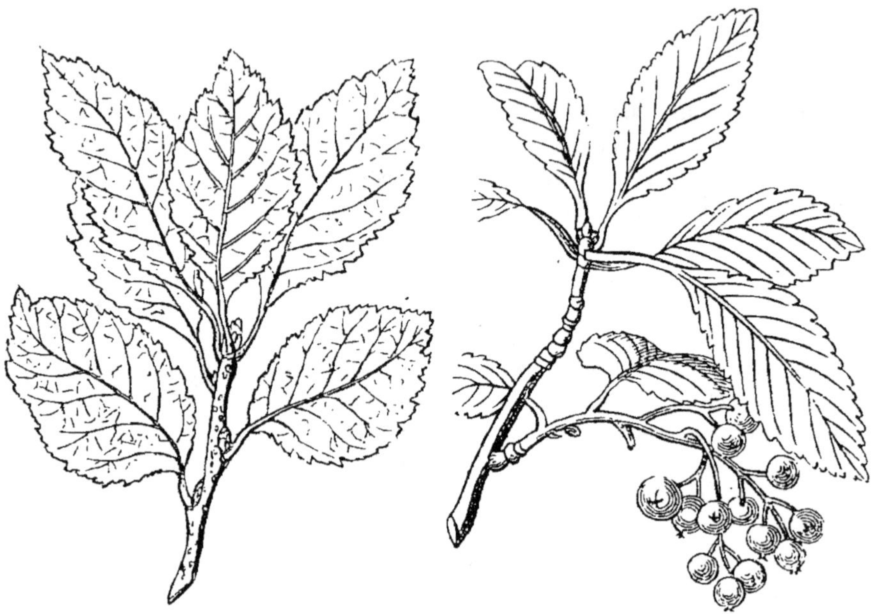

Fig. 135. *Alizier blanc.*   Fig. 136. *Alizier de Fontainebleau.*

au même usage, et elles s'accommodent du même terrain et du même climat.

Aubépine commune, *épine blanche* (*Mespilus oxyacantha*, Wild.) (*fig.* 138. — Tige de 8 mètres d'élévation et 0^m,80 de circonférence. Bois d'un blanc jaunâtre, très-dur, mais difficile à travailler, et, à cause de cela, peu employé dans les arts. Ce grand arbrisseau n'est point cultivé dans les forêts, où il n'est quelquefois que trop commun; il est d'un grand usage pour faire des haies vives, qui sont d'une plus longue durée et d'une plus grande solidité que celles faites avec toute autre espèce. Nous indiquons plus loin la culture qu'il réclame pour la confection des haies vives. Cet arbuste croît dans toutes les espèces

---

[1] Nous indiquons plus loin, à l'article des Pépinières forestières, le meilleur mode de multiplication pour ces diverses espèces, ainsi que l'époque convenable de leur eusemencement, et le degré de profondeur auquel les graines doivent être enterrées.

de terrains, il s'accommode de toutes les expositions et de presque tous les climats.

Aune commun (*Alnus communis*, Du.h) (*fig.* 139). — Tige de 15 à 20 mètres de hauteur; bois mou, de couleur rougeâtre, se conservant parfaitement sous l'eau; aussi est-il très-employé pour faire des pilotis, des conduits d'eau souterrains, des corps de pompe, des étais dans les mines, etc. Il prend très-bien la couleur noire; les tourneurs, les ébénistes, en font un fréquent usage. On l'emploie aussi pour faire des sabots, des chaises, des pelles, des perches pour les teinturiers. Cet arbre est un des plus aquatiques de l'Europe; il vient bien dans les

Fig. 137. *Alizier des bois.*   Fig. 138. *Aubépine commune.*

terrains les plus marécageux. Il se plaît surtout sur les berges des fossés remplis d'eau, le long des rivières et des ruisseaux, et dans tous les terrains légers et humides. Il préfère surtout les climats tempérés. Lorsqu'on veut les semer à demeure, on répand les graines dans la proportion de 11 kilogrammes par hectare. Cet arbre peut être cultivé en futaie ou en taillis; dans le premier cas, on l'exploite à l'âge de soixante ans environ. Les souches de taillis peuvent encore repousser jusqu'à l'âge de trente à quarante ans.

Bouleau blanc (*Betula alba*, Lin.) (*fig.* 140). — Tige de 13 mètres d'élévation et de 1 mètre de circonférence; bois nuancé de rouge, assez élastique, d'un grain fin et qui prend bien le poli. Il est recherché par les menuisiers, les tourneurs, les ébénistes, les sabotiers, pour faire des cercles, et pour le chauffage des fours; son charbon est propre à faire de la poudre à canon. Il s'accommode de tous les terrains, quelque mauvais qu'ils soient, depuis les plus secs jusqu'aux plus humides. Il supporte aussi les climats les plus rigoureux, ainsi que toutes les expositions, à l'exception de celle du midi, où il se plaît moins, surtout dans les contrées chaudes. Lorsqu'on voudra le semer à demeure, on emploiera la semence dans la portion de 40 kilogrammes environ par hectare. Le bouleau blanc, en futaie, doit être exploité à l'âge de 40 à 50 ans au plus tard. En taillis, on l'exploite à 10, 15 ou 20 ans.

Fig. 139. *Aune commun.*   Fig. 140. *Bouleau blanc.*

Bourgène ou *bourdaine* (*Rhamnus frangula*, Lin.) (*fig. 141*). — Tige de 4 mètres d'élévation; bois blanc, tendre, cassant, employé dans la vannerie. Son charbon, très-léger, est le plus recherché pour la fabrication de la poudre à canon. Cet arbuste n'est pas, dans les forêts, l'objet d'une culture spéciale; il s'y multiplie par les ensemencements naturels. Il préfère les climats tempérés, les sols substantiels, un peu frais, et l'ombrage des grands arbres.

Buis commun (*Buxus sempervirens*, Lin.) (*fig. 142*). — Les dimensions de cet arbuste à feuilles persistantes sont très-variées, suivant le climat où il se développe. Dans le midi de l'Europe, il s'élève quelquefois à plus de 20 mètres, tandis que, dans le Nord, il dépasse à peine 2 mètres. Son bois, d'un jaune pâle, est un de ceux dont le tissu est le plus dur et le plus serré. On en fabrique des grains de chapelet, des sifflets, des boutons, des cannelles, des fourchettes et des cuillers, des peignes, des tabatières, etc. On en fait aussi un usage fréquent pour la gravure sur bois.

On ne cultive point le buis dans les forêts; le peu de pieds qu'on y trouve aujourd'hui proviennent de souches ou des graines répandues naturellement. Les excellentes qualités de cet arbuste et la destruction qu'on en a faite doivent engager à le cultiver dans le midi de la France. Il ne suporte pas les climats trop rigoureux; il se plaît de préférence

Fig. 141. *Bourgène.*   Fig. 142. *Buis commun.*

sur les collines exposées au nord et dans les terrains fertiles et ombragés.

Charme commun (Carpinus betulus, Lin.) *(fig.* 143). — Tige de 15 mètres d'élévation et de 1^m,40 de circonférence; bois blanc, dur, pesant et d'un grain serré; il est employé dans le charronnage rustique: placé au premier rang comme bois de chauffage, son charbon est propre à la fabrication de la poudre à canon. Il s'accommode de tous les climats où peuvent vivre les céréales. Il croit à merveille dans les plaines, sur les coteaux et les montagnes peu élevées; il vient bien à toutes les expositions. Il se plaît dans les terres calcaires argileuses, profondes et un peu fraîches. Lorsqu'on veut l'ensemencer à demeure, la graine doit être employée dans la proportion de 50 kilogrammes par hectare.

Cultivé en futaie, on doit l'exploiter vers l'âge de 90 ans. On en fait aussi de très-bons taillis dont les souches repoussent bien jusqu'à 40 et 60 ans. Mais c'est à l'âge de 20 ans que ces taillis donnent les produits les plus avantageux.

Châtaignier commun (Fagus castanea, Lin.) (*fig.* 144). — Arbre de première grandeur. Son bois, analogue à celui du chêne, mais moins obscur, offre une très-grande durée. Il est très-employé dans la charpente, la menuiserie, les ouvrages de fente, la tonnellerie ; ses jeunes tiges sont les meilleures pour faire des cercles, des échalas ; enfin, ses fruits, aussi sains qu'abondants, en font un arbre presque aussi précieux que le chêne.

Le châtaignier aime les terres fertiles, les sols silicéo-argileux, et même les terres siliceuses suffisamment fraîches. On le voit

Fig. 145. *Charme commun.*

se développer, cependant, dans les terrains secs, légers, impropres aux céréales, et sur les rochers ; il redoute les terrains calcaires et les argiles compactes et humides. Il se plaît sur le penchant des coteaux et

Fig. 144. *Châtaignier commun.*

sous un climat doux, c'est-à-dire partout où la vigne fructifie bien. On le voit cependant plus au nord, mais alors il ne donne pas de fruits.

Cultivé comme futaie, il peut être exploité à l'âge de 110, mais il peut se conserver intact pendant un plus long temps.

Le châtaignier repousse très-bien de souche, et forme d'excellents taillis qu'on peut exploiter à l'âge de 7 à 15 ans.

Chêne rouvre ou *à grands sessiles* (*Quercus robur*, Lin.) (*fig.* 145). — Tige de 35 à 40 mètres d'élévation et de 3 mètres de circonférence. Bois de la plus grande importance, soit comme combustible, soit pour les constructions civiles et navales, soit enfin pour les arts mécaniques. L'écorce transformée en *tan* joue un rôle très-important dans la préparation des cuirs. Les terrains qui conviennent le mieux à cet arbre sont les sols argilo-siliceux et silicéo-argileux assez profonds. Il se développe bien aussi dans les sables siliceux; pourvu qu'ils soient un peu humides. Le chêne rouvre est un arbre des climats tempérés; il redoute également l'excès du froid et de la chaleur. Il se plaît sur le revers des montagnes et dans les plaines; l'exposition du nord lui est moins favorable que les autres. Lorsque l'on sèmera cet arbre à demeure, on répandra les graines dans la proportion de 120 décalitres par hectare. Le chêne en futaie est l'arbre dont le dernier terme d'exploitation se fait attendre le plus longtemps; cette époque

Fig. 145. *Chêne rouvre.*

varie entre 100 et 200 ans, et même plus, suivant les circonstances locales.

Il n'y a pas non plus d'espèce qui se soutienne plus longtemps en taillis. Il peut durer plusieurs siècles sans qu'on ait à craindre le dépérissement des souches.

Chêne à glands pédonculés (*Q. pedunculata.* Hoff.) (*fig.* 146). — Il acquiert de plus grandes dimensions et croît plus vite que le précédent. Son bois est moins noueux et se fend plus facilement; aussi le préfère-t-on pour les ouvrages de fente et de menuiserie; mais il demande un terrain plus profond, plus frais, et une position plus tempérée que le chêne rouvre, auquel on devra le préférer lorsqu'on pourra le placer dans ces conditions.

Chêne Thauzin ou *angoumois* (*Q. tauza,* Bosc.) (*fig.* 147). — Tige de 20 à 24 mètres d'élévation; bois dur, noueux, peu convenable pour les ouvrages de fente, mais estimé pour les constructions et pour le chauffage. Cette espèce, propre surtout au midi de la France, s'accommode des terrains arides.

Chêne yeuse ou *Chêne vert* (*Q. ilex*, Lin.) (*fig.* 148). — Arbre à feuilles persistantes, offrant une tige de 10 mètres d'élévation. Son bois, très-dur et pouvant prendre un beau poli, est employé pour des essieux, des leviers, des poulies, etc., etc. Il aime les terrains secs, siliceux, et ne s'accommode que du climat du midi de la France.

Fig. 146. *Chêne à glands pédonculés.*

Fig. 147. *Chêne Thauzin.*

Fig. 148. *Chêne yeuse.*

Chêne Kermès (*Q. coccifera*, Lin.) (*fig.* 149).— Arbre à feuilles persistantes, offrant une tige dépassant rarement 4 à 5 mètres d'élévation. La grosseur habituellement insuffisante de son tronc ne permet de l'utiliser que comme bois de chauffage. Mais il peut être employé avec avantage à la formation des haies vives. Il nourrit un petit insecte du genre *coccus*, qui a été très-employé pour la teinture. Ce petit arbre, qui couvre tous les rochers de la Provence, aime les terrains secs et ne peut vivre que sous le climat du Midi.

Cornouiller mâle (*Cornus mascula*, Lin.) (*fig.* 150). — Tige de

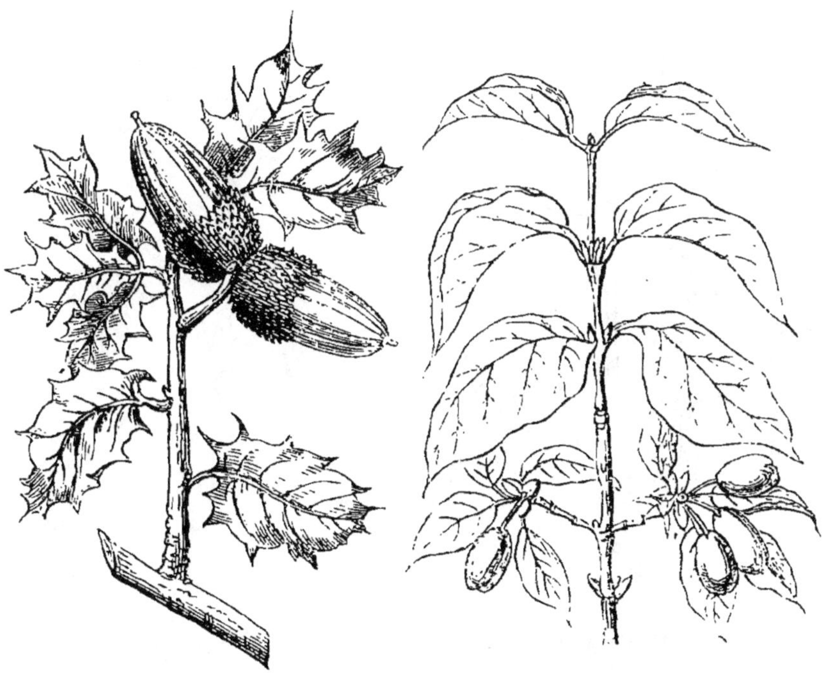

Fig. 149. *Chêne Kermès.*   Fig. 150. *Cornouiller mâle.*

6 à 8 mètres d'élévation; végétation très-lente; bois blanc nuancé de rouge, très-dur, à grain susceptible de recevoir un beau poli. On l'emploie pour faire des rayons de roues, des échelons d'échelles, des coins, des chevilles, etc. Cette espèce n'est pas cultivée dans les forêts, elle s'y propage naturellement. Elle croît de préférence dans les sols argilo-siliceux et argilo-calcaires; on la rencontre dans le nord et dans le midi de la France.

Cytise aubours ou *faux-ébénier* (*Cytisus laburnum*, Lin.) (*fig* 151).
— Tige de 5 à 7 mètres de hauteur, bois de couleur brune, très-dur, souple, élastique, d'une longue durée, susceptible de recevoir un beau poli. Il est quelquefois employé par les ébénistes et les tourneurs. Cet arbre peut être utilisé pour la formation des taillis dans les terrains

arides, pourvu qu'ils ne soient pas uniquement composés de calcaire. Il redoute un peu les hivers du Nord.

Cytise des Alpes (*C. alpinus*, Wild.) (*fig.* 152). — Cette espèce diffère surtout de la précédente par de plus grandes dimensions, et aussi par sa rusticité qui lui fait supporter les hivers les plus rigoureux.

Érable champêtre (*Acer campestris*, Lin.) (*fig.* 153). — Tige de 8 à 12 mètres d'élévation; bois dur, d'un blanc jaunâtre, liant et pouvant recevoir un beau poli. Les luthiers, les tourneurs, les ébénistes, le recherchent également; il chauffe bien, et son charbon est de bonne qua-

Fig. 151. *Cytise aubours.*   Fig. 152. *Cytise des Alpes.*

lité. Cet arbre se plaît dans tous les climats de la France, et préfère les coteaux formés de terre légère ou de consistance moyenne suffisamment fraîche. Il est surtout employé pour la formation des taillis. On peut, à cet effet, l'associer utilement au charme et à quelques autres bois durs dont il égale la valeur. On répand la semence dans la proportion de 30 kilogrammes par hectare.

Érable sycomore (*A. pseudoplatanus*, Lin.) (*fig.* 154). — Arbre de première grandeur; bois blanc marbré, d'un tissu serré, susceptible de recevoir un beau poli. Il est employé par les charrons, les ébénistes, les tourneurs, les sculpteurs, les facteurs d'instruments de musique, les armuriers. Il habite les climats tempérés, et se plaît dans les plaines et sur les coteaux. Il aime les terrains silicéo-argileux, ou siliceux un peu frais

Érable plane (*A. platanoïdes*, Lin.) (*fig. 155*). — Tige de 15 à

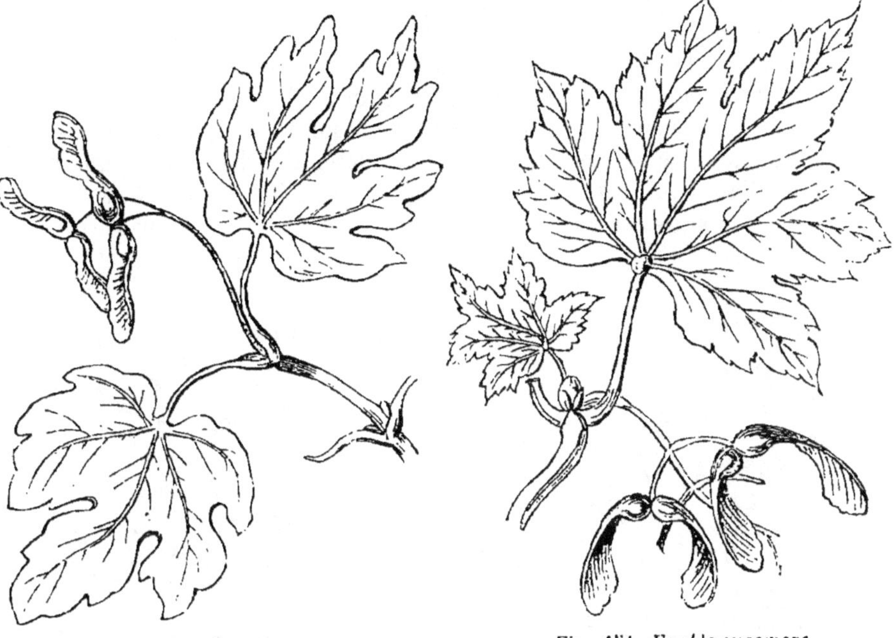

Fig. 153. *Érable champêtre.*

Fig. 154. *Érable sycomore.*

Fig. 155. *Érable plane.*

Fig. 156. *Frêne élevé.*

10.

20 mètres d'élévation; bois moiré, de couleur grisâtre, employé aux mêmes usages que celui de l'espèce précédente. Cet arbre demande aussi le même climat et le même terrain que le sycomore. Ces deux dernières espèces d'érable sont semées comme l'érable champêtre.

Frêne élevé (*Fraxinus excelsior*, Lin.) (*fig.* 156). — Arbre de première grandeur; bois blanc, veiné longitudinalement, assez dur, très-élastique. On en fait toutes les grandes pièces de charronnage qui ont besoin d'avoir du ressort; on en fabrique des échelles, des chaises, des manches d'outils, etc. Le défaut de ce bois est d'être sujet à la vermou-

Fig. 157. *Fusain d'Europe.*   Fig. 158. *Hêtre des bois.*

lure : aussi ne l'emploie-t-on pas dans les pièces de charpente. Le frêne s'accommode de tous les terrains un peu frais, pourvu qu'ils ne soient ni trop argileux ni trop calcaires; il préfère les climats tempérés et l'exposition du nord. On répand la semence dans la proportion de 52 kilogrammes par hectare. Cet arbre est exploité avec le même avantage en taillis ou en futaie.

Fusain d'Europe (*Evonymus europæus*, Lin.) (*fig.* 157). — Tige de 4 à 5 mètres d'élévation; bois léger, d'un blanc jaunâtre; son grain, fin et serré, le rend propre à la marqueterie et aux ouvrages de tour. Réduit en charbon, il peut servir à la fabrication de la poudre à canon. Ce même charbon, préparé avec les jeunes rameaux qu'on laisse assez longs, est fréquemment usité par les dessinateurs pour tracer les esquisses; cet arbrisseau, non cultivé, croît spontanément dans les bois, il s'accommode de tous les terrains.

Hêtre des bois (*Fagus sylvestris*, Lin.) (*fig.* 158). — L'un des plus beaux arbres de nos forêts; il atteint presque l'élévation des chênes; toutefois son tronc présente, en général, moins de grosseur, et son existence n'est pas aussi longue. Son bois, moins élastique et moins résistant que celui du chêne, n'est pas employé dans les charpentes; mais il est d'une grande utilité pour la boissellerie, pour faire des sabots, des pieux propres aux pilotis, etc. Il est principalement recherché comme combustible. Le hêtre se plaît surtout dans les sols argileux, suffisamment gra-

Fig. 159. *Houx commun.*   Fig. 160. *Merisier.*

veleux, des climats tempérés. On répand ses semences dans la même proportion que celles du chêne. Il est également propre aux futaies et aux taillis.

Houx commun (*Ilex aquifolium*, Lin.) (*fig.* 159). — Tige de 8 à 10 mètres d'élévation; son bois dur, solide, à grain fin et serré, prend la couleur noire mieux qu'aucun autre. Il est employé par les ébénistes; on en fait aussi des manches d'outils, des alluchons pour les roues de moulins, des engrenages et plusieurs ouvrages de tour. Les jeunes branches, très-flexibles, servent à faire des manches de fouet. C'est avec son écorce qu'on fait la meilleure glu pour prendre les oiseaux. Les terres argilo-siliceuses et argilo-calcaires lui conviennent surtout, ainsi que l'exposition du nord et les localités ombragées. Cet arbrisseau croît spontanément dans les forêts; on l'y considère comme plus nuisible qu'utile. On l'emploie surtout pour la confection des haies vives.

Merisier (Prunus avium, Lin.) *(fig.* 160). — Tige de 10 à 12 mètres d'élévation; bois ferme, roussâtre, serré, facile à travailler et susceptible de prendre un beau poli. Il est recherché par les ébénistes, les tourneurs et les menuisiers. Cet arbre se plaît dans les terrains calcaires ou siliceux; il redoute les sols très-humides. Il aime les climats tempérés; il y croît également bien en futaie et en taillis.

Micocoulier de Provence (Celtis australis, Lin.) *(fig.* 161). — Tige de 12 à 15 mètres d'élévation; bois compacte, liant, d'une souplesse extraordinaire. Peu d'arbres sont susceptibles de rivaliser d'utilité avec le micocoulier, à cause des nombreux usages qu'on peut faire de son bois. Il peut être avantageusement employé par les menuisiers, les ébénistes, les sculpteurs, les facteurs d'instruments à vent. Sa ténacité et sa souplesse le rendent propre à faire d'excellents cerces de tonneaux. Il est très-employé pour faire des fourches à remuer le fourrage, des pieux, des échalas, des vis, des planches d'impression pour les étoffes et les papiers peints.

Fig. 161. *Micocoulier de Provence.*

Dans les environs de Narbonne, cet arbre, cultivé en taillis très-serré, dans un sol un peu frais et substantiel, donne tous les deux ans de longues et fortes pousses propres à faire des bâtons pour les lignes, des baguettes de fusil, et surtout des manches de fouet connus dans le commerce sous le nom de *perpignans.* Enfin, il est aussi très-utile pour les charrons, qui l'emploient pour faire des brancards de cabriolets, des essieux et surtout des moyeux.

Le micocoulier s'accommode de tous les terrains, même des sols les plus arides. Quoique cet arbre n'ait été jusqu'ici cultivé en grand que sur quelques points de nos départements méridionaux, nous pensons qu'il se développerait également bien dans les autres parties de la France. On peut le cultiver, soit en taillis, soit comme arbre d'alignement.

Noisetier commun ou *Coudrier (Corylus avellana,* Lin.) *(fig.* 162). — Grand arbrisseau dont le bois, tendre et souple, est employé dans la vannerie et comme combustible. Son charbon peut servir à la fa-

Fig. 162. *Noisetier commun.*

Fig. 163. *Orme commun.*

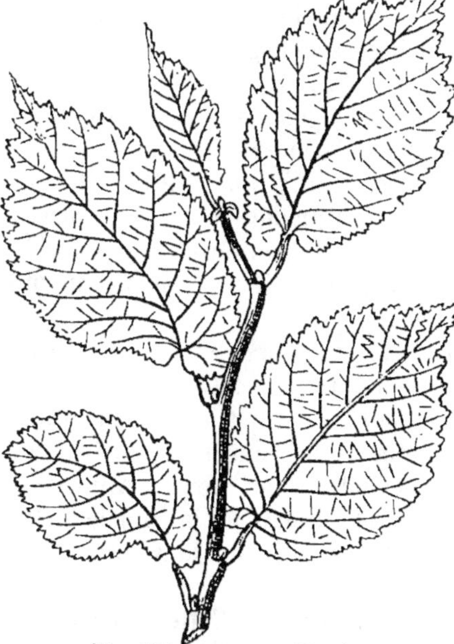

Fig. 164. *Orme tortillard.*

brication de la poudre à canon. Cette espèce préfère à tous les autres les terrains légers et frais. Elle n'est cultivée qu'en taillis.

Orme commun (*Ulmus campestris*, Lin.) (*fig.* 163). — Tige de 20 à 25 mètres d'élévation, et quelquefois de 4 à 5 mètres de circonférence; bois jaune, marbré de teintes plus foncées. C'est le meilleur de nos bois indigènes pour le charronnage, et surtout pour faire les jantes et les moyeux des voitures. On en fait aussi des corps de pompes et autres ouvrages destinés à rester sous l'eau; enfin, c'est le meilleur bois de chauffage. Cette espèce a produit plusieurs variétés, au nombre desquelles il faut mentionner

particulièrement l'*orme tortillard* (*fig.* 164), remarquable par ses filets ligneux qui se croisent et s'enchevêtrent sans cesse. Cette variété est un

des arbres les plus précieux de l'Europe à cause de la dureté et de l'élasticité de son bois. L'orme commun et ses variétés se plaisent dans tous les terrains légers et de consistance moyenne, suffisamment humides et surtout dans les sols calcairo-argileux. Cet arbre croît dans tous les climats tempérés de l'Europe; il peut être exploité

Fig. 165. *Orme pédonculé.*

en taillis et en futaie. Citons encore les deux espèces suivantes, l'*orme fongueux* (*Ulmus suberosa.* Wild.), remarquable par ses rameaux et ses branches couverts d'excroissances analogues au liége, et l'*orme pédonculé* (*Ulmus pedonculata*, Foug.) (*fig.* 165), qu'on distingue à ses fruits pédonculés et ciliés. Ces deux espèces exigent le même terrain que l'orme commun, et leur bois est employé au même usage.

Paliure épineux (*Rhamnus aculeatus*, Lin.) (*fig.* 166). — Grand arbrisseau de 3 à 4 mètres d'élévation, remarquable par ses nombreuses épines et par ses fruits en forme de chapeau. Il peut être un des meilleurs pour former des haies vives dans le Midi, où il croît abondamment à l'état sauvage dans tous les sols arides.

Peuplier blanc, ou *Blanc de Hollande*, ou *Ypreau* (*Populus alba.* Lin.) (*fig.* 167). — Tige de 35 mètres d'élévation et de 3 à 4 mètres de circonférence; bois blanc, assez léger, liant, peu sujet à la vermoulure. Les menuisiers, les layetiers, les sculpteurs, les tourneurs, en font un usage fréquent. Les terrains légers, profonds et un peu frais lui conviennent. Il se développe bien dans tous les climats de la France. Cette espèce entre utilement dans la formation des taillis et dans les plantations d'alignement.

Peuplier argenté (*P. nivea*, Wild.) (*fig.* 168). — Cette espèce, très-rapprochée de la précédente par son port, présente un accroissement plus rapide; son bois est aussi de meilleure qualité; on devra donc généralement la préférer. Elle s'accommode d'ailleurs du même sol, et est propre aux mêmes usage.

Peuplier grisard, ou *Grisaille* (P. *canescens*, Smith.) (*fig.* 169). — Cette espèce prend moins de développement que la première; son bois présente aussi moins de solidité; elle est recherchée pour le chauffage des fours. Le même terrain lui convient.

Peuplier tremble (P. *tremula*, Lin.) (*fig.* 170). — Tige de 12 à 15 mètres d'élévation; bois employé au même usage que celui du précédent. Il s'accommode des sols humides.

Peuplier noir (P. *nigra*, Lin.) (*fig.* 171). — Tige de 28 mètres d'élévation; bois de qualité passable, employé par les sabotiers, les charpentiers de la campagne, les menuisiers. Cet arbre se plaît surtout dans les lieux très-humides et sur le bord des eaux. On l'y cultive sous forme de *têtard,* et son produit est employé au chauffage.

Peuplier pyramidal, ou d'*Italie* (P. *fastigiata*, Poir.) (*fig.* 172). — Tige de 35 mètres d'élévation; bois de moins bonne qualité que le précédent, on l'emploie surtout pour faire des feuillets pour les couvertures en ardoises, et pour faire des caisses d'emballage. Il se développe bien dans les terres argilo-siliceuses et siliceuses.

Fig. 166. *Paliure épineux.*

Fig. 167. *Peuplier blanc.*

pourvu qu'elles ne soient pas trop sèches. Cette espèce n'est admise que dans les plantations d'alignement.

Fig. 168. *Peuplier argenté.*

Fig. 169. *Peuplier grisard.*

Fig. 170. *Peuplier tremble.*

Fig. 171. *Peuplier noir.*

Peuplier du Canada (P. *canadensis*, Mich.) (*fig.* 173). — Tige de 20 à 25 mètres d'élévation; bois analogue à celui du peuplier blanc et employé aux mêmes usages; il se développe bien aussi dans les mêmes

Fig. 172. *Peuplier pyramidal.*   Fig. 173. *Peuplier du Canada.*

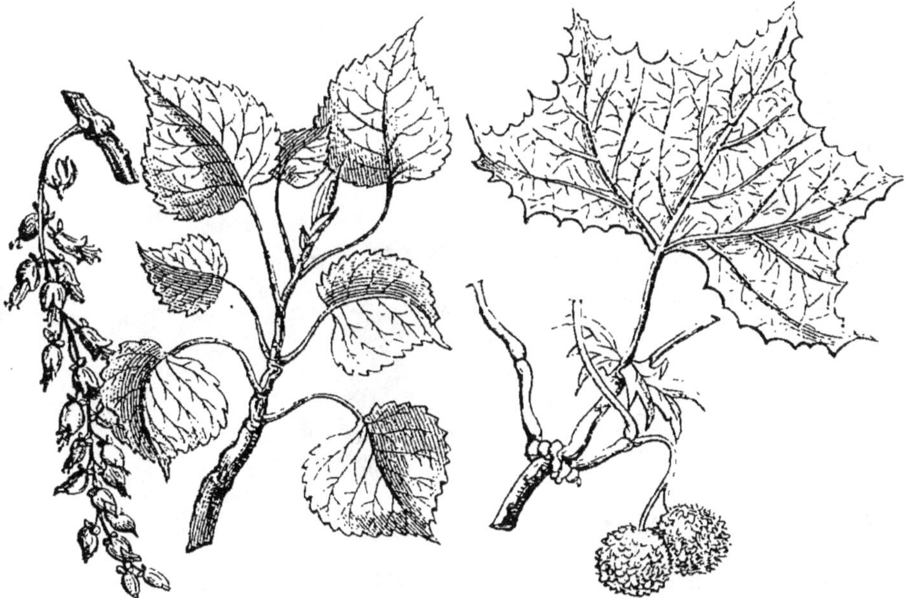

Fig. 174. *Peuplier de Virginie.*   Fig. 175. *Platane d'Occident.*

terrains; toutefois il redoute moins que lui l'influence de la sécheresse, son accroissement est plus prompt. Il n'a été employé jusqu'ici que dans les plantations d'alignement.

Peuplier de Virginie ou *suisse* (*P. monilifera*, Mich.) (*fig.* 174).— Cette espèce, qu'on a confondue à tort avec le peuplier du Canada, présente le même port, les mêmes qualités, et s'accommode du même sol.

Platane d'Occident (*Platanus occidentalis*, Lin.) (*fig.* 175). — Tige de 30 à 36 mètres d'élévation ; bois d'un tissu serré, ayant beaucoup d'analogie avec celui du hêtre, et pouvant être employé aux mêmes usages. Il faut au platane un sol substantiel et humide; il aime surtout le voisinage des eaux courantes. Il s'accommode de tous les climats de la France. Quoique cet arbre n'ait encore été cultivé que dans les plantations d'alignement, il pourrait sans nul doute entrer utilement dans la composition des taillis et des futaies.

Fig. 176. *Poirier sauvage.*

Poirier sauvage (*Pyrus communis*, Lin.) (*fig.* 176). — Cet arbre acquiert des dimensions un peu plus considérables que celles du pommier. On le rencontre à l'état sauvage dans les mêmes contrées que ce dernier. Son bois est aussi plus recherché pour les usages que nous allons indiquer. Les épines qu'il porte le rendent encore plus convenable que le pommier pour la confection des haies vives.

Fig. 177. *Pommier sauvage.*

Pommier sauvage (Malus communis, Lin.) (fig. 177). — Arbre de 6 à 7 mètres d'élévation, qui croît spontanément dans les forêts d'une grande partie de l'Europe; il préfère les sols riches, substantiels, argilo-calcaires ou argilo-siliceux. C'est le type de toutes les variétés de pommiers que nous cultivons dans nos jardins. Comme arbre forestier, le pommier n'a de valeur que par la qualité de son bois très-recherché pour la gravure en relief, la menuiserie et l'ébénisterie. Cet arbre peut être aussi d'une grande utilité pour la formation des haies vives.

Fig. 178. *Prunellier sauvage.*　　　Fig. 179. *Prunier de Sainte-Lucie.*

Prunellier sauvage, épine noire (Prunus spinosa, Lin.) (fig. 178). Grand arbrisseau de 7 à 8 mètres d'élévation. Cette espèce n'est pas cultivée dans les forêts, où elle n'est souvent que trop abondante; elle est d'une grande utilité pour former des haies vives d'une durée presque aussi longue que celles formées avec l'aubépine. Cet arbuste croît dans toutes les espèces de terrains; ceux où il se développe le mieux sont cependant les argiles calcaires. Il s'accommode de toutes les expositions et de presque tous les climats.

Prunier de Sainte-Lucie (Prunus mahaleb, Lin.) (f. 179). Arbre de

10 mètres d'élévation et dont le tronc peut acquérir 0ᵐ,30 de diamètre. Le bois offre les qualités de celui du merisier et peut être employé aux mêmes usages. Cette espèce, qui s'accommode de tous les climats, se plaît dans les terrains secs, soit calcaires, soit siliceux. Elle peut être utilement employée pour boiser, sous forme de taillis, les pentes arides des coteaux, et pour former des haies vives.

Robinier faux acacia (*Robinia pseudo-acacia*, Lin.) (*fig.* 180). — Tige de 20 à 25 mètres d'élévation et de 2 à 5 mètres de circonfé-rence; bois très-dur, pesant et élastique, jaune veiné de brun, d'un grain fin et serré, susceptible de prendre un beau poli. Il est très-re-

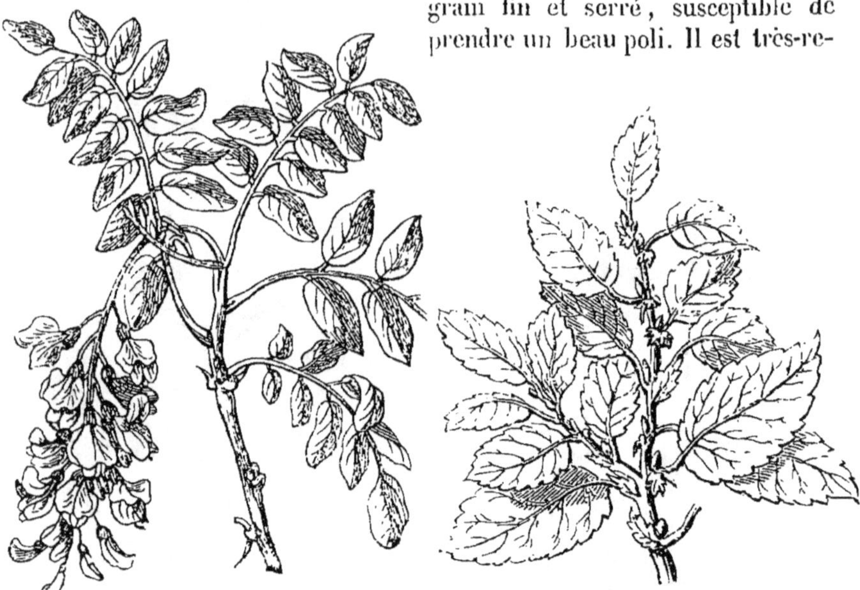

Fig. 180. *Robinier faux acacia.*   Fig. 181. *Saule marceau.*

cherché par les ébénistes, les menuisiers, les carrossiers. On doit aussi le préférer à tout autre pour faire des pieux, des échalas, des palissades, car il résiste mieux à la pourriture. Cet arbre, peu délicat quant à la na-ture du sol, préfère cependant les sols siliceux exposés au nord; il vit bien sous tous les climats de la France. L'acacia peut être aménagé en futaie exploitée à l'âge de 30 à 40 ans, et en taillis coupés tous les 6 ou 8 ans.

Saule marceau ou *Marsault* (*Salix capræa*, Lin.) (*fig.* 181). — Cette espèce, à végétation très-rapide, est surtout employée pour faire des taillis et des palissades; elle vit bien dans tous les sols un peu frais; son bois sert au chauffage des fours.

Saule blanc (*S. alba*, Lin.) (*fig.* 182). — Tige de 10 à 14 mètres et de 2 mètres de circonférence. Cette espèce est surtout cultivée en *têtard* au bord des eaux. Son bois est employé au chauffage.

Sorbier domestique ou *cormier* (*Sorbus domestica*, Lin.) (*fig. 183*).
— Tige de 12 à 16 mètres d'élévation; bois de couleur rougeâtre, très-dur, très-compacte, très-solide, à grain fin, serré et susceptible de re-

Fig. 182. *Saule blanc.*

Fig. 183. *Sorbier domestique.*

cevoir un beau poli; il est très-recherché des armuriers, des ébénistes, des menuisiers, des mécaniciens et des tourneurs; on l'emploie aussi avec avantage pour la gravure. Il est peu délicat sur la nature du sol ; il préfère cependant les terrains légers et surtout ceux de nature siliceuse. Il redoute les expositions trop chaudes. Cet arbre est employé seulement dans les plantations d'alignement.

Sureau noir (*Sambucus nigra*, Lin.)(*fig. 184*). — Cet arbre n'est

Fig. 184. *Sureau noir.*

guère employé que pour faire des haies vives, dont le produit est coupé pour le chauffage des fours. Il s'accommode de tous les terrains, surtout de ceux qui sont calcaires, pourvu qu'ils ne soient pas trop secs. Il végète bien dans tous les climats de la France.

Tilleul à larges feuilles ou de Hollande (Tilia platyphyllos, Vent.) (fig. 185). — Tige de 20 mètres d'élévation; bois blanc, assez léger, tendre, assez liant, peu sujet à la vermoulure. Les menuisiers, les layetiers, les tourneurs, les sculpteurs, en font un usage fréquent. Le liber des jeunes tiges sert à faire des cordes, des nattes

Fig. 185. *Tilleul à larges feuilles.*

Fig. 186. *Tilleul à petites feuilles.*

Fig. 187. *Genévrier commun.*

d'une assez grande solidité. Un sol siliceux, un peu substantiel et profond convient à cet arbre. Propre aux climats du Nord comme à ceux

du Midi, il est employé seulement dans les taillis et dans les plantations d'alignement.

Tilleul à petites feuilles (*T. microphylla*, Vent.) (*fig.* 186).— Cette
espèce diffère de la précédente par ses feuilles moins grandes et par son
développement plus restreint. Son bois est employé aux mêmes usages
que celui du précédent.

Arbres résineux. — *Genévrier commun* (*Juniperus communis*,
Lin.) (*fig.* 187). — Tige de 2 à 4 mètres d'élévation; bois d'un beau
rouge et d'un grain très-fin, quelquefois employé pour la tonnellerie et

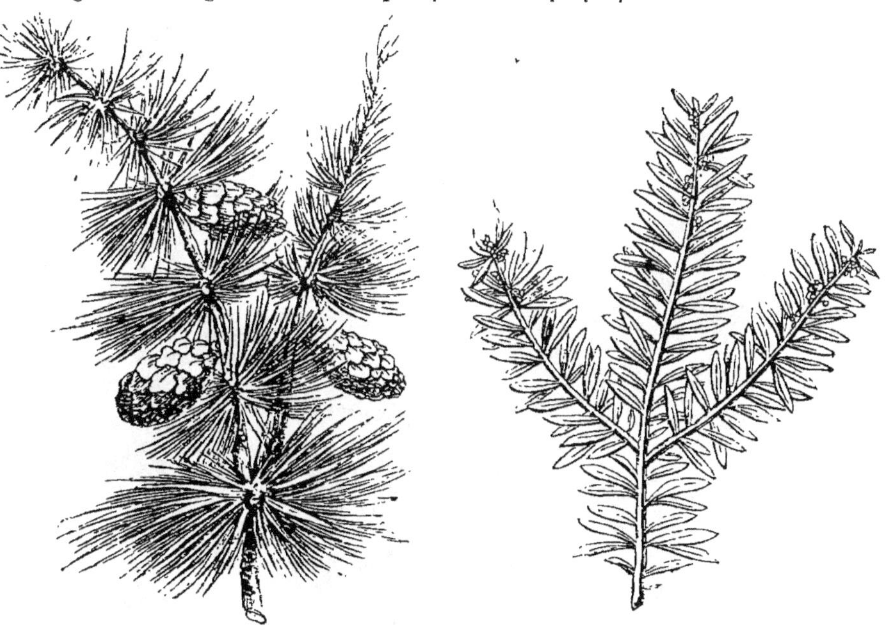

Fig. 188. *Mélèze d'Europe.*   Fig. 189. *If.*

l'ébénisterie, mais servant le plus souvent pour le chauffage. Il se développe bien dans les sols légers, siliceux ou calcaires du midi et du
nord de l'Europe. Cet arbre n'est pas cultivé dans les forêts.

If (*Taxus baccata*, Lin.) (*fig.* 189). — Tige de 10 à 12 mètres d'é-
lévation; bois d'un beau rouge orange, très-dur, d'un grain fin, prenant un beau poli, très-propre aux ouvrages de marqueterie, de tour.
Cet arbre, d'un accroissement très-lent, aime les terres substantielles;
il se développe cependant bien aussi dans les sols légers, calcaires ou
siliceux; il s'accommode également des climats du Midi et du Nord. On
le rencontre rarement dans les forêts.

Mélèze d'Europe (*Larix europæa.* Lin.) (*fig.* 188). — Tige de 35 à
40 mètres d'élévation et de 2 mètres de circonférence; feuilles caduques; bois tantôt rouge, tantôt blanc, très-estimé pour la charpente.

Au moyen d'incisions faites sur la tige, on en extrait une résine connue sous le nom de térébenthine de Venise. Il fournit aussi la *résine de Briançon*, secrétée par les rameaux sous forme de petits grains blancs.

Les sols légers un peu frais sont ceux qui conviennent au mélèze. Cet arbre se développe dans tous les climats tempérés de l'Europe, et particulièrement sur le versant septentrional des hautes montagnes; on répand la semence dans la proportion de 6 kilogrammes par hectare.

Pin sylvestre, de Riga, de Russie, d'Écosse, de Haguenau, de Genève (*Pinus sylvestris*, Lin.) (*fig.* 190). — Tige de 25 à 30 mètres:

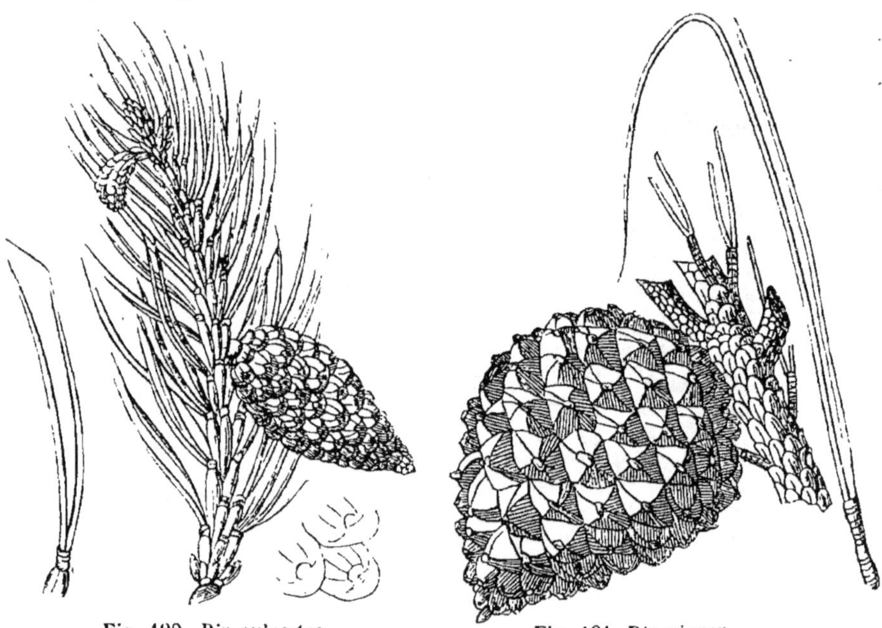

Fig. 190. *Pin sylvestre.*   Fig. 191. *Pin pignon.*

son bois, lorsqu'il provient d'arbres développés dans le nord de l'Europe, est un des plus précieux pour les constructions navales. La charpente et la menuiserie en font, depuis quelques années, une grande consommation sous le nom de bois du Nord. Le pin sylvestre développé en France est de moins bonne qualité, il est surtout moins dur; toutefois on l'emploie aux mêmes usages, et l'on s'en sert, en outre, pour le chauffage des fours. On en extrait aussi, au moyen d'incisions, une grande quantité de résine. L'un de ses principaux mérites chez nous, c'est qu'il permet d'utiliser les sols les plus arides, soit siliceux, soit calcaires, dans lesquels il donne des produits passables; le pin sylvestre aime, comme le mélèze, le versant septentrional des hautes montagnes. On répand sa semence dans la proportion de 15 kilogrammes par hectare.

Pin pignon (*P. pinea*, Lin.) (*fig.* 191). — Tige de 16 mètres d'élévation; cônes très-gros renfermant des graines comestibles, bois contourné et présentant beaucoup de solidité. Sa croissance est lente; il redoute la rigueur des hivers du nord de la France. Il préfère les sols légers siliceux.

Pin d'Alep (*Pinus alepensis*, Lin.) (*fig. 192*). — La tige de cette espèce acquiert une grosseur et une élévation à peu près égale à celle du pin pignon. Son bois a la même qualité. C'est un dés arbres les plus précieux pour le boisement des terrains arides du Midi; il rend dans cette contrée, dont le climat lui est nécessaire, les mêmes services que ceux rendus dans le Nord par le pin sylvestre. On répand la semence dans la proportion de 20 kilogrammes par hectare.

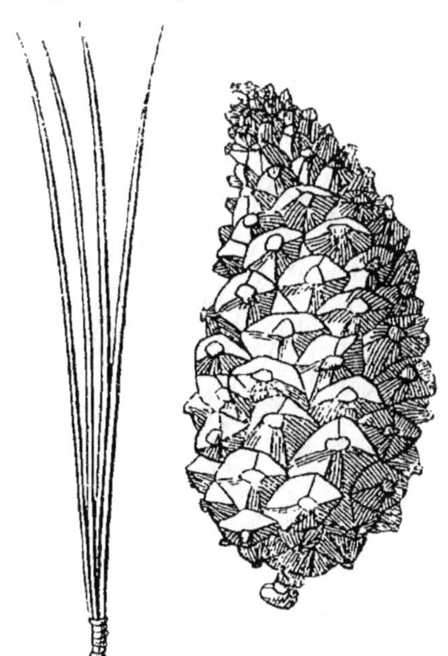

Fig. 192. *Pin d'Alep.*   Fig. 195. *Pin maritime.*

Pin maritime ou de Bordeaux (*P. maritima*, Lin.) (*fig. 195*). — Tige moins élevée que celle du pin sylvestre et moins bien filée : aussi est-elle moins propre à la mâture; son bois est aussi de moins bonne qualité; on l'emploie pour la charpente et le chauffage des fours. On extrait de sa tige une très-grande quantité de résine, et ses cônes, très-abondants, servent au chauffage. Cet arbre se développe dans les mêmes terrains que le pin sylvestre; on doit remarquer cependant qu'il redoute les hivers du nord de Paris.

Pin de Corse (*P. laricio*, Lin.) (*fig. 194*). — Cet arbre surpasse le pin sylvestre en grosseur et en élévation; son bois est plus mou, ce qui le rend moins propre à la mâture, mais on peut en tirer un très-grand parti pour la charpente. Il exige un sol un peu plus substantiel que le pin sylvestre; on peut le greffer avec avantage sur ce dernier à l'aide de la greffe en fente herbacée, décrite page 119. On a pratiqué cette opération en grand dans la forêt de Fontainebleau, pour tirer un meilleur parti des terrains siliceux de cette forêt. On répand la semence dans la proportion de 20 kilogrammes par hectare.

Sapin commun ou de Normandie (*Abies taxifolia*, Desf.) (*fig.* 195). — Tige de 50 mètres d'élévation, très-droite; son bois, très-léger et le plus vibrant de tous, est recherché à cause de cela par les luthiers pour

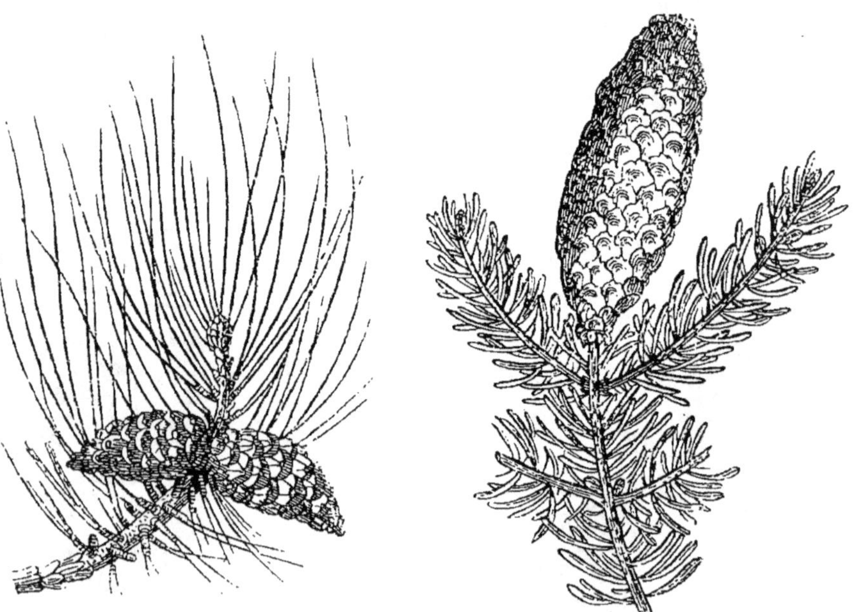

Fig. 194. *Pin de Corse.*   Fig. 195. *Sapin commun.*

les instruments à cordes. Il est aussi employé dans la marine, la charpente, la menuiserie, la layeterie. A un certain âge, il se forme, sous l'épiderme de sa tige, de grosses ampoules pleines de térébenthine, que l'on recueille et qu'on livre au commerce sous le nom de *térébenthine de Strasbourg*. Cette espèce demande un sol substantiel, un climat tempéré et une exposition au nord. On répand sa semence dans la proportion de 51 kilogrammes par hectare.

Sapin épicéa (*A. picea*, Desf.) (*fig.* 196). — Tige haute de 20 à 26 mètres; bois de même qualité que celui du sapin commun; on en retire par incision de la résine connue sous le nom de *poix de Bourgogne*. C'est surtout dans le nord de l'Europe que l'épicéa acquiert les qualités qui le distinguent, et, dans les pays tempérés, sur le versant septentrional des hautes montagnes. Cet arbre exige le même sol que le sapin commun. On n'emploie que 15 kilogrammes de semence pour un hectare.

Arbres non résineux. — *Bouleau noir, bouleau-merisier (Betula lenta) (fig.* 197. — Originaire de l'Amérique septentrionale, cet arbre s'élève à 20 mètres de hauteur; son bois, susceptible de recevoir un beau poli, est recherché par les ébénistes, les menuisiers, les carros-

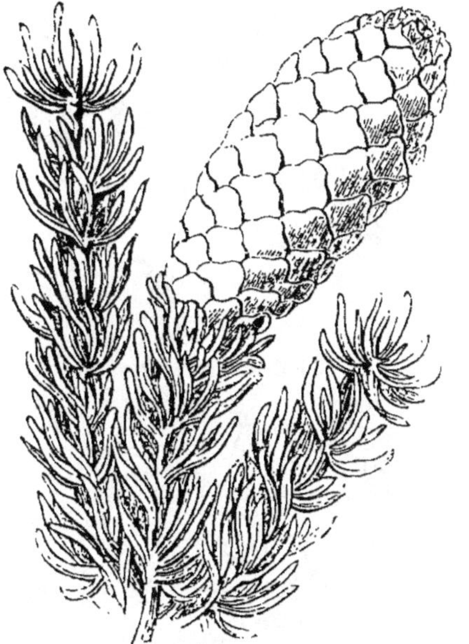

Fig. 196. *Sapin épicéa.*

Fig. 197. *Bouleau noir.*

siers. Il croît dans les terrains profonds, perméables et frais. Il serait particulièrement propre au nord de l'Europe.

Bouleau à canot (B. papyracea) (fig. 198). — Cette espèce, origi-naire des mêmes pays, s'élève à la même hauteur que la précédente; son bois, d'un grain brillant, présente une très-grande force, on en fait un très-grand usage dans l'ébénisterie, et il fournit un très-bon bois de chauffage, Son écorce, épaisse, flexible et forte, peut être employée à faire du bardeau, des paniers, des boîtes, etc. Ce bouleau aime les ter-rains de bonne qualité et un climat tempéré.

Cerisier de Virginie (Cerasus virginiana) (fig. 199). — Tige de 20 à 50 mètres sur 2 à 5 mètres de circonférence; bois compacte, de cou-leur rouge, d'un grain fin et brillant, très-employé dans l'ébénisterie.

la menuiserie, le charronnage et même dans les constructions mari-

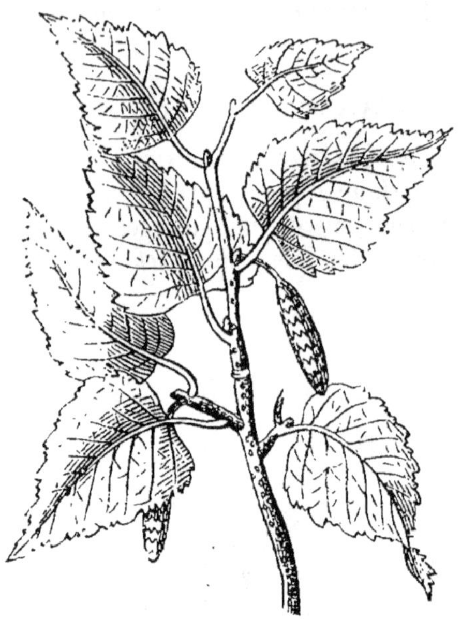

Fig. 198. *Bouleau à canot.*

Fig. 199. *Cerisier de Virginie.*

Fig. 200. *Chêne blanc.*

Fig. 201. *Chêne de Castesbèy.*

times. Malheureusement cet arbre utile redoute les excès de chaleur,
de froid, de sécheresse et d'humidité.

Chêne blanc (Quercus alba) (fig. 200). — Originaire de l'Amérique septentrionale, ainsi que les suivants, ce chêne s'élève à la hauteur de 23 à 26 mètres; son bois, semblable à celui de notre chêne commun, est doué d'une plus grande élasticité. On l'emploie à tous les usages auxquels notre chêne commun est consacré; il redoute une température trop rigoureuse, un sol trop aride ou trop humide.

Chêne de Castesbéy (Q. Castesbæi) (fig. 201). — Tige de 8 mètres d'élévation; il s'accommoderait très-bien de nos terrains secs et arides où l'on n'a pu faire développer que des pins.

Chêne blanc des marais (Q. prinus discolor) (fig. 202). — Sa tige

Fig. 202. *Chêne blanc des marais.*   Fig. 203. *Chêne à feuilles en faux.*

s'élève à la hauteur de 22 mètres; son bois surpasse en qualité celui du chêne blanc; il se plaît dans les marais.

Chêne à feuilles en faux (Q. falcata) (fig. 203). — Tige de 28 mètres d'élévation; son écorce donne un tan de très-bonne qualité pour les cuirs. Il croît dans les terres substantielles.

Chêne à feuilles en lyre (Q. lyrata) (fig. 204). — Tige de 28 mètres d'élévation; croît dans les sols les plus marécageux.

Chêne châtaignier des rochers (Q. montana, prinus monticola) (fig. 205). — Sa tige s'élève à 20 mètres; son bois est très-estimé pour les constructions navales et le chauffage; s'accommode des sols pierreux et rocailleux.

Chêne aquatique (Q. aquatica) (fig. 206). — Il croît dans les marais qui entrecoupent les sables arides de la Virginie, de la Géorgie et

Fig. 204. *Chêne à feuilles en lyre.*

Fig. 205. *Chêne châtaignier des rochers.*

Fig. 206. *Chêne aquatique.*

Fig. 207. *Chêne à poteaux.*

de la Floride orientale. Sa tige s'élève rarement au-dessus de 12 à 15 mètres. Son bois est fort dur, quoique moins souple et moins élastique que celui du chêne blanc.

Chêne à poteaux, Ch. de fer (Q. obtusiloba) (fig. 207). — Tige élevée de 15 mètres; bois d'une dureté extraordinaire. Cette espèce serait utilement naturalisée dans nos départements de l'Ouest et du Midi.

Chêne blanc châtaignier (Q. prinus palustris) (fig. 208). — Sa tige s'élève à 30 mètres dans les sols frais, fertiles et profonds; son bois,

Fig. 208. *Chêne blanc châtaignier.*   Fig. 209. *Chêne quercitron.*

fort recherché pour le charronnage et les usages qui demandent de la force et de la durée, est aussi très-estimé pour le chauffage. Il s'accommoderait bien du climat du centre et du midi de la France.

Chêne quercitron (Q. tinctoria) (fig. 209). — Cet arbre atteint une hauteur de 27 à 50 mètres. Il s'accommode assez bien des terrains secs et graveleux. Son bois est surtout employé pour le chauffage; mais son écorce est très-recherchée pour la teinture en jaune de la soie et de la laine, et pour le tannage des cuirs.

Chêne vert (Q. virens) (fig. 210). — Sa tige ne s'élève guère qu'à 15 ou 18 mètres; son bois, très-compacte, d'un grain fin et serré, est très-estimé pour les constructions navales et pour le chauffage; son écorce donne un excellent tan. Il exige, pour se développer, le voisinage de la mer et un climat assez doux.

Fig. 210. *Chêne vert.*

Fig. 211. *Chêne velani.*

Fig. 212. *Érable noir.*

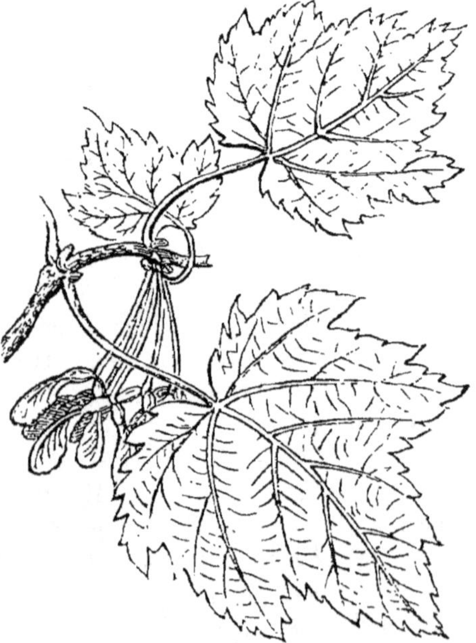

Fig. 213. *Érable rouge.*

Chêne velani (*Q. ægylops*, Lin.) (*fig.* 211). — Cette espèce, originaire de la Grèce, est recherchée pour la capsule de son fruit, que l'on emploie dans les arts. Il serait convenablement multiplié dans les forêts du midi de la France.

Érable noir (*Acer nigrum*) (*fig.* 212). — Tige de 15 à 16 mètres d'élévation. Dans l'Amérique septentrionale, d'où cette espèce est originaire, ainsi que les deux espèces suivantes, on considère son bois comme l'un des meilleurs pour le chauffage. Elle croît dans les vallées fertiles et humides.

Érable rouge (*A. rubrum*) (*fig.* 213). — Sa tige s'élève à plus de

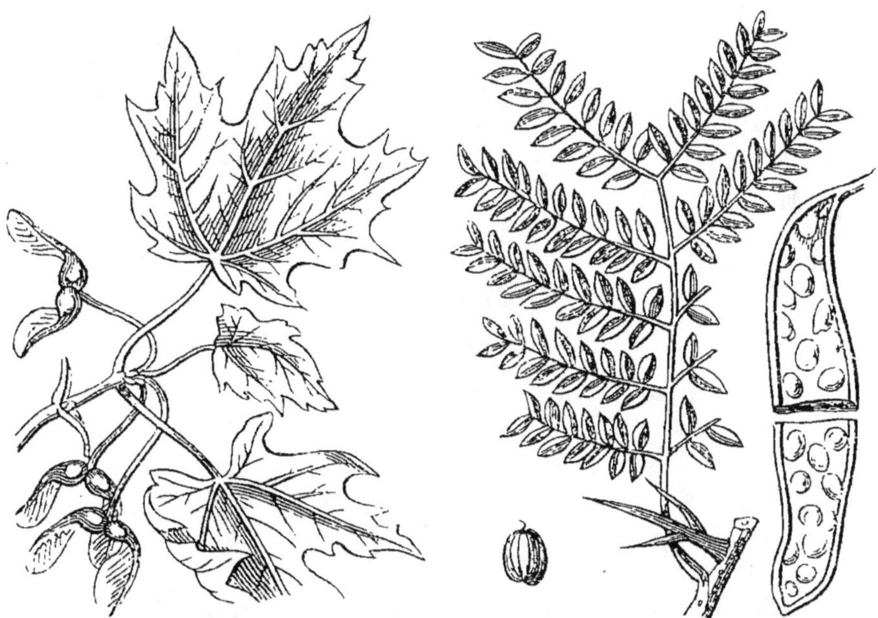

Fig. 214. *Érable à sucre.*   Fig. 215. *Févier à trois pointes.*

20 mètres; son bois, dont le grain est fin et serré, prend, par le poli, une surface brillante et soyeuse. On en fait un grand usage en ébénisterie. On rencontre cet arbre dans les sols marécageux et dans les terres sablo-argileuses un peu fraîches.

Érable a sucre (*A. saccharinum*) (*fig.* 214). — Cette espèce élève sa tige jusqu'à 15 ou 20 mètres; son bois, d'un tissu fin, serré, acquiert un beau poli. C'est un des arbres les plus recherchés pour l'ébénisterie. En faisant évaporer la séve de cet érable, on en obtient du sucre. L'érable à sucre prospère dans les contrées montagneuses où le sol, quoique fertile, est froid et humide.

Févier à trois pointes (*Gleditzia triacanthos*, Lin.) (*fig.* 215). — Tige de 10 à 15 mètres d'élévation; bois dur, liant, veiné de rouge, d'un grain fin et serré. Cet arbre s'accommode des terrains légers, sableux ou calcaires, et des climats du Nord et du Midi.

Fig. 216. *Févier de la Chine.*

Fig. 217. *Frêne d'Amérique.*

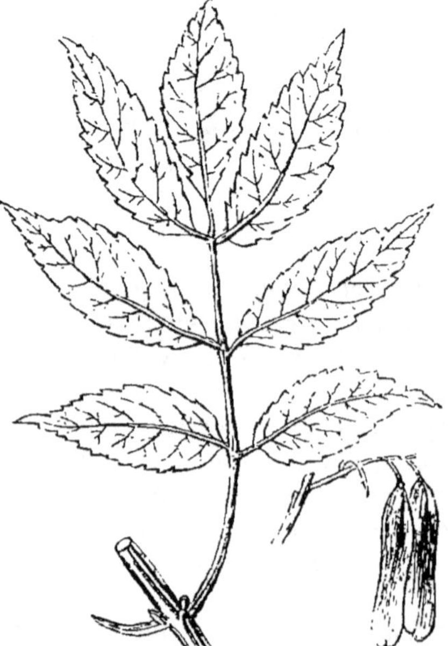

Fig. 218. *Frêne bleu.*

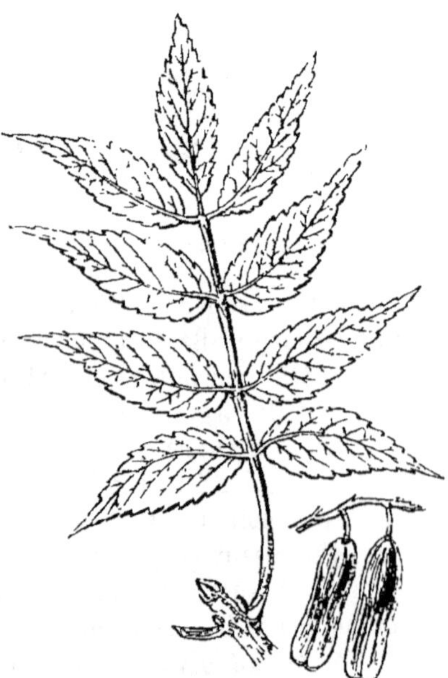

Fig. 219. *Frêne noir.*

Févier de la Chine (*G. sinensis*, Lin.) (*fig.* 216). — Cette espèce présente les mêmes qualités que la précédente.

Frêne d'Amérique, *F. blanc* (*Fraxinus americana*) (*fig.* 217). — Arbre de 26 mètres d'élévation; bois très-fort, souple, élastique, de meilleure qualité que celui de notre *frêne élevé*. Il aime les régions froides et se développe dans des localités semblables à celles où prospère notre frêne commun.

Frêne bleu (*F. quadrangulata*) (*fig.* 218). — Excellent arbre de l'Amérique septentrionale, ainsi que les suivants, et qui conviendrait parfaitement pour les sols riches de l'ouest et du midi de la France; il s'é-

Fig. 220. *Frêne rouge.*   Fig. 221. *Hêtre rouge.*

lève à 25 ou 50 mètres, et son bois égale en qualité celui du frêne d'Amérique.

Frêne noir (*F. sambucifolia*) (*fig.* 219). — Cette espèce se développerait bien dans les sols marécageux du nord de la France; sa tige, qui s'élève à 20 ou 25 mètres, fournit un excellent bois.

Frêne rouge ou *tomenteux* (*F. tomentosa*) (*fig.* 220). — Ce frêne se plaît dans les mêmes localités que le précédent; sa tige, haute de 20 mètres, donne un bois rouge, brillant et très-dur.

Hêtre rouge (*Fagus ferruginea*) (*fig.* 221). — Ce hêtre, originaire de l'Amérique septentrionale, offre une tige un peu moins élevée que celle de notre *hêtre des bois*; mais son bois est de meilleure qualité;

il offre très-peu d'aubier; il est plus dur, plus fort, plus compacte. Il demande un sol riche, fertile, et un climat froid.

Noyer commun (*Juglans regia*, L.) (*fig. 222*). — Arbre de première grandeur, dont les branches étalées forment une tête arrondie et touffue. Originaire de la Perse, et introduit en Europe par les Romains, il est abondamment cultivé aujourd'hui dans toute l'Europe centrale et méridionale. Son bois est l'un des plus beaux de l'Europe; il est doux, liant, flexible, se

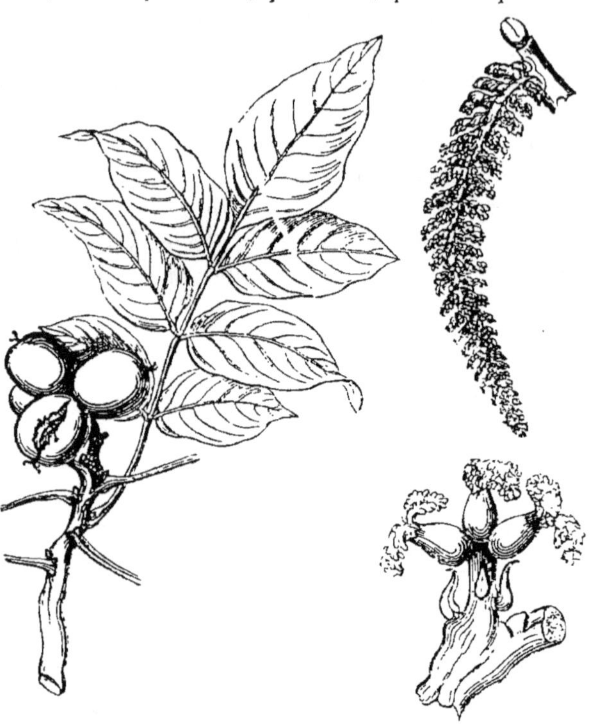

Fig. 222. *Noyer commun.*

taille bien et prend un beau poli. Il prend dans sa vieillesse une couleur brune, très-joliment veinée. On en fait des meubles de toutes sortes et des sabots. Les tourneurs, les sculpteurs, les carrossiers, en font un fréquent usage; les armuriers ne peuvent le remplacer par aucun autre pour la monture des fusils. Cet arbre redoute les froids rigoureux, et surtout les gelées tardives du printemps. Aussi, est-ce surtout dans les régions du Centre et du Midi qu'il est cultivé. Le noyer est peu difficile sur la nature du sol; mais il préfère les terrains profonds, de consistance moyenne, un peu calcaires et inclinés. Il redoute les sols compactes, humides ou siliceux. Cet arbre ne peut concourir à la formation de bois ou de forêts; on ne peut le cultiver, au point de vue de son bois, que comme arbre de ligne. Le noyer a une importance non moins grande pour la production de ses fruits; mais, on doit alors le soumettre à l'opération de la greffe. Nous l'envisagerons plus loin sous ce dernier point de vue, au *chapitre des arbres fruitiers.*

Noyer noir (*Juglans nigra*) (*fig. 223*). — Cet arbre, originaire de la même contrée, ainsi que les suivants, s'élève à une hauteur de 20 à 25 mètres; son bois, dont le cœur devient noir à l'air, est très-fort, très-tenace, n'est pas attaqué par les vers et prend un beau poli. On en fait de très-bon bardeau, des moyeux de voitures, des poteaux d'une très-longue durée pour les clôtures rurales; il rend enfin de grands services à l'architecture civile et navale. Cette espèce se plaît dans les sols profonds, fertiles, frais, mais non inondés.

Noyer pacanier (*J. olivæformis*) (*fig.* 224). — Tige de 20 à 25 mètres; bois pesant, compacte, d'une grande force et d'une longue durée; il croît de préférence dans les sols humides.

Noyer à cochon (*J. porcina*) (*fig.* 225). — C'est le plus grand des

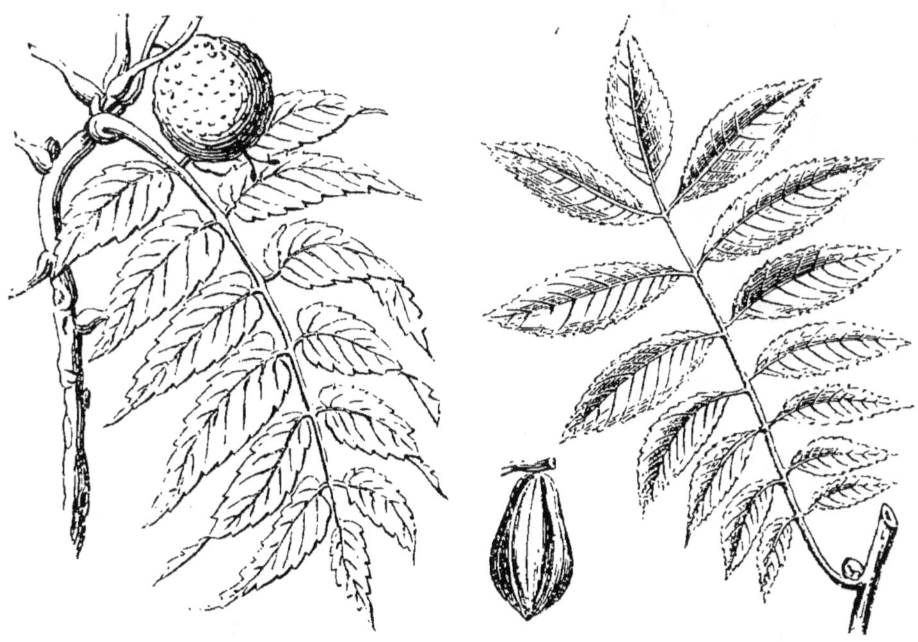

Fig. 223 *Noyer noir*.   Fig. 224. *Noyer pacanier*.

noyers d'Amérique; son bois est aussi considéré comme le plus fort et le plus tenace de cette espèce; il végète dans le même sol que le précédent.

Orme rouge, orme gras (*Ulmus rubra*) (*fig.* 226). — Arbre de 15 à 20 mètres de haut; bois compacte, d'un rouge foncé et de bonne qualité; on l'emploie aux mêmes usages que l'orme commun.

Planéra crénelé (*Planera crenata*, Gruel.) (*fig.* 227). — Arbre originaire des bords de la mer Caspienne; sa tige s'élève à 20 ou 28 mètres de hauteur; son bois, plus dur et plus fort que celui de l'orme, est d'une couleur rougeâtre; il prend un beau poli et peut être utilement employé à faire des moyeux, des maillets, des brancards et des limons de voiture; on l'emploie aussi pour la charpente et pour les meu-

Fig. 225. *Noyer à cochon.*

Fig. 226. *Orme rouge.*

Fig. 227. *Planéra crénel*

Fig. 228. *Vernis du Japon.*

bles. Il est peu délicat sur la nature du sol; les terrains légers, silicéo-argileux ou argilo-calcaires lui conviennent également.

Vernis du Japon; aylanthe (Aylanthus glandulosa) (fig. 228). — Cet arbre, originaire de la Chine ou du Japon, est une espèce de première grandeur; son bois, de couleur jaunâtre, est solide, susceptible de prendre un beau poli, et propre à la menuiserie, à l'ébénisterie, etc. Son principal mérite est de bien se développer dans les sols légers, si-

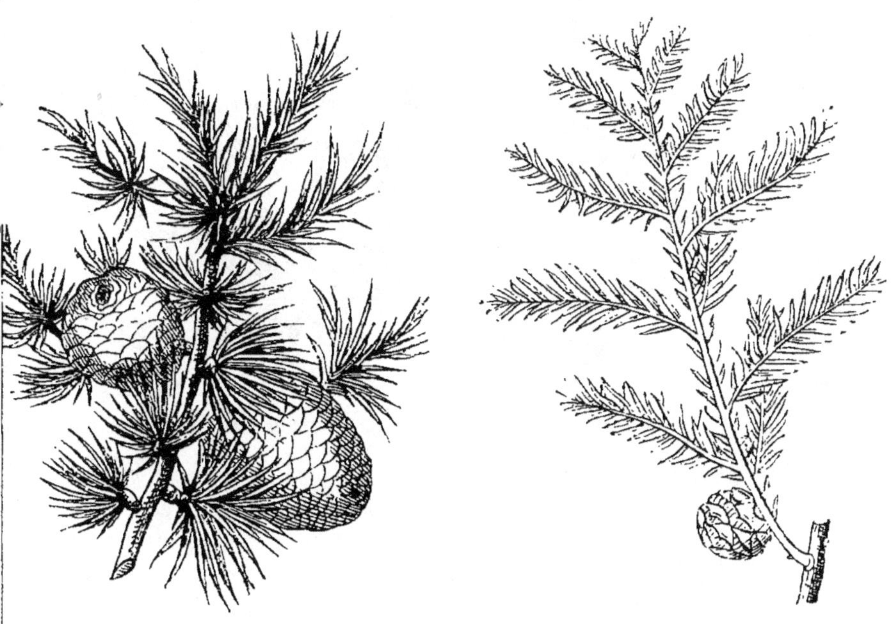

Fig. 229. *Cèdre du Liban.*   Fig. 230. *Cyprès distique.*

liceux ou calcaires. Il s'accommoderait, comme le précédent, des divers climats de la France.

Arbres résineux. — *Cèdre du Liban (Abies cedrus,* Lin.*) (fig.* 229). — Sa tige s'élève à 35 mètres de haut sur une circonférence de 10 mètres; son bois ne présente pas une grande dureté, ce qui tient à la rapidité de sa végétation. Cette espèce se plaît dans les sols de consistance moyenne, suffisamment frais, et vit bien sous toutes les latitudes de la France.

Cyprès distique, cyprès chauve, C. de la Louisiane (Cupressus disticha) (fig. 230). — Cet arbre peut s'élever jusqu'à la hauteur de 42 mètres sur une circonférence de 4 à 10 mètres; son bois prend à la lumière une couleur rouge; il est plus léger et moins résineux que celui des pins, mais il présente plus de force et d'élasticité. Il est d'un usage très-étendu, aux États-Unis, dans les constructions civiles, dans la

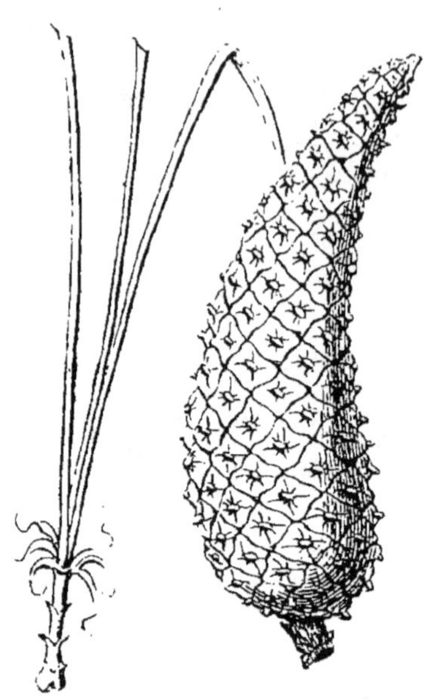

Fig. 231. *Pin austral.*

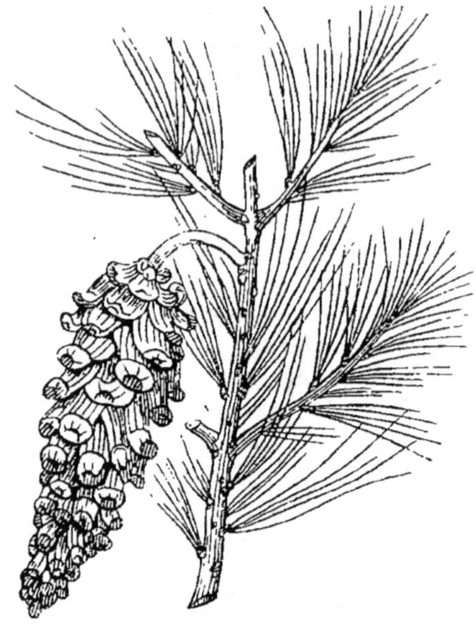

Fig. 232. *Pin de lord Weymouth.*

menuiserie, l'ébénisterie; on en fait aussi des tuyaux pour les conduits d'eau souterrains. Ce cyprès s'accommoderait bien des terrains marécageux du midi et de l'ouest de la France.

Pin austral (Pinus australis) (fig 231). — Sa taille moyenne est de 20 à 25 mètres; son bois présente très-peu d'aubier; il est plus fort, plus compacte que celui des autres pins, et peut recevoir un beau poli; aux États-Unis, on le préfère à tous les autres pour l'architecture navale et pour les arts; c'est aussi de cet arbre que l'on extrait presque toute la matière résineuse qu'on y emploie. Cet arbre, qui s'accommode bien des sols siliceux, pourrait être utilisé pour la plantation de ces terrains dans le midi et dans l'ouest de la France.

Fig. 233. *Sapinette noire.*

Pin du lord Weymouth (P. strobus) (fig. 232). — Sa tige s'élève à 50 ou 35 mètres; son bois est propre à une foule d'usages; aux États-Unis, il sert exclusivement à la mâture. Il se développe bien dans tous les terrains, pourvu qu'ils ne soient pas trop légers; il redoute également l'excès du froid et les fortes chaleurs.

Sapinette noire (*Abies nigra*) (*fig. 255*). — Cet arbre s'élève à une hauteur de 20 à 25 mètres; les qualités qui le distinguent sont la force, la légèreté, l'élasticité; il est très-employé dans les constructions navales et civiles. Cette espèce aime les terrains substantiels un peu humides.

PÉPINIÈRES D'ARBRES FORESTIERS.

Nous ne rappellerons pas les principes qui s'appliquent soit au choix d'un emplacement convenable, soit à la première préparation du terrain, etc. Les considérations générales dans lesquelles nous sommes entré à cet égard, en traitant des pépinières en général, renferment des indications suffisantes.

Nous avons réuni dans le tableau ci-après la liste des principaux genres d'arbres forestiers divisés en deux groupes : les espèces à feuilles caduques et les espèces résineuses. On trouvera en regard de chacune d'elles le mode de multiplication et quelques-uns des soins de culture qui peuvent leur être le plus utilement appliqués.

TABLEAU DES PRINCIPAUX GENRES D'ARBRES FORESTIERS.

NOMS des GENRES.	MODE DE MULTIPLICATION.			
	SEMIS.	NON RECEPÉS.	BOUTURES.	MARCOTTES.
ESPÈCES A FEUILLES CADUQUES.				
Aliziers.	Semis.			
Atriplex halimus.	Semis.	. . . .	Bout. par rameaux.	Marcot. en archet.
Aubépine.	Semis.			
Aunes.	Semis.	. . . .	Bout. par plançon.	
Bouleaux.	Semis.			
Bourgène.	Semis.			
Buis commun.	Semis.	. . . .	Bout. par rameaux.	Marcot. en archet.
Charme commun.	Semis.			
Châtaigniers.	Semis.			
Chênes.	Semis.	Non recepé.		
Cornouiller mâle.	Semis.			
Cytises.	Semis.			
Érables.	Semis.	Non recepé.		
Frênes.	Semis.	Non recepé.		
Fusain.	Semis.			
Grenadier.	Semis.			
Hêtres.	Semis.	Non recepé.		
Hippophaé rhamnoïde.	Semis.	. . . .	Bout. par rameaux.	Marcot. en archet.
Houx commun.	Semis.			
If.	Semis.			
Maclura.	Semis.	. . . .	Boutur. par racines.	Marcot. en archet.

NOMS des GENRES.	MODE DE MULTIPLICATION.			
	SEMIS.	NON RECEPÉS.	BOUTURES.	MARCOTTES.
ESPÈCES A FEUILLES CADUQUES.				
Merisiers.	Semis.			
Micocouliers.	Semis.			
Mûrier blanc.	Semis.			
Nerprun cathartique.	Semis.			
Noisetiers.	Semis.			
Noyers.	Semis.	Non recepé.		
Olivier de Bohême.	Semis.		Bout. par rameaux.	Marcot. en archet.
Olivier sauvage.	Semis.		Bout. par rameaux.	
Orme commun.	Semis.			
— tortillard.			Boutur. par rameaux avec talon et par ramée.	Marcottes en archet, chinois, et greffe en écusson sur l'orme commun.
— pédonculé.	Semis.		Bout. par rameaux.	
— à larg. feuilles.	Semis.			
— subéreux.	Semis.			
— d'Amérique.	Semis.		Bout. par rameaux et avec talon.	Marcot. en archet.
Paliure épineux.	Semis.			
Peupliers.			Bout. par rameaux avec talon, par ramée et plançon.	Marcott. en archet et chinoises.
Planera.	Semis.		Greffe en écusson sur l'orme commun.	Marcottes par double incision.
Platanes.	Semis.		Bout. par rameaux et avec talon.	Marcott. en archet et chinoises.
Poirier sauvage.	Semis.			
Pommier sauvage.	Semis.			
Prunellier sauvage.	Semis.			
Prunier mahaleb.	Semis.			
Robinier faux-acacia.	Semis.			Marc. par racines.
Sorbier domestique.	Semis.			
Saule blanc.			Bout. par rameaux et avec talon.	Marcot. chinoises.
— marceau.	Semis.		Id.	Id.
Sureau noir.	Semis.		Bout. par rameaux avec talon, par plançon et par ramée.	Marcot. chinoises.
Tamarix gallica.			Bout. par rameaux.	
Tilleuls.	Semis.		Bout. par rameaux et avec talon.	Id.
Vernis du Japon.	Semis.			Marcottes par racines.
ESPÈCES RÉSINEUSES.				
Cyprès.	Semis.	Non recepé.		
Mélèze.	Semis.	Non recepé.		
Pins.	Semis.	Non recepé.		Greffe en fente herbacée sur pin sylvestre.
Sapins.	Semis.	Non recepé.	Bout. par rameaux.	

Ainsi qu'on le voit, la plupart des espèces forestières peuvent être multipliées par semences. Voici quels sont les principaux soins qu'exigent les jeunes plants à feuilles caduques obtenus de cette manière.

Espèces à feuilles caduques. — En général, les graines devront être stratifiées après leur récolte, puis semées, au printemps suivant, dans un sol bien préparé, et avec les précautions que nous avons indiquées en parlant des semis. Si, cependant, le terrain était léger et exposé à se dessécher dès le printemps, il vaudrait mieux semer à l'automne, aussitôt après la récolte des graines; toutefois la graine des ormes devra toujours être semée immédiatement après la récolte, sans avoir égard à la nature particulière du terrain. Les plates-bandes ensemensées doivent être recouvertes d'une petite couche de paille, de fumier usé ou de feuilles sèches. Ces semis ne demandent, pendant la première année, que deux ou trois sarclages; on les éclaircit lorsqu'ils ont été semés trop drus. Au bout de l'année, et plus souvent au bout de deux ans, les jeunes plants seront repiqués à l'automne ou au printemps, selon que le sol sera plus ou moins exposé à la sécheresse. La tige ne devra subir aucune suppression.

Ces plants pourront rester environ deux ans dans le carré des repiquages, lesquels, si le sol est compacte, argileux, recevront deux binages dans le courant de l'été. Si le terrain est léger, on se contentera d'en tapisser la surface à l'aide des couvertures précédemment indiquées. Au bout de dix-huit mois ou deux ans, les plants destinés à former des massifs, des taillis, des haies vives, seront bons à planter à demeure. Ceux destinés à former des arbres de haut jet seront placés dans le carré des transplantations, où ils recevront les soins de recepage et de taille que nous avons recommandés pour la formation de la tige. Nous avons noté, dans le tableau qui précède, les espèces pour lesquelles on devra s'abstenir du recepage.

Ces arbres devront rester trois à quatre ans environ dans ce dernier carré avant d'être plantés à demeure. Cet emplacement recevra chaque année, suivant la nature du sol, les soins que nous avons prescrits contre la croissance des plantes nuisibles et l'influence de la sécheresse.

Un certain nombre d'espèces forestières peuvent aussi être multipliées au moyen des boutures. Les procédés employés sont particulièrement les *boutures par rameaux, avec talon, et par racines*. Ces boutures, pratiquées avec les soins décrits pour chacune d'elles, sont faites à l'automne ou au printemps, suivant la nature du sol, dans des plates-bandes abritées du soleil, tapissées à l'aide de couvertures.

Les boutures séjournent à la même place pendant deux ans; on emploie ce temps à la première formation de la tige des individus destinés à devenir des arbres de haut jet, et on leur applique aussi les opérations dont nous avons parlé à l'article des boutures; après quoi, on les place dans le carré des transplantations, où elles reçoivent les mêmes soins que les plants de semences ; celles qui doivent former des taillis ou des massifs sont plantées à demeure.

Presque toutes les espèces forestières qui peuvent être multipliées au moyen des boutures peuvent l'être, à plus forte raison, au moyen du marcottage. Les marcottes utiles pour ces arbres sont surtout le marcottage en archet et chinois.

Au bout d'un ou deux ans, suivant que les rameaux s'enracinent plus ou moins facilement, les marcottes peuvent êtres sevrées. Celles qui sont destinées à former des arbres de haut jet sont placées dans le carré des transplantations; les autres sont repiquées pendant un an, puis plantées ensuite à demeure.

Espèces résineuses. — Toutes les espèces résineuses sont presque exclusivement multipliées au moyen des semences. Les graines sont semées au printemps dans des plates-bandes de terre légère ou mieux de terre de bruyère abritées du soleil et maintenues suffisamment fraîches.

Lorsque les jeunes plants ont atteint $0^m,02$ à $0^m,03$ d'élévation, on repique le plant dans une plate-bande disposée comme celle des semis. Les plants y restent environ deux ans : après quoi on les place dans le carré des transplantations; ils peuvent alors être plantés en terre franche et supporter le soleil.

Ces plants ne peuvent occuper le carré des transplantations que pendant trois ans au plus; car les racines s'allongent beaucoup, et, plus tard, leur reprise deviendrait plus difficile.

BOIS ET FORÊTS.

Les forêts doivent leur formation soit à des ensemencements naturels, soit à des ensemencements artificiels ou à des plantations. Le repeuplement des forêts par l'ensemencement naturel est à la fois le plus économique et le plus durable; nous verrons, en traitant de l'entretien et de l'exploitation, les soins que l'on doit apporter dans ces opérations pour favoriser le repeuplement. Malheureusement il n'est pas toujours possible d'en profiter pour perpétuer les forêts. Souvent le petit nombre ou l'infertilité des arbres existants dans un canton de bois ne permettra pas d'en attendre une quantité suffisante de semences pour le repeuplement naturel. D'autres fois, l'espèce de bois existante sera tellement mauvaise ou chétive, qu'un changement d'espèce deviendra nécessaire. Enfin, certaines circonstances pourront forcer de couper une jeune forêt avant qu'elle puisse fournir elle-même les semences nécessaires à son entretien. Dans ces diverses circonstances on sera donc obligé d'avoir recours, soit aux ensemencements artificiels, soit aux plantations; mais, hors ces exceptions, il sera toujours plus profitable d'avoir recours aux ensemencements naturels.

La main de l'homme étant étrangère à la formation des forêts naturelles, nous n'avons pas à nous occuper des phénomènes qui les ont produites; ce que nous devons étudier d'abord, c'est la série d'opérations nécessaires pour créer les forêts artificielles. Nous confondrons d'ailleurs ces dernières avec les forêts naturelles lorsque nous en serons à examiner les soins que réclament leur entretien et leur exploitation.

Les forêts en général peuvent être partagées en *taillis* et en *futaie;* on distingue également des *forêts d'arbres d'une seule espèce* et des *forêts mixtes.*

Les taillis sont des bois que l'on coupe ordinairement assez jeunes, soit pour les employer au chauffage, soit pour en faire du charbon, des échalas, des cercles, etc. Ce qui les distingue surtout des futaies, c'est qu'ils repoussent de leur souche. On divise ordinairement les bois taillis en trois classes : les jeunes taillis, qui s'exploitent à l'âge de 7, 8 ou 9 ans; ils sont généralement composés de saules marceau, coudriers, châtaigniers, bouleaux, employés à divers usages, et surtout au chauffage des habitants de la campagne. Les taillis moyens sont ceux que l'on exploite à l'âge de 18 à 20 ans pour en tirer du charbon ou du petit bois de chauffage. Les hauts taillis s'exploitent à l'âge de 25 à 40 ans et fournissent du bois de chauffage pour les villes, de petites pièces de charpente et de charronnage, et surtout des bois de fente pour la latte, les échalas, etc. La futaie se distingue du taillis en ce qu'elle se repeuple presque entièrement par les semis. On divise les futaies en plusieurs classes caractérisées par leur âge. Ainsi on distingue les recrus, âgés de 1 à 10 ans; les gaulis, âgés de 11 à 30 ans; les perchis ou jeune futaie, âgés de 30 à 70 ans; la haute futaie, âgée de 70 à 100 ans; les vieilles écorces, âgées de plus d'un siècle. On nomme futaie sur taillis les jeunes arbres ou baliveaux de tous les âges réservés dans les taillis.

Il existe peu de forêts d'arbres d'une seule espèce. Nous exceptons toutefois les arbres résineux, qui exigent presque tous ce mode de culture.

Les forêts mixtes sont composées d'espèces mélangées; mais le nombre des espèces est toujours d'autant moins grand que le bois a vieilli davantage, les grandes espèces, comme le hêtre, le chêne, survivant à toutes les autres.

Les travaux relatifs à la culture des forêts consistent dans les trois opérations suivantes : la *création,* l'*entretien,* l'*exploitation.* Ces trois opérations constituent surtout la science forestière.

1° TRAVAUX DE CRÉATION.

La création des forêts s'opère par des semis artificiels, ou par des plantations. On donne, en général, la préférence aux semis; car les ar—

bres sont organisés par la nature pour continuer de vivre là où la graine qui les a produits s'est d'abord développée. Les racines, non interrompues dans leur allongement progressif, se répartissent plus régulièrement dans le sol et donnent à l'arbre plus de force, et les sujets obtenus de cette manière offrent presque toujours une plus belle venue. Les transplantations, au contraire, nécessitent des mutilations plus ou moins considérables, qui altèrent toujours la vigueur des individus et influent défavorablement sur leur accroissement.

Toutefois il est des circonstances où l'on doit préférer la plantation. Certains terrains sont tellement favorables au développement des gazons et des grandes herbes, que les semis seraient étouffés pendant leur première végétation. D'autres fois l'espèce d'arbre que l'on voudrait employer pour créer un bois redoute la rigueur du climat pendant les deux premières années de sa végétation : il est donc préférable dans ces deux cas d'employer de jeunes plants de 3 ou 4 ans. De plus, il est certains terrains dont l'aridité est telle, que les semis y sont toujours faits sans succès, tandis que les jeunes plants y réussissent convenablement ; ou bien l'on opère sur des calcaires friables comme ceux de la Champagne et dans lesquels le déchaussement est tel pendant l'hiver, que les semis y sont toujours faits sans succès. Enfin, il est certaines circonstances où, pressé de convertir une surface quelconque en bois, on manque de graines forestières. Ceci posé, examinons la manière de pratiquer le plus convenablement les deux procédés que nous venons d'indiquer, et traitons d'abord des semis.

DES SEMIS ARTIFICIELS.

Appropriation des espèces à la nature du sol et au climat. — La première condition à remplir pour assurer le succès des semis, c'est d'approprier les espèces à la nature du sol et au climat. Pour fournir les indications nécessaires à cet égard, nous donnons ci-contre la liste des principales sortes de terrains avec les diverses espèces forestières qu'ils peuvent nourrir soit dans le Nord, soit dans le Midi. Ce tableau pourra également servir de guide pour les plantations.

Les sortes de terrains entre lesquels nous avons réparti les diverses espèces forestières sont loin de comprendre tous les mélanges terreux que l'on rencontre. Nous n'avons indiqué ici que les mélanges principaux, négligeant un grand nombre de sols intermédiaires qui lient ces types entre eux. Lorsque l'on aura à planter dans les terrains intermédiaires, il suffira pour cela de choisir les arbres recommandés pour l'espèce de terre qui s'en rapproche le plus par sa composition élémentaire et son degré habituel d'humidité.

On voit par ce même tableau que tous les sols ne sont pas également propres à la culture des arbres. Ainsi les plus fertiles sont les sols de

Principales espèces forestières distribuées dans les terrains où elles peuvent prospérer.

SOLS RGILEUX, COMPACTES OU GLAISEUX.	SOLS DE CONSISTANCE MOYENNE : ARGILO-CALCAIRES, ARGILO-SILICEUX.	SOLS LÉGERS HUMIDES : SILICÉO-CALCAIRO-ARGILEUX, SILICÉO-ARGILEUX, SILICEUX, GRAVELEUX.	SOLS LÉGERS : SILICÉO-CALCAIRO-ARGILEUX. SILICÉO-ARGILEUX.	SOLS LÉGERS SECS : SILICEUX, GRAVELEUX.	SOLS LÉGERS SECS : CALCAIRO-ARGILEUX. CALCAIRES.	SOLS TOURBEUX HUMIDES.
POUR LE CLIMAT DU NORD.						
pèces non résineuses. bépine. uleau blanc. êne rouvre. — pédonculé. ìtre des bois. yer noir. ne champêtre. — tortillard. — pédonculé. uplier tremble. — noir. irier sauvage. mmier sauvage. unellier sauvage. ule marsault. **Espèces résineuses.** pin commun. — épicéa.	**Espèces non résineuses.** Alisier commun. Aubépine. Bouleau blanc. Bourgène. Charme commun. Chêne rouvre. — pédonculé. Cornouiller mâle. Erable champêtre. — sycomore. — plane. Frêne élevé. Fusain d'Europe. Hêtre des bois. Houx commun. Merisier. Nerprun cathartique. Noisetier commun. Noyer noir. Orme champêtre. — tortillard. — pédonculé. Peuplier blanc. — argenté. — d'Italie. — du Canada. — de Virginie. — noir. — grisard. Platane d'occident. Poirier sauvage. Pommier sauvage. Prunellier sauvage. Prunier de Sainte-Lucie. Robinier faux-acacia. Saule marsault. — blanc. Sorbier domestique. Sureau noir. Tilleul de Hollande. — à petites feuilles. Vernis du Japon. **Espèces résineuses.** If. Mélèze d'Europe. Pin sylvestre. — de Corse. — noir d'Autriche. — weymouth. Sapin commun. — épicéa.	**Espèces non résineuses** Aubépine. Aune commun. Bouleau blanc. Charme commun. Châtaignier commun. Cornouiller mâle. Cytise des Alpes. Erable champêtre. — sycomore. — plane. Frêne élevé. Fusain d Europe. Nerprun cathartique. Noisetier commun. Noyer noir. Orme champêtre. — tortillard. — pédonculé. Peuplier blanc. — argenté. — d'Italie. — du Canada. — de Virginie. — noir. — grisard. — tremble. Platane d'occident. Poirier sauvage. Pommier sauvage. Prunellier sauvage. Prunier de Sainte-Lucie. Robinier faux-acacia. Saule marsault. — blanc. Sorbier domestique. Sureau noir. Tilleul de Hollande. — à petites feuilles. Vernis du Japon. **Espèces résineuses.** If. Mélèze d'Europe. Pin sylvestre. — de Corse. — noir d'Autriche. — weymouth. Sapin commun. — épicéa.	**Espèces non résineuses.** Alisier commun. Aubépine. Bouleau blanc. Châtaignier commun. Cytise des Alpes. Erable sycomore. — plane. Fusain d'Europe. Merisier. Nerprun cathartique. Orme champêtre. — tortillard. — pédonculé. Peuplier blanc. — argenté. — d'Italie. — du Canada. — de Virginie. — noir. — grisard. Poirier sauvage. Pommier sauvage. Prunellier sauvage. Prunier de Sainte-Lucie. Robinier faux-acacia. Sureau noir. Tilleul de Hollande. — à petites feuilles. Vernis du Japon. **Espèces résineuses.** Genévrier commun. If. Pin sylvestre. — de Corse. — noir d'Autriche. Sapin épicea.	**Espèces non résineuses.** Alisier de Fontainebleau. Alisier des bois. Aubépine. Bouleau blanc. Châtaignier commun. Cytise des Alpes. Merisier. Nerprun cathartique. Peuplier argenté. — blanc. — du Canada. — d'Italie. Poirier sauvage. Prunellier sauvage. Prunier de Sainte-Lucie. Robinier faux-acacia. Vernis du Japon. **Espèces résineuses.** Genévrier commun. If. Pin sylvestre.	**Espèces non résineuses.** Aubépine. Bouleau blanc. Cytise des Alpes. Erable sycomore. Merisier. Prunellier sauvage. Prunier de Sainte-Lucie. Vernis du Japon. **Espèces résineuses.** Genévrier commun. If. Pin sylvestre.	**Espèces non résineuses.** Aune commun. Bouleau blanc. Peuplier blanc. — argenté. — d'Italie. — du Canada. — de Virginie. — noir. — grisard. Platane d'occident. Saule marsault. — blanc. **Espèces résineuses.** Pin sylvestre. Sapin épicéa.

SOLS ARGILEUX, COMPACTES OU GLAISEUX.	SOLS DE CONSISTANCE MOYENNE : ARGILO-CALCAIRES, ARGILO-SILICEUX.	SOLS LÉGERS HUMIDES : SILICÉO-CALCAIRO-ARGILEUX, SILICÉO-ARGILEUX, SILICEUX, GRAVELEUX.	SOLS LÉGERS . SILICÉO-CALCAIRO-ARGILEUX, SILICÉO-ARGILEUX.	SOLS LÉGERS SECS : SILICEUX, GRAVELEUX.	SOLS LÉGERS SECS : CALCAIRO-ARGILEUX, CALCAIRES.	SOLS TOURBEUX HUMIDES.
POUR LE CLIMAT DU MIDI.						
Les mêmes espèces *Moins :* Bouleau blanc. Hêtre des bois. Pommier sauvage. Sapin commun. — épicéa. *Plus :* Pin d'Alep.	**Les mêmes espèces** *Moins :* Bouleau blanc. Hêtre des bois. Pommier sauvage. Houx commun. Mélèze d'Europe. Pin weymouth. Sapin commun. — épicéa. *Plus :* Buis commun. Chêne Thauzin. — vert. — Kermès. Micocoulier de Provence. Paliure épineux. Pin maritime. — d'Alep. Cyprès pyramidal.	**Les mêmes espèces** *Moins :* Bouleau blanc. Pommier sauvage. Mélèze d'Europe. Pin weymouth. Sapin épicéa. — commun. *Plus :* Buis commun. Chêne Thauzin. — vert. — Kermès. Micocoulier de Provence. Paliure épineux. Pin pignon. — maritime. — d'Alep. Cyprès pyramidal.	**Les mêmes espèces** *Moins :* Bouleau blanc. Pommier sauvage. Sapin épicéa. *Plus :* Chêne Thauzin. — vert. — Kermès. Faux-ébénier. Micocoulier de Provence. Paliure épineux. Pin pignon. — maritime. — d'Alep. Cyprès pyramidal.	**Les mêmes espèces** *Moins :* Bouleau blanc. *Plus :* Chêne Thauzin. — vert. — Kermès. Faux-ébénier. Micocoulier de Provence. Paliure épineux. Pin pignon. — maritime. — d'Alep.	**Les mêmes espèces** *Moins :* Bouleau blanc. *Plus :* Chêne Thauzin. — vert. — Kermès. Micocoulier de Provence. Paliure épineux. Pin pignon. — maritime. — d'Alep.	**Les mêmes espèces** *Moins :* Bouleau blanc. Sapin épicéa. *Plus :* Pin d'Alep.

consistance moyenne, puis les sols légers, humides ; viennent ensuite les terrains d'humidité moyenne, puis les terrains légers, siliceux et secs. Les moins fertiles sont les argiles compactes, les calcaires secs, les tourbes humides.

Choix entre les diverses espèces d'arbres qui s'accommodent du même terrain. — Le tableau qui précède montre encore que le même sol peut nourrir utilement un certain nombre d'espèces. Le choix à faire entre elles sera déterminé par la nature de la forêt qu'on voudra créer. S'il s'agit de former une forêt en futaie, il faudra choisir les espèces qui se prêtent le mieux à ce résultat et dont le bois a le plus de valeur. Les mêmes espèces seront choisies pour former des plantations d'alignement. Si le bois ou la forêt doivent rester à l'état de taillis, il faudra choisir les espèces qui se prêtent à ce mode de culture et dont le bois a le plus de valeur dans la contrée où l'on cultive. Si enfin on a en vue la création d'une haie vive, on préférera les espèces les plus convenables pour cela. Nous avons indiqué plus haut, dans l'étude spéciale des diverses espèces, l'aptitude de chacune d'elles pour ces diverses destinations.

Choix des semences. — C'est du bon choix des semences que dépend surtout le succès des semis. La qualité des graines résultant particulièrement de leur mode de récolte et de conservation, on devra apporter tous les soins possibles dans ces deux opérations ; mais, quels qu'aient été ces soins, comme il s'agit de l'ensemencement de grandes surfaces et que l'on ne doit rien abandonner au hasard, sous peine de s'exposer à des pertes considérables, il faudra toujours, avant de pratiquer l'ensemencement, s'assurer de la qualité des graines par une expérience directe. Ainsi on placera un nombre déterminé de ces semences, prises au hasard, dans un vase rempli de terre et déposé dans un lieu tempéré. La terre étant arrosée de temps en temps avec de l'eau tiède, on observera bientôt combien de graines lèveront sur la quantité qu'on aura semée, et l'on appréciera ainsi la qualité des semences et la quantité qu'il en faudra employer par hectare.

Quant à la saison la plus avantageuse pour exécuter ces semis, nous renvoyons à l'article des *Pépinières en général*, où l'on trouvera des indications qui s'appliquent également à l'opération qui nous occupe. Nous avons aussi fourni plus haut, en traitant de chaque espèce forestière, les renseignements nécessaires sur la quantité de graines à employer pour l'ensemencement d'un hectare, suivant les sortes d'arbres, la qualité du sol et le mode d'ensemencement.

Préparation du sol. — Quand le terrain à semer en bois a été convenablement coupé de routes destinées à faciliter l'exploitation et à favoriser la croissance des arbres par la circulation de l'air, il convient de faire choix du mode de préparation du sol suivant les espèces qu'on doit ensemencer, l'état, la situation et la nature du terrain, et le prix de la main-d'œuvre. Les principaux procédés dont on pourra faire usage sont les suivants :

Labour à la charrue et en plein. — Ce mode est employé pour les surfaces couvertes de gazons, de mousses, de mauvaises herbes qui permettraient difficilement à la herse en fer d'entamer la surface. On fait labourer le terrain au printemps, on lui donne un second labour croisé à l'automne, après quoi la terre se laisse diviser convenablement par la herse de fer. On peut aussi, pour compléter cette opération, livrer le terrain à la culture des grains ou des pommes de terre pendant deux ans au plus; mais il ne faut pas dépasser cette limite, car il serait épuisé et deviendrait moins propre à la production du bois.

Labour à la houe. — Ce procédé est employé dans les mêmes circonstances, mais lorsque le terrain est rempli de grosses pierres ou d'anciennes souches d'arbres qui s'opposeraient à l'action de la charrue.

Labour par pelage. — Si le terrain est fortement couvert de bruyères et autres plantes, on les fait enlever par un pelage pratiqué sur toute la surface. S'il s'agit d'un ensemencement de pins, on pourra répandre la semence avant le pelage, et cette semence se trouvera suffisamment enterrée par cette opération. Si cependant le terrain était très-aride, il conviendrait d'en remuer un peu plus profondément la surface afin que les graines puissent y être plus complétement enterrées.

Culture par incinération, à feu courant. — Ce procédé peut être aussi appliqué aux terrains dont nous venons de parler. Il consiste à mettre le feu aux bruyères, en automne et par un temps bien sec, puis à pratiquer un léger labour; on sème au printemps suivant; un ensemencement immédiat exposerait les semences à être altérées par la causticité des cendres. Mais il faut pratiquer cette opération avec les soins convenables, et surtout circonscrire l'espace dans lequel le feu doit être maintenu, en faisant peler la bruyère sur une largeur de $1^m,53$ dans le voisinage des endroits où il pourrait s'étendre et causer du dommage.

Culture par écobuage ou fourneaux. — Lorsque le gazon et les broussailles qui couvrent le sol sont si épais, que les graines ne pourraient être recouvertes de terre, on pèle le gazon, à l'automne; on le laisse sécher, puis on en forme de petits fourneaux au centre desquels on place quelques broussailles, puis on y met le feu. Quand les fourneaux sont brûlés, on en répand les cendres sur toute la surface du terrain, on pratique un léger labour et l'on ensemence au printemps suivant. On devra, en général, s'abstenir d'employer ce mode de préparation du sol pour les versants escarpés, pour les sables mouvants, pour les terrains caillouteux, enfin pour tous les sols qui se dessèchent facilement.

Culture par bandes alternées. — Sur les terrains engazonnés, on fait faire un léger pelage par bandes larges de $0^m,66$ et distantes les unes des autres de 1 mètre. Après ce pelage on fait remuer à la houe, à une profondeur convenable, la terre des bandes pelées. Les gazons enlevés sont déposés sur la bande voisine non défrichée et du côté du midi seulement. Ce mode d'opérer est employé pour les graines qui ont besoin d'être très-peu recouvertes.

Culture par bandes en déposant une partie de la terre sur l'une des bandes voisines non défrichées.— Ici, après avoir opéré comme pour le mode précédent, on enlève une partie de la terre des bandes défrichées pour la déposer sur le bord de l'une des bandes voisines non défrichées. Ce travail est nécessaire lorsqu'il s'agit de graines qui doivent être plus profondément enterrées. Pour l'une comme pour l'autre de ces cultures, les bandes devront être dirigées de l'est à l'ouest, afin que les gazons ou les bruyères déposées sur les bandes non défrichées garantissent les jeunes plants de l'ardeur du soleil. Si, toutefois, ce travail était opéré sur un terrain en pente, il serait préférable de diriger les bandes perpendiculairement à la pente, afin d'empêcher les éboulements de terre.

Culture par petits pochets ou poquets. — Le gazon et les bruyères sont enlevés symétriquement par places de $0^m,66$ carrés et séparés les uns des autres par un espace égal non défriché, de manière que la surface du terrain ressemble à un échiquier. Le gazon et les bruyères sont déposés sur le bord des places non défrichées et du côté du midi, afin que les jeunes plants soient abrités du soleil.

Malgré l'économie de main-d'œuvre et de semences que présentent ces trois derniers modes de préparation, on ne devra les employer que dans le cas où le terrain ne pourrait pas être labouré à la charrue et lorsqu'on ne voudra pas le faire défricher à la houe sur toute sa surface, ou bien encore s'il s'agit d'une pente rapide qu'il serait dangereux de labourer sur toute son étendue; car ils présentent l'inconvénient que voici : les bandes ou les petits carrés défrichés étant entourés de points gazonnés, les bruyères et autres plantes qui couvrent leurs parties envoient bientôt leurs racines dans la terre nouvellement remuée et nuisent beaucoup à la première végétation des jeunes plants.

Culture par rigoles en rejetant la terre sur les intervalles. — Dans les terres très-humides, on pratique des rigoles de $0^m,50$ d'ouverture qui divisent les terrains en bandes de $2^m,33$ à $2^m,66$ de large, et l'on répand la terre provenant des rigoles sur toute la surface des bandes, en ayant soin de renverser les gazons la racine en l'air. Au printemps suivant, on pratique l'ensemencement sur les bandes de terre ainsi égouttées. Nous devons faire observer que plus le terrain est humide, moins les bandes doivent avoir de largeur, et plus les rigoles doivent être multipliées et profondes. Il est essentiel aussi de les diriger dans le sens de la pente du terrain.

Culture par rigoles pour les terrains en pente rapide. — On fait ouvrir, au sommet de la pente, sur une ligne perpendiculaire à cette pente, une petite tranchée de 0^m,06 environ de profondeur et de 0^m,16 environ de largeur (A, *fig.* 234); on range les gazons, les pierres et la terre qui en proviennent sur le bord de la tranchée du côté de la pente, de manière à augmenter la profondeur de la tranchée. On ouvre de pareilles tranchées parallèlement et sur toute la pente du terrain, et à 1^m33 ou 1^m,66 de distance, suivant le plus ou moins de rapidité de la pente; on laboure le fond de ces tranchées, et l'on y répand les semences.

Fig. 234. *Préparation du sol pour l'ensemencement sur les pentes rapides.*

Jusqu'ici nous n'avons entendu parler que des terrains dont la surface engazonnée ne permettrait pas de recouvrir les semences qu'on y aurait répandues. Quant aux terrains déjà en nature de labour, ou cultivés peu d'années auparavant et susceptibles d'être encore divisés par la charrue et par la herse, il n'y aura aucune culture à leur faire subir avant le semis; car toutes les semences qu'on y répandra pourront être facilement recouvertes par la charrue ou la herse.

Mode d'ensemencement. — Quand il s'agit de semer une surface considérable, il faut commencer par diviser cette surface en plusieurs parties, et partager la semence en autant de portions qu'on aura fait de divisions sur le terrain; il sera ainsi beaucoup plus facile de répandre également la semence sur toutes les parties du sol. Ce soin est surtout nécessaire lorsqu'il s'agit de semer en rayons ou par places. Si le terrain doit être semé en plein et qu'on ne veuille pas le fractionner, il sera au moins nécessaire de partager la semence en deux parties : la première sera employée à semer le terrain suivant sa *longueur*, et la seconde moitié à le semer *en travers*.

Semis en plein et à plat. — Ce mode est pratiqué sur les terrains où les graines pourront être enterrées par un léger labour ou par un hersage. Pour les grosses semences, comme celles du chêne, du hêtre, etc.. on répand uniformément les graines sur le sol, puis on les recouvre à l'aide d'un léger labour. Pour les semences moins grosses, comme celles des pins, on les répand uniformément sur le sol, puis on les recouvre à l'aide d'un hersage croisé; si le sol est léger, on le raffermit par un roulage.

Enfin, les semences très-fines, comme celles du bouleau, sont répandues à la volée par un temps calme; après quoi on fait passer sur le sol une bourrée d'épines et l'on raffermit le terrain avec un rouleau. Si le sol était couvert de quelques gazons, il faudrait remplacer les bourrées d'épines par la herse à dents de fer.

Semis en rayons. — Ce mode est surtout pratiqué pour les grosses graines. On ouvre à la houe, ou mieux à la charrue, un rayon d'une profondeur en rapport avec la grosseur de la semence; un ouvrier dépose les graines, un autre le suit, et recouvre les semences. Ces rayons sont généralement placés à 1 mètre de distance les uns des autres.

Semis en rigoles pour les terrains secs. — Le terrain est préparé comme nous l'avons indiqué pour les pentes rapides, puis on ameublit le fond des rigoles et l'on y répand les graines en les enterrant à une profondeur convenable.

Semis sur crête pour les terrains humides. — Le sol étant préparé comme nous l'avons recommandé pour les sols humides, on y répand les graines et on les recouvre à l'aide du râteau ou d'une bourrée d'épines; ou, si elles sont très-grosses, on les sème dans des sillons tracés à l'avance sur le sol.

Semis par bandes et en pochets. — Les bandes ou les pochets étant défrichés, on laboure la surface et l'on y répand les graines en les enterrant à une profondeur convenable.

Semis avec couverture de branchanges, feuilles sèches, herbes, etc. — Il est certains terrains qui, comme ceux des *dunes*, ont une mobilité telle, que, pour y faire réussir les semis, il faut préalablement fixer la surface du terrain. On emploie à cet effet des branches d'arbres munies de leurs feuilles et dont on couvre uniformément le sol après l'ensemencement. On peut aussi utiliser les feuilles sèches, les herbes, etc.

Semis avec plantation d'arbres. — Le semis de plusieurs espèces d'arbres ne pourrait réussir s'il était fait sur un terrain complétement nu : les jeunes plants auraient trop à souffrir de l'ardeur du soleil ou des froids tardifs du printemps. Pour éviter ces inconvénients, on plante de jeunes plants de bouleau, de marceau ou autres bois blancs, disposés en lignes dirigées de l'est à l'ouest et distantes de 2 mètres les unes des autres. Lorsque ces plants sont bien repris et susceptibles d'abriter le sol, on pratique l'ensemencement en formant une ligne entre chaque rang des jeunes arbres.

Semis avec céréales ou autres graines pour servir d'abri. — Ce procédé est employé dans des circonstances semblables à celles que nous venons d'indiquer. Ce sont les céréales de printemps ou d'hiver, suivant l'époque du semis, que l'on emploie à cet usage. Si la semence d'arbres que l'on répand n'est pas plus grosse que celle de la céréale, on l'enterre par le même hersage; si le contraire a lieu, on recouvre d'abord la graine de céréales, et l'on répand ensuite la semence d'arbres. Dans tous les cas on n'emploie qu'une demi-semence de céréale, afin que celle-ci ne soit pas un obstacle à la végétation des jeunes plants. Lors de la maturité de de la céréale on la coupe seulement à moitié de sa hauteur, afin que le sommet des jeunes arbres ne soit pas atteint et que les pailles les défendent encore de la sécheresse jusqu'à la fin de l'automne. Toutefois, l'action de cet abri étant beaucoup moins prolongée que celle des plants de bois blancs, on ne devra l'employer que pour les espèces peu délicates ou dans les localités déjà en partie abritées. Le jonc marin peut servir au même usage, mais on l'utilise de préférence pour les ensemencements faits dans les rigoles d'un terrain sec, ou pour les semis pratiqués sur bandes alternées.

Semis d'espèces d'arbres mélangées. — Le mélange des espèces différentes dans une forêt est une chose utile : la nature nous en donne souvent l'exemple; mais il faut choisir des espèces qui aient une croissance de même durée et puissent être soumises au même mode d'exploitation.

Ainsi, pour former une futaie, on pourra, suivant la nature du sol, associer le chêne, le hêtre, le frêne, l'érable, l'orme; pour les taillis, le chêne, l'érable, le frêne, l'orme, le bouleau et le charme; ou encore, l'aune et le bouleau, le saule et le peuplier. S'il s'agit de forêts d'arbres résineux, on pourra réunir le sapin et l'épicéa, ou les diverses sortes de pins qui s'accommodent du même sol.

Les semis mélangés sont encore employés pour garnir, avec des semences à bas prix, des semis d'espèces dont les semences sont chères ou rares.

Il est avantageux, dans ce cas, de semer le charme et le bouleau dans les semis de chêne, de hêtre, d'érable, de frêne ou d'orme; par la suite, on retranche petit à petit les brins de charme ou de bouleau. Quant au semis de mélèze, on peut y ajouter des semences de pin sauvage, que l'on enlève ensuite successivement à mesure que les mélèzes prennent de l'accroissement.

Lorsque enfin il s'agit de procurer de l'abri aux jeunes plants, la meilleure espèce est incontestablement le pin sauvage, ou le pin maritime; ou même le bouleau, à défaut des deux autres. Mais il est essentiel de considérer ces espèces seulement comme abri, et de les enlever aussitôt qu'elles ont produit le résultat qu'on voulait obtenir; c'est-à-dire lorsqu'ils ont atteint une hauteur de $1^m,50$ à 2^m; car ils ne tarderaient pas à devenir, par leur ombrage, aussi nuisibles aux autres arbres qu'ils leur avaient été utiles. Quelques kilogrammes de semences de ces pins seront suffisants par hectare. Lorsqu'on veut exécuter un semis mélangé, il faut commencer par mettre en terre les semences qui ont besoin d'une plus forte couverture. Ainsi, s'il s'agit d'un mélange de chêne, de hêtre et de bouleau, et que le sol soit en nature de labour, on sèmera d'abord les glands, qu'on recouvrira à l'aide d'un léger labour; on répandra ensuite les faînes qu'on enterrera à l'aide d'un hersage croisé, puis, on sèmera le bouleau et on le recouvrira en traînant des bourrées d'épines sur le terrain.

Conservation et entretien des semis. — Avant de pratiquer les semis, il est utile de songer à en éloigner les lapins, lièvres, bêtes fauves, bêtes à cornes, moutons, qui tous font un tort plus ou moins considérable aux jeunes plants en broutant les feuilles et les tiges. A cet effet, on entourera le terrain d'un fossé de 2^m de largeur, d'un mètre de profondeur et de $0^m,30$ de largeur au fond; on rejette la terre qu'on a extraite sur le bord du terrain à ensemencer, puis on y plante une haie vive. Si les animaux franchissaient cet obstacle, il faudrait remplacer cette haie par une palissade.

Si le terrain était menacé par les eaux, on l'égoutterait par des fossés d'écoulement de $0^m,50$ de largeur sur $0^m,20$ de profondeur.

Si l'on craint que les oiseaux ne dévorent les graines, on tâchera de les en écarter par des épouvantails jusqu'à ce que les semences soient levées.

Pendant l'été qui suit l'ensemencement, les jeunes plants ne réclament aucun soin, surtout s'ils ont été semés avec des céréales; dans le cas contraire, on pourra les débarrasser à la main des herbes qui pourraient gêner leur développement. Pendant la seconde année on leur applique, au printemps, un binage destiné à détruire les plantes nuisibles et surtout à rendre la surface du sol perméable à l'air. Enfin, la troisième année, on donne un bon binage au printemps, et un second à l'automne. Si les plantes ont été semées en ligne, ces deux derniers binages pourront être pratiqués avec la charrue.

Un soin important, pendant les premières années qui suivent l'ensemencement, c'est de regarnir avec de jeunes plants, ou par un nouvel ensemencement, les endroits où le semis a manqué. Si l'on tarde trop, les arbres voisins s'élèvent bientôt, et s'opposent par leur ombrage au succès de ces nouveaux semis ou de ces jeunes plantations.

PLANTATIONS FORESTIÈRES.

Nous avons dit dans quelles circonstances on doit préférer les plantations aux semis; nous avons traité ce dernier mode de reproduction. Nous allons étudier ici quelles sont les principales conditions à remplir pour assurer le succès des plantations forestières exécutées avec de jeunes plants. Nous parlerons d'une manière spéciale des arbres de haut jet à l'article des plantations d'alignement.

On doit éviter d'employer, dans les plantations forestières, des plants âgés de plus de 5 ans ou de moins de 2 ans. Agés de plus de 5 ans, ils ont pris un développement tel, qu'il faut, pour conserver leur racine lors de la déplantation, prendre des soins sans lesquels leur reprise est beaucoup plus difficile; ils sont en outre beaucoup plus exigeants sur la préparation du sol qui doit les recevoir; enfin, leur acquisition est bien plus coûteuse.

Les arbres âgés de moins de 2 ans présentent d'autres inconvénients : trop faibles pour résister à la souffrance qu'ils éprouvent de la préparation imparfaite du sol, de l'ardeur du soleil et de la sécheresse du terrain, beaucoup périssent, et l'on est souvent obligé de recommencer l'opération. Trois moyens différents sont à employer pour se procurer de jeunes plants convenables : on les sème en pépinière, on les extrait des bois ou forêts où ils s'étaient semés naturellement, ou bien encore on les enlève aux semis artificiels faits à demeure quand les sujets y deviennent trop serrés. Disons un mot des qualités et des défauts de chacune de ces sortes de plants.

Plants provenant des pépinières. — Ces plants sont incontestablement les meilleurs : ils sont sains, vigoureux; leurs racines peu allongées, mais très-ramifiées, peuvent être presque toutes conservées lors de la déplantation et assurent ainsi la reprise de ces jeunes arbres. Mais, pour qu'ils présentent ces qualités, il faut qu'ils aient reçu dans la pépinière les soins que nous avons indiqués en traitant de cette sorte de culture, et surtout l'opération du repiquage. Ces arbres coûteront nécessairement un peu plus cher que les autres, mais il y aura encore économie à les préférer, car leur reprise sera certaine.

Plants arrachés dans les forêts. — L'emploi de ces plants donne presque toujours lieu à des insuccès. Arrachés plutôt que déplantés, leurs racines, d'ailleurs peu nombreuses, sont presque toujours mutilées. D'un autre côté, ces jeunes plants, qui ont été protégés par le voisinage des grands arbres, souffrent beaucoup plus que ceux des pépinières lorsqu'on vient à les isoler au grand air et sous l'influence du soleil. Lorsqu'on sera obligé d'employer de ces plants, il faudra, pour diminuer ces inconvénients, les repiquer pendant un an ou deux dans une pépinière formée près du point où la plantation devra être exécutée.

Plants extraits des semis à demeure. — Ces plants offriront à peu près la même qualité que ceux élevés dans les pépinières, s'ils sont déplantés avec soin. On devra, en outre, avoir le soin de les enlever à l'âge de 1 ou 2 ans, et de les repiquer en pépinière pendant le même laps de temps : sans cette précaution, ils seraient pourvus d'un appareil de racines peu propre à faciliter leur reprise.

Quelle que soit l'origine des plants que l'on se procurera, on devra s'assurer que leurs racines ne sont pas restées exposées trop longtemps à l'air, ce qui se reconnaîtra facilement à la surface ridée de ces racines. Quelquefois, les marchands font disparaître ce signe d'altération en faisant tremper dans l'eau le pied des plants; mais, alors, en enlevant l'épiderme de la racine, on remarque que le liber est de couleur fauve. Ce même signe d'altération se manifeste lorsque les arbres ont subi l'influence de la gelée.

Quant aux soins que l'on doit apporter pour la *déplantation* des jeunes plants dans la pépinière, pour l'*habillage* de la tige et des racines, pour l'emballage de ceux qu'on doit faire voyager, nous avons traité ces diverses questions à l'article Pépinière. Ajoutons seulement ici que, si l'on croit devoir réunir quelques mois à l'avance les plants dont on aura besoin, il faudra ouvrir les paquets dès leur arrivée, et mettre immédiatement en terre les jeunes arbres en les disposant par lignes très-rapprochées les unes des autres et épaisses chacune de 0^m,06 environ.

Préparation du sol. *Labour de défoncement.* — Ce labour, qui ne peut être fait le plus ordinairement qu'à bras d'homme, doit offrir une profondeur de 0^m,40 environ; pratiqué avant l'hiver, on lui fait succéder pendant l'été suivant d'autres labours moins profonds exécutés avec la charrue et destinés à bien ameublir le sol. Ce mode de préparation du sol est incontestablement le plus parfait, mais il est aussi le plus coûteux; aussi ne l'emploie-t-on que pour la plantation des petits espaces. Les procédés suivants, un peu moins satisfaisants, mais beaucoup plus économiques, sont préférés lorsqu'il s'agit de planter de vastes étendues.

Labour ordinaire. — Ce labour est fait à plat si le sol absorbe facilement l'humidité, ou en planches plus ou moins bombées s'il est humide. Ce travail est exécuté à la houe ou avec la charrue si les circonstances le permettent; dans ce dernier cas, on répète l'opération pour bien diviser la terre.

Labour par bandes alternatives. — Nous avons décrit plus haut ce mode de préparation du sol en parlant des ensemencements artificiels. On donne aux bandes cultivées une largeur de 0^m,70 à 1^m, et une longueur égale aux bandes non cultivées.

Culture en potets ou poquets. — Ce mode de préparation du sol, dont nous avons également parlé à l'article *Ensemencement*, est aussi quelquefois employé pour les plantations. C'est à coup sûr le procédé le moins coûteux, mais il réussit rarement : presque toujours les jeunes plants sont affamés et étouffés par les plantes voisines. Ce mode de plantation ne peut avoir de succès que lorsqu'on fait des trous d'au moins 0^m,60 carrés, et lorsque le sol est peu garni d'arbres et d'arbustes.

Culture en rigole pour les terrains en pente. — Ce mode ne diffère de celui que nous avons indiqué sous le même nom pour les ensemencements que par la largeur de la rigole, qui doit être portée à 0^m,70, et par la profondeur de couche de terre labourée qui ne doit pas avoir moins de 0^m,50.

Époque favorable pour la plantation. — Les considérations que nous avons exposées au chapitre des pépinières, quant à l'époque convenable pour effectuer le repiquage des jeunes plants (p. 149), s'appliquent également aux plantations forestières. Nous croyons donc pouvoir y renvoyer pour éviter ici une répétition inutile.

Mode de plantation. *Forme de la plantation.* — La disposition à donner aux plantations de bois varie un peu suivant le mode de préparation que l'on a donné au sol. Lorsque le terrain a été convenablement préparé, on donne à la plantation la forme d'un quinconce. (Voir plus loin, pour cette forme de plantation, l'article des *Plantations d'alignement*.) Cette plantation peut être exécutée soit à la houe, en faisant pour chaque jeune plant un trou assez vaste pour que les racines puissent y être plantées sans contrainte, soit à la charrue. Ce dernier mode est plus expéditif, mais il est moins parfait, en ce que les jeunes arbres sont plantés avec moins de soin. Voici d'ailleurs comment on opère : Les plants doivent avoir 3 ans au plus, pour que les racines puissent être suffisamment enterrées. D'un autre côté, la terre doit avoir été très-bien préparée et être surtout parfaitement ameublie, pour qu'elle s'engage facilement entre les racines des arbres. Trois personnes sont nécessaires. La première conduit la charrue, la seconde pose les plants dans la raie, la troisième dresse les tiges et complète le travail pour les brins qui seraient mal plantés.

Profondeur à laquelle le collet des racines doit être enterré. — Ce degré de profondeur doit varier suivant le degré de perméabilité du sol et la dose plus ou moins grande d'humidité qu'il retient habituellement. Le degré de profondeur moyen est de 0^m,06; mais on devra l'augmenter de moitié dans les terrains très-secs, et se contenter, au contraire, de 0^m,04 dans les sols humides et très-compactes. Pour les terrains en pente, on plantera plus profondément à l'exposition du sud qu'à celle du nord. Dans les sols marécageux, la plantation devra être faite sur buttes.

Si le sol a été cultivé seulement par bandes alternatives, on peut planter de deux manières : Lorsque les bandes cultivées présentent une largeur de 1^m, on plante une ligne de plants de chaque côté, de manière que ces lignes sont séparées de chaque côté par un espace d'un mètre. Si les bandes n'offrent qu'une largeur de 0^m,70, on plante une seule ligne au milieu, de sorte que les plants sont séparés par un espace de 1^m,40. Ce dernier mode est préférable parce que les jeunes arbres sont moins exposés à être gênés par les plantes et arbustes placés sur la bande de terre non cultivée. Si, enfin, le sol est préparé par potets, on place un ou deux plants dans chacun d'eux.

Distance à mettre entre les plants. — Cette distance doit nécessairement varier un peu, suivant le degré de fertilité du sol. Dans les mauvais terrains, les jeunes arbres sont plus exposés à périr que dans les bons et prennent moins de développement; on peut donc les rapprocher un peu plus que dans les sols très-fertiles.

Dans les plantations faites en plein, les jeunes arbres seront placés à 1^m,30 les uns des autres si le sol est de qualité médiocre; s'il est très-bon, on portera cette distance à 1^m,60. Lorsque ces plantations seront faites en vue de fournir un abri aux semis, on laissera un espace d'un mètre entre les plants sur les lignes.

Opérations contre la sécheresse. — Les jeunes plantations redoutent par-dessus tout la sécheresse. Le meilleur moyen de la prévenir est de maintenir la surface du sol suffisamment ameublie à l'aide de binages. Si la plantation a été faite sur un terrain labouré en plein, ces binages pourront être exécutés à l'aide de la charrue; on se servira de la houe pour biner le pied des plants et les espaces qui les séparent sur la même rangée. Lorsque la plantation est faite en rigole, par bandes alternatives, ou en potets, on se sert de la houe pour biner toute la partie du terrain qui a été cultivée en premier lieu. Ces binages ont lieu trois fois par an : le premier au commencement du printemps, le second au milieu de l'été, le troisième à l'automne. On les répète pendant trois, quatre ou cinq ans, selon que le sol est plus ou moins exposé à la sécheresse ou à la croissance des plantes nuisibles.

Du recepage. — Cette opération, que nous avons décrite et dont nous avons indiqué les effets à l'article des *Pépinières* (p. 151), est souvent indispensable pour les jeunes plantations. Ces jeunes arbres éprouvent toujours une souffrance telle, lors de leur transplantation, qu'ils languissent longtemps avant de développer un nouvel appareil de racines qui leur rende leur vigueur première. Nous avons vu que le recepage a pour effet de hâter beaucoup ce résultat; seulement il faut bien se garder de le pratiquer au moment de la plantation, comme l'ont fait à tort quelques forestiers, car on nuit à la reprise des plants en les privant d'un grand nombre de boutons qui auraient favorisé le développement des nouvelles racines; il ne faut alors supprimer qu'une étendue de la tige en rapport avec les pertes éprouvées par les racines, afin de rétablir l'équilibre entre l'étendue de ces deux organes. Le recepage ne produira donc d'heureux effets qu'autant qu'on le pratiquera après la reprise des plants, c'est-à-dire deux ans après la plantation. Toutefois cette pratique est plus convenable pour les jeunes arbres destinés à former des taillis que pour ceux dont on veut faire des arbres de haut jet. On ne l'emploiera donc pour ces derniers que lorsqu'elle deviendra rigoureusement nécessaire par suite de la mauvaise conformation de la tige, et l'on essayera d'y suppléer en supprimant seulement les rameaux latéraux des jeunes tiges.

BOISEMENT DES MONTAGNES.

La destruction inconsidérée des bois sur les sommets et les pentes rapides des montagnes, en privant le pays d'une production de première nécessité, est devenue la cause de nombreuses calamités. Les eaux, ne trouvant plus d'obstacles, ont entraîné les terres dans les vallées; et les rochers, restés à nu, ont perdu la faculté, qu'ils devaient aux bois dont ils étaient couverts, d'arrêter les eaux, qu'ils forçaient à ne s'échapper que par infiltration, et à alimenter des sources qui n'existent plus aujourd'hui. Plusieurs contrées voisines des montagnes ont vu disparaître les ruisseaux et fontaines auxquels elles devaient leur fertilité, et s'anéantir leur agriculture. Il est donc du plus grand intérêt de repeupler les pentes et les sommets des montagnes. Malheureusement l'aridité du terrain, son peu de profondeur, la rigueur du climat, l'inclinaison souvent rapide du sol, sont autant de circonstances qui rendent cette opération lente, difficile et dispendieuse. Voici les principaux moyens qui, employés suivant les circonstances, ont donné les meilleurs résultats.

Quand les pentes sont roides, ravinées, qu'elles offrent des traces de bouleversements anciens, il est indispensable de consolider le terrain avant de le boiser; pour cela, on construit des arêtes gazonnées, ou en pierres sèches, qui permettent de semer autant que possible sur des surfaces horizontales. On établit aussi des retenues d'eau proportionnées à l'étendue et à la rapidité de la pente. Si l'on néglige ces soins, on s'expose à voir les travaux difficiles et dispendieux que l'on aura exécutés détruits par de nombreux éboulements.

Lorsque le sol sera de nature calcaire, comme cela a souvent lieu, on devra renoncer aux semis, car ils donnent rarement de bons résultats. L'action alternative de la gelée et du dégel soulève et abaisse successivement ces terrains, de telle sorte que les jeunes produits du semis sont bientôt déracinés et exposés à l'action de l'air et du soleil. C'est ce même motif qui a fait remplacer les semis de pins, dans les terres blanches de la Champagne, par la plantation de jeunes arbres. Lors donc qu'il s'agira du boisement de pentes calcaires, il sera préférable d'avoir recours aux plantations. Le terrain destiné à les recevoir sera défoncé par bande alternatives larges de 0^m,80 environ et profondes de 0^m,40 (A. *fig. 235*): ce travail sera exécuté de telle sorte, que les gazons enlevés sur cette zone soient précipités au fond de la tranchée et que la terre du fond soit ramenée à la surface. On laissera un intervalle de 1^m,50 à 2 mètres entre chacune de ces bandes, suivant la rapidité de la pente. Les jeunes plants y seront plantés en échiquier, laissant entre eux, sur chaque ligne, un intervalle de 1 mètre. Lorsqu'on préparera le terrain, ou qu'on fera la plantation, on devra accumuler sur le bord de chaque bande cultivée, et du côté de la pente, toutes les pierres qu'on rencontrera ou, à leur défaut, une certaine quantité de terre, de manière que la surface de ces bandes présente une inclinaison prononcée dans le sens opposé à la pente du terrain : il en résultera que les eaux descendant des parties supérieures ravineront moins le sol et que, s'in

Fig. 235. *Préparation du sol pour la plantation des pentes rapides.*

filtrant dans la terre, elles profiteront à la jeune plantation.

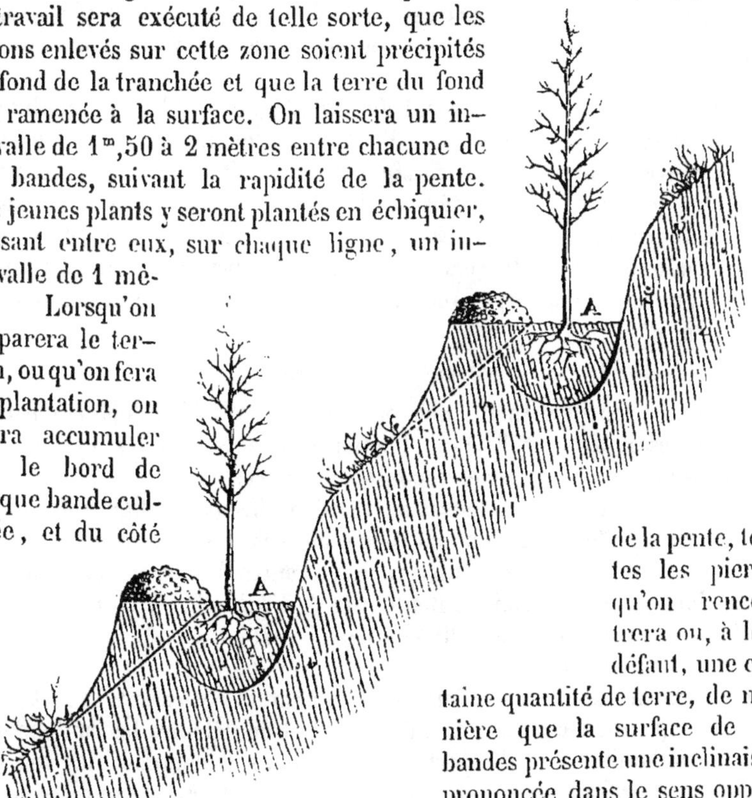

Les plantations en potets, quoique moins favorables que les premières, peuvent aussi être employées dans cette circonstance; mais il faut avoir le soin de surélever le côté des potets placés vers la pente, de manière à retenir les eaux autour chaque jeune arbre. Cette plantation devra aussi être disposée en échiquier.

S'il s'agit de pentes non calcaires, on pourra recourir avec avantage au semis; on emploiera alors le procédé indiqué à l'article Semis. Ajoutons que, toutes les fois qu'on le pourra, il sera convenable de joindre les plantations aux semis. Ainsi on exécutera avec des espèces à bois blanc et à végétation prompte une plantation par bandes horizontales semblable à celle que nous venons de décrire; seulement les lignes de jeunes plants seront placées à 2 mètres de distance les unes des autres. Lorsqu'ils seront bien repris, c'est-à-dire deux ans après leur plantation, on pratiquera entre chaque ligne une rigole et l'on y répandra les semences.

C'est surtout pour le boisement des montagnes qu'il faut s'appliquer à donner à chaque nature d'arbre l'espèce de sol, le climat, l'exposition qui lui conviennent. Il faudra aussi, quel que soit le moyen choisi pour boiser les pentes rapides, s'efforcer de laisser intact le gazon qui couvrira ces terrains ainsi que les arbustes ou arbrisseaux qui pourraient s'y être développés. Cette végétation naturelle abritera les jeunes semis ou plantations et concourra avec elles à arrêter la rapidité des eaux torrentielles.

BOISEMENT DES DUNES.

Les dunes sont des monticules ou collines de sables déposées par la mer sur ses rivages et livrés à l'action des vents, qui les agitent, les tourmentent, les poussent et repoussent sans cesse.

Toutes les côtes sablonneuses de l'Océan offrent des lignes de dunes plus ou moins étendues, plus ou moins élevées. Les plus remarquables, en France, sont celles de la mer du Nord, entre Dunkerque et Nieuport, de la Manche, entre Calais et Boulogne; de l'Atlantique, entre Bordeaux et Bayonne. On évalue à 400 kilomètres carrés l'étendue occupée par les dunes sur le sol français.

La mobilité des dunes est un de leurs caractères essentiels; et cette mobilité, qui menace sans cesse d'envahir et de détruire les cantons que les dunes dominent, a dû porter les habitants à chercher les moyens d'arrêter les effrayants progrès de ce fléau. Ce progrès, pour les dunes de Gascogne, n'était pas de moins de 24 mètres par an. Des essais nombreux ont été faits pour fixer et fertiliser ces masses de sables, mais ce n'est qu'en 1800 que l'ingénieur Brémontier sut, dans un mémoire qu'il publia, appeler sérieusement l'attention du gouvernement sur ce sujet et le décider à prendre des mesures qui devaient conduire à de grands résultats. Depuis cette époque, les moyens de boisement proposés par cet habile ingénieur n'ont cessé d'être appliqués avec le plus grand succès sur plusieurs parties de nos dunes françaises, et notamment sur les dunes de Gascogne, dont une grande partie est aujourd'hui transformée en une magnifique forêt de pins maritimes. Voici, en résumé, le mode de boisement imaginé par Brémontier, et auquel une longue expérience a permis d'apporter quelques améliorations.

On trouve généralement entre le pied des dunes et la laisse des hautes marées un espace de 200 mètres et plus dont la surface est plane et presque de niveau, et sur laquelle les sables poussés par la mer glissent sans s'arrêter. C'est cette partie qu'il faut d'abord fixer par des semis, afin d'empêcher les sables d'abandonner la plage et de prévenir ainsi les dégâts qu'ils pourraient faire au delà, dans les semis trop jeunes encore pour résister à leur envahissement.

Pour défendre de l'irruption des sables le semis que l'on veut faire sur cette zone, on établit un cordon de châssis en planches ou en clayonnage de 1 mètre à 1^m,60 de hauteur, placé parallèlement à 10 ou 15 mètres de la laisse des vives eaux, puis l'on sème en graine de pin mélangée de genêt ordinaire et d'ajonc toute la surface comprise entre ces châssis et le pied des dunes. Dans le midi de la France, on emploie le pin maritime; dans les autres contrées on préfère le pin sauvage. Les châssis protégent les jeunes plants pendant trois ou quatre années, après lesquelles ceux-ci forment un massif impénétrable, de 1 mètre d'élévation au moins. Le but que l'on se proposait est alors atteint; les nouveaux sables que chasse annuellement la mer sont retenus par ces plantations, s'accumulent à la longue et forment une nouvelle dune qui protége à son tour le terrain et les plantations qui sont derrière elle.

Cette première zone de terrains étant ainsi fixée, et lorsque les jeunes plants ont acquis une certaine vigueur, c'est-à-dire au bout de cinq à six ans, on continue le boisement en remontant vers les terres jusqu'à ce qu'on arrive au sommet des montagnes formées par les dunes les plus anciennes. Cette deuxième partie exécutée, on en entreprend une troisième et successivement, mais toujours par zones de 50 à 100 mètres de largeur, et en observant bien exactement de ne laisser aucun vide bien sensible entre les divers ensemencements.

Bien que le boisement de la première bande arrête le sable que les vents de mer pourraient chasser sur les jeunes semences, il serait insuffisant pour empêcher les sables des dunes déjà formées d'être déplacés par les vents de mer et de nuire à de nouveaux ensemencements; il faut donc leur opposer de nouveaux obstacles. Les moyens à employer pour fixer ces sables varient selon la conformation de la surface du sol et suivant que le terrain est plus ou moins exposé à la violence des vents. On peut, sous ce rapport, partager ces surfaces en quatre classes.

Dans la première sont les sommets et les rampes les plus directement exposées à la fureur des vents régnants. Pour ces surfaces, on emploie des châssis en planches ou en clayonnage, disposées en lignes parallèles, plus ou moins rapprochées suivant le degré d'action des vents; d'autres lignes de châssis sont en outre disposées perpendiculairement aux premières, de manière à partager le terrain en un certain nombre de cases dans lesquelles on pratique l'ensemencement. Dans la seconde classe, sont les rampes sur lesquelles les vents exercent une action moins active. Il suffit de les couvrir, immédiatement après l'ensemencement, avec des branches de pin ou d'autres arbustes, garnies de leurs feuilles. Ces branches sont déposées sur le sol, le gros bout du côté de la mer; on place une première branche au pied de la dune, une seconde au-dessus de la première, et ainsi de suite jusqu'au sommet. Le premier rang étant placé, on en pose deux autres, l'un à droite, l'aure à gauche du premier rang, et toujours de même jusqu'à ce que la surface à protéger soit entièrement couverte. On donne autant que possible une longueur uniforme à ces branches, 3 mètres environ, et l'on fait en sorte qu'elles se croisent à leur extrémité. On termine ce travail en fixant les branchages par des perches de pin placées transversalement et dont les deux extrémités sont fixées à la surface du sol au moyen de crochets en bois enfoncés dans le sable.

Lorsqu'on ne pourra se procurer une suffisante quantité de ces branchages, on y suppléera par l'emploi de grosses herbes telles que roseaux, joncs, etc., qu'on trouve en abondance dans les lieux bas et marécageux. Ces herbes seront uniformément répandues sur le sol.

La troisième classe comprend les rampes qui sont complétement à l'abri des vents. Pour fixer ces sortes de pentes, dont le sol est toujours très-coulant et très-mobile, il faudra, lors même que les semis seront établis sur tous les autres points de la dune, attendre que ces sables aient eu le temps de se raffermir et de se tasser, parce que les éboulements occasionnés par les pluies dégraderaient les châssis en bois ou les branchages, et détruiraient les plantations. En opérant ainsi, on pourra se dispenser d'employer ni branchages ni châssis en bois, puisque ces surfaces sont complétement abritées des vents.

Enfin, on comprend dans la quatrième classe les vallons et les surfaces horizontales, qui, presque toujours fixées, n'exigent aucune couverture.

Telles sont en somme les principales opérations qui constituent le boisement des dunes. Le mode d'ensemencement que nous avons recommandé pour la première zone du bord de la mer, c'est-à-dire les graines de pins mélangées à la semence du jonc marin et du genêt ordinaire, pourra être le même pour toutes les zones qu'on entreprendra successivement. Toutefois, à mesure que l'on s'éloignera du rivage et que les surfaces qui resteront à boiser seront mieux défendues des vents de mer par les plantations déjà exécutées, on pourra remplacer ces espèces d'arbres par d'autres d'une plus grande valeur.

REPEUPLEMENT DES CLAIRIÈRES.

Des circonstances accidentelles, telles que les incendies, l'abroutissement des bestiaux ou du gibier, un mode d'exploitation vicieux, etc., donnent lieu dans les forêts à des vides qu'il faut se hâter de repeupler au moyen des semis artificiels, des plantations, des couchages. Voici quels sont les soins généraux que réclame cette opération.

Il faudra d'abord éviter de repeupler une clairière avec des espèces de bois qui exigeraient une exploitation différente de celle qui existe déjà dans la forêt. On ne pourrait s'écarter de cette règle que dans le cas où la partie à repeupler serait assez considérable pour former un aménagement particulier.

S'il s'agit de repeupler des vides de peu d'étendue, on fera ce travail deux ans avant l'exploitation des arbres qui entourent ces vides. Les jeunes plants ou semis seront abrités par l'ombrage de ces arbres, et leur succès sera assuré. Exécutés après l'exploitation, ces semis ou plantations seraient brûlés par le soleil; exécutés longtemps avant, ils seraient étouffés par l'ombrage de leurs voisins. On ne pourrait tenter ce dernier procédé qu'alors que les arbres environnants auraient seulement huit à douze ans d'âge, et il faudrait alors planter des arbres de cinq à six ans, ou tenter le repeuplement au moyen du couchage.

Quant aux moyens de regarnir les vides des clairières, ils varient suivant les circonstances. Admettons qu'un jeune bois ait été abrouti, qu'il ait été atteint par le feu, écorcé par le gibier ou les mulots; que l'une ou l'autre de ces causes le rende mal venant et qu'il existe trop d'espace entre chaque jeune souche; le meilleur moyen de lui rendre sa vigueur et de le serrer davantage, ce sera le recepage, auquel on joindra un ensemencement à la volée. Cet ensemencement sera pratiqué un an avant le recepage et avec les soins que réclameront l'état du sol et la grosseur des semences répandues.

Si un bois est planté de quelques arbres clair-semés, comme cela a lieu dans les vieilles futaies usées, le repeuplement est très-simple; on attend que ces arbres soient chargés de graines, on fait donner un labour sur tout le terrain, et ce labour, en favorisant la germination de ces graines, détermine un repeuplement abondant. On pourra également se contenter de faire enlever la mousse et de faire arracher les arbustes parasites; ou bien, s'il s'agit de chênes ou de hêtres, de faire conduire des porcs sous les arbres, dès le commencement de la chute des graines.

On pourra aussi, s'il s'agit de jeunes taillis, regarnir des vides peu étendus en employant le marcottage ou couchage décrit à l'article des Pépinières. La même branche pourra être couchée de nouveau lorsque son sommet se sera suffisamment développé.

Enfin, si les surfaces à repeupler sont à peu près vides et qu'elles présentent une certaine étendue, on emploiera l'un des procédés que nous avons décrits plus haut en parlant des semis et des plantations. Le choix que l'on fera entre les divers moyens proposés sera déterminé par les circonstances locales.

2° TRAVAUX D'ENTRETIEN.

Dans tout ce qui va suivre, soit pour les travaux d'entretien, soit pour l'exploitation, nous confondrons les forêts artificielles et les forêts naturelles, car les soins qu'elles réclament à cet égard ne présentent aucune différence.

Assainissement. — Quoiqu'il soit possible de cultiver en bois les terrains les plus humides, il y aura tout avantage à débarrasser ceux-ci de leur humidité surabondante ; les bois qu'on y fera croître y acquerront une plus grande valeur. Toutes les fois donc que le sol forestier sera exposé à un excès d'humidité, surtout à la stagnation des eaux, on étudiera la configuration du terrain et l'on s'efforcera de diriger ces eaux hors de la forêt, à l'aide de rigoles et de fossés multipliés.

Clôtures. — Il serait désirable de pouvoir entourer les forêts d'une clôture impénétrable ; on éviterait ainsi les dégâts occasionnés par les maraudeurs et par l'abroutissement des bestiaux. Mais ce résultat ne pourrait être atteint qu'à l'aide de clôtures murées ou de fortes palissades dont la dépense excéderait de beaucoup les avantages qu'on en obtiendrait ; aussi ces sortes de clôtures sont-elles réservées seulement pour les petits bois ou pour les parcs. Toutefois il sera utile d'entourer les forêts d'un fossé de 2 mètres de largeur environ, sur 1^m,50 de profondeur, en ayant soin de rejeter la terre du côté de la forêt. Ces fossés se rempliront bientôt de ronces et de broussailles qui en feront une clôture solide.

Abris. — Sur les bords de la mer, où il est si difficile de faire réussir les plants forestiers sans avoir formé des abris préalables, il est nécessaire de conserver, lors des exploitations, des massifs d'une dizaine de mètres de largeur destinés à protéger contre les vents la végétation des jeunes plants ou le recru des taillis. On réservera dans le même but, autour de chaque coupe, des lisières de 2 à 3 mètres de largeur, particulièrement dans les localités dont le sol est sec et élevé.

Nettoiement des taillis. — L'opération du nettoiement consiste à faire couper, dans les taillis âgés de 5 à 10 ans, les épines, les ronces, les viornes, les genêts, la bruyère, les brins ou jeunes tiges difformes qui croissent sur les mêmes souches que les brins bien venants, les plants de nerprun, bourdaines et autres arbrisseaux semblables qui n'ont qu'une courte durée ; enfin, les plants de charme et autres espèces inférieures, lorsque le sol est suffisamment garni d'espèces du premier ordre. Toutefois on ne devra pas oublier, en pratiquant le nettoiement, que le sol forestier ne doit rester découvert dans aucune de ses parties, pas même dans les endroits uniquement garnis d'épines ou autres arbrisseaux de peu de valeur; car aussitôt qu'un vide se produit, le sol, desséché par le soleil, devient stérile, et les arbres voisins dépérissent.

Éclaircie et élagage des taillis. — Pendant l'été qui suit la coupe d'un taillis, il se développe sur chaque souche un certain nombre de bourgeons qui donnent lieu à autant de brins. Ceux-ci sont généralement trop nombreux pour pouvoir acquérir tous un développement convenable; de là la nécessité d'en supprimer plusieurs afin de concentrer l'action de la séve sur quelques-uns seulement. Mais cette éclaircie doit être faite avec prudence. Si, pour un taillis qui sera exploité à l'âge de 30 ou 40 ans, on supprimait d'un seul coup, et pendant l'une des premières années, tous les brins qui ne doivent pas être conservés jusqu'à cet âge, il en résulterait un grand vide entre chaque souche, et, le soleil desséchant alors la terre, la croissance du bois en souffrirait beaucoup. L'éclaircie des taillis, et surtout de ceux qui doivent avoir une longue durée, doit donc être faite progressivement et de manière que le sol, étant toujours couvert, il ne se dessèche pas autant. Il faudra veiller aussi à ce que les brins, suffisamment rapprochés, croissent plus droits et plus élevés, et que les nouveaux bourgeons qui pourraient naitre intempestivement sur la souche après chaque éclaircie, soient étouffés par le manque de lumière. Pour remplir ces diverses conditions on opérera de la manière suivante.

Deux ans après la coupe des taillis, dont la durée doit être portée à 30 ou 40 ans, on éclaircit une première fois. On laisse sur chaque souche 12 à 14 brins, en choisissant de préférence ceux qui sont les plus rapprochés du sol, et on les répartit le plus régulièrement possible sur tout le périmètre de la souche.

Vers la dixième année, on applique aux souches une seconde éclaircie. Le nombre de brins qu'on laisse sur chacune d'elles est déterminé par la vigueur de ces brins et par la distance qui sépare les souches; mais on ne doit pas, en général, en conserver plus de 8 ou 10 sur chaque souche.

Pour les taillis qui ne doivent durer que de 15 à 20 ans, on n'éclaircit qu'une seule fois, à l'âge de 8 ans, et on laisse sur chaque souche un nombre de brins un peu plus grand que pour les taillis de plus longue durée. C'est à ce moment qu'on pratique aussi le nettoiement et l'élagage des brins.

Si, malgré toutes les précautions que l'on a prises pour prévenir le développement de nouveaux jets à la place de ceux qu'on a coupés lors des éclaircies, quelques bourgeons paraissaient au pied des souches, on ferait passer dans ce taillis, âgé au moins de 10 ans, un troupeau de bétail pour brouter ces brins, afin d'en accélérer la destruction.

Éclaircie des futaies d'arbres non résineux. — La première opération à faire dans les jeunes massifs de futaie de chêne ou de hêtre, repeuplés au moyen de l'ensemencement, consiste à enlever, vers la vingt-quatrième année, tous les bois blancs dont la présence est devenue inutile pour abriter les autres espèces, et qui en gênent le développement. Mais cette première suppression est insuffisante pour des arbres dont l'exploitation n'aura lieu qu'à 80 ou 100 ans, et qui sont souvent placés à moins d'un mètre de distance les uns des autres. Ils devront donc être eux-mêmes successivement enlevés jusqu'à ce qu'il existe entre chacun d'eux un espace suffisant pour qu'ils puissent attendre sans se gêner le moment de l'exploitation. Quant à cet espacement, il est subordonné au degré de fertilité du sol, à la nature des espèces qui peuvent croître plus ou moins serrées, enfin à l'âge qu'on laissera acquérir à la futaie. Dans tous les cas, ces éclaircies successives devront toujours être faites au moment où les arbres à enlever commencent à souffrir, et de manière que le sol soit constamment assez couvert pour ne pas être desséché par le soleil; les arbres devront toujours rester suffisamment rapprochés pour qu'ils tendent à croître en hauteur. Dans le plus grand nombre des cas, ces éclaircies seront faites tous les 12 ou 15 ans.

Éclaircie des forêts résineuses. — Les massifs d'arbres résineux doivent aussi recevoir des éclaircies successives; mais l'expérience a démontré que, pour développer des tiges bien filées, ils ont besoin d'être plus rapprochés que les arbres non résineux. Quant à la distance à laisser entre eux, elle varie aussi suivant les espèces et la nature du sol : le mélèze et les épicéas seront tenus plus serrés que les pins. D'un autre côté, les mêmes espèces devront être plus rapprochées dans un terrain sec et peu profond que dans un sol substantiel et profond. Lors de ces éclaircies progressives, on ne supprimera chaque fois que les arbres qui sont dépassés par les autres et qui sont sur le point d'être étouffés.

Élagage des arbres de haut jet. — L'élagage des arbres plantés en plein bois et destinés à former des futaies est presque toujours inutile. En effet, ces arbres sont toujours maintenus tellement serrés, que la lumière ne peut pénétrer au-dessous de leur tête et favoriser le développement des ramifications inférieures. A mesure que les arbres grandissent, ces ramifications se détruisent d'elles-mêmes, sans qu'il soit besoin de les retrancher. Toutefois, lorsque, par une circonstance quelconque, ces arbres se trouvent plus ou moins isolés pendant leur jeunesse, tels que ceux qui, sous le nom de baliveaux, sont réservés dans les taillis, ou bien encore ceux qui croissent sur la lisière des futaies, il faut, si l'on veut avoir des troncs bien droits et suffisamment élevés, leur appliquer l'opération de l'élagage. Mais cette opération, tout exceptionnelle, doit être pratiquée avec une grande circonspection et avec les soins que nous indiquons plus loin, en parlant de l'élagage des plantations d'alignement.

Du marnage des bois. — L'emploi de la marne a pour effet de rendre les sols compactes plus perméables à l'air et à l'eau, et de favoriser la nutrition des plantes en rendant solubles dans l'eau certains principes utiles à la végétation. L'action de cet amendement calcaire, presque exclusivement employé jusqu'ici pour la culture des plantes herbacées, paraît agir aussi efficacement sur l'accroissement des arbres. Plusieurs observations nous l'ont démontré. Nous citerons, entre autres, un marnage exécuté sur un taillis situé dans la commune de Bacqueville (Seine-Inférieure) et assis sur un sol argilo-siliceux. Cette opération, faite immédiatement après la coupe du taillis, et pratiquée seulement sur la moitié de la surface d'un terrain parfaitement homogène et soumis aux mêmes influences dans toute son étendue, a donné lieu à une végétation moitié plus vigoureuse sur la partie qui avait été marnée. L'efficacité de la marne pourrait être expliquée, selon nous, par la présence, dans les terrains couverts de bois, d'une grande quantité de débris organiques à l'état acide et par conséquent non solubles dans l'eau, et que la présence de l'amendement calcaire transforme en éléments nutritifs. Les terrains humides et surtout ceux qui sont privés de l'élément calcaire devront donc être soumis à cette pratique. On choisira pour l'effectuer le moment de la coupe des bois, afin que la marne, entièrement exposée à l'action des intempéries et surtout de la gelée, se délite plus complétement. Quant à la quantité de marne à répandre sur une surface donnée, et au laps de temps qui devra s'écouler entre chaque marnage, on pourra suivre les indications fournies par la pratique de chaque contrée à l'égard des terres labourées.

3° TRAVAUX D'EXPLOITATION DES BOIS ET FORÊTS.

L'exploitation des bois se compose en général de deux opérations bien distinctes : l'*aménagement* et l'*exploitation proprement dite*.

De l'aménagement. — L'aménagement est l'art de diviser une forêt en coupes successives, ou de régler l'étendue ou l'âge des coupes annuelles, de manière à assurer une succession constante de produits. Admettons qu'il s'agisse d'un bois de 10 hectares exploité intégralement à chaque dixième année ; si l'on veut convertir ce produit périodique en un revenu annuel, on divise ce bois en 10 fractions égales qu'on exploite successivement d'année en année : l'effet de cette nouvelle disposition est de permettre à chaque fraction de croître jusqu'à 10 ans, tout en assurant à perpétuité une coupe annuelle.

En général, l'exploitation la plus restreinte doit embrasser un intervalle d'au moins 10 ans, parce que ce laps de temps est nécessaire pour que les produits ligneux soient susceptibles de quelque valeur. Mais on a toute latitude pour choisir une période d'aménagement beaucoup plus longue ; elle peut varier de 10 à 150 ans et même plus. La principale question à résoudre est de savoir *à quel âge on doit régler l'aménagement d'une forêt pour en obtenir le produit le plus avantageux possible.*

Si un bois âgé de 10 ans ne développait chaque année qu'une masse de produit ligneux égale à la quantité développée pendant chacune des années précédentes, il n'y aurait d'autre avantage à l'exploiter à un âge plus ou moins avancé que celui d'avoir du bois d'un échantillon plus ou moins fort ; mais l'expérience a démontré que le volume des arbres se développe suivant une progression qui s'approche de celle des carrés des nombres naturels. Ainsi, si le produit d'un hectare de bois âgé de 10 ans équivaut à 100, le produit du même bois présentera la progression suivante en avançant en âge :

A 20 ans, il équivaudra à	400
A 30 —	900
A 40 —	1600
A 50 —	2500
A 60 —	5600
A 70 —	4900
A 80 —	6400

On pourrait donc en conclure que l'aménagement devrait toujours être conçu de manière que l'exploitation n'arrive pour chaque fraction de la forêt qu'au moment où le plus grand nombre des arbres présentent des signes de décrépitude, c'est-à-dire à l'âge de 100 à 250 ans et plus.

A la vérité, on a cru reconnaître que le plus grand produit en matière ligneuse n'était pas en rapport avec le plus grand produit en argent ; on a prétendu que plus l'aménagement avait de durée, moins le bénéfice net était élevé, et cela en raison des intérêts composés des capitaux engagés dans cette culture ; mais les recherches publiées récemment par quelques forestiers ont fait voir que la valeur de la superficie permanente, ou la richesse propre des forêts, augmentait sans cesse à mesure que l'on augmentait la durée de l'aménagement, et que cette plus grande valeur compensait et au delà la perte occasionnée par les intérêts composés. D'où il suit que l'on devrait s'en tenir à notre première conclusion.

Mais on conçoit qu'il n'y a qu'un être moral comme l'État, dont l'existence est continue, qui puisse adopter un aménagement de 100 à 300 ans et attendre pendant ce laps de temps la réalisation de ce produit. Les communes, les particuliers, ont besoin d'adopter des aménagements beaucoup moins prolongés. D'un autre côté, comme la durée de l'aménagement influe nécessairement sur le mode de reproduction du bois après chaque exploitation, on a dû adopter, suivant la durée de chaque aménagement, un mode de culture différent. De là, les futaies qui se reproduisent uniquement au moyen des semences; les taillis sous futaies qui se régénèrent à la fois au moyen des souches et des semences; enfin, les taillis proprement dits qui sont entretenus seulement au moyen du recru des souches. Disons maintenant un mot de la durée de l'aménagement qui convient le mieux à chacune de ces sortes de forêts.

Aménagement des futaies. — Nous venons de le dire, l'aménagement des forêts en futaie ne convient guère qu'à l'État, qui peut attendre la réalisation de pareils produits. Quant à la durée de l'aménagement, au point de vue du maximum du produit, il devra nécessairement varier suivant la nature des espèces qui composeront la futaie. Nous indiquons ici cette variation :

ESPÈCES COMPOSANT LA FUTAIE.	DURÉE DE L'AMÉNAGEMENT.
Chêne. Hêtre.	140 à 160 ans.
Épicéa. Sapin.	110 à 120 ans.
Érable. Frêne. Orme. Tilleul.	100 à 110 ans.
Pin. Mélèze.	70 à 80 ans.
Bouleau. Aune.	55 à 65 ans.

Ces indications sont pour un sol de fertilité moyenne. Dans un terrain d'excellente qualité, la durée de l'aménagement devra être un peu augmentée; elle sera restreinte, au contraire, dans les sols de qualité inférieure.

Aménagement des futaies sur taillis. — Nous savons qu'on nomme futaies sur taillis les forêts composées de baliveaux réservés dans les taillis à chaque exploitation. L'usage le plus général est de réserver 50 baliveaux par hectare. Supposons que la durée de l'aménagement du taillis soit de 25 ans, on réservera, lors de la première coupe, 50 baliveaux par hectare, en choisissant de préférence les brins provenant des semences. Lors de la seconde coupe, on ne réserve plus par hectare que 18 de ces baliveaux, et l'on abattra de préférence ceux qui sont faibles, difformes ou trop rapprochés les uns des autres; ces 18 baliveaux seront alors âgés de 50 ans. A la troisième coupe, ces baliveaux, alors âgés de 75 ans, seront réduits au nombre de 8 par hectare. A la quatrième coupe ils auront 100 ans, et l'on n'en conservera plus qu'environ 5 par hectare; enfin, aux coupes suivantes, on pourra encore, lorsque le sol sera de bonne qualité et que ces baliveaux continueront de croître, en réserver 1 ou 2 par hectare. Lorsque tous les baliveaux ont ainsi successivement disparu, on fait une nouvelle réserve semblable à la première.

Toutefois, le nombre des baliveaux que nous venons d'indiquer comme devant être réservé sur le taillis devra être un peu diminué dans les terrains humides qui ont besoin d'être aérés; on l'augmentera, au contraire, dans les terrains secs qui doivent être abrités contre l'ardeur du soleil.

Cette espèce de forêt présente en quelque sorte les avantages réunis de la futaie et des taillis. Ainsi, la coupe du taillis permet au propriétaire de réaliser une partie du produit à des époques rapprochées, et les réserves de baliveaux lui fournissent, comme la futaie, des bois de construction. D'un autre côté, lorsque les baliveaux arrivent à un certain âge, ils répandent des graines qui concourent à la régénération du taillis.

Mais ces avantages ne peuvent se produire sans inconvénient dans toutes les circonstances. En effet, il faut d'abord admettre, comme première condition de succès, que l'aménagement du taillis sera réglé au moins à 20 ou 25 ans. Si les réserves étaient faites sur un taillis coupé à 10 ans, par exemple, les jeunes baliveaux, n'étant plus serrés, ne croîtraient plus assez en hauteur, et l'on n'aurait ainsi que des arbres mal faits; en outre, leur tête étant très-large et peu élevée, le taillis du dessous serait bientôt étouffé.

Le succès des futaies sur taillis exigeant une longue durée dans l'aménagement du taillis, cette sorte de forêt ne convient que pour les communes aisées ou les riches particuliers.

Aménagement des taillis. — Si l'on a en vue, dans l'aménagement d'un taillis, d'obtenir le produit le plus avantageux sous tous les rapports, on devra, par suite du principe que nous avons posé plus haut, conduire la durée de l'aménagement jusqu'à sa dernière limite. Cette limite est déterminée par l'âge auquel les souches de chaque espèce d'arbres peuvent donner lieu à une nouvelle végétation, après la coupe des tiges qu'elles portaient. On conçoit, en effet, que si l'on dépassait cet âge, on verrait bientôt disparaître le taillis, puisqu'il ne se perpétue que par le recru successif des souches. Nous indiquons ici l'âge auquel les souches de chaque espèce cessent en général de donner de nouveaux recrus, après que le taillis a été exploité plusieurs fois.

ESPÈCES D'ARBRES.	DURÉE EXTRÊME DES SOUCHES.
Chêne.	150 à 220 ans.
Hêtre.	60 à 90
Charme..	80 à 100
Châtaignier.	50 à 60
Érable.	80 à 120
Orme..	100 à 150
Frêne..	80 à 120
Bouleau..	50 à 60

Aune..	50 à 80
Tilleul.	100 à 150
Alisier des bois.	50 à 80
Allouchier.	50 à 80
Peuplier.	40 à 60
Saule..	30 à 40
Tous les autres arbrisseaux. . . .	20 à 40

Mais, si un taillis était aménagé à l'âge moyen de 80 ans, par exemple, beaucoup de souches auraient disparu au moment de l'exploitation, parce que leur recru aurait été étouffé par la végétation des brins les plus vigoureux; de sorte qu'après la coupe, les souches se trouveraient beaucoup plus espacées que lors de la première année; le sol présenterait beaucoup de vides, et, le terrain n'étant pas assez couvert, la végétation en souffrirait. De là la nécessité de ne pas donner aux aménagements des taillis une durée aussi longue que celle que l'on pourrait adopter si l'on tenait compte seulement de la durée des souches du taillis. Aussi les aménagements ne dépassent-ils guère 40 ans. Il s'en faut même de beaucoup que tous les taillis soient conduits jusqu'à cette limite. Le plus grand nombre sont exploités à des époques qui varient entre 10 et 30 ans.

Quant au choix entre ces diverses époques d'exploitation, il est déterminé, soit par les besoins du propriétaire, besoins qui exigent que les produits soient réalisés à des époques plus ou moins rapprochées; soit par la nature du sol et par les espèces qui dominent dans le taillis et font que celui-ci arrive plus ou moins vite au degré d'accroissement qu'il doit avoir pour être exploité avec avantage; soit enfin par l'usage auquel on destine les produits. Veut-on faire servir les bois aux ouvrages de fente, à l'exploitation des mines, etc., il faudra laisser vieillir le taillis. Possède-t-on un taillis composé uniquement de châtaignier, de coudrier, destinés à faire des cercles, il faudra le couper au moment où les brins seront propres à cet usage. Un taillis de frêne s'exploite lorsque les perches ont atteint les dimensions propres aux ouvrages de charronnage. Un taillis de chêne doit être coupé avant l'époque où la qualité de l'écorce commence à se détériorer.

Tout ce que nous venons de dire relativement aux taillis démontre que cette sorte de bois convient surtout aux particuliers qui ne peuvent, comme l'État ou les communes riches, attendre une époque très-reculée pour réaliser les produits.

Exécution de l'aménagement. — *Abornement.* — Lorsque ces diverses questions sont résolues, on partage la surface de la forêt en autant de fractions que la révolution du mode de l'aménagement choisi compte d'années, et on limite chacune de ces fractions par un abornement. Autrefois, lorsque le sol avait peu de valeur, on marquait les limites de chaque coupe par des arbres auxquels on donnait le nom de *pieds corniers ;* ces arbres, qui acquéraient des dimensions souvent colossales, étaient destinés à pourrir sur pied. Mais, aujourd'hui que les arbres et le sol ont acquis une plus grande valeur, les limites entre les coupes sont déterminées par des bornes en pierre portant le numéro d'ordre des coupes. On emploie le même moyen, ainsi que des fossés, pour séparer les forêts contiguës ; mais il est plus convenable d'ouvrir une route mitoyenne, sur tous les points de la propriété qui sont limitrophes d'une autre forêt. Cette route, bordée de fossés, ouvre une voie commode pour l'extraction des bois.

Reconnaissance des coupes précédentes — S'il s'agit de changer l'aménagement d'une forêt, on devra le faire d'une manière progressive ; les changements brusques, lorsqu'ils ne sont pas impossibles, ont au moins pour effet de priver momentanément le propriétaire de ses revenus. On évitera cet inconvénient en reconnaissant les coupes précédentes et en augmentant ou en diminuant leur étendue, selon que l'on voudra diminuer ou augmenter la durée de l'aménagement. Admettons, par exemple, qu'un taillis (*fig. 236*), de 30 hectares, aménagé d'abord à

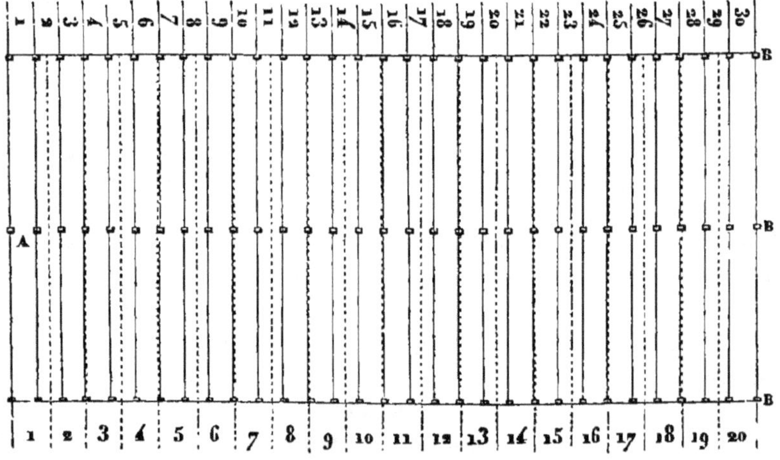

Fig. 236. *Changement de l'aménagement d'une forêt.*

20 ans, doive être exploité avec plus d'avantage à 30 ans ; les coupes, qui présentaient d'abord une étendue de 1 hectare 50 centiares, comme l'indiquent les lignes ponctuées de notre figure, seront réduites à 1 hectare, et le nombre s'élèvera de 20 à 30. Puis, au lieu de suspendre les coupes pendant 10 ans, pour laisser à la plus ancienne (A) le temps d'acquérir 30 ans d'âge, on commencera l'exploitation l'année même, en coupant d'abord la parcelle (A) qui est la plus âgée. On conçoit qu'en opérant ainsi, le résultat cherché sera obtenu à la fin de la révolution de l'amé-

nagement. On remarquera toutefois que le revenu du propriétaire sera diminué d'un tiers pendant les premières années; mais, le taillis avançant en âge à mesure que l'on s'éloignera de la première année d'exploitation, il en résultera une augmentation telle dans le revenu, qu'à la quatorzième année ce revenu sera égal à ce qu'il était lors de l'aménagement de 20 ans, et qu'à la trentième année l'augmentation de produit sera dans la proportion de 2 à 3.

Forme et étendue des coupes. — La configuration des coupes ou ventes doit être déterminée de manière que l'exploitation soit d'une surveillance facile et que chaque vente aboutisse sur une route destinée à l'extraction des bois. Ces ventes

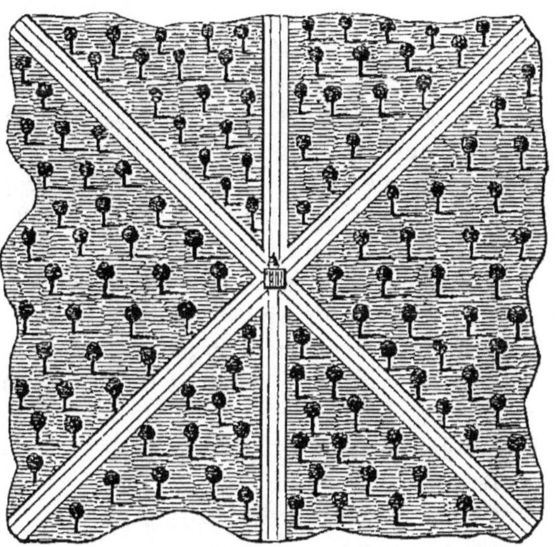

Fig. 237. *Séparation des coupes d'une forêt.*

sont ordinairement séparées par des chemins tracés en ligne droite (*fig.* 237). S'il s'agit de forêts aménagées en futaie, et destinées à se repeupler au moyen d'ensemencements naturels, il est bon de donner aux coupes une forme et une étendue qui facilitent ces réensemencements ; sur une surface plane, ou peu tourmentée, les coupes auront la disposition de rectangles très-allongés, de manière que les jeunes plants soient abrités par les arbres voisins. On dirigera autant que possible ces bandes de l'est à l'ouest pour procurer de l'ombrage aux plants. Pour les mêmes forêts en futaie, mais assises sur des terrains en pente rapide, on fait tourner les coupes suivant la pente du terrain, afin d'empêcher l'eau des pluies d'entraîner les graines; ce qui aurait lieu si ces coupes étaient dirigées parallèlement à la pente.

Il est bien important de conserver autant que possible la contiguïté des coupes qui doivent être exploitées successivement, et d'éviter que la traite des coupes ne se fasse à travers les jeunes recrus. Il faut éviter aussi d'ouvrir la série des coupes au sud et au sud-ouest, à cause des influences trop vives de la chaleur et des vents d'orage.

Quant à l'étendue des coupes, doivent-elles offrir une étendue égale en superficie, ou donner seulement des produits égaux? Il est évident que, l'intérêt du propriétaire étant surtout d'avoir un revenu égal chaque année, les coupes devront avant tout présenter des produits égaux.

Ces deux conditions se trouveront remplies si l'on a eu le soin d'aménager chaque partie différente suivant la nature du sol, les espèces qui forment les massifs, et l'usage le plus avantageux que l'on peut en faire.

EXPLOITATION PROPREMENT DITE.

En général, les coupes de forêts sont vendues sur pied, et ce sont les acquéreurs qui tirent ensuite le meilleur parti possible de la vente, en donnant à chaque espèce d'arbre ou à chaque partie du même arbre la destination la plus avantageuse. Mais, quelquefois aussi, le propriétaire se charge de ces soins, il vend séparément les divers produits de son exploitation. Toutes les fois qu'on pourra s'occuper de ces détails, on ne devra pas hésiter à le faire, car on tirera un bien meilleur parti des coupes ; mais ce mode exige des connaissances spéciales, et il faut savoir séparer les arbres qui sont les plus propres aux usages suivants :

1° Bois de chauffage ;
2° Cercles de futailles ;
3° Échalas ;
4° Perches propres à divers usages ;
5° Écorces pour le tannage ;
6° Bois propre à faire le charbon ;

Dans une futaie il faudra pouvoir distinguer :

1° Les bois propres à faire des pièces de marine ou de charpente ;
2° Les bois propres aux ouvrages de fente ;
3° Ceux propres à la menuiserie et à l'ébénisterie ;
4° Ceux propres au charronnage ;
5° Les bois recherchés par les sabotiers ;
6° Les bois de chauffage ;
7° Les menus bois et copeaux.

Ces divers produits sont d'abord mis à part, à mesure que l'on exploite ; on les façonne ensuite selon leur destination. Nous avons indiqué plus haut, en faisant l'étude spéciale des principales espèces d'arbres forestiers, les divers usages auxquels le bois de chacun d'eux peut être employé.

Évaluation des produits d'une coupe. — Si la coupe est exploitée par le propriétaire et vendue en détail après qu'il en a fait façonner les diverses sortes de bois, il n'est pas difficile d'évaluer les produits de cette coupe, car il suffit de faire réunir en masse régulière ces diverses qualités et d'en déterminer la quantité en mètres cubes ; mais, si l'on veut évaluer les produits d'une coupe sur pied, l'opération présente plus de difficultés.

Pour un bois en futaie, il faudra, si l'on veut une évaluation exacte mesurer isolément chaque tige pour en connaître le volume en mètres cubes. On mesurera d'abord la circonférence à 1^m,16 du sol, à l'aide d'une chaînette en fil de fer divisée en centimètres.

On détermine ensuite la hauteur de la tige à l'aide de l'instrument imaginé par M. Noirot (*fig.* 238). On place cet instrument, au moyen d'un pied planté en terre, à 10 mètres de l'arbre; on dispose horizontalement l'alidade fixe (A), au moyen du petit niveau (C) en la dirigeant vers la tige de l'arbre. On fait monter l'alidade mobile (B) jusqu'au point où elle permet de voir dans sa direction le sommet de la tige; on la fixe au moyen d'une vis de pression, et il ne s'agit plus que de lire sur le limbe (D) de l'instrument le nombre de mètres et de décimètres qui expriment la hauteur de la tige au-dessus de l'instrument. Il faut ajouter à cette hauteur la distance entre le sol et le point de la tige où l'alidade fixe est dirigée.

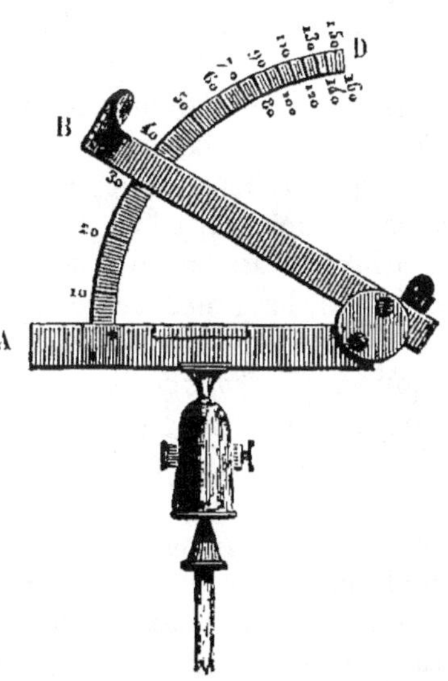

Fig. 238. *Instrument pour mesurer la hauteur des arbres.*

La grosseur du sommet de la tige est également déterminée à 1^m,16 de ce sommet. Pour connaître cette troisième mesure, il faut tenir compte de la grosseur de la tige vers sa base et de sa hauteur, puis se rappeler que dans les futaies sur taillis la grosseur de la tige d'un arbre décroît de 0^m,08 par mètre de hauteur, et que, dans les futaies pleines, cette décroissance n'est que de 0^m,04 par mètre. On arrivera facilement de cette manière à estimer la grosseur du sommet, et comme on connaîtra d'ailleurs la grosseur de la base, on pourra établir la grosseur moyenne, qui, jointe à la hauteur, permettra de transformer facilement la tige de chaque arbre en mètres cubes. Ajoutons qu'en prenant la circonférence du sommet et de la base de chaque tige, on devra déduire l'épaisseur de l'écorce, laquelle équivaut au cinquième de ces circonférences.

Pour évaluer le produit d'une coupe de taillis sur pied, on peut faire abattre un quart d'hectare dans la meilleure partie de la coupe, un quart d'hectare dans la partie médiocre, et un quart dans la plus mauvaise partie. On fait soigneusement débiter le bois provenant de chacune de ces portions, on additionne leurs produits réunis, et le tiers du total forme la valeur moyenne d'un quart d'hectare. Quoi qu'il en soit de ces divers modes d'estimation des produits sur pied, il est certain qu'ils laissent toujours un vaste champ à l'incertitude, et que l'estimation à vue d'œil, par des hommes entendus et rompus à ce genre de travaux, présentera toujours plus de précision et sera en même temps d'une exécution plus simple et plus facile.

Exploitation des futaies. — Les futaies peuvent être exploitées de différentes manières; mais elles sont loin de présenter toutes les mêmes avantages.

Jardinage. — Ce mode consiste à parcourir toute l'étendue de la forêt et à enlever çà et là les arbres qui dépérissent et ceux qui sont parvenus à l'époque de leur maturité. Ce procédé présente surtout les inconvénients suivants : Il donne un revenu beaucoup plus faible; l'extraction des arbres occasionne des dégâts notables; les jeunes plants de recru, étouffés par les grands arbres, se développent très-lentement, et un grand nombre périssent pendant leur jeunesse.

Coupes par bandes. — Au lieu de chercher çà et là les arbres mûrs ou dépérissants, on fait chaque année une coupe pleine à laquelle on donne la forme d'un rectangle très-allongé ou d'une zone. Tous les arbres qui se trouvent dans cette surface sont abattus, à l'exception de quelques porte-graines. Cette bande forme la coupe annuelle, qui se repeuple naturellement par de jeunes plants qui se trouvent déjà sur le sol et surtout par ceux qui doivent provenir des graines qui tombent des massifs d'arbres entre lesquels cette lisière est resserrée. Dans la vue de favoriser les semis naturels, on enlève les herbes en grattant le terrain à la pioche. Les arbres isolés, que l'on a laissés de distance en distance pour aider au repeuplement, doivent être coupés aussitôt que le plant est assez épais et assez fort pour se passer d'abri. Toutefois on reproche à ce mode d'exploitation les deux inconvénients suivants : les réensemencements s'y font incomplétement, et souvent les recrus périssent faute d'un abri suffisant; en second lieu, ce mode donne prise aux vents, qui, pendant l'hiver, renversent un grand nombre des arbres réservés.

Coupes par éclaircies. — Lorsqu'un massif est jugé prochainement exploitable, il est mis en défense quelques années à l'avance; c'est-à-dire que, pour conserver les graines, le pâturage et le pacage y sont interdits. Quand le moment de l'exploitation est arrivé, on procède à l'assiette de la première coupe ou *coupe sombre*, en désignant pour l'abattage les arbres situés dans les endroits les plus épais, de manière que ceux qui restent conservent un ombrage égal à toute l'étendue du sol. Cette opération importante et délicate a le double objet de permettre au semis de lever et d'empêcher l'accroissement des herbes. L'air circulera à travers le massif, la lumière commencera à s'y introduire, et les jeunes plants se développeront, en même temps qu'ils seront protégés contre les gelées et la chaleur.

Lorsque le plant, répandu uniformément sur le sol, a pris une hautour de 0ᵐ,50 à 0ᵐ,40, lorsqu'on n'a plus lieu de craindre que le soleil et la sécheresse ne le fassent périr, lorsque enfin le massif est bien garni, on procède à la coupe secondaire ou *coupe claire*. Dans celle-ci on comprend une grande partie des arbres restants, en observant pour l'espacement de ceux que l'on conserve des règles à peu près semblables à celles de la coupe sombre. Ces arbres conservés subsistent jusqu'à l'époque où, le semis ayant atteint une hauteur moyenne d'un mètre, est devenu assez robuste pour être exposé sans inconvénient à l'influence de l'air, du soleil et des météores. A cette époque on procède à la *coupe définitive*, laquelle comprend tous les arbres restants, sauf quelques-uns, destinés à servir de porte-graines dans les endroits que l'on ne juge pas suffisamment repeuplés.

Ces trois exploitations embrassent ordinairement une période d'environ 10 années. La rareté ou l'abondance des graines, la rapidité ou la lenteur de la croissance des plants en déterminent les époques respectives. Dans les sols de bonne qualité deux coupes suffisent pour opérer le repeuplement. Les trois coupes ne sont indispensables que dans les terrains trop secs.

Des trois modes d'exploitation que nous venons d'indiquer, on devra généralement préférer le dernier, car il facilite surtout le repeuplement naturel.

Exploitation des taillis. — Deux procédés peuvent être employés pour l'exploitation des taillis, la *coupe pleine* et le *furetage*. Le premier procédé est le plus généralement employé.

Du furetage. — On appelle ainsi le mode d'exploitation qui consiste à couper dans un taillis les plus gros brins, en laissant subsister les petits jusqu'à l'époque où ils auront atteint la dimension des premiers. Dans les bois où le furetage s'exerce, l'exploitation revient tous les 10 ans dans la même partie de la forêt. Sur chaque souche il y a des brins de trois âges différents. On coupe tous ceux qui ont plus de 0ᵐ,33 de tour, et on laisse subsister les autres. On conserve tous les brins de semence.

Les coupes nouvellement furetées sont couvertes d'herbes, de genêts, de brins cassés ou pliés ; mais quelques années après on n'aperçoit aucune trace des dégâts que l'exploitation avait occasionnés, et les arbustes parasites sont étouffés. Les petits brins, trouvant l'espace nécessaire pour se développer, croissent avec force ; et comme le sol n'est jamais découvert, les racines reçoivent une nourriture abondante ; le taillis procure aux derniers jets des souches un abri contre les vents desséchants et contre les gelées. Ce mode d'exploitation peut être avantageusement employé dans les terrains secs et légers, surtout pour le hêtre. Nous devons cependant faire remarquer que, le furetage ayant pour effet de rendre impossible les repeuplements naturels, les souches s'épuisent, ne produisent plus après un certain laps de temps, et laissent bientôt des vides nombreux dans les taillis.

Coupe et abatage des bois. *Futaies.* — L'abatage des futaies se fait de deux manières : les arbres sont coupés *à blanc* ou *en pivotant*.

Pour la coupe à blanc on se sert ordinairement de la cognée. On fait d'abord une entaille tout à fait à la base de la tige et du côté où l'arbre doit tomber; et, lorsque cette première entaille est assez profonde, c'est-à-dire lorsqu'elle comprend environ la moitié du diamètre de l'arbre, on en pratique une seconde du côté opposé, en augmentant progressivement sa profondeur jusqu'à la chute de l'arbre; si l'arbre penche du côté opposé à celui où l'on veut qu'il tombe, on fixe, près du sommet, un câble avec lequel on le tire.

On commence à remplacer, dans cette sorte d'abatage, la cognée par la scie. Dans ce cas, on fait d'abord une légère entaille avec la cognée du côté de la tige où l'arbre doit tomber; cette entaille doit être placée le plus bas possible, afin de ne pas diminuer la longueur du tronc. Puis on introduit dans cette entaille la scie appelée *passe-partout*, et on la fait manœuvrer par deux ouvriers. Lorsque cette première section est assez profonde, on en pratique une semblable du côté opposé, on y introduit un coin, et, en le chassant lentement, on détermine la chute de l'arbre.

La coupe en pivotant consiste à faire une tranchée autour de l'arbre et à couper ses racines latérales; l'arbre tombe, et l'on gagne ainsi 0^m,40 ou 0^m,50 sur sa longueur. C'est à ce dernier procédé qu'on devra généralement donner la préférence : on ne perd alors aucune partie de la tige, et les racines ainsi coupées donnent souvent lieu à un nouveau recru. Quel que soit le mode d'abatage employé pour les futaies, il est d'un grand intérêt d'employer des bûcherons adroits, afin d'éviter que la chute des arbres ne brise d'autres arbres voisins, ou que l'arbre abattu ne soit lui-même endommagé dans sa chute. Le mieux est d'élaguer sur place les arbres dont les branches ont quelque valeur.

Coupe des taillis. — Les taillis se régénèrent surtout par les nouveaux jets qui naissent des souches après chaque coupe; il importe donc de les exploiter de manière à placer ces souches dans les conditions les plus favorables pour donner lieu à de nouvelles productions. Le mode de coupe le plus en usage consiste à couper les brins sur les souches sans attaquer celles-ci, de sorte qu'après trois ou quatre coupes successives les souches s'élèvent au-dessus du sol et deviennent volumineuses. Mais comme, lorsque ces souches, dont le produit se développe toujours vers le sommet, viennent à périr, rien ne remplit le vide qu'elles laissent, on a proposé de les couper entre deux terres, à chaque exploitation, ou, tout au moins, de les ravaler immédiatement au-dessus du collet. Il en résulte que les nouveaux brins qui se développent, naissant presque toujours du sol, s'y enracinent; la souche principale meurt, mais chacun des brins donne lieu à une souche nouvelle. Ce nouveau procédé n'est pas sans inconvénient : il arrive souvent, en effet, qu'un certain nombre de souches ravalées à la surface du sol, ou même entre deux terres, ne repoussent pas. On évitera ces accidents en laissant intactes les souches de hêtre, d'aune, les grosses souches de chêne et de frêne qui ont encore produit des brins vigoureux, et en ravalant, au contraire, les souches de charme, d'orme, de tremble, ainsi que les vieilles souches de chêne et de frêne.

Dans tous les cas, la coupe des brins devra être faite le plus près possible de la souche, et, lorsque cette dernière devra être ravalée, on le fera immédiatement au-dessus du collet. Ces diverses coupes devront toujours être légèrement inclinées, afin que l'eau des pluies ne puisse y séjourner et déterminer la carie.

Époque la plus favorable pour la coupe des bois.—De nombreuses expériences ont démontré que la saison la plus favorable pour la coupe des bois est l'hiver. On a reconnu que les bois coupés pendant le repos de la végétation ne se gâtent pas aussi promptement et ne se gercent pas aussi facilement; ils sont moins vite attaqués par les insectes et fournissent plus de chaleur que ceux abattus en temps de séve.

L'abatage des bois pendant la végétation présente, lorsqu'il s'agit de taillis, un autre désavantage : la séve du printemps ayant été dépensée au profit des brins que l'on exploite, les recrus qui naissent sur les souches immédiatement après la coupe sont maigres, chétifs, et ont à peine le temps de s'aoûter avant l'hiver. C'est donc du mois d'octobre au mois d'avril que la coupe devra être pratiquée. Il est toutefois une époque plus précise encore pour l'abatage des taillis; car si on les exploite au commencement de l'hiver, la coupe restera exposée jusqu'au printemps à toutes les intempéries, et le recru sera moins vigoureux; il sera donc préférable, surtout dans le Nord, de ne commencer cette exploitation qu'après les grands froids, c'est-à-dire en février, et de la terminer en mars.

Quant à la question de savoir si l'on doit avoir égard aux phases de la lune, nous pensons avec Duhamel, Baudrillard, de Burgsdorf, etc., que rien ne justifie l'opinion qu'on ne doive abattre les arbres que pendant son décours; il est donc indifférent de les exploiter pendant les différentes phases de cet astre.

Écorcement du chêne. — La meilleure écorce pour faire le tan est celle qui provient des taillis de chênes âgés de 18 à 30 ans. L'écorce des chênes de 50, 75 et 80 ans sert bien au même usage, mais il faut qu'elle soit nettoyée, c'est-à-dire que les rugosités soient enlevées. C'est du 10 mai au 10 juin que l'on enlève l'écorce sur les brins de chêne.

L'ouvrier abat la tige à la cognée, et, au moyen de sa serpe, il fend l'écorce et l'enlève ensuite à l'aide d'une espèce de spatule appropriée à cet usage. L'écorce enlevée est immédiatement mise en paquet. Quelquefois l'écorcement se fait sur pied, ce qui est plus facile qu'après l'abatage, parce que la séve se retire presque aussitôt que le brin est coupé; mais, si l'on est obligé de souffrir ce mode, il faut exiger que le brin soit abattu aussitôt après son écorcement; car, si l'on tardait et que la souche eût le temps de pousser des bourgeons, on les détruirait infailliblement en coupant plus tard le brin écorcé. On doit également veiller à ce qu'avant l'écorcement sur pied l'ouvrier coupe circulairement l'écorce à la base de la tige; sans cette précaution, les lanières d'écorce enlevées pourraient se prolonger au-dessous du collet du brin et nuire à la nouvelle production de la souche.

Vidange des coupes. — Il est de la plus grande importance de ne point laisser trop longtemps dans les coupes le bois abattu : il empêche une partie des nouveaux jets de pousser, et le passage des hommes, des bestiaux et des charrettes nuit beaucoup à ceux qui sont nés. Pour les taillis, la vidange doit être faite avant la végétation des souches. Quant aux futaies exploitées par éclaircies, elle doit être effectuée à l'instant même, avant le développement des jeunes plants. Lorsque le commerce du sabotage, des cercles, ou d'autres circonstances, imposeront la nécessité de laisser séjourner le bois dans la forêt au delà des époques que nous venons de fixer, on devra au moins le faire réunir le long des chemins ou dans les endroits vides.

PLANTATIONS D'ALIGNEMENT FORESTIÈRES.

Les plantations d'alignement exécutées en vue de la production des bois de service, et que nous appelons *plantations d'alignement forestières*, n'exigent pas les mêmes soins que celles qui ne sont créées que pour l'ornement, et que nous nommons *plantations d'alignement d'ornement*. Nous les étudierons donc séparément. Nous allons nous occuper d'abord des premières; nous parlerons des secondes en traitant plus loin de la culture spéciale des arbres et arbrisseaux d'ornement.

Leur utilité. — Ces plantations sont des abris indispensables pour certaines localitées exposées aux vents violents. Dans plusieurs contrées de la France tous les corps de ferme sont ainsi entourés. Les pâturages, les prairies, peuvent aussi être bordés par ces plantations, mais seulement du côté du nord et de l'ouest. Ceux du sud et de l'est doivent rester libres, afin de ne pas nuire à l'action du soleil. Les plantations d'alignement sont encore un accompagnement naturel des habitations rurales. Dans ces diverses circonstances, ces arbres rendent des services réels soit comme abri, soit pour l'ombrage qu'ils procurent, soit enfin au point de vue de l'ornement. Mais leur importance augmente beaucoup si on les considère au point de vue de la production du bois de service. S'ils reçoivent des soins convenables, ils peuvent en effet donner des bois de charpente d'excellente qualité et d'une grande valeur.

L'utilité de ces plantations n'est pas moins réelle lorsqu'on les exécute sur le sol même des routes, devenues trop larges depuis l'établissement des chemins de fer, et sur le bord des canaux. Là ces arbres abritent les voyageurs de l'ardeur du soleil; ils servent d'indication lors des neiges abondantes de l'hiver, ils concourent enfin à l'ornement de ces routes et canaux. C'est surtout dans ces circonstances que l'utilité de ces plantations, au point de vue de la production des bois d'œuvre, devient évidente. En effet, la longueur des routes impériales et départementales et des canaux était en France, en 1851, de 75,700,000 mètres. En supposant une ligne d'arbres de chaque côté et en plaçant ces arbres à une distance moyenne de 10 mètres les uns des autres, on pourra donc placer 15,140,000 arbres, qui, bien soignés, pourront être tranformés en arbres de haute futaie. L'hectare de futaie étant composé d'environ 400 pieds d'arbres, ces plantations équivaudront à 37,850 hectares de très-belle futaie, c'est-à-dire à la vingt-huitième partie environ de tous les bois et forêts de l'État; et, le bénéfice net que donnera leur exploitation sera d'autant plus élevé, que ce produit aura été obtenu sur un sol qui ne donnait aucune rente.

Choix des espèces. — Les espèces propres à ces sortes de plantations doivent remplir les conditions suivantes : 1° les arbres doivent s'élever suffisamment pour que les branches qui forment la tête ne soient pas un obstacle à la circulation;

2° Leur feuillage devra être ample, abondant, de façon à produire un ombrage épais;

3° Ils doivent être rustiques, afin de résister aux accidents auxquels ils sont parfois exposés, et aussi pour ne pas exiger les soins minutieux qu'on ne pourrait leur donner lorsqu'ils couvrent de grandes surfaces. Ils devront supporter la transplantation dans un âge un peu avancé, ce qui leur permettra de résister plus facilement aux accidents. Enfin, leur accroissement sera prompt et vigoureux, afin qu'ils remplissent le plus tôt possible leur destination;

4° Leur bois devra être de bonne qualité, puisque la production de cette matière est un des résultats importants de ces plantations;

5° Il faudra encore et surtout que les espèces choisies s'accommodent du climat, du sol et de l'exposition de la localité à planter; car chaque espèce est organisée pour vivre au milieu de certaines circonstances déterminées, hors desquelles elle périt ou reste languissante, et cela malgré les efforts de l'homme pour modifier les lois de la nature. Ce sera donc toujours en vain que l'on voudra faire vivre les arbres du Midi sous le climat du Nord, ceux des terrains légers dans les sols compactes, ou enfin ceux du flanc des montagnes exposés au nord sur les pentes brûlantes du Midi.

Nous extrayons ici de la liste générale des espèces forestières, que nous avons donnée plus haut, ceux de ces arbres qui remplissent le mieux les conditions que nous venons d'indiquer.

ESPÈCES PROPRES AUX PLANTATIONS D'ALIGNEMENT FORESTIÈRES.

POUR LE NORD.

Espèces non résineuses.

Aune commun.
Charme commun.
Chêne rouvre.
 — pédonculé.
Érable sycomore.
 — plane.
Frêne élevé.
Hêtre des bois.
Noyer noir.
Orme champêtre.
 — tortillard.
 — pédonculé.
Peuplier blanc.
 — argenté.
 — d'Italie.
Peuplier du Canada.
 — de Virginie.
Platane d'Occident.
Robinier faux acacia.
Tilleul de Hollande.
Vernis du Japon.

Espèces résineuses.

Mélèze d'Europe.
Pin sylvestre.
 — de Weymouth.
 — de Corse.
Sapin commun.
 — épicéa.

POUR LE MIDI.

Les mêmes espèces

Moins :

Hêtre des bois.
Sapin commun.
 — épicéa.

Plus :

Micocoulier de Provence.
Mûrier blanc.
Noyer commun.
Châtaignier commun.
Pin pignon.
 — maritime.
 — d'Alep.
Cyprès pyramidal.

Outre les espèces dont nous venons de parler, on pourra encore employer avec avantage, pour ces plantations, un certain nombre d'arbres de l'Amérique septentrionale, introduits en France depuis quelques années déjà, mais qui jusqu'à présent n'ont pu être multipliés assez abondamment dans les pépinières pour qu'on puisse en former des plantations un peu étendues sans une forte dépense.

Nous citerons surtout les espèces suivantes, dont nous avons donné la description et la figure en faisant plus haut l'étude spéciale des diverses espèces forestières.

Quercus alba.
 — *primus discolor.*
 — *falcata.*

Quercus lyrata.
 — *montana, primus monticola.*
 — *primus palustris.*

Quercus tinctoria.	*Fraxinus tomentosa.*
Fraxinus americana.	*Juglans olivæformis.*
— *quadrangulata.*	— *porcina.*
— *sambucifolia.*	*Planera crenata.*

Et parmi les espèces résineuses :

Le *Pinus australis*, et d'autres espèces.

Quant au sol et à l'exposition qui conviennent particulièrement à chacun de ces arbres, nous avons donné ces indications soit dans la liste générale des espèces forestières (page 161), soit en faisant la description de ces diverses espèces.

Lorsque l'on trouvera un certain nombre d'arbres s'accommodant du même climat et du même terrain, comme cela a lieu le plus souvent, on choisira l'espèce qui remplit le mieux les diverses conditions énumérées plus haut et surtout dont le bois est le meilleur.

Nous ferons une dernière observation à l'égard de cette liste d'arbres, c'est que les diverses espèces résineuses que nous avons recommandées ne pourront donner de bons bois de service qu'autant qu'ils formeront un massif serré. Disposés en lignes isolées, ces arbres s'allongent peu et restent pourvus de branches jusqu'à la base, ce qui nuit à la qualité du bois, et gênerait aussi la circulation s'ils formaient des bordures le long des routes. Les petites dimensions qu'ils doivent avoir pour supporter la transplantation les exposeraient d'ailleurs à trop d'accidents si on formait de semblables plantations.

PRÉPARATION DU SOL.

Après le choix des espèces d'arbres les plus convenables pour chaque localité, la préparation du terrain est l'opération la plus importante ; car, la transplantation que subissent les arbres les privant, quoi qu'on fasse, d'une certaine quantité de leurs racines, et le sol où on les plante à demeure étant presque toujours de moins bonne qualité que celui où ils ont été élevés, leur végétation se trouve singulièrement contrariée. Si, sous l'influence de cet état de choses, on se contente de pratiquer une petite excavation juste assez grande pour recevoir les racines, celles-ci, déjà mutilées et ne rencontrant qu'un terrain de qualité assez médiocre, ne prendront qu'un développement insuffisant, l'arbre languira et finira par périr. Il faut donc, pour remédier à ces deux causes de souffrances, une bonne préparation du sol.

Cette opération a d'abord pour objet de pulvériser, de diviser la terre qui entoure les racines de manière qu'elles puissent s'y développer facilement, ensuite de placer ces racines en contact immédiat avec une terre de meilleure qualité, plus fertile que le terrain où l'on plante.

Le moyen d'atteindre ce résultat varie en raison de l'espèce de plantation. Pour les plantations d'alignement, on peut employer deux procédés. Le premier consiste en trous ou excavations plus ou moins grands à chacun des points qui doivent recevoir un arbre; le second s'exécute au moyen de tranchées continues ouvertes à la place de chacune des lignes d'arbres.

Trous. — La confection des trous doit être considérée sous quatre points de vue différents : leur forme, leurs dimensions, l'époque où on doit les exécuter, la manière dont ils doivent être faits.

Les trous destinés à la plantation des arbres de haut jet peuvent être circulaires ou carrés. Sans attacher une grande importance à cette question, nous pensons qu'on devra donner la préférence à la forme circulaire, parce que, l'arbre étant placé au centre, ses racines trouveront un espace égal à parcourir de tous les côtés, tandis qu'au milieu d'un trou carré les racines qui se dirigeront perpendiculairement sur les côtés se heurteront plus tôt contre la terre non remuée que celles qui prendront une direction diagonale.

On a remarqué que les racines, ayant constamment besoin de l'influence de l'air, tendent plus à se développer horizontalement que verticalement; les trous devront donc être plus larges que profonds. Cette largeur doit varier, selon que le sol est plus ou moins fertile. En effet, plus il y aura de différence entre la fertilité de la pépinière et celle du nouveau terrain, et plus on devra retarder le moment où les racines des arbres seront obligées de s'engager dans la terre non remuée. On pourra, au contraire, diminuer l'étendue des trous lorsque le terrain à planter s'éloignera peu par sa fertilité de celui de la pépinière. Les deux limites extrêmes seront, pour les terrains les plus médiocres, au moins 2 mètres de largeur, et pour les terrains les plus fertiles, 1 mètre. Il sera facile de prendre des largeurs intermédiaires, selon que le sol se rapprochera plus ou moins de ces deux points extrêmes. Dans tous les cas, il n'y aura qu'avantage pour les arbres à étendre les limites que nous venons de poser, tandis qu'il y aurait de graves inconvénients à les restreindre. Il n'y a qu'une seule circonstance où l'on puisse sans inconvénient faire des trous moindres d'un mètre de largeur : c'est lorsqu'on plante un sol qui a été défoncé uniformément sur toute son étendue, ou lorsqu'on plante la levée d'un fossé dont le sol a aussi été ameubli.

La profondeur des trous doit être moins considérable que leur largeur; elle varie en raison de la plus ou moins grande dose d'humidité que retient le sol. Plus le sol est exposé à la sécheresse, plus les arbres doivent être plantés profondément pour que leurs racines trouvent l'humidité qui leur est nécessaire. Dans les terrains humides, au contraire,

les racines ont une tendance bien prononcée à se rapprocher de la surface pour éviter l'humidité surabondante qui les empêche de recevoir
l'influence de l'air.

Dans les terrains les plus secs, les trous ne devront pas avoir moins
de $0^m,80$ de profondeur, et ne pas dépasser $0^m,35$ dans les sols les plus
humides.

On n'a pas jusqu'à présent attaché assez d'importance à l'époque la
plus convenable pour ouvrir les trous destinés aux plantations. On fait
généralement cette opération au moment même de la plantation; nous
pensons que cette pratique est vicieuse, et qu'il y a tout avantage à faire
ce travail quelques mois avant la plantation. La couche de terre placée
au-dessous de la surface, et qui est généralement peu propre à la végétation parce qu'elle n'a pas encore reçu l'influence fertilisante de l'air, se
trouvera suffisamment aérée lorsque viendra la mise en terre des arbres,
et sera surtout beaucoup plus meuble.

Lorsque le point que doit occuper chaque arbre est déterminé, on
prend un bout de cordeau présentant en longueur exactement le rayon
de la circonférence du trou à ouvrir. On fixe à chaque extrémité une
cheville pointue, en enfonce l'une d'elles au point qui doit être occupé
par la tige, on tend le cordeau, et l'on trace avec l'autre cheville la
circonférence du trou. Ceci fait, on pratique l'excavation en se servant de
la bêche, de la pioche ou de la pelle, suivant que la terre est plus ou
moins meuble. Il est important de séparer les différentes couches du sol
à mesure qu'on les extrait. Ainsi on lève d'abord toute la couche super-

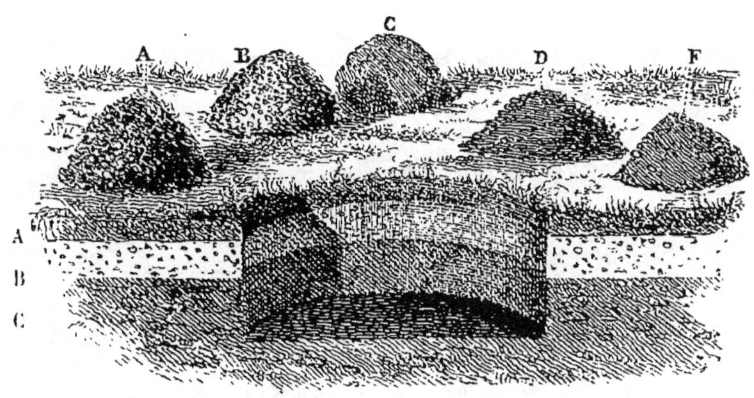

Fig. 259. *Trou préparé pour la plantation.*

ficielle, le gazon (A, *fig.* 259), jusqu'à $0^m,11$ de profondeur, et on le
met à part sur l'un des côtés du trou. On attaque ensuite la couche inférieure (B), dont on enlève une épaisseur de $0^m,20$ environ, que l'on

sépare de la couche (A) mise à part. La couche de terre (C) est également enlevée et mise de côté. Puis le fond du trou est remué, afin de l'ouvrir à l'influence fertilisante de l'atmosphère.

Après avoir exécuté le trou, il sera bon de se procurer, pour les terrains légers et exposés à la sécheresse, des débris de démolition de mur en argile; pour les sols exposés à une humidité surabondante, on prendra des mortiers, des plâtras concassés, des sables graveleux ou même de la marne délitée; pour les sols précédents et pour tous les autres, ce seront des curures de mares, d'étangs ou de fossés, exposées à l'air depuis une année, ou encore des gazons recueillis à l'avance et décomposés. On déposera au bord de chaque trou (en D et en F) environ 0^m,2 cubes de chacune de ces substances. L'argile forcera le terrain à retenir plus d'humidité; les plâtras et mortiers diminueront, au contraire, la compacité du sol et faciliteront l'écoulement des eaux surabondantes; enfin les dernières substances amélioreront la terre par les débris organiques qu'elles contiennent. Après ces travaux, on abandonnera le trou jusqu'au moment de la plantation.

Tranchées. — Le mode de préparation du sol au moyen de tranchées consiste à ouvrir une tranchée continue à la place que doit occuper chaque ligne d'arbres. La profondeur et la largeur en sont déterminées par les circonstances que nous avons indiquées pour la dimension des trous.

Voici comment on opère : soit une bande de 1^m,50 de large sur 0^m,60 de profondeur à défoncer d'A en B (*fig. 240*); si le sol n'est pas de bonne

Fig. 240. *Préparation du sol au moyen d'une tranchée.*

qualité, on répand d'abord à la surface de cette bande les terres argileuses ou autres, H, dont nous avons parlé pour améliorer le terrain, et cela en une couche de 0^m,15 d'épaisseur environ. Ceci fait, on ouvre une tranchée de C en D, longue de 1^m,50, profonde de 0^m,45 et comprenant la largeur de la bande. La terre qu'on en extrait est portée en E pour combler l'extrémité opposée. On enlève ensuite au fond de la tranchée une couche d'une épaisseur égale à celle que l'on a répandue à la surface, soit environ $0^m,15$. Cette terre est rejetée en L sur l'un des côtés de la tranchée, pour être enlevée après l'opération. On entame alors une première tranche de terre en F, large seulement de $0^m,30$, et profonde aussi de $0^m,45$. On fait tomber cette terre dans la tranchée, on en mélange bien les différentes couches, puis avec la pelle l'ouvrier la rejette derrière lui en C, et de façon qu'elle n'occupe pas plus d'espace qu'avant son déplacement. Il en résulte que l'ouvrier conserve ainsi au fond de la tranchée une place suffisante pour travailler sans gêne. Il lève ensuite au-dessous de cette tranchée une nouvelle couche I, de $0^m,15$ d'épaisseur, qu'il jette au dehors; il entame alors une seconde tranchée verticale de 0^m30 de largeur, dont il mélange bien les différentes parties, et qu'il place derrière lui, à côté de la première; et ainsi de suite jusqu'à l'extrémité opposée de la bande, qui est fermée au moyen de la terre qu'on y a déposée au début de l'opération, en ayant toujours le soin d'enlever au-dessous de chaque tranche successive, $0^m,15$ de terre, qu'on jette en dehors de la tranchée. Lorsque le défoncement est terminé, la surface de la bande, bien nivelée, doit être élevée à $0^m,14$ au-dessus du sol environnant, afin que la terre, en se tassant, ne produise pas de dépression.

Ce mode est certainement préférable au premier, car il améliore une bien plus grande surface de terrain et rend plus vigoureuse la végétation des arbres; mais aussi la dépense est beaucoup plus élevée; aussi ne doit-on l'employer que si les arbres doivent être, au plus, à 4 mètres les uns des autres, ou s'ils sont plantés dans un sol de très-mauvaise qualité.

FORME A DONNER AUX PLANTATIONS.

Les plantations d'alignement forestières se rattachent toutes aux deux formes suivantes : les *plantations en bordure et en avenue*, et les *plantations en futaie*.

Plantations en bordure et en avenue. — Pour les plantations en bordure ou en avenue, il convient d'étudier : 1° la distance à réserver entre les arbres; 2° le nombre de lignes d'arbres de la bordure ou de l'avenue; 3° la disposition des lignes les unes par rapport aux autres; 4° la disposition des arbres les uns par rapport aux autres sur les différentes lignes.

1° *La distance à réserver* entre les arbres est de la plus grande importance. Beaucoup de plantations de ce genre n'ont donné que de chétifs résultats pour n'avoir pas été suffisamment espacées.

En général, les propriétaires ont une tendance fâcheuse à planter à des distances beaucoup trop rapprochées. Ils veulent hâter leur jouissance, et croient qu'en plantant très-dru ils se feront un produit plus considérable. On obtient, en effet, en plantant très-serré, une avenue plus tôt garnie de branches et de verdure; mais les arbres, se joignant par leurs branches et leurs racines longtemps avant d'être arrivés au maximum de leur développement, se gênent les uns les autres, se disputent la terre et la lumière, restent rabougris, et les plus vigoureux étouffent les plus faibles et créent dans la plantation des vides nombreux.

C'est une grande erreur de penser que plus on plantera dru, plus le produit en bois sera considérable. Il est pour chaque espèce et pour chaque sol certaines limites qu'on ne peut dépasser sans voir le produit diminuer dans la même proportion. Si les arbres d'une avenue d'ormes ou de hêtres sont plantés à une distance moitié plus considérable qu'ils ne devraient l'être, le produit sera diminué de moitié; et cela parce que ces arbres n'auront pu couvrir utilement tout l'espace qu'on a laissé à chacun d'eux. Si, au contraire, ils sont plantés à une distance moitié trop rapprochée, on obtiendra en volume la même quantité de bois, mais ce bois sera de très-petit échantillon, parce que ces arbres, se nuisant mutuellement, n'auront pu acquérir leur développement normal.

Quelques propriétaires, croyant profiter du bénéfice des plantations très-drues, tout en échappant à leurs inconvénients, ont planté dans la même ligne deux espèces d'arbres différentes s'accommodant du même terrain et se développant beaucoup plus rapidement l'une que l'autre. Ainsi, entre des chênes ou des ormes plantés à une distance convenable, on intercalait un frêne ou un peuplier. On espérait que le frêne ou le peuplier, poussant beaucoup plus vite que le chêne ou l'orme, pourrait arriver à l'âge d'exploitation sans avoir nui à ceux-ci. Malheureusement tous les essais qui ont été tentés sous ce rapport ont échoué.

Ce résultat était, du reste, facile à prévoir; car, l'espèce la plus vigoureuse s'emparant bientôt, aux dépens de celle qui l'est moins, du sol et de la lumière, on est bientôt obligé, si l'on ne veut pas voir étouffer l'espèce à végétation lente, de mutiler la tige de l'espèce vigoureuse, afin d'arrêter sa végétation; encore ses racines nuisent-elles toujours au développement de celles de la première. De telle sorte qu'en définitive on n'obtient de ce mode de plantation que des arbres chétifs. Lors même que l'on réussirait à faire croître ainsi deux espèces différentes, on reconnaîtrait encore, au moment de l'exploitation, un inconvénient qui suffirait pour faire abandonner cet usage. Si l'on exploite le peuplier ou le frêne à l'âge de 40 ou 50 ans, les ormes ou les chênes, habitués jusqu'alors à vivre pressés les uns contre les autres, se trouvant isolés tout à coup, seront exposés à l'influence brûlante du soleil, leurs écorces se durciront et leur végétation deviendra languissante. D'un autre côté, privés de l'appui mutuel qu'ils recevaient contre la violence des vents, beaucoup seront renversés.

Ce mode de plantation ne peut réussir qu'en plaçant les arbres à végétation lente à une distance moitié plus grande que celle qui leur convient, puis en plaçant entre chacun d'eux un arbre à croissance rapide. Ces divers arbres se développent alors sans se nuire ; et lorsqu'on vient à exploiter l'espèce à bois mou, vers l'âge de 40 ou 50 ans, les individus à bois dur ont acquis alors un grand accroissement et dessinent encore parfaitement l'avenue. Mais il ne faut faire usage de ce moyen que si l'on tient absolument à ce que l'avenue donne rapidement de l'ombrage, car l'on perd ainsi sur la qualité du produit, attendu que les bois blancs n'ont jamais la même valeur que les bois durs.

La distance qu'il convient de réserver entre les arbres plantés en bordure ou en avenue est déterminée par trois circonstances :

1° la nature du sol ;

2° les espèces d'arbres ;

3° le nombre de lignes qui sont placées l'une près de l'autre.

On comprend bien que la *nature du sol* doive influer sur la distance à réserver entre les arbres, puisqu'ils prennent plus ou moins de développement, selon que le sol est plus ou moins fertile. D'un autre côté, les *diverses espèces d'arbres* étant loin d'acquérir le même développement, toutes choses égales d'ailleurs, il ne faudra pas réserver le même espace entre toutes les espèces.

Enfin, des arbres plantés sur une seule ligne isolée pourront être beaucoup plus rapprochés les uns des autres que si cette ligne est bordée de chaque côté par deux autres lignes. Dans le premier cas, les racines pourront s'étendre sans obstacle dans la direction perpendiculaire à la ligne, et il en sera de même pour les branches qui recevront sans partage l'influence de la lumière. Dans le second cas, au contraire, chacun de ces arbres étant entouré de toutes parts par d'autres individus, l'allongement de leurs racines sera bientôt arrêté par celui des racines voisines, et leurs branches seront privées d'une partie de la lumière.

Le tableau suivant indique la distance la plus convenable à réserver entre les arbres de ces sortes de plantations dans un sol de très-bonne qualité.

On diminuera ces distances d'un quart dans les terrains de qualité moyenne et de moitié dans les sols très-médiocres.

NOMS des ESPÈCES D'ARBRES.	SUR 1 LIGNE.	SUR 2 LIGNES.	SUR 3 LIGNES.	SUR 4 LIGNES et plus.
Chênes.	8ᵐ.00	10ᵐ.00	12ᵐ,00	15ᵐ.52
Ormes.	Id.	Id.	Id.	Id.
Châtaignier commun.	Id.	Id.	Id.	Id.
Hêtre.	Id.	Id.	Id.	Id.
Platane.	Id.	Id.	Id.	Id.
Tilleul.	7ᵐ,00	8ᵐ,50	10ᵐ.50	11ᵐ,66
Vernis du Japon.	Id.	Id.	Id.	Id.
Noyer commun.	Id.	Id.	Id.	Id.
Sapin de Normandie.	Id.	Id.	Id.	Id.
— épicéa.	Id.	Id.	Id.	Id.
Peuplier de Virginie.	6ᵐ,00	7ᵐ.50	9ᵐ,00	10ᵐ,00
— argenté.	Id.	Id.	Id.	Id.
— blanc de Hollande.	Id.	Id.	Id.	Id.
— du Canada.	Id.	Id.	Id.	Id.
Mûrier blanc.	Id.	Id.	Id.	Id.
Pin maritime.	Id.	Id.	Id.	Id.
— laricio.	Id.	Id.	Id.	Id.
— de Weymouth.	Id.	Id.	Id.	Id.
— pignon.	Id.	Id.	Id.	Id.
— d'Alep.	Id.	Id.	Id.	Id.
Mélèze.	Id.	Id.	Id.	Id.
Erable sycomore.	Id.	Id.	Id.	Id.
— plane.	Id.	Id.	Id.	Id.
Frêne.	Id.	Id.	Id.	Id.
Noyer noir.	Id.	Id.	Id.	Id.
Pin sylvestre.	5ᵐ,00	6ᵐ,25	7ᵐ,50	8ᵐ,52
Robinier faux-acacia.	Id.	Id.	Id.	Id.
Micocoulier.	Id.	Id.	Id.	Id.
Charme commun.	Id.	Id.	Id.	Id.
Aune commun	Id.	Id.	Id.	Id.
Peuplier d'Italie.	4ᵐ.00	5ᵐ,00	6ᵐ.00	6ᵐ,66
Cyprès pyramidal.	Id.	Id.	Id.	Id.

Quant aux bases qui nous ont servi, ce sont les suivantes : la distance convenable pour des arbres sur une ligne étant 8 mètres, nous avons pensé que, placés sur deux lignes, ces arbres étant privés du côté intérieur, vers la tête et vers les racines, d'un quart de l'espace dont jouissent les arbres sur une ligne, il fallait augmenter la distance d'un quart, soit 2 mètres; pour trois lignes nous avons augmenté de moitié; pour quatre lignes et plus, nous avons ajouté deux tiers.

Ces indications ne s'appliquent pas aux plantations exécutées sur les terrains qui bordent les routes impériales, départementales, les chemins de fer et les chemins vicinaux, où les arbres doivent être placés à une grande distance les uns des autres, de même qu'ils doivent être plus éloignés de la rive de ces routes ou chemins que des autres propriétés

Nous donnons en note un extrait des lois et arrêtés qui servent de guides à cet égard [1].

[1] *Extrait de l'arrêté du préfet de la Seine-Inférieure, en date du 6 novembre 1813, relatif aux plantations sur le bord des routes impériales.*

. . . .

« Vu la disposition de la section II, titre 8, du décret impérial du 16 décembre « 1811 ;

« Vu la circulaire de M. le conseiller d'État, directeur général des ponts et chaus-« sées, en date du 14 août 1812,

« Arrêtons ce qui suit :

« ART. Ier. . . . .

« 4. Les arbres seront plantés aux distances ci-après déterminées de l'arête exté-« rieure des fossés qui bordent les grand'routes, savoir :

« Les pommiers et poiriers à. . . . .   4 mètres.
« Les ormes, chênes, frênes et hêtres à. 2
« Les peupliers à.   1
« Les arbres seront distants entre eux, savoir :
« Les pommiers et poiriers, de. . . . . 10 mètres.
« Les ormes, chênes et hêtres, de.   6
« Les peupliers, de.   4

. . . .

« 7. Lorsqu'une plantation sera composée d'arbres de différentes essences, qui « seront néanmoins plantés sur une seule et même ligne, ceux plantés à la plus « grande des distances déterminées par l'art. 4 détermineront l'alignement de la « plantation. »

Un nouvel arrêté du préfet, en date du 23 octobre 1834, étend aux *routes dépar-lementales* les dispositions qui précèdent.

Les prescriptions que nous venons d'indiquer s'appliquent seulement aux plantations formées d'une seule ligne. L'administration a jugé convenable d'adopter la mesure suivante relativement aux plantations composées de plusieurs lignes.

« Si la clôture consiste en une plantation de plus d'une rangée d'arbres en lignes « parallèles et rapprochées, la ligne la plus voisine de la route en sera éloignée de « 12 mètres au moins; mais alors l'espacement des pieds sera laissé à la disposition « du propriétaire. »

La loi promulguée le 15 juillet 1845, sur la police des chemins de fer, a appliqué ainsi qu'il suit les dispositions précédentes à ces nouvelles routes :

« ART. 3. Sont applicables aux propriétés riveraines des chemins de fer les ser-« vitudes imposées par les lois et règlements sur la grande voirie, et qui concer-« nent :

. . . .

« La distance à observer pour les plantations et l'élagage des arbres plantés.

. . . .

« ART. 10. Si, hors le cas d'urgence prévu par la loi des 16-24 août 1790, la sû-« reté publique ou la conservation des chemins de fer l'exige, l'administration « pourra faire supprimer, moyennant une juste indemnité, les . . . . . plan-« tations. . . . . . . existant, dans les zones ci-dessus spécifiées, au moment « de la promulgation de la présente loi, et, pour l'avenir, lors de l'établissement du « chemin de fer. »

. . . .

Quant aux plantations qui bordent les chemins vicinaux, la distance à réserver entre les arbres et l'espace qui doit les séparer de la limite de ces chemins sont

2° *Le nombre des lignes d'arbres* qui composent une plantation en bordure ou en avenue peut varier suivant les circonstances. S'il s'agit de bordures devant servir d'abri dans les localités exposées aux grands vents, le nombre des lignes varie d'une à quatre, suivant l'espace dont on peut disposer et la violence des vents (*fig.* 241 à 246).

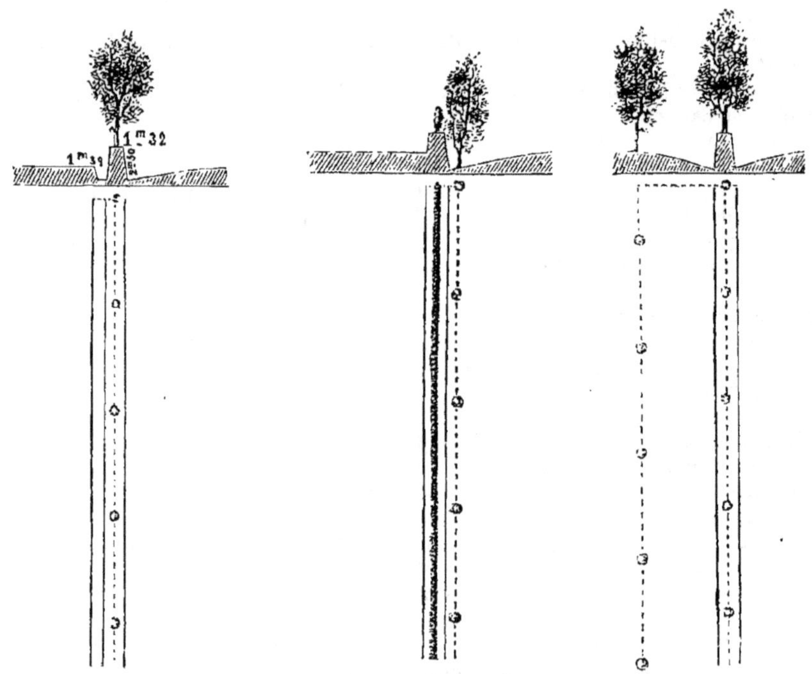

Fig. 241. *Bordure com-posée d'une seule ligne d'arbres.*

Fig. 242. *Bordure com-posée d'une seule ligne d'arbres avec haie.*

Fig. 243. *Bordure com-posée de deux lignes d'arbres.*

Nous ajouterons que, s'il s'agit de bordures destinées à abriter du vent, il sera bon de leur donner les dispositions suivantes : si l'on est proprié-taire du terrain placé en dehors de celui à abriter, il sera bon de planter une ligne sur la levée du fossé qui sert de clôture, puis d'en placer éga-

fixés par le chapitre Ier du titre IV de la loi promulguée le 21 mai 1836 sur les che-mins vicinaux. Voici le paragraphe de cette loi.

. . . .

« Art. 102. Nul ne pourra planter sur le bord d'un chemin, même dans sa pro-« priété close, si ce n'est en observant les dispositions suivantes, qui seront calcu-« lées à partir de la limite extérieure, soit des chemins eux-mêmes, soit des fossés « pratiqués pour l'écoulement des eaux :

« Pour les arbres à haut jet et pour ceux formant parasol à 2^m,30, l'espacement « des arbres entre eux ne sera pas de moins de 5 mètres. »

lement quelques-unes en dehors de l'enclos, ainsi que nous l'avons indiqué dans les figures 244, 243 et 245. Il résulte de ce mode de plantation, d'abord que la surface prise par la levée du fossé se trouve utilisée; puis que les arbres, placés sur cette petite éminence, se trouvant plus élevés, abritent à une plus grande distance. Nous plaçons les autres lignes d'arbres plutôt en dehors qu'en dedans, parce qu'ils concourent

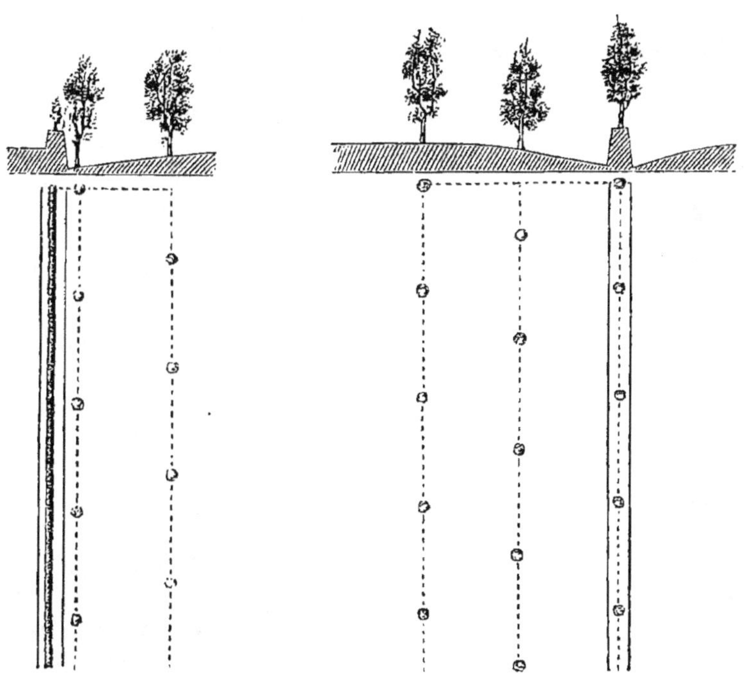

Fig. 244. *Bordure composée de deux lignes d'arbres avec haie.* Fig. 245. *Bordure composée de trois lignes d'arbres.*

par leur tête à empêcher ceux plantés sur la levée du fossé d'être renversés par la violence des ouragans.

Lorsqu'on ne sera pas propriétaire du terrain extérieur, on devra nécessairement planter les arbres à l'intérieur de la clôture, ainsi que nous l'indiquons dans les figures 242, 244 et 246; car, si l'on plantait sur la levée du fossé en donnant à celle-ci assez de largeur pour pouvoir y placer les arbres à la distance légale, on serait encore obligé de les mutiler en élaguant toutes les branches qui dépasseraient la ligne de séparation; le but serait alors manqué.

Quant aux avenues destinées seulement à l'ornement des habitations rurales, ou devant servir de promenades publiques, le nombre des lignes d'arbres est déterminé par la place qu'elles peuvent occuper, ou par la fantaisie de celui qui les fait exécuter. Dans tous les cas, ces avenues ne comprendront pas moins de deux lignes, comme dans la figure 247, et ne dépasseront pas le nombre de quatre, comme dans la figure 248.

3° Les lignes doivent être parfaitement parallèles les unes aux autres.

La distance à réserver entre elles est déterminée par les indications que nous avons déjà fournies, et qui s'appliquent, non-seulement aux arbres sur la même ligne, mais encore aux lignes entre elles. Cependant, s'il s'agit d'avenues d'ornement ou de promenades publiques, on augmentera ces distances ; elles seront d'autant plus grandes que ces avenues seront plus longues, afin que la perspective ne les fasse pas paraître trop étroites.

4° Si la plantation se compose d'une seule ligne, la place des arbres est indiquée d'une manière invariable par la distance à laquelle ils doivent se trouver les uns des autres. Mais, s'il s'agit de plusieurs lignes réunies, on peut donner aux arbres d'une ligne, par rapport à ceux des autres lignes, plusieurs dispositions différentes qui ne sont pas sans influence sur la végétation.

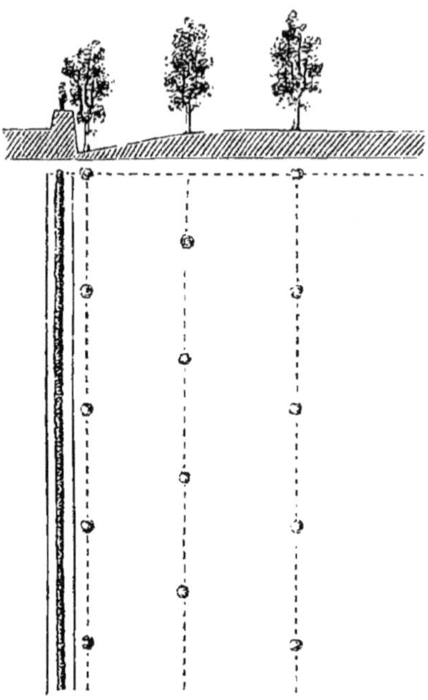

Fig. 246. *Bordure composée de trois lignes d'arbres avec haie.*

Ainsi on distingue deux dispositions : la plantation *carrée* et la plantation en *quinconce* [1].

La plantation carrée (*fig.* 249) présente, comme on le voit, la disposition suivante : chaque arbre se trouve, comme en A, au milieu d'un carré, dont quatre autres arbres, B, C, D, E, occupent les angles, et quatre autres plus rapprochés, F, G, H, I, le milieu du carré. Le terrain est partagé, par les lignes de plantation, en une foule de petits carrés, et offre à peu près l'aspect d'un échiquier.

Une légère attention suffit pour apercevoir les défauts de cette sorte de

---

[1] Cette forme de plantation, usitée chez les Romains, portait le nom que nous lui donnons ici et qui dérive du mot latin *quincunx*, employé pour désigner le chiffre romain V ; il y a en effet une grande similitude entre ce chiffre et les triangles équilatéraux qui forment les arbres dans cette sorte de plantation.

plantation. Chaque arbre, tendant à développer sa tête circulairement, s'y trouve de bonne heure arrêté par ses quatre plus proches voisins. Or, ces vices que nous venons de signaler n'étant compensés par aucun avantage, nous pensons qu'on devra renoncer à cette forme de plantation, au

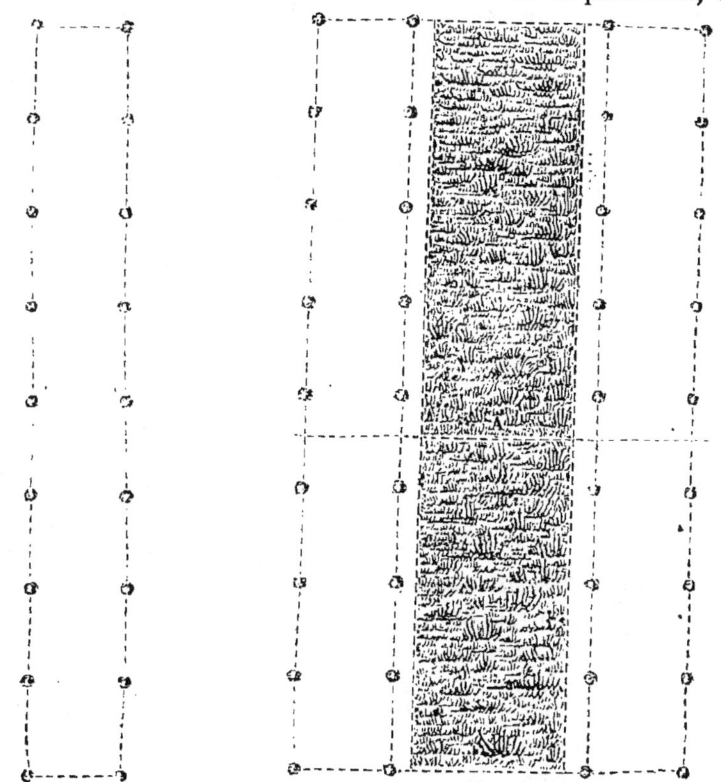

Fig. 247. *Avenue composée de deux lignes d'arbres.*

Fig. 248. *Avenue composée de quatre lignes d'arbres.*

moins pour celles en bordure. Pour les avenues destinées à l'ornement et aux promenades publiques, elle présente moins d'inconvénients, en ce que les lignes rapprochées l'une de l'autre ne dépassent jamais le nombre de deux, comme on le voit dans les figures 247 et 248. D'ailleurs, il est bon que la vue puisse traverser perpendiculairement ces sortes de plantations sans rencontrer d'obstacles, comme en A (*fig.* 248).

Dans la plantation en quinconce (*fig.* 250), chaque arbre (A) est entouré par six autres arbres placés sur des lignes inclinées à 60°, de telle sorte que chacun d'eux occupe l'un des angles d'un triangle équilatéral.

Plantés à une distance parfaitement égale de tous leurs voisins, les arbres forment une tête bien ronde, parfaitement libre de tout contact étranger, et autour de laquelle la lumière pénètre librement. Aucune partie du sol n'est perdue pour la végétation ; exposées, au contraire, par des clairières, continues dans plusieurs sens, aux courants d'air, aux rayons du soleil et aux bénignes influences de la rosée, les productions se rapprochent bien davantage, et pour la quantité et pour la qualité, de celles qui croissent isolées.

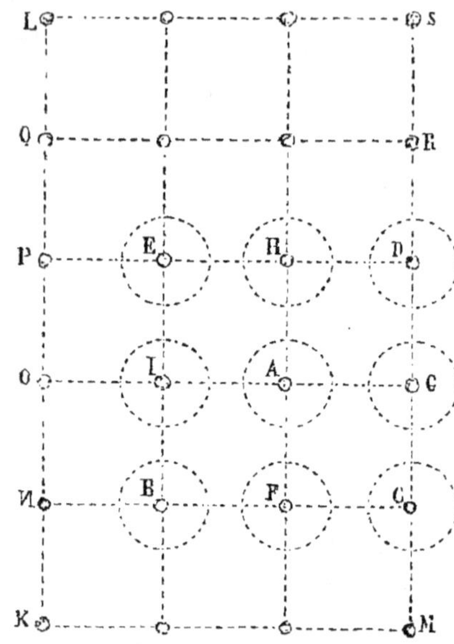

Fig. 249. *Plantation carrée.*

Enfin l'avantage le plus important c'est que, à surface de terrain égale et à distance égale entre les arbres, on peut en placer un bien plus grand nombre avec la plantation en quinconce qu'avec la plantation carrée.

On est surpris qu'à côté de semblables avantages la forme en quinconce soit si peu usitée. Cela tient peut-être à ce qu'elle exige plus de soin pour être appliquée avec succès ; car une erreur d'un centimètre ou deux dans les alignements suffit pour en détruire complétement l'harmonie. Le procédé le plus simple et le plus facile est le suivant :

Soit un terrain donné (D E F O, *fig.* 250), sur lequel on veuille planter une bordure de chênes en quinconce, à 8 mètres les uns des autres et à 0ᵐ,75 de la levée du fossé. On commence par disposer une tringle de bois d'une longueur exacte, puis on partage cette longueur en deux. Muni de cette tringle et d'une bonne équerre d'arpenteur, on tire, à 0ᵐ,75 de la levée du fossé et parallèlement à la plus grande dimension du terrain à planter, la ligne FO. Au moyen de la grande mesure, on détermine successivement, à 8 mètres les uns des autres, mais seulement à 4 mètres du point O, les points H, I, J, K, et l'on y place des jalons. Parvenu en F, on élève les deux perpendiculaires OD, FE. On se procure alors une seconde tringle, exactement de la même longueur que la précédente, on pose l'extrémité de l'une en H et l'extrémité de l'autre en I ; puis, en ramenant les deux autres extrémités l'une vers l'autre, on forme un triangle équilatéral qui détermine le point L. On place ensuite l'une des deux tringles à 4 mètres du point H, et la distance qui existe entre M et L est ce que nous appellerons *petite mesure.* Sur chacune des deux perpendiculaires OD et FE on marque, à l'aide de la petite mesure, à partir des points O et F, et successivement des uns aux autres, les points N, G, D, P, Q, E. La ligne DE doit être exactement parallèle à la ligne O F. Ceci fait, on place, à 8 mètres les uns des autres, des jalons sur les lignes NP, GQ et DE, en partant de la ligne OD pour les lignes paires, et à 4 mètres de cette ligne pour les lignes impaires.

Si le quinconce ne doit se composer que d'un petit nombre de lignes, on pourra user du procédé suivant, plus simple encore que le précédent :

On se procure autant de piquets de $0^m,40$ à $0^m,50$ de long que l'on a d'arbres à planter; on en attache solidement un à chaque extrémité d'un fil de fer assez fort, recuit et bien dressé et qui aura une longueur égale à la distance que l'on veut mettre entre les arbres. Ce fil de fer sert de mesure.

Cela fait, on jalonne avec beaucoup de soin la ligne AA (*fig. 251*) que nous supposons

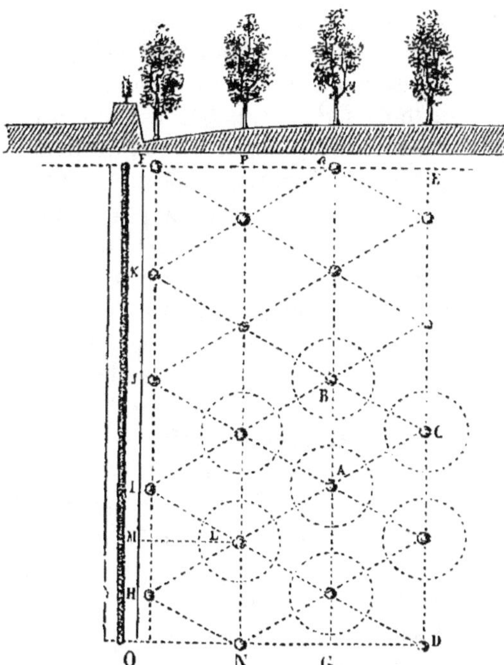

Fig. 250. *Bordure plantée en quinconce.*

être la direction suivant laquelle on veut faire la plantation; puis on marque sur cette ligne, à l'aide de la mesure, les points de B en H où doivent être plantés les arbres. On laisse à chacun d'eux un piquet que l'on enfonce peu profondément, de manière à pouvoir l'ôter. Nous désignons par n° 1 et n° 2 les deux personnes qui tiennent les piquets de la mesure. Quand on est arrivé en H, le n° 1 y laisse son piquet; le n° 2 se porte en I et trace avec la pointe du piquet un petit arc de cercle, en tendant bien la mesure. Alors le n° 1 se porte en G, le n° 2 trace un second arc en I, qui coupe le premier, et enfonce un piquet à leur intersection; puis il se porte en J, y trace le premier arc; le n° 1 place son piquet en F, le n° 2 trace les points de 1 en N, et l'on s'en sert ensuite pour tracer ceux de la ligne OP et des suivantes. Quand l'opération est terminée de ce côté de la ligne AA, on procède de même de l'autre côté. A la fin de l'opération, l'espace est couvert de piquets dépassant la terre de $0^m,30$ à $0^m,40$, qui marquent la place de chaque arbre et permettent de juger de la régularité de la plantation. On enfonce les piquets à demeure pour les faire servir à tracer les trous. La ligne AA, qui sert de base à l'opération, sera toujours prise, autant que possible, dans le sens le plus étendu du terrain.

En traçant les arcs de cercle, le n° 2 doit tendre toujours également le fil de fer et tenir son piquet dans une position bien verticale; le n° 1 doit empêcher que son piquet ne fléchisse d'un côté ou de l'autre. Malgré ces soins, on obtiendra moins de précision qu'avec le premier mode, surtout si la plantation est un peu étendue. Car, comme chaque ligne sert successivement à en tracer une autre, on conçoit que la plus petite erreur se transmettrait et pourrait même se multiplier au point de rendre la plantation irrégulière. Aussi ne conseillons-nous ce mode d'opérer que pour les plantations d'une faible étendue.

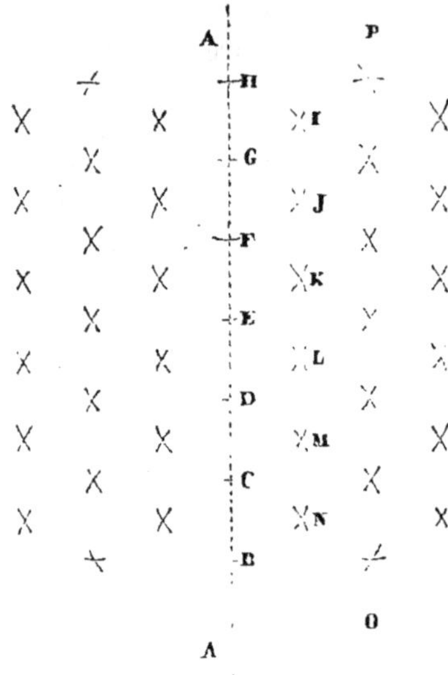

Fig. 251. *Autre procédé pour tracer un quinconce.*

Plantations en futaie. — On a, depuis quelques années surtout, émis des doutes sur les avantages que pouvaient présenter les plantations en futaie, non pas pour le pays en général, mais pour ceux qui les font exécuter. On a pensé qu'en tenant compte du capital engagé, ainsi que des intérêts composés, jusqu'au moment de l'exploitation, on arriverait à un déficit souvent considérable. Cela était très-vrai pour les futaies plantées comme on le faisait autrefois où le peu de distance réservée entre les arbres devait amener ce résultat; mais aujourd'hui que l'on est instruit par l'expérience, on rapproche les arbres beaucoup moins les uns des autres, et l'on récolte autant de bois.

Les plantations en futaie peuvent être considérées, eu égard à leur forme, sous deux points de vue principaux : 1° la distance à réserver entre les arbres; 2° la disposition des arbres les uns par rapport aux autres sur les différentes lignes.

La distance à réserver entre les arbres, soit sur la même ligne, soit entre les lignes, étant celle que nous avons indiquée dans l'un des tableaux précédents pour les plantations en bordure ou en avenue composées de quatre lignes rapprochées, nous n'y reviendrons pas; quant à leur disposition, on peut adopter soit la forme carrée, soit celle en quinconce. Mais, comme les inconvénients que nous avons reconnus à la forme carrée pour les bordures se reproduisent au moins avec la même

gravité pour les plantations en futaie, nous pensons qu'on devra exclusivement employer celle en quinconce.

Nous renvoyons, pour la manière de tracer ces sortes de plantations,
à ce que nous avons dit pour les bordures composées de quatre lignes,
ainsi qu'aux figures 250 et 251.

Toutefois, lorsque la plantation sera à effectuer sur un terrain de
forme irrégulière, comme celui de la figure 252, et qu'on voudra faire usage du mode d'opérer indiqué par la figure 250, on devra commencer par inscrire dans ce périmètre un parallélo-gramme ABCD, dans lequel on tracera le quinconce; quant aux vides existant entre le parallélogramme et le périmètre, on les remplit en prolongeant cha-cune des lignes.

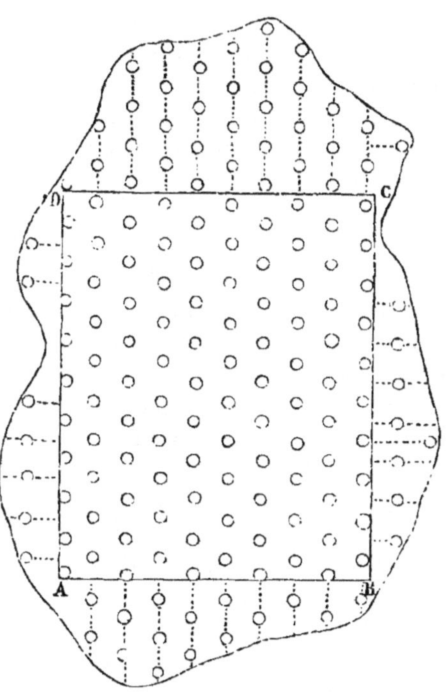

Fig 252. *Futaie plantée en quinconce.*

Choix des arbres. — On ne saurait trop recomman-der aux propriétaires de bien choisir les arbres qu'ils destinent aux plantations qui nous occupent; car un mauvais choix comprome-trait le succès. Nous avons vu de ces plantations qu'on avait été obligé de recommencer jusqu'à trois fois; les arbres mal choisis avaient mauvais pied, ils étaient trop âgés, ou leur tige, trop faible par rapport à son élévation, n'avait pu résister à la violence des vents. Ces arbres défectueux sont, à la vérité, ordinairement vendus à très-bas prix; mais, si l'on tient compte des frais trois fois répétés de plantation et d'acquisition, ainsi que de la perte de temps qui en résulte, on trouvera que ce mode d'agir est de beaucoup plus coûteux.

Le choix des arbres destinés aux plantations d'alignement doit être surtout déterminé : 1° par leur dimension; 2° par le mode de culture qu'ils ont reçu dans la pépinière; 3° par la nature du sol de cette pé-pinière.

La plupart des arbres peuvent être transplantés, même après avoir acquis un grand développement; il suffit de pouvoir les déplanter avec presque toutes leurs racines, et de faire des trous assez grands pour qu'elles soient reçues à l'aise. Mais cette opération ne peut se faire, pour des arbres de 8 ou 10 mètres d'élévation, par exemple, sans des dépenses considérables dont on ne serait pas indemnisé par la formation plus prompte d'une bordure, d'une avenue ou d'une futaie. D'ailleurs, quoi qu'on fasse, les arbres transplantés dans un âge avancé n'offrent jamais le beau développement et n'acquièrent jamais les grandes dimensions de ceux qui ont été plantés plus jeunes. Ils ne sont pas non plus aussi solidement fixés dans le sol et résistent moins bien aux vents violents. Il faudra donc choisir, pour les plantations d'alignement forestières, des arbres moins âgés. Il y a cependant quelques circonstances exceptionnelles où l'on peut planter de grands arbres, mais c'est seulement lorsqu'il s'agit de plantations d'ornement. Nous examinerons plus loin cette question en traitant de ces sortes de plantations.

Pour les plantations d'alignement forestières, il suffit que les arbres soient assez développés pour se défendre convenablement de l'ardeur du soleil, à laquelle ils sont d'autant plus sensibles, qu'ils en ont été en partie privés dans la pépinière; il faut aussi qu'ils aient acquis assez de force ou de rusticité pour surmonter facilement le passage du terrain fertile de la pépinière dans celui, ordinairement moins riche, où on les plante à demeure. Il faut, en outre, choisir le moment où leur développement est tel qu'on puisse encore les déplanter facilement avec la plus grande partie de leurs racines, et qu'on ne soit pas obligé de faire des trous trop grands pour les recevoir. L'état de développement où les arbres remplissent ces diverses conditions varie beaucoup en raison des espèces. Ainsi tous les arbres dont les racines s'allongent peu et se ramifient beaucoup, comme les espèces à bois mou, peuvent être transplantés plus forts que les arbres résineux et les espèces à bois dur, qui sont pourvues de longues racines à peine ramifiées.

La dimension doit varier aussi en raison de l'espèce de plantation. S'il s'agit d'une plantation en bordure à plat terrain ou d'une plantation en avenue, les mêmes espèces devront présenter plus de force, plus de développement que s'il s'agit d'une plantation en futaie, car, dans les premiers cas, les arbres isolés sur deux ou quatre lignes seront bien plus exposés à une foule d'accidents que ceux disposés en futaie.

Les arbres plantés en bordure sur la levée d'un fossé devront également être moins forts que les premiers; car, d'une part, ils se trouveront défendus de l'attaque des bestiaux, et, de l'autre, ils auront besoin de présenter le moins de prise possible à la violence des vents.

Nous allons indiquer dans le tableau suivant la hauteur moyenne que doivent avoir les principales espèces propres à ces plantations pour être le plus convenablement plantées à demeure.

ESPÈCES	POUR BORDURES ou avenues PLANTÉES A PLAT.	POUR BORDURES ou avenues PLANTÉES SUR LEVÉE DE FOSSÉ.	POUR FUTAIES.
Pins.	1ᵐ,	0ᵐ.75	Les arbres devront présenter les mêmes dimensions que pour les plantations sur levée de fossé.
Sapins de Normandie.	1	0 75	
Épicéas.	1 50	1 »	
Mélèzes.	1 50	1 »	
Cyprès.	1 50	1 »	
Chênes.	2 50	2 »	
Hêtres.	2 50	2 »	
Charmes.	2 50	2 »	
Ormes.	3 »	2 »	
Platanes.	3 »	2 »	
Châtaigniers.	3 »	2 »	
Érables.	3 »	2 »	
Robinier faux-acacia.	3 »	2 »	
Micocouliers.	3 »	2 »	
Noyers.	3 »	2 »	
Aunes.	3 »	2 »	
Peupliers	4 »	3 »	
Vernis du Japon.	4 »	3 »	
Frênes.	4 »	3 »	
Tilleuls.	4 »	3 »	
Mûrier blanc.	4 »	3 »	

Si nous avons choisi plutôt la hauteur des arbres que leur âge pour indiquer le moment où ils doivent être plantés à demeure, c'est qu'il peut arriver qu'en raison des soins plus ou moins grands qu'on leur a donnés ou du degré de fertilité du sol de la pépinière, tel arbre qui n'aura que 3 ans d'âge sera assez fort pour être planté à demeure, tandis qu'un autre individu de la même espèce, et qui aura 5 ans, ne sera pas encore assez développé.

Les soins que les arbres ont reçus dans la pépinière influent beaucoup sur le succès de leur plantation à demeure, et, par conséquent, sur le choix que l'on doit en faire. Il faut surtout examiner : 1° s'ils ont été repiqués et transplantés dans la pépinière ; 2° s'ils y ont été placés à des distances suffisantes ; 3° si la tige a été convenablement formée.

Le *repiquage* et la *transplantation* dans la pépinière sont deux opérations de la plus grande importance pour assurer le succès des plantations. Il arrive quelquefois que les pépiniéristes se contentent, pendant la première et la seconde année qui suivent un ensemencement, d'éclaircir les plants, et d'abandonner les autres à eux-mêmes jusqu'à ce qu'ils soient assez forts pour être plantés à demeure. Les propriétaires devront bien se garder de choisir de pareils arbres, car leurs racines, n'ayant pas été contrariées dans leur développement, seront très-longues, mais peu nombreuses, et surtout très-peu ramifiées. Lorsqu'on viendra à les déplanter, la plupart d'entre elles seront rompues, l'arbre languira longtemps et finira souvent par périr.

Le repiquage et la transplantation ont pour but de prévenir ces accidents. Ils concourent à faire ramifier les racines et à les empêcher de s'allonger outre mesure; de sorte que, lorsqu'on vient à les déplanter, on les enlève sans peine.

Dans le but d'économiser le terrain, les pépiniéristes placent souvent les arbres *trop près* les uns des autres lors du repiquage ou de la transplantation. Il en résulte que les ramifications qui auraient pu garnir la tige, étant privées de lumière, meurent ou ne se développent pas; l'arbre croît rapidement en hauteur, mais, sa grosseur n'étant pas proportionnée à son élévation, il faut, au moment de le planter à demeure, le priver d'une partie de sa tige, sous peine de le voir rompre par les vents. D'un autre côté, l'écorce de la tige, n'ayant pas été habituée à l'influence bienfaisante du soleil, se durcit, se dessèche tout à coup, et s'oppose au grossissement de l'arbre, qui languit longtemps avant de surmonter ces causes de souffrances.

On doit donc, dans les pépinières, choisir des arbres plantés à une distance telle, que la grosseur de leur tige soit bien proportionnée à leur hauteur. On veillera, en outre, à ce que cette tige soit parfaitement droite, qu'elle présente une écorce bien lisse, qu'on n'y remarque pas de cicatrisations de plaies trop apparentes, résultant de la suppression tardive des branches latérales. Enfin, ces arbres auront dû recevoir, pour la formation de leur tige, les soins que nous avons indiqués en parlant des pépinières.

Une certaine partie des espèces forestières propres aux plantations d'alignement sont, comme nous l'avons vu à l'article Pépinière, multipliées au moyen des graines. Ce moyen est le plus convenable, parce qu'il imprime aux arbres le plus grand degré de vigueur; mais il n'est pas sans inconvénients, surtout pour certaines espèces. Ainsi, que l'on fasse un semis d'orme, et l'on aura une série d'individus appartenant à huit ou dix races différentes et offrant des caractères parfaitement tranchés. Les uns seront pourvus de feuilles très-larges, d'autres très-petites. Les branches des uns s'élèveront verticalement, celles des autres s'étendront horizontalement ou s'inclineront vers la terre; les uns pousseront très-vigoureusement, les autres très-lentement, enfin la qualité du bois sera loin d'être la même; on comprend dès lors l'aspect désagréable qu'offrira une plantation régulière faite avec des arbres semblables. Il sera facile de prévenir ces résultats en appliquant aux jeunes plants d'ormes, dans la pépinière, la *greffe en écusson à œil dormant.* Ainsi, les jeunes plants étant repiqués dans le carré où leur tige sera formée, on les écussonne en pied pendant le second été qui suit le repiquage, au commencement d'août. On choisit pour prendre les greffes un type offrant toutes les qualités que l'on veut trouver dans l'orme. Au printemps suivant, ces jeunes arbres sont recepés au-dessus de l'écusson qui se développe alors et avec lequel on forme la tige. On a ainsi une série d'individus appartenant à la même race, présentant le même port et le même degré de vigueur. Nous engageons vivement à adopter ce mode de multiplication de l'orme dans la pépinière.

Il y aurait grand avantage à élever toujours les arbres dans une pépinière présentant un sol à peu près de même nature que celui du terrain qui doit les recevoir à demeure. Aussi conseillerons-nous vivement aux propriétaires de faire tous leurs efforts pour créer une petite pépinière dans le voisinage de la plantation qu'ils ont à faire. Toutes les fois qu'ils le pourront, toutes les fois que la plantation à exécuter sera assez étendue pour permettre cette dépense, ils en seront largement indemnisés par les mécomptes et les insuccès auxquels ils échapperont. Malheureusement, comme cela n'est pas toujours praticable et que l'on est souvent obligé de se procurer ces arbres chez les pépiniéristes, on doit choisir une pépinière telle que la nature du sol s'éloigne le moins possible de celle du terrain à planter.

Quant à l'époque la plus favorable pour planter, nous renvoyons à la plantation des bois et forêts, où nous avons traité ce sujet.

Déplantation. — C'est une chose vraiment déplorable que le peu de soin apporté généralement à la déplantation des arbres; cette opération, telle qu'elle est faite par la plupart des jardiniers, mérite bien plutôt le nom d'*arrachage*. On croirait, à les voir tirer sur les arbres à peine dégagés de la terre qui retient leurs racines, et couper avec la bêche ou la pioche celles qui résistent à leurs efforts, que ces racines sont des organes superflus, dont on peut, sans inconvénient, retrancher la plus grande partie, tandis que ce sont ceux dont la conservation est la plus utile au succès de la plantation. Aussi voit-on ces arbres dont on a été obligé de mutiler la tige pour rétablir l'équilibre entre elle et les racines, rester languissants et souvent même périr au bout de l'année.

On doit, lors de la déplantation des arbres de haut jet, dans les pépinières, remplir deux conditions : 1° choisir un moment convenable; 2° employer un mode de déplantation qui conserve la plus grande quantité possible de racines.

L'instant le plus favorable pour déplanter les arbres est celui où le temps est doux et où il ne pleut pas. Il faut se garder de faire cette opération sous l'action des vents froids et desséchants, car le chevelu des racines en serait bientôt désorganisé. On devra, à plus forte raison, ne pas déplanter les arbres lorsque la température est au-dessous de zéro. Les racines sont en effet bien plus sensibles au froid que les tiges, et il suffit, pour la plupart des espèces, d'un abaissement de température de 2° cent. au-dessous de zéro pour les détériorer complétement.

Quelques propriétaires, pressés de planter au printemps, font déplanter leurs arbres avant que la couche inférieure du sol soit parfaitement dégelée; c'est là une pratique vicieuse, car les racines, engagées encore dans la terre gelée, ne peuvent être détachées, et se brisent au grand détriment de l'arbre.

Toutes les fois qu'on sera obligé de planter au printemps des espèces à feuilles caduques, il sera convenable de faire déplanter les arbres dans le courant ou à la fin de l'hiver et de les faire mettre en *jauge* ou *tranchée*, soit dans la pépinière, soit dans le voisinage du terrain à planter. Le printemps venu, le premier développement de ces arbres sera retardé, et, lorsque viendra le moment de les confier définitivement au sol, on ne sera pas exposé à troubler leur végétation. Cette pratique présentera surtout de grands avantages pour les plantations tardives du printemps Nous avons souvent planté de cette manière, vers le milieu du mois de mai, des arbres déplacés en février.

La déplantation s'effectuera, comme nous l'avons indiqué, pour les jeunes plants : on ouvrira à l'une des extrémités du carré d'arbres une tranchée d'une profondeur telle, qu'elle pénétrera un peu au-dessous du point où sont arrivées les racines; puis, en minant le terrain de proche en proche, on enlèvera les arbres avec la plus grande partie de leurs racines.

On objectera peut-être qu'on ne pourra employer ce mode de déplantation que dans le cas où les arbres du carré seront également bons à planter à demeure, mais qu'il deviendrait impraticable dans le cas où l'on voudrait laisser encore les plus faibles. Nous pensons qu'il n'y a que le pépiniériste qui puisse avoir avantage à laisser les arbres trop faibles pour ne pas être obligé de les replanter. Nous engageons les propriétaires, pour éviter les mutilations qu'éprouveraient indubitablement les racines si l'on choisissait les arbres dans le carré, à acheter tout ou partie de ce carré et à les faire déplanter ainsi que nous venons de l'indiquer. Il y aura à cela deux avantages : le premier, que les arbres seront beaucoup moins mutilés; le second, qu'on pourra placer en pépinière, dans le voisinage de la plantation, ceux qui seront encore trop faibles pour être plantés à demeure, et qui serviront plus tard à effectuer les remplacements.

Tous les arbres souffrent de la suppression ou du desséchement de leurs racines, mais les espèces à bois dur, telles que le chêne, le hêtre et tous les arbres résineux, sont celles qui supportent le moins facilement ces altérations. Ainsi, lors de la déplantation, on devra, quoi qu'il en coûte, conserver toutes les racines de ces arbres, sous peine de ne pas les voir reprendre, et s'efforcer surtout de retenir la terre autour de leurs racines.

Si les arbres doivent voyager avant la plantation, on prendra les plus grands soins pour que les racines ne soient pas desséchées ou gelées en route. On ne saurait trop s'élever contre la négligence de certains pépiniéristes qui ne garantissent que la tige et entourent à peine les racines par une poignée de paille qui, mal fixée, est bientôt détachée, et les laisse à nu. Lorsqu'il s'agira d'espèces à bois dur comme le chêne, le hêtre, on devra, aussitôt après leur déplantation, tremper les racines dans un mélange liquide de terre argileuse et de bouse de vache, qui, en se desséchant sur les racines, les préservera du contact de l'air. Ces arbres seront ensuite soigneusement emballés, surtout vers le pied.

Préparation ou habillage des arbres. — Lorsque l'on est prêt à effectuer la plantation, on pratique la préparation ou l'habillage des arbres. Cette préparation s'applique aux racines et à la tige.

Malgré tous les soins possibles, il y a toujours une certaine quantité de racines qui sont rompues ou desséchées par l'impression de l'air. La préparation, dans ce cas, consiste à enlever, avec un instrument bien tranchant, l'extrémité des racines rompues ou desséchées, et à couper celles qui ont été blessées, immédiatement au-dessus du point où la plaie existe. Ces plaies se cicatrisent et donnent naissance, sur leur périmètre et au-dessus d'elles, à de nombreuses racines qui viennent bientôt remplacer celles qu'on a tronquées. Si, au contraire, on abandonnait à elles-mêmes les parties brisées ou desséchées, les plaies deviendraient chancreuses, les racines resteraient dans un état maladif et ne seraient d'aucun secours pour l'arbre. Telles sont les seules suppressions à opérer sur les racines.

Si l'on supprime, pour quelque temps, une partie des racines, il devient indispensable d'enlever également une certaine étendue de la tige, afin de maintenir un équilibre parfait entre l'étendue respective de ces deux organes. Cette suppression, pour qu'elle ne devienne pas nuisible, doit être faite avec non moins de circonspection que celle des racines, et être avec elle dans un rapport complet.

Les amputations devront uniquement porter sur les rameaux âgés d'un an, ou tout au plus sur les ramifications de deux ans, comme le montre la figure 253. On ne saurait trop s'élever contre l'usage barbare qui consiste à couper entièrement la tête des arbres en les plantant, ce qui les fait ressembler, après la plantation, à autant de jalons (*fig.* 254). Cette pratique est on ne peut plus vicieuse, et cela pour deux raisons : la première, c'est que l'on prive l'arbre de tous les boutons qui auraient donné naissance aux bourgeons et aux feuilles indispensables pour développer les filets ligneux et corticaux, et préparer le cambium qui concourt à l'accroissement des racines; la seconde, c'est que la plaie, restant longtemps exposée à l'influence de l'air avant d'être cicatrisée, se carie souvent et détermine dans le tronc de l'arbre un vice qui en diminue singulièrement la valeur.

Il n'y a que deux circonstances dans lesquelles cette opération puisse être tolérée, c'est : 1° lorsque les racines ont été tellement mutilées par la déplantation (*fig.* 254), que le retranchement des ramifications ne suffit plus pour établir l'équilibre entre l'étendue de ces racines et celle de la tige; 2° lorsque les arbres, ayant été trop rapprochés dans la pépinière, se sont beaucoup plus développés en hauteur qu'en grosseur, et sont exposés à être rompus par les vents. Il est même quelques espèces dont la tête devra, malgré ces deux circonstances, être conservée; ce sont particulièrement les chênes, les érables, les hêtres, les frênes et les noyers. Il est donc de la plus grande importance de faire déplanter les sujets de ces espèces avec soin et de les choisir assez gros de tige, puisqu'on ne pourrait pas remédier à leur faiblesse par l'amputation de la tête.

Enfin, une autre exception, plus importante encore, est relative aux arbres résineux. Pour ces espèces, on doit s'abstenir, dans quelque circonstance que

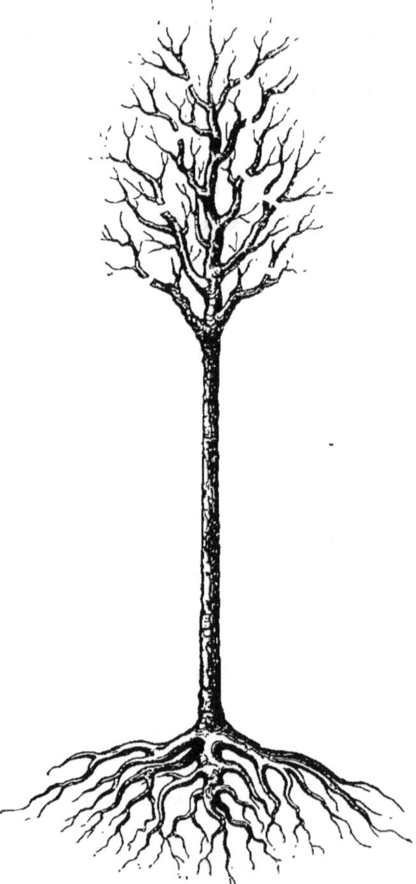

Fig. 253. *Retranchement à opérer sur la tige pour la plantation.*

ce soit, de toute amputation sur la tige, car les suppressions ne sont jamais réparées. Cela tient à une organisation particulière de ces espèces, qui sont dépourvues de boutons adventifs; les nouveaux bourgeons ne se développent presque jamais qu'à l'extrémité des rameaux.

Mise en terre des arbres. — La mise en terre des arbres exige aussi quelques soins particuliers : on doit considérer, dans cette opération, l'orientation des arbres, la profondeur à laquelle les racines doivent être enterrées, la manière dont les différentes couches de terre, enlevées des trous, doivent y être replacées.

L'orientation des jeunes plantations ne présente d'utilité que pour ceux des arbres qui se sont développés dans la pépinière sur le bord des carrés. Pour ceux-là, il sera bon d'exposer au midi le côté de la tige habitué à cette exposition et que l'on reconnaît à une teinte plus grise de l'écorce. Quant aux arbres pris dans l'intérieur du carré, on peut indifféremment placer les côtés de leur tige à toutes les expositions, car ces tiges ont été presque complétement soustraites à l'action du soleil.

En général, les racines doivent être enterrées à une profondeur telle, que, d'une part, elles puissent recevoir l'influence de l'air, et que, de l'autre, elles ne soient pas exposées à la sécheresse. Le degré de profondeur moyenne à l'aide duquel on remplit le mieux ces deux conditions est 0^m,08. Ainsi, le collet de la racine devra être placé de manière à ce que, la terre du trou étant complétement affaissée, il se trouve placé à 0^m,08 au-dessous de la surface du terrain. Néanmoins cette profondeur devra beaucoup varier en raison de la nature du sol. Celle que nous donnons est pour un terrain de consistance moyenne; mais, dans un sol très-léger, très-perméable, et par conséquent très-exposé à la sécheresse, cette profondeur pourra être portée à 0^m,12. Au contraire, dans les terrains compactes, humides, on devra la diminuer de moitié.

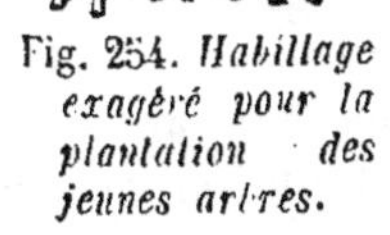

Fig. 254. *Habillage exagéré pour la plantation des jeunes arbres.*

Les trous ayant été creusés avec les soins que nous avons indiqués pour chaque sorte de terre, voici comment on doit les remplir : on commence par ameublir le mieux possible le fond de l'excavation (G, *fig.* 255); on pulvérise la couche de terre que l'on a enlevée la première lors de la confection du trou; on en répand au fond, en F, une suffisante quantité pour que, les racines y étant placées, l'arbre se trouve convenablement enterré. Cette première couche de terre est recouverte par des gazons décomposés ou des vases de mares ou de fossés, suffisamment aérés (E). Si l'on n'a pu se procurer ces matières, on les remplace par la couche de terre qui était placée au-dessous du gazon. C'est avec cette dernière couche qu'on mélange des terres siliceuses ou argileuses, selon que le sol est trop compacte ou trop léger. Enfin, si le trou n'est pas suffisamment comblé, l'on y ajoute une partie de la troisième couche, celle du fond (D). Pendant cette opération, il est essentiel, à mesure que l'on jette la terre sur les racines, de donner à la tige de l'arbre un mouvement vertical de bas en haut, afin de bien faire pénétrer cette terre entre toutes les racines.

Il résulte de cette manière d'opérer que la terre la plus fertile, celle qui était à la surface du trou, le gazon enfin, se trouve immédiatement en contact avec les racines, et concourt puissamment à la reprise de l'arbre.

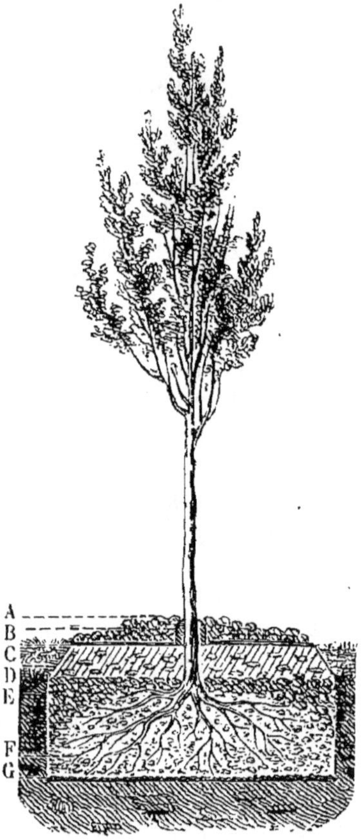

Les trous doivent être comblés à environ 0^m,12 au-dessus du niveau du terrain environnant, afin qu'en s'affaissant la terre ne s'abaisse pas au-dessous du niveau du sol. Dans les terrains exposés à la sécheresse, il sera bon de creuser un peu cette saillie en cuvette, afin qu'elle retienne mieux l'eau des pluies et que celles-ci profitent aux racines.

Si l'on plante sur une bande continue défoncée à l'avance, il suffit d'ouvrir, à chaque point où les arbres doivent être placés, un trou assez grand pour que les racines de l'arbre puissent y être étendues assez profondément et sans gêne. On mélange alors l'engrais déposé à l'avance près de chaque trou avec une partie de la terre extraite, on en répand une petite partie au fond de l'excavation, on y étend les racines de l'arbre et l'on recouvre celle-ci avec cette terre amendée. On agite légèrement la tige de bas en haut pour faire pénétrer la terre entre les racines, on achève de remplir le trou, puis on tasse le sol avec les pieds.

Fig. 255. *Coupe verticale du terrain après la plantation.*

Lorsque les arbres ont été plantés comme nous venons de l'indiquer, la coupe verticale du trou doit présenter la figure 255.

Plantation des arbres dans les terrains très-humides.—Il est certains terrains tellement humides ou exposés aux inondations périodiques, que les plantations ne peuvent y réussir qu'autant qu'elles sont effectuées à la surface du sol. Voici comment on doit opérer dans cette circonstance : à chacun des points qui devront être occupés par les arbres, on trace sur le gazon, avec le cordeau et les chevilles, une circonférence de 2 mètres de diamètre (A, *fig.* 256), dans laquelle on inscrit un second cercle (B) de 1 mètre de diamètre, et que l'on coupe avec la bêche à la profondeur de 0^m,06 à 0^m,08 environ. On sépare de la même manière toute l'étendue comprise dans les cercles en seize parties

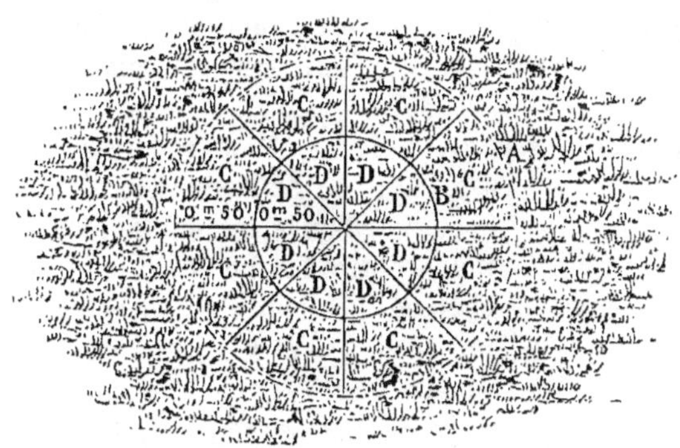

Fig. 256. *Tracé d'un trou pour la plantation des terrains très-humides.*

(C et D). Le grand cercle A doit rester intact. On enlève ensuite, en les conservant entières, toutes les plaques de gazon D comprises dans le cercle B ; enfin on détache également toutes les plaques de gazon C, mais en les laissant adhérentes au bord extérieur. Cette opération terminée, on enlève les gazons C, puis on les renverse en dehors du grand cercle A. Ce premier travail présente alors l'aspect de la figure 257. On enlève ensuite la terre comprise dans les deux cercles A et B jusqu'à la profondeur de 0^m,35 environ. Le fond du trou est remué et pulvérisé. La terre enlevée est remplacée par un sol de consistance moyenne et amélioré par des engrais. On en met d'abord une quantité telle, que, les racines de l'arbre étant placées dessus, le collet de celui-ci se trouve à 0^m,27 environ au-dessus du niveau du terrain environnant, puis on remplit le trou jusqu'à 0^m,35

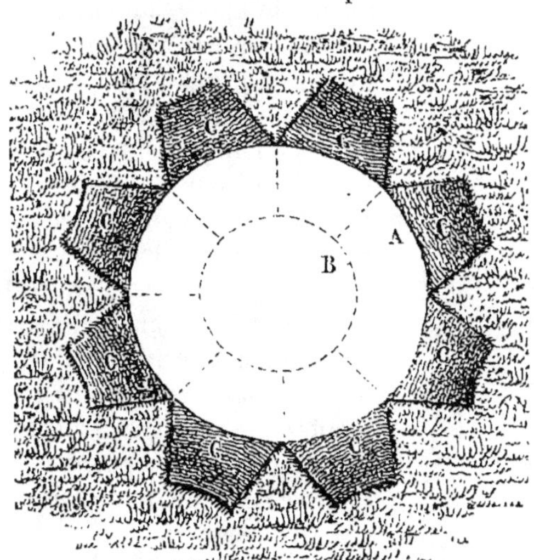

Fig. 257. *Trou pour la plantation des terrains très-humides.*

au-dessus du sol. La terre étant légèrement tassée, on donne à cette butte la forme d'un cône tronqué (A, *fig.* 258). Les plaques de gazon C, qui sont renversées autour de cette butte, sont ensuite relevées contre les côtés. Pour remplir les vides (B, *fig.* 258), on se sert des gazons extraits du cercle intérieur (B, *fig.* 257) que l'on taille en triangle (D, *fig.* 258). Il ne reste plus qu'à battre fortement ces gazons pour les bien appuyer sur les parois de la butte. La coupe verticale du trou présente l'aspect de la figure 258.

Nous ne saurions trop recommander cette opération pour tous les terrains très-humides, surtout pour ceux qui sont exposés aux inondations périodiques.

Opérations contre la sécheresse du sol. — Mais ce n'est pas assez que de bien planter, il faut encore défendre les jeunes plantations contre l'influence de la sécheresse, et leur faire développer un tronc sain et vigoureux au moyen d'un élagage convenable.

La sécheresse du sol, toujours nuisible pour les plantations déjà anciennes, l'est, à bien plus forte raison, pour les arbres qui, n'ayant pas encore pris possession du terrain, s'approprient plus difficilement le peu d'humidité qu'il contient. Aussi voit-on fréquemment les plantations récentes entièrement détruites par cette influence lorsqu'on n'emploie pas ses efforts pour la combattre.

Nous avons indiqué, en traitant des pépinières, les arrosements, les binages et les couvertures comme étant les meilleurs moyens d'empêcher la sécheresse du sol; les deux derniers conviennent parfaitement aux plantations d'alignement forestières, en y joignant toutefois les ensemencements de jonc marin.

Les binages, pratiqués avec les soins indiqués à l'article des pépinières, conviennent surtout aux

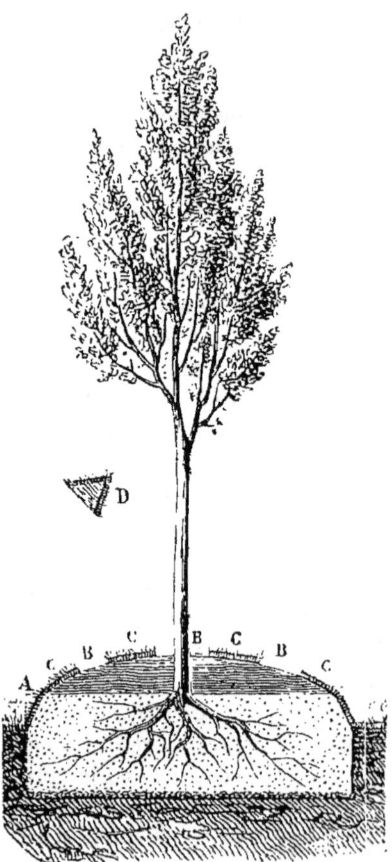

Fig. 258. *Coupe verticale d'un trou après la plantation dans un terrain très-humide.*

plantations des terrains un peu argileux. On devra les opérer sur toute la surface du terrain remué pour la plantation. Ils devront être répétés pendant les quatre premières années. Pour les sols légers ou de consistance moyenne, il vaudra mieux faire usage des couvertures.

Le meilleur mode de couvertures consiste dans l'emploi simultané des tiges de joncs marins et d'une couche de cailloux (A et C, *fig.* 255). Ces tiges de joncs marins, tout en retenant l'humidité du sol, se décomposent et forment un excellent terreau dont profitent les racines. Lorsqu'on place la couche de cailloux au pied de chaque arbre, on doit avoir soin d'entourer la base de la tige d'une motte de gazon (B, *fig.* 255). Sans cette précaution, on s'expose à ce que ces cailloux blessent l'écorce de la tige lorsque celle-ci est ébranlée par les vents.

Lorsqu'il n'est pas nécessaire de laisser libre le terrain qui entoure immédiatement les arbres, il est préférable d'avoir recours au troisième procédé qui consiste dans un ensemencement de jonc marin ou ajoncs. Ainsi, dès que la plantation est terminée, on répand la graine de jonc marin sur toute l'étendue du sol, et on l'enterre le plus profondément possible à l'aide d'un râteau à dents de fer. On répand cette graine dans la proportion de 18 kilogrammes par hectare. Cet ensemencement, qui peut être fait avec plus ou moins de succès dans tous les terrains, doit être effectué au printemps.

Il résulte de cette pratique que le sol occupé par les racines des arbres est bientôt couvert par les rameaux du jonc marin, qui le défendent de l'ardeur du soleil et l'empêchent de se dessécher. On ne doit pas redouter l'épuisement du terrain par le jonc marin, car l'expérience a prouvé qu'il rend plus de principes nutritifs à la terre qu'il n'y en absorbe ; les débris de ses feuilles ne tardant pas à former à la surface une couche de terreau de plusieurs centimètres d'épaisseur.

A mesure que la plantation grandit, les joncs marins, privés de lumière, deviennent languissants, jusqu'à ce qu'ils aient été complétement anéantis ; mais alors les arbres, couvrant entièrement le sol de leur ombre, l'empêchent de se dessécher et peuvent se passer du secours des joncs marins.

Opération contre l'ardeur du soleil.— Les jeunes arbres élevés dans la pépinière s'abritent mutuellement contre l'ardeur du soleil et l'action des vents desséchants ; mais, lorsqu'on les plante à demeure, ils sont tout à coup isolés et exposés à l'influence des rayons solaires et d'un air vif. Il en résulte que leur écorce, tendre et herbacée, se durcit rapidement, perd son élasticité, se refuse à l'accroissement de la tige en diamètre, et gêne la circulation de la séve. Pour éviter cet accident, et pour diminuer les effets de l'évaporation sur la tige, jusqu'au moment où l'arbre sera bien enraciné, on couvre toute la surface de la tige, immédiatement après la plantation, d'une bouillie de chaux éteinte, dans laquelle on ajoute un quart en volume de terre glaise pour faire résister plus longtemps cet enduit à l'action des pluies. Dans quelques localités, on enveloppe la tige avec une couche de paille longue fixée au moyen de liens d'osier. Mais nous avons vu si souvent cette paille servir de refuge aux insectes qui attaquent l'écorce de ces arbres, que nous ne saurions recommander ce procédé qui est d'ailleurs presque toujours plus coûteux que le précédent.

Opérations contre les accidents. — Les arbres qui forment les plantations d'alignement sont souvent exposés à des accidents, tels que la mutilation ou l'ébranlement de leur tige, et qui peuvent les rendre souffrants et retarder leur reprise.

Pour empêcher ces mutilations, on enveloppe les tiges avec de jeunes branches bien ramifiées, appartenant à une espèce à bois dur et épineux. Les plus convenables sont l'aubépine et le prunelier (*Prunus spinosa*), qui croissent spontanément dans toutes nos forêts. Ces branchages, placés depuis la base de la tige jusqu'à 1^m,70 du sol environ, sont fixés au moyen de trois liens en fil de fer (*fig.* 259). On entretient cet épinage pendant trois ans, et l'on remplace les ligatures chaque année, afin qu'elles ne gênent pas le grossissement de la tige.

La position occupée par les jeunes arbres le long des routes ou des boulevards les expose fréquemment à des ébranlements qu'il convient de prévenir. Pour cela, on enfonce, à 0^m,40 environ du pied de l'arbre, pour ne pas blesser ses racines, et dans une direction oblique, un tuteur de 0^m,18 de circonférence environ, dont le sommet, taillé en biseau, vient s'appuyer contre la tige, à 1^m,50 environ du sol. On place entre la tige et le tuteur, au point de contact, une poignée de paille A, puis on réunit la tige et le tuteur par une ligature en fil de fer, au-dessous de laquelle on place une poignée de paille, du côté opposé au tuteur. Ce dernier doit être placé parallèlement à la ligne d'arbres, afin de ne pas gêner la circulation. Ces tuteurs (*fig.* 259) sont entretenus seulement pendant les deux premières années.

Ces appuis sont insuffisants pour garantir convenablement les arbres placés sur les points les plus fréquentés, aux angles des routes ou des boulevards, par exemple, et il faut alors les entourer d'une sorte d'armure. La plus convenable se compose de deux pieux, de 0^m,07 d'équarrissage (*fig.* 260), longs de 1^m,80 et un peu arqués à leur base, de façon qu'ils soient assez rapprochés de la tige de l'arbre pour la garantir, quoique écartés de 0^m,30 au moins du pied de l'arbre, pour ne pas blesser ses racines. On les enfonce de chaque côté de la tige, à 0^m,40 de profondeur environ, en les inclinant un peu l'un vers l'autre; puis on les réunit au moyen de six traverses. Il est utile d'entourer la tige d'une poignée de paille solidement fixée au point où elle sort de cette armure, afin que, balancée par le vent, elle ne soit pas meurtrie vers ce point. Cette armure, faite en bon bois, peut durer pendant sept à huit ans. Au bout de ce temps, les arbres auront acquis assez de force pour résister aux mutilations. Nous préférons cette armure à celle au moyen de trois pieux; elle remplit aussi bien le but et coûte un tiers moins cher.

Deux moyens peuvent être ajoutés aux précédents pour les plantations exécutées sur les routes, et qui ont le plus à souffrir des accidents dont nous venons de parler. Le premier consiste à exécuter ces plantations sur de petits trottoirs en terre établis sur chacun des côtés de la route, de façon à en éloigner les voitures. De petites rigoles pratiquées de place en place au-dessus ou au-dessous des trottoirs faciliteront l'écoulement des

Fig. 259 *Armure contre l'ébranlement des jeunes arbres.*

Fig. 260. *Armure contre l'ébranlement des jeunes arbres.*

eaux de la route dans les fossés latéraux. Le second moyen consiste à accumuler au pied de chaque arbre, du côté intérieur de la route, une certaine quantité de boue, de façon à en faire une sorte de *chasse-roue* qui éloigne les voitures des arbres. Ce procédé pourra être substitué au premier dans le cas où, par suite de la nature imperméable du sol, on craindrait que les trottoirs ne deviennent un obstacle à l'écoulement suffisant des eaux.

Élagage des plantations d'alignement. — Si, dans la culture des plantations d'alignement forestières, on ne voulait qu'obtenir la plus grande quantité possible de bois, dans un temps et sur un espace donné, on pourrait, lorsque les plantations ont été convenablement faites, abandonner les jeunes arbres à eux-mêmes, et se contenter de les préserver de tout ce qui peut nuire à leur prompt et vigoureux accroissement. Mais on cherche encore à obtenir des bois de construction, et pour cela les troncs doivent être à la fois les plus longs, les plus gros possible, et surtout dépourvus de ces nœuds volumineux, souvent cariés, qui diminuent singulièrement la valeur des arbres.

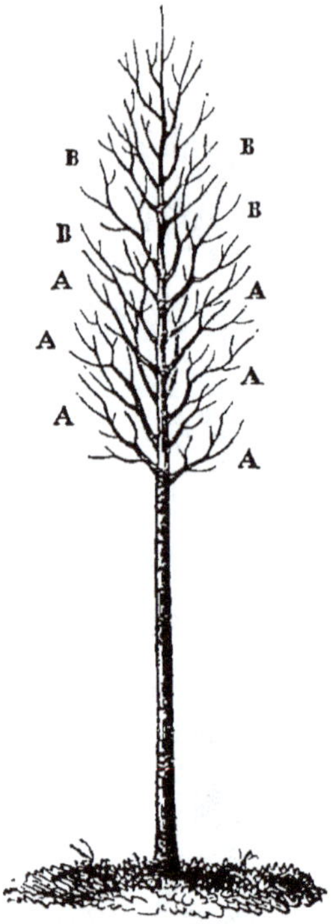

Lorsque les jeunes arbres ont déjà acquis un certain développement, à l'âge de 6 à 8 ans, par exemple, et qu'ils n'ont pas été trop rapprochés les uns des autres dans la pépinière, leur tige est couverte de ramifications sur la moitié environ de leur hauteur (*fig.* 261). Si ces arbres sont plantés en massif un peu serré, la lumière n'éclairant que faiblement les branches inférieures A, celles-ci ne prendront presque aucun accroissement, et la séve, agissant surtout vers le sommet où l'appelle une végétation vigoureuse, finira bientôt par abandonner les ramifications inférieures, qui se dessécheront. L'arbre continuant à s'élever, les branches latérales B se trouveront à leur tour placées assez loin du sommet; elles deviendront de plus en plus languissantes, et finiront aussi par se dessécher. C'est ainsi que, successivement, les branches latérales disparaissent à mesure que la tige s'allonge. Quand, enfin, l'arbre cesse de croître en hauteur, les ramifications

Fig. 261. *Jeune orme âgé de 6 à 8 ans, ayant 4 mètres de haut.*

du sommet continuent de se développer, et forment la tête de l'arbre, qui n'éprouve plus, depuis ce moment jusqu'à sa décrépitude, que des changements peu sensibles (*fig.* 262). Il s'ensuit que les arbres ainsi plantés peuvent former d'eux-mêmes un tronc droit, très-élevé, assez gros, et surtout dépourvu de nœuds ou de grosses ramifications, sans qu'il soit nécessaire de leur appliquer l'élagage. C'est, en effet, ce qui a lieu pour tous les arbres disposés en massifs ou futaies un peu serrés.

Mais il n'en est pas ainsi pour les arbres plantés en lignes isolées, si on les abandonne à eux-mêmes. Leur tige étant complétement éclairée du sommet à la base, au moins sur deux de ses côtés, toutes les branches latérales, les plus élevées comme les plus basses, profitent de cette influence et poussent vigoureusement; elles absorbent une grande partie

de la séve en se partageant son action presque également, de sorte que.
le sommet étant beaucoup moins favorisé que dans le cas précédent,
l'arbre s'élève moins, mais sa tête est beaucoup plus large. Il arrive même souvent que le tronc se divise à une hauteur peu considérable, et cela parce qu'une ou plusieurs branches latérales ont, par leur position favorable, contre-balancé la vigueur de la flèche de l'arbre. La figure 263 montre un de ces arbres. Si l'on vient à l'exploiter, le tronc sera peu élevé, couvert de ramifications volumineuses et tout à fait impropre aux constructions, et l'on ne pourra, ainsi que les branches, l'utiliser que comme bois de chauffage. D'ailleurs, il arrivera souvent que ses branches gêneront la circulation, ou bien qu'elles nuiront aux propriétés voisines. De là, la nécessité d'appliquer aux arbres des plantations d'alignement, surtout à ceux des lignes isolées, un élagage convenable, à l'aide duquel on puisse modifier l'action naturelle de la séve et leur imposer une forme en rapport avec leur destination et avec la place qu'ils occupent.

Fig. 262. *Orme de 70 ans développé au milieu d'un massif serré, ayant 27 mèt. de hauteur.*

Ceci posé, examinons les principes généraux de l'élagage.

Époque du premier élagage. — C'est assurément une pratique vicieuse que d'attendre trop longtemps pour appliquer aux jeunes arbres le premier élagage; c'est pendant les premières années qui suivent leur reprise que leur développement est le plus rapide et qu'on doit se hâter de leur imposer une forme convenable. De plus, en retardant le premier élagage, on est dans la nécessité de supprimer à la fois un grand nombre de branches, ce qui est toujours fâcheux; et beaucoup de ces bran-

Fig. 263. *Arbre forestier n'ayant pas reçu d'élagage.*

ches ont acquis un diamètre tel que leur suppression laisse sur la tige des plaies considérables qui enlèvent au tronc de l'arbre toute sa valeur, comme bois de service; car, la cicatrisation n'a presque jamais lieu avant que l'aubier mis à nu ait été plus ou moins profondément altéré par l'action de l'air et de l'humidité qui hâte sa décomposition et détermine souvent la carie. Il y a cependant quelques inconvénient à pratiquer trop tôt ce premier élagage. En effet, il importe de stimuler le développement des nouvelles racines qui doivent assurer la reprise de l'arbre, et le faire végéter vigoureusement. Or nous savons que ce sont les feuilles qui sont les organes générateurs des racines. Il faut donc que la tige en porte la plus grande quantité possible. On conçoit, d'après cela, que le premier élagage ne devra être appliqué aux jeunes plantations qu'après leur reprise complète, c'est-à-dire de deux à cinq ans après cette plantation, suivant qu'ils pousseront plus ou moins vigoureusement.

Saison la plus favorable pour l'élagage. — L'élagage, en supprimant un grand nombre de rameaux et de boutons, détermine un trouble considérable dans la circulation des fluides de l'arbre, et par suite dans l'ensemble de la végétation. Pour que ce désordre soit moins préjudiciable, il importe de choisir le moment où la végétation est suspendue, c'est-à-dire depuis la fin d'octobre jusqu'au milieu de mars. On préfère la fin de l'hiver, parce que, la végétation ayant lieu peu de temps après cette opération, les plaies sont exposées moins longtemps à l'influence désorganisatrice de l'air. Il faut cependant faire une exception pour les arbres résineux, qu'il vaut mieux élaguer à l'automne, leurs sucs résineux s'écoulant alors en moins grande abondance qu'au printemps.

Hauteur jusqu'à laquelle on doit élaguer les arbres. — Nous avons déjà dit qu'on doit s'efforcer de faire prendre au tronc le plus grand développement en diamètre et en hauteur. L'expérience a démontré que la tête, c'est-à-dire l'étendue de la tige pourvue de branches, doit former la moitié environ de la hauteur totale de l'arbre.

Si l'on enlève périodiquement toutes les branches latérales, à l'exception d'un petit bouquet de ramifications réservé au sommet de la tige, comme on le pratique souvent, il en résulte que l'arbre, fréquemment privé des organes générateurs des couches ligneuses, croît très-lentement en diamètre. Son allongement est aussi entravé par les nombreuses nodosités qui résultent de la suppression périodique de toutes les branches latérales qui gênent l'ascension de la séve, et la forcent de dépenser presque toute son action au profit des branches latérales que l'on ne coupe que tous les cinq ou six ans.

Si, au contraire, on conserve sur la tige un nombre de ramifications suffisant pour favoriser son accroissement en diamètre, mais réparties sur toute la hauteur de l'arbre, au lieu d'être réunies en tête, il en résultera les inconvénients suivants : Le tronc offrira un diamètre qui diminuera très-rapidement de la base au sommet, parce que, à 10 mètres d'élévation, la tige, ne pouvant profiter des filets ligneux développés par les branches placées au-dessous de ce point, ne grossira que par la superposition des fibres qui descendent des branches supérieures. A 12 mètres, l'accroissement en diamètre sera encore moindre, parce qu'il y aura au-dessus une moins grande quantité de branches, et, par conséquent, de feuilles ; et ainsi de suite jusqu'au sommet.

Lorsque, au contraire, toute cette masse de feuilles est concentrée sur la moitié supérieure de l'arbre, le tronc profite également, dans toute sa longueur, des fibres ligneuses fournies par ces feuilles, et son diamètre offre bien moins de différence du sommet à la base. Or c'est là un résultat important, car la valeur du bois de service est proportionnellement d'autant plus grande, que le diamètre des pièces est plus égal dans toute leur étendue. Nous devons donc conclure que l'élagage des plantations d'alignement doit être conduit de façon à supprimer de temps en temps les branches inférieures de la tête, à mesure que la tige s'allonge, afin que les arbres soient constamment dépourvus de ramifications sur la moitié environ de leur hauteur totale.

Toutefois cette règle générale fléchit encore pour les arbres résineux. Ils n'ont presque jamais deux tiges principales. En outre, on a également constaté que la vigueur de leurs branches latérales influait d'une manière bien moins sensible sur la rapidité de leur allongement que dans les espèces non résineuses. L'élagage de ces arbres serait donc plus nuisible qu'utile, puisqu'il les priverait, sans profit bien apparent, d'une partie de leurs organes nourriciers. Enfin, comme la présence de ces ramifications sur le tronc n'altère nullement le bois et n'influe pas par conséquent sur sa valeur, et cela à cause du peu de volume qu'elles présentent, il devient peu important que ces ramifications soient conservées à la base de la tige.

L'élagage ne peut donc être utilement employé pour les arbres résineux que dans le cas suivant : c'est pour retrancher les branches de la base à mesure qu'elles commencent à devenir languissantes En les retranchant avant qu'elles soient complétement mortes, les plaies qui en résultent se cicatrisent beaucoup plus facilement.

Choix des branches à supprimer. — Ce qui précède indique suffisamment que les branches à supprimer sont toutes celles

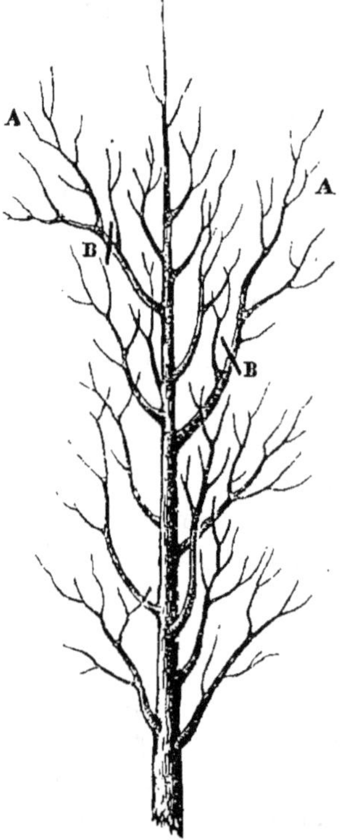

Fig. 264. *Suppression partielle des branches trop vigoureuses.*

qui sont situées au-dessous de la moitié de la hauteur totale de l'arbre ; mais l'élagage doit porter aussi sur les ramifications suivantes, quelle que soit leur position sur la tige :

1° Sur celles qui, plus favorisées que leurs voisines, prennent un accroissement disproportionné (A, *fig. 264*). Si l'on attendait, pour les couper complétement, qu'elles fussent comprises dans l'étage des branches qui doit être enlevé, elles déformeraient la tige, en contre-balançant l'action absorbante du rameau terminal ou flèche. D'un autre côté, la plaie qui résulterait de leur suppression tardive serait plus étendue et se cicatriserait plus lentement. Enfin, les couches centrales de leur corps ligneux venant à passer à l'état de couches inertes ou bois parfait, et se trouvant alors en communication avec le bois parfait du tronc, il deviendrait très-difficile d'empêcher cette partie, que l'amputation aurait mise à nu, de se décarboniser sous l'influence de l'air, de se carier ensuite, de communiquer cette altération au centre du tronc, et de lui enlever ainsi tout son prix.

2° Sur les branches faibles ou de moyenne grosseur qui naissent plusieurs au même point (*fig.* 265). Dans ce cas, on supprime l'une des deux branches ; autrement, elles formeraient un large empattement qui donnerait lieu à une plaie étendue, lorsque ces ramifications seraient enlevées.

3° Sur les ramifications qui, naissant à la même hauteur autour de la tige, y forment une sorte de verticille (*fig.* 266). Ici, il convient de couper quelques-unes de ces branches en laissant un

Fig. 265. *Suppression des branches doubles.*

espace égal entre celles qu'on conserve. Si elles étaient laissées intactes, elles nuiraient au libre passage de la séve au delà de ce point, et gêneraient ainsi l'élongation de la tige. Il en résulterait d'ailleurs des plaies multipliées et trop rapprochées l'une de l'autre, lorsque viendrait le moment de les supprimer toutes.

4° Sur le rameau situé immédiatement à côté du rameau terminal de la tige, et lorsqu'il devient presque aussi vigoureux que ce dernier (A, *fig.* 267).

Fig. 266. *Suppression des branches verticillées.*

S'il n'était pas supprimé, il déformerait la tige en la faisant se diviser. On retranche les trois quarts de sa longueur, et l'on attache, sur le chicot conservé, le rameau terminal pour le ramener dans une position bien verticale. Ce chicot est entièrement supprimé lors de l'élagage suivant.

5° Enfin, sur certaines branches dont la suppression importe au redressement de la tige de l'arbre, dont le centre de gravité a été dérangé par la violence des vents ou toute autre cause. L'enlèvement de certaines ramifications est, en effet, un puissant moyen de ramener la tige des arbres dans une position verticale. A cet effet, on dégarnit beaucoup le côté de la tête qui est incliné, et on laisse l'autre presque intact. Pour certaines lignes d'arbres qui présentent le flanc à des vents fréquents d'une grande violence, il sera bon de prévenir l'inclinaison des arbres, en commençant dès leur jeune âge à charger plus leur tête du côté du vent que du côté opposé.

Manière d'opérer les suppressions. — On ne doit supprimer entièrement une branche qu'autant que ses couches ligneuses centrales ne sont pas encore passées à l'état de bois parfait. Autrement il en résulterait les inconvénients graves que nous avons signalés précédemment, et que ne pourraient compenser les avantages qu'on avait en vue en coupant cette branche. Si, par négligence ou toute autre cause, on a laissé acquérir à une branche un âge tel que plusieurs de ses couches ligneuses soient passées à l'état de bois parfait, on se contente de diminuer sa vigueur, en retranchant la moitié environ de sa lon-

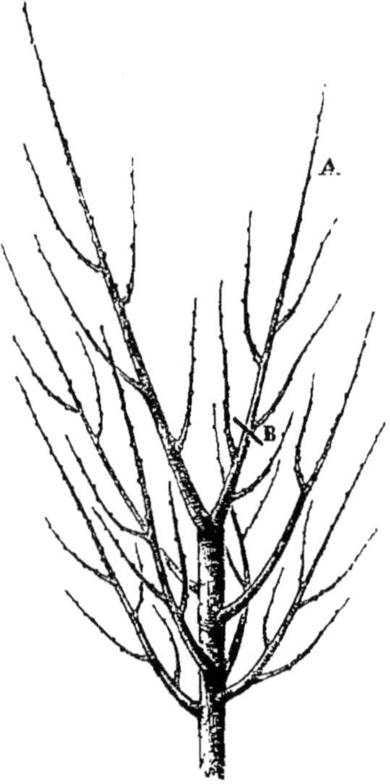

Fig. 267. *Suppression des branches rivales du rameau terminal.*

gueur, immédiatement au-dessus d'une petite ramification. Du reste, il n'est pas toujours possible de juger par la grosseur d'une branche si une partie de ses couches sont à l'état de bois parfait, car ce résultat se produit plus ou moins rapidement, selon le degré de vigueur des espèces, des individus ou même des branches. C'est seulement en les coupant vers la moitié de leur longueur, qu'on peut s'assurer de ce résultat.

Lorsqu'une branche n'offre pas encore de couches ligneuses à l'état de bois parfait, mais que, plus favorisée que les autres, elle a acquis un diamètre trop considérable proportionnellement à celui de la tige, il faut ne la supprimer qu'en deux fois. On en retranche d'abord les deux tiers, en ayant soin de pratiquer l'amputation immédiatement au-dessus d'une petite ramification (B, *fig.* 264), et, lors de l'élagage suivant, on retranche le reste. On diminue ainsi l'étendue proportionnelle de la plaie et celle-ci est plus promptement recouverte.

Si l'on coupe une branche contre la tige, que cette ramification ait déjà été raccourcie ou non, on doit faire l'amputation de façon que le diamètre de la plaie ne soit pas plus grand que celui de la base de la branche. Souvent on laisse sur le tronc une partie de la branche coupée, 0^m,16 ou 0^m,20 (*fig.* 268), c'est là une pratique vicieuse, car cette

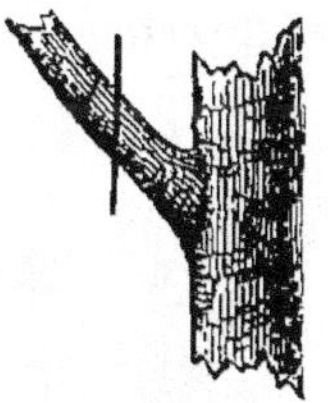

Fig. 268. *Suppression incomplète des branches.*

sorte de moignon commence par se dessécher; s'il se conserve sans pourrir, ce qui a lieu dans les arbres résineux, dont la tige ressemble alors à un bâton de perroquet (*fig.* 269), le tronc continuant toujours de grossir, ce moignon paraît bientôt diminuer progressivement de longueur, par l'addition successive des nouvelles couches ligneuses dont se couvre le tronc; puis, enfin, il disparaît complétement au milieu des parties voisines, avec lesquelles il ne contracte aucune adhérence. Il peut alors être comparé à une cheville enfoncée dans le tronc de l'arbre; mais, quand on vient à exploiter cet arbre et à le diviser en planches, ces moignons apparaissent sous forme de taches brunes, se détachent au moindre choc, et laissent un trou à leur place. C'est ce que tout le monde a pu remarquer dans les planches de pin et de sapin. Si, au contraire, ce chicot de bois se pourrit après quelques années, alors qu'il est déjà en partie engagé dans le corps ligneux de l'arbre, il y laisse un trou, qui, avant d'être fermé par les bourrelets qui se forment sur ses bords, laisse pénétrer l'air jusqu'au bois parfait, lequel est atteint par la carie, et l'arbre perd toute sa valeur.

D'autres fois, loin de laisser la base de la branche, on la coupe tellement près de la tige, sous le prétexte d'avoir une surface la plus verticale possible, que l'on enlève une partie de celle-ci (*fig.*

Fig. 269. *Sapin mal ébranché.*

270); de sorte que le diamètre de la plaie est beaucoup plus grand que celui de la branche. Ce mode d'opérer n'est pas moins pernicieux que le précédent, puisque la plaie est moins vite cicatrisée, et que l'aubier, restant exposé à l'air pendant plusieurs années, finit par se décomposer, et entraîne la pourriture du centre de l'arbre.

Afin de remplir la condition que nous venons de poser, voici comment on devra opérer : si la branche à supprimer forme avec la tige un angle droit A (*fig.* 271) ou peu aigu B, on fera la section tout près de celle-ci, sans l'endommager, et de façon qu'elle soit perpendiculaire à l'axe de la branche. Si la ramification forme un angle très-aigu avec la tige (*fig.* 272), l'aire de la coupe ne sera plus perpendiculaire à la direction de

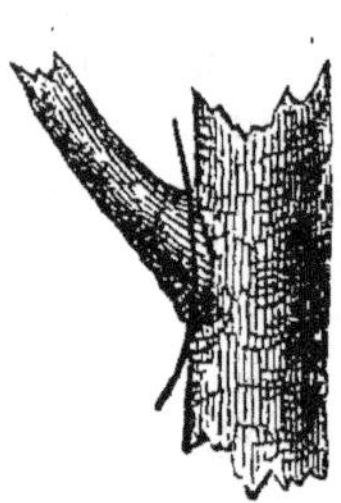

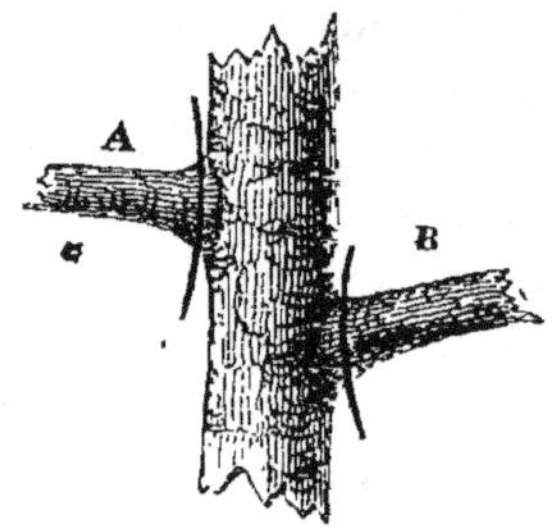

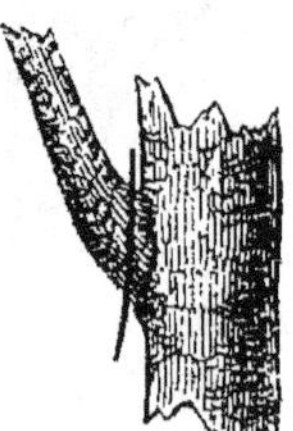

Fig. 270. *Suppression des branches trop près de la tige.*   Fig. 271. *Mode de suppression des branches formant un angle droit ou peu aigu avec la tige.*   Fig. 272. *Mode de suppression des branches formant un angle très-aigu avec la tige.*

cette branche, elle devra lui être un peu oblique. La plaie sera elliptique au lieu d'être ronde, et, par conséquent, un peu plus grande que le diamètre de la branche ; mais aussi la surface de cette plaie, ainsi inclinée,

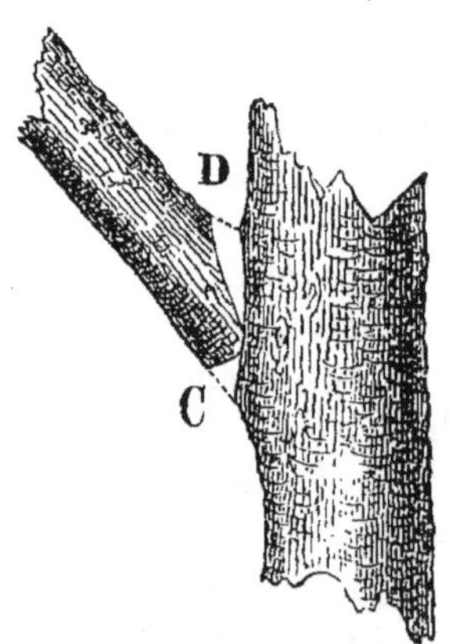

Fig. 273. *Mode de section des branches.*

permet l'écoulement rapide des eaux, ce qui n'aurait pas lieu si la coupe était faite perpendiculairement à l'axe de la branche.

Les branches à supprimer, quelle que soit leur grosseur, doivent être coupées de manière qu'en se détachant elles n'entraînent pas une partie de l'écorce du tronc au-dessous de leur point d'insertion. Ces déchirements se cicatrisent difficilement et sont très-préjudiciables aux arbres. Pour les éviter, on doit faire, au-dessous de la branche à couper, une entaille qui comprenne le quart de son diamètre C (*fig.* 273). On pratique ensuite, à la partie supérieure une entaille correspondante D, et la branche se détache sans accident. Ceci fait, on doit rendre la plaie le plus nette possible ; car les aspérités qu'on y laisserait retiendraient l'humidité et hâteraient la décomposition du bois.

Englument des plaies. — L'un des plus grands inconvénients de l'élagage est de produire sur la tige des arbres des plaies plus ou moins étendues qui exposent le corps ligneux à l'influence de l'air et de l'humidité, et cependant on ne fait rien ou presque rien pour prévenir cet accident. Nous ne saurions trop nous élever contre cette négligence inexplicable, puisque, pour prévenir la conséquence la plus fâcheuse de ces plaies, il suffit de les recouvrir d'un engluement jusqu'à ce qu'elles soient complétement cicatrisées. Le mastic à greffer (p. 101) est le plus convenable pour cet usage.

Instruments pour l'élagage. — L'instrument le plus employé pour l'élagage est la serpe, que tout le monde connait (*fig.* 274), et dont la forme varie un peu suivant les localités. On se sert aussi du croissant pour couper l'extrémité flexible de certaines branches dont on veut arrêter l'accroissement.

Il est un autre instrument qui mérite d'être beaucoup plus répandu qu'il ne l'est, c'est l'*ébranchoir à crochet* (*fig.* 275). Cet instrument est surtout très-utile pour l'élagage des jeunes arbres, trop faibles pour qu'on puisse monter dessus sans inconvénient. Il dispense aussi, jusqu'à un certain point, de l'emploi des échelles. Pour s'en servir, on place la lame au point où la branche doit être coupée, puis, en frappant sur l'extrémité inférieure du manche à l'aide d'un maillet, on la détache facilement. Le crochet qui accompagne la lame sert à dégager ensuite la branche de celles dans lesquelles elle peut être retenue. On peut augmenter ou diminuer à volonté la longueur du manche au moyen de rallonges.

Fig. 274. *Serpe d'élagueur.*

Fig. 275. *Ebranchoir à crochet.*

Nous ne saurions trop nous élever contre l'emploi de ces griffes (*fig.* 276), dont les élagueurs s'arment parfois les pieds pour monter sur les arbres. Ces griffes mutilent la tige en y laissant des plaies contuses toujours funestes aux arbres. Il vaut mieux obliger les ouvriers à se servir d'échelles doubles ou simples suffisamment élevées.

La scie est aussi, quoi qu'on en ait dit, un mauvais instrument pour l'élagage. La plaie qu'elle laisse est déchirée, rugueuse; l'humidité y est arrêtée comme dans une éponge. Si quelques circonstances particulières rendaient indispensable l'emploi de cet instrument, il faudrait au moins enlever avec le plus grand soin toutes les traces de la scie.

Fréquence des élagages. — On laisse presque toujours s'écouler un laps de temps trop considérable entre les élagages successifs d'un même arbre. Il en résulte qu'on a à retrancher, en une fois, une masse considérable de ramifications dont un élagage plus fréquent aurait empêché la naissance, ou que, du moins, on aurait retranchées avant qu'elles eussent absorbé une séve qui aurait tourné au profit de l'élongation de la tige.

D'un autre côté, la plupart d'entre ces ramifications ont pris un développement tel, que leur suppression laisse des plaies d'une grande étendue.

Enfin, ces retranchements considérables ne se font pas sans jeter du trouble dans la végétation. On conçoit, en effet, que, les plus grosses racines étant ordinairement situées vers le côté de la tige où les plus grosses branches sont elles-mêmes placées, si l'on vient à supprimer une ou plusieurs de ces branches, les fonctions de ces racines seront

Fig. 276. *Griffe d'élagueur.*

tout à coup suspendues ; elles deviendront maladives, plusieurs pourriront ; le côté de la tige, situé entre ces racines et les branches supprimées, cessera tout accroissement en diamètre, et il en résultera souvent une dépression sur toute la longueur de cet intervalle ; il s'ensuivra enfin un désordre dans la circulation des fluides, et une gêne dans tout l'ensemble de la végétation. Il est vrai qu'au bout de trois ou quatre ans, de nouveaux développements viendront rétablir l'harmonie ; mais un nouvel élagage viendra donner lieu à de nouveaux désordres, et l'état de souffrance se perpétuera pendant tout le temps de la formation de l'arbre.

Pour prévenir ces inconvénients graves, il est bien préférable de multiplier les élagages, de façon à n'avoir à retrancher chaque fois qu'un petit nombre de ramifications, et surtout des branches peu volumineuses.

Il sera donc préférable de répéter l'opération tous les deux ans, pendant les douze premières années. Après ce laps de temps, les arbres commenceront à perdre une partie de leur plus grande vigueur ; leur allongement annuel et leur accroissement en diamètre seront un peu moins prompts, et l'on pourra, pendant les douze ou quinze années suivantes, ne plus élaguer que tous les trois ans. Enfin, après cette seconde période, l'accroissement devenant moins rapide encore, on laissera un intervalle de quatre ans jusqu'au moment où la tête de l'arbre, prenant beaucoup d'extension en largeur, ne croîtra plus que très-peu en hauteur. Cela a lieu vers l'âge de trente à cinquante ans, suivant les espèces et la vigueur des individus. A cette époque, on cesse toute espèce d'élagage, car le tronc a désormais acquis la longueur qu'il pouvait atteindre, et toutes les branches qu'il porte lui sont désormais nécessaires pour former une tête volumineuse destinée à faire acquérir au tronc le plus grand diamètre possible.

Les plantations d'alignement sont soumises à des systèmes d'élagages assez variés et qu'il n'est pas toujours facile de bien caractériser. On peut cependant les réunir tous dans les quatre modes suivants, que nous appellerons, *élagage complet, élagage belge* ou *en colonne, élagage en cône, élagage progressif* ou *en tête.* Nous allons rechercher, parmi ces diverses méthodes, celle qu'il convient de préférer, c'est-à-dire celle qui s'écarte le moins des principes généraux que nous venons de poser.

Élagage complet. — Ce mode est l'un des plus anciens. On a eu d'abord en vue l'accroissement plus rapide des arbres en hauteur, puis il a été perpétué par les fermiers ou les usufruitiers du terrain planté, qui, n'ayant aucun intérêt à ce que le tronc des arbres acquit de la valeur, ont trouvé un double avantage à l'adopter. Ils obtiennent ainsi une abondante production de menu bois tous les cinq ou six ans ; puis, ces arbres nuisent moins par leur ombrage aux récoltes voisines. Voici en quoi consiste cet élagage.

D'abord, on n'applique le premier élagage aux jeunes arbres que huit ou dix ans après leur plantation. A ce moment, on retranche complétement sur la tige toutes les ramifications depuis la base jusqu'au sommet, moins un petit faisceau de branches à l'extrémité (*fig.* 277). Bientôt on voit naître de nouvelles ramifications sur le périmètre de chacune des plaies de la tige. On laisse croître librement ces nouvelles productions pendant cinq ou six ans, puis on les coupe comme les premières, en supprimant aussi quelques-unes des branches réservées d'abord à l'extrémité, si l'arbre s'est sensiblement élevé depuis le premier élagage. La même opération est alors répétée tous les cinq ou six ans.

Cette pratique offre les résultats suivants. Un grand nombre des branches coupées, lors du premier élagage, étaient presque aussi grosses que la tige, de sorte que leur suppression laisse sur celle-ci des plaies considérables qui souvent se carient avant d'être cicatrisées, communiquent cette altération aux couches centrales de la tige, et lui enlèvent toute espèce de valeur comme bois de construction. D'un autre côté, les nombreuses ramifications qui naissent sur le périmètre de ces plaies étant périodiquement supprimées, il se produit vers ces points des nœuds qui grossissent d'année en année et déforment la tige. Ces suppressions périodiques ont d'ailleurs pour effet de la priver fréquemment d'une grande partie des organes générateurs des

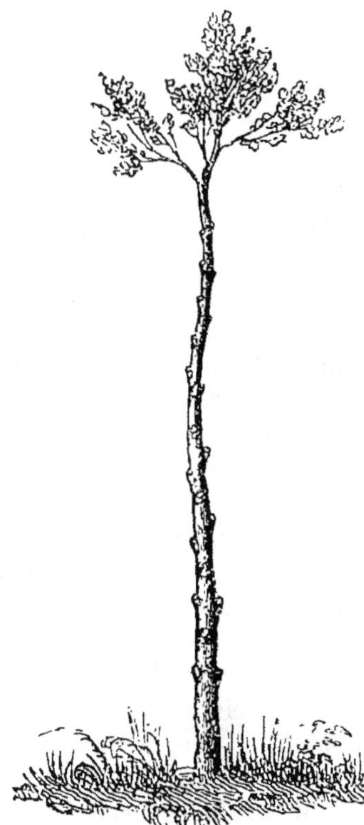

Fig. 277. *Jeune arbre élagué outre mesure.*

couches ligneuses, les feuilles, de sorte que le tronc croît très-lentement en diamètre. Quant à son allongement, qu'on espérait favoriser ainsi, il est entravé, d'un côté, par les nodosités répandues sur toute la surface de la tige et qui, gênant l'ascension de la séve, la forcent de dépenser la plus grande partie de son action au profit des branches latérales, de l'autre par l'action des vents, qui brisent fréquemment les quelques branches isolées, restées au sommet de l'arbre.

Les arbres soumis à ce traitement sont donc composés, vers l'âge de 70 ans, d'une tige difforme, souvent creuse, couverte de nœuds volumineux, cariés et donnant tous les cinq ou six ans une abondante production de menu bois (*fig.* 278). En un mot, ce ne sont plus des arbres de haut jet, ce sont de véritables *têtards*, dont la tige ne peut fournir, au moment de son exploitation, que du bois à brûler. Ce mode d'élagage est donc le plus vicieux qu'on puisse imaginer.

Élagage belge ou *en colonne.* — Cet élagage est généralement usité en Belgique, où l'on s'est le plus occupé des soins à donner aux plantations d'alignement ; cette méthode y est déjà ancienne, puisque de Poerderlé en parle dans un Mémoire publié à Paris en 1789. En voici la description :

Par le premier élagage, pratiqué deux ou trois ans après la plantation, on supprime complétement toutes les ramifications comprises depuis le sol jusqu'à 2 mètres d'élévation. Au delà de ce point, on conserve toutes les branches, moins celles qui ont pris un développement disproportionné, et que l'on supprime

Fig. 278. *Résultat de l'élagage complet sur un orme de 70 ans.*

en deux fois, comme nous l'avons expliqué aux principes généraux. On retranche également les ramifications qui naissent trop près les unes des autres, qui forment un verticille autour de la tige, ou qui, voisines du rameau terminal, sont presque aussi vigoureuses que lui. Toutes ces suppressions sont faites avec les soins indiqués plus haut.

Les jeunes arbres étant ainsi opérés, on les abandonne à eux-mêmes jusqu'au moment du second élagage, qui n'a lieu qu'au bout de trois ans. A ce moment, on retranche les branches inférieures, de façon que la tige en soit dépourvue depuis le sol jusqu'à 2^m,50 d'élévation. Cela est surtout nécessaire pour empêcher que ces branches ne nuisent à la circulation au-dessous des arbres. Mais ce sera désormais la seule partie de la tige qui restera dégarnie de branches. On examine ensuite les nouvelles ramifications qui se sont développées depuis le premier élagage, et on les traite comme l'ont été les anciennes. Quant à la partie de la tige primitivement opérée, on y retranche complétement les branches qu'on avait d'abord raccourcies, puis on raccourcit celles qui ont pris un développement disproportionné pour les couper entièrement lors du troisième élagage.

La tige continue de s'allonger, et le même mode d'opérer est répété tous les trois ans, de façon que le tronc de l'arbre soit constamment garni de petites branches ou de branches moyennes, régulièrement distribuées, depuis 2^m,50 du sol jusqu'au sommet. Dès que l'une de ces branches devient trop grosse, on la retranche en deux fois. Ces retranchements successifs, pratiqués sur toute l'étendue de la tige, et qui se continuent jusqu'au moment de l'exploitation, ne laissent pas de vide, car on voit naître bientôt, dans le voisinage des points où les amputations ont eu lieu, de nouvelles ramifications qui viennent remplacer les branches supprimées, et que l'on conserve elles-mêmes jusqu'à ce qu'elles deviennent trop grosses. Les arbres, ainsi traités, sont donc constitués de façon à présenter l'aspect d'une sorte de colonne, c'est-à-dire, que les ramifications qui déterminent l'accroissement en diamètre par les feuilles qu'elles portent sont, non réunies au sommet de l'arbre, comme cela a lieu ordinairement, mais distribuées sur toute l'étendue de la tige, excepté sur la partie inférieure, qui en est privée sur une hauteur de 2^m,50 (*fig.* 279).

Les arbres soumis à cet élagage n'offrent, comme on le voit, rien de disgracieux. Nous ne voyons donc aucune objection à faire à ce procédé, quant à la décoration. En est-il de même à l'égard de la production du bois, et surtout du bois de service? C'est ce que nous devons examiner.

Le tronc de l'arbre ainsi obtenu est incontestablement beaucoup plus sain que celui des arbres soumis à l'élagage complet; toutefois il n'est pas non plus irréprochable. En effet, l'élagage continu qu'on fait subir à la tige, pendant toute la vie de l'arbre, a pour résultat de la couvrir de plaies nombreuses. Celles-ci sont, à la vérité, très-peu étendues, et promptement cicatrisées; mais elles n'en interrompent pas moins, sur des points multipliés, la continuité des fibres ligneuses dans chacune des couches annuelles superposées sur le tronc. Ces nombreuses solutions de continuité, existant dans toute l'épaisseur du corps ligneux, ont pour effet de diminuer très-sensiblement la résistance du bois, et de restreindre sa valeur comme bois de service.

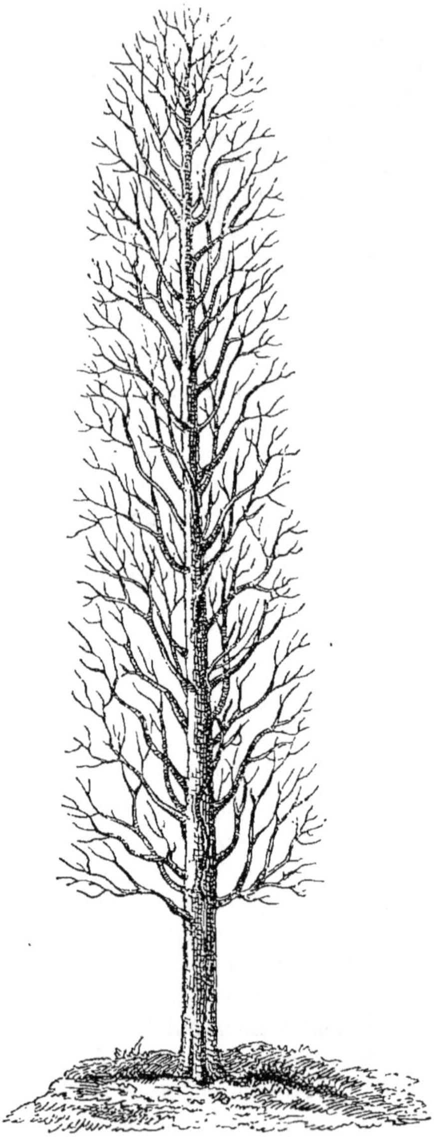

D'un autre côté, ce procédé diminue la rapidité de l'élongation de la tige, en forçant la séve ascendante à partager son action entre les nombreuses branches latérales, et cela au détriment du sommet.

Ajoutons que ces suppressions, exercées pendant toute la vie de l'arbre, nuisent à son accroissement en diamètre, en le privant, à chaque élagage, et pendant toute sa durée, d'une portion importante de branches, et, par conséquent, de feuilles. Ainsi, un arbre soumis à ce traitement offrira, à l'âge de 70 ans, une tige beaucoup moins élevée et moins grosse que celui dont l'élagage aura été conduit de façon que la tige de l'arbre soit toujours dépourvue de ramifications sur la moitié de sa hauteur totale.

Enfin, les branches étant disséminées sur toute la longueur de la tige, au lieu d'être réunies en tête au sommet de l'arbre, il en résulte que le diamètre du tronc décroit rapidement de la base au sommet, ainsi que nous l'avons expliqué plus haut, ce qui diminue la valeur du bois.

On a dit que les arbres élagués d'après la méthode belge

Fig. 279. *Orme de 70 ans soumis à l'élagaye belge ou en colonne.*

résistent mieux à l'effort des vents violents que ceux dont la tige n'est pourvue de branches qu'à son sommet, mais on a oublié de remarquer que les arbres soumis à l'élagage belge sont moins solidement enracinés que ceux dont la tête librement développée, donne lieu à des racines moins ramifiées, mais beaucoup plus longues et plus grosses. Ce qu'il y a de positif, c'est que les nombreuses plantations d'arbres soumis à cette dernière forme, que nous avons en France, et notamment dans le pays de Caux (Seine-Inférieure), situé à plus de 150 mètres au-dessus du niveau de la mer, et exposé aux vents violents de l'ouest, résistent très-bien à l'action de ces vents.

En résumé, nous pensons que l'élagage belge, ou en colonne, quoique bien supérieur au premier, présente des inconvénients tels qu'on ne peut en conseiller l'usage.

Élagage en cône. — Ce mode d'élagage est né en Belgique depuis quelques années seulement. Il a été préconisé par M. Stephens, qui, en 1848, a commencé à l'appliquer à toutes les plantations des routes et canaux confiés à sa direction. Ce système a reçu, comme toutes les innovations, des améliorations progressives. Voici l'exposé de ce nouveau mode, tel qu'il a été adopté en dernier lieu par l'auteur.

Le moment d'appliquer le premier élagage aux jeunes arbres étant venu, on les dégarnit de branches depuis le sol jusqu'à 2^m,50 d'élévation. Arrivé à ce point, on conserve sur la tige toutes les ramifications, quelque rapprochées qu'elles soient les unes des autres, et quelle que soit leur grosseur; puis on raccourcit chacune de ces branches de façon à donner à leur ensemble la forme d'un cône dont la base égale trois fois la hauteur. On veille aussi à ce que le rameau terminal ou flèche de la tige soit simple ; s'il est double, on emploie le procédé décrit à l'élagage belge.

Pendant l'été suivant, depuis le commencement de juin jusqu'en août, on pratique le *pincement* à l'extrémité de chacune des branches latérales, c'est-à-dire qu'on supprime le sommet herbacé des bourgeons qui prolongent les branches. Cette dernière opération est faite en vue de favoriser l'élongation de la tige, et aussi pour diminuer la vigueur des branches latérales et retarder leur accroissement en diamètre.

Cet élagage, et l'opération d'été qui le suit, sont ensuite répétés tous les quatre ans, et toujours de manière à conserver à la tête sa forme conique. Il faut aussi, lors de chacun de ces élagages, supprimer les ramifications des branches principales, sous peine de déterminer dans la tête de l'arbre une confusion inextricable qui pourrait la déformer, et faire périr tout ou partie de quelques-unes des branches. La figure 280 montre l'aspect d'un arbre ainsi conduit, lorsqu'il a atteint l'âge de 70 ans. Voyons maintenant si ce procédé remplit mieux que le précédent toutes les conditions d'un bon élagage. Sous le rapport de la forme, l'élagage en cône ne laisse rien à désirer. L'aspect des arbres est très-séduisant. Mais il s'en faut de beaucoup qu'il en soit ainsi à l'égard de la qualité du bois. Et d'abord, la présence des branches qu'on maintient sur presque toute l'étendue du tronc jusqu'au moment de l'exploitation, détermine, dans les fibres ligneuses, depuis la base jusqu'au sommet, de nombreuses solutions de continuité qui enlèvent au bois une grande partie de sa solidité. Si encore ces branches latérales étaient peu volumineuses, comme cela

a lieu pour les arbres soumis à l'élagage belge, cet effet serait moins sensible. Mais elles finissent par devenir très-grosses; car l'élagage qu'on fait subir à chacune d'elles, n'ayant lieu que tous les quatre ans, elles ont le temps de développer des ramifications vigoureuses qui augmentent rapidement leur diamètre. Le pincement est aussi insuffisant pour empêcher ce résultat, car, si le bourgeon pincé cesse de s'allonger, les autres bourgeons latéraux deviennent plus vigoureux et établissent la compensation. D'ailleurs ce pincement, employé avec beaucoup de succès pour la formation des arbres dans les pépinières ou dans les jardins, ne peut être conseillé sérieusement pour une plantation d'arbres forestiers, haute de 15 ou 20 mètres, et composée souvent de plusieurs milliers d'arbres.

Nous devons encore ajouter que ces branches, étant raccourcies et privées de leurs ramifications tous les quatre ans, se couvriront, avec le temps, de nœuds plus ou moins volumineux, qui finiront souvent par se carier (*fig.* 281). Cette altération, se prolongeant progressivement dans toute l'étendue de la branche, atteindra le tronc, qui perdra alors toute sa valeur comme bois de service.

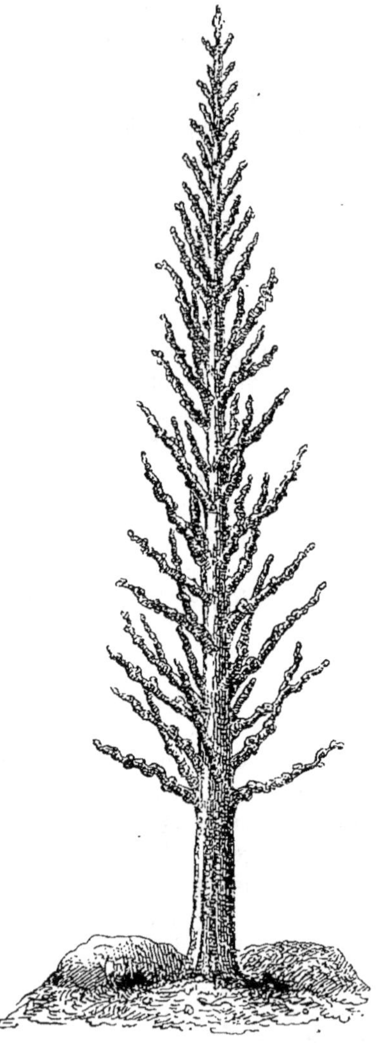

Fig. 280. *Orme de 70 ans soumis à l'élagage en cône.*

Les élagages périodiques répétés pendant toute la durée des arbres nuisent, comme l'élagage belge, à l'accroissement du tronc en diamètre. Ces branches latérales, conservées sur toute l'étendue de la tige, arrêtent aussi son allongement, mais plus encore que dans l'élagage belge, parce qu'elles sont plus grosses. Elles produisent également sur le tronc cette diminution rapide de diamètre de la base au sommet que nous avons signalée dans l'élagage belge. Mais, à âge égal, et dans les mêmes circonstances, les arbres soumis à l'élagage en cône donnent un volume de bois utile, un tronc, moins considérable que ceux soumis à l'élagage belge. La différence au profit de ce dernier égale à peu près le volume des branches conservées sur les arbres en cône. Ainsi donc, comparé à l'élagage belge ou en colonne, l'élagage en cône donne une forme aussi agréable à l'œil, mais la masse de bois produite est encore moins abondante et surtout de moins bonne qualité, comme bois de service;

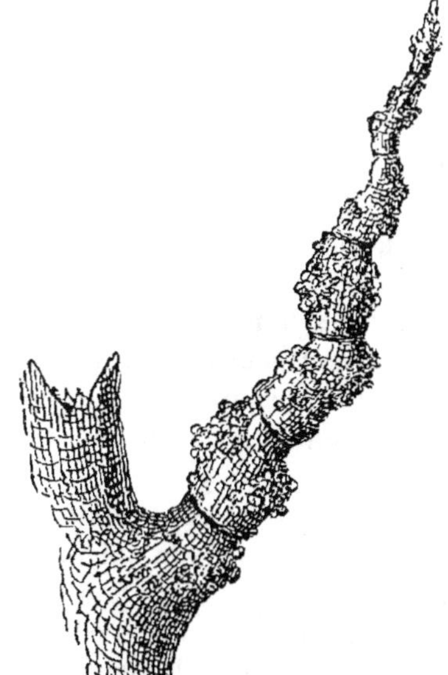

Fig. 281. *Branche d'un orme soumis à l'élagage en cône et couverte de nœuds cariés.*

d'où il résulte que, si nous étions obligé d'opter entre ces deux méthodes, nous choisirions, sans balancer, l'élagage belge.

Élagage progressif ou *en tête.*— Cette méthode est loin d'être aussi récente que la précédente, puisqu'elle était connue avant Duhamel; mais elle a été successivement améliorée, et nous avons payé nousmême notre modeste tribut à la solution de cette importante question. Voici la description succincte de ce mode d'élagage.

Les jeunes arbres étant bien repris et ayant commencé à pousser vigoureusement, c'est-à-dire vers la troisième année qui suit la plantation, on leur applique le premier élagage. Soit, par exemple, un jeune orme offrant une hauteur totale de 6 mètres, et portant 21 branches, dont les premières sont placées à 2 mètres du sol (*fig.* 282); le premier élagage portera sur les six ramifications de la base C, qu'on coupera entièrement, de façon que la tête ne comprenne que la moitié de la hauteur totale de l'arbre. Il faudra aussi retrancher avec soin, parmi les ramifications conservées; 1° quelques-unes de celles A, qui naissent trop près les unes des autres, ou qui forment une verticille autour de la tige; 2° les deux tiers de la longueur des ramifications B, qui présentent un développement disproportionné, ou qui, comme la branche D, disputent au rameau terminal de la tige la prééminence qu'il doit conserver.

Cet élagage est ensuite répété avec les mêmes soins, et toujours de façon à conserver la même proportion entre la hauteur de la tête de l'arbre et la longueur de la tige dépourvue de ramifications. Quant à la fréquence de ces élagages et à leur durée, on suit les indications données aux principes généraux. La figure 283 montre un arbre de 70 ans environ, et qui a été soumis à ce mode d'élagage.

C'est la disposition qu'on donne à leur tête lorsqu'ils sont plantés assez loin des propriétés riveraines pour que cette tête puisse se développer librement sans s'étendre sur le terrain voisin, lorsque, par exemple, les arbres sont placés à 4^m,50 de la limite de la propriété voisine. Mais quand ils n'en sont éloignés que de 2 mètres, il convient de maintenir constamment les branches dans cette limite, au moyen de l'élagage

Les suppressions de branches que l'on pratique à chaque élagage, à la base de la tête de l'arbre, à mesure que la tige s'allonge, et toujours avant que les branches aient acquis un grand diamètre, ont pour résultat de donner un tronc à la fois le plus long, le plus gros possible dans toute son étendue, et surtout dépourvu de nœuds.

Ces résultats, que nous avons posés comme étant ceux qu'on doit s'efforcer d'obtenir au moyen de l'élagage, n'étant donnés que très-imparfaitement par les trois méthodes décrites en premier lieu, même par l'élagage belge, qui est le moins mauvais des trois, nous croyons devoir adopter le système de l'élagage progressif, à l'exclusion des autres, pour les plantations d'alignement.

Malgré le blâme que nous avons jeté sur la pratique vicieuse d'étêter les jeunes arbres lors de leur plantation, nous avons reconnu que la mutilation éprouvée par les racines lors de la déplantation, ou leur espacement trop peu considérable dans la pépinière, rendaient quelquefois cette opération nécessaire. Il est donc utile que nous disions un mot du mode d'élagage qui convient à ces arbres, car il exige quelques soins particuliers pendant les premières années, pour la formation du nouveau prolongement de la tige.

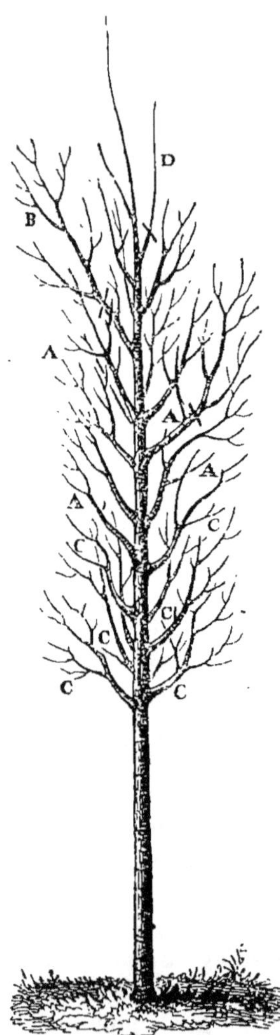

Fig. 282. *Jeune orme âgé de 9 ans, haut de 6 mètres, soumis à l'élagage progressif ou en tête.*

Ces jeunes arbres, ainsi mutilés, se couvrent ordinairement, lorsqu'ils ont été bien plantés, de bourgeons dès la première année. Cette végétation se produit sur le tiers supérieur de la tige. Lors du repos de la végétation, on laisse intacts tous ces jeunes rameaux, moins ceux qui se trouvent placés depuis le sommet de la coupe jusqu'à 0^m,15 environ de ce point ; ces derniers sont coupés entièrement. A 0^m,15 environ du sommet, on choisit l'un des rameaux les plus vigoureux et naissant, autant que possible, du côté de l'ouest; on le place dans une position verticale en le redressant et en l'attachant contre le sommet de la tige. S'il existe dans le voisinage de ce rameau une ou plusieurs ramifications présentant aussi une grande vigueur, on arrêtera leur développement en retranchant au même moment environ la moitié de leur étendue. L'arbre ainsi disposé est

Fig. 283. *Résultat de l'élagage progressif ou en tête sur un orme de 70 ans. Hauteur 27 mètres.*

ensuite abandonné à lui-même. Il présente alors l'aspect de la figure 284. Le rameau terminal, favorisé par la position verticale qu'on lui a donnée, se développe beaucoup plus vigoureusement que les autres, et forme bientôt un prolongement convenable à la tige. Deux ans après, on supprime le sommet de l'ancienne tige, en la coupant obliquement, immédiatement au-dessus du point où naît le nouveau prolongement. Au bout de deux ans, cette plaie est cicatrisée, et l'arbre présente alors l'aspect de ceux qui n'ont pas été étêtés. On applique ensuite à ces arbres un mode d'élagage semblable à celui que nous avons conseillé pour les arbres non étêtés.

Tels sont les procédés à suivre pour obtenir des arbres de haut jet, à l'aide de l'élagage, les produits les plus avantageux. Mais ces principes seront difficilement mis en pratique tant que les propriétaires abandonneront le soin de cette opération aux fermiers, qui ont, sous ce rapport, un intérêt complétement opposé au leur. Le fermier, ayant tout avantage à transformer les arbres de l'exploitation en *têtards*, les élague de la base au sommet. Il sacrifie le tronc pour avoir tous les trois ou quatre ans une abondante récolte de bourrées. Le propriétaire, au contraire, doit négliger cette production de menu bois, et ne songer qu'à la formation d'un tronc le plus long, le plus gros, le plus sain possible.

Des remplacements dans les plantations d'alignement. — Quelque soin que l'on mette à suivre scrupuleusement les indications que nous venons de donner, il arrivera presque toujours que, dans une plantation un peu étendue, quelques arbres ne reprendront pas, ou resteront languissants et finiront par périr. Il sera convenable de remplacer ces arbres le plus tôt possible; car plus on attendra, plus les arbres voisins prendront de développement, et plus ils nuiront, soit par l'ombre de leur tige, soit par leurs racines, à ceux qu'on plantera ensuite.

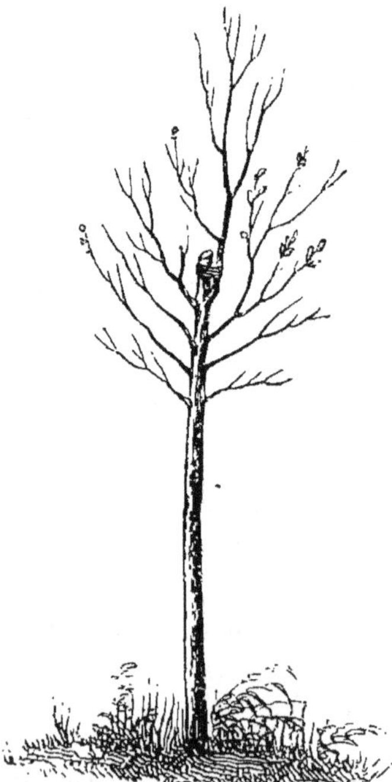

Fig. 284. *Jeune arbre étêté dont on reformé la tige au moyen de l'élagage.*

Lorsque ces remplacements seront exécutés un an ou deux seulement après les plantations, on videra entièrement les trous, en mettant à part chacune des couches de terre superposées lors de la plantation précédente ; puis on les replacera dans le même ordre, au moment de la mise en terre des arbres. Si le remplacement est pratiqué six ou huit ans après la plantation, on pourra mélanger sans inconvénient toute la terre extraite des trous. Mais, si l'arbre que l'on remplace a végété pendant quinze ou vingt ans, il deviendra nécessaire d'enlever la terre qui avoisinait les racines et de la remplacer par la terre la plus fertile possible. L'épuisement qu'aura éprouvé le sol sous l'influence de la végétation de l'arbre nous fait insister sur cette précaution.

Le remplacement des arbres, dans les jeunes plantations, ne présente, comme on le voit, aucune difficulté ; mais il n'en est pas de même pour les plantations qui datent de quinze ans et plus, car on est exposé à ce que les racines des arbres voisins absorbent la nourriture de ceux qu'on veut planter. Ce résultat est d'autant plus infaillible qu'on est obligé de renouveler entièrement la terre au point où l'on veut planter, et que le sol meuble et fertile stimule singulièrement l'allongement des racines des arbres voisins. D'un autre côté, l'ombre de ces derniers devient encore un obstacle presque insurmontable pour la végétation de ceux qu'on veut placer entre eux. Si donc les jeunes arbres qu'on plante dans ces circonstances ne meurent pas, ils ne prennent aucun accroissement.

Il est cependant utile, au moins pour la régularité de la plantation, de tâcher de remplir les vides qui peuvent se manifester dans les lignes ; or voici ce qu'il nous paraît le plus convenable de conseiller en pareille circonstance.

Lorsqu'il s'agira d'avenues ou de bordures, on exécutera le remplacement, quelle que soit d'ailleurs l'espèce d'arbre qui forme la plantation, avec le *peuplier du Canada*, ou mieux encore avec le *peuplier argenté* (*populus nivea*, Wild.), espèce voisine de l'*ypreau*. L'expérience a démontré que ce sont les deux espèces qui surmontent le plus facilement les obstacles signalés plus haut, et que, leur végétation étant assez rapide dans presque tous les terrains, ils finissent souvent par reprendre l'espace envahi d'abord par les arbres voisins. On opérera de la même manière s'il s'agit de bordures composées de trois lignes au plus.

Pour les futaies âgées de quinze ans et plus, les remplacements sont plus difficiles encore, car les jeunes arbres qu'on y plante sont complétement privés de lumière par leurs voisins. Il n'est peut-être qu'une seule espèce qui puisse se développer dans cette circonstance, et dont nous conseillions l'emploi, surtout si le sol est un peu compacte : c'est le *sapin commun* ou *sapin de Normandie*.

Exploitation et renouvellement des plantations d'alignement forestières. — Les arbres de ces plantations, ayant été tous plantés en même temps et étant soumis aux mêmes influences, présentent au même moment les signes de leur maturité ; on peut donc les exploiter tous à la même époque. Le meilleur mode d'abatage consiste à ouvrir une large tranchée autóur du pied et à couper le plus profondément possible les racines latérales. On attache préalablement un câble au sommet de la tige, de manière à pouvoir tirer l'arbre du côté où l'on veut qu'il tombe.

Une dernière question nous reste à traiter pour compléter ce qui se rattache aux plantations d'alignement, c'est celle de savoir si, après avoir exploité une plantation d'alignement, on peut, sans inconvénient, replanter le terrain avec des arbres de la même espèce, ou, en d'autres termes, si l'on doit faire à ces plantations l'application de la loi d'*alternance* dont nous avons parlé en nous occupant des pépinières.

Si les arbres étaient cultivés aussi rapprochés, les uns des autres que le sont les jeunes plants dans la pépinière, et surtout s'ils étaient, comme ces derniers, renouvelés à des époques très-rapprochées, nul doute qu'il ne fallût adopter aussi pour eux l'alternance des espèces. Mais il est loin d'en être ainsi pour les arbres d'alignement. Placés à une distance moyenne de 7 mètres les uns des autres, ils occupent le sol en moyenne pendant 70 ans. Si les extrémités radiculaires, c'est-à-dire les parties essentiellement absorbantes, sont d'abord concentrées à peu de distance du collet de l'arbre, elles ne tardent pas à suivre le progrès du développement de la tige, elles s'allongent donc annuellement jusqu'à ce qu'elles soient arrêtées par les racines des arbres voisins, ou par l'état stationnaire de la tête de l'arbre . Si donc

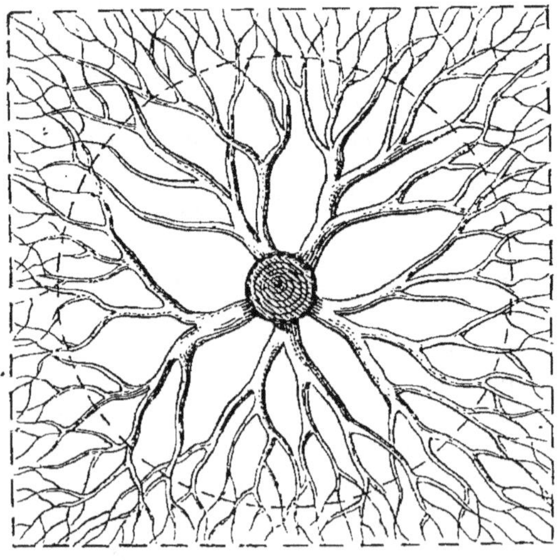

Fig. 285. *Racines d'un arbre arrivées à la limite de leur développement.*

la plantation est faite en quinconce, à 7 mètres d'intervalle, les racines ont à parcourir un espace d'environ 3ᵐ,50 tout autour du collet de chaque arbre. Or elles commenceront à atteindre cette limite vers l'âge de 30 à 50 ans, suivant les espèces. A partir de ce moment, l'arbre ne vit plus, en grande partie, qu'aux dépens de la zone de terre comprise entre les deux lignes ponctuées de la figure 285. Quant à la masse de terre circonscrite par la ligne circulaire, elle a progressivement cessé de fournir à l'absorption des racines, à mesure que celles-ci se sont allongées. Cette étendue, qui équivaut au moins à la moitié de toute la surface occupée par l'arbre, est donc soustraite à toute absorption depuis le moment où les extrémités radiculaires se sont allongées au delà, jusqu'au moment d'une nouvelle plantation, c'est-à-dire pendant 35 à 55 ans, suivant les espèces. Or, pendant cette longue période de repos, les principes nutritifs ont le temps de se reformer. Lors donc qu'on viendra à replanter au point occupé précédemment par un arbre de la même espèce, les racines du nouvel individu trouveront un sol aussi riche qu'il l'était lors de la première plantation ; et, lorsque les racines atteindront, vers l'âge de 30 ou 50 ans, la zone de terre occupée en dernier lieu par les extrémités radiculaires du premier arbre, cette partie du sol aura eu le temps de reconquérir sa fertilité première.

Ce qui vient démontrer l'exactitude de ces faits, c'est que, d'une part, on n'a pas constaté que, dans les plantations d'alignement les arbres, succédant à d'autres de même espèce, se soient développés moins vigoureusement que les premiers, et que, de l'autre, les forêts qui se perpétuent au moyen des ensemencements naturels ne présentent aucun phénomène d'alternance.

Fig. 286. *Haie plantée à* 0^m,50 *du bord d'un talus.*

HAIES VIVES.

Les haies vives ont pour objet de circonscrire les propriétés rurales, d'en diviser l'intérieur, de les préserver de l'invasion des animaux, du pillage des maraudeurs, etc.

Il s'en faut de beaucoup que ces haies soient toujours établies avec tous les soins qu'elles réclament. Nous allons tâcher de préciser ici les règles à suivre à cet égard.

Forme des haies. — On donne le plus souvent aux haies une hauteur de 1^m,33 à 2 mètres sur 0^m.40 environ d'épaisseur (*fig.* 286); quelquefois elles sont inclinées à droite ou à gauche vers leur base, pour s'élever ensuite verticalement (*fig.* 288); ou bien on double leur épaisseur ordinaire, et l'on plante au centre une ligne d'arbres de haut jet (*fig.* 287). Cette dernière forme est des plus vicieuses, attendu que ces arbres, en se développant, épuisent le sol environnant au détriment de la haie, dont les jeunes plants, ombragés d'ailleurs par la tête de ces arbres, périssent bientôt et laissent des lacunes dans la haie. D'autres fois, enfin, on donne à la haie la disposition indiquée par la figure 289. Pour cela, on ouvre un fossé de 2 mètres de largeur au sommet, profond de 1ᵐ,40, et dont les côtés présentent une inclinaison de 40 degrés. On plante le fond et les

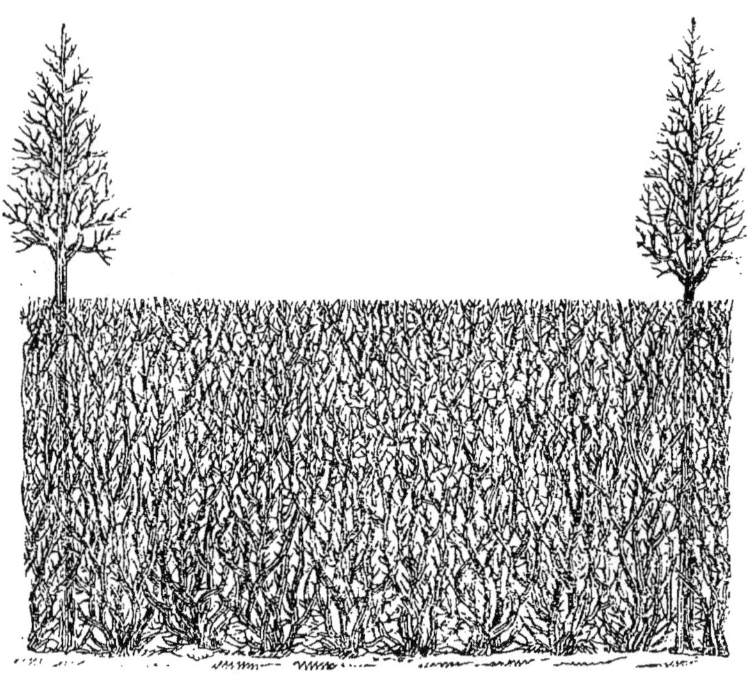

Fig. 287. *Haie plantée d'arbres de haut jet.*

côtés avec des arbrisseaux convenables, et on les tond comme l'indique notre figure. Nous considérons cette dernière sorte de haie comme l'un des meilleurs modes de clôture. On peut encore, pour ne pas gêner la vue au delà de la haie, placer celle-ci au fond d'un fossé ou d'un saut-de-loup ayant une profondeur d'au moins 1ᵐ,50 (*fig.* 290).

Leur position. — La configuration de la surface du sol où les haies sont établies a une certaine influence sur leur bonne venue. En général, celles qui réussissent le mieux sont celles placées sur un terrain dont la surface s'étend au moins à 1ᵐ,50 de chaque côté dans les terrains argileux, et à 3 mètres dans les plus secs, avant de s'abaisser rapidement. Ainsi plantés, les arbrisseaux qui forment la haie, et dont les racines s'enfoncent peu par suite des tontes fréquentes auxquelles on les soumet, sont moins exposés à souffrir de la sécheresse. Ainsi celles qui sont placées au sommet d'une pente rapide (*fig.* 286 et 288), ou à 1 mètre seulement du bord de cette tranchée, sont très-exposées à cette influence pernicieuse. Il en est de même, à plus forte raison, pour celles placées au sommet d'une levée de fossé, comme le montre la figure 291, à moins que cette levée n'offre une largeur de 3 mètres pour les terrains argileux, et de 5 mètres dans les sols exposés à la sécheresse. Les haies placées comme l'indiquent les figures 4 et 5 sont plus favorablement situées, puisqu'elles échappent à l'action de la sécheresse : elles n'offriraient d'inconvénient que dans le cas où le sol serait trop humide.

Choix des espèces et leur appropriation au climat et à la nature du sol. — On doit choisir de préférence, pour la formation des haies vives, les espèces qui croissent le mieux en lignes serrées, qui présentent constamment une tige bien garnie de rameaux, et dont les racines peu traçantes n'exercent aucune influence fâcheuse sur les terrains environnants. Ces espèces doivent, en outre, supporter des toutes fréquentes ; et, quoique contrariées constamment dans leur direction naturelle, se maintenir dans un bon état de végétation pendant un grand nombre d'années.

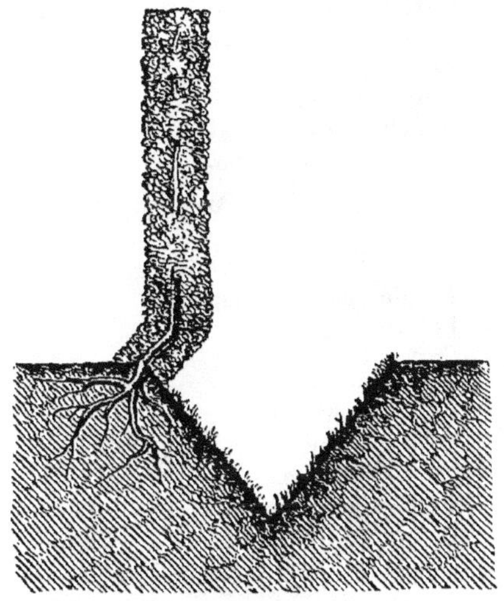

Fig. 288. *Haie plantée sur le bord d'un fossé.*

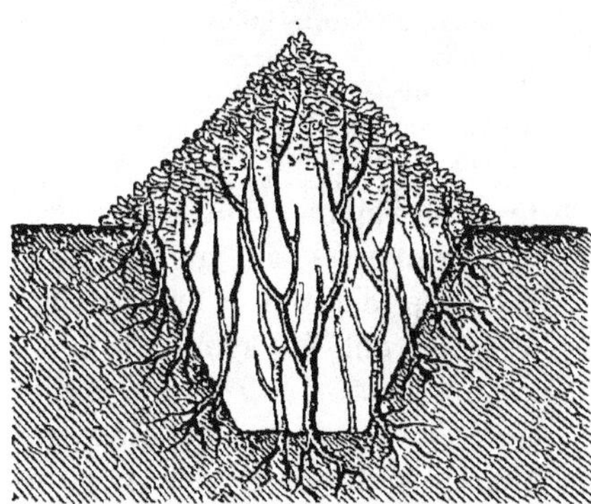

Fig. 289. *Haie plantée sur les bords et au fond d'un fossé.*

Voici la liste des espèces qui remplissent le mieux ces conditions. Le choix en sera déterminé par la nature du sol et le climat. Nous les rangeons, pour chaque sorte de terrain, dans l'ordre de préférence qu'on devra leur donner :

POUR LE NORD, L'EST ET L'OUEST DE LA FRANCE.

SOLS ARGILEUX.
Aubépine.
Prunellier sauvage.
Poirier sauvage.
Nerprun cathartique.
Érable champêtre.
Houx commun.

Pommier sauvage.
Hêtre.
Charme.
Orme.

TERRAINS SALANTS.
Tamarix Gallica.
Hippophaé rhamnoïde.

SOLS SILICEUX.
Aubépine.
Prunellier sauvage.
Poirier sauvage.
Nerprun cathartique.
Prunier de Sainte-Lucie.
Charme.
Épine-vinette.
Orme.

Oranger des Osages, *Maclura aurantiaca*
Olivier de Bohême.
SOLS CALCAIRES.
Aubépine.
Prunellier sauvage.
Nerprun cathartique.
Prunier Sainte-Lucie.
Épine-vinette.
Orme.

POUR LE MIDI DE LA FRANCE.

SOLS ARGILEUX.
Aubépine.
Prunellier sauvage.
Poirier sauvage.
Paliure.
Grenadier.
Chêne kermès.
Érable de Montpellier.
Mûrier blanc.
Olivier sauvage.

Prunier de Sainte-Lucie.
Paliure.
Grenadier.
Chêne kermès.
Érable de Montpellier.
Mûrier blanc.
Olivier sauvage.
Hippophaé rhamnoïde.
Olivier de Bohême.

TERRAINS SALANTS.
Tamarix Gallica.
Atriplex halimus.
Hippophaé rhamnoïde.

SOLS CALCAIRES.
Aubépine.
Prunellier sauvage.
Prunier de Sainte-Lucie.
Paliure.
Érable de Montpellier.
Chêne kermès.
Olivier sauvage.

SOLS SILICEUX.
Aubépine.
Prunellier sauvage.
Poirier sauvage.

Nous n'avons indiqué, dans les listes précédentes, que les espèces qui remplissent le mieux les conditions énumérées en commençant.

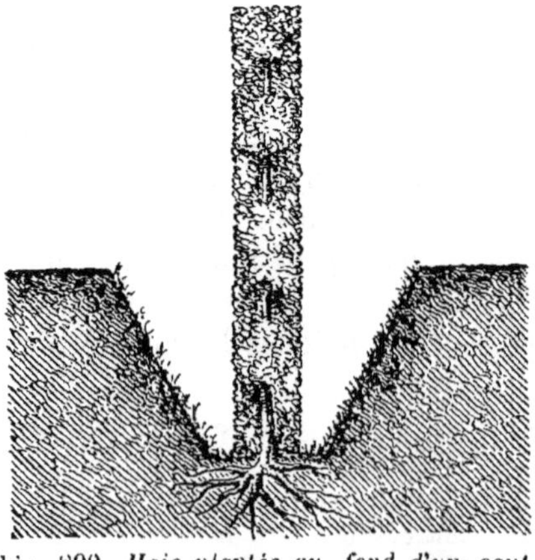

Fig. 290. *Haie plantée au fond d'un saut-de-loup.*

Beaucoup d'autres arbres ou arbrisseaux ont été employés à cet usage, mais n'ont donné qu'un succès nul ou incomplet : tels sont l'*acacia* et le *févier à trois pointes*, qui se dégarnissent complétement vers la base; tels sont aussi le *sureau*, le *saule marceau*, qui offrent le même inconvénient. On a également tenté d'employer plusieurs espèces résineuses : les *thuyas*, les *épicéas*, le *genévrier commun*. Mais on n'obtient ainsi que des haies trop faciles à franchir : elles ne peuvent servir que de clôture d'intérieur.

La faculté qu'ont beaucoup d'espèces de s'accommoder du même climat et du même sol a engagé beaucoup de cultivateurs à mélanger plusieurs espèces pour former la même haie; mais cette pratique n'a jamais donné lieu qu'à de mauvais résultats : ces espèces ne présentant presque jamais un égal degré de vigueur, la plus forte anéantit la plus faible, et il se produit ainsi des vides dans la haie. Il faudra donc toujours former la haie avec une seule espèce, à moins qu'on ne les divise en plusieurs sections distinctes.

Préparation du sol. — Le sol destiné à recevoir la plantation d'une haie doit être préparé de la manière suivante : Dans le courant de l'été, on ouvre une tranchée dont la largeur varie entre 0^m,60 et 1 mètre, selon que le sol est de plus ou moins bonne qualité, et dont la profondeur devra être de 0^m,60 à 0^m,80, selon que le terrain aura une tendance à retenir plus ou moins d'humidité.

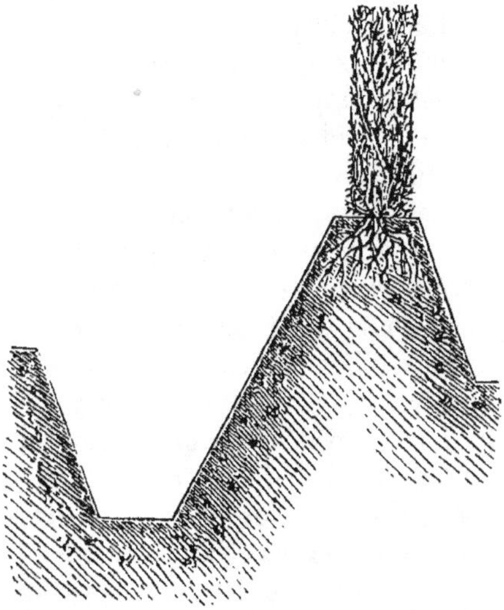

Les terres extraites de la tranchée resteront déposées sur les bords jusqu'au moment de la plantation. Là elles s'amélioreront, ainsi que les parois de la tranchée, sous l'influence des agents atmosphériques. Si l'on peut disposer de terres de meilleure qualité que celle du sol environnant, on en réunira une quantité suffisante sur le bord des tranchées pour la placer en contact immédiat avec les racines des jeunes plants pour faciliter leur reprise. Ce soin est surtout nécessaire pour les mauvais terrains.

Fig. 291. *Haie plantée sur une levée de fossé.*

Plantation. — La plantation doit être faite à l'automne, comme celle de la plupart des autres arbres, et, autant que possible, en novembre. Il n'y a d'exception à cette règle que pour les sols argileux humides, dans lesquels on plantera au commencement de mars.

Les jeunes plants destinés à la formation des haies devront être âgés de deux ans, dont un an de repiquage. Les plants d'un an sont moins bien enracinés et reprennent plus difficilement. Les jeunes plants de prunier de Sainte-Lucie devront seuls être âgés d'un an. Ils sont trop développés à deux ans, et leur reprise est moins assurée.

Le moment de planter étant arrivé, on remplit les tranchées, et l'on procède à l'habillage des jeunes plants. Cette opération consiste à couper l'extrémité seulement des racines pour remplacer par une plaie nette les plaies contuses et déchirées résultant de la déplantation. Il faut aussi pour rétablir l'équilibre entre l'étendue des racines qui ont pu être conservées et l'étendue de la tige, raccourcir un peu cette dernière. Il suffira de supprimer le tiers de sa longueur totale.

Les jeunes plants sont ensuite disposés sur une ou deux lignes au milieu de la tranchée. La plantation sur deux lignes donne lieu à une haie plus épaisse et mieux garnie que la plantation sur une seule ligne. On a quelquefois tenté de faire une plantation sur trois lignes, mais les plants de la ligne intermédiaire, étant gênés dans leur développement par ceux des deux lignes voisines, dépérissent bientôt et disparaissent pour la plupart. Si l'on ne plante qu'une seule ligne, il faudra laisser entre les plants un intervalle de $0^m,10$. Si l'on préfère deux lignes, il conviendra de laisser un espace de $0^m,16$ entre les lignes et entre les plants sur lignes. Il sera en outre utile de disposer les plants de ces deux lignes en échiquier, afin que la haie soit mieux garnie vers sa base.

Formation des haies. — Dès la première année qui suit la plantation d'une haie, il est indispensable de la défendre contre l'influence de la sécheresse du sol. Des binages ou des couvertures sont donc effectués pendant l'été, sur une largeur de $0^m,50$, et de chaque côté de la haie. Si le sol est léger ou de consistance moyenne, on préférera les couvertures qui se composeront de litières, de feuilles sèches, de tontures de haies ou autres matières analogues. Pour les sols compactes, il vaudra mieux avoir recours aux binages, qui devront pénétrer à une profondeur de $0^m,06$, et qu'on exécutera avec la fourche à dents plates ou la houe fourchue (*fig. 296, 297, 298*). On répétera ces binages deux fois dans le courant de l'été. Enfin un labour sera aussi exécuté avec les mêmes instruments, de chaque côté de la haie, à l'automne dans les sols compactes, et au printemps dans les terrains légers, afin d'ouvrir le sol aux influences atmosphériques et de détruire les racines traçantes des plantes vivaces.

Ces opérations seront répétées l'année suivante, et, lorsque les jeunes plants seront parfaitement repris, ce qui aura lieu au plus tôt à la fin de la seconde année, on procédera au recepage de la haie. Pour cela, on coupe toutes les jeunes tiges à $0^m,06$ environ au-dessus de la surface du sol. Il y aurait un grave inconvénient à faire ce recepage immédiatement après la plantation; car alors les jeunes plants n'étant pas repris, on n'obtiendrait pendant l'été suivant qu'une végétation languissante, et ce ne serait que vers la troisième ou la quatrième année que la haie commencerait à prendre son essor. En retardant ce recepage jusqu'à la fin de la seconde année, chaque plant développe pendant l'été des jets nombreux et vigoureux. Après la chute des feuilles, on enfonce dans le sol, au milieu de la haie, une série de pieux placés à 3 mètres d'intervalle, et ayant une hauteur égale à celle que l'on veut donner à la haie. Ceci fait, on incline les unes sur les autres les jeunes tiges développées

à la suite du recepage, en les couchant sur un angle d'environ 45°. On les
enlace ainsi les unes dans les autres, de telle sorte qu'il y ait un nombre
égal de brins inclinés à droite et à gauche de la haie. Pour maintenir
cette sorte de treillage vivant dans une position verticale, il ne reste
plus qu'à fixer contre les pieux et vers la moitié de la hauteur de la
jeune haie une perche transversale, qu'on attache aussi de place en place
contre la haie (*fig.* 292). Pendant l'été suivant, chacun des jeunes brins

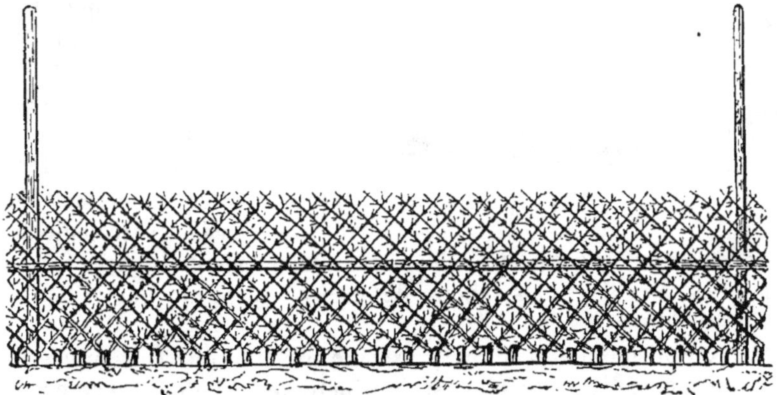

Fig. 292. *Haie croisée vers sa quatrième année de plantation.*

s'allonge, et pendant l'hiver on les croise de nouveau, en maintenant l'ensemble de cette nouvelle production dans une position verticale à l'aide
d'une seconde perche transversale fixée contre les pieux, mais du côté

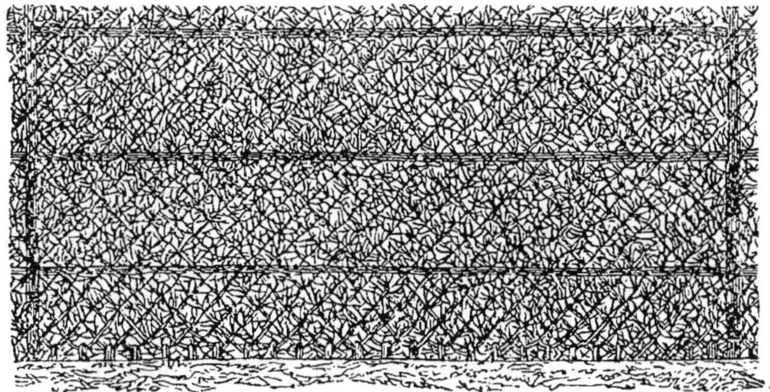

Fig. 293. *Haie croisée vers sa sixième année de plantation.*

opposé à la précédente. On continue d'élever ainsi chaque année cette
haie jusqu'au moment où elle a atteint une hauteur suffisante (*fig.* 293).
On la fixe alors contre une dernière perche transversale, puis on l'arrête
en coupant son sommet tous les deux ans pendant l'hiver. Outre les

opérations que nous venons d'indiquer, il faudra pratiquer des tontes sur les deux faces verticales de la haie. Elles sont destinées à empêcher la haie d'acquérir une épaisseur trop grande et aussi à forcer les rameaux de se ramifier davantage et de rendre la haie impénétrable. On appliquera une première tonte pendant le troisième hiver qui suivra le recepage, et cette opération sera répétée tous les deux ans. On se sert pour cela des ciseaux à tondre et du croissant (*fig.* 294 et 295). Nous ne saurions trop nous élever contre cette pratique qui consiste à exécuter ces tontes pendant la végétation. On trouble ainsi la formation des organes destinés à entretenir la vie

Fig. 294. *Ciseaux à tondre.*

dans les jeunes arbres, et on les épuise notablement. La haie formée à l'aide des soins que nous venons de décrire, présente alors l'aspect de la figure 293.

On conçoit qu'une haie ainsi disposée présente une très-grande solidité, en même temps qu'elle est impénétrable. Elle offre d'ailleurs sur l'ancien mode de formation les avantages suivants : elle s'élève plus rapidement, parce que, par suite de l'inclinaison des brins sur l'angle de 45°, ceux-ci se garnissent complétement de petits rameaux pour remplir les intervalles, sans qu'il soit nécessaire d'en raccourcir le sommet tous les deux ans, comme on est obligé de le faire dans l'ancien mode pour obtenir le même résultat. Elle devient aussi une clôture plus solide, parce qu'il devient impossible de la traverser; tandis que, si les brins sont élevés verticalement, il suffit d'écarter ces brins aux points où quelques-uns d'entre eux sont un peu moins vigoureux pour passer facilement, et que, malgré les tontes réitérées auxquelles on les soumet, elles se dégarnissent vers la base par suite de la verticalité des tiges.

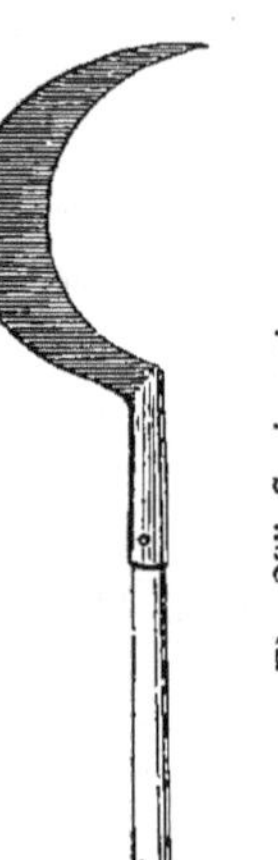

Fig. 295 Croissant.

Entretien des haies. — Les soins d'entretien que réclament les haies après leur formation complète se composent d'abord d'un binage et d'un labour, effectués l'un pendant l'été, l'autre avant ou après l'hiver; puis d'une tonte pratiquée tous les ans au sommet et sur les deux faces latérales.

Malgré ces tontes répétées chaque année sur les deux faces latérales, les haies finissent par acquérir trop d'épaisseur, il devient alors nécessaire de pratiquer un élagage qui porte sur le vieux bois. Cette opération est répétée à des époques plus ou moins éloignées, selon la vigueur de la haie. Cet élagage est sans inconvénient pour les haies croisées, parce qu'elles sont toujours assez serrées, mais ils déterminent presque toujours des vides dans les tiges verticales, vides souvent difficiles à remplir.

Quel que soit le soin que l'on aura apporté à la plantation d'une haie, il pourra se faire que quelques-uns des brins deviennent languissants et finissent par périr. Les remplacements devront toujours être faits le plus tôt possible. Plus on tardera, moins ils auront de succès, parce que les racines des plants voisins du vide auront envahi l'espace. Toutes les fois qu'on aura à faire de ces remplacements, il faudra opérer sur une longueur d'au moins 0^m,80. On préparera le sol comme pour une plantation nouvelle, puis, la tranchée étant ouverte, on placera à chaque extrémité une petite planche aussi profonde et aussi large que la tranchée, et qui sera destinée à empêcher les racines voisines d'envahir l'espace nécessaire aux nouveaux plants. On donne d'ailleurs à ceux-ci des soins analogues à ceux qu'on a appliqués aux premiers.

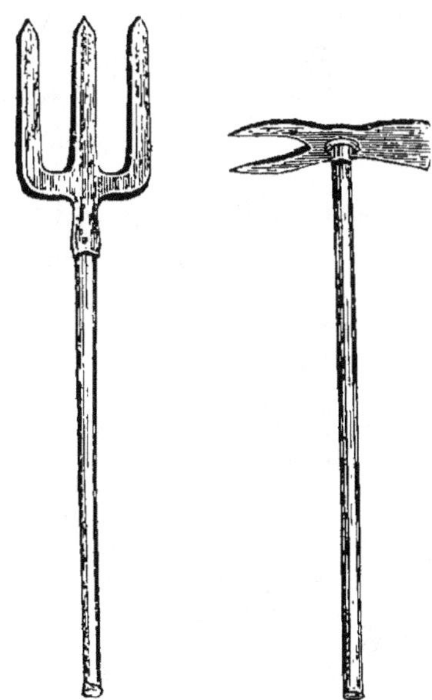

Fig. 296. *Bêche trident.*

Fig. 297. *Binette Serfouette.*

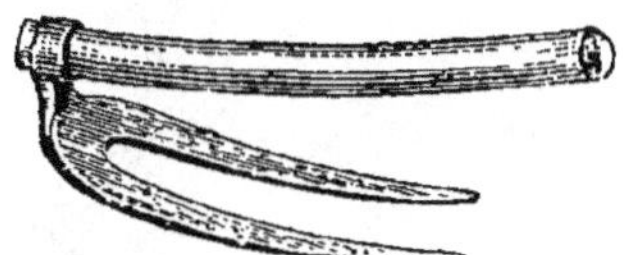

Fig. 298. *Houe bident.*

Rajeunissement des haies. — Il arrive un moment où la haie, fatiguée par les tontes et les élagages successifs, finit par dépérir. Ce résultat se produit à un âge plus ou moins avancé, selon l'espèce d'arbre qui a formé la plantation, selon les soins plus ou moins intelligents qu'on a employés, selon enfin la richesse du sol. Il convient alors, pour rendre à cette haie sa vigueur première, de la receper à quelques centimètres du sol, et cela à la fin de l'hiver. Si le sol n'est pas calcaire, il sera bon, pour activer la végétation, de pratiquer un marnage abondant avant l'hiver, et cela sur une largeur de 0^m,70 de chaque côté de la haie. Cette marne, suffisamment délitée par les gelées, est enterrée au printemps par un labour profond avec la bêche trident (*fig.* 296) ou la houe bident (*fig.* 298). Ce labour est également pratiqué dans le cas où l'on ne marnerait pas.

Les souches donnent lieu pendant l'été suivant à de nombreux et vigoureux bourgeons, auxquels on applique les soins précédents pour en former une nouvelle haie. Ce rajeunissement pourra être répété plusieurs fois de suite.

Restauration des haies. — Une dernière question nous reste à examiner, c'est la possibilité de restaurer les haies commencées suivant l'ancien mode, c'est-à-dire dont chacun des brins se sont allongés verticalement. Cette opération est des plus faciles, mais c'est à une condition, c'est que cette haie sera complétement recepée. On lui appliquera alors le mode de recepage que nous venons de décrire, et à la fin de la seconde année la haie sera complétement rétablie.

SAULES A OSIER.

Les saules à osier fournissent la plus grande partie de la matière première mise en œuvre par les vanniers. Leurs rameaux, longs et

Fig. 299. *Saule osier.*   Fig. 300. *Saule viminal.*

flexibles, sont en outre employés comme ligature dans de nombreuses circonstances.

Espèces. — Plusieurs espèces de saules peuvent être employées pour les usages que nous venons d'indiquer; les principales sont les suivantes :

Saule osier ou *osier jaune* (*salix vitellina*, Lin.) (*fig.* 299). Espèce remarquable par la couleur jaune de ses rameaux.—*Saule viminal* ou *osier blanc* (*s. viminalis*, L.) (*fig.* 300). Remarquable par la longueur et la flexibilité de ses rameaux. — *Saule hélice* (*s. hélix*, L.) (*fig.* 301). — *Saule poupre* ou *osier rouge* (*s. purpurea*, L.) (*fig.* 502). Espèce peu différente de la précédente.

Culture. — On procède ainsi à la création et à l'entretien d'une oseraie.

Pour former une *oseraie*, on fait choix d'un sol profond situé à peu de distance d'une rivière, et qui soit riche et humide. On lui fait donner un bon labour à la charrue ou à la houe, et, dans le mois de février, on y plante, à 1 mètre ou 1^m,55 l'une de l'autre, des boutures de 0^m,66 de longueur, et de la grosseur du doigt, prises parmi les es-

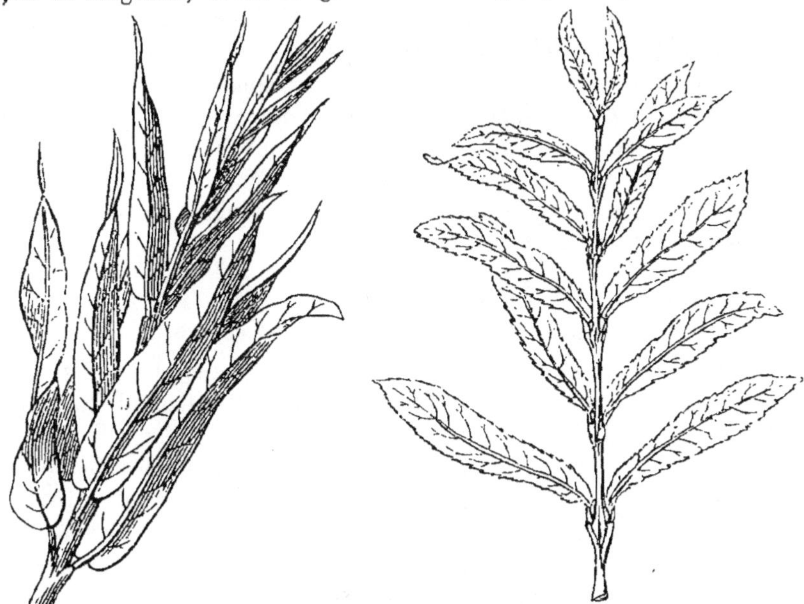

Fig. 301. Saule hélix.
Fig. 302. Saule pourpre.

pèces dont on veut composer son oseraie. Ces boutures sont mises en terre à l'aide d'un plantoir, et on les enfonce aux deux tiers de leur longueur. La coupe de la première année ne produit que des brindilles à peu près inutiles, mais qu'il faut cependant enlever avec soin, sans quoi la pousse de l'année suivante ne se composerait que d'un grand nombre de petites ramifications qui ne seraient bonnes qu'à brûler. Lorsque, au contraire, on a coupé au niveau du tronc toutes les petites brindilles de la première pousse, la seconde donne déjà un certain nombre de jets de 1^m,55 à 2 mètres de haut et qui peuvent être utilisés. La coupe de la troisième est plus productive, et, d'année en année, elle le devient davantage. Il n'y a d'autre soin à prendre des oseraies qu'à en écarter les bestiaux, à donner quelques binages pendant les premières années, et à enlever avec soin les tiges volubiles des liserons, qui, en s'enroulant sur les jeunes brins, les rendraient cassants, et, par conséquent, impropres à l'usage auquel on les destine.

C'est en février, ou au plus tard en mars, qu'il faut faire la coupe des osiers. Les belles pousses ont communément 2^m,50 à 3 mètres de longueur. On les coupe à 0^m,01 ou 0^m,02 du tronc, lequel devient ainsi une sorte de têtard.

La plus grande partie de l'osier jaune et de l'osier rouge s'emploie avec son écorce, ce qui lui donne plus de force. Ces deux osiers sont d'un usage général dans l'économie domestique et dans l'agriculture; on en fait des liens pour toutes sortes de choses, des corbeilles, des paniers légers, des claies et autres objets de vannerie commune. L'osier jaune, refendu en deux ou trois brins, est employé par les tonneliers. Les jardiniers et les vignerons font aussi un grand usage d'osier pour attacher les arbres en espalier et la vigne aux échalas.

Les ouvrages de vannerie plus soignée se font en osier blanc ou osier sans écorce, pour lequel on emploie le saule viminal, parce que ses jets sont beaucoup plus unis.

PRINCIPALES MALADIES QUI ATTAQUENT LES ARBRES FORESTIERS, ET DIMINUENT LA QUANTITÉ OU LA QUALITÉ DE LEURS PRODUITS.

Les maladies qui attaquent les arbres forestiers sont assez nombreuses; nous ne parlerons que des principales. Ces altérations sont surtout déterminées, soit par l'ignorance ou la malveillance des hommes, soit par les intempéries, soit enfin par les animaux et les insectes.

Malveillance. — Les altérations produites par la malveillance sont principalement les *ulcères*, la *carie*, les *empoisonnements*, les *asphyxies*.

Ulcères. — Toutes les fois qu'une plaie faite à un arbre pénètre jusqu'au corps ligneux et le laisse exposé à l'influence de l'air, l'humidité atmosphérique et l'eau des pluies altèrent les couches extérieures de l'aubier et déterminent l'écoulement d'un liquide de couleur brune et d'une grande âcreté. Cet écoulement empêche même la formation des bourrelets sur les bords de la plaie; de sorte qu'au lieu de diminuer, l'étendue de la plaie s'accroit sans cesse en altérant progressivement l'écorce environnante et le corps ligneux; cette plaie peut déterminer la mort de l'arbre si l'on n'y porte remède. C'est à cette maladie que l'on donne le nom d'*ulcère* ou de *gouttière*. Les ulcères se manifestent d'autant plus facilement, que les plaies présentent une surface moins unie, et que cette surface, en s'éloignant davantage de la ligne verticale, permet à l'eau des pluies d'y séjourner plus facilement.

Le remède le plus efficace à employer dans cette circonstance est le suivant. On enlève d'abord, et cela jusqu'au vif, toute la partie de l'écorce qui est altérée, ainsi que le bois décomposé ou déchiré, afin qu'il en résulte une plaie bien nette; puis, après avoir laissé cette plaie exposée à l'air pendant un jour ou deux, pour qu'elle se dessèche, on la recouvre complétement avec un *englument*.

On a successivement proposé à cet effet diverses substances : d'abord *l'onguent de Saint-Fiacre*, puis *l'onguent de Forsyth*, enfin le *mastic à greffer*. Les deux premières étant exposées à se détacher sous l'influence de la sécheresse ou de l'humidité, nous conseillons de préférence l'emploi des mastics à greffer, dont la base se compose toujours de résines. Nous avons donné précédemment, en parlant de la greffe (p. 101) la composition de ce mastic, ainsi que le moyen de l'employer.

Carie. — Lorsque les ulcères restent longtemps abandonnés à eux-mêmes, ils donnent lieu à une autre maladie. Le corps ligneux mis à nu, restant exposé à l'influence de l'air qui le décarbonise et à celle de l'humidité des pluies, finit par se décomposer, et se corrompt. Cet autre accident se nomme *carie*. Si cette maladie fait des progrès, tout le corps ligneux du tronc ou de la branche où elle se manifeste se décompose de proche en proche ; de telle sorte, qu'au bout d'un certain nombre d'années l'arbre devient entièrement creux, et que sa durée est sensiblement diminuée. Lorsque la carie est arrivée à ce point, il n'est plus possible de réparer les dégâts qu'elle a occasionnés. On peut cependant, si l'on tient à conserver l'arbre attaqué, prolonger son existence en empêchant l'action de l'air et de l'humidité sur les parois de la cavité qui s'est produite.

A cet effet, on comble cette cavité jusqu'à l'orifice avec du mortier ordinaire composé de chaux et de sable. Arrivé à ce point, on ferme complétement l'ouverture, de manière que l'eau des pluies ne puisse pas y séjourner. On emploie, dans ce but, l'onguent de Forsyth, dont voici la composition :

Bouse de vache.	500 gr.
Plâtre.	250
Cendres de bois.	550
Sable siliceux.	50

Ces trois dernières substances étant parfaitement criblées, on y ajoute la bouse de vache, de manière à en former une sorte de pâte. Avant d'appliquer cet onguent, on aura dû enlever avec soin toutes les parties d'écorce et de bois desséchées, de manière que les bords de la plaie, mis au vif, puissent développer des bourrelets qui devront fermer l'ouverture. Nous donnons (*fig.* 303) la coupe verticale du tronc d'un arbre ainsi opéré.

Quoique le procédé que nous venons d'indiquer puisse paraître bizarre, nous affirmons qu'il est employé avec beaucoup de succès pour des arbres à fruit à cidre. Nous croyons donc qu'on peut l'étendre avec avantage aux arbres forestiers et d'ornement dont on voudrait, par un motif quelconque, prolonger la durée.

Empoisonnements. — D'autres maladies, déterminées par l'incurie des hommes, attaquent encore les arbres: tels sont les empoisonnements causés par certaines substances, liquides ou gazeuses, mises en contact avec les racines ou les feuilles.

Dans le voisinage des fabriques de produits chimiques et de tous les établissements d'où s'échappent d'abondantes vapeurs acides ou ammoniacales, on voit souvent les feuilles des arbres entièrement desséchées, ceux-ci rester languissants et périr après une lutte de quelques années. Ce résultat est dû, à n'en pas douter, à l'action des vapeurs, qui corrodent les parties vertes. Il n'est pas de remède contre ces influences fâcheuses ; on devra donc s'abstenir de planter dans ces localités, ou,

du moins, ne le faire que du côté le moins exposé à ces émanations pernicieuses.

Depuis que l'éclairage au gaz a pris dans nos villes une grande extension, un accident de même nature se manifeste souvent parmi les arbres des promenades publiques qui avoisinent les conduits destinés à la circulation de ce gaz. On voit un certain nombre de ces arbres perdre leurs feuilles et mourir tout à coup C'est encore là un véritable empoisonnement produit par une fuite de gaz. Ce fluide, répandu dans le sol, est absorbé par les racines et détermine la mort de l'arbre.

Fig. 303. *Coupe verticale du tronc d'un arbre opéré après la carie A. Couche d'onguent de Forsyth.*

Asphyxie. — Quelquefois aussi, on voit les arbres de certaines plantations qui, après avoir prospéré pendant quelques années, cessent tout à coup de se développer, languissent et meurent. Ce résultat se remarque toujours lorsque le sol a été tout à coup exhaussé à $0^m,50$ au moins au-dessus de son niveau primitif. Il se produit alors pour l'arbre une véritable asphyxie. Les racines, ne pouvant plus recevoir l'influence de l'air, cessent leurs fonctions et pourrissent. Quelquefois cependant, lorsque les arbres sont jeunes, ils développent dans le voisinage de la surface du sol de nouvelles racines qui remplacent bientôt les premières, et l'arbre finit par reprendre sa vigueur. Dès que les arbres placés dans de semblables circonstances présenteront cet état languissant, on devra se hâter d'enlever la terre qui surcharge le sol.

Intempéries. — Les intempéries déterminent souvent, dans les arbres de haut jet, des maladies d'autant plus redoutables, qu'il est impossible de les prévoir et qu'il est très-difficile d'y remédier.

Roulure. — Cet accident résulte de l'action des gelées tardives. Ainsi, il arrive parfois que les arbres sont en pleine végétation, que la couche ligneuse de l'année a commencé à s'organiser et qu'il survient alors une forte gelée. Cet abaissement de température peut désorganiser, non-seulement les bourgeons et les feuilles des arbres, mais encore la couche ligneuse en état de formation. Celle-ci apparaît alors sur la coupe trans-versale du tronc sous forme d'une zone de couleur brune (*fig.* 304). Cet accident, qu'on ne peut prévenir et auquel on ne peut remédier, enlève aux arbres de haut jet une grande partie de leur prix comme bois d'œuvre.

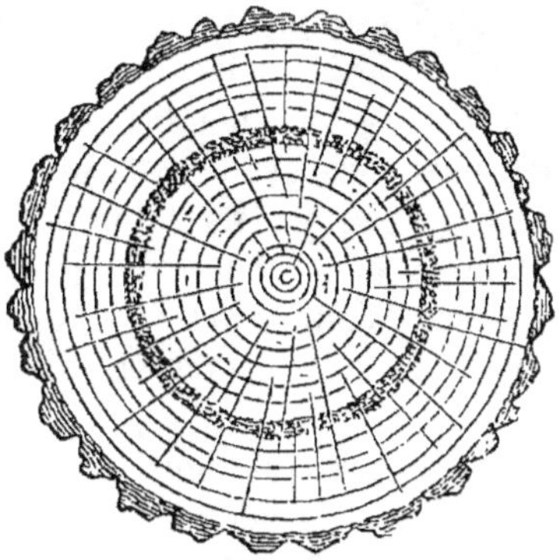

Gelivure ou *cadranure*. — Lorsque les troncs renferment beaucoup d'humidité et qu'un grand abaisse-ment de température se produit su-bitement, il se manifeste dans toute l'épaisseur du corps ligneux des *fen-tes* longitudinales qui, partant du centre, rayonnent vers la circonfé-rence et déchirent même l'écorce (*fig.* 305). C'est la maladie connue sous le nom de *cadranure*. On voit souvent apparaître, à la suite de cet accident, et par ces fentes, des écoulements qui se transforment en ul-cères particulièrement connus sous le nom de *gouttières*, et qui enlèvent au tronc presque toute sa valeur. Aussitôt que ces fentes apparaissent sur l'écorce, il faut enlever avec un instru-ment bien tranchant les deux côtés de la plaie longitudinale, sur une largeur de deux centimètres environ, et la recouvrir avec du mastic à greffer. La cicatrisation s'opère et l'écoulement n'a pas lieu.

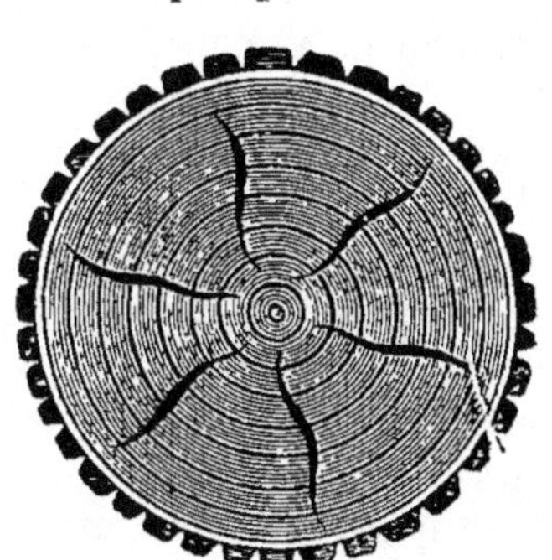

Fig. 304. *Coupe d'un tronc d'arbre atteint de la roulure.*

Fig. 305. *Tronc d'arbre atteint de la cadranure.*

Coups de soleil. — Les jeunes arbres à haute tige présentent souvent cette par-ticularité, que l'écorce du tronc, frappée par les rayons du soleil couchant, se des-sèche, se crevasse et tombe, en laissant à nu le corps ligneux. On observe rare-ment cet accident sur l'orme et sur les espèces dont les couches extérieures, cédant promptement à l'accrois-sement en diamètre du corps ligneux, se déchirent et passent rapide-ment à l'état d'inertie. Il est au contraire très-fréquent dans les espèces dont l'écorce reste longtemps lisse; tels sont le hêtre, le tilleul, les érables, etc.

Pour prévenir cette décortication, on abrite le côté de la tige exposé au soleil couchant avec un englument composé de chaux éteinte, à laquelle on ajoute un tiers environ d'argile. Cet abri devra être maintenu pendant les huit ou dix premières années qui suivent la plantation.

Quant aux arbres déjà décortiqués, il faut, pour arrêter la carie et faciliter la cicatrisation des plaies, enlever jusqu'au vif les parties malades, et recouvrir toute la plaie de mastic à greffer, recouvert lui-même de l'englument de chaux et d'argile dont nous venons de parler.

Animaux et insectes nuisibles. — Parmi les animaux sauvages qui portent préjudice aux forêts, les uns appartiennent à la classe des mammifères, les autres à celle des oiseaux, le plus grand nombre à celle des insectes. Nous n'indiquerons que les plus destructeurs parmi les mammifères ; ce sont : le daim, le cerf, le chevreuil ; ils dévorent en hiver les boutons et l'écorce de tous les arbres, au printemps les jeunes pousses, et en été les feuilles et les branches. A toutes les époques de l'année, ces animaux dépouillent les arbres de leur écorce et brisent les jeunes brins.

Le sanglier fait un tort considérable dans les semis de bois en fouillant la terre pour en tirer le gland, la châtaigne et la faîne. Il empêche le repeuplement en broutant les jeunes arbres nouvellement levés. Il est vrai qu'il est de quelque utilité en délivrant les bois des mulots, des souris et d'un grand nombre de larves d'insectes nuisibles. Mais on peut le remplacer par les cochons domestiques, qui présentent les mêmes avantages sans en avoir les inconvénients.

La plupart des forestiers sont d'avis qu'il n'est pas possible de conserver de beau bois avec des bêtes fauves. Néanmoins, comme ces animaux, malgré leurs ravages, sont encore de quelque utilité, soit comme produit, soit pour les plaisirs de la chasse, il convient d'en conserver un certain nombre. En Allemagne on calcule qu'on peut placer un cerf et une biche sur 2 hectares de superficie, une paire de daims sur 4 hectares et demi, et une paire de chevreuils sur environ 3 hectares. Quant au sanglier, on doit autant que possible le bannir entièrement.

Le lièvre, le lapin, l'écureuil, sont nuisibles lorsqu'ils sont trop multipliés. Ils dévorent en été les pousses des jeunes hêtres et écorcent en hiver les sapins, les trembles, les saules et quelques autres arbres.

Le mulot cause de grands ravages dans les forêts par la grande consommation qu'il fait de glands et de faînes et par la destruction des jeunes recrues. Il aime surtout l'écorce des jeunes charmes, hêtres, érables et frênes.

Au nombre des oiseaux les plus nuisibles aux forêts, on compte le coq de bruyère, qui se nourrit en hiver des boutons des pins, des sapins, du hêtre dans les pépinières ; les ramiers qui s'abattent sur les semis des conifères et mangent les graines. Le pinson ordinaire, qui dévore aussi une grande quantité de graines d'arbres, le bec-croisé, qui détruit toutes les graines des pins et sapins.

Les insectes sont assurément les animaux les plus dangereux des forêts, ceux qui se multiplient à l'excès quand on n'arrête pas leur propagation, et qui exigent la plus grande surveillance et l'activité la plus infatigable de la part des agents forestiers. Au nombre des coléoptères que le forestier doit redouter, nous citerons surtout les suivants :

Le *hanneton commun* (*Scarabæus melolontha*, L.) (*fig.* 306), qui, dans certaines années, dévore entièrement les feuilles et les jeunes bourgeons des arbres. Sa larve (*fig.* 307), connue sous les noms de *mans* ou *ver blanc*, de *turc*, ronge les racines et fait souvent périr les arbres.

Il n'y a d'autre moyen de combattre la multiplication de cet insecte vraiment désastreux que de le détruire, soit à l'état parfait, soit à l'état de larve; encore n'arrivera-t-on à le faire utilement qu'alors que chaque propriétaire sera contraint de l'appliquer sur toute l'étendue des terres qu'il exploite.

Toutefois nous engageons à ne pas renoncer à sa destruction, même partielle, car l'expérience semble démontrer que ces insectes

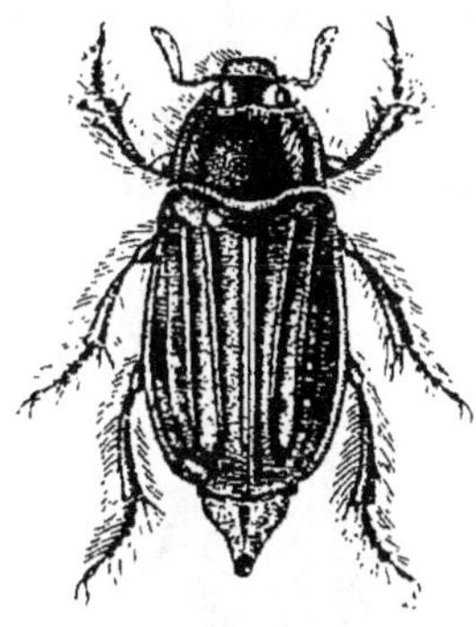

Fig. 306. *Hanneton commun.*

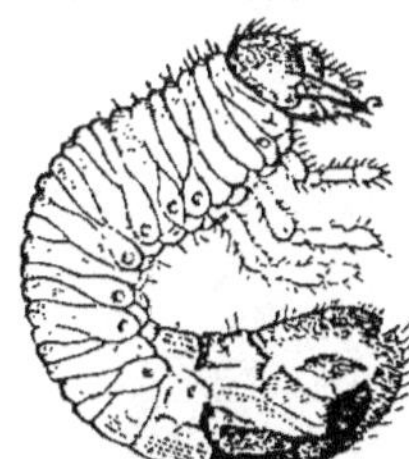

Fig. 307. *Larve du hanneton, ou mans.*

s'éloignent peu de l'endroit où ils sont nés. Une plantation qui en aura été purgée sera donc moins exposée que les autres à en être ravagée ensuite. Ainsi, au printemps de l'année de l'apparition des hannetons, ce qui a lieu abondamment tous les trois ans pour la même localité, on devra les faire recueillir avec soin en ébranlant fortement, surtout le matin, les arbres sur lesquels ils se sont posés. Ces insectes seront ensuite détruits par le feu ou l'eau bouillante. Quant aux larves, elles seront ramassées toutes les fois que le sol sera remué, du printemps à l'automne. Comme elles exercent particulièrement de grands ravages dans les pépinières et dans les jeunes plantations, il sera utile de faire fouiller avec précaution au pied des jeunes arbres qui paraîtront languissants, afin de détruire les mans qui rongent les racines.

Enfin, dans les localités habituellement exposées aux dégâts de cet insecte, il sera bon de ne pas détruire certains animaux qui lui font une guerre acharnée. Tels sont le renard, la martre, la fouine, le blaireau, le hérisson, la chauve-souris et la taupe, qui détruit les larves. Parmi les oiseaux, nous citerons la corneille, le hibou, la chouette, les busards, les buses, la crécelle, l'émouchet, et un grand nombre d'autres petits oiseaux. Certains animaux de basse-cour, tels que les poules, les canards, les oies, les cochons, se nourrissent aussi volontiers de cet insecte.

18.

Le *bostriche typographe* (*Bostrichus typographus*, Fab.) (*fig. 308*), attaque particulièrement les sapins et les épicéas. Sa larve (*fig. 309*) ronge pendant tout l'été les couches du liber de ces arbres, qui, bientôt, jaunissent, se dessèchent partiellement et périssent. Pour se garantir du typographe, on favorise la multiplication des oiseaux de nuit, des campagnols, des pics, des mésanges, des pinsons et de plusieurs autres espèces de passereaux. Il faut aussi sacrifier immédiatement les arbres atteints par cet insecte, et les brûler. Néanmoins, comme le bostriche choisit les arbres malades pour y déposer ses œufs, il sera bon de laisser gisants sur le sol quelques arbres encore verts, et de ne les brûler qu'après la pousse.

Le *bostriche du pin sylvestre* (*Bostrichus pinastri*, Bechst.) (*fig. 310*). — Cette espèce vit particulièrement sur le pin sylvestre, et sa larve at-

Fig. 308. *Bostriche typographe.*

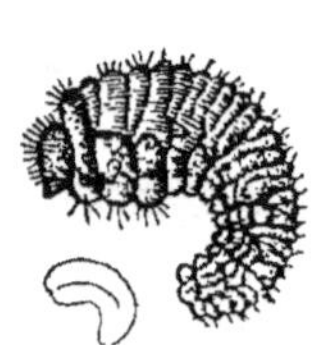

Fig. 309. *Larve du bost. typographe.*

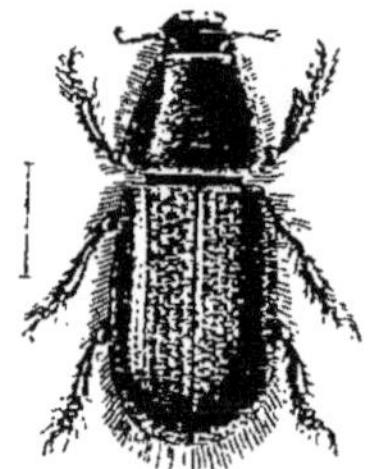

Fig. 310. *Bostriche du pin sylvestre.*

taque, comme le précédent, les arbres morts ou vivants, gisants sur le sol ou sur pied. On se garantit de ses ravages et on le détruit par les mêmes moyens que le typographe.

Le *scolyte piniperde* (*Scolytus piniperda*, Oliv.) (*fig. 311*). — On le trouve sous l'écorce des bois résineux de 40 à 70 ans, auxquels il

Fig 311. *Scolyte piniperde.*

cause souvent de très-grands dommages. Il perce aussi un trou dans les jeunes pousses des pins sylvestres et dépose ses œufs dans le canal médullaire. Sa larve, qui éclôt bientôt après, ronge la moelle et occasionne le desséchement et la chute des pousses. On emploie pour sa destruction les mêmes moyens que pour le typographe.

Le *scolyte destructeur* (*Scolytus destructor*, Lat.) (A, *fig. 312*) est un autre coléoptère dont la larve ronge le liber des arbres en y pratiquant des galeries (*fig. 312*) qui interceptent la circulation de la séve et déterminent bientôt la mort des arbres. On reconnaît d'ailleurs leur présence sous l'écorce au nombre considérable de petits trous dont sa superficie est criblée (*fig. 313*).

Le scolyte destructeur dépose ses œufs dans l'écorce de l'orme, de chaque côté d'une galerie verticale que la femelle se creuse plus ou moins profondément. Chaque larve, aussitôt après son éclosion, se creuse une galerie horizontale et par conséquent perpendiculaire à celle de la mère et dont le diamètre augmente d'autant plus que la larve s'éloigne de son point de départ et approche davantage de son entier développement (*fig.* 312).

M. Eugène Robert a pensé avec raison qu'on peut détruire un grand nombre de ces larves en opérant ainsi les arbres attaqués : Pour les arbres encore jeunes et dont l'écorce est à peine rugueuse à sa surface, on pratique dans l'écorce des tranchées larges de 0^m,06 à 0^m,08, séparées l'une de l'autre par un intervalle d'une largeur double et qu'on laisse intact. Ces tranchées qui naissent du collet de la racine et qui se prolongent jusqu'à la naissance des grosses branches doivent être assez profondes pour pénétrer jusqu'aux couches du liber les plus vivantes, sans les attaquer (*fig.* 514). Il résulte de cette opération que toutes les galeries des scolytes placées sur le parcours des tranchées sont mises à nu et que les insectes meurent. Quant aux galeries placées sur les bandes non opérées, les larves sont arrêtées dans leur trajet horizontal par les tranchées qu'elles rencontrent bientôt et elles périssent faute de subsistance. Si quelques-unes échappent, l'arbre recouvrant une

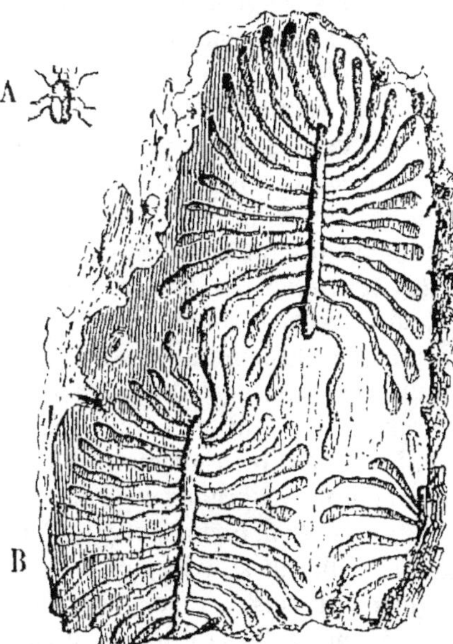

Fig. 512. A. *Scolyte destructeur.*
B. *Écorce attaquée par ce scolyte.*

grande vigueur, par suite de cette opération, les larves sont noyées par la séve plus abondante qui s'extravase dans leurs galeries.

Si les arbres sont déjà âgés et couverts d'une écorce rugueuse, il est plus convenable d'enlever cette vieille écorce sur toute la surface du tronc, en respectant seulement les couches du liber les plus vivantes. On met ainsi à nu le plus grand nombre des larves du scolyte, et celles qui échapperont à cette opération seront bientôt détruites par la recrudescence qui se manifestera dans la végétation de l'arbre.

Si enfin certaines parties de l'écorce ont été complétement détruites par le scolyte, on enlève tous les débris desséchés jusqu'à l'aubier, puis sur les autres points on détache la vieille écorce jusqu'aux couches vivantes du liber,

Pour compléter cette opération, il faut recouvrir les surfaces où le liber a été mis à nu, avec une bouillie composée de deux parties de chaux éteinte, d'une partie de terre glaise, et d'une suffisante quantité d'eau. Autrement ces jeunes couches du liber seraient trop promptement desséchées par l'action de l'air ou l'ardeur du soleil. Si les plaies pénètrent jusqu'à l'aubier, on remplace l'englument précédent par du mastic à greffer, afin d'empêcher la carie du bois.

Ces diverses opérations doivent être pratiquées pendant le repos de la végétation.

Une observation qui s'applique à tous les insectes dont les larves se nourrissent des parties vivantes de l'aubier ou de l'écorce, c'est que ces insectes attaquent de préférence les individus languissants dont ils ne font que hâter la fin. Il semblerait que ces larves sont gênées dans les arbres vigoureux, par l'abondance de la séve et par l'accroissement rapide et continu des tissus où elles vivent. Aussi, le moyen le plus efficace de diminuer les ravages de ces insectes consiste à placer les arbres dans des conditions, telles qu'ils présentent constamment une végétation prompte et vigoureuse.

Fig. 513. Trous de scolytes.

La *cantharide des boutiques* (*Meloe vesicatorius*) (*fig.* 315). — Cet insecte, bien connu par ses propriétés vésicantes, attaque plusieurs arbres à feuilles caduques, et surtout les frênes, dont il dévore toutes les feuilles. En secouant le matin les jeunes arbres, les cantharides tombent; on les ramasse et on les jette dans du vinaigre pour les vendre aux pharmaciens.

Le *rhynchène des pins* (*Rhynchœnus pineti*, Fab.) (*fig.* 316). — Comme celle du scolyte piniperde, sa larve (*fig.* 317) s'introduit dans la moelle des bourgeons du pin sylvestre et fait périr les jeunes arbres. Elle ronge aussi le liber du pin et du sapin et produit les mêmes accidents que les bostriches. On emploie le même mode de destruction.

La *chrysomèle du peuplier* (*Chrysomela populi*) (*fig.* 318). — Cet insecte, à l'état parfait, a des élytres d'un beau rouge avec un corselet d'un bleu d'acier. Ses larves sont noires avec des verrues dorsales blanches. Cette chrysomèle attaque de préférence les jeunes plantations de peupliers.

La *chrysomèle de l'aune* (*Chrysomela alni*) (*fig.* 319) est d'un bleu d'acier, elle est un peu plus petite que la précédente et ses larves sont noires. Elle vit exclusivement sur les jeunes arbres dont elle porte le nom, et dépose ses œufs sur les feuilles. Les larves de ces deux chrysomèles, ainsi que celles de quelques autres espèces de la même famille, font parfois un tort considérable aux pépinières ou aux jeunes plantations dont elles mangent les feuilles.

On en détruit le plus grand nombre en faisant passer dans la pépinière ou dans les jeunes coupes des ouvriers armés d'un bâton dont ils frappent doucement les rameaux au-dessous desquels ils tendent en même temps une large poche qui reçoit les insectes.

Parmi les orthoptères, nous ne connaissons guère que la *courtillière commune, taupe-grillon,* ou *taupette (Gryllus gryllotalpa) (fig.* 320), qui soit redoutable pour les cultures forestières. L'insecte, à l'état parfait, est pourvu d'ailes entièrement développées. Les larves plus ou moins âgées (*fig.* 321) se distinguent seulement par l'absence de ces ailes et par leurs moindres dimensions. Les femelles déposent, en juin et en juillet, dans des mottes de terre, jusqu'à deux cents œufs d'un blanc jaunâtre et de la grosseur d'un grain de chènevis (*fig.* 321). Cet insecte cause aussi de grands ravages dans les pépinières et dans les jeunes plantations, en coupant les racines pour établir ses nombreuses galeries souterraines. Le procédé le moins dispendieux qu'on puisse employer pour leur destruction consiste à fouiller la terre, vers le mois de juin, dans le voisinage des jeunes plants que leur état souffrant signale comme attaqués par la

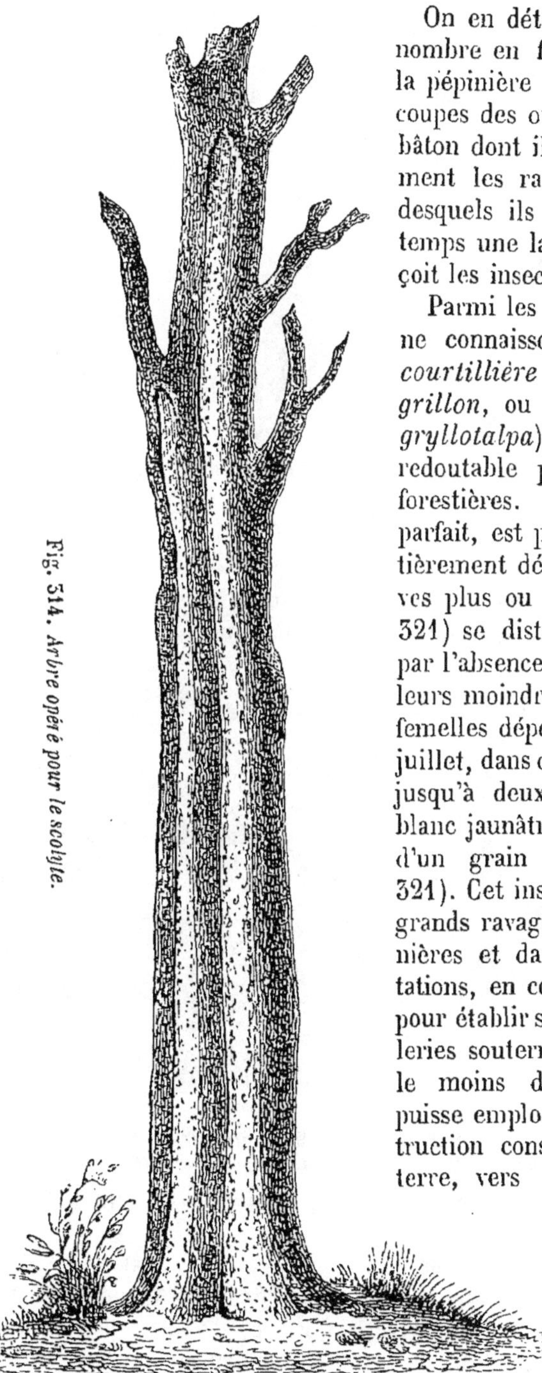

Fig. 314. *Arbre opéré pour le scolyte.*

courtillière. On détruit ainsi les nids qui renferment les œufs.

On compte aussi parmi les hyménoptères quelques insectes nuisibles aux forêts. De ce nombre sont surtout les deux suivants :

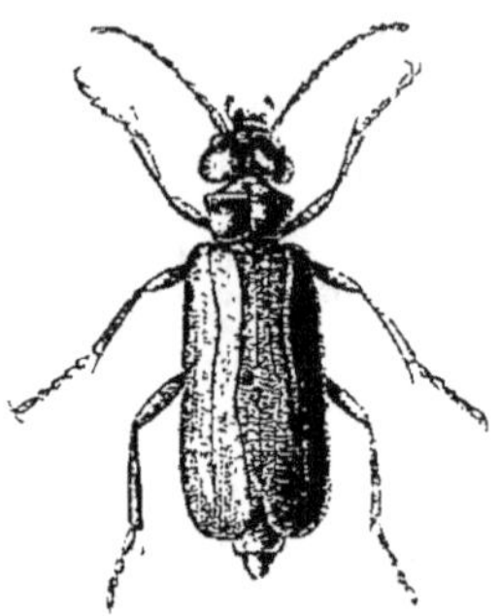

Fig. 315. *Cantharide des boutiques.*

Fig. 316. *Rhynchène des pins.*

Fig. 317. *Larve du rhynchène des pins.*

La *tenthrède du pin* (Tenthredo pini, Geof.) (*fig.* 323). — Les larves de cette mouche (*fig.* 322) vivent sur le pin sylvestre, dont elles dévorent les feuilles. Pour les détruire, on conduit dans la forêt un troupeau de cochons, au moment où l'on remarque que ces larves tombent

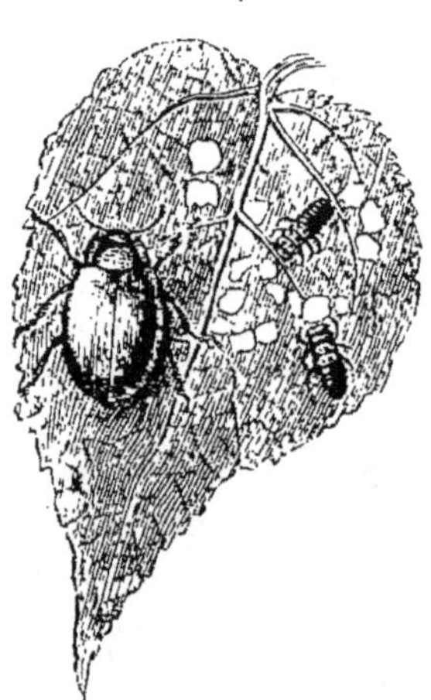

Fig. 318. *Larves et insecte parfait de la chrysomèle du peuplier.*

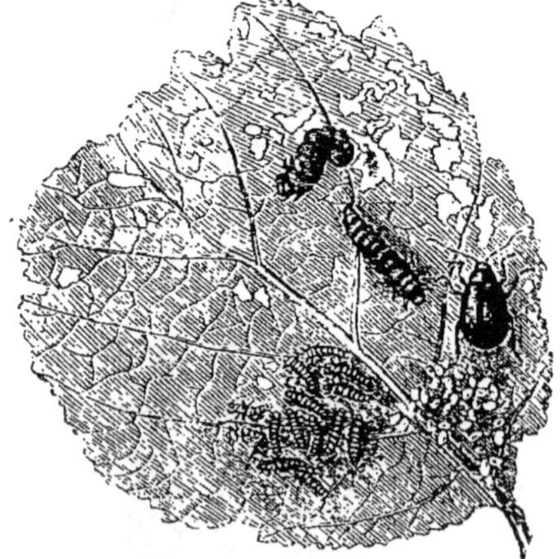

Fig. 319. *OEufs, larves et insecte parfait de la chrysomèle de l'aune.*

sur le sol pour y filer leurs cocons (*fig.* 324); les cochons les mangent avidement.

La *tenthrède des champs* (Tenthredo campestris) (*fig.* 326) est plus grande que la précédente. Ses larves (*fig.* 325) se nourrissent également des feuilles du pin sylvestre. Fixées d'abord vers le sommet des jeunes rameaux, elles s'enveloppent de leurs crottes retenues par la toile qu'elles filent, et cheminent ainsi en descendant et en dévorant toutes les feuilles qu'elles trouvent sur leur passage.

On les détruit comme l'espèce précédente.

Les *lépidoptères* ou papillons sont les insectes qui causent le plus de ravages dans nos forêts, tant par leur prodigieuse multiplication que par la consommation considérable que font leurs larves ou chenilles des

Fig. 520. *Taupe-grillon femelle.*

bourgeons, des feuilles, de l'écorce, et même du corps ligneux de nos arbres. Les plus dangereux appartiennent à la famille des papillons nocturnes. Ce sont surtout les suivants :

Le *cossus ronge-bois* (*Cossus ligniperda*, Fab.) (*fig.* 528) est une des grandes espèces les plus nuisibles. Il est d'un gris cendré, avec de petites lignes noires, nombreuses sur les ailes supérieures. La chenille attaque les saules, les peupliers, le chêne et particulièrement les plantations d'ormes, dans lesquelles elle cause des ravages considérables. Cette chenille (*fig.* 527), de la grosseur du petit doigt, est de couleur rougeâtre, avec des bandes transversales d'un rouge de sang.

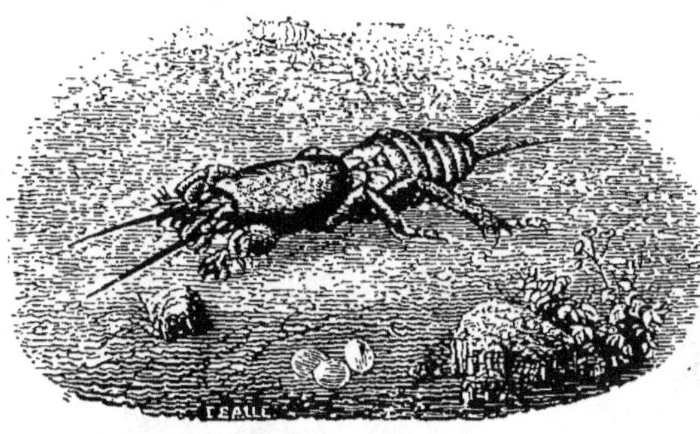

Fig. 521. *OEufs du taupe-grillon et larves.*

ge de sang. Elle pénètre, jeune encore, au-dessous de l'écorce, où elle pratique, aux dépens des couches d'aubier les plus jeunes et des couches du liber, de nombreuses galeries qui interrompent la circulation de la séve, rendent l'arbre languissant, et souvent même le font périr.

La présence de ces larves est indiquée par un suintement rougeâtre accompagné d'un peu de détritus semblables à de la sciure de bois qui s'échappe par des ouvertures irrégulières.

Il est malheureusement très-difficile de détruire cet insecte; le seul moyen de diminuer son abondance consiste à faire la chasse aux papillons de cette espèce, qu'on rencontre fréquemment, vers le milieu de l'été, appliqués contre le tronc des ormes, et aux cocons (*fig.* 329) ou aux chrysalides (*fig.* 330) que la chenille fait sous l'écorce, à l'orifice de ses galeries. Le procédé que nous avons indiqué plus haut pour la destruction du scolyte produit aussi de très-bons résultats pour les cossus dont un très-grand nombre des larves sont mises à nu par cette opération.

Fig. 323.
Tenthrède du pin.

Fig. 324. *Cocon de la tenthrède du pin.*

La *sesie apiforme* (*Sesia apiformis*) (*fig.* 331), papillon assez petit, à ailes transparentes et offrant l'aspect et la couleur de la guêpe frelon. La chenille est blanchâtre avec une ligne médiane de couleur obscure sur le dos. Cette larve attaque de préférence la base de la tige et les racines des peupliers et des saules. On emploie le même mode de destruction que pour l'espèce précédente. Les papillons paraissent vers le milieu de juillet.

Le *bombyce processionnaire* (*Bombyx processionnea*, Réaum.) (*fig.* 332) est assez petit. Il est d'un gris sale

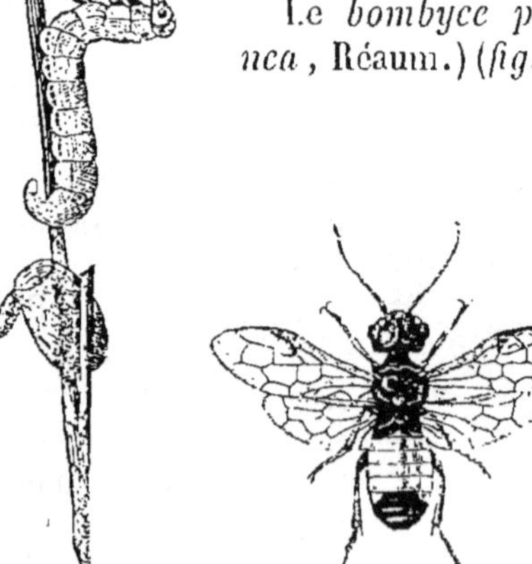

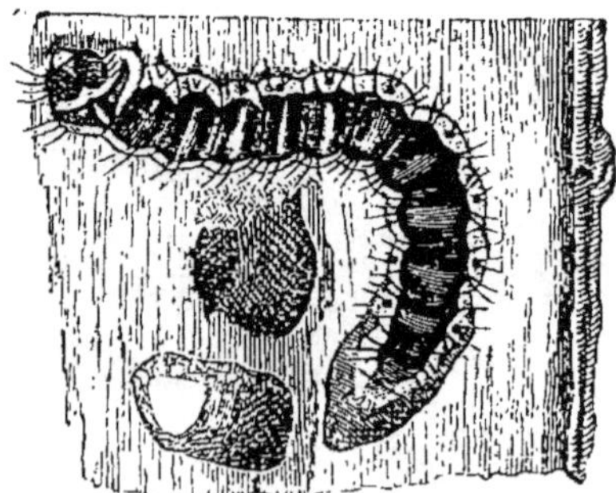

Fig. 325. *Larve et cocon de la tenthrède des champs.*

Fig. 326. *Tenthrède des champs.*

Fig. 527. *Larve du cossus ronge-bois.*

et brunâtre, avec des raies transversales, claires et foncées, qui s'alternent. La chenille (*fig.* 333) est d'un gris bleuâtre ou rougeâtre, et hérissée de

poils fort longs. Elle porte, sur la ligne médiane du dos, des raies transversales et de petites excroissances d'un rouge brun. Le papillon prend son
essor en août; il dépose ses œufs sur l'écorce du chêne, et les chenilles,

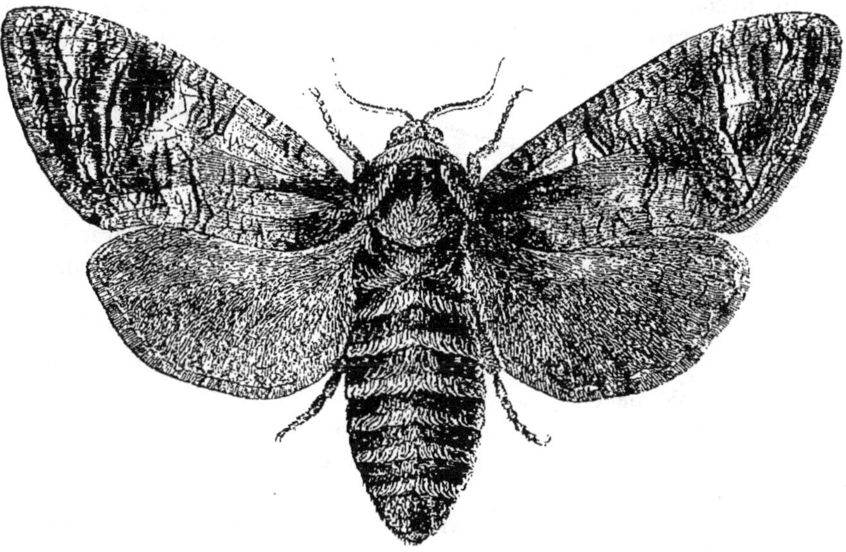

Fig. 528. *Cossus rouge-bois, papillon femelle.*

qui éclosent en mai, voyagent sur l'arbre par ascension et y vivent en
société; après chaque mue, les escadrons deviennent plus volumineux,
et passent des arbres dévorés sur d'autres arbres. La mue de ces in-

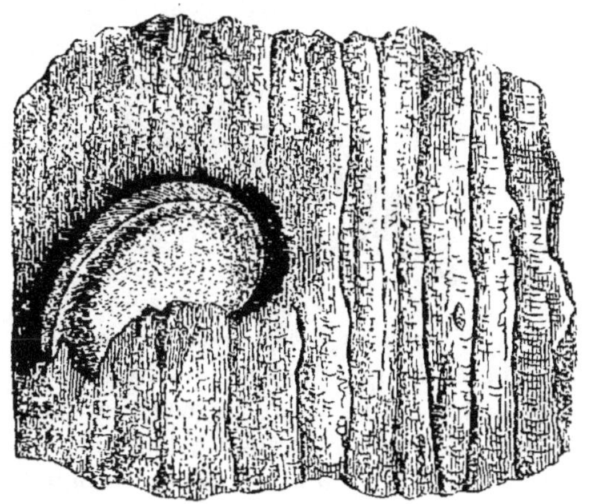

Fig. 529. *Cocon de cossus.*

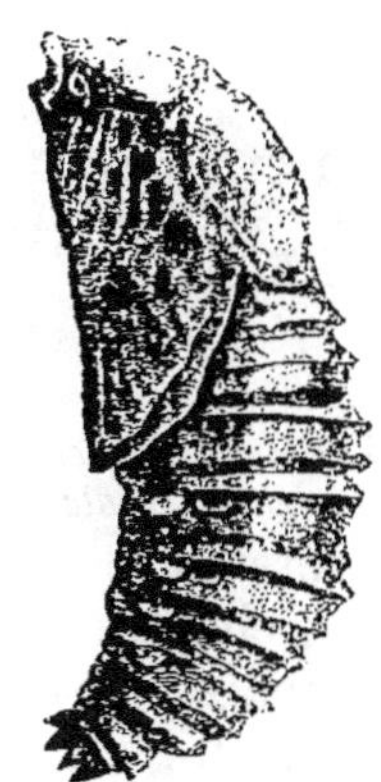

Fig. 530. *Chrysalide de cossus.*

sectes s'effectue sous une toile de soie, filée dans les anfractuosités des
branches, ou sur le tronc. Leur passage à l'état de chrysalide se fait

aussi dans l'intérieur d'un grand réseau en forme de ballon, lequel est d'un blanc sale et commun pour tous.

On détruit cet insecte en enlevant, vers la fin de juillet, ces sortes de gros flocons dont les chenilles s'enveloppent; cette chasse doit être faite avec un racloir en fer, pour éviter les accidents inflammatoires qui atteignent les ouvriers touchés par le petit duvet qui recouvre ces chenilles.

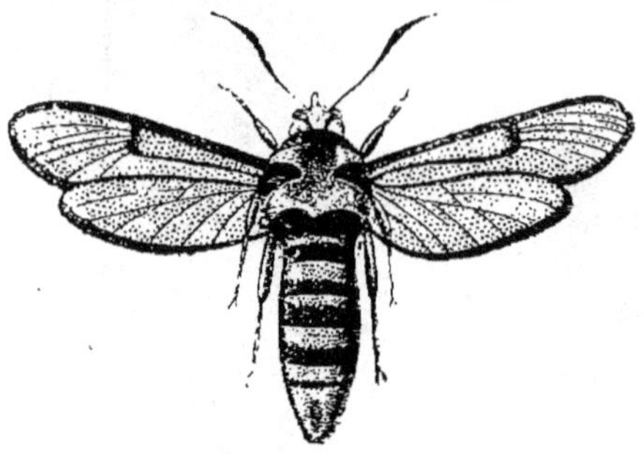

Fig. 331. *Sésie apiforme.*

Le *bombyce du pin* (*Bombyx pini*) (*fig.* 334). — Ce papillon est le plus grand de ceux qui sont réellement nuisibles. Il est d'un rouge brun, avec une large bande transversale d'une couleur différente, et présente, vers le centre des deux ailes antérieures, une tache blanche en forme de croissant. Pendant l'accouplement, ces insectes se tiennent les ailes pendantes et entrelacées (*fig.* 335). Ils sortent de leur chrysalide et commencent à voltiger vers le milieu de juillet. Les femelles pondent leurs œufs sur l'écorce des troncs (*fig.* 335), et quelquefois sur les rameaux.

Les chenillettes (*fig.* 335) commencent à éclore, deux ou quatre se-

Fig. 332. *Bombyce processionnaire;*
papillon mâle.

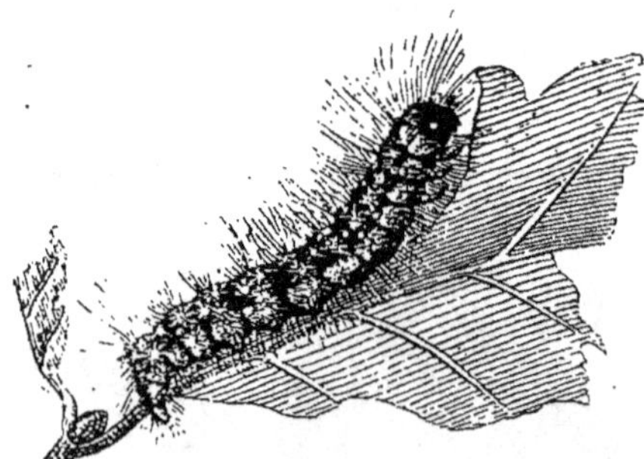

Fig. 333.
Larve du bombyce processionnaire.

maines après la ponte, suivant que la température est plus ou moins favorable; elles se dirigent immédiatement sur les bourgeons des pins, pour les ronger. Les chenilles (*fig.* 336) se distinguent à leur couleur grise, rougeâtre, ou, plus souvent, d'un brun foncé. On les reconnaît surtout à deux entailles, d'un bleu d'acier, qu'elles présentent près du cou. Parvenues, en octobre, à la moitié de leur croissance, elles se retirent, pendant l'hiver, sous la mousse, au pied des arbres; vers le mois d'avril elles remontent sur les arbres, recommencent leurs ravages, et dévorent les feuilles et les jeunes pousses des pins. Ce n'est qu'en juin qu'elles commencent à filer leurs cocons, à l'extrémité des

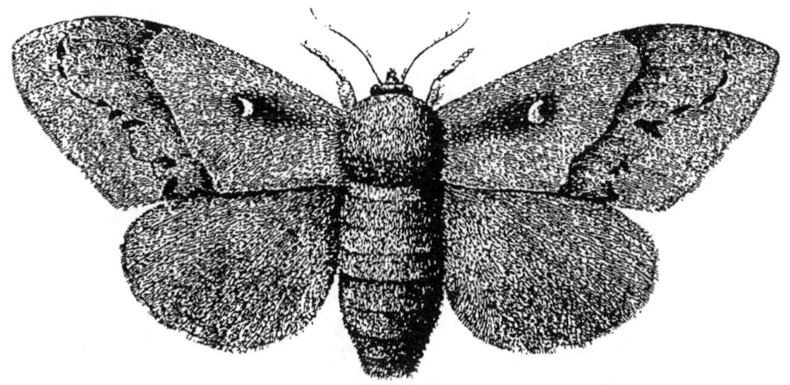

Fig. 334. *Bombyce du pin; individu femelle.*

Fig. 335. *Bombyce du pin; œufs jeunes chenilles, et papillons accouplés.*

rameaux (*fig.* 336) ou sur l'écorce du tronc. Malheureusement, les cochons ne mangent pas les chenilles de ce papillon. On devra donc tàcher de diminuer le nombre de ces larves, soit en le recueillant, à la fin de l'automne, sous la mousse, au pied des pins, soit en détruisant les papillons, les cocons ou les œufs qu'on trouvera posés sur les troncs.

Le *bombyce à cul doré* (*Bombyx chrysorrhæa*) (*fig.* 337) est blanc comme la neige, seulement la laine dévidable qui se trouve à l'anus de la femelle est d'une couleur brun rougeàtre. La chenille (*fig.* 338), couverte de poils, est d'un brun foncé et porte plusieurs raies rouges longitudinales. Elle attaque non-seulement les arbres fruitiers, mais encore les jeunes chênes. On détruit facilement cette espèce en recueillant et en brûlant les nids de chenilles, qui après la chute des feuilles sont faciles à apercevoir sur les branches.

Le *bombyce du saule* (*Bombyx salicis*) (*fig.* 339) a les ailes d'un blanc argenté et luisant avec des nervures jaunâtres. La chenille (*fig.* 340) a le dos couvert de grandes taches jaunes ou blanchâtres, séparées par des bandes noires. Ces taches jaunes sont accompagnées de chaque côté par une ligne de tubercules rouges. Une autre ligne de tubercules, surmontés de poils roux, est placée sur chacun des côtés de cette larve.

Cette chenille attaque surtout les peupliers, dont elle dévore les feuilles. Les moyens à l'aide desquels on peut diminuer l'abondance de

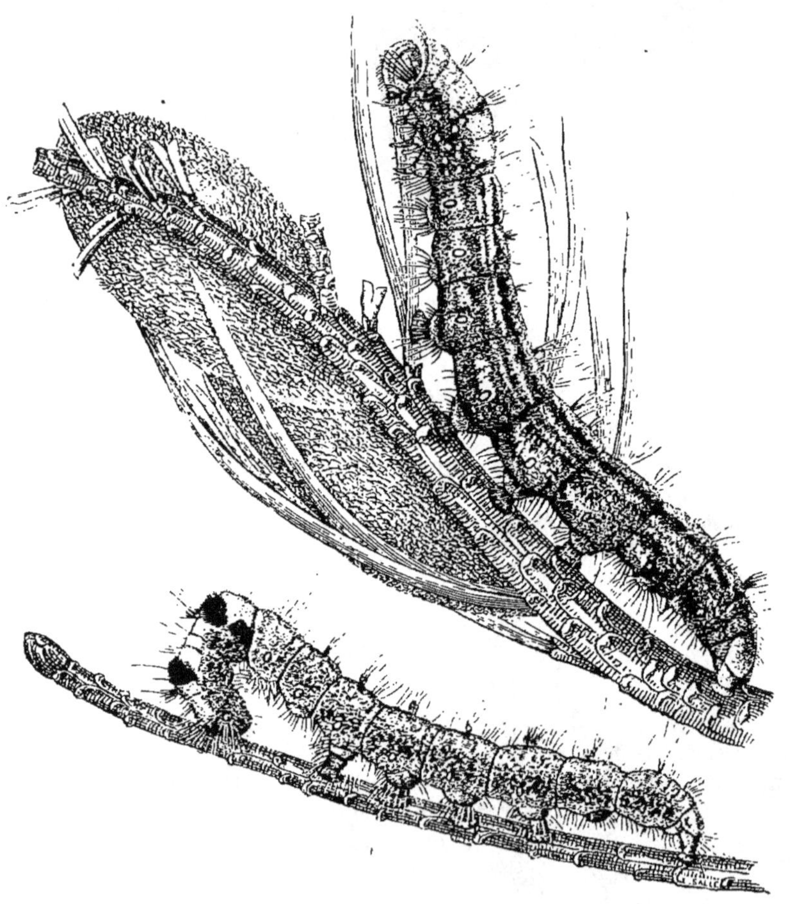

Fig. 556. *Larves et cocons du bombyce du pin.*

ces insectes sont : 1° d'écraser les œufs contre la tige des arbres en juillet ; 2° de faire tomber les chenilles en mai et de les écraser, en ébranlant la tige des jeunes arbres, dès le matin, par une secousse violente et brusque ; 3° de brûler les papillons à la fin de mai et en juin, en faisant de grands feux le soir dans le voisinage des arbres.

Le *bombyce livrée* (*Bombyx neustria*) (fig. 341). — Cet insecte est de moyenne grandeur et d'un rouge brun. Sa larve (*fig.* 342) est très-nuisible aux vergers ; elle se montre aussi dans les forêts, sur les chênes et autres arbres, sur lesquels elle vit en association. On peut détruire ces chenilles en enlevant leurs nids, en hiver, ou en les écrasant, au

Fig. 337. *Bombyce à cul doré ; papillon femelle.*

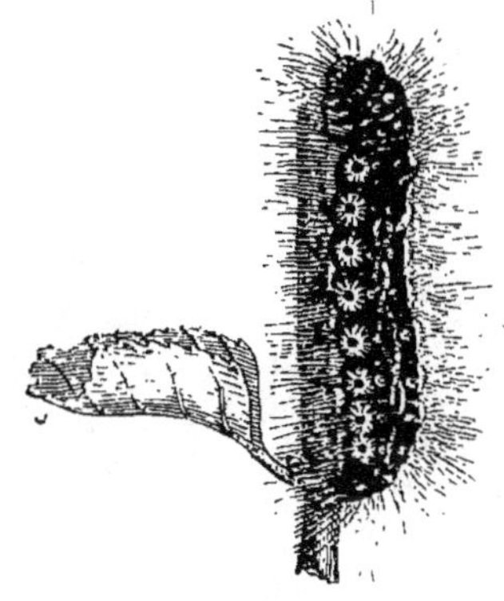

Fig. 338. *Larve du Bombyce à cul doré.*

printemps, contre la tige, alors qu'elles sont réunies en bloc. Une solution de savon noir, lancée à l'aide d'une petite pompe à main, ou d'un gros pinceau, les détruira aussi immédiatement.

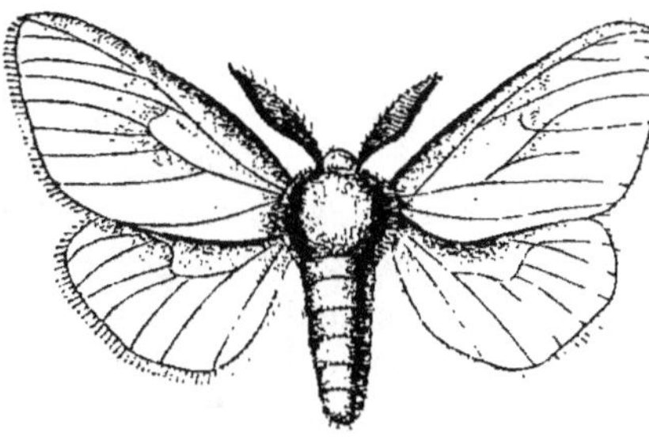

Fig. 339. *Bombyce du saule ; papillon.*

Le *bombyce pudibond* (*Bombyx pudibunda*) est petit, d'un blanc rougeâtre, avec des raies transversales plus foncées. La chenille (*fig.* 343) est très-remarquable par quatre touffes de poils, en forme de brosse, et par une autre touffe dressée comme un panache. Sa couleur est rougeâtre, ou verdâtre, avec des entailles qui semblent garnies de velours noir. On trouve cette larve sur presque tous les arbres, et notamment sur le hêtre. Il n'y a d'autre moyen de les détruire que de les écraser au moment où elles montent, en grand nombre, le long des tiges, vers le mois d'octobre.

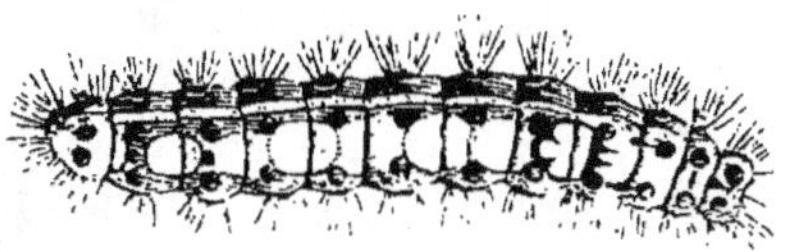

Fig. 340. *Chenille du bombyce du saule.*

Le *bombyce dispar* (*Bombyx dispar*) (*fig.* 344) présente d'assez grandes dimensions. La femelle est beaucoup plus grande que le mâle et d'un blanc gris. Le mâle est brun foncé. La chenille (*fig.* 346) a une grosse tête, de longs poils, avec cinq paires de verrues dorsales bleues, et six paires de rouges. La chrysalide (*fig.* 345) est d'un brun noirâtre et porte des touffes de longs poils rouges; elle est fixée entre quelques fils isolés, soit entre les feuilles ou au-dessous du point d'attache des branches, soit sous les chaperons des murs. Le papillon prend son essor en août, et la femelle dépose de deux à quatre cents œufs en un paquet ovale, recouvert et garni intérieurement d'un duvet jaunâtre (*fig.* 344).

La chenille de ce bombyce est si vorace, qu'elle attaque tous les arbres. On peut diminuer l'abondance de cette espèce en enlevant, avec un grattoir, pendant l'automne et l'hiver, ces amas d'œufs que nous avons figurés au-dessous du papillon. On peut aussi écraser les chenilles qui se réunissent en mai, aux points que nous avons indiqués, pour s'y transformer en chrysalides. Enfin ces chrysalides seront elles-mêmes détruites avec soin.

Fig. 341. *Bombyce livrée.*

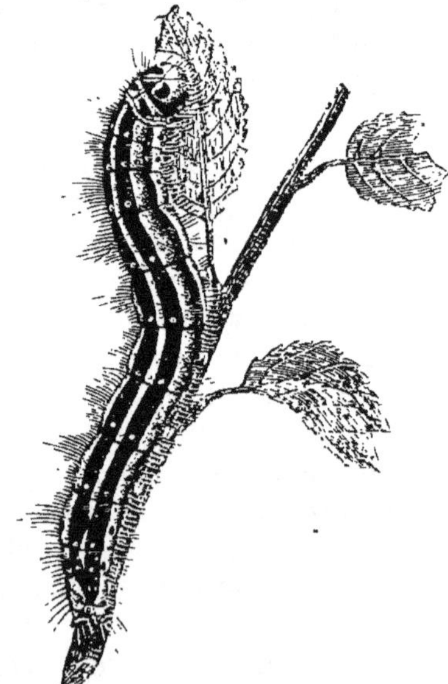

Fig. 342. *Larve du bombyce livrée.*

Le *bombyce moine* (*Bombyx monaca*, L.) (*fig.* 347) a les ailes antérieures blanches, chargées d'un grand nombre de taches et de raies en zigzag. Il se distingue surtout par de larges bandes roses qui courent transversalement sur l'abdomen. La chenille de ce lépidoptère (*fig.* 548) attaque de préférence les pins et les sapins, auxquels elle cause de grands dommages. Cette larve mange aussi, mais moins fréquemment, les feuilles du chêne, du hêtre, du bouleau. Il n'y a d'autre moyen de destruction que de recueillir, pendant l'automne et l'hiver, les

œufs déposés sur le tronc des arbres (*fig.* 349), ou bien d'écraser sur les arbres, vers la fin d'avril, les jeunes chenilles lorsqu'elles viennent d'éclore (*fig.* 349), ou enfin de rechercher, en juin, les chrysalides, ordinairement fixées dans les anfractuosités de la tige des arbres (*fig.* 349).

La *phalène piniaire* (*Phalæna piniaria*, L.) (*fig.* 550) est d'un brun rouge. La chenille (*fig.* 351) est verte, rayée de blanc et de jaune sur les côtés. Elle vit sur le pin sylvestre et peut être détruite par les

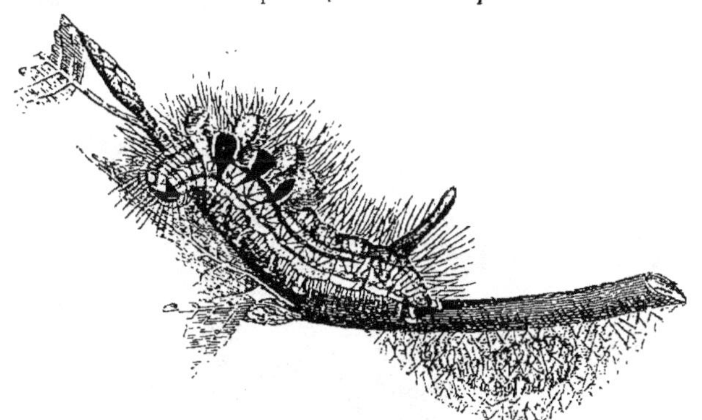

Fig. 343. *Cocon et larve du bombyce pudibond.*

cochons lorsqu'elle descend sur le sol, à la fin de l'automne, pour se transformer en chrysalide.

Fig. 344. *Papillon femelle et œufs du bombyce dispar.*

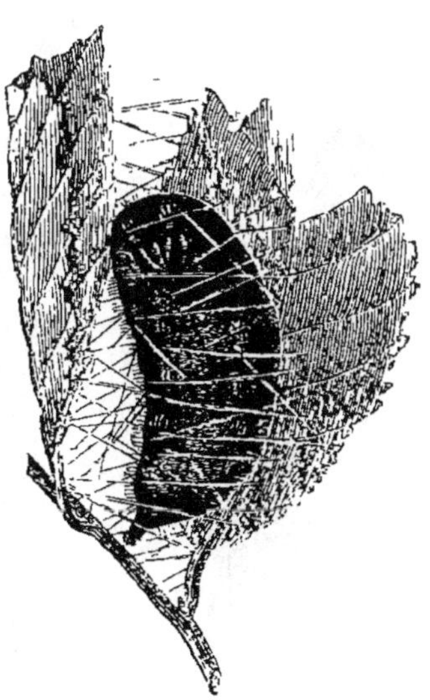

Fig. 345. *Chrysalide du bombyce dispar.*

La *noctuelle piniperde* (*Noctua piniperda*, Esp.) (*fig.* 352) est d'un

rouge brun bleuâtre, tacheté de blanc et strié. La chenille de cette espèce (*fig. 353*) est verte et porte, sur le dos, des raies blanches longi-

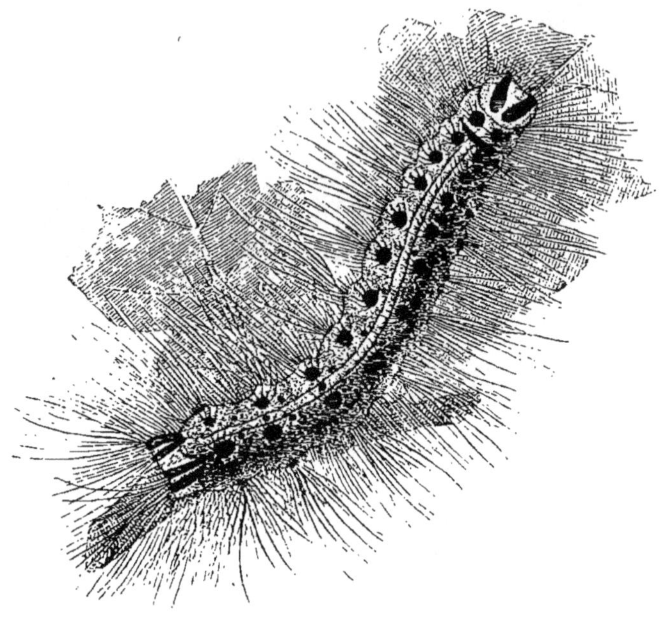

Fig. 346. *Larve du bombyce dispar.*

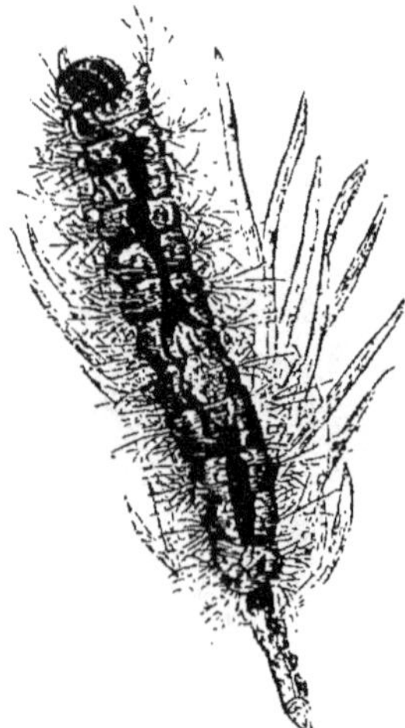

Fig. 348. *Larve du
bombyce moine.*

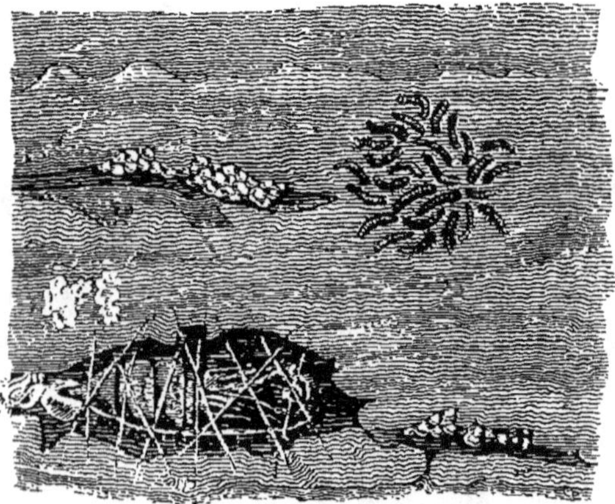

Fig. 349. *Chrysalide, œufs et chenillettes du
bombyce moine.*

tudinales, et, de chaque côté, une raie orange. Cette noctuelle prend
son vol dès la fin de mars. Les jeunes chenilles rongent déjà, en mai,

les bourgeons, dans lesquels elles pénètrent souvent tout entières. En juillet elles descendent des arbres pour aller se changer en chrysalides sous la mousse. Cette chenille est surtout très-redoutable pour les forêts

Fig. 347. *Bombyce moine; individu femelle.*

Fig. 351. *Larve de la phalène piniaire.*

de pins sylvestres. On la détruit par le même moyen que l'espèce précédente.

Fig. 350. *Phalène piniaire; papillon femelle.*

Fig. 352. *Noctuelle piniperde; papillon mâle.*

Fig. 353. *Larve de la Noctuelle piniperde.*

Nous ferons une dernière observation à l'égard de ces divers insectes, c'est que toutes les espèces forestières n'y sont pas également exposées.

19.

Celles qui souffrent le plus de leurs atteintes sont surtout les suivantes :

Les peupliers ;

Les ormes ;

Les chênes ;

Les frênes ;

Les pins.

Les espèces qui sont attaquées le moins souvent sont :

Le micocoulier de Provence ;

Le platane ;

Le vernis du Japon :

Les noyers ;

Les érables ;

Le robinier faux acacia.

Si donc on avait à choisir, pour le boisement d'une surface, entre plusieurs espèces offrant d'ailleurs les mêmes avantages et la même aptitude pour les circonstances locales, il faudrait préférer celles qui sont le moins attaquées par les insectes.

NOMS DES GENRES.	NATURE DU SOL.	MODE DE MULTIPLICATION.				
		SEMIS.	MARCOTTAGE.	BOUTURES.	GREFFES.	SORTE DE SUJETS.
Genres à feuilles caduques.						
Anones.	Terre de bruyère.	Semis..	Marcott. par incision en Y.			
Azalées.	Id.	Id.	Id.		Gref. par approche Agricola.	Azalea pontica.
Cléthra.	Id.	Id.	Id.			
Calycanthes.	Id.		Marcott. herbacé par incision en Y.			
Chionanthes.	Id.	Semis..	Id.			
Cyprès (à feuilles caduques).	Id.	Id.				
Daphnés (à feuilles caduques).	Id.	Id.	Id.		Greffe en fente Atticus.	Daphné lauréole.
Dirca.	Id.	Id.	Marc. par incision en Y et par cépée.	Boutures par rameaux avec talon.		
Ginckgo.	Id.	Id.	Marcott. par incision en Y.	Boutures par rameaux et par racines.		
Itea.	Id.	Id.	Marc. par incision en Y et par racine.	Boutures par tronçons de racine.		
Lauriers (à feuilles caduques).	Id.	Id.	Marcott. par incision en Y.			
Magnoliers (à feuilles caduques).	Id.	Id.	Id.		Gret par approche Agricola.	Magnol. umbrella.
Pivoines en arbre.	Id.	Id.	Id.			
Rhodora.	Id.	Id.	Id.			
Spirées.	Id.	Id.	Id.	Id.		
Tulipiers.	Id	Id.	Id.		Id.	Tulipier commun.
Alisiers.	Terre franche.	Id.	Marc. par incision en Y et par racine.		Greffe en écusson Vitry.	Aubépine.
Amandiers.	Id.	Id.		Id	Id.	Amandier commun.
Amorpha.	Id.	Id.	Marcott. par racines.	Boutures par rameaux.		
Aralia.	Id.	Id.	Marcott. par incision en Y.	Boutures par racines.		
Argousiers.	Id.	Id.	Marcott. herbacé en serpenteaux.			
Aristoloches.	Id.			Id.		
Aubépines.	Id.	Semis..	Marcott. en archet.	Boutures par rameaux et par plançons.	Id.	Aubépine.
Aunes.	Id.	Id.		Boutures par rameaux.		
Baccharis.	Id.	Id.				
Baguenaudiers.	Id.	Id.	Marcott. en archet et par drageons.	Boutures par rameaux.		
Berberis.	Id.	Id.	Marcott. en serpenteaux.	Boutures par rameaux et par racines.		
Bignones.	Id.	Semis..				
Bois de Judée.	Id.	Id.	Marcott. par incision en Y.			
Borya.	Id.	Id.	Id.			
Bouleaux.	Id.	Id.	Id.			
Broussonetia.	Id.	Id.	Marcott. en archet.	Boutures par rameaux.	Id.	Mûrier.
Budleya.	Id.	Id.	Marcott. par racines.			
Caragana.	Id.	Id.		Boutures par rameaux.	Greffe en fente Atticus.	Caragana commun.
Catalpa.	Id.	Id.	Marcott. par incision en Y.			
Ceanothus.	Id.	Id.	Marcott. en serpenteaux.			
Colastrus.	Id.	Id.				
Cerisiers.	Id.	Id.			Greffe en écusson Vitry.	Merisier.
Chalefs.	Id.		Marcott. par incision en Y.	Boutures par rameaux.		
Charmes.	Id.	Semis..				
Chênes (à feuilles caduques).	Id.	Id.	Marcott. en serpenteaux.		Greffe en fente herbacée.	Chêne commun.
Chèvrefeuilles.	Id.		Marcott. par racines.	Boutures par racines.		
Chicot-Bonduc.	Id.	Semis..	Marcott. en serpenteaux.	Id.		
Cissus.	Id.	Id.	Id.	Id.		
Clématites.	Id.	Id.	Marcott. par incision en Y.	Id.		
Copaline.	Id.	Id.	Marcott. en archet et par racines.			
Coronilles.	Id.		Marcott. par incision en Y.	Id.		
Cornouillers.	Id.	Semis..		Id.	Greffe en écusson Vitry.	Cornouiller mâle.
Cytises.	Id.	Id.		Id.	Greffe en fente Atticus.	Cyt. faux ébénier.
Deutzia.	Id.		Marcott. en archet.			
Erables.	Id.	Semis..	Marcott. par incision en Y.		Greffe en écusson Vitry.	Erable sycomore.
Féviers.	Id.	Id.			Greffe en fente Atticus.	Févier à trois pointes.
Fontanesia.	Id.	Id.	Id.			
Fothergillia.	Id.		Id.			
Frênes.	Id.	Semis..			Id.	Frêne commun.
Fusains.	Id.	Id.	Id.	Id.		
Genêts.	Id.	Id.	Id.		Id.	Genêt d'Espagne.
Glycines.	Id.		Marcott. en archet.			
Grenadiers.	Id.	Semis..	Marcott. en archet.	Id.		
Groseilliers.	Id.		Marcott. herbacé en serpenteaux.	Id.		
Halesia.	Id.	Semis..				

NOMS DES GENRES.	NATURE DU SOL..	MODE DE MULTIPLICATION.				SORTE DE SUJETS.
		SEMIS.	MARCOTTAGE.	BOUTURES.	GREFFES.	
Hêtres	Terre franche	Semis.	Marcott. par incision en Y		Greffe en écusson Vitry	Hêtre commun.
Hibiscus	Id	Semis.	Id		Id	Hibiscus.
Hortensia	Id		Id	Boutures par rameaux.		
Hydrangés	Id		Id	Id.		
Jasmins	Id		Marcott. en archet	Id.		
Kerria	Id		Marcott. en archet et par drageons	Id. et par racines.		
Kœlrheuteria	Id	Semis.		Id.		
Leycesteria	Id	Semis.	Marcott. en archet	Id.		
Lilas	Id	Semis.	Id	Id. et par racines	Greffe en fente Atticus	Lilas commun.
Lycium	Id	Semis.	Id	Id.		
Maclura	Id	Semis.	Marcott. par incision en Y	Boutures par rameaux et par racines.		
Marronniers	Id	Semis.			Greffe en écusson Vitry	Marronnier d'Inde.
Merisiers	Id	Semis.			Id	Merisier commun.
Mille-pertuis (à feuilles caduq.)	Id	Semis.	Marcott. en archet et par drageons.			
Mûriers	Id	Semis.	Marcott. en archet, par cépée et chinois.	Boutures par rameaux et semées	Greffe en écusson Vitry, herbacée et en flûte-sifflet	Mûrier blanc.
Néfliers (à feuilles caduques)	Id	Semis.			Greffe en écusson Vitry	Aubépine.
Nerpruns (à feuilles caduques)	Id	Semis.	Marcott. par incision en Y			
Noisetiers	Id	Semis.	Marcott. en archet.			
Noyers	Id	Semis.	Id		Greffe en flûte Jefferson et herbacée	Noyer commun.
Nyssa	Id	Semis.	Marcott. par incision en Y.			
Ononis	Id	Semis.				
Ormes	Id	Semis.	Id	Boutures par rameaux et à talon.		
Paviers	Id	Semis.	Marcott. en archet		Greffe en écusson Vitry	Marronnier d'Inde.
Paulownia	Id	Semis.	Id	Boutures par rameaux et par racines.		
Pêchers	Id			Boutures par rameaux, à talon et par ramée,	Id	Amandier commun.
Peupliers	Id		Marcott. en archet et chinois	Boutures par rameaux, à talon et par ramée,		
Plaqueminiers	Id	Semis.			Id	Plaquem. de Virginie.
Poirier du Japon	Id		Id	Bout. par rameaux et par tronçons de racine.		
Pommiers	Id	Semis.	Marcott. en archet		Id	Pommier franc.
Potentilles	Id	Semis.				
Pruniers (à feuilles caduques)	Id	Semis.			Greffe en écusson et en fente	Prunier commun.
Piéles	Id	Semis.	Marcott. par incision en Y	Boutures par rameaux.		
Robiniers	Id	Semis.	Marcott. par racine	Boutures par tronçons de racine	Greffe en écusson Vitry	Faux acacia.
Ronces	Id		Marcott. en archet et par drageons	Boutures par rameaux et par racines.		
Rosiers	Id	Semis.	Marcott. par incision en Y	Bout. par rameaux et par tronçons de racine.	Greffe en fente Atticus, en écusson Vitry et Jouette	Églantier.
Saules	Id		Marcott. en archet et chinois	Bout. par rameaux, par plançons et par ramée.		
Seringats	Id	Semis.	Marcott. en archet	Boutures par rameaux.		
Sophora	Id	Semis.		Id	Greffe en fente Atticus	Sophora du Japon.
Sorbiers	Id	Semis.			Greffe en écusson Vitry	Aubépine.
Spartium	Id	Semis.				
Spirées	Id	Semis.	Marcott. en archet et par drageons	Id.		
Staphylea	Id	Semis.	Marcott. par incision en Y.			
Sumacs	Id	Semis.	Marcott. par racines.			
Sureaux	Id	Semis.		Id		
Symphorines	Id	Semis.	Marcott. en archet et par drageons	Id		
Tamarix	Id		Marcott. en archet			
Troënes (à feuilles caduques)	Id	Semis.	Id	Id	Greffe en fente Atticus	Troène commun.
Tilleuls	Id	Semis.	Id	Id	Greffe en écusson Vitry	Tilleul de Hollande.
Viornes (à feuilles caduques)	Id	Semis.	Id			
Virgilia	Id	Semis				
Vitex	Id		Marcott. par incision en Y	Id		
Xanthorhiza	Id		Id	Id. et par racines.		
Xanthoxylum	Id		Id	Id. et par racines.		
Zizyphus	Id	Semis.	Id			

SÉRIES	GENRES.	NATURE DU SOL.	MODE DE MULTIPLICATION.				
			SEMIS.	MARCOTTAGE.	BOUTURES.	GREFFES.	SORTE DE SUJETS.
			Genres à feuilles persistantes.				
Genres résineux.	Araucaria.	Terre de bruyère.	Semis.			Greffe en fente herbacée.	Cèdre du Liban.
»	Cèdres.	Id.	Id.				
»	Cryptomeria.	Id.	Id.				
»	Cunninghamia.	Id.	Id.				
»	Cyprès.	Id.	Id.				
»	Ephedra.	Id.		Marcott. par incision en Y.			
»	Genévriers.	Id.	Semis.	Id.	Bout. par rameaux.		
»	Ifs.	Id.	Id.	Id.	Id.		
»	Pins.	Id.	Id.			Greffe en fente herbacée.	Pin Sylvestre et pin Weymouth.
»	Sapins.	Id.	Id.			Greffe en fente herbacée.	Epicéa.
»	Taxodium.	Id.	Id.				
»	Thuya.	Id.	Id.	Marcott. par incision en Y.			
enres non résineux.	Airelles.	Id.	Id.	Id.	Id.		
»	Andromèdes.	Id.	Id.	Id.	Id.		
»	Arbousiers.	Id.	Id.	Id.	Id.		
»	Aucuba.	Terre franche.		Id.	Id.		
»	Bruyères.	Terre de bruyère.	Semis.	Marcott. en archet.	Id.		
»	Buis.	Terre franche.		Marcott. par incision en Y.			
»	Buplèvres.	Id.	Semis.	Id.			
»	Chênes (à feuilles persistantes).	Id.	Id.	Marcott. en archet.	Id.		
»	Cistes.	Id.	Id.	Id.		Greffe en écusson Vitry.	Cognassier.
»	Cratægus (à feuilles persistantes).	Id.		Marcott. par incision en Y.		Greffe en fente Atticus.	Daphné lauréole.
»	Daphnés (à feuilles persistantes).	Terre de bruyère.	Semis.	Id.			
»	Empetrum.	Id.	Id.	Id.			
»	Filaria.	Id.		Id.	Id.		
»	Fusains.	Id.	Semis.	Id.	Id.		
»	Garrya.	Terre de bruyère.		Id.		Greffe en fente Atticus et par approche Agricola.	Houx commun.
»	Houx.	Id.	Semis.	Id.			
»	Kalmies.	Id.	Id.	Id.			
»	Lauriers (à feuilles persistantes).	Terre franche.	Id.	Id.	Id.		
»	Lauriers-roses.	Id.	Id.	Id.			
»	Ledum.	Terre de bruyère.	Id.	Marcott. en archet.	Id.		
»	Lierres.	Terre franche.	Id.	Marcott. par incision en Y.		Gref. par approche Agricola.	Magnolia grandiflora.
»	Magnoliers (à feuilles persistantes).	Terre de bruyère.	Id.	Marcott. en archet et par drageons.			
»	Mahonia.	Id.	Id.	Marcott. en archet.			
»	Menziesia.	Id.	Id.	Marcott. en archet et par drageons.	Id.		
»	Millepertuis (à feuilles persist.).	Terre franche.	Id.	Marcott. par incision en Y.		Greffe en écusson Vitry.	Cognassier.
»	Myrica.	Terre de bruyère.	Id.	Id.			
»	Néfliers (à feuilles persistantes).	Terre franche.	Id.	Id.			
»	Nerpruns (à feuilles persistantes).	Id.	Id.	Id.			
»	Polygala.	Terre de bruyère.	Id.	Id.	Id.		
»	Pruniers (à feuilles persistantes).	Terre franche.	Id.	Id.		Gref. par approche herbacée.	Rhododendron Pontic.
»	Rhododendrons.	Terre de bruyère.	Id.	Id.	Id.		
»	Romarin.	Terre franche.	Id.	Id.	Id.		
»	Troènes (à feuilles persistantes).	Id.		Id.	Id.		
»	Viornes (à feuilles persistantes).	Id.	Semis.	Id.	Id.		

TROISIÈME SECTION

CULTURE DES ARBRES ET ARBRISSEAUX D'ORNEMENT.

Nous comprenons sous la dénomination d'*arbres* et d'*arbrisseaux d'ornement* toutes les espèces que l'éclat, l'odeur, la singularité de leurs fleurs ou de leurs fruits, l'élégance de leur feuillage, ont fait choisir pour la décoration des parcs et des jardins. L'importance, relativement moins grande, des arbres de cette section, nous engage à ne traiter de leur culture que d'une manière succincte; aussi ne dirons-nous qu'un mot de la forme et de l'exécution des parcs et jardins, ces notions étant d'ailleurs plutôt du ressort de l'architecture que de celui de la culture proprement dite. Résumons d'abord ce qui a trait à l'élève de ces arbres dans les pépinières.

PÉPINIÈRE D'ARBRES ET D'ARBRISSEAUX D'ORNEMENT.

La liste ci-contre contient les principaux genres d'arbres et d'arbrisseaux d'ornement. Cette liste est d'abord partagée en deux séries principales : les genres à feuilles caduques, puis ceux à feuilles persistantes. Nous avons, comme pour les espèces forestières, indiqué en regard de chaque genre les procédés de multiplication les plus convenables, ainsi que quelques autres détails de culture.

A cette liste nombreuse il convient de joindre toutes les espèces forestières précédentes qui peuvent aussi concourir à l'ornement des parcs. Nous nous sommes suffisamment étendu sur leur culture dans la pépinière; nous nous bornerons donc à dire un mot des genres compris dans cette seconde liste, et qui sont plus spécialement appelés à former la plantation des jardins ou des avenues purement ornementales. Nous envisagerons séparément la culture des genres à feuilles caduques et ceux à feuilles persistantes, et nous isolerons également les genres qui exigent la terre de bruyère de ceux qui s'accommodent de la terre franche.

Genres à feuilles caduques. — Ce premier groupe est partagé en deux séries : les genres qui exigent la terre de bruyère et ceux qui s'accommodent de la terre franche ou terre ordinaire. Les graines de toutes les espèces qui exigent la terre de bruyère peuvent être stratifiées, particulièrement les plus grosses, comme celles des anones, des chionanthes, des lauriers, des magnoliers, etc. Elles doivent être semées au printemps sur des plates-bandes de terre de bruyère ombragées du côté du midi et entretenues suffisamment fraîches, pendant l'été, au moyen d'arrosements. Pour empêcher l'eau de ces arrosements ou des pluies violentes de battre leur surface, on les recouvrira de mousse coupée en très-petits fragments. Ce soin est surtout indispensable pour les graines très-fines, telles que celles des azalées, des cléthras, des rhodoras, etc., qui, semées à la surface du sol, seraient facilement dérangées par l'eau des pluies ou des arrosements.

Il sera également indispensable, pour ces dernières espèces, de couvrir les plates-bandes avec des châssis vitrés. Ces châssis (A, *fig.* 354) sont portés sur une caisse en bois (B) présentant une hauteur de 0ᵐ,30 à l'une

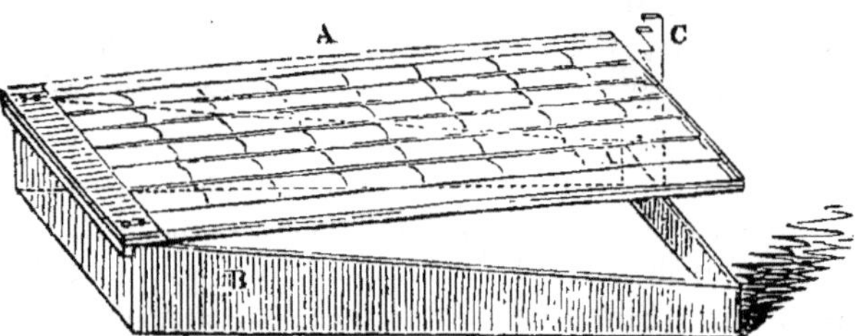

Fig. 354. *Châssis vitré pour les semis en terre de bruyère.*

de ses extrémités, et de 0ᵐ,20 seulement du côté opposé. Les graines très-fines sont semées de la manière suivante : la surface de la terre de bruyère ayant été complétement divisée et parfaitement nivelée, on la tasse, puis on y répand les semences que l'on recouvre d'une couche très-mince de mousse hachée ; l'on termine l'opération par un arrosement copieux pratiqué avec une seringue très-fine. Cet arrosement, qui a surtout pour but d'attacher les semences à la terre, doit être répété le plus rarement possible. Les semences commencent à germer trois semaines environ après l'opération. Dès que l'on s'aperçoit de cette germination, on donne accès à l'air extérieur, pendant la nuit, en maintenant le châssis écarté de la caisse à l'aide d'une sorte de crémaillère en bois (C). On augmente progressivement la quantité d'air jusque vers le mois d'août, époque à laquelle, les jeunes plants étant levés, on remplace les châssis par des claies en bois dont les mailles ne doivent pas présenter plus de 0ᵐ,03 carrés. Ces claies, qu'on laisse séjourner jusqu'au printemps suivant, empêchent les pluies d'orage de fatiguer les jeunes plants.

Au bout de deux ans, ces jeunes plants sont repiqués dans des plates-bandes de terre de bruyère ombragées comme les premières. On les y laisse séjourner deux ans, après lesquels les espèces destinées à former des arbres de haut jet, telles que les ginckos, les anones, certains lauriers, peuvent être transplantées en terre franche jusqu'au moment de leur plantation à demeure ; les autres genres sont repiqués une troisième fois dans des plates-bandes de terre de bruyère toujours ombragées, et peuvent être plantés à demeure au bout de deux ans.

Tous les genres précédents peuvent être multipliés au moyen du marcottage. Les marcottes sont pratiquées dans des plates-bandes de terre de bruyère ombragées comme celles destinées au semis. On les sèvre l'année suivante, si elles sont suffisamment enracinées. Celles qui sont destinées à former des touffes subissent un repiquage sur des plates-bandes ombragées; puis on les plante à demeure au bout d'un an. Celles des arbres de haut jet sont transplantées en terre ordinaire.

Quant aux quelques espèces qui peuvent être multipliées au moyen des boutures, on pratique cette opération dans les plates-bandes de terre de bruyère ombragées et couvertes de mousse hachée. On emploie, pour la formation de la tige des espèces de haut jet, le moyen décrit à l'article des boutures.

Tout ce que nous avons dit relativement au semis, aux boutures et au marcottage des espèces forestières s'applique également aux genres d'ornement qui s'accommodent de la terre franche.

Genres à feuilles persistantes. — Nous devons examiner séparément dans ce groupe les espèces résineuses et les espèces non résineuses.

Quant aux espèces résineuses d'ornement, elles exigent en général les mêmes soins que les espèces résineuses forestières dont nous avons parlé précédemment. Nous ajouterons seulement les considérations suivantes :

Et d'abord, les graines des ifs et des genévriers doivent être stratifiées. D'un autre côté, pour éviter la souffrance qu'éprouvent toujours les jeunes plants résineux au moment de leur plantation à demeure, quelques pépiniéristes ont adopté l'usage de les placer, lors de leur transplantation, dans des pots assez grands, enterrés à $0^m,03$ au-dessous de la surface du sol; le plus grand nombre des racines se trouve ainsi conservé quand on les plante à demeure, et il suffit alors de briser le vase avant de les mettre en terre. Ce procédé pourra être utilement employé pour les espèces les plus délicates, telles que le cèdre du Liban, le pin pignon, etc.

Nous distinguerons, dans les genres non résineux, ceux qui s'accommodent de la terre franche, de ceux qui exigent la terre de bruyère.

A ceux qui peuvent vivre dans la terre franche on appliquera les soins que nous avons prescrits pour les semis, marcottes et boutures des espèces forestières. Quant aux genres qui demandent la terre de bruyère, on suivra les indications que nous avons données pour les semis, le marcottage et les boutures des genres d'ornement à feuilles caduques de terre de bruyère. Il sera surtout indispensable, pour les espèces à semences très-fines, comme celles des rosages, des bruyères, etc., d'opérer comme nous l'avons indiqué pour les azalées, les cléthras, etc.

PLANTATIONS D'ALIGNEMENT D'ORNEMENT.

L'exécution des plantations d'alignement d'ornement diffère, par quelques points, de celle des *plantations d'alignement forestières*. Nous allons examiner ici ces différences et renvoyer, pour les autres soins que réclament ces arbres, à ce que nous avons dit plus haut des plantations d'alignement forestières.

Choix des espèces d'arbres.. — Pour ces sortes de plantations, on ne doit pas se préoccuper de la production du bois; il convient donc de tout sacrifier à l'ornement. Aussi devra-t-on choisir les espèces d'arbres les plus remarquables par l'ampleur de leur feuillage, la beauté de leur port ou l'éclat de leurs fleurs. Il est bien entendu que si l'on doit planter ainsi plusieurs avenues ou plusieurs massifs dans la même localité, il sera bon de ne pas les former tous avec la même espèce, afin d'éviter la monotonie.

Parmi les diverses espèces d'arbres de haut jet que nous avons indiqués, page 346, pour les plantations d'alignement forestières, nous conseillons surtout les suivantes pour les plantations d'ornement.

Érable sycomore.	Peuplier du Canada.
Érable plane.	Platane d'Occident.
Marronnier d'inde.	Tilleul de Hollande.
Mûrier blanc.	Tilleul argenté.
Orme tortillard.	Vernis du Japon.
Peuplier argenté.	

Si les plantations à créer sont exécutées dans une propriété close, on pourra joindre à la liste précédente les espèces ligneuses suivantes :

Sapin épicéa.	Pin d'Alep.
Sapin des Vosges.	Pin de Weymouth.
Pin sylvestre.	Pin pignon.
Pin laricio.	Mélèze d'Europe.

Quant au sol et au climat qui conviennent particulièrement à ces espèces, nous l'avons indiqué à la page 161, excepté pour le *marronnier d'Inde* et le *tilleul argenté*. Ces deux espèces s'accommodent de tous les climats de la France. Elles prospèrent dans les sols de consistance moyenne et dans les terres siliceuses un peu humides.

Forme à donner à ces plantations. — Le nombre des lignes d'arbres est déterminé par la place qu'elles peuvent occuper ou par la fantaisie de celui qui les fait exécuter. Les lignes doivent être parfaitement parallèles les unes aux autres. La distance à réserver entre elles et entre les arbres sur les lignes est déterminée par les indications fournies à la page 254. Toutefois les distances entre les lignes pourront être d'autant plus augmentées que les avenues seront plus longues, afin que la perspective ne les fasse pas paraître trop étroites.

Si la plantation se compose d'une seule ligne, la place des arbres est indiquée d'une manière invariable par la distance à laquelle ils doivent se trouver les uns des autres. Mais, s'il s'agit de plusieurs lignes réunies, on peut donner à la plantation la forme *carrée* ou celle en quinconce (page 258). Nous avons conseillé la disposition en quinconce pour les plantations forestières ; pour celles d'ornement, nous pensons qu'il faudra choisir la plantation carrée ; d'une part l'on n'a pas en vue la production du bois, et de l'autre cela permettra à la vue de traverser perpendiculairement ces sortes de plantations sans rencontrer d'obstacles.

Transplantation des arbres âgés. — Nous avons reconnu, en traitant plus haut des plantations d'alignement forestières, que, pour le succès de ces plantations, les arbres ne doivent pas dépasser certaines limites de développement. Toutefois nous avons admis que dans quelques circonstances exceptionnelles, et seulement pour les plantations destinées à l'ornement, on pourrait transplanter des arbres ayant acquis déjà un grand développement. C'est ici où nous devons examiner cette question.

Conditions générales de succès. — Les arbres âgés que l'on veut transplanter doivent être isolés et non réunis en massif serré, de telle sorte que toutes les parties de leur tige soient habituées au grand air et au soleil, et que leur tête soit également développée tout autour de la tige.

Ils doivent avoir été plantés là où on les prend et non semés à demeure ; car dans ce dernier cas les racines, très-longues, peu ramifiées, feront que l'arbre aura très-mauvais pied et reprendra difficilement.

Ces arbres doivent être situés sur un terrain horizontal. Ceux placés sur une surface inclinée présentent des racines beaucoup plus élevées du côté supérieur que du côté inférieur ; il devient donc difficile de placer convenablement ces racines lors de la transplantation dans un sol à surface horizontale ; cela n'est possible que si le lieu où l'on plante est également incliné. Le sol doit être de meilleure qualité que celui où l'on prend les arbres, afin que cette plus grande fertilité facilite la reprise des arbres.

Enfin, toutes les espèces ne se prêtent pas également à ces transplantations. Les espèces à bois mou, dites aussi à bois blanc, sont celles qui réussissent le mieux, telles que les *peupliers*, les *tilleuls*, l'*aune*, les *marronniers* ; les *ormes*, les *robiniers*, les *érables*, les *frênes*, réussissent moins bien. Pour les *hêtres*, les *chênes*, le *charme* et surtout les *arbres résineux*, on échoue souvent.

Deux modes différents peuvent être employés pour la transplantation des arbres âgés : la transplantation avec motte ; la transplantation avec racines nues.

Transplantation avec motte. — Ce système, qui consiste à enlever avec l'arbre la terre dans laquelle les racines sont engagées, paraît être le plus rationnel, puisque les racines ne sont ainsi nullement dérangées.

Mais aussi c'est le mode le plus coûteux, à cause des dépenses auxquelles donnent lieu le déplacement et le transport de cette motte de terre, parfois excessivement pesante, puisqu'elle peut mesurer plus de 6 mètres cubes.

On procède ainsi à cette opération. Si l'on suppose, par l'état de développement de l'arbre, que les extrémités radiculaires ne sont éloignées de la tige que de 1ᵐ,50 au plus, on ouvre autour de l'arbre une tranchée circulaire, naissant au point où l'on suppose que les extrémités radiculaires sont arrivées, et large d'environ 1 mètre, afin que ce travail puisse se faire facilement. La motte ainsi formée, on l'entoure d'un clayonnage solidement établi. Pour donner plus de solidité à cette motte, on pourra attendre, pour la déplacer, le moment des gelées. Alors on répandra le soir sur cette motte une suffisante quantité d'eau, qui, venant à se congeler pendant la nuit, permet d'enlever la motte le lendemain matin sans craindre de voir la terre se détacher.

Pour déplacer cet arbre avec la motte, on ouvre une tranchée qui, naissant à la surface du sol, se prolonge en pente douce jusqu'au pied de la motte. Cette tranchée est assez large pour permettre à la voiture qui doit recevoir l'arbre d'y pénétrer à reculons. On fixe alors vers la base de la tige des bourrelets épais sur lesquels on attache des câbles solides mus par une ou plusieurs chèvres. L'arbre est ainsi soulevé. On fait reculer au-dessous la voiture, on l'y laisse redescendre et on l'y fixe solidement.

Le trou destiné à recevoir cet arbre a dû être ouvert à l'avance. Il doit avoir en diamètre 1ᵐ,50 de plus que celui de la motte de l'arbre ; sa profondeur est égale à la hauteur de celle-ci. En outre, il devra présenter deux plans inclinés, l'un en face de l'autre, et destinés l'un à l'entrée de la voiture, l'autre à sa sortie. La voiture étant arrivée au fond du trou, on soulève l'arbre de nouveau au moyen de câbles et de chèvres ; la voiture sort du trou et l'on y dépose l'arbre. On accumule ensuite la terre, la meilleure possible, surtout au pourtour du trou, et l'on achève de le remplir ainsi que les plans inclinés. On pourra laisser autour de la motte le clayonnage, qui pourrira bientôt dans le sol. Ces opérations terminées, il sera encore utile d'appliquer à toute la surface du trou un copieux arrosement, puis de maintenir la tige pendant la première année dans une position fixe à l'aide de quatre cordages disposés en croix et solidement fixés sur des arbres voisins ou sur des pieux solides.

Si les radicelles de l'arbre à transplanter s'étendent sur un rayon de plus de 1ᵐ,50, de 2 mètres par exemple, il ne sera pas possible de les conserver ; car il deviendrait extrêmement difficile de déplacer une motte de terre, 8 mètres cubes. Dans ce cas, on modifiera l'opération précédente de la manière suivante : deux ans avant la transplantation, on cernera les arbres au moyen d'une tranchée large de 0ᵐ,60, profonde de 1ᵐ,30 et naissant à 1 mètre du pied de l'arbre. Toutes les racines que l'on rencontrera en ouvrant cette tranchée seront coupées bien net au niveau de la paroi la plus rapprochée de l'arbre. On replacera ensuite la terre dans la tranchée, puis on complétera l'opération en raccourcissant sur la tige un certain nombre de branches pour rétablir l'équilibre entre la tête de l'arbre et les racines. Par suite de ce travail, de nouvelles radicelles se formeront plus près de la tige, et deux ans après on pourra enlever l'arbre en motte avec ces nouvelles radicelles en donnant à cette motte un diamètre d'environ 5 mètres au lieu de 4 mètres qu'on aurait été obligé de lui donner sans ce mode d'opérer. On procède d'ailleurs pour cette transplantation comme pour le premier cas.

Si les arbres sur lesquels on a à opérer sont plus développés encore que ceux dont nous venons de parler, que leurs radicelles soient situées à 5 mètres par exemple de la tige, on procédera comme nous venons de l'expliquer en dernier lieu; mais on sera obligé d'ouvrir encore la tranchée circulaire à 1 mètre du pied de l'arbre, car il ne sera pas possible, comme nous l'avons expliqué plus haut, de réserver, lors de la transplantation, une motte ayant plus de 1ᵐ,50 de rayon. Dans ce cas, il faudra donc retrancher les deux tiers de la longueur des racines. Ce sera là une nécessité fâcheuse et qui pourra influer défavorablement sur le succès de cette transplantation.

En 1855, un Anglais, M. Stewart Mac-Glashen, fit connaître et essayer à Paris, une machine de son invention, destinée à la transplantation des arbres déjà âgés. Cette machine se compose d'un cadre en fer placé à la surface du sol autour de l'arbre à déplanter. On enfonce verticalement avec une masse, contre les parois intérieurs de ce châssis, huit fortes bêches, deux contre chaque face du châssis. Lorsque ces bêches, dont le manche en fer dépasse le sol, sont complétement entrées dans le sol, la motte de l'arbre se trouve ainsi découpée latéralement. Alors on repousse au dehors, à l'aide d'un mécanisme spécial, le sommet des manches de chacune de ces bêches; il en résulte que la partie inférieure de la lame, venant presser fortement la base de la motte de l'arbre, tente à la soulever de terre... On applique ensuite à ce châssis en fer un mécanisme supporté par des roues et qui, à l'aide de visses d'appel, élève au-dessus de la surface du sol ce châssis, qui entraîne avec lui la motte de l'arbre découpée et fortement pressée sur ses quatre faces par la lame des bêches. Cette machine montée sur des roues transporte l'arbre dans le trou destiné à le recevoir.

Cette machine, assez ingénieuse, offre cependant les inconvénients suivants : 1° elle ne peut laisser à la motte des arbres qu'un diamètre de 1ᵐ,50 au plus; dimensions très-insuffisantes pour les arbres d'un certain âge ; 2° comme on ne peut faire varier à volonté les dimensions du châssis, il faudrait avoir une machine spéciale proportionnée à l'étendue de la motte que l'on veut laisser à chaque arbre ; 3° si le sol où la déplantation a lieu renferme des cailloux un peu volumineux, il deviendra impossible d'y enfoncer la lame des bêches ; 4° enfin, si le sol est complétement siliceux et manque de consistance, les lames des bêches seront inefficaces pour retenir autour des racines la terre qui s'échappera par la base. Nous croyons donc qu'il y aura avantage à préférer à cette machine le clayonnage que nous avons indiqué plus haut.

Transplantations avec racines nues. — Cet autre système consiste à ouvrir autour du pied de l'arbre une tranchée circulaire large de 1 mètre et naissant au point où l'on suppose que les extrémités radiculaires sont arrivées. Ce premier travail terminé, on enlève peu à peu la terre qui couvre les racines en ayant bien soin de conserver celles-ci tout à fait intactes... On a dû à l'avance fixer la tige de l'arbre à l'aide de cordes attachées aux arbres voisins, afin qu'elle reste dans une position verticale, après que les racines auront été complétement mises à nu et détachées du sol. Lorsque la terre a été ainsi complétement enlevée, on fait descendre, au pied de l'arbre, au moyen d'une tranchée ou d'un plan incliné ouvert sur l'un des côtés du trou, une machine de transport composée seulement de deux très-grandes roues, d'un essieu et d'un long timon unique fixé au milieu de l'essieu. Ce timon est dressé dans une position verticale contre la tige de l'arbre. On y attache solidement celle-ci du sommet à la base, en la garantissant des contusions à l'aide de coussins. Puis on abaisse lentement ce timon, qui entraîne avec lui la tige, tandis que des ouvriers détachent les racines restées encore engagées dans la terre au-dessous de l'arbre. Les racines se trouvent ainsi soulevées, puis placées sur le côté, à une certaine hauteur au-dessus du sol. On les réunit par faisceaux, ainsi que les branches, pour les empêcher de traîner, puis on attelle un ou plusieurs chevaux du côté des racines, et l'arbre est ainsi porté au lieu de sa plantation. Il est bien entendu que le véhicule qui le transporte ne peut sortir du trou d'extraction qu'à l'aide d'un plan incliné semblable à celui par où il a été descendu et opposé à ce dernier.

Le trou destiné à recevoir cet arbre devra offrir un rayon de $0^m,50$ de plus que la longueur des racines ; puis on aura dû ouvrir deux tranchées en plan incliné pour permettre à la machine d'arriver au centre du trou et d'en sortir par le côté opposé. Enfin, ce trou devra avoir une profondeur telle que les racines de l'arbre s'y trouvent placées aussi profondément qu'elles l'étaient avant. La machine de transport étant arrivée au centre du trou, on place de nouveau le timon dans une position verticale ; on attache solidement la tige à l'aide de quatre cordes en croix fixées aux arbres voisins ou sur des pieux assez forts. On détache alors la tige du timon et l'on fait sortir la machine du trou. On étend convenablement les racines et on les recouvre de terre parfaitement amendée, en ayant soin de les diviser par étage dans l'épaisseur du sol. Lorsque le trou est complétement comblé, on pratique un arrosement très-copieux, afin que la terre se tasse et qu'elle adhère aux racines. On aura dû, avant de dresser la tige dans une position verticale, raccourcir un certain nombre de branches pour rétablir l'équilibre entre l'étendue de celles-ci et les racines, dont quelques-unes, quoi qu'on fasse, sont toujours brisées.

Le choix à faire entre la transplantation avec motte et celle avec racines nues sera déterminé par l'état de développement des arbres.

Le premier mode est en effet le plus convenable tant que les extrémités radiculaires ne s'éloignent pas de la tige de plus de 2 mètres. Mais, si les racines ont dépassé cette limite, la déplantation avec motte nécessite la suppression d'une si grande proportion de racines, qu'il vaudra mieux avoir recours à la transplantation avec racines nues. Là, il est vrai, les racines seront déplacées, mais au moins on pourra les avoir presque entières.

Tels sont les soins que réclame la transplantation des arbres déjà âgés. Cette opération doit donner lieu, comme on a pu en juger, à une dépense très-élevée. Toutefois il ne faudra pas songer à faire des économies à cet égard, car on s'exposera presque toujours à ce qu'il en résulte des frais inutiles, par suite d'un insuccès complet.

Mais, en terminant, nous répétons de nouveau que ces sortes de transplantations ne devront être employées que tout exceptionnellement et pour quelques arbres seulement, parce que les avantages qu'on en obtient compensent rarement les dépenses énormes qu'elles nécessitent, et que les arbres ainsi déplacés ne deviennent jamais aussi beaux que ceux qui ont été plantés jeunes.

Élagage des plantations d'alignement d'ornement. — Pour ces sortes de plantations, l'élagage n'est pas destiné à faire acquérir au tronc les qualités nécessaires pour faire du bois de service. Il a seulement pour but de donner à l'ensemble de ces arbres une forme agréable et surtout de leur faire couvrir de leur ombrage la plus grande surface possible. Il a encore pour résultat d'empêcher ces arbres de nuire aux habitations voisines, comme cela pourrait avoir lieu dans l'intérieur des villes. On imposera à ces arbres les formes suivantes, dont le choix sera déterminé par les circonstances locales.

Si la plantation se compose d'une seule ligne isolée et que l'on ne soit pas gêné par l'espace, on donnera à chacun de ces arbres une forme telle qu'ils offriront, sur leurs deux faces parallèles à la ligne de plantation, un rideau de verdure naissant à 2^m,50 au-dessus du sol et terminé au sommet par une tête qui s'évase en forme de champignon. La *fig.* 355 montre l'un de ces arbres vu perpendiculairement à la ligne de plantation, et la *fig.* 356 montre le même arbre vu parallèlement à cette même ligne de plantation.

Si la plantation se compose de deux lignes parallèles et rapprochées, on donnera à chacun des arbres la même forme que ci-dessus. Il en résultera alors que la tête de chacun d'eux venant à se joindre au sommet, au milieu de l'espace qui sépare les deux lignes, cette double rangée d'arbres forme au-dessous d'elle une sorte d'ogive de verdure, continue dans toute la longueur de l'avenue, et la surface du sol se trouvera ainsi complétement ombragée. La *fig.* 357 montre la coupe transversale de l'une de ces avenues.

Au lieu d'adopter ces dispositions, on donne souvent à la tête de ces arbres, particulièrement dans le Midi, la forme d'une sorte de vase ou gobelet, comme le montre la *fig.* 358 ; cette disposition est vicieuse, car le but principal que l'on se propose d'atteindre, un ombrage aussi complet que possible, n'est qu'imparfaitement obtenu. La *fig.* 359, qui représente l'une de ces avenues vue en plan, montre, en effet, que les têtes de ces arbres, devenant tangentes l'une à l'autre, laissent entre elles un vide par lequel les rayons solaires pénètrent jusqu'au sol. La *fig.* 360, qui indique le plan d'une avenue formée comme nous le recommandons, fait voir au contraire que la tête de tous les arbres forme une surface continue impénétrable au soleil.

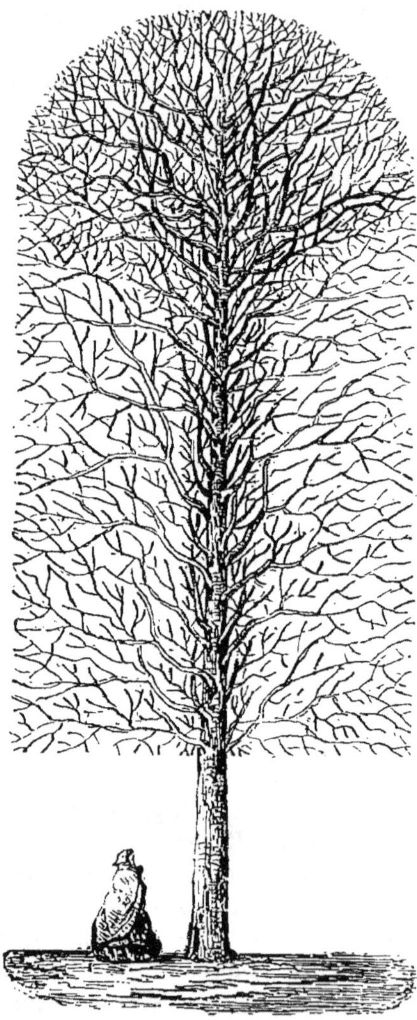

Fig. 355. *Arbre élagué en rideau, vu perpendiculairement à la ligne de plantation.*

Il est souvent utile de créer, dans l'intérieur des villes, des boulevards ou avenues. Mais il importe que les arbres soient disposés de façon à ne pas nuire par leur ombrage aux habitations voisines. Autrement ces arbres seront constamment exposés à des mutilations clandestines qui compromettront leur existence.

Il conviendra donc d'adopter les dispositions suivantes pour ces arbres.

Si il n'y a de place que pour une seule ligne d'arbres, on tâchera de l'éloigner le plus possible des habitations, au moins à 6 mètres, puis on leur donnera la forme indiquée par les *fig.* 361 et 362. Ces arbres sont arrêtés à environ 6 mètres d'élévation.

Lorsqu'on pourra placer deux lignes d'arbres, on les élaguera comme le montre la *fig.* 363, en laissant un espace d'au moins 4 mètres entre le pied de ces arbres et les habitations voisines.

Quant aux moyens à l'aide desquels on peut imposer ces diverses formes aux arbres, c'est à l'aide d'un élagage pratiqué chaque année au printemps avec le croissant sur les côtés de la tête dont on veut restreindre le développement. Les parties laissées intactes profitent d'autant et s'allongent rapidement dans l'espace qu'on veut leur faire occuper. On doit aussi empêcher le développement trop vigoureux de certaines branches latérales qui pourraient

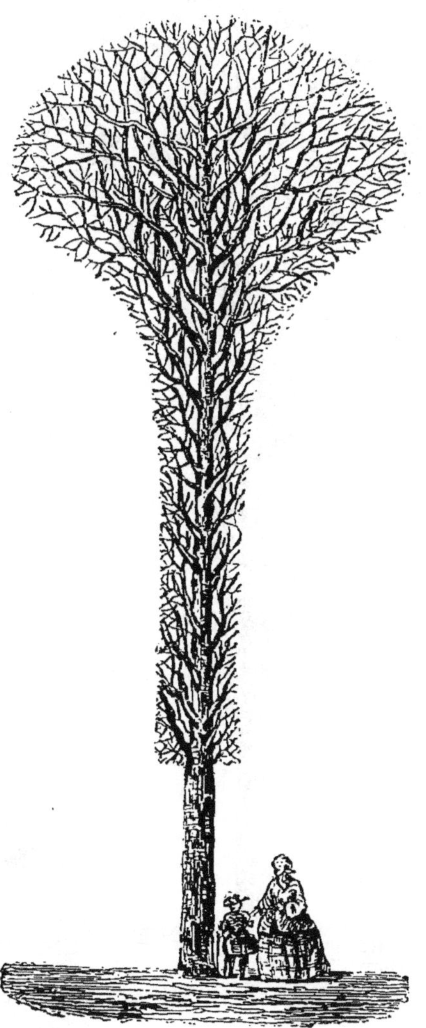

Fig. 356. *Arbre élagué en rideau, vu parallèlement à la ligne de plantation.*

déformer la tige. Il suffit pour cela de les raccourcir en temps utile.

Soins d'entretien. — Les soins d'entretien que nous avons conseillés pour les plantations d'alignement forestières s'appliquent également à celles d'ornement. Nous devons cependant ajouter que ces dernières, devant réussir quand même, quoique placées souvent dans des conditions peu favorables, comme cela a lieu fréquemment dans les villes, il faudra, pour assurer leur succès et hâter le plus possible le moment

Fig. 357. *Coupe transversale d'une avenue d'arbres élagués en rideau.*

où l'on en jouira, leur donner des soins plus minutieux que pour les plantations forestières.

Ainsi, si le sol où l'on plante n'est pas d'excellente qualité, il faudra l'enlever en pratiquant une tranchée large et profonde à la place de chaque ligne d'arbres et remplir cette tranchée avec de très-bonnes terres.

Si le sol est exposé à la sécheresse, il faudra le tenir suffisamment humide pendant l'été, à l'aide d'un système d'irrigation souterrain, comme on l'a fait pour les plantations urbaines de Marseille, et tâcher d'employer pour cela des eaux chargées de principes fertilisants.

Enfin, si les jeunes arbres sont exposés à la poussière qui couvre leurs feuilles et nuit à leurs fonctions, comme on le remarque sur les boulevards intérieurs et les places des villes, il conviendra, pendant les huit ou dix premières années, de laver

Fig. 358. *Arbre élagué en vase ou gobelet.*

ces feuilles deux fois par semaine, à l'aide de conduits flexibles vissés sur les prises d'eau voisines.

Renouvellement des plantations d'alignement d'ornement. — On ne doit pas songer à l'exploitation de ces arbres comme on doit le faire pour les plantations d'alignement forestières, afin d'avoir du bois de bonne qualité. Ici, en effet, il ne faudra renouveler ces arbres qu'alors qu'ils seront complétement décrépis et qu'ils ne fourniront plus qu'une très-faible partie de l'ombrage qu'ils donnaient avant. Il serait déraisonnable de devancer ce moment, car il se passera bien du temps avant que la nouvelle plantation rende, par son ombrage, les services qu'on obtenait encore de l'ancienne.

Les jardins de plaisance sont nés du luxe qu'enfanta le bien-être et l'aisance à la suite de la civilisation; aussi vit-on apparaître successivement ces créations chez les nations riches et puissantes. On parle encore, après plus de trois mille huit cents ans, des jardins suspendus de Babylone. L'art des jardins remonte aussi à la plus haute antiquité chez les Chinois. Il commença à se développer en Italie sous l'empereur Adrien : enfin les premiers jardins de plaisance furent créés en France vers le quinzième siècle.

Le mode de distribution adopté successivement pour les jardins d'agrément rentre dans les deux formes suivantes : Le jardin symétrique, le jardin paysager.

Jardins symétriques. — On s'efforça d'abord, dans la création des jardins, par des mouvements de terrain, par des massifs d'arbres habilement distribués, par des cours d'eau naturels ou artificiels, d'imiter les scènes, les aspects les plus agréables de la nature. Mais le luxe et la vanité substituèrent bientôt à ces riants tableaux les produits des arts étrangers au sol et à la végétation. De là ces jardins nivelés, compassés, dans lesquels les ondulations plus ou moins gracieuses du sol ont fait place aux terrasses, aux escaliers, où l'on rencontre partout des statues, des vases, des bassins à jets d'eau, des constructions diverses

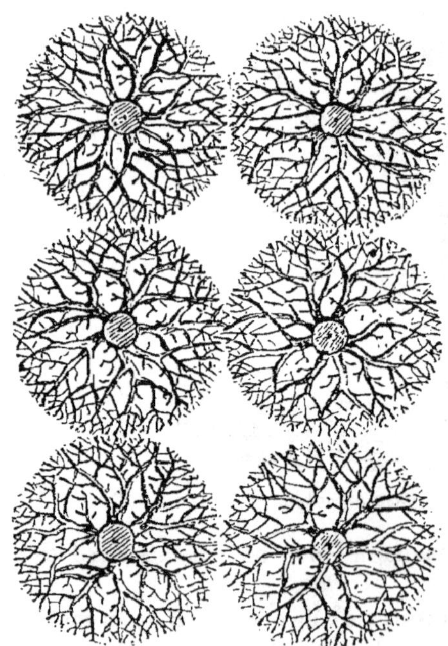

Fig. 359. *Plan d'une avenue d'arbres élagués en vase ou gobelet.*

purement ornementales; où les arbres subissent des mutilations périodiques et fréquentes qui les obligent à conserver les formes hétéroclites qu'on leur a imposées; dont, enfin, l'architecture et la sculpture font le principal ornement.

Ces jardins symétriques, qui furent imaginés, dès la plus haute antiquité, à Babylone, et plus tard chez les Romains, servirent de point de départ au célèbre architecte le Nôtre pour la distribution des *jardins à la française*, dont il fut le créateur, et dont le parc de Versailles offre un si remarquable exemple.

Ce genre français, qui soumet tout au niveau, au compas, au cordeau, qui exige le concours d'arts étrangers à la culture, au sol, à la végétation, et fait mutiler les arbres, efface tout ce qui peut rappeler la nature et ne laisse voir partout que la main de l'homme. Il en résulte un aspect froid, compassé, qui ne s'harmonise convenablement qu'avec les palais. Il exige d'ailleurs de grands frais de création et d'entretien. Aussi, depuis longtemps déjà, a-t-on senti le besoin de se rapprocher des scènes naturelles dont tant de sites nous offrent d'admirables modèles. C'est alors que les jardins paysagers ont remplacé les jardins symétriques, qui les avaient fait d'abord abandonner.

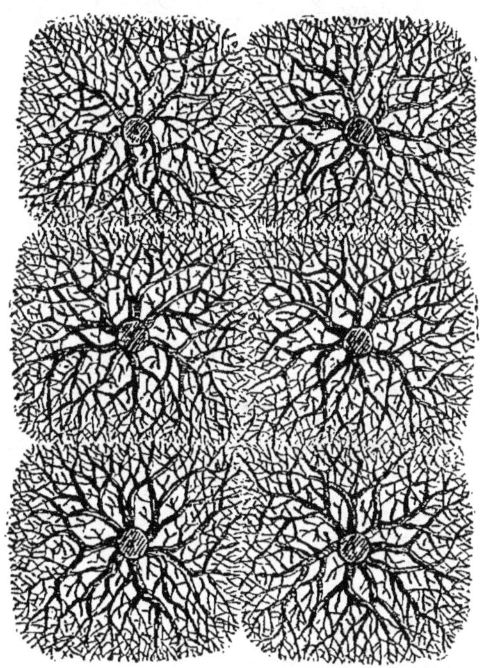

Fig. 560. *Plan d'une avenue d'arbres élagués en rideau.*

Jardins paysagers. — Ces jardins, dits aussi *jardins pittoresques, jardins naturels*, et, à tort, *jardins anglais*, ont précédé, comme nous l'avons dit, les jardins symétriques. Ce sont les Chinois qui, depuis la plus haute antiquité, paraissent avoir poussé le plus loin l'art de la création de ces jardins.

C'est vers le milieu du seizième siècle que Bernard Palissy créa à Chaulnes, près de Péronne, en Picardie, le premier grand jardin paysager, qui servit ensuite de modèle pour les jardins semblables qui se multiplièrent alors en grand nombre en France et en Angleterre.

L'art des jardins paysagers consiste à rassembler les tableaux, les scènes de la nature qui ne s'excluent pas, à les réunir sans les entasser. Il faut, pour atteindre ce but, se conformer aux règles suivantes :

1° *Formation de sites pittoresques.* — Les sites pittoresques résultent de la combinaison des différents plans de terrain, des eaux, des arbres, des rochers, des ruines ou autres constructions. Ces élé-

Fig. 361. *Arbre élagué en rideau à basse tige, vu perpendiculairement à la ligne de plantation.*

ments existent tout formés, ou bien on est obligé de les créer de toutes pièces.

Fig. 362. *Arbre élagué en rideau à basse tige, vu parallèlement à la ligne de planta-tion.*

Dans le premier cas, on n'a qu'à tirer parti des éléments qu'on a

sous la main, soit en ouvrant une vue vers les points qu'on désire apercevoir dans le lointain, soit en encadrant cette vue entre des massifs
d'arbres, soit, si le point de vue est en dehors du jardin, en établissant
de ce côté la clôture en contre-bas du sol. Il faut en un mot disposer le sol et les plantations de manière que le tout s'harmonise avec
l'ensemble de la localité et en fasse ressortir les beautés en en dissimu-
lant les défauts.

Si l'on est obligé de créer ces sites pittoresques, il convient de s'ef-

Fig. 565. *Coupe transversale d'une avenue d'arbres élagués en rideau à basse tige.*

forcer d'imiter la nature dans ce qu'elle nous offre de plus attrayant et
de plus gracieux. Il ne faut rien faire qui soit en opposition avec l'aspect
général de la localité, ne point élever de fabriques, ni aucune espèce de
construction qui ne soit motivée et en harmonie, quant à son décor extérieur, avec sa destination comme avec le caractère du jardin. Les grottes,
les rochers factices, ne sont réellement à leur place et ne peuvent faire
illusion que dans les sites un peu sauvages, à surfaces tourmentées,
contre le flanc abrupt d'une colline ou d'un monticule couvert de
bois.

On obtient encore de bons effets de quelques quartiers de rochers
jetés en travers d'un cours d'eau un peu rapide et disposés de manière
à former une cascade.

Dans tous les cas, que les sites pittoresques soient dus à la nature ou
à la main de l'homme, il faut éviter avec soin de réunir sur un petit
espace ceux qui s'excluent par des caractères très-différents : il en résulte toujours un aspect ridicule.

Ainsi des ruines antiques, d'âpres rochers, seraient déplacés à découvert et vus de tous côtés dans une riante et fraîche vallée ou près de l'habitation. Un bois d'abord clair, puis épais et touffu, un chemin couvert parcourant une gorge, un vallon devenant d'autant plus étroit et d'un aspect plus sauvage qu'il se rapprocherait davantage de la première scène, serait une transition nécessaire.

2° *Disposition de la surface du sol.* — Les mouvements de terre, toujours dispendieux, ne doivent pas être faits sans motifs. Les surfaces trop tourmentées sont rarement d'un bon goût; elles sont ridicules dans un pays de plaine à ondulations à peine senties.

Les monticules factices rappelant toujours, par leur exiguïté, la pioche et la brouette qui ont concouru à leur formation, produisent rarement un bon effet, à moins qu'ils n'aient pour but de procurer la vue sur le pays, ou de cacher un objet désagréable trop rapproché. Dans ce cas, leurs flancs doivent être en pente très-douce, formant une large base et se reliant insensiblement avec la surface horizontale du sol. On doit aussi dissimuler par des plantations le peu d'étendue de ces monticules.

Les ondulations de la surface du sol doivent être moelleuses et douces; les pelouses légèrement concaves sont toujours gracieuses. Enfin les eaux vives ou stagnantes ne doivent point être encaissées entre des pentes rapides qui auraient l'inconvénient de les cacher; mais les gazons doivent s'incliner jusqu'à leur surface, en pente très-douce et prise de loin.

3° *Distribution des chemins.* — Les chemins doivent être peu nombreux et avoir tous un but. Les plus étroits doivent permettre que trois personnes au moins puissent y passer de front. Leurs contours doivent être gracieux et doux, au moins dans les parties découvertes; les bois touffus permettent seuls des changements subits de direction. Ils doivent être partiellement ombragés ou dissimulés, soit par des arbres isolés ou groupés, soit par des massifs qu'ils traversent.

4° *Distribution des massifs d'arbres.* — Les massifs de circonvallation doivent cacher les clôtures; ceux de l'intérieur doivent être disposés de telle sorte que les plus rapprochés de l'habitation fassent repoussoir pour allonger la perspective. Les autres doivent avoir pour but et pour effet:

1° De diviser les vues trop étendues;

2° De cacher les objets qui ne doivent pas être vus;

3° De rendre plus saillants ceux qui offrent de l'intérêt;

4° De dissimuler le peu d'étendue de certaines parties, et d'empêcher l'œil de saisir d'un seul point la forme entière des pelouses ou la direction des chemins.

PLANTATIONS A DEMEURE DES ARBRES ET ARBRISSEAUX D'ORNEMENT.

Nous n'avons à examiner ici que la préparation du sol, la distribution la plus convenable des diverses espèces dans les parcs et jardins, le choix des plants dans la pépinière, enfin le meilleur mode de plantation.

Préparation du sol. — Lorsque le dessin d'un parc ou d'un jardin a été tracé sur le terrain, que les travaux de remblai et déblai sont terminés, que l'on a indiqué la place des divers massifs d'arbres et d'arbrisseaux, on prépare le sol. En traitant des plantations d'alignement, nous avons indiqué les distances qu'il fallait réserver entre elles, et la convenance qu'il y avait à faire, pour chaque arbre, un trou particulier ; mais ici, comme les arbres sont beaucoup plus rapprochés, il n'y aurait plus d'économie à opérer ainsi ; il sera donc mieux de donner à toute la surface, quelques mois avant la plantation, un défoncement uniforme de $0^m,40$ à $0^m,50$ de profondeur.

Les parties destinées à recevoir les arbres et arbrisseaux qui exigent la terre de bruyère devront être creusées à la profondeur de $0^m,50$ à $0^m,80$, et la terre qu'on en extraira sera remplacée par une égale quantité de terre de bruyère, dont les mottes seront seulement grossièrement déchirées. Comme cette terre s'affaisse assez promptement, on exhaussera ces massifs de $0^m,16$ à $0^m,20$ au-dessus du niveau du sol environnant.

Distribution des diverses espèces. — Après le tracé et la préparation du sol, vient la distribution des diverses espèces. Les principales considérations qui doivent lui servir de base sont les suivantes : la hauteur habituelle de chaque espèce ; la nature du sol qu'elle exige ; le climat qui lui est nécessaire ; l'exposition qu'elle préfère ; enfin, le parti qu'on peut en tirer pour l'ornement, soit en raison de sa forme, de l'aspect de son feuillage, caduque ou persistant, ou à cause de ses fleurs ou de ses fruits.

Hauteur à laquelle s'élève chaque espèce. — Il importe beaucoup de se rendre compte de la hauteur qu'acquièrent les diverses espèces ; car il faut, pour jouir de l'aspect de chaque arbre, que la plantation des massifs soit faite de telle sorte que les plus grands arbres soient placés au centre, et les arbrisseaux sur le bord des massifs. Or, si l'on ne se rend pas compte de l'accroissement futur de ces arbres, on pourra placer sur les bords de grandes espèces qui masqueront bientôt toute la plantation, ou placer au centre des arbrisseaux qui seront bientôt étouffés par les arbres voisins. On peut, sous ce point de vue, partager les diverses espèces ligneuses en arbres de première, de deuxième et de troisième ordre. — Ce sont ces divisions que nous prendrons pour base des tableaux qui nous serviront à compléter nos indications, relatives à cette culture.

20.

Nature du sol qui convient à chaque espèce. — Nous avons vu combien il importe de donner aux arbres l'espèce de terre qu'ils exigent ; on devra donc remplir soigneusement cette condition. S'il s'agit d'un grand parc à surface accidentée, la nature du sol y sera ordinairement assez variée, et l'on pourra aussi y varier beaucoup les espèces ; mais, si l'étendue est restreinte, la nature du sol sera ordinairement uniforme, et l'on ne pourra cultiver qu'un moins grand nombre d'espèces, à moins de faire rapporter des terres d'une nature convenable, ce qui est toujours très-coûteux ; si cependant l'on s'y décidait, on opérerait comme nous l'avons indiqué pour les massifs de terre de bruyère.

Outre les exigences de chaque espèce, quant à la composition élémentaire du sol, on devra aussi s'arrêter à la dose d'humidité qu'elles ont besoin de trouver dans la terre. Ainsi on ne placera au bord des pièces d'eau, des rivières, dans les endroits humides, que les arbres qui demandent impérieusement ces situations.

Climat et exposition. — La plupart des espèces qui se développent bien dans le Nord s'accommodent aussi du Midi de la France ; mais il est un certain nombre d'arbres et d'arbrisseaux qui ne peuvent vivre que sous le climat du Midi. Nous indiquerons ces espèces dans les tableaux qui vont suivre.

Quant à l'exposition, certaines espèces sont aussi très-exigeantes sous ce rapport : ainsi tous les arbres et arbrisseaux originaires des hautes montagnes ou des parties les plus froides du globe préfèrent, à toute autre, les expositions du nord. Presque tous les végétaux à feuilles persistantes sont dans ce cas.

Aspect des diverses espèces déterminé par leur forme, leur feuillage, leurs fleurs ou leurs fruits. — La place que l'on réservera à chaque arbre sera aussi déterminée par son aspect, son port. Les espèces à forme régulière et pyramidale, comme les peupliers d'Italie, les sapins, ne devront être employées qu'avec ménagement et discrétion. On en formera de petits groupes destinés à faire opposition à la forme arrondie des autres masses d'arbre. Lorsqu'il s'agira de grands massifs, on devra éviter d'y mélanger un trop grand nombre de feuillages différents. Il faudra, au contraire, réunir les arbres qui présentent sous ce rapport le plus d'analogie. Le contraste est souvent d'un effet pittoresque ; mais il ne faut pas qu'il soit trop divisé, il ne doit exister qu'entre les grandes masses. Ceci s'applique à plus forte raison aux arbres à feuilles persistantes, qu'on ne doit grouper qu'entre eux. Ils étoufferaient, d'ailleurs, les espèces à feuilles caduques qu'on essayerait de leur associer.

Quant aux arbres et arbrisseaux remarquables par leurs fleurs ou leurs fruits, on devra leur réserver de préférence les massifs placés dans le voisinage des habitations, afin de pouvoir jouir constamment de leur aspect. Il faudra, pour la plantation de ces massifs, faire en sorte qu'ils présentent des fleurs ou des fruits remarquables pendant tout le temps de la belle saison. Pour cela, le choix des espèces qui les composeront sera tel que leurs fleurs ou leurs fruits se succéderont sans interruption.

Pour compléter ces indications, nous donnons ici la liste des principales sortes d'arbres et d'arbrisseaux employées pour la décoration des parcs et des jardins, en accompagnant chacune d'elles des renseignements qui peuvent servir de guide pour lui faire occuper la place qui lui convient. Un grand nombre des arbres et arbrisseaux forestiers dont nous avons parlé précédemment sont aussi employés pour la plantation des grands parcs; comme nous nous sommes suffisamment occupé de leur culture, nous n'allons parler ici que des espèces connues, spécialement, sous le nom d'arbres et d'arbrisseaux d'ornement.

ARBRES A FEUILLES CADUQUES.
Première grandeur.

NOMS DES ESPÈCES.	NATURE de sol qui leur convient.	ESPÈCES exigeant le climat du midi ou un abri dans le nord (1).	EXPOSITION qu'elles préfèrent.	ESPÈCES remarquables pour leur feuillage, leurs fleurs ou leurs fruits	ÉPOQUE de floraison ou de maturité des fruits
Æsculus hippocastanum, L...	Argilo–sableux.			Fleurs blanc. rosées.	Mai. .i
Broussonetia papyrifera, Vent.	Sablo–argileux.			Fruits rouges.	Août..ti
Carya alba, Nutt.............	sablo-arg.-hum.				"
Castanea americana, G. Don.	Id.				"
Celtis occidentalis, Duh......	sablo–argileux.				"
— cordata, H. P......	Id.				"
— Mississipiensis, Bosc......	Id.	midi.			"
Cerasus persicæfolia, Loisl....	Id.			Fruits rouges.	Août..ti
— Virginiana, Juss.......	Id.			Fleurs blanches.	Fin de m
Corylus bysantina, L.........	Id.				"
Fagus sylv. purpurea, L'Hérit.	Id.			Feuilles rouges.	"
— sylv. cuprea, Hort.......	Id.			Feuilles cuivrées.	"
— sylv. pendula, Lodd......	Id.				"
— ferruginea, Aït..........	Id.				"
— ferr. latifolia. L'Hérit.....	Id.				"
Fraxinus excel. aurea, Willd..	Id.				"
— excel. monophylla, Desf....	Id.				"
— quadrangulata, Mich.....	Id.				"
— juglandifolia, Lam.......	Id.				"
— pubescens, Walt...........	sablo-arg.-hum.				"
— latifolia, Bosc.........	sablo–argileux.				"
— sambucifolia, Lam........	Id.				"
— platycarpa, Mich.........	Id.				"
— lenticifolia, Desf......	Id.				"
Gymnocladus canadensis, Lam.	Id.			Fleurs blanches.	Juin. .o
Juglans reg. heterophylla, Hort.	Id.				"
— cinerea, L.............	Id.				"
Larix americana, Mich......	Id.		nord.		"
Liriodendron tulipifera, L....	Argilo–sableux.			Fleurs jaunes. pâles.	Juin et jui
— tulipif. integrifolia, Hort..	Id.			Id.	Id.
Platanus occidentalis, L......	sablo-arg.-hum.				"
Populus hudsonica, Mich.....	Id.				"
— angulata, H. K...........	Id.				"
Quercus fastigiata, Lam.....	Argilo–sableux.				"
— Mirbeckii, Durieu.........	Id.	midi.			"
lyrata, Willd.............	argilo-sab.-hum.	Id.			"
— castanea, Willd.....	Id.				"
— phellos, L...........	Id.			Fleurs blanches	Mai et jui
Robinia spectabilis......	sablo–argileux.			Fleurs roses	Juin et jui
— hybrida.........	sablo–argileux.				
Taxodium distichum, Rich...	sablo-arg.-hum-				"
Tilia corallina, H. K.........	sablo–argileux.				"
— pubescens, Vent.........	Id.				"
— Americana, Lin.........	Id.				"
— Mississipiensis, Bosc......	Id.				"
- argentea, H. P.........	Id.			Fleurs jaunes.	Juillet..1s
— laciniata, Hort..........	Id.				"
Ulmus camp. variegata......	Id.				"
— pedunculata, Foug.......	Id.				"
— Americana, L..........	Id.				"
— crispa, Hort...........	Id.				"
—fastigiata, Hort..........	Id.				"

(1) Cet abri, nécessaire seulement pendant l'hiver, pourra se composer de paille enveloppant la tige ou d'une coo... de feuilles sèches placée au pied de l'arbre.

Deuxième grandeur.

NOMS DES ESPÈCES.	NATURE de sol qui leur convient.	ESPÈCES exigeant le climat du midi ou un abri dans le nord.	EXPOSITION qu'elles préfèrent.	ESPÈCES remarquables par leur feuillage, leurs fleurs ou leurs fruits.	ÉPOQUE de floraison ou de maturité des fruits.
xer pensylvanicum, L........	argilo - sableux.			Tige jaspée.	
Lobelii, Tenore............	Id.			Id.	
macrophyllum, Pursh......	Id.			Beau feuillage.	
Napolitanum, Ten........	Id.			Fleurs jaunâtres.	Printemps.
Monspesulanum, L........	Id.				
oblongifolium, Wall.......	Id.	midi.			
Esculus rubicunda, Lodd...	Id.			Fleurs rouges.	Mai.
lnus oxyacanthifolia, Lodd.	sols très-humid.				
etula laciniata, Wahl......	sablo- argileux.			Beau feuillage.	
urticæfolia.............	Id.			Id.	
roussonetia cuculta, Hort...	Id.			Id.	
eltis orientalis, Tournef.....	Id.				
Sinensis...............	Id.	midi.			
ratægus azarolus, Willd....	Id.			Fr. roug. ou jaunes.	Automne.
iospyros virginiana, L.....	Id.		nord.	Fleurs verdâtres.	Juin et juill.
Yæagnus angustifolia, L.....	Id.		midi.	Fleurs jaunâtres.	Juin.
agus syl. aspleniifolia, Loud.	Id.				
sylv. cristata, Lodd........	Id.				
vaxinus excel. pendula, Aït..	Id.				
excel. crispa, Bosc........	Id.				
Caroliniana, Lam........	Id.				
iquidamoar styraciflua, L...	sablo.-arg-hum.		midi.		
imberbe, Aït.............	Id.		Id.		
iagnolia acuminata, L......	T. de bruy. hum.		nord.	Fl. jaunes verdâtres.	Été.
iorus sinensis.............	sablo - argileux.				
rnus europæa, Pers........	Id.			Fleurs blanches.	Été.
rotundifolius, Lam........	Id.			Id.	Id.
lanera ulmifolia, Mich......	Id.	midi.			
opulus grandidentata, Mich.	Id.				
Græca, Aït.............	Id.				
heterophylla, L..........	Id.				
Ontariensis, H. P.........	Id.				
balsamifera, L...........	Id.				
terocarya froxinifolia, Kunth	Id.				
uercus stellata, Willd......	argilo - sableux.				
aquatica, Willd...........	argilo-sab.-hum.				
obinia tortuosa.........	sablo - argileux.			Fleurs blanches.	Mai et juin.
vicosa, Vent.............	Id.			Fleurs roses.	Juil. et août.
alisburia adianthifolia, Sm.	Id.				
alix babylonica, L.........	sablo-arg.-hum.				
terculia platanifolia, L.....	sablo - argileux.	midi.			
typhnolobium japon., Schott.	Id.			Fleurs blanches.	Août.
pendula.................	Id.				
axodium pinnatum.........	Id.				
lmus sinensis, H. P........	Id.	N. avec abri.			
Sibirica, H. P............	Id.				

DISTRIBUTION DES DIVERSES ESPÈCES.

Troisième grandeur.

NOMS DES ESPÈCES.	NATURE de sol qui leur convient.	ESPÈCES exigeant le climat du midi ou un abri dans le nord.	EXPOSITION qu'elles préfèrent.	ESPÈCES remarquables par leur feuillage, leurs fleurs ou leurs fruits	ÉPOQUE de floraison ou de maturité des fruits
Acacia julibrizin, D. C.	sablo-argileux.	midi.	sud.	Fl. d'un blanc rosé.	Août et J...
Acer montanum, H. A.	argilo-sableux.	«	«		« »
— Tataricum, L.	Id.	«	«		« »
— opulus, W.	Id.	«	«		« »
— opulifolium, W.	Id.	«	«		« »
— hybridum, Bosc.	Id.	«	«		« »
Betula pumila, L.	Id.	«	«		« »
Carpinus americana, L.	Id.	«	«		« »
— Virginiana, Lam.	Id.	«	«		« »
— Ostrya, L.	Id.	«	«		« »
— Orientalis, Lam.	Id.	«	«		« »
Catalpa syringæfolia, B. M.	Id.	«	«		« »
Cerasus av. flore pleno.	sablo-argileux.	«	«	Fleurs blanches.	Mai i...
— padus, D. C.	Id.	«	«	Id.	Id..b...
Cercis siliquastrum, L.	Id.	«	«	Fleurs roses.	Avril et J...
— Canadensis, L.	Id.	«	«	Id.	Id..b...
Cladrastis tinctoria, Ratin.	Id.	«	«	Fleurs blanches.	Juin...
Cratægus nepalensis, Hort.	Id.	«	«	Fleurs blanches.	Mai...
— oxy. coccinea	Id.	«	«	Fleurs roses.	Id..b...
— oxy. rosea plena	Id.	«	«	Id.	Id..b...
— corallina, L'Herit.	Id.	«	«	Fl. bl. fruits rouges.	Mai et o.o...
— crus-galli, L.	Id.	«	«	Fleurs blanches.	Mai et J...
— linearis, Pers.	Id.	«	«	Fleurs blanches.	Mai i...
Cydonia sinensis, Thouin	Id.	«	«	Fleurs roses.	Id..b...
— Lusitanica, Mill.	Id.	«	«	Fleurs blanches.	Printemps...
Diospyros lotus, L.	Id.	«	«	Fleurs verdâtres.	Juin et j...
— Kaki, L.	Id.	midi.	«	Fl. urs blanches.	Été...
Edwardsia grandiflora, Sal.	Id.	Id.	«	Fleurs jaunes.	Avril et J...
Hippophae rhamnoïdes, L.	Id.	«	«	«	« »
Kælreuteria paullinoïdes, L'H.	Id.	«	«	Fleurs jaunes.	Juin...
Maclura aurantiaca, Nutt.	argilo-sableux.	«	«	Fleurs vertes.	Juin et j...
Magnolia umbrella, Desr.	T. de bry. hum.	«	nord.	Fleurs blanches.	Juin...
— macrophylla, Mich.	Id.	«	Id.	Id.	Id..b...
— Yulan, Desf.	Id.	«	Id.	Id.	Avril...
— cordata, Mich.	Id.	«	Id.	Fl. jaunes verdâtres.	Juin...
— auriculata, Mich.	Id.	«	Id.	Fleurs blanches.	Avril et J...
— Thomsoniana, Hort.	Id.	«	Id.	Id.	Juil. et J...
— Soulangiana, Hort.	Id.	«	Id.	Fleurs bl. violacées.	Avril et J...
Morus rubra, L	sablo-argileux.	«	«	Fruits rouges.	Automne...
— nervosa.	Id.	«	«	«	« »
Nyssa villosa, Mx.	T. de bry. hum.	N. avec abri.	«	Fleurs verdâtres.	Juin...
— aquatica, L.	Id.	Id.	«	«	Id..b...
— candicans, Mx.	Id.	Id.	«	«	Id..b...
— angulisans, Mx.	Id.	Id.	«	«	Id..b...
Paulownia imperialis, Sieb.	sablo-argileux.	«	«	Fleurs bleues.	Avril...
Pavia lutea, Dub.	Id.	«	«	Fleurs jaunes.	Mai...
— Ohiotensis, Mich.	Id.	«	«	Fleurs blanches.	Id. bl...
Philippodendrum regium.	Id.	midi.	«	Fleurs vertes.	Été...
Pistacia terebinthus, L.	Id.	Id.	«	Fleurs purpurines.	Juin et j...
Populus suaveolens, Fisch.	Id.	«	«		

NOMS DES ESPÈCES.	NATURE de sol qui leur convient	ESPÈCES exigeant le climat du midi ou un abri dans le nord.	EXPOSITION qu'elles préfèrent.	ESPÈCES remarquables par leur feuillage, leurs fleurs ou leurs fruits.	ÉPOQUE de floraison ou de maturité des fruits.
mus myrobolana............	sablo-argileux.	«	«	Fleurs blanches.	Mars.
sea trifoliata, L............	Id.	«	«	Fleurs verdâtres.	Juin.
rcus nigra, L...	Id.	midi.	«	«	«
tinia inermis, Hort........	Id.	«	«	«	«
ix pentandra, L.........	sablo-arg.-hum.	»	«	Fleurs jaunes.	Mai.
sabyl. annularis, Hort....	Id.	»	«	«	«
vus aucuparia, L.........	sablo-argileux.	«	«	Fruits rouges.	Automne.
hybrida, L	Id.	«	«	Fleurs blanches.	Mai.
americana, Mich.........	Id.	«	«	Id.	Id.
ambucifolia, Roxb......	Id.	«	«	Id.	Id.
ophylea pinnata, L........	Id.	«	«	Fleurs blanches.	Avril et juin.
rifoliata, L.............	Id.	«	«	Id.	Mai et juin.

ARBRES A FEUILLES PERSISTANTES.

Première grandeur.

NOMS DES ESPÈCES.	NATURE de sol qui leur convient	ESPÈCES exigeant le climat du midi ou un abri dans le nord.	EXPOSITION qu'elles préfèrent.	ESPÈCES remarquables par leur feuillage, leurs fleurs ou leurs fruits.	ÉPOQUE de floraison ou de maturité des fruits.
s alba, Poir............	argilo-sableux.	«	nord.	Forme pyramidale.	«
imilhiana, Wall.........	Id.	«	Id.	Id.	«
touglasii, Lind...	Id.	«	Id.	Id.	«
umosa, Lind.	Id.	»	Id.	Forme en buisson.	«
jephalonica, Lind........	Id.	«	Id.	Forme pyramidale.	«
binsapo, Boissier........	Id.	«	Id.	Id.	«
nlsamea, Mill..........	Id.	«	Id.	Id.	«
fraseri, Poir............	Id.	«	Id.	Id.	«
ichta, Lodd............	Id.	«	Id.	Id.	«
vandis, Lind.	Id.	«	Id.	Id.	«
nobilis, Dougl..........	Id.	«	Id.	Id.	«
Webbiana, Lindl.........	Id.	«	Id.	Id.	«
racteata, Don..........	Id.	»	Id.	Id.	«
Pindrow, Royle.........	Id.	«	Id.	Id.	«
religiosa, Humb.........	Id.	«	Id.	Id.	«
ucaria imbricata........	terre de bruyère	midi.	Id.	Id.	«
hunninghami, Stead.......	Id.	Id.	Id.	Id.	«
uarina equisetifolia, L....	sablo-argileux.	Id.	Id.	«	«
rus deodora, Roxb	Id.	«	Id.	«	«
ressus thuyoïdes, L.......	sablo-arg.-hum.	«	«	«	«
us pyrenaica, Lap........	sablo-argileux.	«	nord.	«	«
Pallasiana, Lamb	Id.	«	Id.	«	«
tilis, Mich.	Id.	«	Id.	«	«
eda, Lin	Id.	nord	Id.	«	«
nbiniana, Dougl.........	Id.	«	Id.	«	«
vulleri, Don...........	Id.	«	Id.	«	«
plustris, H. Kew........	sablo-arg.-hum.	«	«	«	«
ambertiana, Dougl.......	Id.	«	nord.	«	«
pdium sempervirens, Lamb.	argilo-sableux.	«	«	«	«

Deuxième grandeur.

NOMS DES ESPÈCES.	NATURE de sol qui leur convient.	ESPÈCES exigeant le climat du midi ou un abri dans le nord.	EXPOSITION qu'elles préfèrent.	ESPÈCES remarquables par leur feuillage, leurs fleurs ou leurs fruits	ÉPOQUE de floraison ou de maturation des fruits
Abies canadensis, Mich.......	argilo-sableux.	«	nord.	«	« »
Callitris quadrivalvis, Vent..	Id.	midi.	Id.	«	« »
Cerasus caroliniana, Juss....	sablo - argileux.	N. avec abri.	Id.	Fleurs blanches.	Mai...is
Ceratonia siliqua, L..........	Id.	midi.	midi.	Fleurs pourpres.	Aoûtûu
Cunninghamia sinensis, Rich.	Id.	Id.	nord.	«	« »
Cupressus sempervirens, L....	Id.	«	midi.	«	« »
Juniperus virginiana, L......	Id.	«	«	«	« »
— *Thurifera*, L.............	Id.	N. avec abri.	nord.	«	« »
— *excelsa*, Willd............	Id.	«	Id.	«	« »
Lyonia arborea, Nutt........	terre de bruyère	«	Id.	Fleurs blanches.	Juin et ji
Pinus brutia, Ten...........	sablo - argileux.	«	Id.	«	« »
— *pinea*, Lin...............	Id.	«	«	«	« »
— *Halepensis*, Aït..........	Id.	midi.	«	«	« »
— *rigida*, Mich.............	Id.	nord.	nord.	«	« »
— *adunca* , Bosc...........	Id.	midi.	«	«	« »
— *insignis*, Dougl..........	Id.	Id.	«	«	« »
— *ponderosa*, Dougl........	Id.	«	«	«	« »
— *macrophylla*, Lindl.......	Id.	N. avec abri.	«	«	« »
Taxus canadensis, Willd.....	Id.	«	«	«	« »
— *bacc. fastigiata*..........	Id.	«	«	«	« »
Thuya orientalis, L..........	Id.	«	«	«	« »
— *filiformis*, Hort...........	Id.	«	«	«	« »
— *occidentalis*, L...........	Id.	«	«	«	« »

Troisième grandeur.

NOMS DES ESPÈCES.	NATURE de sol qui leur convient.	ESPÈCES exigeant le climat du midi ou un abri dans le nord.	EXPOSITION qu'elles préfèrent.	ESPÈCES remarquables par leur feuillage, leurs fleurs ou leurs fruits	ÉPOQUE de floraison ou de maturation des fruits
Arbutus unedo, L............	sablo - argileux.	midi.	nord.	Fl roses et beaux fruits rong	Janvie...iv
— *andrachne*, L.............	Id.	Id.	Id.	Fleurs blanches.	Mars et ..ig
Cerasus lusitanica, Juss......	Id.	«	Id.	Id.	Mai et j. ...
— *laurocerasus*, Juss.........	Id.	N. avec abri.	Id.	Id.	Mai...is
Juniperus barbadensis, L.....	Id.	midi.	Id.	«	« »
Laurus nobilis, L............	Id.	N. avec abri.	midi.	«	« »
Magnolia grandiflora, L.....	terre de bruyère	Id.	nord.	Fleurs blanches.	Juill. et ..ig
— *grand. oxoniensis*..........	Id.	Id.	Id.	Id	Id. .b
— *grand. stricta*.............	Id.	Id.	Id.	Id.	Id. .b
— *grand. longifolia*.........	Id.	Id.	Id.	Id.	Id. .b
— *grand. obtusifolia*........	Id.	Id.	Id.	Id.	Id. .b
— *grand. microphylla*.......	Id.	Id.	Id.	Id.	Id. .b
— *grand. praecox*...........	Id.	Id.	Id.	Id.	Id. .b
— *grand. La Maillardière*......	Id.	Id.	Id.	Id.	Id. .b
— *grand. rotundifolia*........	Id.	Id.	Id.	Id.	Id. .b
— *grand. tomentosa*.........	Id.	Id.	Id.	Id.	Id. .b
— *grand. tardiflora*.........	Id.	Id.	Id.	Id.	Id. .b
— *grand. maxima*...........	Id.	Id.	Id.	Id.	Id. .b
Pinus cembro, Lin..........	sablo- argileux.	«	Id.	«	« »

ARBRISSEAUX A FEUILLES CADUQUES.

Première grandeur.

NOMS DES ESPÈCES.	NATURE de sol qui leur convient.	ESPÈCES exigeant le climat du midi ou un abri dans le nord.	EXPOSITION qu'elles préferent.	ESPÈCES remarquables par leur feuillage, leurs fleurs ou leurs fruits.	ÉPOQUE de floraison ou de maturité des fruits.
mygdalus argentea	sablo-argileux.	«	«	Fleurs roses.	Avril.
ralia spinosa, L	sableux-humide.	«	«	Fleurs blanches.	Août et sept.
Sinensis, L	Id.	«	«	Id.	Id.
rmeniaca sibirica, Pers	Id.	«	«	Fleurs rouges.	Avril.
enthamia frugifera, Lindl	sablo-argileux	N. avec abri.	«	Fruits remarquables.	Septembre.
enzoin odoriferum, Nees	Id.	«	«	Fruits rouges.	Id.
aragana frutescens, D. C.	Id.	«	«	Fleurs jaunes.	Mai.
grandiflora, D. C.	Id.	«	«	Id.	Id.
allagana, Poir	Id.	«	«	Id.	Id.
jubata, Poir	Id.	«	«	Id.	Id.
astanea pumila, Mill	Id.	«	«	«	«
hionanthus virginica, L	argilo-sab.-hum.	«	nord.	Fleurs blanches.	Juin.
ornus sanguinea, L	sablo-argileux.	«	nord.	Fleurs blanches.	Id.
alba, L	Id.	«	Id.	Jolis fruits blancs.	Automne.
cærulea, Lam	Id.	«	Id.	Jolis fruits bleus	Id.
Florida, L	terre de bruyère	«	Id.	Fleurs jaunes.	Mai.
paniculata, L'Her	sablo-argileux.	«	Id.	Fruits rouges.	Automne.
ytisus Admi, Hort	Id.	«	«	fl. ros. roug. ou jaun.	Mai.
vonymus latifolius, Mill	Id.	«	«	Fruits rouges.	Automne.
verrucosus, Scop	Id.	«	«	Fruits rouges.	Id.
Nepalensis, Hort	Id.	midi.	«	«	«
atropurpureus, Jacq	Id.	«	«	Fleurs brunes.	Juillet.
prsythia viridissima, Lindl	Id.	«	«	Fleurs jaunes.	Printemps.
ordonia lasianthus, L	Id.	«	«	Fleurs blanches.	Sept. et oct.
alesia tetraptera, L	Id.	«	«	Id.	Mai.
diptera, L	Id.	«	«	Id.	Mai et juin.
agerstræmia Indica, L	Id.	midi.	«	Fleurs pourpres.	Août et oct.
agnolia glauca, L	terre de bruyère	«	nord.	Fleurs blanches.	Juil. et sept.
elia azedarach, L	sablo-argileux.	N. avec abri.	midi.	Fleurs violettes.	Juin et juill.
orus constantinopolit., Poir	Id.	«	«	«	«
yrica cerifera, L	T. de bry. hum.	N. avec abri.	nord	«	«
aliurus aculeatus, Lam	sablo-argileux.	N. avec abri.	«	Fleurs jaunes.	Juin en août.
avia rubra, Lam	Id.	«	«	Fleurs rouges.	Mai.
macrostachya, D. C.	sablo-arg.-hum.	«	«	Fleurs blanches.	Juil. et août.
ersica vulg. flore pleno	sablo-argileux.	«	midi.	Fleurs roses.	Mars et avr.
istacia narbonensis, Hort	Id.	midi.	Id.	Id.	Mai.
unica granatum flore pleno	Id.	Id.	Id.	Fleurs rouges.	Juin.
lutea, Hort	Id.	Id.	Id.	Fleurs jaunes.	Id.
yrus spectabilis, Aït	Id.	«	«	Fleurs roses.	Mai.
coronaria, L	Id.	«	«	Fruits rouges.	Automne.
sempervirens, H. P.	Id.	«	«	Fleurs roses.	Mai.
baccata, L	Id.	«	«	Fruits rouges.	Automne.
microcarpa, Dec	Id.	«	«	Fleurs blanches.	Mai.
aslicifolia, L	Id.	«	«	Id.	Avril.
Sinaica, H P.	Id.	«	«	Id.	Id.
hus coriaria, L	Id.	«	«	Fleurs vertes.	Été.
thypinum, L	Id.	«	«	Fleurs rouges.	Id.
glabrum, B. K.	Id.	«	«	Fruits rouges.	Automne.
cotinus, L	Argilo-sableux.	«	«	fl. ros. en panaches.	Été.

NOMS DES ESPÈCES.	NATURE de sol qui leur convient.	ESPÈCES exigeant le climat du midi ou un abri dans le nord.	EXPOSITION qu'elles préfèrent.	ESPÈCES remarquables par leur feuillage, leurs fleurs ou leurs fruits.	ÉPOQUE de floraison ou de maturité des fruits.
Salix aculifolia, Willd	sablo. arg.-hum.				
Sambucus rotundifolia, Hort	Sablo-argileux.			Fleurs blanches.	Juin.
— *Canadensis*, Mich	Id.			Id.	Eté.
— *nigra laciniata*	Id.			Id.	Juin.
Spartianthus junceus, Link	Id.			Fleurs jaunes.	Juil. et aoû
Spiræa opulifolia. L	Id.			Fleurs blanches.	Mai et juin
Styrax officinale, L	Id.	midi.		Fleurs blanches.	Juillet.
— *lævigatum*, H. K	Id.	Id.		Id.	Id.
Syringa vulgaris, L	Id.			Fl. violet. ou blanch.	Mai.
— *De Marly*	Id.			Fl. violet pourpre.	Id.
— *Royal*	Id.			Id.	Id.
— *Josikæa*, Jacq	Id.			Id.	Id.
— *Rothomagensis*, H. P	Id.			Id.	Id.
— *Saugeiana*, Hort	Id.			Id.	Id.
Tamari gallica. L	sablo-arg.-hum.			Fleurs blanc.-pourp.	Id.
— *Indica*. Willd	sablo-argileux.			Fleurs pourprées.	Id.
— *tetrandra*, Pall	Id.			Id.	Id.
Vaccinium arboreum, Mich	T. de bry. hum.		nord.	Fleurs blanches.	Juin.
Viburnum nudum, L	Sablo-argileux.			Id.	Id.
— *plicatum*	Id.			Fleurs blanches.	Id.
Vitex arborea, Fisch	Id.	midi.		Fleurs bleuâtres.	Septembre
— *agnus-castus*, L	Id.	Id.		Fleurs violettes.	Eté.
— *latifolia*, Mill	Id.	N. avec abri.		Id.	Id.
Xanthoxylum fraxineum Willd.	Id.			Fruits rouges.	Automne
Zizyphus sativa, H. P	Id.	N. avec abri.	midi.	Fruits jaunes.	Id.
— *Sinensis*, Lam	Id.	Id.	Id.	Id.	Id.

Deuxième grandeur.

NOMS DES ESPÈCES.	NATURE de sol qui leur convient.	ESPÈCES exigeant le climat du midi ou un abri dans le nord.	EXPOSITION qu'elles préfèrent.	ESPÈCES remarquables par leur feuillage, leurs fleurs ou leurs fruits.	ÉPOQUE de floraison ou de maturité des fruits.
Amelanchier vulgaris, Mœnch	sablo-argileux.			Fl. d'un blanc soufré	Avril.
— *ovalis*, Lind	Id.			Fleurs blanches.	Mai.
— *Canadensis*, Nud	Id.			Id.	Id.
Amorpha fructicosa, L	Id.			Fl. d'un bleu violacé	Août.
— *Lewisii*, Lodd	Id.			Fleurs violet-foncé.	Juin et juin
— *pumila*	Id.			Fleurs violacées.	Juillet.
— *glabra*	Id.			Id.	Id.
Andromeda cassinefol. Vent	terre de bruyère		nord.	Fleurs blanches.	Juil. et aoû
— *speiosa*, Michx	Id.		Id.	Id.	Juin et jui
— *marginata*, Pers	Id.		Id.	Fleurs roses.	Août.
— *axillaris*, Lam	Id.		Id.	Fleurs blanches.	Eté.
— *racemosa*, L	Id.		Id.	Id.	Juillet.
Anthyllis barba Jovis, L	Sablo-argileux.	midi.	sud.	Fleurs jaunes.	Avril.
Artemisia arborescens L	Id.	Id.	Id.	Id.	Juin et aoû
Azalea calendulacea, Mich	terre de bruyère		nord.	Id.	Mai.
— *glauca*. Lam	Id.		Id.	Fleurs blanches.	Juillet.
— *nudiflora*, Lin	Id.		Id.	Id.	Id.
— *viscosa*, Lin	Id.		Id.	Id.	Eté.
Berberis canadensis	Sablo-argileux.			Fleurs jaunes.	Eté.
— *Nepalensis*	Id.			Id.	Id.
— *lucida*	Id.			Id.	Id.
— *empetrifolia*	Id.			Id.	Id.

NOMS DES ESPÈCES.	NATURE de sol qui leur convient.	ESPÈCES exigeant le climat du midi ou un abri dans le nord.	EXPOSITION qu'elles préfèrent.	ESPÈCES remarquables par leur feuillage, leurs fleurs ou leurs fruits.	EPOQUE de floraison ou de maturité des fruits.
Berberis buxifolia............	Sablo-argileux.	«	«	Fleurs jaunes	En été.
— cratægina.................	Id.	«	«	Id.	Id.
— aristata.................	Id.	«	«	Id.	Id.
— sinensis.................	Id.	«	«	Id.	Id.
Callicarpa americana, L......	Id.	N. avec abri.	sud.	Beau fruit rouge.	Fin autom.
Calycanthus floridus, L......	terre de bruyère	«	nord.	Fleurs brunes odor.	Mai et juin
— glaucus, W.................	Id.	«	Id.	Id.	Id.
— lævigatus, W.................	Id.	«	Id.	Id.	Id.
Capparis spinosa, L.........	sablo-argileux.	midi.	«	Fleurs blanches.	Mai et juill.
Caragana chamlagu, Lam....	Id.	«	«	Fleurs jaunes.	Mai.
Cephalanthus occidentalis, L..	terre de bruyère	«	nord.	Fleurs blanches.	Juillet.
Cerasus pumila, Mich.........	sablo-argileux.	«	«	Id.	Avril et mai.
Chimonanthus fragrans, Lindl.	terre de bruyère	«	nord.	Fleurs bl. violacées.	Déc. à fev.
Clethra acuminata, Mich.....	Id.	«	«	Fleurs blanches.	Août.
Colutea arborescens, L........	sablo-argileux.	«	«	Fleurs jaunes.	Été.
Corylus americana, Mich......	Id.	«	«	«	«
— rostrata, Aït.............	Id.	«	«	«	«
— purpurea, Hort.............	Id.	«	«	Feuilles pourpres.	«
— laciniata, Hort.............	Id.	«	«	«	«
Cotoneaster vulgaris, Lindl...	Id.	«	«	Fleurs jaunâtres.	Avril et mai.
Cydonia japonica, Pers.......	terre de bruyère	«	«	Fl. bl. ou rouges.	Id.
Cytisus sessilifolius, L	sablo-argileux.	«	«	Fleurs jaunes.	Juin.
— albus, Link.................	terre de bruyère	«	nord.	Fleurs blanches.	Mai.
Deutzia crenata, Thunb.......	sablo-argileux.	«	«	Id.	Été.
— canescens.................	Id.	«	«	Id.	Id.
Dirca palustris, L	terre de bruyère	«	nord.	Fleurs jaunâtres.	Mars et avr.
Escallonia floribunda, Humb.	hum.-sablo-arg.	midi.	«	Fleurs blanches.	Août et sept.
· rubra, Pers.................	Id.	Id.	«	Fleurs rouges.	Id.
Evonymus angustif. Pursh...	Id.	N. avec abri.	«	«	«
Fontanesia phillyr. La Bill....	Id.	«	midi.	Fleurs blanches.	Mai.
Genista candicans, L........	Id.	midi.	«	Fleurs jaunes.	Été.
— ætnensis, Dec.................	Id.	Id.	«	Id.	Id.
Halomodendron argent. D. C..	Id.	«	«	Fleurs rosées.	Avril et mai.
Hibiscus syriacus, L	Id.	«	midi.	Fl. bl. ou pourpres.	Août et sept.
Jasminum heterophyl. Roxb...	Id.	midi.	Id.	Fleurs jaunes.	Id.
— pubigerum, Dou.................	Id.	Id.	Id.	Id.	Été.
Kerria japonica, Dec........	Id.	«	«	Id	Print. et été.
Lavatera arborea. L...........	Id.	midi.	«	Fleurs violettes.	Été.
Ligustrum japonicum, L.....	Id.	N. avec abri.	«	Fleurs blanches.	Id.
Lonicera tatarica, L..........	Id.	«	«	Fleurs roses.	Mars et avril
— pyrenaica, L.................	Id.	«	«	Id.	Mai.
— alpigena, L	id.	«	«	Fruits rouges.	Automne.
— xylosteum, L.................	Id.	«	«	Fleurs jaunâtres.	Mai.
— Ledebourii, Fisch...........	Id.	«	«	Fleurs rouges.	Été.
Lycium europæum, L.........	Id.	«	«	Fruits rouges.	Automne.
— barbarum, L.................	Id.	«	«	Id.	Id.
— sinense, Mill.................	Id.	«	«	Id.	Id.
Magnolia discolor, Vent......	T. de bruy. hum.	«	nord.	Fl. bl. pourprées.	Avril et juin.
Myrica gale. L	Id.	«	«	Fleurs jaunâtres	Mai.
— pensylvanica, H. P.........	Id.	«	nord.	«	«
Nandina domestica, Thunb...	sablo-argileux.	midi.	«	Fleurs blanches.	Juil. et août.
Persica Ispahan flore pleno...	Id.	«	midi.	Fleurs roses.	Mars et avr.

NOMS DES ESPÈCES.	NATURE de sol qui leur convient.	ESPÈCES exigeant le climat du midi ou un abri dans le nord.	EXPOSITION qu'elles préferent.	ESPÈCES remarquables pour leur feuillage, leurs fleurs ou leurs fruits.	ÉPOQUE de floraison ou de maturité des fruits.
Philadelphus coronarius, L...	sablo - argileux.	«	«	Fleurs blanches.	Juin. .
— *inodorus*, L..	Id.	«	«	Id.	Id.
— *pubescens*, Rafin..........	Id.	«	«	Id.	Id.
— *grandiflorus*, W..........	Id.	«	«	Id.	Id.
Prinos verticillatus, L......	terre de bruyère	«	nord.	Fruits rouges.	Août. .
Punica nana, H. P..........	sablo - argileux.	midi.	midi.	Fleurs rouges.	Juin. ..
Raphiolepis sinensis, Lindl...	Id.	N. avec abri.	«	Fleurs blanches.	Mars. .
Rhus vernix. L..............	Id.	«	«	«	«
— *copalinum*, L.............	Id.	«	«	«	«
— *aromaticum*, L..........	Id.	«	«	«	«
Ribes aureum, Pursh..........	Id.	«	«	Fleurs jaunes.	Avril. .
— *palmatum*, Hort...	Id.	«	«	Id.	Id.
— *sanguineum*, Pursh........	Id.	«	«	Fleurs roses.	Id.
— *malvaceum*, Sm...........	Id.	«	«	Id.	Fév. et avriv.
— *albidum*............	Id.	«	«	Fleurs bl. et roses.	Avril. .
— *speciosum*, Pursh........	Id.	N. avec abri.	«	Fleurs rouges.	Avril et m..
Robinia hispida, L..........	Id.	«	«	Fleurs roses.	Mai. .
Rosa (1)					
Rubus odoratus. L..........	Id.	«	«	Id.	Juin et septe.
Shepherdia canadensis, L.....	terre de bruyère	«	nord.	«	«
Spiræa hypericifolia, L.. ..	sablo - argileux.	«	«	Fleurs blanches.	Avril et m..
— *crenata*, L............	Id.	«	«	Id.	Mai.
— *ulmifolia*, Willd.........	Id.	«	«	Id.	Id.
— *chamædryfolia*, L........	Id.	«	«	Id.	Id.
— *salicifolia*, L..........	Id.	«	«	Fleurs rosées.	Juin et jui..
— *tomentosa*, L..........	T. bruy. hum.	«	nord.	Id.	Août et se..
— *sorbifolia*, L..........	sablo-arg.-hum.	«	nord	Fleurs blanches.	Juin. ..
— *Lindleyana*, Sieb........	Id.	«	«	Id.	Id.
— *ariæfolia*, Sm..........	Id.	«	«	Id.	Id.
— *lanceolata*, Poir	Id.	«	«	Id.	Id.
— *bella*, B. M.	Id.	«	«	Fleurs roses.	Id.
— *Douglasii*, Hook.....	Id.	«	«	Id	Id.
Stewartia malachodendron, L.	Id.	N. avec abri.	«	Fleurs blanches.	juin et jui..
— *pentagyna*, L'her.........	Id.	Id.	«	Id	Juin. ..
Symphoricarpos parvifl., Desf	sablo - argileux.	«	«	Fruits rouges.	Août. .
— *racemosa*, Mich...........	Id.	«	«	Fruits blancs.	Id.
— *mexicana*, Lood...........	Id.	«	«	Fleurs roses.	Été.
Syringa persica, L..........	Id.	«	«	Fleurs pourpre clair.	Mai. .
— *Pers. laciniata*...........	Id.	«	«	Id.	Id.
Tamarix germanica, L	Id.	«	«	Id.	Id.
Vaccinium amœnum, H. K....	T. bruy. hum.	«	nord.	Fleurs blanches.	Mai et ju..
Viburnum lantana, L.......	sablo - argileux.	«	«	Id.	Juin. ..
— *prunifolium*, L	Id.	«	«	Id.	Juin et jui..
— *lentago*, L............	Id.	«	«	Id.	Id. .
— *pyrifolium*, Lam.........	Id.	«	«	Id.	Juin. .
— *opulus*, L...............	argilo-sableux.	«	«	Id.	Mai. .
— *op. sterilis*.............	Id.	«	«	Id.	Id.
— *edule*. Mich.............	Id.	«	«	Fruits rouges.	Automne et..
Vitex incisa, Lam	sablo - argileux.	«	«	Fleurs bleues.	Été. .
Weigelia rosea, Lindl.........	terre de bruyère	midi.	«	Fleurs roses.	Avril. ..

(1) L'étendue de ce livre ne nous permet pas de donner ici le texte des diverses espèces et variétés de roses qui s'é.. aujourd'hui à plus de 2.000. Bornons-nous à dire qu'on forme avec cet arbrisseau des massifs distincts où les dive.. variétés sont placées en amphithéâtre, soit qu'on les ait greffées sur eglantier, soit qu'on les cultive franches de p.. Toutes ces variétés s'accommodent d'un sol sablo-argileux; le plus grand nombre supportent sans souffrir le froid de.. hivers. Les muscades, les multiflores, les banksias, quelques variétés de noisettes et de bengales demandent seules à .. abritées pendant l'hiver

Troisième grandeur.

NOMS DES ESPÈCES.	NATURE de sol qui leur convient.	ESPÈCES exigeant le climat du midi ou un abri dans le nord.	EXPOSITION qu'elles préfèrent.	ESPÈCES remarquables par leur feuillage, leurs fleurs ou leurs fruits.	ÉPOQUE de floraison ou maturité des fruits.
Amygdalus nana, L..........	sablo – argileux.	«	sud.	Fleurs roses.	Mai.
Andromeda calyculata.......	terre de bruyère	«	nord.	Fleurs blanchés.	Mars.
Atraphaxis spinosa, L...	sablo – argileux.	N. avec abri.	«	Id.	Été.
Azalea pontica, Lin..........	terre de bruyère	«	nord.	Fleurs jaunes.	Mai.
– procumbens, L..........	Id.	«	Id.	Fleurs roses.	Été.
– indica, L..........	Id.	midi.	Id.	Fleurs rouges.	Mai.
– — liliiflora..........	Id.	Id.	Id.	Fleurs blanches.	Id.
– — prolifera..........	Id.	Id.	Id.	Fleurs roses.	Id.
– — Smithiana..........	Id.	Id.	Id.	Fleurs pourpres.	Id.
Caragana pygmæa, D. C.....	sablo – argileux.	«	«	Fleurs jaunes.	Id.
Cistus laurifolius, L..........	Id.	N. avec abri.	midi.	Fleurs blanches.	Été.
– populifolius, L..........	Id.	Id.	Id.	Id.	Id.
– ladaniferus, L..........	Id.	Id.	Id.	Fl. bl. à fond brun.	Id.
– purpureus, Lam..........	Id.	Id.	Id.	Fleurs rouges.	Id.
– symphytifolius, Lam......	Id.	Id.	Id.	Id.	Id.
Clethra alnifolia, L..........	terre de bruyère	«	«	Fleurs blanches.	Août.
– tomentosa, Lam..........	Id.	«	«	Id.	Id.
– paniculata, H. K..........	Id.	«	«	Id.	Id.
Clianthus puniceus, Soland...	sablo – argileux.	midi.	«	Fleurs pourpres.	Mai et juin.
Colutea orientalis, Lam......	Id.	«	midi.	Fleurs rouges.	Juin et uill.
– alepica, Lam..........	Id.	«	«	Fleurs jaunes.	Id.
Comystonia aspleniifol. H. K..	terre de bruyère	«	nord.	«	«
Coronilla emerus, L..........	sablo – argileux.	«	midi.	Fleurs jaunes.	Avril et juin.
– glauca, L..........	Id.	N. avec abri.	Id.	Id.	Print à j 'aut.
Cytisus nigricans, L..........	Id.	«	«	Id.	Juin et Juill.
– capitatus, Jacq..........	Id.	«	«	Id.	Id.
– austriacus, L..........	Id.	«	«	Id.	Id.
– purpureus, Jacq..........	sablo-arg.-hum.	«	nord.	Fleurs rouges.	Id.
– biflorus, L'her..........	sablo-argileux.	«	«	Fleurs jaunes.	Mai et juin.
– Weldeni, Visiani..........	Id.	«	«	Id.	Id.
– volgaricus, L..........	Id.	«	«	Id.	Id.
– filipes, Webb..........	Id.	N. avec abri.	«	Fleurs blanches.	Id.
Daphne mezereum, L..........	argilo – sableux.	«	nord.	Fl. bl. ou rouges.	Déc. en fév.
– alpina, L..........	sablo – argileux.	«	Id.	Fleurs blanches.	Mai et juin.
– altaïca, L..........	Id.	«	Id.	Id.	Id.
– gnidium, L..........	Id.	midi.	«	Fl. blanches rosées.	Juin et uill.
– tarton-raira, L..........	Id.	Id.	«	Fleurs jaunâtres.	Id.
Diervilla canadensis, L......	argilo – sableux.	«	«	Id.	Été et autom.
Evonymus nanus, Marsch....	sablo – argileux.	«	«	Fleurs brunes.	Été.
Fothergilla alnifolia, L.....	T. de bruy. hum.	«	nord.	Fleurs blanches.	Avril.
Hamamelis virginica, L.....	Id.	«	Id.	Fleurs jaunes.	Automne.
Hydrangea arborescens, L....	Id.	«	«	Fleurs blanches.	Juillet.
– nivea, Mich..........	Id.	«	«	Id.	Id.
– Quercifolia, H. K..........	Id.	«	«	Id.	Été.
– japonica, Sieb..........	Id.	N. avec abri.	nord.	Fleurs roses.	Août.
– Hortensia, Dec..........	Id.	Id.	Id.	Id.	Id.
– involucrata, Sieb..........	Id.	Id.	Id.	Id.	Id.
– involuc. flore pleno..........	Id.	Id.	Id.	Id.	Id.
Hypericum prolificum, L.....	Id.	«	Id.	Fleurs jaunes	Juil. et août.
– Balearicum, L..........	Id.	«	Id.	Id.	Id.

NOMS DES ESPÈCES.	NATURE de sol qui leur convient.	ESPÈCES exigeant le climat du midi ou un abri dans le nord.	EXPOSITION qu'elles préfèrent.	ESPÈCES remarquables par leur feuillage, leurs fleurs ou leurs fruits.	ÉPOQUE de floraison ou de maturation des fruits.
Hypericum pyramidatum, W.	terre de bruyère	«	nord.	Fleurs roses.	Juil. et aoû
Ilea virginica, L.	terre de bruyère	»	Id.	Fleurs blanches.	Juin
Jasminum fruticans, L.	sablo-argileux.	«	midi.	Fleurs jaunes	Mai en sea
— humile, L.	Id.	N. avec abri.	Id.	Id.	Id.
Leycesteria formosa, Wal.	Id.	Id.	Id.	Fleurs blanc rosé.	Été.
Lycium fuchsioïdes, L.	Id.	«	«	Fleurs rouges.	Id.
Magnolia gracilis, Sal.	T. de bruy. hum.	«	nord	Fleurs pourprées.	Avril en ju
Ononis fruticosa, L.	sablo-argileux.	«	«	Fleurs roses.	Mai et juin
Origanum sipyleum, L.	Id.	N. avec abri.	midi.	Fleurs violettes.	Été.
Pæonia papaveracea, And.	terre de bruyère	«	«	Fleurs roses.	Printemp
— Moutan, Sims.	Id.	«	«	Id.	Id.
— arborea rosea, Anders.	Id.	«	«	Id.	Id.
Persica pumil. flore pleno.	sablo-argileux.	«	midi.	Id.	Mars et a
Phlomis fruticosa, L	Id.	N. avec abri.	Id.	Fleurs jaunes.	Juil. en so
Pinckneya pubescens.	T. de bruy. hum	midi.	«	Fleurs blanches.	Été.
Potentilla fruticosa, L.	sablo-argileux.	«	«	Fleurs jaunes.	Id.
Prunus chamæcerasus, L.	Id.	«	«	Fleurs blanches.	Avril
— prostrata, Lab.	Id.	«	«	Fleurs roses.	Avril et m
— glandulosa, Sieb.	Id.	N. avec abri.	«	Id.	Id.
— cocomilla, Ten.	Id.	«	«	Fleurs blanches.	Id.
— incana, H. P.	Id.	«	«	Fleurs roses.	Avril
— spinosa flore pleno, Hort.	Id.	«	«	Fleurs blanches.	Id.
Rhodora canadensis, L.	terre de bruyère	«	nord.	Fleurs pourpres.	Fév. et m
Robinia ferox, L.	sablo-argileux.	«	«	Fleurs jaunâtres.	Avril et m
Rubus rosæfolius, Sm.	Id.	midi.	«	Fleurs blanches.	Été.
Satureia montana, L.	Id.	«	midi.	Id.	Id.
Spiræa decumbens, Hort.	Id.	«	«	Id.	Id.
— prunifolia flore pleno.	Id.	«	«	Id.	Id.
Vaccinium pensylvanic. Lam.	T. de bry. hum.	«	nord.	Id.	Juin.
Xanthorrhiza apiifolia.	terre de bruyère	«	Id.	Fleurs brunes.	Mai.

ARBRISSEAUX A FEUILLES PERSISTANTES.

Première grandeur.

NOMS DES ESPÈCES.	NATURE de sol qui leur convient.	ESPÈCES exigeant le climat du midi ou un abri dans le nord.	EXPOSITION qu'elles préfèrent.	ESPÈCES remarquables par leur feuillage, leurs fleurs ou leurs fruits.	ÉPOQUE de floraison ou de maturation des fruits.
Acer creticum, L.	Argilo-sableux.	«	«	«	«
Baccharis halimifolia, L.	sablo-argileux.	«	sud.	Fleurs blanches.	octobre
Buxus balearica, Lam.	Id.	«	nord.	«	«
Camelia japonica, L.	terre de bruyère	midi.	Id.	Fl. var. du bl. au roug.	Mars et a
Ephedra altissima, Desf.	sablo-arg.-hum.	N. avec abri.	Id.	«	«
Ilex aquifolium variegatum.	Id.	«	Id.	Fruits rouges.	Automne
— aquif. serratifolium.	Id.	«	Id.	Id.	Id.
— aquif. ferox.	Id.	«	Id.	Id.	Id.
— aquif. laurifolium.	Id.	«	Id.	Id.	Id.
latifolia, Thunb.	Id.	«	Id.	Id.	Id.
Maderiensis. Lam.	Id.	N. avec abri.	Id.	Id.	Id.
— Balearica, Desf.	Id.	Id.	Id.	Id.	Id.
— Cassine, L.	Id.	Id.	Id.	Id.	Id.

NOMS DES ESPÈCES.	NATURE du sol qui leur convient.	ESPÈCES exigeant le climat du midi ou un abri dans le nord.	EXPOSITION qu'elles préfèrent.	ESPÈCES remarquables par leur feuillage, leurs fleurs ou leurs fruits.	ÉPOQUE de floraison ou de maturité des fruits.
Ilex opaca, Mich.........	sablo-arg. hum.	N. avec abri	nord.	Fruits rouges.	Automne.
Illicium anisatum, L.........	terre de bruyère	midi.	«	Fleurs jaunâtres.	Avril et mai.
Juniperus oxycedrus, L.......	sablo-argileux.	Id.	«	Fruits rouges.	Automne.
J. Phœnicea, L............	Id.	«	«	Fruits jaunes.	Id.
Nerium oleander, L.........	argilo-sableux.	midi.	midi.	Fleurs roses.	Été et autom.
N. oleand. atropurpureum. L.	Id.	Id.	«	Id.	Id.
N. oleand. à fleurs blan. Hort.	Id.	Id.	«	Fleurs blanches.	Id.
N. oleand. radicans, Hort ...	Id.	Id.	«	Id.	Id.
Phillyrea latifolia, L.........	sablo-argileux.	«	«	«	«
P. media, Link............	Id.	«	«	«	«
Photinia glabra, Thunb......	Id.	N. avec abri.	nord.	Fleurs blanches.	Été.
Pinus Banksiana, Pursh......	Id.	«	Id.	«	«
P. pumilio, Hœnke..........	Id.	«	Id.	«	«
P. inops, Mich............	Id.	«	Id.	«	«
Pistacia lentiscus, L.........	Id.	midi.	«	Fleurs purpurines.	Mai.
Rhamnus alaternus, L.......	argilo-sableux.	N. avec abri.	nord.	«	«
Shepherdia reflexa, Dec.....	sablo-argileux.	«	Id.	Fleurs blanches.	Automne.

Deuxième grandeur.

NOMS DES ESPÈCES.	NATURE du sol qui leur convient.	ESPÈCES exigeant le climat du midi ou un abri dans le nord.	EXPOSITION qu'elles préfèrent.	ESPÈCES remarquables par leur feuillage, leurs fleurs ou leurs fruits.	ÉPOQUE de floraison ou de maturité des fruits.
Andromeda mariana, L.......	terre de bruyère	«	nord.	Fleurs blanches.	Juillet.
A. tomentosa, Hort..........	Id.	«	Id.	Id.	Printemps.
Aucuba japonica............	sablo-argileux.	«	Id.	Beau feuillage.	«
Avaria racemosa, Mut.......	Id.	Id.	Id.	Fleurs roses.	Juin. et sept.
A. edifolia, H. B.	Id.	midi.	Id.	Fleurs rouges.	Id.
Buplevrum fruticosum, L....	argilo-sableux.	«	«	Fleurs jaunes.	Juin en août.
Cratœgus pyracantha, Pers...	sablo-argileux.	«	«	Fruits rouges.	Automne.
Ephedra distachya, L........	Id.	N. avec abri.	«	Fleurs en chatons.	Juin et juill.
Erica mediterranea, L.......	terre de bruyère	Id.	«	Fleurs roses.	Été.
Eriobotrya japonica. Lindl....	sablo-argileux.	N. avec abri.	«	Fleurs blanches.	Novembre.
Euonymus americanus, L.....	terre de bruyère	«	nord.	Fruits rouges.	Automne.
E. japonicus, L.............	Sablo-argileux.	N. avec abri.	nord.	«	«
Garrya elliptica, Dougl......	terre de bruyère	«	nord.	Fleurs blanches.	Décembre.
Ilex dahoun, Mich..........	Id.	«	Id.	«	«
Illicium floridanum, L.......	Id.	midi.	«	Fleurs rouge brun.	Avril et mai.
Juniperus sabina cupressi.. Aït.	sablo-argileux.	«	«	«	«
J. sabina tamariscifolia, Aït.	Id.	«	«	«	«
Kalmia latifolia, L........	terre de bruyère	«	nord.	Fleurs rosées.	Juin.
K. angustifolia, L	Id.	«	Id.	Fleurs rouges.	Juin et juill.
Mahonia aquifolia, Nutt.....	Id.	«	Id.	Fleurs jaunes.	Printemps.
M. fascicularis, DC.........	Id.	«	Id.	Id.	Avril et mai.
M. intermedia, Hort.........	Id.	«	Id.	Id.	Id.
Philyrea angustifolia, L	sablo-argileux.	«	«	«	«
Quercus coccifera, L........	Id.	midi.	«	«	«
Q. infectoria, L............	Id.	Id.	«	«	«
Rhododendron fastuos. fl pleno.	terre de bruyère	«	nord.	Fleurs lilas.	Juin.
R. maximum, L..............	Id.	«	Id.	Fleurs roses.	Juin et juill.
R. Catawbiense, Bot. Mag.....	Id.	«	Id.	Id.	Mai et juin.
R. Catesbœi, Lod............	Id.	«	Id.	Id.	Id.
R. Altaclarense.............	Id.	«	Id.	Fleurs rouges.	Id

DISTRIBUTION DES DIVERSES ESPÈCES.

NOMS DES ESPÈCES.	NATURE de sol qui leur convient.	ESPÈCES exigeant le climat du midi ou un abri dans le nord	EXPOSITION qu'elles préfèrent.	ESPÈCES remarquables par leur feuillage, leurs fleurs ou leurs fruits.	ÉPOQUE de floraison ou de maturité des fruits.
Rhododendron Ponticum, L..	T. de bruyère.	midi.	nord.	Fleurs violacées.	Mai et juin
— azaloïdes, Desf..........	Id.	"	Id.	Fleurs roses.	Mai.
— azal. violaceum...........	Id.	"	Id.	Fleurs violacées.	Juin.
— punctatum, L.............	Id.	"	Id.	Fleurs carnées.	Id.
— Caucasicum, Pall........	Id.	"	Id.	Fleurs blanches.	Id.
— Dahuricum, L............	Id.	"	Id.	Fleurs rouges violac.	Hiver.
Rosmarinus officinalis......	sablo-argileux.	"	"	Fleurs blanches.	Fév en mars
Ruscus racemosus, L........	Id.	"	"	Fruits rouges.	Automne en
Shepherdia argentea, Pursh...	terre de bruyère	N. avec abri.	nord	"	"
Teucrium fruticans, L........	ablo-argileux.	Id.	midi.	Fleurs bleues violac.	Juin-octob
Ulex europæus, L.............	Id.	"	"	Fleurs jaunes.	Autom prin
Viburnum tinus, L...........	Id.	"	nord.	Fleurs rosées.	Mars-avril
— odoratissimum, R. Br....	Id.	midi.	"	Fleurs blanches.	Août et sep

Troisième grandeur.

NOMS DES ESPÈCES.	NATURE de sol qui leur convient.	ESPÈCES exigeant le climat du midi ou un abri dans le nord	EXPOSITION qu'elles préfèrent.	ESPÈCES remarquables par leur feuillage, leurs fleurs ou leurs fruits.	ÉPOQUE de floraison ou de maturité des fruits.
Andromeda poliifolia, L......	terre de bruyère	"	nord.	Fruits roses.	Mai.
Buxus suffruticosa, Lam.....	sablo-argileux.	"	"	"	"
Cneorum tricoccum, L........	Id.	midi.	nord.	Fleurs jaunes.	Été.
Cotomaster microphylla......	Id.	N. avec abri.	Id.	"	"
Daphne laureola, L..........	argilo-sableux.	"	nord.	Fleurs verdâtres.	Janv. mars
— pontica, L...............	terre de bruyère	N. avec abri.	Id.	Id.	mars en ma
— Cneorum, L..............	Id.	"	Id.	Fl. roses ou blanch.	Avril et mai
— Collina, L..............	Id.	N. avec abri.	Id.	Fleurs roses.	avril en juin
Empetrum nigrum, L........	Id.	"	Id.	Fruits blancs.	Automne en
Ephedra monostachya, L....	sablo-argileux.	"	"	Fruits rouges.	Printemps
Erica vulgaris, L...........	terre de bruyère	"	"	Fl. roses ou blanch.	Été.
— cinerea, L..............	Id.	"	"	Fl. pourp ou blanch.	Automne en
— tetralix, L.............	T. de bruy. hum.	"	"	Fl. roses ou blanch.	Été.
— multiflora, L...........	terre de bruyère	"	"	Fleurs roses.	Id.
— scoparia, L.............	Id.	"	"	Id.	Id.
— multicaulis.............	Id.	"	"	Id.	Id.
Gaultheria cordifolia, H. B...	Id.	"	nord.	Fleurs blanches.	Id.
— Shallon, Pursh..........	Id.	"	Id.	Id.	Août et sep
Kalmia glauca, Aït.........	Id.	"	Id.	Fleurs roses.	Mai.
Lavendula spica, L.........	sablo-argileux.	"	midi.	Fleurs bleues.	Été.
— stæchas, L.............	Id.	midi.	Id.	Id.	Id.
Ledum latifolium, Lam.......	terre de bruyère	"	nord.	Fleurs blanches.	Id.
— palustre, L.............	T. de bruy. hum.	"	Id.	Id.	Avril et mai
Leiophyllum thymifol. Pers...	Id.	"	Id.	Id.	Id.
Mahonia repens, G. Don......	terre de bruyère	"	Id.	Fleurs jaunes.	Printemps
— glumacea, DC...........	Id.	"	Id.	Id.	Octob. mas
Menziesia poliifolia, Juss....	Id.	"	Id.	Fleurs pourpres.	Été.
Pernettia mucronata, Lindl...	Id.	"	Id.	Fl. blanches rosées.	Id.
Polygala chamæbuxus, L....	Id.	"	Id.	Fleurs jaunes.	Mai en octob
Rhododendron ferrugin. L....	Id.	"	Id.	Fleurs roses.	Juin.
— hirsutus, L.............	Id.	"	Id.	Fleurs rouges.	Id.
— Chamæcistus, L..........	Id.	"	Id.	Fleurs rouges.	Id.
Ruscus aculeatus, L..........	sablo-argileux.	"	Id.	Fruits rouges.	Automne en
— hypophyllum, L..........	Id.	"	Id.	"	"

NOMS DES ESPÈCES.	NATURE de sol qui leur convient.	ESPÈCES exigeant le climat du midi ou un abri dans le nord.	EXPOSITION qu'elles préfèrent.	ESPÈCES remarquables par leur feuillage, leurs fleurs ou leurs fruits.	ÉPOQUE de floraison ou de maturité des fruits.
ntolina chamœcyparissus, L.	sablo-argileux.	«	midi.	Fleurs jaunes.	Juill. et août.
Momentosa, Pers..........	Id.	«	Id.	«	Id.
iræa lævigata, L.........	Id.	«	«	Fleurs blanches.	Avril.
occinium vitis idæa, L......	T. de bruy. hum.	«	nord.	Fleurs rougeâtres.	Printemps.
sarctostaphylos, And......	Id.	N. avec abri.	Id.	Fleurs rosées.	Juin.

ARBRISSEAUX SARMENTEUX A FEUILLES CADUQUES.

NOMS DES ESPÈCES.	NATURE de sol qui leur convient.	ESPÈCES exigeant le climat du midi ou un abri dans le nord.	EXPOSITION qu'elles préfèrent.	ESPÈCES remarquables par leur feuillage, leurs fleurs ou leurs fruits.	ÉPOQUE de floraison ou de maturité des fruits.
ebia quinata, Dec.........	sablo-argileux.	«	«	Fleurs rouges.	Été.
istolochia sipho, L'her.....	Id.	«	«	Beau feuillage.	«
pubera, R. Br	Id.	•	«	Id.	«
vagene alpina, L..........	Id.	«	«	Fleurs bleues.	Juin et juill.
sibirica...............	Id.	«	«	Fleurs blanches.	Id.
gnonia radicans, L........	Id.	«	«	Fleurs rouges.	Août et sept.
grandiflora, Hort.........	Id.	«	sud.	Id.	Août.
capreolata, L...........	Id.	«	«	Id.	Mai en juill.
pandorea, Andr.........	terre de bruyère	midi.	«	Fleurs rosées.	Printemps.
astrus scandens, L......	Id.	«	«	Fruits rouges.	Automne.
ssus quinquefolius, Desf ...	argilo-sableux.	«	nord.	Feuil. roug. à l'aut.	«
ematis florida, Thunb......	sablo-argileux.	«	«	Fleurs blanches.	Avril à nov.
bicolor, Lindl...........	Id.	N. avec abri.	midi.	Fl. bl. à fond pourp.	Avril en juin.
viticella, L............	Id.	«	«	Fleurs pourpres.	Juin en sept.
crispa, L.............	Id.	«	«	Fleurs rougeâtres.	Juill. et août.
virginiana, L..........	Id.	«	«	Fleurs blanches.	Juin en août.
flammula, L	Id.	«	«	Id.	Juill. et août
calycina, H. K.........	Id.	N. avec abri.	«	Id.	Nov. en avr.
cirrhosa, L...........	Id.	Id.	«	Fleurs verdâtres.	Automne.
aristata, R. Br.........	Id.	midi.	«	Fleurs blanches.	Été.
azurea, Hort..........	Id.	N. avec abri.	«	Fleurs bleues.	Mai.
montana, Wall.........	Id.	«	«	Fleurs blanches.	Mai.
lsemium nitidum, Mx......	Id.	N. avec abri.	midi.	Fleurs jaunes.	Juin et juill.
sminum officinale, L.......	Id.	«	Id.	Fleurs blanches.	Juil. en oct.
revolutum, Sims.........	Id.	midi.	Id.	Fleurs jaunes.	Été.
nicera caprifolium, L......	argilo-sableux.	«	«	Fleurs rouges.	Mai et juin.
iberica, Bieb..........	Id.	«	«	Fleurs jaunes.	Été.
balearica, Dec........	Id.	«	«	Fleurs violettes.	Été et autom.
dioïca, Aït............	Id.	«	«	Fleurs jaunes.	Id.
Fraseri, Pursh..........	Id.	«	«	Id.	Id.
pilosa, W............	sableux-humide.	«	«	Id.	Id.
pubescens, Sweet.......	argilo-sableux.	«	«	Id.	Id.
periclymenum, L........	Id.	«	«	Fleurs blan. rosées.	Id.
sinensis, Wat..........	Id.	N. avec abri.	«	Fl. blanch. et jaunes.	Id.
bachipoda, DC.........	Id.	Id.	«	Fleurs pourprées.	Id.
andevilla suaveolens, Hort.	terre de bruyère	midi.	midi.	Fleurs blanches.	Juin et juill.
enispermum canadense, L...	sablo-argileux.	«	«	«	«
carolinianum, L	Id.	«	«	«	«
virginicum, L..........	Id.	«	«	«	«
ssiflora corulea, L........	Id	N. avec abri.	midi.	Fleurs bleues.	Été.
viploca graca, L.........	Id.	«	«	Fleurs pourpres.	Juin et juill.

NOMS DES ESPÈCES.	NATURE de sol qui leur convient.	ESPÈCES exigeant le climat du midi ou un abri dans le nord.	EXPOSITION qu'elles préfèrent.	ESPÈCES remarquables par leur feuillage, leurs fleurs ou leurs fruits.	ÉPOQ. de floraison ou de maturité des fruits.
Rosa bracteata............	sablo-argileux.	N. avec abri.	«	Fleurs blanches.	Été et.
— Roxburghi..............	Id.	«	«	Id.	Id. .t
— moschata simplex.........	Id.	N. avec abri.	«	Id.	Id. .t
— Banksiana..	Id.	Id.	«	Id.	Id. .t
— multiflora subalba........	Id.	Id.	«	Id.	Id. .t
— multif. rosea...........	Id.	Id.	«	Fleurs rosées.	Id. .t
— multif. coccinea..........	Id.	Id.	«	Fleurs rouges.	Id. .t
Rubus fruticosus flore pleno...	Id.	«	«	Fleurs blanches.	Juin en i n
Wistaria sinensis, DC	Id.	«	«	Fleurs bleues.	Avril in
— frutescens, Nutt...........	Id.	'	«	Id.	Automnn

ARBRISSEAUX SARMENTEUX A FEUILLES PERSISTANTES.

NOMS DES ESPÈCES.	NATURE de sol qui leur convient.	ESPÈCES exigeant le climat du midi ou un abri dans le nord.	EXPOSITION qu'elles préfèrent.	ESPÈCES remarquables par leur feuillage, leurs fleurs ou leurs fruits.	ÉPOQ. de floraison ou de maturité des fruits.
Banera rubiæfolia And......	terre de bruyère	M. avec abri.	«	Fleurs pourpres.	Septembr.
Hedera helix, L.............	sablo-argileux.	«	nord.	«	«　»
— hibernica................	Id.	«	Id.	«	«　»
Lonicera etrusca, Savi........	argilo-sableux.	«	«	Fleurs rouges.	Prin. à l'I.
— sempervirens, L..........	Id.	«	«	Id.	Été. et.
Ruscus androgynus, L........	sablo-argileux.	midi.	nord.	Fl. blan. jaunâtres.	Id. .b

ARBRISSEAUX RAMPANTS A FEUILLES PERSISTANTES.

NOMS DES ESPÈCES.	NATURE de sol qui leur convient.	ESPÈCES exigeant le climat du midi ou un abri dans le nord.	EXPOSITION qu'elles préfèrent.	ESPÈCES remarquables par leur feuillage, leurs fleurs ou leurs fruits.	ÉPOQ. de floraison ou de maturité des fruits.
Epigra repens, L............	T. de bruy. hum.	«	nord.	Fleurs carnées.	Mars en i ns
Erica ciliaris, L.............	Id.	«	«	Fleurs pourpres.	Été. et.
— herbacea. L.............	Id.	«	nord.	Fleurs roses.	Févr. en ns
Cotoneaster buxifolia.........	sablo-argileux.	«	nord.	Fruits rouges.	Automnn
Arctostaphylos uva ursi, Spre.	terre de bruyère	«	Id.	Id.	Septembr.
Gaultheria procumbens. L....	Id.	«	Id.	Id.	Id. .t
Hypericum calycinum, L......	sablo-argileux.	«	«	Fleurs jaunes.	Juin à sep
Mitchella repens. L..........	terre de bruyère	'	nord.	Fleurs blanches.	Printem ns
Oxycoccos europæus, Pers.....	T. de bruy. hum.	«	«	Fleurs rouges.	Mai. .i

Choix des plants dans la pépinière. — Les arbres que l'on choisit pour la plantation des parcs et des jardins sont en général trop âgés. Les propriétaires croient gagner du temps et jouir plus tôt ; d'un autre côté, les architectes, chargés souvent de ces travaux, veulent faire produire immédiatement à ces arbres l'effet qu'ils en attendent, et ne reculent devant aucune difficulté pour se procurer des sujets de grande dimension. Si tous ces arbres, qu'il faut planter avec des soins toujours très-coûteux, ne meurent pas, leur végétation reste longtemps languissante ; ils n'acquièrent jamais le développement des sujets plus jeunes placés dans les mêmes conditions, et ils arrivent bien plus tôt à la décrépitude. La jouissance anticipée qu'ils ont procurée est donc bien loin de compenser les inconvénients qui ne tardent pas à se produire. Aussi conseillons-nous de ne planter, en général, que de très-jeunes arbres : ils coûteront moins cher, ils pourront être déplantés sans que leurs racines soient sensiblement endommagées, leur plantation sera moins dispendieuse, et surtout leur reprise sera plus assurée, leur accroissement plus prompt et plus considérable.

Lors donc qu'il s'agira de planter un massif d'arbres de haut jet à feuilles persistantes, les jeunes plants ne devront avoir, au plus, qu'une hauteur de 1^m,50, et présenter une grosseur proportionnée. On devra veiller avec soin à ce qu'ils aient été repiqués en pépinière pendant deux ans, afin qu'ils aient bon pied.

Si ces mêmes arbres sont destinés à former des avenues, ils devront offrir plus de développement, afin de pouvoir résister plus facilement aux accidents auxquels ils sont exposés dans cette circonstance ; ils pourront présenter les dimensions que nous avons indiquées plus haut en traitant des *plantations d'alignement*. Nous renvoyons au même article pour tout ce qui se rattache aux plantations d'alignement de haut jet, pratiquées dans les parcs et dans les jardins. Quant aux arbrisseaux, ils ne devront être âgés que de trois ou quatre ans, et avoir séjourné deux ans en pépinière, après le repiquage.

C'est surtout pour les arbres résineux que cette question présente une grande importance. Ces sortes de plantations ne peuvent prospérer qu'à la condition qu'elles seront faites avec de jeunes arbres de quatre ans au plus, et qui auront été repiqués pendant deux ans en pépinière. Il sera nécessaire aussi, lors de la déplantation de ces espèces, de n'endommager aucune de leurs racines et de conserver autour le plus de terre possible.

Plantation proprement dite. — Nous avons indiqué, en parlant des plantations forestières, l'époque la plus favorable pour cette opération, suivant la nature particulière du sol ou les espèces d'arbres à planter ; nous n'avons rien à ajouter sous ce rapport en ce qui touche les arbres et arbrisseaux d'ornement.

Nous ne pouvons indiquer d'une manière précise la distance à réserver entre les arbres et arbrisseaux, lors de la plantation des massifs ; cela dépend du développement propre à chaque espèce et de la nature particulière du terrain. Disons toutefois qu'en général ces arbres sont plantés à des distances au moins de moitié trop rapprochées les unes des autres. La cupidité de certains entrepreneurs de jardins est souvent la cause de cette pratique vicieuse. Quelquefois aussi elle est due aux propriétaires, qui veulent jouir trop tôt de l'effet que doivent produire leurs massifs. Quel qu'en soit le motif, on ne saurait trop s'élever contre ce mode de plantation. Les massifs sont, à la vérité, par cette pratique, plus tôt remplis ; mais bientôt aussi les sujets se gênent mutuellement : ils se privent réciproquement soit de la terre, soit de la lumière qui leur est nécessaire, et tous deviennent plus ou moins languissants. On reconnaît alors la nécessité d'en supprimer un certain nombre ; mais ceux que l'on réserve, étiolés, dégarnis vers la base, conservent longtemps un aspect misérable, car, si leurs racines peuvent prendre un nouvel essor, elles ne rencontrent qu'un terrain déjà épuisé par les arbres supprimés, et ne peuvent imprimer à la tige qu'une faible vigueur. Il est donc nécessaire, lors de la plantation d'un massif, de se rendre compte du développement futur de chaque espèce, afin de lui réserver un espace tel qu'elle ne soit pas contrariée par les arbres voisins.

Ces diverses questions ayant été résolues et toute la surface des massifs ayant été uniformément préparée comme nous l'avons dit plus haut, on procède à la plantation. Un ouvrier armé d'une bêche pratique dans le sol une excavation assez grande pour recevoir sans gêne les racines du jeune arbre ; un second ouvrier étend ses racines dans l'excavation et maintient l'arbre dans une position verticale en imprimant à la tige un léger mouvement de va-et-vient de bas en haut, tandis que le premier remplit le trou de terre bien ameublie. On tasse ensuite légèrement la terre sur les racines, et l'opération est terminée. On tâchera de donner à ces plantations la forme d'un quinconce plus ou moins régulier.

Pendant les premières années qui suivent la plantation des arbres et arbrisseaux d'ornement, il importe surtout de les défendre de la sécheresse, afin de faciliter leur reprise. Pour cela, si le sol est argileux ou de consistance moyenne, il faut pratiquer, pendant l'été, plusieurs binages sur toute l'étendue du terrain planté. Si le sol est siliceux, il sera préférable de couvrir, après le premier binage, toute la surface d'une couche de feuilles sèches ou de vieille paille. Pour les massifs de terre de bruyère, les binages présentent l'inconvénient de hâter la décomposition de cette terre. Aussi sera-t-il préférable d'avoir recours aux arrosements, lorsqu'ils n'auront pu être placés dans une position assez humide pour résister à la sécheresse de l'été ; il sera également bon de les couvrir de mousse, pour rendre les arrosements moins souvent nécessaires. Ces soins seront surtout utiles pendant la première et la seconde année qui suivront la plantation.

Quant aux soins d'entretien pendant les années suivantes, ils consistent: 1° à couper pendant l'hiver les branches qui pendent sur les chemins, à raccourcir celles qui donnent une forme disgracieuse aux arbres, à supprimer toutes les branches sèches, enfin, à enlever avec soin tous les nids de chenilles; 2° en un labour pratiqué chaque année, à la fin de l'hiver, sur toute la surface des massifs, en exceptant toutefois les massifs de terre de bruyère, qui doivent rester intacts: ce labour devra être exécuté à l'aide de la fourche à dents plates ou trident, la bêche endommagerait les racines; 3° à donner un binage, pendant l'été, à tous les massifs, à l'exception de ceux en terre de bruyère, qui recevront des arrosements, si cela devient nécessaire.

QUATRIÈME SECTION

ARBRES ÉCONOMIQUES.

Les arbres et arbrisseaux économiques sont, pour notre climat, le *mûrier*, le *sumac*, le *câprier*, le *chêne-liége*, le *rosier*, le *jasmin d'Espagne*, la *cassie*.

MÛRIER.

Le mûrier est incontestablement le plus important de nos arbres économiques, puisqu'il sert de base à notre industrie séricicole. C'est vers 1470, sous le règne de Louis XI, que l'industrie séricicole pénétra en France. Aujourd'hui le centre et le midi de la France donnent en tissus de soie de diverse nature un produit annuel de cent trente-deux millions.

Espèces et variétés. — Les deux espèces suivantes sont les seules qui soient employées à la nourriture des vers à soie.

1° *Mûrier noir, mûrier tartare, mûrier des dames* (*morus nigra*, Lin.) (*fig.* 564). — Originaire de l'Asie Mineure, cet arbre acquiert de 6 à 7 mètres d'élévation, et porte une tête arrondie; ses feuilles, cordiformes, aiguës, dentées, sont rudes en dessus,

Fig. 564. *Mûrier noir*

pubescentes en dessous; ses fruits, plus gros que ceux des autres espèces, sont oblongs, d'un pourpre noirâtre, d'une saveur douce et

agréable. Le mûrier noir fut d'abord le seul qu'on employa pour
nourrir les vers à soie; mais on l'abandonna dès qu'on connut le mûrier
blanc. La lenteur de sa croissance, le peu d'extension de sa végétation
annuelle, la nature plus grossière de la soie qu'on obtient des vers qui
s'en sont nourris, le firent progressivement délaisser. C'est seulement
comme arbre fruitier qu'on le rencontre encore dans quelques jardins.

2° *Mûrier blanc* (*morus alba*, Lin.) (*fig. 365*). — Abandonné à
lui-même, cet arbre peut s'élever jusqu'à 20 mètres. Ses fruits sont
blancs; ses feuilles sont glabres, luisantes en dessus, ovales, un peu

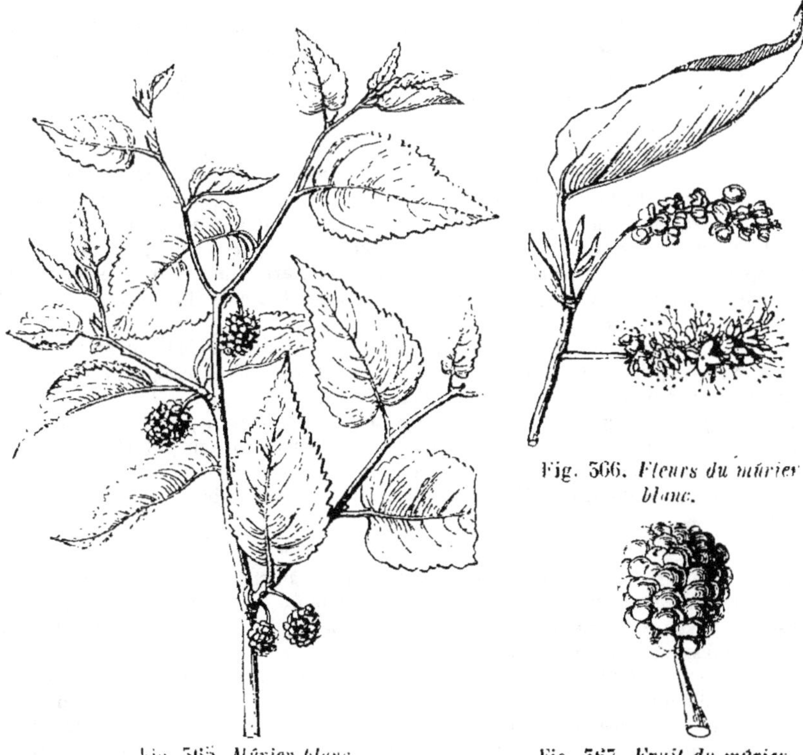

Fig. 366. *Fleurs du mûrier
blanc.*

Fig. 365. *Mûrier blanc.*

Fig. 367. *Fruit du mûrier
blanc.*

échancrées à la base, dentées, entières dans presque toutes les variétés
cultivées, souvent découpées en lobes dans les individus sauvages. Cet
arbre, originaire de la Chine et de la Perse, ne fut introduit en Europe
que longtemps après les vers à soie. Aujourd'hui il est répandu partout
où l'industrie séricicole s'est établie.

Le mûrier blanc étant le plus souvent multiplié par semences, on en
a obtenu un très-grand nombre de variétés résultant souvent de son
croisement avec le mûrier noir; les suivantes sont les meilleures :

VARIÉTÉS A FRUITS BLANCS.

Mûrier à flocs, d'Espagne. Fruits blancs; feuilles larges, épaisses, cordiformes, d'un vert foncé, bosselées, souvent accompagnées latéralement de deux feuilles plus petites; rameaux d'un gris cendré. Climat chaud; terrain substantiel.

Mûrier romain, pommasie, pomuoû (Cévennes). Fruits blancs; feuilles grandes, luisantes, fermes, épaisses; variété peu éloignée de la première. Climat chaud; terrain peu substantiel, élevé. Résiste bien aux gelées blanches.

Mûrier reine-blanche, grosse-reine, colomba. Fruits d'un blanc cendré, petits; feuilles très-grandes, d'un brun vert, luisantes, un peu plissées, minces et fermes, cordiformes, un peu allongées, peu rapprochées; rameaux très-longs, nombreux; variété très-vigoureuse. Sols riches.

Mûrier petite-reine, colombassette. Ne diffère de la variété précédente que par ses feuilles, plus petites d'un tiers.

Mûrier fleurdelisé, fourche, trident, fourcada (Cévennes). Fruits blancs, peu nombreux; feuilles fermes, de grandes dimensions, d'un beau vert, rapprochées, longues, lisses, divisées en trois lobes, craignant peu la rouille et les gelées tardives; rameaux très-vigoureux, d'un gris foncé. Sols substantiels et frais. Résiste bien aux gelées tardives.

Mûrier multicaule, des Philippines. Considéré comme une espèce par quelques auteurs, et désigné sous les noms de *morus multicaulis* (Perrot.), *morus cucullata* (Bonat.). Fruits blancs; feuilles très-larges, longues, cordiformes, très-minces, molles, bosselées, pendantes; tige peu élevée développant à sa base un grand nombre de rejetons; végétation vigoureuse très-précoce. Cette variété, originaire des Philippines, d'où M. Perrotet l'a rapportée en 1821, exige un sol frais, substantiel, et abrité des grands vents, qui déchirent ses feuilles délicates. Elle exige un climat chaud, et redoute surtout les gelées tardives.

Mûrier rabalaira, mûrier traînant (Cévennes). Fruits blancs, abondants; feuilles larges, entières, épaisses, abondantes, sujettes à la rouille et craignant les gelées tardives; rameaux vigoureux et nombreux. Lieux élevés.

Mûrier hybride. Fruits blancs; diffère du multicaule, dont il paraît être une sous-variété, par ses feuilles plus solides, qui résistent mieux au vent, et par sa faculté de bien supporter les froids de l'hiver. Obtenu par M. Audibert.

Mûrier Lhou. Obtenu par M. Camille Beauvais vers 1825, de semences qu'il reçut de la Syrie.

VARIÉTÉS A FRUITS COLORÉS.

Mûrier Moretti. Fruits d'un violet foncé, abondants; feuilles grandes, cordiformes, terminées par une pointe aiguë, d'un vert foncé, lisses en dessous, rudes et âpres en dessus; rameaux longs et vigoureux. Obtenu, il y a une trentaine d'années, par le professeur Moretti, de Pavie.

Mûrier rose, feuille rose. Fruits d'un gris violet, peu abondants; feuilles entières, oblongues, de grandeur médiocre, minces, rapprochées sur les rameaux, d'un beau vert luisant, terminées en pointe aiguë : celles du sommet de chaque bourgeon, d'un rouge sang de bœuf. Redoute les engrais très-abondants et les gelées tardives. Climat tempéré : lieux élevés.

Mûrier reine-bâtarde, mûrier de Toscane. Fruits presque noirs, peu abondants; feuilles grandes, divisées en trois lobes, d'un vert foncé, luisantes, fermes; rameaux d'un brun foncé, longs et vigoureux. Se développe bien dans les contrées les moins chaudes.

Mûrier gris, gaugeîle. Fruits gris, peu abondants; feuilles de médiocre grandeur, oblongues, cordiformes, offrant la couleur de celles du mûrier, roses, fermes, épaisses, serrées sur les rameaux. Rameaux verts d'un côté, rouges de l'autre. Sols riches, bien aérés.

Mûrier côle rouge (Cévennes). Fruits rouges; paraît très-supérieur aux précédents, mais craint les gelées blanches plus que tous les autres.

En général, on préfère, parmi les diverses variétés de mûrier, celles qui présentent les qualités suivantes : 1° abondance de feuilles ; 2° feuilles très-étendues, fournissant, pour un poids donné, la plus grande quantité de soie de bonne qualité ; 3° que ces feuilles soient fermes, pour ne pas être déchirées par les vents et pour conserver plus longtemps leur fraîcheur ; 4° que les arbres résistent bien aux froids de l'hiver et aux gelées tardives du printemps ; 5° que les rameaux soient longs et vigoureux, afin de rendre la cueillette plus facile et plus prompte.

Climat. — La culture du mûrier cesse d'être possible là où la température descend souvent à 25° au-dessous de zéro. Il faut en outre : 1° que la température moyenne reste au moins pendant trois mois à 12° au-dessus du zéro, après la récolte des feuilles, pour que les nouvelles pousses aient le temps de s'aoûter avant l'hiver ; 2° que ces pousses ne soient pas fréquemment exposées à des gelées blanches, qui détruisent les bourgeons ou les feuilles ; 3° que les feuilles reçoivent une lumière intense et un air vif, afin de fixer dans leurs tissus les éléments d'une soie de bonne qualité ; 4° qu'elles ne soient pas soumises aux effluves marécageux, aux maladies miasmatiques, car elles contracteraient des propriétés pernicieuses pour les vers à soie. Ce qui précède indique que les feuilles de cet arbre seront d'autant plus riches en élément soyeux qu'on se rapprochera davantage du midi.

Sol. — Considéré seulement au point de vue de sa végétation, le mûrier est un des arbres les moins exigeants ; il se développe bien dans tous les sols, pourvu qu'ils ne soient pas marécageux, qu'ils ne présentent pas à peu de profondeur une couche imperméable à l'eau, ou bien que l'élément calcaire n'y domine pas en trop grande proportion. Toutefois, c'est dans les sols de consistance moyenne, profonds, riches, un peu frais, qu'il présente la végétation la plus vigoureuse.

Culture. — Multiplication. — On multiplie les mûriers au moyen des semis, des greffes, du marcottage et des boutures Ces diverses opérations sont faites dans une pépinière établie comme celle décrite page 85.

Semis. — Par les semis on obtient des sujets plus vigoureux, d'une plus longue durée, qui s'enracinent plus profondément, et résistent ainsi plus facilement à la sécheresse de l'été.

C'est au commencement de juillet dans le midi, et un peu plus tard dans les autres parties de la France, que l'on recueille les mûres pour en extraire les graines. On les récolte, autant que possible, sur la variété *feuille rose*, et sur des arbres qui n'ont pas été dépouillés de leurs feuilles depuis le printemps. Les sujets qu'on en obtient sont plus vigoureux, ont plus d'analogie avec les diverses variétés qu'on y greffe, et beaucoup d'entre eux pourront être conservés sans être greffés.

Pour recueillir la graine, on réunit les mûres dans un vase où on les laisse fermenter pendant deux ou trois jours; puis on les écrase dans un baquet plein d'eau, et l'on sépare la pulpe des semences par plusieurs lavages successifs. Les mauvaises graines restent à la surface de l'eau, et les bonnes tombent au fond. Les graines ainsi nettoyées sont séchées à l'ombre, puis on les mélange avec du sable, et on les conserve jusqu'au printemps dans une cave ou un cellier bien sec. Quelques cultivateurs préfèrent, avec raison, faire sécher les mûres à l'ombre, les écraser ensuite, puis conserver le tout comme nous venons de le dire. L'expérience a démontré que ces graines germent mieux que celles qui ont été lavées.

Vers la fin d'avril, après avoir bien défoncé et fumé le sol de la pépinière, on sème en lignes distantes de $0^m,08$ à $0^m,10$, ou en planches de 1 mètre de largeur, séparées par des sentiers de $0^m,50$. La graine, répandue dans la proportion de $0^k,20$ par are, est recouverte d'une couche de terreau d'un centimètre d'épaisseur.

Dès que les jeunes plants ont développé quatre feuilles, on les éclaircit de façon à laisser un intervalle de $0^m,05$ environ entre chacun d'eux. Le sol est maintenu frais pendant l'été, soit à l'aide d'irrigations pratiquées en introduisant l'eau dans les sentiers plus bas que les planches, soit au moyen d'arrosements faits après le coucher du soleil. On sarcle fréquemment pour détruire les plantes nuisibles, et l'on pratique de nombreux binages. Enfin, pendant l'hiver, on couvre les jeunes plants de feuilles sèches, de balles de céréales ou autres matières analogues.

Vers le mois de mars de l'année suivante, les plants ont atteint une hauteur de $0^m,50$ à $0^m,60$. On procède alors à leur repiquage sur un carré de la pépinière également défoncé et bien fumé. Ils sont placés en quinconce à $0^m,80$ les uns des autres. On n'extrait des semis que les plus beaux plants ou *pourettes*, ceux qui présentent la grosseur d'un tuyau de plume. Ceux qu'on conserve dans la plate-bande de semis profitent de cette éclaircie et deviennent assez forts pour être également repiqués l'année suivante.

Au mois d'avril, au moment du bourgeonnement, toutes les pourettes sont coupées à $0^m,06$ ou $0^m,08$ du sol. On recèpe également celles qu'on a laissées dans les plates-bandes de semis. Dès que les bourgeons de toutes ces pourettes ont atteint une longueur de $0^m,12$ ou $0^m,15$, on ne conserve que le plus beau, destiné à former la tige. Enfin les binages multipliés leur sont appliqués pendant l'été.

Greffe. — Les jeunes sujets obtenus des semis portent le nom de *sauvageons* et tendent à se rapprocher, par leurs caractères, de leur type primitif, le *mûrier blanc*. Leurs feuilles sont petites et souvent très-divisées. Elles sont un peu plus favorables à la nutrition que celles des diverses variétés de mûrier décrites plus haut; elles donnent aussi à poids égal une soie un peu plus abondante et un peu plus belle; leur existence est généralement plus longue; mais les bonnes variétés de mûrier fixées par la greffe, les marcottes et les boutures, l'emportent de beaucoup par les avantages suivants : un arbre d'une étendue donnée produit beaucoup plus de feuilles en poids qu'un sauvageon de même dimension. Il faut moitié moins de temps pour en cueillir le même poids. Enfin, ces variétés atteignent beaucoup plus tôt que le sauvageon leur maximum de développement. Il y a donc avantage à fixer ces variétés sur les jeunes sauvageons au moyen de la greffe. On exceptera toutefois de cette opération ceux des sauvageons qui présenteront un feuillage ample, sans découpure, et des rameaux gros et vigoureux. Ce sont là les indices d'une bonne variété qu'il faudra conserver. Ils offriront les qualités des mûriers greffés et la rusticité et la durée des sauvageons.

Le mûrier peut être greffé en *écusson* et en *flûte de faune*. On écussonne à *œil poussant* et à *œil dormant* (pages 128 et suivantes). Dans le premier cas, on choisit, au commencement de mars, de jeunes rameaux sur des arbres vigoureux, qui n'ont pas été effeuillés l'année précédente, et qui appartiennent à la variété qu'on veut multiplier. On les couche dans du sable abrité du soleil, et on laisse sortir leur sommet de 0^m,08 à 0^m,10. La végétation de ces rameaux étant ainsi retardée, on attend la fin de mai; et, dès que la séve des sujets est dans toute sa puissance, chacun des boutons de ces rameaux est levé et posé comme autant d'écussons. On coupe immédiatement la tige du sujet à 0^m,10 ou 0^m,12 du point où l'écusson a été posé, et celui-ci se développe. Si cette greffe ne réussit pas, on la remplace par un écusson à œil dormant pratiqué vers le mois d'août, et l'on ne rabat de nouveau le sujet qu'au printemps suivant. Nous pensons que dans le nord de la région du mûrier il sera préférable d'employer exclusivement cette dernière greffe. Les bourgeons développés par l'écusson à œil poussant n'auraient pas le temps de s'aoûter suffisamment et souffriraient beaucoup des froids de l'hiver.

La greffe en flûte de faune est plus solide que celle en écusson; elle est moins exposée à être décollée; mais elle demande plus de temps et d'habitude pour être pratiquée avec succès. C'est le procédé le plus généralement usité dans les Cévennes. Nous indiquons page 131 comment on pratique cette greffe.

Reste à décider si les mûriers doivent être greffés en pied ou en tête. La greffe en tête présente ce seul avantage, que la tige, étant fournie par le sauvageon, est plus rustique et résiste mieux aux hivers rigoureux. Mais elle présente cet inconvénient, que, la tête de l'arbre étant formée au moyen de plusieurs écussons ou d'une greffe en flûte posée au sommet de la tige, les branches sont moins solidement soudées avec cette tige que si elles étaient nées de boutons lui appartenant. De là les accidents fréquents qui résultent des branches qui se détachent du

tronc par l'effet des vents ou par le poids des ouvriers qui font la cueillette des feuilles.

Les arbres greffés en pied échappent à ces causes de mutilation.
Leur tige, fournie par la greffe, est plus droite, plus vigoureuse, bien
plus tôt formée que celle du sauvageon. Enfin, le sommet de la tige
n'est pas exposé à être successivement raccourci pour y remplacer les
greffes qui n'ont pas repris.

Pour les greffes en pied, on choisira la greffe en écusson, et on la
pratiquera vers la seconde année de repiquage. Quant à la greffe en
tête, on choisira la greffe en flûte, plus solide que celle en écusson, et
on la pratiquera aussitôt que la tige des sujets aura acquis une grosseur
suffisante au point où doit naître la tête.

Les jeunes mûriers ainsi greffés reçoivent, pendant les premières
années, les soins suivants, qui ont surtout pour but la formation de
leur tige et de leur tête.

Les sujets qui ont reçu la greffe en pied ayant été rabattus à quelques
centimètres au-dessus de cette greffe, on voit bientôt se développer
l'écusson. D'autres bourgeons apparaissent également dans son voisinage ;
on pince les plus vigoureux, et on les supprime tous complétement dès
que celui de l'écusson a atteint une longueur de $0^m,12$ à $0^m,15$. On attache alors celui-ci au prolongement de la tige laissé au-dessus de lui et
qui lui sert de tuteur. On coupe ensuite tous les bourgeons anticipés qui
naissent à l'aisselle des feuilles, tout en conservant ces dernières. Ces
jeunes arbres reçoivent plusieurs binages dans le courant de l'été, et
surtout un labour à la fourche au commencement d'août, pour favoriser
la végétation d'automne, et un au printemps. Ces binages et labours
sont répétés chaque année.

Quant aux mûriers destinés à être greffés en tête, on coupe aussi de
nouveau leur tige à quelques centimètres du sol, afin d'obtenir en un
seul été une tige à la fois assez haute et assez grosse pour pouvoir être
greffée en tête au printemps suivant. Cette tige est soignée, pendant son
premier développement, comme les jeunes greffes dont nous venons de
parler. Puis, au printemps suivant, on lui applique la greffe en flûte,
au point où doit naître la tête.

A la même époque, on coupe le petit prolongement de l'ancienne tige
qui a servi de tuteur au nouveau jet ; puis on raccourcit les greffes
à la hauteur où la tête doit être formée, c'est-à-dire à $1^m,75$ pour
former de hautes tiges, à 1 mètre pour faire des demi-tiges, et à $0^m,50$ pour
faire des mûriers nains. Nous indiquons plus loin, en parlant de la
plantation, les circonstances où l'on doit préférer l'une ou l'autre de
ces sortes d'arbres.

Aussitôt que les jeunes tiges ainsi raccourcies présentent des bourgeons longs de $0^m,01$ environ, on procède à l'ébourgeonnement. On

coupe d'abord tous les bourgeons situés sur le tiers inférieur de la tige ; huit jours après, on enlève ceux compris dans le second tiers ; enfin, quelques jours après, on termine l'opération en ne conservant au sommet que les trois bourgeons les plus vigoureux et les mieux situés pour former la base de la tête de l'arbre.

Cet ébourgeonnement de la tige est également pratiqué sur les sujets greffés en tête, sur lesquels on ne laisse également que trois bourgeons de la greffe se développer. Pendant l'été, pour que ces trois bourgeons restent de même force, on pince l'extrémité herbacée des plus vigoureux.

Au printemps suivant, les tiges des jeunes mûriers greffés en pied ou en tête portent à leur sommet trois rameaux vigoureux d'égale force et disposés en triangle (*fig.* 368). Lorsque la végétation commence à se manifester, chacun de ces trois rameaux est coupé en A, à 0^m,50 de sa naissance, au-dessus de deux boutons placés latéralement. Tous les autres boutons, moins ces deux derniers, sont enlevés ; on supprime également les bourgeons qui pourraient se développer de nouveau sur la tige. On obtient alors six bourgeons principaux, entre lesquels on conserve une égale vigueur au moyen du pincement. A l'automne suivant, c'est-à-dire à la fin de la troisième année de greffe, ces arbres, dont la tête est composée de six rameaux principaux circulairement disposés autour de la tige (*fig.* 369), peuvent être plantés à demeure. Leur tige présente à ce moment un diamètre de 0^m,02 à 0^m,03. Parfois, cependant, lorsque les arbres sont destinés à voyager, on préfère les planter à la fin de la deuxième année de greffe, lorsque leur tête ne se compose encore que de trois rameaux. Quant à ceux qui doivent former des arbres nains, on les enlève de la pépinière après la première année de greffe, c'est-à-dire lorsqu'ils sont pourvus d'un seul jet ou *baguette*.

Boutures. — La multiplication par boutures est loin d'être aussi prompte et aussi assurée que par le semis et la greffe. Les produits en sont moins vigoureux, moins rustiques ; ils s'enracinent moins profondément, et résistent moins bien à la sécheresse du sol. Cependant ils présentent l'avantage de ne pas avoir besoin d'être greffés, et l'on peut les employer utilement pour former des mûriers nains ou à mi-tige, dans le nord de la région du mûrier, où cet arbre souffre moins de la sécheresse, et dans les terrains frais du Midi. Toutefois on ne peut multiplier ainsi avec succès que le mûrier multicaule et ses variétés, telles que le mûrier hybride et le mûrier Lhou.

Quel que soit le mode d'opérer que l'on ait employé, *boutures par rameaux, boutures avec talon* (p. 143), *boutures semées* (p. 145), ces boutures sont repiquées dans la pépinière, après leur reprise, comme les poirettes ; on les recèpe en pied l'année suivante, puis on procède à la formation de leur tige comme pour les plants de semis.

Marcottes. — Les marcottes offrent un succès plus assuré que les boutures, mais on ne peut pas en obtenir une aussi grande quantité sur le même espace de terrain. Les sujets qu'on en obtient ne sont pas plus

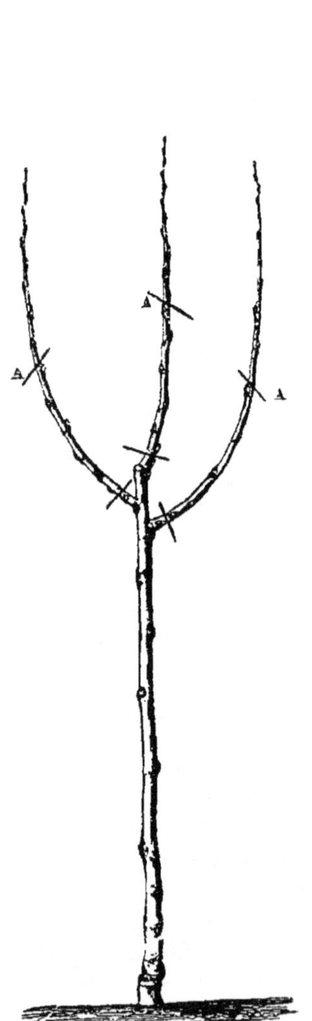

Fig. 368. *Mûrier de deux ans*
de greffe.

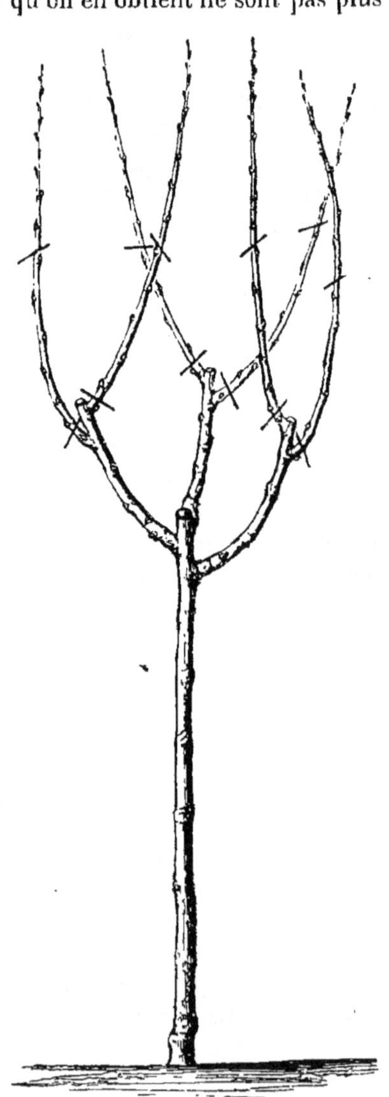

Fig. 369. *Mûrier de trois ans*
de greffe.

vigoureux, mais on peut employer ce procédé pour toutes les variétés. On peut faire usage du *marcottage en butte* ou en *cepée* (p. 134), ou du *marcottage chinois* (p. 137). Les marcottes, sevrées au bout d'un an, reçoivent ensuite les mêmes soins que les boutures.

Différentes formes appliquées aux mûriers. — Les mûriers sont
soumis aux quatre formes suivantes :

Hautes tiges. — Ces mûriers, élevés sur une tige haute de $1^m,50$
à 2 mètres, présentent une tête en forme de vase, vide à l'intérieur, et
composée de branches principales symétriquement disposées, et se bifur-
quant successivement, de façon que le sommet du vase soit composé de
48 branches environ.

Lorsque les circonstances locales, et surtout la fertilité et la profondeur du sol, le permettent, on cultive des mûriers à haute tige. Leur
produit en feuilles est plus considérable ; et ces feuilles, recevant un air
plus vif et étant mieux éclairées que celles des mûriers à basse tige,
donnent une soie plus abondante et de meilleure qualité. Enfin, leur
tête, plus élevée au-dessus du sol, est moins exposée aux gelées blanches.
Leur cueillette est, il est vrai, plus difficile, plus dispendieuse, et leur
premier produit se fait longtemps attendre.

Jusqu'à présent les mûriers avaient été exclusivement plantés en
bordures le long des champs ou en lignes dans ces mêmes champs.
Mais le tort que font ces arbres aux autres récoltes par leur ombrage,
par la présence des ouvriers dans le champ pour la cueillette des
feuilles ; le dommage qu'ils éprouvent eux-mêmes du voisinage des
prairies artificielles et surtout de la luzerne et du sainfoin, de l'absence
de culture au moment où ils en auraient besoin, des contusions qu'ils
reçoivent des animaux de labour et du choc des instruments aratoires,
font successivement renoncer à cette disposition. On les plante aujour-
d'hui dans une sorte de verger qui leur est uniquement consacré, et
auquel on donne le nom de *mûraie*.

Mi-tiges. — Ces arbres ne diffèrent des premiers que par leur tige,
qui ne s'élève qu'à 1 mètre environ au-dessus du sol. On les choisit pour
les terrains moins substantiels, plus brûlants que ceux où l'on plante
les hautes tiges.

Nains. — La tête des mûriers nains, formée comme celle des premiers, mais moins étendue, naît à une distance du sol qui varie entre
$0^m,20$ et $0^m,50$. Ils présentent cet avantage de pouvoir être soumis à la
cueillette beaucoup plus tôt que les précédents, et de faire attendre plus
patiemment les produits de ces derniers. La récolte s'en fait aussi beaucoup plus facilement et d'une manière moins coûteuse ; enfin, ils donnent beaucoup moins de fruits que les autres, ce qui diminue les frais
de triage des feuilles. Mais ils sont plus exposés aux gelées blanches ; et
leurs feuilles, moins aérées et moins bien éclairées, ne sont pas d'aussi
bonne qualité que celles des mûriers à haute tige. Aussi doit-on les
planter dans les terrains légers des plateaux élevés.

Haies, taillis. — Les mûriers disposés en haies ou en taillis sont
complétement privés de tige et sont plantés très-rapprochés les uns des

autres, soit en lignes continues, de façon à former une haie, soit en quinconce. Ce sont surtout les sauvageons ayant un an de repiquage, et choisis parmi les meilleures races, qui se prêtent le mieux à cette disposition. Le multicaule et ses variétés, francs de pied, peuvent aussi être employés au même usage.

Les haies et les taillis de mûriers présentent cet avantage que leur première récolte peut être faite plus tôt encore que celle des mûriers nains, et que, prenant moins de développement, ils peuvent servir à utiliser les parties les plus ingrates du domaine. Ils se feuillent aussi plus tôt au printemps, et permettent d'avancer le moment où l'on peut commencer l'éducation des vers à soie. Toutefois, lorsque ces haies devront servir de défense extérieure, il faudra les défendre elles-mêmes de ce côté par un fossé destiné à en éloigner les bestiaux, qui sont très-avides de ce feuillage. Si l'on veut planter plusieurs haies parallèles, il faudra laisser entre elles un intervalle de 6 mètres environ.

Plantation. — *Distance à réserver entre les plants.* — Les mûriers à haute tige doivent être placés à 6 mètres de distance, les mi-tiges à 5 mètres, les nains à 4 mètres, les taillis à 3 mètres. Nous supposons que ces diverses plantations sont faites en quinconce (p. 259 et suivantes); mais, s'il s'agit de hautes tiges plantées en bordure, la distance devra être de 12 mètres, afin que leur ombrage nuise moins aux autres produits du sol. S'il s'agit enfin de la plantation d'une haie, on laissera seulement un espace de 0^m,30 à 0^m,50 entre chaque plant, suivant la disposition qu'on donne à la haie ; si le terrain est très-fertile, ces distances seront augmentées de 2 mètres pour les hautes tiges, de 1 mètre pour les mi-tiges et les nains, et de 0^m,10 pour les haies.

Préparation du sol. — Le mode de préparation du sol pour la plantation varie suivant le développement que devront prendre les mûriers. Pour les mûriers à haute tige et à mi-tige, on fait un trou à chacun des points où les arbres doivent être placés. Pour les mûriers nains, en taillis et en haie, on ouvre une tranchée continue, large de 1 mètre et profonde de 0^m,50. Nous avons indiqué, à la page 247 et aux pages suivantes, la manière de creuser ces trous et ces tranchées, leurs dimensions et l'époque à laquelle on doit les ouvrir.

Quant à l'époque la plus favorable pour la plantation, nous n'avons rien à ajouter à ce que nous avons dit page 220.

Déplantation, habillage, mise en terre des arbres. — Nous renvoyons à la page 267, pour tout ce qui a trait à la déplantation des arbres dans la pépinière, et à la page 269, pour ce qui se rattache à leur habillage avant leur mise en terre. Nous ajouterons toutefois les observations suivantes en ce qui touche cette dernière opération.

Nous avons vu plus haut que les jeunes arbres destinés à former des hautes tiges et des mi-tiges offrent à leur sortie de la pépinière soit une tête d'un an, c'est-à-dire une tête composée seulement de trois rameaux principaux (*fig.* 368), soit une tête de deux ans, c'est-à-dire formée de trois branches portant chacune deux rameaux (*fig.* 369). Lors de la plantation de ces arbres, et pour rétablir la proportion entre leurs racines et leur tige, il convient de couper les trois rameaux A (*fig.* 368) ou les six rameaux (*fig.* 369) à 0^m,02 ou 0^m,03 de leur naissance, au-dessus d'un bouton placé en dehors. Quant aux jeunes plants qui doivent former des nains, un taillis ou une haie, on raccourcit à moitié leur unique tige ou baguette.

Nous avons suffisamment décrit, aux pages 270 et 274, les soins que réclame la mise en terre de ces arbres, ainsi que les moyens à employer pour les préserver de la sécheresse pendant les premières années qui suivent leur plantation. Nous renvoyons également à l'article des arbres à fruits à cidre pour les procédés à l'aide desquels on peut défendre la tige de ces jeunes arbres de l'atteinte des bestiaux, du choc des instruments aratoires ou de l'ardeur du soleil.

Taille. — La taille du mûrier a pour but d'obtenir la plus grande quantité possible de feuilles riches en éléments soyeux, d'une cueillette facile et prompte, et cela sans diminuer sensiblement la durée de ces arbres.

Les principes qui servent de base à cette opération sont les suivants :

1° Concentrer l'action de la séve sur un nombre restreint de boutons, de façon à en obtenir des bourgeons longs, vigoureux, couverts d'un grand nombre de feuilles amples, substantielles, d'une récolte qui devient prompte et facile.

2° Donner à la tête des arbres la forme d'un vase vide, afin que les bourgeons vigoureux qui naissent sur les surfaces intérieures et extérieures reçoivent bien la lumière.

3° Faire développer entre chaque récolte de feuilles des bourgeons vigoureux qu'on ne soumet pas à la cueillette, et qui, se transformant en rameaux, fournissent de nouveaux organes indispensables à la vie de l'arbre (couches du liber et de l'aubier, prolongements radicaux, etc.); ce que n'ont pu faire que d'une manière très-imparfaite les bourgeons soumis à l'effeuillement.

La taille, qui est l'application de ces principes, se compose de deux opérations bien distinctes, celle qui a pour but la formation des arbres et celle qu'on applique en vue de la production et de l'entretien.

Taille de formation. — Nous avons vu comment on forme la tête des jeunes arbres dans la pépinière avant leur plantation à demeure (*fig.* 368 et 369). Pendant l'été suivant, on laisse développer un seul bourgeon sur la base de chacun des rameaux qu'on a coupés, et autant que possible en dehors de la tête de l'arbre. Ces divers bourgeons sont maintenus également vigoureux au moyen du pincement ; de sorte qu'à la fin de l'automne suivant les arbres ont repris de nouveau l'aspect des figures 368 ou 369.

L'année suivante, au printemps, on coupe chacun des six rameaux (*fig.* 369) à 0^m,50 de sa naissance, au-dessus de deux boutons latéraux. On conserve seulement les deux bourgeons développés par ces deux boutons ; et tous les autres, quelle que soit la position qu'ils occupent, sont supprimés dès qu'ils ont 0^m,04 ou 0^m.06 de longueur, afin de con-

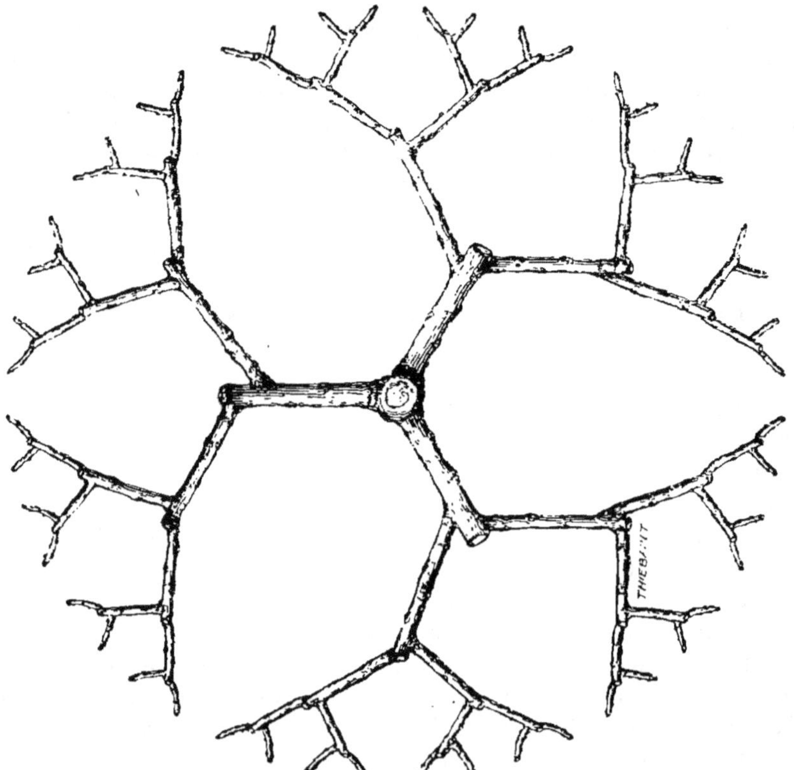

Fig. 570. *Plan de la tête d'un mûrier complétement formé.*

centrer toute l'action de la séve dans les bourgeons terminaux. On continue à maintenir l'équilibre de la végétation entre les derniers au moyen du pincement, et à la fin de l'année l'arbre est pourvu de douze rameaux terminaux. Pendant deux ans on bifurque de la même façon les rameaux terminaux, en sorte qu'à la fin de la septième année de greffe la tête de l'arbre est complétement formée et offre à son sommet quarante-huit rameaux principaux (*fig.* 370). Quant aux arbres plantés à leur deuxième année de greffe (*fig.* 568), on les opère exactement de la même façon.

Ceci s'applique aux mûriers à haute tige ; pour les arbres mi-tiges, comme on les plante à une distance plus rapprochée, on leur donne moins d'extension, et l'on arrête la formation de la tête au moment où elle est pourvue de vingt-quatre rameaux principaux.

Quant aux mûriers nains, on coupe la tige à 0ᵐ,40 du sol environ, au printemps de l'année qui suit leur plantation. Pendant l'été suivant, on conserve au sommet de cette tige seulement trois bourgeons destinés à former la tête ; mais, comme ces mûriers sont plus rapprochés entre eux que les mi-tiges, on donne encore moins d'extension à leur tête. Au commencement de la sixième année de greffe, lorsque les jeunes arbres sont pourvus de douze rameaux principaux, on n'établit plus de bifurcation que sur la moitié de ces rameaux, alternativement; de sorte qu'à la fin de cette même année la tête est pourvue de quarante-huit rameaux principaux.

Pour les mûriers en taillis, on coupe la tige à 0ᵐ,06 ou 0ᵐ,08 du sol, puis on ne conserve sur chaque pied, pendant l'été, que les trois ou quatre bourgeons les plus vigoureux et les plus régulièrement espacés autour de la tige. Ces trois ou quatre rameaux principaux sont aussi bifurqués l'année suivante.

Enfin, les haies de mûriers sont formées de deux manières. Dans la première, les plants étant placés à 0ᵐ,50 l'un de l'autre, on coupe la tige, l'année de leur plantation, à 0ᵐ,20 du sol ; pendant l'été de l'année suivante, on opère la cueillette des feuilles ; puis on recèpe près de la tige au printemps suivant pour cueillir de nouveau l'année subséquente, et toujours ainsi tous les deux ans. Le second procédé consiste à planter les jeunes mûriers de 0ᵐ,50 en 0ᵐ,50. On les recèpe immédiatement à 0ᵐ,16 du sol, et l'on ne conserve sur chacun que les deux bourgeons les plus vigoureux, opposés l'un à l'autre dans la direction de la haie, et placés de façon que le plus bas soit du même côté pour tous les plants. Au printemps suivant, les rameaux les plus bas sont coupés sur une longueur de 0ᵐ,30, et les autres, placés au sommet de chaque tige, sont laissés entiers; mais on les incline tous du même côté, parallèlement à la haie, et l'on attache leur extrémité au rameau inférieur, qu'on a raccourci. La haie forme alors une palissade en losange, haute de 0ᵐ,70 environ. Au printemps, ces divers rameaux développent un grand nombre de bourgeons vigoureux, qui, transformés en rameaux, sont croisés en forme de losange, l'année suivante, et arrêtés à 1ᵐ,30 du sol. C'est sur les deux faces et au sommet de cette haie qu'on laisse développer de nouveaux rameaux, sur lesquels on pratique la cueillette au bout de deux ans ; après quoi, on les coupe près de leur base pour les remplacer par de nouvelles productions, et ainsi de suite.

Toutes les plaies résultant de la taille de formation des mûriers devront être recouvertes avec du mastic à greffer.

Il importe beaucoup de ne pas commencer la cueillette avant que les arbres soient complètement formés. Car les bourgeons qu'on laisserait développer en vue d'augmenter le produit nuiraient beaucoup à ceux qu'on a besoin de favoriser pour former la charpente de l'arbre.

Taille d'entretien ou de production. — La charpente des mûriers étant formée, on coupe au printemps tous les rameaux terminaux de chaque branche principale au-dessus des deux boutons les plus rapprochés de la base et bien conformés. Cette taille a pour effet de refouler la séve et de faire développer assez vigoureusement un grand nombre de bourgeons sur toute l'étendue des branches principales. Ces bourgeons, que l'on avait supprimés jusqu'alors avec le plus grand soin dès qu'ils commençaient à naître, sont tous conservés.

Au printemps suivant, on retranche sur chaque branche, parmi les divers rameaux qui se sont développés pendant l'été précédent, tous ceux qui sont trop faibles ou trop rapprochés les uns des autres, de façon que tous les rameaux conservés garnissent également les deux faces de la tête de l'arbre, mais sans confusion. La figure 371 montre une branche ainsi préparée.

C'est pendant l'été suivant qu'on pratique la première cueillette de feuilles ; c'est-à-dire la neuvième année après la greffe en pied des hautes tiges, la huitième pour les mi-tiges et les nains, et la cinquième pour les taillis. La figure 372 montre la conformation de chacune des branches principales de l'arbre, immédiatement après la récolte.

Le mûrier doit-il être taillé tous les ans? C'est là une des questions les plus importantes de la culture de cet arbre. Comme le laps de temps qu'on laisse écouler entre chacune de ces opérations est surtout déterminé par la récolte plus ou moins fréquente des feuilles, il convient de rechercher d'abord quel est l'intervalle qu'on doit mettre entre chaque cueillette.

Fig. 371. *Branche de mûrier au printemps qui précede la première cueillette.*

Dans les terrains frais et substantiels du Midi, le mûrier, taillé immédiatement après la cueillette des feuilles, a le temps de développer et d'aoûter convenablement de nombreux bourgeons, qui remplaceront les feuilles que l'on vient d'enlever, et constitueront les organes essentiels à la vie de l'arbre. L'année suivante, ces rameaux développeront de nouveaux bourgeons, qu'on pourra soumettre à la cueillette, pour tailler ensuite les branches qui les portent, et préparer une nouvelle récolte pour l'année suivante, et ainsi de suite chaque année. Ces mûriers étant soumis à une récolte annuelle, ils doivent être taillés chaque année. On leur applique alors la taille d'été.

Taille d'été. — Aussitôt après la cueillette, on coupe toutes les branches qui portaient les bourgeons effeuillés (*fig.* 372), au-dessus des deux boutons les plus rapprochés de la base. Bientôt on voit apparaître de nouveaux bourgeons à la base de ces branches et sur divers autres points. On les laisse tous se développer librement. Au printemps suivant, on supprime tous les rameaux maigres, chétifs ou trop rapprochés les uns des autres ; on coupe aussi avec soin tous les chicots de bois sec, et chaque branche principale de l'arbre offre alors l'aspect de la figure 373. On récolte les feuilles sur tous les bourgeons que dévelop-

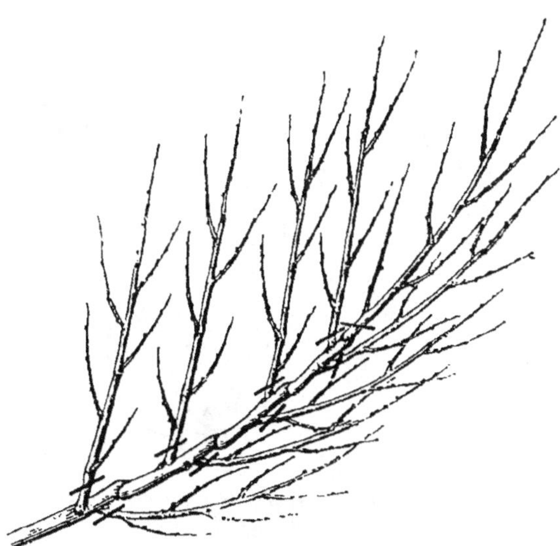

Fig. 372. *Branche de mûrier immédiatement après la première cueillette.*

pent ces rameaux, et ceux-ci sont de nouveau soumis à la taille d'été. Cette seconde taille ne diffère de la première qu'en ce que, la plupart des branches à tailler naissant deux à deux au même point (*fig.* 374), on supprime complétement celle (A) qui est la plus éloignée de la branche principale, tandis que l'autre (B) est coupée, comme l'année précédente, au-dessus des deux boutons les plus rapprochés de la base ; cette opération est ensuite répétée chaque année.

Mais, si cette récolte et cette taille annuelles peuvent être pratiquées dans les terrains frais et substantiels du Midi, il n'en est pas de même dans les terrains secs, où les chaleurs de l'été suspendent la végétation ; les mûriers n'y donneront, après la taille d'été, qu'un petit nombre de bourgeons maigres et chétifs, lesquels, transformés en rameaux l'année suivante, ne produiront qu'une cueillette insignifiante.

Il en sera de même pour les mûriers du centre et du nord de la zone où ils peuvent vivre, quel que soit d'ailleurs le degré d'humidité du sol où ils végètent. Là, c'est la durée trop courte d'une température assez élevée qui s'oppose au développement vigoureux des bourgeons qui naîtraient après la taille d'été. Il est donc nécessaire, dans ces conditions, de remplacer la taille d'été par celle du printemps.

Taille du printemps. — Après la première récolte des feuilles, chacune des branches principales offre l'aspect de la figure 372. Bientôt les bourgeons effeuillés développent, vers leur sommet, un certain nom-

Fig. 373. *Branche de mûrier au printemps qui suit la taille d'été.*

Fig. 374. *Taille d'été des rameaux du mûrier après la seconde cueillette.*

bre de bourgeons anticipés, d'où naissent de nouvelles feuilles, après la chute desquelles les branches principales sont constituées comme le montre la figure 375. Au printemps, les branches qui ont produit les bourgeons effeuillés sont coupées à leur base au-dessus de deux boutons. Pendant l'été suivant, on voit naître des bourgeons vigoureux à la base de chacune de ces branches et sur divers autres points ; on les laisse se développer tous librement et on ne les effeuille pas. Au printemps qui suit la naissance de ces rameaux, on supprime les plus faibles et ceux qui feraient confusion, puis on fait la cueillette sur les bourgeons auxquels ils donnent lieu. Cette seconde récolte n'est faite, comme on le voit, que deux ans après la première. L'arbre est alors abandonné à lui-même jusqu'à la fin de l'hiver suivant. C'est à ce moment, c'est-à-dire deux ans après la première taille, qu'on le soumet de nouveau à cette opération. Cette taille ne diffère de la première que par la suppression complète de l'une des branches lorsqu'il en naît deux au même point, comme cela a souvent lieu. Cette suppression est faite comme nous l'indiquons à la figure 374. On procède ensuite de la même façon chaque année, c'est-à-dire que la taille et la récolte n'ont lieu que tous les deux ans, en faisant alterner ces deux opérations de façon que la cueillette soit toujours faite pendant l'année qui précède la taille.

Aménagement des mûriers. — Si ce mode était appliqué en même temps à tous les mûriers d'un domaine, on ne pourrait se livrer à l'éducation des vers à soie que tous les deux ans : on remédie à cet inconvénient en partageant en un certain nombre de séries égales tous les mûriers de l'exploitation, puis en ne les soumettant à la cueillette que successivement d'année en année. C'est à cette opération qu'on a improprement donné le nom d'*assolement des mûriers*, mot que nous croyons devoir remplacer par celui d'*aménagement* par analogie avec ce que l'on fait pour les bois et forêts.

Fig. 375. *Branche de mûrier au printemps qui suit la première cueillette.*

On a proposé des aménagements de deux, trois et quatre ans de durée. La rotation de quatre ans présente cet inconvénient que, la taille n'étant pratiquée que tous les quatre ans sur le même arbre, les branches que l'on supprime ont acquis un volume considérable, qu'elles forment confusion dans la tête du mûrier ; que leurs bourgeons, en partie ombragés, donnent des feuilles de médiocre qualité ; et qu'enfin les plaies qui résultent de leur suppression deviennent très-préjudiciables à l'arbre. Aussi pensons-nous qu'on devra généralement borner les rotations à deux ou au plus trois ans. La première devra être choisie pour le Midi, où les mûriers poussent vigoureusement, et réparent promptement les suppressions faites par la taille ; la seconde, pour les terrains du centre, et surtout du nord de la région du mûrier, où l'on n'a pas à craindre que les branches à supprimer après la récolte prennent trop de développement pendant ce laps de temps.

Lorsque l'on établira l'un ou l'autre de ces aménagements, au lieu de partager toute la plantation en deux ou trois lots, on l'appliquera à chaque ligne d'arbres prise isolément. Ainsi, pour l'aménagement biennal, on effeuillera alternativement un arbre sur deux (*fig. 376*), et un sur trois (*fig. 377*) pour la rotation de trois ans. Cette pratique a cet avantage que la plantation est mieux aérée, que les arbres sont moins

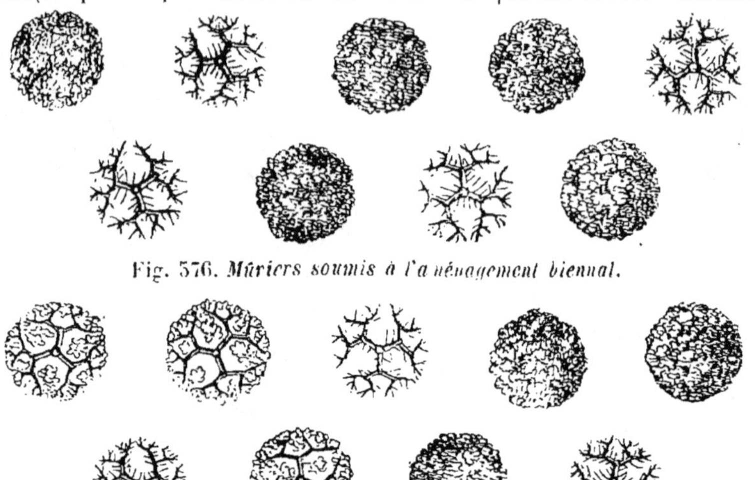

Fig. 376. *Mûriers soumis à l'aménagement biennal.*

Fig. 377. *Mûriers soumis à l'aménagement triennal.*

exposés à souffrir de l'ombrage de leurs voisins, et qu'en augmentant l'espace réservé à la tête de chaque arbre on augmente la quantité et la qualité de ses produits. On conçoit que ce mode donnera des résultats d'autant plus satisfaisants que les arbres seront plantés plus rapprochés les uns des autres, tels que les mûriers plantés en taillis. Quant aux haies, il faudra nécessairement fractionner leur longueur en autant de parties égales que l'aménagement compte d'années.

Outre les diverses opérations qui constituent la taille, on doit encore veiller, après la formation de la tête du mûrier et pendant tout le temps de son existence, à ce que les branches de sa charpente conservent entre elles le même degré de vigueur. Dès que l'on s'aperçoit, à la grosseur de l'une de ces branches et à la vigueur plus considérable de ses rameaux, qu'elle devient plus forte que les autres, on diminue cette vigueur soit en effeuillant ses bourgeons, qui naissent immédiatement après la taille, soit en coupant au-dessus des deux boutons de la base les rameaux produits par ces bourgeons.

Tout ce que nous venons de dire de la taille de production s'applique également aux mûriers hautes tiges, mi-tiges, nains, et aux haies.

Labours. — Les mûriers doivent recevoir au moins deux labours chaque année : le premier en février ou mars, après la taille du printemps ; le second en juin, aussitôt après la cueillette des feuilles. Un ou plusieurs binages sont également nécessaires dans le courant de l'été pour maintenir le sol ameubli à sa surface, et empêcher l'action de la sécheresse ou le développement des plantes nuisibles.

Dans le Midi et dans les terrains secs du nord de la région du mûrier, il sera bon de détruire, lors du labour du printemps, les racines qui naissent au collet, tout près de la surface du sol ; ces racines exposent l'arbre à souffrir de la sécheresse, et sont d'ailleurs endommagées par les labours.

Engrais. — Le mûrier est un des arbres qui payent le mieux les engrais qu'on lui applique. On peut, par une abondante fumure, doubler son accroissement dans un temps donné. Toutefois il ne faut pas dépasser une certaine limite ; car une fumure trop copieuse donnerait lieu à une végétation où les fluides nourriciers, arrivant en trop grande quantité pour être convenablement préparés, fourniraient des feuilles d'une médiocre qualité, surtout dans les localités brumeuses ou peu favorisées par la chaleur.

On peut retarder la première fumure jusqu'au printemps de la troisième année de plantation ; mais, à partir de ce moment, il est utile de fumer tous les ans ou tous les deux ans. On fume tous les ans les mûriers soumis à une taille et à une cueillette annuelles, et tous les deux ans seulement ceux qui sont soumis à l'aménagement biennal, en choisissant le printemps où les arbres sont taillés, de façon à éloigner le plus possible la fumure de l'année de la récolte.

Le fumier proprement dit est l'engrais le plus fréquemment employé pour le mûrier ; mais on peut y suppléer avec beaucoup d'avantages par les engrais que nous conseillons pour l'olivier, et auxquels on doit joindre les déchets de magnanerie.

Rajeunissement des mûriers. — Le mûrier sauvageon, non soumis à la taille, offre une existence très-prolongée. On en voit encore dans l'Ardèche qui ont été plantés sous Henri IV, et qui ne sont que depuis quelques années sur leur décours, parce qu'on a entrepris de les tailler et de les greffer dans ces derniers temps. Les mûriers greffés et convenablement taillés peuvent vivre jusqu'à l'âge de 80 à 100 ans, lorsqu'ils sont plantés à une grande distance les uns des autres. Mais ils ne dépassent pas 60 à 70 ans lorsqu'ils sont disposés en massifs, ou espacés seulement de 8 à 10 mètres. Les nains et ceux en taillis, plus rapprochés encore, ne vont guère au delà de 40 à 50 ans. Dans tous ces arbres, les branches principales deviennent très-grosses relativement aux rameaux ; elles sont tortueuses, se couvrent de nodosités par suite des tailles multipliées que leurs rameaux ont subies ; ceux-ci finissent par ne plus se développer qu'aux extrémités, le tronc et les grosses branches se carient, la végétation devient de plus en plus languissante, enfin la tête de l'arbre se dessèche partiellement.

Il est possible de prolonger un peu la durée des mûriers, et surtout d'arrêter la diminution de leur produit, en leur appliquant l'opération du rajeunissement aussitôt qu'ils commencent à montrer les signes de la décrépitude.

Dès que l'arbre devient languissant, que sa tête se dégarnit de rameaux vigoureux, on rapproche, au printemps, les branches principales en supprimant la moitié ou seulement le tiers de leur longueur, selon que l'arbre est plus ou moins souffrant. Pendant l'été suivant, on pince tous les nouveaux bourgeons qui se développent, moins toutefois un ou deux, que l'on choisit parmi les plus vigoureux et les mieux placés à l'extrémité de chaque branche. L'année suivante, lors de la taille du printemps, on supprime tous les nouveaux rameaux, moins ceux qui résultent des bourgeons terminaux choisis pendant l'été, et que l'on taille de façon à rétablir la tête de l'arbre. On répète chaque année la même opération jusqu'à ce que la tête soit entièrement reformée, et c'est alors seulement qu'on recommence à soumettre l'arbre à la cueillette. Il est bien entendu que les plaies résultant de ce rajeunissement seront mastiquées avec soin ; que, si le tronc ou les grosses branches sont cariées, on enlèvera les parties malades jusqu'au vif, et que les excavations seront remplies à l'aide du procédé décrit page 315.

Des engrais plus abondants que de coutume et des labours multipliés doivent être donnés à ces arbres, pendant deux ou trois ans, pour stimuler leur végétation et assurer le succès du rajeunissement.

Maladies. — Insectes nuisibles. — Quoique les mûriers supportent, sans souffrir, un abaissement de température de 25° centigrade, il arrive cependant quelquefois que les froids tardifs du mois d'avril les surprennent au moment où la séve est déjà en circulation, et leur font perdre leurs rameaux, et parfois même leurs branches moyennes. Lorsque cet accident arrive, on attend que la végétation se manifeste de nouveau, on retranche les parties malades au-dessus du point où de nouveaux bourgeons apparaissent, puis on mastique les plaies. Les arbres ainsi opérés ne devront être soumis à la cueillette qu'au moment où les ramifications détruites ont été remplacées.

Le plus souvent ce sont seulement les feuilles qui sont attaquées par les gelées tardives. Le bourgeon, long seulement de 1 centimètre ou 2, est détruit; mais il est bientôt remplacé par d'autres bourgeons qui naissent de boutons stipulaires, et la récolte n'en souffre pas sensiblement. Parfois, cependant, les froids arrivent assez tard pour détruire les feuilles complétement développées et même les bourgeons longs de $0^m,30$ ou $0^m,40$. Le dommage est alors plus grave, car les nouvelles pousses sont tardives, et la cueillette est retardée d'une année.

Un autre accident, connu dans quelques localités sous le nom de *mal blanc*, présente le phénomène suivant : au plus fort de la végétation, toutes les feuilles de l'arbre jaunissent subitement, se dessèchent, et l'arbre meurt en peu de jours. Si on l'arrache, et que l'on examine la surface de ses racines à l'aide d'un instrument grossissant, on les voit couvertes d'une sorte de moisissure ou petit champignon parasite auquel on a donné le nom de *rhizoctoma mori*.

On a constaté que cette maladie gagne de proche en proche, et qu'elle peut détruire tout un massif de mûriers. L'expérience a démontré que les mûriers replantés à la place de ceux qui avaient été détruits par cette maladie en étaient eux-mêmes bientôt atteints, et que cette influence pernicieuse se faisait sentir pendant plusieurs années.

Il paraît constant que cette affection est due à la présence du champignon parasite dont nous venons de parler. Quant à la cause du développement de celui-ci, on doit la voir dans les mutilations qu'on fait éprouver au mûrier, soit en l'effeuillant au plus fort de sa végétation, soit en lui appliquant la taille d'été, opérations qui ont pour effet, la seconde surtout, de suspendre les fonctions des vaisseaux du liber et de l'aubier, à peine constitués depuis le commencement de la végétation, et de laisser stationnaires les fluides qui y circulaient ; ceux-ci fermentent, entraînent la décomposition des tissus environnants ; et cette fermentation, lente d'abord, augmente d'intensité avec la chaleur de l'été, et, l'humidité du sol aidant, on voit naître le rhizoctome. Ce qu'il y a de certain, c'est que les mûriers abandonnés à eux-mêmes, et non soumis à la cueillette, ne sont pas attaqués par cette maladie ; et que ceux qui ne sont effeuillés et taillés que tous les deux ou trois ans en sont atteints bien moins souvent que ceux qu'on cueille tous les ans et qui reçoivent la taille d'été.

Quant au moyen de prévenir cette maladie, il est impossible de l'appliquer, puisqu'il faudrait pour cela renoncer à la cueillette des feuilles ; mais on peut du moins diminuer sa fréquence en généralisant davantage l'aménagement de deux ou trois ans pour la récolte et la taille de ces arbres.

Si l'on agit au début de cette maladie, il est quelquefois possible d'arrêter ses progrès. On déchausse les principales racines, afin qu'étant isolées de l'humidité du sol la fermentation s'y trouve suspendue, et on les couvre d'un paillis pour les garantir de l'ardeur du soleil. Si la maladie continue, il faut se hâter de séparer l'arbre attaqué de ses voisins encore sains par une tranchée circulaire, profonde de 1 mètre au moins, large de 0ᵐ.50, et placée un peu au delà du point où l'on suppose que les extrémités radiculaires se sont arrêtées. On n'a pas encore trouvé un moyen applicable pour hâter le moment où de nouveaux mûriers pourraient être replantés sans danger à la place de ceux qui avaient été détruits par le rhizoctome.

Le mûrier présente encore une autre affection, désignée par les cultivateurs sous le nom de *rouille*, de *brûlure*. Peu de temps après le premier développement des feuilles, elle couvre celles-ci de taches jaune pâle, et les rend impropres à la nourriture des vers à soie. Ces taches prennent ensuite une couleur brune. On avait d'abord pensé que cette maladie était exclusivement due à l'humidité stagnante de l'atmosphère ; mais M. Turpin, qui a étudié cette affection, a reconnu qu'elle était due à la piqûre d'un insecte du genre *podure*, qui, désorganisant les tissus, fait développer à chaque point un petit champignon parasite qu'il a reconnu être le *fusarium lateritium* (Desmaz.). On ne peut s'empêcher de reconnaître, toutefois, qu'une atmosphère nébuleuse et humide favorise cette maladie ; car on la voit apparaître le plus souvent après des brouillards de plusieurs jours, ou sur les arbres des vallées humides et profondes.

De tous les insectes qui attaquent le mûrier, c'est une espèce de sauterelles (*locusta*) qui lui cause les dommages les plus réels. C'est surtout après la récolte des moissons que cet insecte se jette sur les mûriers, les dépouille parfois entièrement de leurs feuilles, et ronge jusqu'à l'écorce des jeunes rameaux. Le meilleur moyen de détruire cet insecte consiste à conduire une troupe de dindes sous les arbres, et à secouer ceux-ci pour en détacher les sauterelles. Les dindes s'en nourrissent avec avidité.

Récolte des feuilles ou cueillette. — On commence à effeuiller dès que les bourgeons présentent un certain nombre de feuilles complétement développées, ce qui a lieu, dans chaque contrée, au moment de la floraison de l'aubépine. Cette récolte se prolonge pendant trente-cinq à quarante jours. Plus tôt la cueillette sera terminée sur un arbre, mieux cela vaudra, parce qu'il aura plus de temps pour développer de nouveaux organes foliacés. En général, on effeuille d'abord les haies, les taillis, les arbres nains, dont le produit, plus précoce, convient mieux d'ailleurs pour le premier âge des vers à soie. On cueille en dernier les mi-tiges et les hautes tiges.

Ce n'est qu'après que le soleil a dissipé l'humidité qu'on doit commencer la cueillette, et l'on doit cesser après la fraîcheur du soir. Les feuilles mouillées sont très-préjudiciables aux vers à soie, et les arbres auraient beaucoup à souffrir, par un temps de pluie, des opérations de la récolte. Leur écorce, attendrie, céderait facilement au frottement et à la pression des échelles et même des pieds des ouvriers, et il en résulterait des déchirures par où l'eau pénétrerait, et qui se cicatriseraient très-difficilement.

Les bourgeons sur lesquels on détacherait des feuilles en temps de pluie en éprouveraient surtout un grand dommage. La petite plaie laissée par la feuille enlevée reste ouverte, et il se manifeste un écoulement qui épuise l'arbre. On cite plusieurs exemples de mûriers dont la mort a été déterminée par un effeuillement pratiqué en temps de pluie.

La cueillette se fait au moyen d'une échelle double si les arbres sont jeunes, ou d'une longue échelle simple que l'on appuie contre les principales branches lorsqu'elles présentent assez de résistance. Les ouvriers ne doivent mettre les pieds sur les arbres que lorsque des échelles de 6 à 8 mètres de hauteur ne peuvent plus y atteindre. Pour les jeunes mûriers, on pourra se servir avec avantage de l'*échelle-brouette* (*fig.* 378 à 380) imaginée par M. Bonafous. Elle se compose de deux parties : la première, *a* (*fig.* 379), est une brouette dont les bras, longs d'environ 2^m,60, sont droits, dépassent un peu la roue en avant, et sont réunis par quatre échelons. Les montants C sont traversés par le quatrième échelon de la brouette, à l'aide de laquelle un seul homme

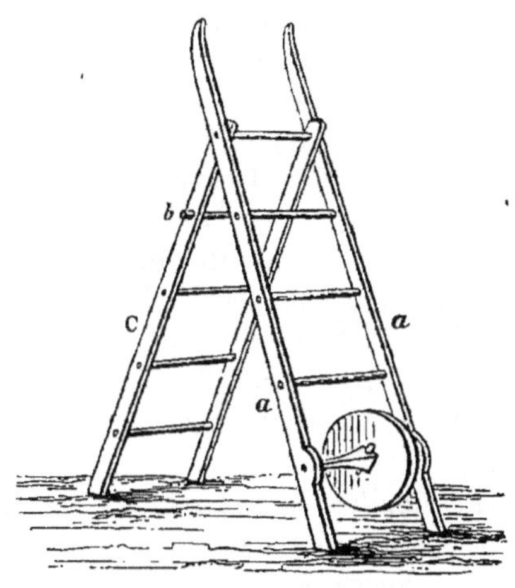

Fig. 378. *Echelle-brouette de M. Bona-fous.*

peut transporter plusieurs sacs de feuilles. A moitié déployée (*fig.* 378), elle forme une double échelle dont l'écartement des bras assure la solidité. Déployée entièrement (*fig.* 380), elle présente une échelle simple, solide, légère, longue de 4 mètres environ. L'échelon *b* (*fig.* 380), qui

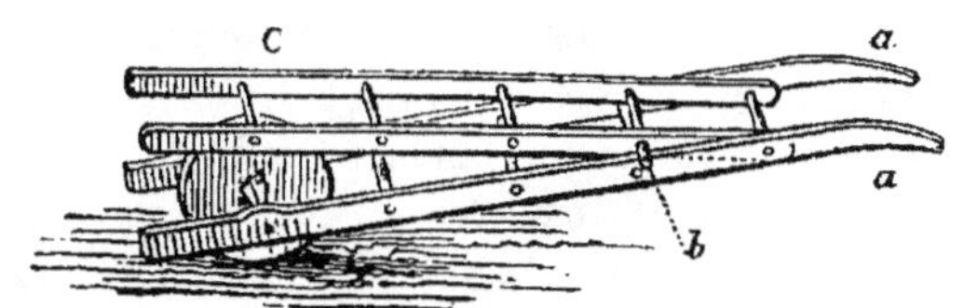

Fig. 379. *Échelle-brouette de M. Bonafous.*

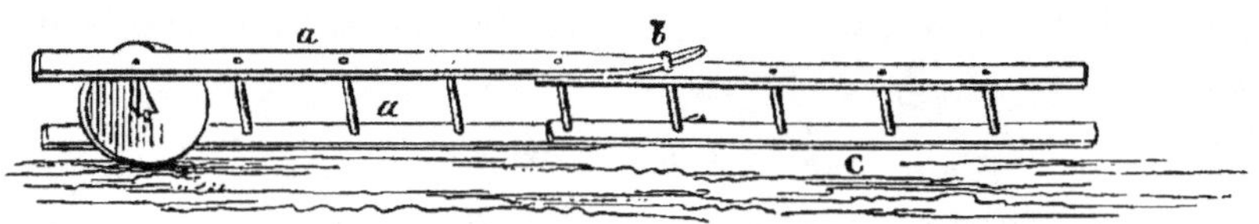

Fig. 380. *Échelle-brouette de M. Bonafous.*

fait saillie de chaque côté, et qui s'appuie sur les montants *a*, l'empêche de se fermer sous le poids de l'ouvrier qu'elle porte.

Le ramasseur monté sur l'échelle est pourvu d'un sac fixé à sa ceinture et maintenu ouvert au moyen d'un cerceau. Il se tient d'une main aux branches et de l'autre cueille la feuille. Pour cela, il empoigne chaque bourgeon sans le serrer, puis fait couler la main de bas en haut et arrache les feuilles sans efforts. Il doit apporter le plus grand soin à ne tordre ni briser aucune branche, et surtout à ne laisser aucune feuille sur les bourgeons qu'il dépouille. Cette dernière condition est souvent omise dans quelques localités, où on abandonne un certain nombre de feuilles ou *papillons* au sommet de chaque nouveau bourgeon. Ces feuilles absorbent la séve, et retardent la sortie des bourgeons. Lorsque le ramasseur a rempli son sac, il le vide sur un drap étendu à l'ombre ou recouvert d'un autre drap, car il importe beaucoup que les feuilles ne se flétrissent pas. Par la même raison, dès que le drap est plein, on doit le transporter au magasin. Aussitôt après la cueillette, on doit visiter les arbres, couper les rameaux au-dessous du point où ils ont été blessés par les ramasseurs, nettoyer les plaies faites aux branches et les couvrir de mastic à greffer.

Les feuilles du mûrier, soit seules, soit mélangées avec un peu de paille, sont un excellent fourrage pour les bestiaux et surtout pour les races ovines et bovines. Aussi quelques cultivateurs, non contents d'en avoir dépouillé l'arbre une première fois, l'en privent encore en automne. Ce que nous avons dit précédemment suffit pour faire comprendre combien l'arbre ainsi traité en éprouve de dommage. Il faut donc renoncer à cette pratique vicieuse, ou au moins n'enlever ces feuilles qu'au moment où elles commencent à jaunir et à se détacher d'elles-mêmes.

Quant au produit moyen du mûrier, il est, pour les arbres à haute tige, cultivés comme nous l'avons indiqué, et soumis à l'aménagement biennal, de 100 kilogr. de feuilles tous les deux ans, au début de la récolte, c'est-à-dire à leur neuvième année. Ce produit croît progressivement jusqu'à l'âge de vingt ans environ, où il s'élève à 200 kilogr. Cet état se maintient pendant vingt-cinq ou trente ans; mais, vers l'âge de cinquante ans, la décroissance commence, et devient de plus en plus rapide jusqu'à l'âge de soixante-cinq ans environ, où il devient utile de rajeunir les arbres, si l'on ne veut pas les voir succomber à la décrépitude.

SUMAC DES CORROYEURS.

Le *sumac des corroyeurs* ou *redoul* (*rhus coriaria*, L.) (*fig. 381*) est originaire des parties chaudes de l'Europe, et croît spontanément en Italie, en Sicile, en Espagne et dans les parties les plus méridionales de la France. On le cultive dans ces diverses contrées pour ses feuilles, douées au plus haut degré de propriétés astringentes, et qu'on emploie pour la teinture en noir, et plus particulièrement pour le tannage des cuirs. Cette culture paraît remonter, en Provence, jusqu'à l'année 1165.

Climat et sol. — C'est seulement dans le midi de la France que la culture du sumac peut être établie avec avantage et sécurité. Plus au nord, il est fréquemment atteint par les hivers rigoureux; et d'ailleurs sa végétation, plus lente, moins vigoureuse, donne moins de produits.

Le sumac a le grand avantage de pouvoir croître dans les terrains secs les plus arides. La faculté qu'il possède de développer de nombreux drageons en fait un arbre précieux pour soutenir les terres sur les pentes escarpées. Il est également ment doué d'une grande rusticité, vit fort long-temps, et n'exige presque pas de culture.

Culture. — *Multipli- cation.* — On multiplie le sumac au moyen des drageons qu'on détache du pied de l'arbre, et des semis faits en pé-

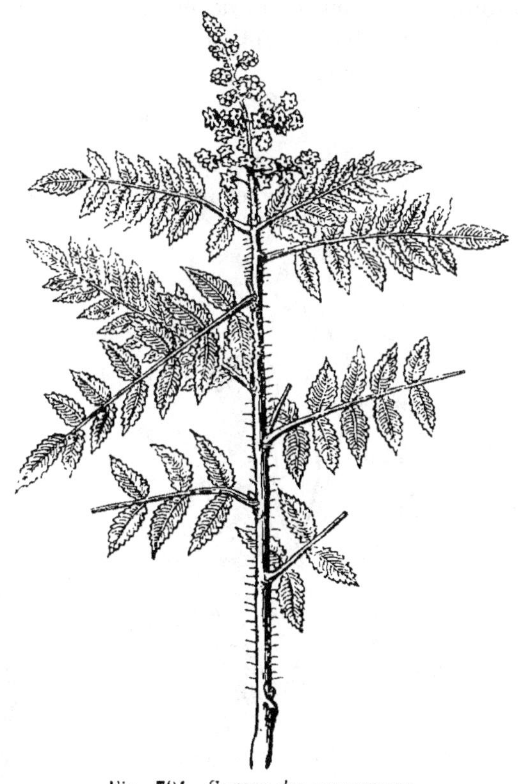

Fig. 384. *Sumac des corroyeurs.*

pinière. Ce dernier procédé donne des sujets plus vigoureux et plus rustiques. Les jeunes plants sont repiqués en pépinière au bout d'un an, puis plantés à demeure l'année suivante.

Plantation. — Les arbres sont placés à 0^m,60 les uns des autres dans un sol défoncé à environ 0^m,50 de profondeur. On donne à cette plantation deux binages par an, l'un au printemps, et le second après la récolte. On détruit ainsi les nombreux drageons qui, en se multipliant, occuperaient bientôt tout le sol et affameraient les jeunes arbres.

Récolte. — On commence la première récolte deux ou trois ans après la plantation. Cette récolte est faite vers la fin de juillet, lorsque la pousse de l'année est terminée. On coupe alors les tiges à 0^m,8 ou

0^m,10 du sol; on sépare les plus grosses branches des rameaux feuillés; puis, ces derniers étant desséchés à l'ombre, on les porte au moulin, qui réduit le tout en poudre plus ou moins fine, qu'on livre au commerce. Cette récolte n'est répétée que tous les deux ou trois ans sur les mêmes arbres, afin de ne pas les épuiser. Un hectare de terre planté en sumac peut donner en moyenne 2,000 kilogr. de produit sec; ce rendement peut s'élever, dans les conditions les plus favorables, jusqu'à 4,000 kilogrammes.

CAPRIER.

Le *câprier* (*capparis spinosa*, L.) (*fig.* 582) paraît être originaire de la Grèce. C'est pour ses boutons à fleur qu'on cultive cet arbrisseau. Ces boutons, cueillis aussi petits que possible, et confits dans du vinaigre, prennent le nom de *câpres*, et servent de condiment pour les aliments doux et peu savoureux. C'est surtout entre Marseille et Toulon, dans les communes de Cujes, de Roquevaire et d'Ollioules, que la culture du câprier est devenue un objet de spéculations assez importantes.

Espèces et variétés. — On cultive plusieurs variétés de câprier, caractérisées surtout par la forme de leurs boutons à fleur. On distingue surtout les suivantes:

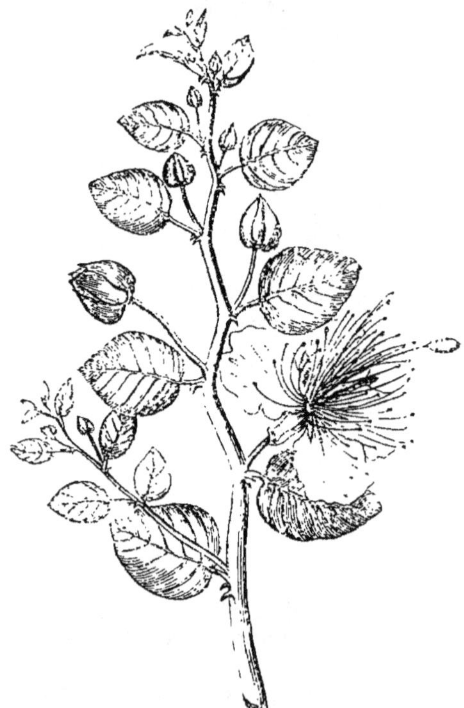

Fig. 382. *Câprier.*

Fig. 383. *Fruit du câprier.*

Câpre plate. C'est la variété type. Boutons à fleur aplatis, contenant de 40 à 50 étamines; peu estimée.

Câpre capucine. Boutons d'un vert foncé, renfermant de 80 à 100 étamines anguleux dès qu'ils sont un peu développés.

Câpre ronde. Boutons à fleur ayant 120 à 150 étamines, ronds, fermes, verts et ponctués de rouge. C'est la variété la plus estimée.

Il serait à désirer qu'on introduisît la culture du *câprier du Levant* (*capparis ru-*

pestris, Sibth), qui est inerme; car les épines de l'espèce que nous cultivons sont un des plus grands obstacles à la rapidité de la cueillette.

Climat et sol. — Le câprier est très-sensible au froid. C'est donc seulement dans les parties les plus chaudes de la Provence que sa culture présente de l'avantage. Encore ses rameaux y sont-ils presque toujours détruits par l'hiver; mais la souche en développe de nouveaux chaque année. Dans le centre de la France et sous le climat de Paris, cet arbrisseau peut cependant vivre en pleine terre, si l'on a soin d'abriter le collet de la plante contre les gelées; mais, la végétation y étant plus tardive et moins prolongée, on ne peut en obtenir qu'une trop faible quantité de câpres pour que cette culture donne des bénéfices. Aussi le câprier n'est-il admis dans les jardins au delà de la Provence que comme arbrisseau d'ornement.

Le câprier se développe volontiers dans les terrains secs, rocailleux, dans les vieux murs; ses produits y sont de bonne qualité, mais peu abondants, parce que sa végétation s'arrête et languit pendant les ardeurs de l'été. Au contraire, dans les sols de consistance moyenne, profonds, un peu frais et bien exposés, ou dans les terrains légers susceptibles d'être irrigués, ses bourgeons s'allongent sans cesse et produisent une bien plus grande quantité de boutons à fleur. C'est donc ces derniers qu'on devra préférer. Il faudra, dans tous les cas, que cet arbrisseau soit exposé à une vive lumière; sans cela, ses bourgeons s'étioleront et ne donneront que peu ou pas de fleurs. Quant aux sols humides, marécageux, le câprier y périt rapidement.

Culture. — **Multiplication.** — Le câprier est multiplié soit au moyen des boutures, soit à l'aide du marcottage. Les boutures sont prises sur les rameaux les plus vigoureux et les mieux aoûtés. On les coupe à l'automne, on les plante immédiatement en pépinière, en les disposant en lignes distantes de 0^m,50, puis on les couvre pendant l'hiver d'une couche de litière. Elles peuvent être plantées à demeure au bout d'un an.

Le marcottage le plus convenable est celui par cépée. On butte au printemps la souche des câpriers avec de la terre bien amendée. Les bourgeons qui traversent cette couche de terre s'enracinent pendant l'été. On les sèvre à l'automne pour les repiquer en pépinière pendant un an; après quoi on les plante à demeure.

Plantation. — On choisit les terrains en pente, bien exposés au midi, profonds, et en général ceux dont la surface pierreuse ne permet pas aux plantes annuelles de donner des récoltes passables. Le sol est défoncé uniformément à la profondeur de 0^m,50, et les jeunes sujets sont plantés à 2 mètres de distance dans les sols légers et secs, et à 3 mètres dans les plus fertiles.

Taille. — Le câprier est un arbrisseau qui se forme naturellement en cépée de 1ᵐ,50 de diamètre, et quelquefois de 4 mètres, dans les sols les plus fertiles. Chaque année, au mois d'octobre, tous les rameaux développés par la souche sont coupés à 0ᵐ,16 environ de leur base ; puis, au printemps suivant, on les supprime entièrement. Bientôt de nombreux bourgeons viennent les remplacer. Comme il importe que la végétation de ceux-ci soit la plus vigoureuse et la plus prolongée possible, afin d'en obtenir un plus grand nombre de boutons à fleur, il est utile d'en enlever quelques-uns, dans la crainte qu'ils ne s'affament réciproquement.

Soins d'entretien. — Immédiatement après la coupe des rameaux, à la fin de l'automne, on couvre la souche d'une couche de terre de 0ᵐ,30 d'épaisseur. On donne à cette butte une forme conique, afin que les eaux ne s'y arrêtent pas. On découvre les souches en mars, dès que les gelées tardives ne sont plus à craindre. Aussitôt après, on donne un labour, et l'on enterre en même temps la fumure destinée à maintenir la vigueur de ces arbrisseaux. Vers la fin d'avril, on donne un binage pour détruire les herbes adventices, avant que la pousse des rameaux rende ce travail difficile. Enfin, si l'on peut disposer de l'irrigation, la végétation en est fort activée, et la production des fleurs est beaucoup plus considérable.

Récolte. — La durée du câprier est pour ainsi dire éternelle. Il donne ses premiers produits deux ou trois ans après sa plantation. La câpre, en naissant, est couverte d'un duvet cotonneux, on attend qu'il soit tombé et qu'elle ait 2 à 3 millimètres de diamètre pour la cueillir ; elle parvient à la dimension de 10 millimètres avant de s'épanouir. La récolte commence aussitôt que les premiers boutons à fleur sont suffisamment développés. On les détache de façon à n'enlever que le moins possible du pédoncule. On cueille d'abord tous les huit jours ; mais, à mesure que la saison avance et que la câpre grossit plus rapidement, on cueille plus souvent, et l'on termine en cueillant tous les trois jours. On détache, chaque fois, les fleurs épanouies ou les fruits qui nuiraient à la production de nouveaux boutons. Ces fruits, appelés *cornichons* (*fig.* 383), sont aussi confits dans le vinaigre ; mais ils sont médiocres.

Après chaque cueillette, les câpres sont livrées à ceux qui les préparent pour le commerce, et qui commencent d'abord par les séparer au moyen d'un crible en cinq qualités de grosseur différente : la *nonpareille*, la *capucine*, la *capote*, la *seconde* et la *troisième*. La *nonpareille* est la plus petite, et son prix est cinq fois plus élevé que celui de la *troisième*. On a donc tout avantage à récolter ces boutons le plus tôt possible. Après ce triage, les câpres sont confites dans le vinaigre et livrées à la consommation.

Le produit moyen d'un câprier s'élève à 2 kilogrammes de câpres, et son produit maximum à 4 kilogrammes.

CHÊNE-LIÉGE.

Le *chênc-liége*, connu aussi sous le nom d'*alcornoque* (*quercus suber*, Lin.) (*fig.* 384), est un arbre à feuilles persistantes, offrant une tige qui, dans des situations favorables, peut s'élever jusqu'à 20 mètres et atteindre un diamètre de 1^m,50. Ce chêne est cultivé pour son écorce épaisse et spongieuse, qui fournit le liége dont on fait des bouchons, des semelles, des chapelets de pêcheurs, etc.

Variétés. — Si le chêne-liége n'offre pas de variétés bien tranchées, il présente au moins plusieurs races caractérisées par une écorce plus ou moins profondément crevassée, ou surchargée de callosités, ce qui influe beaucoup sur la qualité du liége, et aussi par la tendance qu'ont les tiges à développer un tronc plus ou moins difforme et ramifié dès sa base. L'expérience a appris qu'en général les races à glands assez gros, renflés et de saveur douce produisent des individus à écorce plus lisse et à tronc plus régulier.

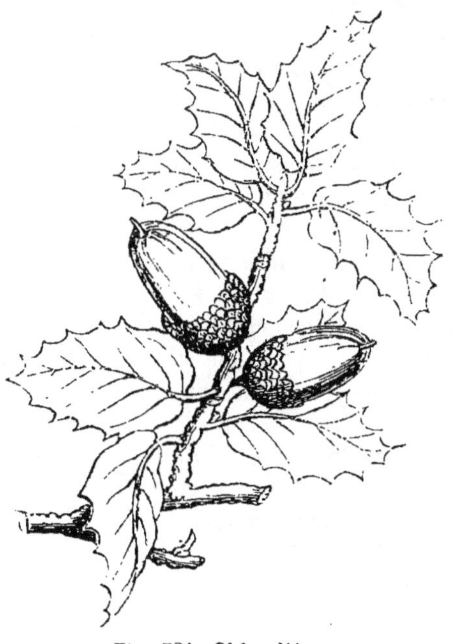

Fig. 384. *Chêne-liége.*

Climat et Sol. — *Climat.* — Le chêne-liége n'a été cultivé, jusqu'à présent, que dans nos départements méridionaux ; sa culture s'y élève jusqu'à 500 mètres au-dessus du niveau de la mer. Mais on a reconnu que cette culture pouvait s'avancer jusque dans le centre de la France, pourvu que l'on choisît des positions suffisamment abritées. C'est surtout dans les contrées qui avoisinent les Pyrénées que l'on cultive cet arbre. On en rencontre aussi de vastes forêts sur plusieurs points de la Corse et de l'Algérie.

Sol. — Presque tous les sols où prospère le chêne-liége appartiennent aux terrains primitifs ou de transition et de nature granitique. Toutefois cet arbre donne des produits passables dans tous les sols siliceux offrant une certaine quantité de roches. Il paraît redouter les sols calcaires.

Culture. — Le chêne-liége est cultivé en massifs formés, soit au moyen du semis, soit en plantant de jeunes arbres.

Semis. — Les glands mûrissent depuis les premiers jours d'octobre jusqu'à la fin de décembre. On préfère ceux qui mûrissent vers le milieu de novembre; ils sont généralement plus sains.

Quand le sol est préparé par plusieurs labours faits à la charrue ou à la houe, on attend la fin de l'automne, et l'on plante alors toute la surface en vignes disposées en lignes placées de 2 en 2 mètres. Dans les sillons où l'on plante ces vignes on répand des glands, mais seulement sur les lignes impaires, de sorte que les lignes semées en chêne soient placées à 4 mètres l'une de l'autre. Ceux-ci se développent en même temps que la vigne, et celle-ci paye par ses produits la rente du sol, jusqu'au moment où les chênes donneront leurs premiers produits.

Plantation. — Si l'on plante de jeunes arbres, le terrain est préparé de la même façon et également couvert de vignes; les jeunes plants remplacent les glands. Cette plantation est faite à la même époque.

Les plants choisis pour cette opération doivent être âgés au plus de quatre ans. Ils auront été relevés dans la pépinière avec les soins prescrits pour le chêne à l'article des pépinières d'arbres forestiers, ou bien ils auront été pris dans les forêts de chêne-liége; mais alors on les aura levés à deux ou trois ans et repiqués en pépinière pendant un an; autrement leur reprise serait très-difficile.

Entretien. — Quel que soit le procédé employé pour former les massifs de chêne-liége, il faudra chaque année, à partir du semis ou de la plantation, appliquer au terrain deux labours, l'un en janvier, l'autre en avril.

Vers la troisième année, les jeunes plants de semis ont atteint environ $0^m,50$, et offrent l'aspect d'un petit buisson. A six ans, ils ont plus d'un mètre et commencent à perdre leur forme buissonneuse. C'est le moment de leur appliquer un premier élagage pour supprimer les branches inférieures. On élague également les ceps voisins pour que leur abri, nécessaire jusque-là, ne nuise pas au développement du jeune chêne. Enfin on commence à supprimer ceux qui sont trop rapprochés les uns des autres. Ces diverses opérations sont faites un peu plus tôt pour les chênes plantés et non semés.

On continue ces travaux chaque année, jusque vers la vingtième année. L'élagage des tiges est fait d'une manière progressive, ainsi que nous l'avons expliqué à l'article des plantations forestières d'alignement, jusqu'à ce que la tige, dépourvue de branches, offre une hauteur de $2^m,70$. L'éclaircie des jeunes arbres est aussi pratiquée progressivement, de façon que, vers la vingtième année, les arbres soient placés à environ 8 mètres les uns des autres.

A ce moment, les jeunes chênes ont une hauteur d'environ 7 mètres. Ils ombragent les ceps de vigne, qui deviennent languissants et qu'on arrache alors. A partir de cette époque, les arbres et le sol sont abandonnés à eux-mêmes, et ce dernier, qui se couvre bientôt d'un gazon spontané, est livré au pâturage des moutons.

Exploitation. -- *Époque du premier écorçage.* Nous avons expliqué, en traitant de *l'accroissement de l'écorce*, la nature et l'origine de la couche subéreuse qui couvre le tronc et les branches du chêne-liége. C'est vers l'âge de vingt ans que le tronc de ces arbres est couvert d'une couche de liége suffisamment épaisse pour qu'on puisse leur appliquer le premier écorçage; mais le produit de cette première opération est toujours mis au rebut, comme grossier. Quelquefois il en est de même du second produit, qui est recueilli dix ans après. Ce n'est guère que vers l'âge de quarante ans que les arbres donnent un liége d'une valeur commerciale assurée.

Saison convenable pour pratiquer l'écorçage. — Comme la couche subéreuse qui forme le liége recouvre immédiatement les couches du liber, et qu'on doit laisser celles-ci parfaitement intactes, on choisit une époque convenable pour que cette séparation puisse se faire facilement. Si l'on opère au printemps, on est exposé à ce que le liber, qui n'adhère pas alors au corps ligneux, soit enlevé avec le liége. Si l'on choisit l'hiver, le liége ne se sépare pas du liber, et, d'ailleurs, cette dernière partie souffrirait de l'intensité du froid. C'est donc du 15 juillet au 15 septembre que l'on pratique l'opération.

Mode d'exploitation. — L'exploitation du chêne-liége a lieu environ tous les dix ans, à partir de la vingtième année. Ce laps de temps est nécessaire pour que les nouvelles couches acquièrent toute leur valeur commerciale. Cette récolte peut être faite à la fois sur tout un massif, si les arbres sont soumis aux mêmes influences; l'exploitation a lieu alors régulièrement tous les dix ans. Mais, le plus souvent, on opère en jardinant, c'est-à-dire en ne choisissant que les arbres dont le liége a acquis assez d'épaisseur, ce dont on s'assure en pratiquant de petites entailles.

Mode d'écorçage. — Un ouvrier, armé d'une petite hache, pratique d'abord, depuis le sommet du tronc jusqu'à sa base, une entaille verticale qui pénètre jusqu'aux couches du liber, mais sans les attaquer. Il fait ensuite deux entailles circulaires, l'une au sommet, l'autre à la base de la première, et sur tout le périmètre de la tige. Il frappe ensuite la couche subéreuse avec un bâton, pour l'isoler du liber, et, faisant pénétrer le manche de la hache, dont l'extrémité est amincie en forme de coin, entre les couches du liber et le liége, il soulève progressivement toute la couche comprise entre les trois entailles. Il s'aide aussi dans ce travail des instruments en os, en bois ou en fer qu'indiquent les figures 385 et 386.

Lorsque la séve est abondante et que l'ouvrier est adroit, il dépouille souvent le tronc en deux pièces seulement; mais, souvent aussi, la tige est

23.

couverte de nœuds ou de plaies, et il faut alors circonscrire ces points avec la hache, ce qui multiplie les fragments de liége.

Lorsque l'arbre est écorcé, on enlève tous les fragments de liége qui y sont restés adhérents et qui nuiraient à la production suivante.

Rendement et préparation du liége. — L'âge des arbres, la nature du sol, les influences atmosphériques, etc., sont autant de circonstances qui influent puissamment sur la production du liége, et qui font varier le produit de chaque arbre. Sur un arbre séculaire et vigoureux, on peut récolter jusqu'à 100 kilogr. de liége; ce produit s'est même élevé jusqu'à 440 kilogr. Mais, en général, on évalue le produit moyen de chaque arbre en plein produit, à 50 kilogr.

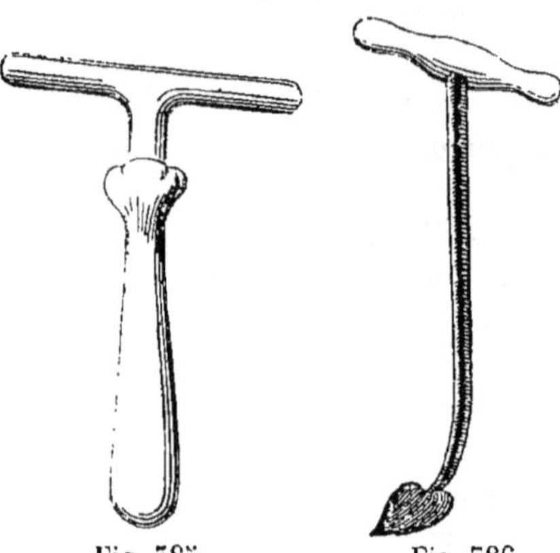

Fig. 385.   Fig. 386.
Instruments pour l'écorçage du chêne-liége.

Quand l'écorçage est terminé, on procède à un premier triage. On rejette les planches trop caverneuses ou qui ont été endommagées par les insectes ou toute autre cause, et l'on place les autres à l'air libre ou sous un hangar ouvert, de manière qu'elles se croisent en tout sens. Dans cet état, elles se dessèchent rapidement et perdent, dans l'espace de deux mois, environ le cinquième de leur poids. On les livre alors à des marchands qui leur font subir les transformations qui les rendent propres au commerce.

Maladies et insectes nuisibles. — Le chêne-liége est exposé à la plupart des maladies qui attaquent les autres arbres; la *carie*, les *chancres*, les *gouttières*, viennent souvent abréger sa durée et diminuer ses produits. Nous avons indiqué au chapitre des arbres forestiers les moyens de remédier à ces altérations.

L'écorçage du chêne-liége expose subitement à l'action de l'air, à l'ardeur du soleil et aux intempéries de l'hiver les couches vivantes du liber. Or ce changement subit d'état influe parfois d'une manière très-fâcheuse sur leur organisation. Ainsi on voit quelquefois des étendues plus ou moins considérables de liber se dessécher complétement, tomber et laisser à découvert le corps ligneux de l'arbre. Cet accident se manifeste souvent lorsqu'un hiver rigoureux ou un été très-chaud et très-sec succèdent à l'écorçage. Le tronc est alors couvert de larges plaies sur lesquelles le liége ne se reproduit plus, qui se carient, rendent l'arbre languissant, et le font bientôt périr. On pourrait, selon nous, prévenir ce grave accident en recouvrant toute la surface du tronc, immédiatement après l'écorçage, d'un englumen composé par moitié de chaux éteinte et de terre argileuse, délayées dans une quantité d'eau suffisante pour former une bouillie un peu épaisse.

Quelques insectes attaquent aussi le chêne-liége. Les plus redoutables sont ceux dont les larves percent de nombreuses galeries dans l'enveloppe subéreuse, et enlèvent ainsi au liége toute sa valeur commerciale. De ce nombre sont : le *capricorne de l'alcornoque*, décrit par Dejean sous le nom de *hamathicherus velutinus*, et l'*hamathicherus miles*, décrit par Bonelli. Malheureusement on ne connaît encore aucun moyen prompt et peu coûteux de détruire ces insectes.

ROSIER DES QUATRE SAISONS.

C'est le *rosier des quatre saisons* ou *rosier de mai*, ou encore *rosier de tous les mois (fig. 387)*, qui est choisi, aux environs de Cannes, de Grasses et d'Antibes, comme le plus odorant pour la parfumerie.

On lui consacre les terrains qui ne peuvent être arrosés, et que l'on défonce préalablement. Ce rosier est multiplié au moyen d'éclats ou de drageons. On les plante à l'automne, en lignes séparées par un intervalle de 1 mètre, et on les place à $0^m,25$ les uns des autres dans les lignes. On leur applique, pendant l'été, quelques binages pour détruire les herbes et diminuer les effets de la sécheresse.

Au printemps suivant, on enlève le bois mort ou

Fig. 587. *Rose des quatre saisons.*

languissant, puis on arque les rameaux vigoureux en fixant leur sommet sur les rameaux inférieurs. On fume, on pratique un labour, puis de nouveaux binages sont donnés pendant l'été. Les mêmes soins sont répétés chaque année.

La récolte des roses commence au second printemps qui suit la plantation, et l'on obtient le produit moyen vers le troisième printemps. La cueillette se fait depuis les premiers jours d'avril jusque vers le milieu de mai. Il y a bien une seconde floraison en automne; mais, outre qu'elle est beaucoup moins abondante, les fleurs sont bien moins odorantes.

Huit rosiers arrivés à l'âge de leur produit moyen peuvent donner 1 kilogr. de fleurs. Comme on peut placer 40,000 plants par hectare, il en résulte pour cette surface une récolte de 5,000 kilogr. de fleurs; lesquels, à 0 fr. 50 le kilogr., donnent un revenu brut de 2,500 francs.

JASMIN D'ESPAGNE.

Le *jasmin d'Espagne* (*jasminum grandiflorum*. L.), originaire de l'Inde, et remarquable par ses grandes fleurs blanches purpurines en dehors, est un arbrisseau d'ornement pour nos orangeries; mais il forme en plein air, aux environs de Cannes, de Grasse et d'Antibes, l'objet d'une culture assez étendue pour ses fleurs très-recherchées des parfumeurs (*fig.* 388). Nous consignons ici les principaux points relatifs à cette culture, que nous avons étudiés sur le territoire de Cannes.

On choisit pour cette plantation des terrains riches, substantiels et susceptibles d'être arrosés. Ce jasmin est multiplié au moyen de la greffe, et l'on prend comme sujet le *jasmin commun* (*jasminum officinale*, L.). Ce dernier est obtenu de marcottes ou de boutures. Ces jeunes sujets sont plantés en lignes séparées par un intervalle de $0^m,60$, et on laisse un espace de $0^m,10$ seulement entre chacun d'eux dans les lignes. Cette plantation étant faite à l'automne, on pratique un labour au printemps, puis quelques arrosages pendant l'été.

Au printemps suivant, c'est-à-dire après une année de plantation, ces jeunes sujets sont greffés en fente tout près de terre. On donne une abondante fumure, un labour, on façonne le sol pour faciliter les arrosages, puis on place sur chaque ligne une sorte de treillage en tige de roseau (canne de Provence), haut de $0^m,80$ environ, et destiné à fixer les bourgeons de la greffe, qui se développent assez vigoureusement dès ce premier été. On doit en outre arroser tous les deux jours depuis le commencement de mai jusqu'au milieu d'octobre.

A l'entrée de l'hiver, on effectue un buttage assez énergique pour que la base de la greffe soit suffisamment abritée du froid. Au printemps, tous les rameaux placés hors de terre ont péri par la gelée. Ils sont tous coupés le plus près possible du point d'insertion de la greffe. On rétablit le treillage, on fume, on laboure, on façonne la terre pour les arrosements, et l'on pratique de nouveau ceux-ci; et ainsi de même chaque année

La récolte des fleurs commence dès la première année de greffe. Elle a lieu du mois de septembre jusqu'en novembre; après cette dernière époque, les fleurs n'ont plus assez de parfums. Ces fleurs sont livrées aux parfumeurs aussitôt après leur récolte, car elles perdent rapidement leur odeur.

Le produit moyen est de 40 kilogr. pour 1,050 plantes, ou d'environ 6,640 kilogr. par hectare, qui, à 2 fr. 25 c. le kilogr., donnent un produit brut de 14,940 francs.

La durée moyenne d'une plantation de jasmins d'Espagne ne dépasse pas dix ans. Les racines de cet arbrisseau sont assez rapidement atteintes de pourriture vers cette époque. Alors on remplace cette culture par une autre, et l'expérience a démontré qu'il fallait un intervalle d'au

Fig. 388. *Branche de jasmin d'Espagne.*

moins quatre ans pour qu'on pût planter de nouveau des jasmins sur le même terrain.

CASSIE.

La *cassie de Farnèse*, ou *casse du Levant* (*acacia Farnesiana,* Willd.) (*fig.* 389), est un arbrisseau de la famille des légumineuses, originaire de l'Inde, et qui s'élève à une hauteur de 5 mètres environ. Ses rameaux épineux se couvrent, vers la fin de l'été, de petites fleurs jaunes, odorantes, en capitules. Placé dans les orangeries du nord de l'Europe pour l'ornement, cet arbrisseau est cultivé en pleine terre dans les régions les plus chaudes du midi de la France, pour ses fleurs, qui jouent un rôle assez important dans la parfumerie, en formant la base de certains parfums.

Fig. 391.
*Semences
de la
cassie.*

Fig. 390.
*Gousse contenant les se-
mences de la cassie.*

Fig. 389.
*Rameau de cassie garni
de ses fleurs.*

C'est seulement aux environs de Cannes, dans le Var, que nous avons observé cette culture, dont nous donnons ici la description.

La cassie est multipliée au printemps au moyen des semences (*fig.* 391). La tunique qui recouvre celles-ci est si dure et si peu perméable à l'humidité, qu'elles ne germeraient qu'après plusieurs mois, si on les confiait au sol tout entières. Pour faciliter l'accès de l'humidité du sol jusqu'à l'embryon et hâter leur évolution, on les entaille ou on les use par le frottement sur un de leurs côtés ; après quoi on les met tremper dans l'eau jusqu'à ce qu'elles soient suffisamment renflées, ce qui a ordinairement lieu au bout de deux jours. On les sème alors en pépinière, dans un sol bien amendé et parfaitement exposé. La germination se fait immédiatement, et la végétation est si rapide, que les jeunes plants ont acquis la grosseur du doigt à la fin de l'année, et qu'ils sont bons à planter à demeure.

On choisit pour cette culture les sols de micaschiste secs et abrités du nord. On les défonce profondément, et l'on plante au printemps. Les plantations d'automne ne réussissent pas, soit que les racines pourrissent pendant l'hiver, soit que les jeunes plants soient plus exposés aux froids de l'hiver par suite de ce déplacement. La plantation est faite en quinconce, en laissant un intervalle de 2 mètres entre chaque jeune plant. On rabat immédiatement la tige à $0^m,50$ au-dessus du sol, puis on pratique un arrosement, le seul que recevra à l'avenir cette plantation.

Pendant la végétation, on conserve seulement, vers le sommet de la tige tronquée, quatre ou cinq bourgeons, destinés à former la charpente de la tête, qui doit offrir la forme d'un gobelet ; puis on pratique un binage vers la fin de mai. L'année suivante, en mars, on coupe les quatre ou cinq rameaux nés sur la tige, en leur laissant une longueur d'environ $0^m,40$; on fume avec le fumier ordinaire et des matières fécales, puis on laboure toute la surface.

Vers la fin de mai, on procède à l'ébourgeonnement, c'est-à-dire qu'on ne conserve au sommet de chacune des rameaux coupés que trois bourgeons choisis de façon qu'il y en ait un de chaque côté, et un troisième tout à fait au sommet et en dehors de la tête de l'arbre ; ce qui fait douze ou quinze bourgeons pour chaque tête. C'est sur ces bourgeons que les fleurs sont récoltées chaque année. Au printemps suivant, les rameaux qui ont porté les fleurs pendant l'été précédent sont coupés tout près de leur base, et on laisse développer à chaque point un nouveau bourgeon florifère en supprimant tous les autres. La même opération est ensuite répétée chaque année, de même que le binage donné à la fin de mai, et le labour et la fumure du printemps après la taille.

La récolte des fleurs commence aux premiers jours de septembre, et se prolonge pendant environ deux mois. Le produit est livré frais aux parfumeurs de Grasse ; toutefois, ces fleurs conservent tout leur arome et une grande partie de leur valeur lorsqu'elles sont séchées. La cassie fournit déjà des produits pendant le premier été qui suit sa plantation à demeure ; mais elle n'arrive à donner une récolte moyenne (1 kil. de fleurs fraîches) que vers la cinquième année. Le prix moyen du kilogramme est de 5 francs.

Un hectare, pouvant recevoir 5,000 pieds de cassie, peut ainsi donner un revenu brut de 25,000 francs.

La durée de la cassie est très-longue. J'ai vu de ces arbrisseaux qui étaient âgés de cinquante ans, et qui étaient encore très-vigoureux.

FIN DE LA PREMIÈRE PARTIE.

EXTRAIT DU *Langlois & Leclercq* CATALOGUE.

Libraires-éditeurs, rue des Mathurins-Saint-Jacques 10.

SCIENCES APPLIQUÉES.

BIBLIOTHÈQUE POLYTECHNIQUE.

NOTIONS PRÉLIMINAIRES D'HIST. NATURELLE

Pour servir d'introduction au *Cours élémentaire d'histoire naturelle*, rédigés conformément au programme officiel de l'enseignement dans les lycées (section des sciences). 3 vol. in-18 jésus, illustrés d'un grand nombre de figures intercalées dans le texte.

ZOOLOGIE, par M. Milne-Edwards, de l'Institut. 3 fr.

BOTANIQUE, par M. Payer, l'Institut, professeur à la Faculté des sciences de Paris.

GÉOLOGIE, par M. E.-B. de Chancourtois. 1 fr. 25 c.

COURS ÉLÉMENT. D'HISTOIRE NATURELLE

À l'usage des Collèges et des Maisons d'éducation, rédigé conformément au programme officiel adopté par le conseil de l'instruction publique. Ce Cours comprend : la *Zoologie*, par M. Milne-Edwards, membre de l'Inst., prof. au Jardin des Plantes ; la *Botanique*, par M. A. de Jussieu, membre de l'Inst., prof. au Jardin des Plantes, la *Minéralogie* et la *Géologie*, par M. F. S. Beudant, membre de l'Inst., inspecteur gén. des études. 3 forts vol. in-12, ornés de plus de 2,000 figures intercalées dans le texte. Chaque vol. se vend séparément ; broché, 6 fr. ; cartonné à l'anglaise, 7 fr. ; la *Géologie* seule brochée. 4 fr.

COURS ÉLÉMENTAIRE DE CHIMIE

Par M. Regnault, de l'Institut, prof. au Collège de France et à l'École polytechnique : 4 vol. in-18 jésus illustrés d'un grand nombre de fig. dans le texte : 20 fr.

PREMIERS ÉLÉMENTS DE CHIMIE

Par le même. in-18 jésus, illustré d'un grand nombre de figures dans le texte. 5 fr.

COURS ÉLÉMENTAIRE DE MÉCANIQUE

À l'usage des collèges, des écoles normales, des facultés, etc., par M. Delaunay, de l'Institut, ing. des Mines, prof. à la Faculté des sciences de Paris et à l'École polytechnique, etc. 3e édition. 1 vol. in-18 jésus, illustré d'un grand nombre de figures intercalées dans le texte. 9 fr.

COURS ÉLÉMENTAIRE D'ASTRONOMIE

Par M. Ch. Delaunay, de l'Institut, ing. des Mines, prof. de mécanique à la Faculté des sciences de Paris, professeur à l'École polytechnique, etc. 1 vol. in-18 jésus, illustré d'un grand nombre de vignettes intercalées dans le texte. 7 fr. 50 c.

TRAITÉ ÉLÉMENTAIRE D'AGRICULTURE

Par MM. Girardin, corresp. de l'Institut, profess., et Du Breuil, professeur de culture. 2 forts vol. in-18 jésus, ornés d'un grand nombre de fig. dans le texte. 15 fr.

COURS ÉLÉMENTAIRE D'ARBORICULTURE

Comprenant l'étude des pépinières d'arbres et arbrisseaux forestiers, fruitiers et d'ornement, celle des plantations d'alignement forestières et d'ornement, la culture spéciale des arbres à fruits à cidre, et de ceux à fruits de table : par M. A. du Breuil, prof. d'agriculture et de sylviculture, chargé du cours d'arboriculture au Conservatoire des Arts-et-Métiers. 3e édit., gr. in-18 illustré de 811 fig. gravées par les plus habiles artistes. Prix : 9 fr.

INSTRUCTION ÉLÉMENT. POUR LA CONDUITE DES ARBRES FRUITIERS

Greffe, taille, restauration des arbres mal taillés ou épuisés par la vieillesse ; culture, récoltes et conservation des fruits, par le même. Ouvrage destiné aux jardiniers, aux élèves des fermes-écoles et des écoles normales primaires. 1 vol. in-18 jésus, illustré de figures dans le texte. 2 fr.

COURS ÉLÉMENTAIRE DE PHYSIQUE

Par M. Regnault, de l'Inst., prof. au Collège de France et à l'École polytechnique. (Sous presse.)

COURS ÉLÉMENTAIRE DE ZOOTECHNIE

Par M. Baudement, professeur au Conservatoire impérial. 1 vol. in-18 jésus, illustré d'un grand nombre de vignettes intercalées au texte. (Sous presse.)

COURS ÉLÉMENTAIRE DE FLORICULTURE ET DE CULTURE DES PLANTES POTAGÈRES

Par M. Payen, membre de l'Institut, professeur à la Faculté de Paris. 1 vol. in-18 jésus, illustré d'un grand nombre de vign. dans le texte. (Sous presse.)

ATLAS ÉLÉMENTAIRE DE BOTANIQUE

Avec le texte en regard, comprenant l'organographie, l'anatomie et l'iconographie des familles d'Europe, à l'usage des étudiants et des gens du monde, par M. Em. Lemaout, docteur en médecine. 1 vol. in-4, contenant 240 figures dessinées par MM. Steinheil et J. Decaisne. Br. 15 fr.

EXPOSITION ET HISTOIRE DES PRINCIPALES DÉCOUVERTES SCIENTIFIQUES MODERNES

Par M. L. Figuier, docteur ès sciences. 4 vol. in-18 jésus brochés. 14 fr.

DICTIONNAIRE D'HISTOIRE NATURELLE

Résumant et complétant tous les faits présentés par les Encyclopédies, les Œuvres complètes de Buffon, de Lacépède, de Cuvier, et les meilleurs traités spéciaux sur les diverses branches de l'histoire naturelle ; rédigé par une réunion de savants et dirigé par M. Ch. d'Orbigny.
— grand in-8 col. 400 fr.
— noir 220 fr.

TRAITÉ PRATIQUE DES CHEMINS DE FER

Par M. Perdonnet, ingénieur, professeur à l'École centrale des arts et manufactures. 2 vol. in-8, illustrés de vignettes gravées sur acier et de figures sur bois intercalées dans le texte. Brochés. 18 fr.

GÉOLOGIE APPLIQUÉE

Ou *Traité de la recherche et de l'exploitation des minéraux utiles*, par M. Burat, ing., prof. d'exploitation des mines à l'École centrale des arts et manufactures. 3e édit. 2 beaux vol. in-8, ornés de vues pittoresques gravées sur acier et d'un grand nombre de dessins sur bois intercalés dans le texte. 18 fr.

DE LA HOUILLE

Traité théorique et pratique des combustibles minéraux, par le même. 1 fort vol. in-8, orné de pl. gravées sur cuivre et de nombreuses vignettes intercalées dans le texte. 12 fr.

PRINCIPES DE GÉOLOGIE

Ou *Illustrations de cette science empruntées aux changements modernes que la terre et ses habitants ont subis*, par Ch. Lyell, esq., traduites de l'anglais sur la 6e édit., et sous les auspices de M. Arago, par M. Tullia Meulien, traducteur des *Éléments de géologie* du même auteur ; 4 forts vol. in-12 ornés de cartes col., chaque partie sur acier et de gravures sur bois. Chaque partie cartonnée en toile anglaise, se vend séparément 7 fr 50 c.

MANUEL DE GÉOLOGIE ÉLÉMENTAIRE

Par le même, traduit de l'anglais sur la 3e édit., par M. Hugard, aide de minéralogie au Muséum d'histoire naturelle. 2 forts volumes illustrés de 720 vignettes dans le texte. Brochés. 18 fr.

DE LA MACHINE A VAPEUR

Et de ses applications à la locomotion et aux usages industriels, par MM. Thomas et Laurence, ing., prof à l'École centrale des arts et manufactures ; 1 vol. in-8°, illustré de vignettes sur acier et de nombreuses figures intercalées dans le texte. *Sous presse.*

GUIDE DU SONDEUR

OU *Traité théorique et pratique de sondages* Par M. Degousée, ingénieur ; 1 vol. in-8°, accompagné d'un atlas de 60 planches sur acier. Prix, broché : 15 fr.

TRAITÉ ÉLÉMENTAIRE DE TOPOGRAPHIE ET DE LAVIS DES PLANS

Illustré de 12 planches coloriées et précédé de Notions de Géométrie, ornées de cent figures intercalées dans le texte, par M. Tripon, professeur de topographie et de dessin linéaire, etc. ; 1 beau vol. in-4°, cart. 10 fr.

TRAITÉ DE MÉCANIQUE RATIONNELLE

Contenant les éléments de la mécanique exigés pour l'admission à l'École polytechnique, par M. Delaunay, de l'Institut, professeur à l'École polytechnique et à la Faculté des sciences. 1 vol. in-8 avec figures dans le texte. Broché. 8 fr.

ÉLÉMENTS DE MÉCANIQUE

À l'usage des candidats à l'École Polytechnique rédigés d'après le dernier programme d'admission à cette école, par M. Callon, ingénieur ordinaire des Mines, professeur suppléant du cours d'exploitation et de mécanique à l'école nationale des Mines de Paris. In-18, avec 2 planches en taille-douce 4 fr. 50

TABLEAUX ÉLÉMENTAIRES DES SCIENCES, ARTS ET MÉTIERS

Ostéologie, myologie, syndesmologie, splanchnologie, angéiologie et névrologie, formant un cours complet d'anatomie avec textes explicatifs, par J.-C. Werner, peintre du Muséum d'histoire naturelle ; gravés sur acier par A. Gabriel. Chaque tabl. forme une partie complète et se vend séparément, sur une feuille jésus vélin, noir, 3 fr. 50 c. Le même en couleur, 5 fr. — *Mécanique théorique et pratique appliquée à la composition et à l'emploi des machines*, à l'usage des industriels et des ouvriers, avec un texte explicatif ; par Perrot, ing. ; une feuille grand jésus ; prix : en noir. 1 fr. 75 c., en coul., 2 fr., 50 c. — *Vignole complet mis en tableau* à l'usage des artistes et des ouvriers, avec un texte explicatif ; une feuille grand jésus : prix en noir, 1 fr. 75 c. *Géologie et théorie des puits forés*, par Perrot, ing. ; une feuille grand jésus : prix, colorié, 1 fr. 75 c. — *Tableau de météorologie*, représentant les divers phénomènes de l'atmosphère, par Perrot, ing. ; une feuille jésus, en noir, 1 fr. 75 c. — *Tableau des habitations des personnages célèbres*, par Perrot, ing. ; une feuille jésus, en noir, 1 fr. 75 c. — *Tableau des animaux et des végétaux avant le déluge*, rédigé d'après G. Cuvier, Buckland, de Humboldt, etc., d'après les végétaux et les animaux fossiles tirés des divers cabinets de l'Europe, par Perrot, ing. : une feuille jésus, en noir, 1 fr. 75 c. ; en couleur, 3 fr. 50 c. — *Charpenterie*, à l'usage des entrepreneurs de bâtiments, des ouvriers, etc., par A.-M. Perrot, avec un texte explicatif ; une feuille jésus, 1 fr. 75 c. — *Serrurerie et quincaillerie*, à l'usage des entrepreneurs de bâtiments, des ouvriers et des propriétaires, par A.-M. Perrot ; une feuille jésus, avec un texte explicatif, 1 fr. 75 c. — *Menuiserie*, à l'usage des ouvriers, des entrepreneurs et des propriétaires, par Perrot, avec un texte explicatif ; une feuille jésus, 1 fr. 75 c. — *Tableau comparatif des champignons comestibles et des champignons vénéneux*, une feuille jésus, avec un texte expl., en couleur. 4 fr.

DES FUMIERS CONSIDÉRÉS COMME ENGRAIS

Par M. J. P. L. Girardin, professeur de chimie à l'École municipale de Rouen et à l'École d'Agriculture et d'Économie rurale de la Seine-Inférieure, correspondant de l'Institut de France, de la Société centrale d'Agriculture de Paris, etc. 5e édition, revue, corrigée et augmentée, avec 14 figures dans le texte. 1 fr. 25 c.
Ouvrage adopté par le Conseil général de la Seine-Inférieure, par la Société centrale d'Agriculture de Rouen, par l'Association normale, et couronné par la Société d'Agriculture du Cher.

POMOLOGIE FRANÇAISE

Recueil des plus beaux fruits cultivés en France, ouvrage orné de magnifiques gravures avec un texte descriptif et usuel rédigé par A. Poiteau, botaniste du roi, membre des Sociétés royales d'Agric. de la Seine, etc., rédacteur en chef du *Bon Jardinier*. — La *Pomologie française* est complète en 150 livraisons classées en 16 monographies. Chaque livraison et chaque monographie se vend séparément. — Division de la *Pomologie française* en monographies

Amandiers,	14 livr.	Orangers,	9 livr.
Pruniers,	48	Pêchers,	39
Cerisiers,	27	Abricotiers,	9
Poiriers,	107	Olivier,	
Pommiers,	55	Cornouiller,	
Cognassiers,	11	Arbousier,	11
Néfliers,		Airelle,	
Azeroliers,		Pavia,	
Fraisiers,	29	Épine-vinette,	
Framboisiers,		Noyers,	11
Groseilliers,	20	Noisetiers,	
Vignes,	14	Figuiers,	
Mûriers,		Pistachiers,	5
Plaqueminiers,	6	Châtaigniers,	
Assiminier,		Pin-pignon,	
Grenadier,			

Prix de chaque livraison, planche noire.. 0 fr. 75 c.
Planche imprimée en couleur et retouchée. 1 fr. 50 c.

HISTOIRE, VOYAGES, GÉOGRAPHIE.

ÉTUDES SYNOPTIQUES

Sur la Chronologie, la Géographie, l'Archéologie et la Paléographie de l'histoire de France, par M. Jube de La Perrelle, sous-chef du bureau des travaux historiques au ministère de l'Instruction publique. 13 tableaux in-folio, format grand-monde, ornés de cartes coloriées, vues, costumes, monnaies, etc., d'après les matériaux les plus authentiques puisés dans les bibliothèques royales.

13 TABLEAUX.

Le 1er comprend la 1re race, Mérovingiens (482 à 752).
Le 2e — la 2e race. Carlovingiens (752 à 987).
Le 3e — la ligne directe de la 3e race dite des Capétiens (987 à 1228).
Les 4e, 5e, 6e et 7e, la ligne indirecte des Valois et des Valois d'Angoulème (1228 à 1589).
Le 8e — les deux premiers rois de la maison de Bourbon, Henri IV, Louis XIII (1589 à 1643).
Le 9e — le règne de Louis XIV (1643 à 1715).
Le 10e — le règne de Louis XV (1715 à 1774).
Le 11e — le règne de Louis XVI et la république française (1775 à 1804).
Le 12e — l'Empire, la première Restauration et les Cent-Jours (1804 à 1815).

Le tableau complémentaire contient la suite généalogique de toutes les alliances de la maison de France.
Prix de chaque tableau colorié. 2 fr. 50 c.

LE PLUTARQUE FRANÇAIS

Vies des hommes et des femmes illustres de la France ; fondé par Ed. Mennechet ; édition revue, corrigée et considérablement augmentée, publiée sous la direction de M. T. Hadot. Deux cents biographies par MM. le marquis d'Audiffret, Audibert, le comte Beugnot, Bazin, Briffaut, le marquis de Chambray, A. de Musset, Ph. Chasles, Cruveilhier, Compenon, Ach. Comte, Alex. Dumas, de Feletz, Géruzez, Guiraud, Guizot, J. Janin, Langlois, Laurentie, le comte Molé, Mérimée, Ed. Mennechet, A. Nettement, le comte de Peyronnet, le marquis de Pastoret, Patin, Paulin-Paris, le baron Richerand, Raoul-Rochette, Vconnet, le baron Walckenaer, etc., mesdames de Bawr, Louise Colet, Sophie Gay, etc. 200 portraits en pied gravés sur acier, d'après les dessins de MM. Gros, Ingres, Horace Vernet, Ary Scheffer, Henriquel Dupont, Tony Johannot, Isabey, Louis Boulanger, Meissonnier, Alex. Hesse, Robert Fleury, Amaury Duval, Mauzaisse, C. Jacquand, Bolily, madame de Mirbel, etc. L'ouvrage se compose de 180 livraisons ; il paraît une livraison toutes les semaines. — Prix de chaque livraison, avec portraits en noir sur papier de Chine............ 50 c.
Idem ; avec portraits coloriés............ 90 c.

L'ouvrage complet forme six volumes.
Chaque volume se vend séparément :

Broché, figures noires.................. 16 fr.
— — coloriées.................. 24 fr.
Relié, fig. noires, couv. riche, tranche blanche. 20 fr.
— — tranche dorée.. 21 fr.
— fig. coloriées, — tranche blanche. 32 fr.
— — tranche dorée.. 38 fr.

L'EUROPE

Histoire des nations européennes, 6 vol. in-18 jésus. Chaque vol., accompagné de portraits gravés sur acier, br. 3 fr. 50 c. — Division de l'ouvrage : FRANCE, par M. Ed. Robinet, 1 vol. — ALLEMAGNE, HONGRIE, BOHÊME, par M. Léon Guérin, 1 vol. — ANGLETERRE, par M. Ed. Robinet, 1 vol. — SUISSE, PAYS-BAS, par M. Léon Guérin, 1 vol. — ESPAGNE, PORTUGAL, par M. Ed. Robinet, 1 vol. — ITALIE, par M. Léon Guérin, 1 vol. — EMPIRE OTTOMAN, GRÈCE, par le même, 1 vol. — RUSSIE, POLOGNE, SUÈDE et NORVÈGE, par M. Edmond Robinet, 1 v.

HISTOIRE DE FRANCE

Depuis la fondation de la monarchie, par M. E. Mennechet. 2e édit. 2 forts vol. grand in-18 jésus. 8 fr. Ouvrage dédié aux pères de famille et couronné par l'Académie française. 8 fr.

HISTOIRE DE LA RÉVOLUTION FRANÇAISE

Par M. Louis Blanc, auteur de Dix Ans ; 10 vol. in-8, publiés en 10 livraisons de chacune 5 francs. Prix du volume, broché. 5 fr.
Sept volumes sont en vente ; le 8e est sous presse.

EXPLORATION SCIENTIFIQUE DE L'ALGÉRIE

Pendant les années 1840, 1841, 1842, publiée par ordre du Gouvernement. — SCIENCES HISTORIQUES ET GÉOGRAPHIQUES. — *Études des routes suivies par les Arabes dans la partie méridionale de l'Algérie et de la Régence de Tunis*, par M. E. CARETTE, capit. du génie; 1 volume grand in-8 format jésus, avec une carte sur papier de Chine, 15 fr. — *Recherches sur la géographie et le commerce de l'Algérie méridionale*, par E. CARETTE; accompagnées d'une Notice sur la géographie de l'Afrique septentrionale et d'une Carte, par M. RENOU, membre de la commission: 1 vol. gr. in-8° avec trois cartes sur papier de Chine, 15 fr. — *Mémoires historiques et géographiques*, par M. PELLISSIER, membre de la commission, consul de France à Sousa; 1 vol. in-8°, 12 fr. — *Histoire de l'Afrique*, par MOHAMMED-EL-KEIROANI; trad. par MM. PELLISSIER et RÉMUSAT; 1 vol. in-8°, 12 fr. — *Voyages dans le sud de l'Algérie et des États barbaresques de l'ouest et de l'est*, par EL-AJACHI-MOULA-AHMED; trad. par M. Adrien BERBRUGGER, membre de la commission, et accompagné d'une Notice géographique et d'une Carte du Maroc par M. RENOU; 1 vol. gr. in-8° avec une carte, 12 fr.

Recherches sur l'origine et les migrations des principales tribus de l'Afrique septentrionale, et particulièrement de l'Algérie, par M. E. CARETTE. 1 vol. grand in-8, broché, 12 fr. — *Études sur la Kabilie proprement dite*, par le même, 2 vol. grand in-8, brochés, 24 fr. — *Description géographique de l'empire du Maroc*, par M. E. RENOU, 1 vol. grand in-8, broché, 12 fr. — *Description de la régence de Tunis*, par M. E. PELLISSIER, 1 vol. grand in-8 avec carte, broché, 12 fr. — *Précis de jurisprudence musulmane, civile et religieuse*, traduit de l'arabe par M. PERRON, 6 vol. grand in-8, brochés, 87 fr. — *Table analytique et alphabétique du Précis de jurisprudence musulmane*, par le même, 1 vol. grand in-8, broché, 5 fr. — *Géologie de l'Algérie*, par M. RENOU. — *Notice minéralogique sur le massif d'Alger*, par M. RAVERGIE. Grand in-4, broché. . . . . 25 fr.

SCIENCES MÉDICALES. *L'hygiène en Algérie*, par M. J.-A.-N. PERRIER, suivi d'un Mémoire sur la peste en Algérie, par M. BERBRUGGER. 2 vol. grand in-8. 24 fr.

SCIENCES PHYSIQUES. — ZOOLOGIE. — Cette section est aussi imprimée par l'imp. royale, dans le format in-4° jésus; les atlas sont dans le même format. Le luxe déployé dans l'exécution du texte et des planches surpasse tout ce qui a été fait jusqu'à ce jour. — *Histoire naturelle des mollusques*, par M. DESHAYES; 1 vol. in-4° avec un atlas de 117 planches. — *Histoire naturelle des annélides*, par le même; 1 vol. in-4° avec un atlas de 40 planches. — *Histoire naturelle des zoophytes*, par le même; 1 vol. in-4° avec un atlas de 84 planches. — La publication a lieu par livraisons mensuelles de 6 planches et de 5 feuilles de texte. Chaque livraison est du prix de 16 fr. — *Physique générale*, par M. Aimé, membre de la commission scientifique de l'Algérie, 4 vol. gr. in-folio accompagné de planches. Prix de chaque volume : 30 fr.

GÉOGRAPHIE, ATLAS. — *Dictionnaire usuel et scientifique de Géographie moderne*, contenant : les articles les plus nécessaires de la géographie ancienne, ce qu'il y a de plus important dans la géographie historique du moyen âge, le résumé de la statistique générale des grands états et des villes les plus importantes du globe, par D. de RIENZI; nouv. éd., 1 fort vol. in-8° à 2 colonnes, orné de 9 cart. col. Suivi du *Dictionnaire des villes et communes de France*. Br., 10 fr., reliure basane, 12 fr.; riche cartonné en toile angl., 12 fr. 50 c. — *Dictionnaire des villes et communes de France*, contenant par ordre alphabétique l'indication du départ. et de l'arrond. où chaque ville ou commune est située et suivi d'une récapitulation par départ. du nombre des arrondissements, cantons, communes et populations du royaume; rédigé d'après le recensement de 1841, in-8, 2 fr.; in-32, 1 fr. 50 c. — *Géographie universelle*, par A. Houzé, ornée de cartes dressées par de Simencourt et Monin, nouv. éd.; 1 fort vol. in-12 de 600 pages, cart., 3 fr. — *Nouveaux éléments de géographie*, par LE NÈVE; in-18, cart. 75 c. *Petite géographie populaire*, appliquée à l'étude de la France, avec questionn., par Ch. MARTIN et BRACONNIER; 1 vol. in-18, cart., 90 c. — *Grandes Cartes murales*, par Paulin TEULIÈRES, auteur de plusieurs ouvrages adoptés par l'Université.

FRANCE ÉCRITE.	Hauteur, 1 mètre 90 centimètres. Largeur, 2 mètres 20 centimètres. Coloriée avec soin, vernie, collée sur forte toile, et montée sur gorge et rouleau. — Prix : 30 fr.
EUROPE ÉCRITE.	Hauteur, 1 mètre 60 centimètres. Largeur, 2 mètres 20 centimètres. Coloriée avec soin, vernie, collée sur forte toile, et montée sur gorge et rouleau. — Prix : 30 fr.

Cartes murales, autorisées par l'Université, gravées et coloriées.

			muettes.	écrit.
			fr. c.	fr. c.
Hauteur, 90 centim. Larg., 1 m. 20 centim.	FRANCE, EUROPE, ASIE, AFRIQUE, AMÉRIQUE, OCÉANIE, PALESTINE, PLANISPHÈRE.	Sur papier.	4 "	4 50
		Sur percale.	5 "	5 80

Les mêmes collées sur gorge et rouleau, vernies et montées sur forte toile, 10 fr.

			muettes.	écrit.
			fr. c.	fr. c.
Hauteur, 90 centim. Larg., 1 m. 80 centim.	MAPPEMONDE, en 2 hémisphères.	Sur papier.	6 "	6 80
		Sur percale.	7 50	8 "

La même collée sur gorge et rouleau, vernie et montée sur forte toile, 16 fr.

Petit Atlas à l'usage des Écoles, des Maisons d'éducation, des Séminaires, des Séminaires, accompagné de tableaux élémentaires de géographie, autorisé par l'Université, revu par M. Th. SOULICE. Cet Atlas, tiré sur très-beau papier vélin, est composé de 8 cartes : Mappemonde. — France. — Europe. — Asie. — Afrique. — Amérique méridionale. — Amérique septentrionale. — Océanie. Il se combine comme il suit : 1° 8 cartes écrites, en noir, sans tableaux de géographie, cart., 90 c. 2° 8 cartes écrites, en noir, avec tabl. de géog., 1 fr. 15 c. — 3° 8 cartes écrites, coloriées, avec tabl. de géog., cart., 1 fr. 25 c. — 4° 8 cartes écrites, coloriées, avec tabl. de géog., cart., 1 fr. 50 c.

Atlas de 12 cartes, accompagné de tableaux élémentaires de géographie, autorisé par l'Université, revu par M. Th. SOULICE. Cet Atlas, composé comme le précédent, est augmenté des cartes : Palestine. — Grèce ancienne. — Italie ancienne. — États barbaresques. Noir, sans tabl., 1 fr. 20 c. — avec tabl., 1 fr. 50 c. Colorié, sans tabl., 1 fr. 60 c., — avec tabl., 1 fr. 90 c.

Atlas de 25 cartes, accompagné de tableaux élémentaires de géographie, autorisé par l'Université, revu par M. Th. SOULICE. Cet Atlas, composé comme le précédent, est augmenté des cartes : Gaule. — France par provinces. — Colonies françaises. — Grande-Bretagne. — Suède et Norvège, Danemark. — Russie. — Hollande et Belgique. — Confédération germanique, Prusse, Pologne et Autriche. — Suisse. — Espagne et Portugal. — Italie. — Turquie et Grèce. — Égypte et Palestine. Colorié, sans tabl., 3 fr., — avec tabl., demi-reliure, 4 fr.

ÉDUCATION.

DICTIONNAIRE DE CONVERSATION

À l'usage de la jeunesse des deux sexes, ou complément nécessaire de toute bonne éducation, ouvrage adopté par M. le grand chancelier de la Légion d'Honneur pour les maisons royales d'éducation. 10 vol. petit in-8 anglais, illustrés de 1200 figures. Brochés. 20 fr.

MÉTHODE TIRPENNE

LE DESSIN APPRIS SANS MAÎTRE, renfermant les principes du Dessin linéaire, par MM. CHAPUY et A. TISSIER, 20 livraisons; de la Figure, par M. MAURIN, 29 livr.; de l'Ornement par M. DANJOY, 10 livr.; de la Figure de genre, par MM. CHARLET et A..., 13 livr.; des Fleurs, par M. Provost, 14 livr.; des Animaux, par M. V. Adam, 25 livr.; du Paysage, par M. TIRPENNE, 16 livr.; des Cartes géographiques, par M. DUFOUR, 4 livr. —Chaque livr., composée d'un modèle et de 5 exercices, 75 c. : chaque modèle, 25 c.; chaque feuille d'exercice, 10 c. — Modèles de dessin sur papier de couleur rehaussés de blanc : *figure, ornement, fleurs, paysage;* un quart jésus, 75 c.

COURS DE LECTURE A HAUTE VOIX

Par M. E. MENNECHET. In-18, br. 3 fr.

CHANOINE SCHMID. — Orné de gravures et vignettes; chaque vol. in-18 : br., 40 c.; cart. ord. 50 c.; gaufré, 75 c., cart. or et argent, 90 c., couverture coloriée, 90 c. Cette Collection se compose des ouvrages suivants, approuvés par Monseigneur l'Archevêque de Paris et par l'Université.

Agnès. — La Colombe, le Serin et le Ver luisant. — Le Rosier. — Le Rossignol. — La Corbeille de fleurs. — La Croix de bois. — l'Enfant perdu et la Chapelle de la forêt. — Fernando. — Le bon Fridolin. — Geneviève de Brabant. — Guirlande de houblon. — Henri d'Eichenfelds. — Ludovico. — Nouveaux petits Contes. — Petits Contes. — Le petit Mouton et la Mouche. — Les Œufs de Pâques. — Rose de Tannebourg. — Sept nouveaux Contes. — Théophile. — Petit Théâtre. — La Veille de Noël. — Jean et Marie. — Eustache. — Les deux Frères. — Charles Seymour. — La Ferme des Tilleuls. — Hyrlanda. — La Famille Oswald. — Pierre. — Le petit Fauconnier. — Edwige. — La Chaumière irlandaise. — Minona. — Iduna. — Petit Jack. — La Barque du pêcheur. — Mazia. — Quinze jours de vacances. — Itha. — Louise et Victorine. — Ancien Testament. — Nouveau Testament.

Suites aux Contes du chanoine Schmid, 2° série : L'Ami des petits enfants. — Théâtre de la jeunesse. — Paraboles. — Marguerite. — Le Cœur d'une mère. — Nouvelles Paraboles. — Telheim. — Théona. — La Famille africaine. — Etrennes. — Nouvelles Etrennes. — Le bon Fils. — Historiettes pour les enfants. — Lucien. — Souvenirs d'enfance. — Alphonse et Nelly.

MAITRE PIERRE OU LE SAVANT DE VILLAGE. — 1. Entretiens sur la physique, par C.-P. RAARD, 60 c. 2. — sur l'astronomie, par LEMAIRE, avec pl., 60 c. 3. — sur l'industrie, par RAARD, 60 c. 4. — sur la mécanique, par PINOT, avec fig., 60 c. 5. — sur l'histoire, par M. L. A., 40 c. 6. Histoire populaire des Français, par M. L. A. BUCHON, 90 c. 7. — sur la chimie, par A. PAYOT, 60 c. 8. — sur le calendrier, par J. BOLCARL et A.-L. BUCHON, avec pl., 90 c. 9. — sur l'éducation, par MADER, 40 c. 10. — sur la langue française, par L.-M.-C., 40 c. 11. — sur la géographie, par SAINT-GERMAIN, avec cartes, 1 fr. 12 — sur la géographie de la France, par le même, avec cartes, 1 fr. 13. — sur les chants populaires par Le DUHY, 50 c. 14. — sur les préjugés populaires par MADLER, 60 c. 15. — avec ses petits amis, par X. MARMIER, 60 c. 16. — sur l'art de bâtir à la campagne, par RAARD, 40 c. 17. — sur Franklin, par SAINT-GERMAIN, 60 c. 18. — sur la physiologie, par CHRIS, 50 c. 19. — sur la botanique, par FÉE, fig., 50 c. 20. — sur l'hygiène, par CHAMBEYRON, 60 c. 21. — sur la géométrie, par SARRUS, avec fig., 80 c. 22. — sur les animaux domestiques, par LACAUCHIE, 40 c. 23. — sur l'agriculture, par V. RINDE, 1" partie, 60 c.; 2° partie, 60 c. 24. — sur les inventions utiles, par SAINT-GERMAIN, 60 c. 25. — sur la navigation, par L.-M.-C., avec fig., 60 c. 26. — Éléments de géologie, par M., 60 c. 27. — sur les voyages de découvertes par SAINT-GERMAIN : 1" partie, 60 c.; 2° partie, 60 c. 28. — sur la révolution française, par le même, 1" 22. — sur la morale, par DELCASSO, 50 c. 30. — sur la zoologie, par DELCASSO, 50 c. — sur les animaux venimeux et les végétaux nuisibles, par QUINOT, 90 c. 32. — sur l'histoire ancienne, par SAINT-GERMAIN, avec cartes, 1 fr. 33. — sur les principaux personnages célèbres de France jusqu'en 1789, par L.-M.-C., 60 c. 35. — sur les oiseaux, par FÉE, 60 c. 37. — Sur l'histoire du moyen âge, par SAINT-GERMAIN, 1 fr. 25 c. 38. — sur le système métrique, par BONNAIRE, 50 c. 39. — sur les planètes utiles, par MILLOT, 1" partie, 60 c.; 2° partie, 60 c. 40. — sur l'histoire moderne, par SAINT-GERMAIN, 1 fr. 25 c. 41. — sur l'organisation du corps humain, par le doct. BRAC, 60 c. 42. — sur la vie de Napoléon, par E. MARCO de SAINT-HILAIRE, 1" époque, 60 c. 43. — 2° époque, 60 c. 43. — sur les arts physico-chimiques, par QUINOT, 60 c.

LES GRACES CHRÉTIENNES. — 10 volumes in-12. Chaque volume se vend séparément et est orné de 2 vignettes et d'un titre gravé sur acier. Broché, 90 c.; cartonné à l'anglaise, 1 fr. 20 c.; cartonnage gaufré, 1 fr. 20 c.; cartonné or et argent, 1 fr. 60 c. 2 vol. en 1 : demi-reliure, 3 fr.; — à tranches dorées, 4 fr.; reliure riche, 6 fr. 50 c. — Gravures coloriées en sus, 30 c. — Clovis ou le Baptême, l'Arbre des Indes ou la Confirmation, la Clémence de Robert ou l'Eucharistie, Angustia ou la Pénitence, une Croisade ou l'Extrême-Onction, une Reine chrétienne ou l'Ordre, Elisabeth ou le Mariage, les Trois Pèlerins ou la Foi, Marguerite ou l'Espérance, les Sauvages ou la Charité.

RÉCOMPENSE AUX ENFANTS SAGES. — Collection de 72 vol. in-18 de 36 pages d'impression ornés de figures et de vignettes, à 15 c. chaque.

LE TOUR DU MONDE, ou *les Mille et une merveilles des voyages*, par Léon GUÉRIN, 10 vol. in-12 ornés plus de 300 vignettes. Chaque vol. se vend séparément : broché, 75 c.; cartonné à l'anglaise, 1 fr.; cartonné gaufré, 1 fr. 25.; cartonné or et argent, 1 fr. 50 c. — Titres des volumes : *Le jeune Égyptien* un Voyage pour récompense, le jeune Edmond, le Vœu de la vallée, un Père et ses enfants, Henri le Fils, l'Aspirant de marine, les Trois Fils du capitaine, Famille déportée, William Jarels.

NOUVEAU SPECTACLE DE LA NATURE, ou *Dieu et ses œuvres*; par MM. V. et A. RENDU fils; 10 vol. très grand in-18 ornés de 300 vignettes. — *L'Homme*, *Physique du globe*, *Astronomie*, *Géologie*, *Mammifères*, *Insectes*, *Oiseaux*, *Botanique*, *Mollusques*, *Reptiles*, *Poissons*. Chaque volume se vend séparément; pour le prix de chaque volume, voir le *Tour du monde*.

ÉTUDES HISTORIQUES. — 2 vol. in-12 ornés de vignettes sur acier; pour le prix, voir les *Grâces chrétiennes*.

CONTES POUR LES ENFANTS. — 2 vol. in-12 ornés de vignettes sur acier; pour le prix, voir les *Grâces chrétiennes*.

LE TOUR DE FRANCE. — 2 vol. in-12 ornés de vignettes et d'un titre gravés sur acier; pour le prix, voir les *Grâces chrétiennes*.

LIVRES DE LECTURE. — *Méthode de lecture*, par ABRIA. Approuvé par l'Université. 1 vol. in-18, br., 15 c. — *Tableaux de lecture sans épellation*; 28 gr. tableaux, par ABRIA. Adopté par l'Université. 1 fr. 40 c. — *Manuel de morale pratique et religieux à l'usage des écoles primaires des deux sexes*; par MM. Alex. BARNIER et CHENET; 19° édit., in-12, partie du maître, 1 fr. 25 c. — *Résumé du Manuel de morale pratique et religieuse*, in-12, partie de l'élève, 60 c. Cet ouvrage a obtenu l'approbation de Monseigneur l'Archevêque de Sens, et la prime votée par le Conseil-général de l'Yonne en faveur du meilleur livre de morale. Il est aussi autorisé par l'Université. — *Leçons choisies d'instruction morale et religieuse*, par Th. SOULICE. Approuvé par Monseigneur l'Archevêque et autorisé par l'Université. in-12, cart., 1 fr. 50 c. — *Histoires saintes, racontées aux petits enfants dans les salles d'asile*, par M. Ambroise RENDU fils; 2 vol. in-12 : chaque vol. br., 40 c.; cart., 50 c. — *Livre d'instruction morale et religieuse*. Autorisé par l'Université : 1 vol. in-12, br., 1 fr. 25 c.; cart., 1 fr. 40 c. — *Recueil de fac-simile de toute espèce d'écritures, française, anglaise, etc., pour exercer à la lecture des écritures difficiles*. Autorisé par l'Université : 1 vol. in-8°, cart., 1 fr. — *Leçons graduées de lectures manuscrites, ou Choix d'écritures variées, avec un formulaire d'actes sous seings privés;* par Ch. MARTIN, 27° édition, 1 vol. in-12, cart., 75 c. — *Choix de morceaux Fac-simile d'écrivains contemporains et de personnages célèbres*. 2 cahiers in-8 fortement cartonné, 2 fr. 80 c. — *La Morale en action*, 8° édition, par QUITARD et Charles MARTIN; 1 vol. in-12, cartonné, 1 fr. — *Lectures morales et récréatives, dédiées à la jeunesse*, par Charles Martin, nouvelle édition, 1 volume in-12, cartonné, 90 cent. — *Le Petit théâtre de l'enfance*, par SCHMID; in-18, figures, cart., 50 c. — *Le Théâtre des écoles primaires*, par M. Ch. MARTIN. Pour les garçons, 1 vol. in-18, cart., 60 c. — *Histoires de l'Ancien Testament*, par le chanoine SCHMID, in-18, fig., cart., 80 c. — *Histoires du Nouveau Testament*, par le chanoine SCHMID; in-18, fig., 80 c. Ces 2 vol. sont adoptés par le Comité central de la ville de Paris et revêtus de l'approbation de l'évêché de Strasbourg.

ÉCRITURE. — *Principes d'écriture, renfermant les cinq genres adoptés par l'Université, 28 planches gravées par ROUSSET, avec un tableaux-modèles pour la comptabilité et les écritures*, au collège royal de Reims : 1 fr. 60 c. — *Transparents nécessaires pour copier les modèles. Adopté par l'Université*. 5 c. — *Système d'écriture national*, ou *Méthode Chandelet*: 1 fr. 25 c.

GRAMMAIRES ET DICTIONNAIRES. — *Grammaire populaire*, par Ch. MARTIN; suivie du tableau synoptique des 4 conjugaisons, adoptée par l'Université. 1 vol. in-12, cart., 1 fr. 25 c. — *Abrégé de la Grammaire populaire*, 1 vol. in-12, cart., 60 c. — *Art d'enseigner la langue française*, par Ch. MARTIN; 1 vol. in-12, cart., 1 fr. 75 c. — *Grammaire des écoles primaires supérieures. Des pensions et collèges*, par MM. Ch. MARTIN et Ed. BRACONNIER, 1 volume in-12, br., 1 fr. 75 c. — *Grammaire française de Lhomond, augmentée d'un appendice et annotée* par Ch. MARTIN; 1 vol. in-12, cart., 1 fr. — *Nouveaux tableaux de grammaire*, par M. A. PLICHE, adoptés par la ville de Paris pour les écoles primaires, tabl., 5 fr. — *Nouveaux éléments de grammaire, en 48 leçons*, par le même; 8° éd. Adoptée par la ville de Paris pour les écoles primaires. 1 vol. in-12, cart., 1 fr. 40 c. — *Grammaire pratique*, par T.-A. VANIER. Adoptée par l'Université. 1 vol. in-12, cart., 75 c. — *Grammaire française, avec de nombreux exercices*, par ABRIA, auteur de la méthode de lecture sans épellation, approuvée par l'Université. — *Analyse grammaticale raisonnée*, par Ch. MARTIN, nouv. édit.; 1 vol. in-12, cart., 1 fr. — *Analyse lexique raisonnée*, par Ch. MARTIN; 1 fort vol in-12, cart., 75 c. — *Le Glaneur grammatical*, par Ch. MARTIN, n° édit., cart., 2 fr. — *L'Indispensable des écoles primaires*, par Ch. MARTIN; in-12, cart., 2 fr. 25 c. — *Le Complément des études sur la langue française, ou Rhétorique pratique des écoles primaires;* par Ch. MARTIN, nouv. éd., partie du maître, 1 vol. in-12, 1 fr. 75 c. — Partie de l'élève, 1 vol. in-12, cart., 1 fr. — *Le Pourquoi et le Parce que la langue française*, par Ch. MARTIN; nouv. éd., 1 fort vol. in-18; br., 1 fr.; cart., 1 fr. 20 c. — *Les Participes réduits à une seule règle*, par VANIER; 1 vol. in-32; br., 40 c. — *Tableau synoptique des 4 conjugaisons, à finales rouges et radicaux*, adopté et recommandé par l'Université : 2 feuilles jésus, avec un livret d'instruction; par V.-A. VANIER, 2° éd., 3 fr. — *Dictionnaire grammatical, critique et philosophique de la langue française, suivi du tableau synoptique des 4 conjugaisons*, adopté par l'Université, par V.-A. VANIER, 1 vol. in-8° de 700 pages, br., 3 fr. — *Nouveau Dictionnaire français, d'après la dernière éd. de l'Académie, beaucoup plus complet que tous les autres ouvrages de ce genre, et précédé d'une préface grammaticale, d'un tableau synoptique des 4 conjugaisons, d'un traité des participes réduits à une seule règle*, par Ch. MARTIN et VANIER, 1 vol. gr. in-32, br., 1 fr. 25 c.; cart., 1 fr. 40 c.; relié, 1 fr. 75 c.

Paris. — Imprimerie de L. MARTINET, rue Mignon, 2.